Sven-Oliver Funke

Video ist King!

Erfolgreiches Online-Marketing mit YouTube

Liebe Leserin, lieber Leser,

für ein erfolgreiches und breit aufgestelltes Online-Marketing ist YouTube nicht mehr zu vernachlässigen. Denn hier können Sie eine große, nicht nur junge, Zielgruppe erreichen. YouTube ist also eine hervorragende Möglichkeit für Unternehmen, zielgerichtet Werbung zu machen. Es werden Produkte und Dienstleistungen vorgestellt, neue Trends gesetzt und große Aufmerksamkeit erzeugt.

Jedoch reicht der einfache Upload eigener Videos bei YouTube nicht aus, um wahrgenommen zu werden. Vielmehr benötigen Sie eine gute Strategie, die u.a. auf eine genaue Analyse Ihrer Zielgruppe und richtig geplanter Inhalte basiert. Auch das technische Know-how für eine ansprechende Video-Produktion ist unerlässlich. Schließlich müssen Sie ebenfalls wissen, wie Sie die Veröffentlichung Ihrer Videos bei YouTube optimieren und analysieren können. Sie merken, dass ist alles andere als lapidar. Mit diesem Buch haben Sie sich aber für den richtigen Weg entschieden. Sven-Oliver Funke vermittelt Ihnen sehr verständlich, wie Online-Marketing mit YouTube funktioniert. Sie bekommen von Ihm alles an die Hand, um Ihren YouTube-Auftritt zu optimieren und damit langfristig erfolgreich zu sein.

Dieses Buch wurde mit großer Sorgfalt geschrieben, begutachtet, lektoriert und produziert. Sollten Sie dennoch Fehler finden, dann scheuen Sie sich nicht, sich mit mir in Verbindung zu setzen. Ihre freundlichen Anregungen und Fragen sind jederzeit willkommen.

Viel Erfolg wünscht Ihnen nun

Ihr Stephan Mattescheck
Lektorat Rheinwerk Computing

stephan.mattescheck@rheinwerk-verlag.de
www.rheinwerk-verlag.de
Rheinwerk Verlag · Rheinwerkallee 4 · 53227 Bonn

Auf einen Blick

Wir hoffen, dass Sie Freude an diesem Buch haben und sich Ihre Erwartungen erfüllen. Bitte teilen Sie uns doch Ihre Meinung mit. Eine E-Mail mit Ihrem Lob oder Tadel senden Sie direkt an den Lektor des Buches: *stephan.mattescheck@rheinwerk-verlag.de*. Im Falle einer Reklamation steht Ihnen gerne unser Leserservice zur Verfügung: *service@rheinwerk-verlag.de*. Informationen über Rezensions- und Schulungsexemplare erhalten Sie von: *britta.behrens@rheinwerk-verlag.de*.

Informationen zum Verlag und weitere Kontaktmöglichkeiten finden Sie auf unserer Verlagswebsite *www.rheinwerk-verlag.de*. Dort können Sie sich auch umfassend und aus erster Hand über unser aktuelles Verlagsprogramm informieren und alle unsere Bücher versandkostenfrei bestellen.

An diesem Buch haben viele mitgewirkt, insbesondere:

Lektorat Stephan Mattescheck, Erik Lipperts
Fachgutachten Christoph Tratberger
Korrektorat Annette Lennartz, Bonn
Einbandgestaltung Silke Braun
Typografie und Layout Vera Brauner
Herstellung Melanie Zinsler
Satz III-satz, Husby
Druck und Bindung Beltz Bad Langensalza

Dieses Buch wurde gesetzt aus der TheAntiquaB (9,35/13,7 pt) in FrameMaker. Gedruckt wurde es auf chlorfrei gebleichtem Offsetpapier (90 g/m²).

Bibliografische Information der Deutschen Nationalbibliothek:
Die Deutsche Nationalbibliothek verzeichnet diese Publikation in der Deutschen Nationalbibliografie; detaillierte bibliografische Daten sind im Internet über *http://dnb.d-nb.de* abrufbar.

ISBN 978-3-8362-3925-7
© Rheinwerk Verlag GmbH, Bonn 2016
1. Auflage 2016

Inhalt

3 Das Kanalkonzept 77

4 Das Storytelling 105

6   Ein eigenes Branding entwickeln

7 Die Produktion einleiten 187

8 Die Videoveröffentlichung

15 Die YouTube-APIs

16 Rechtliche Aspekte 439

Geleitwort

»Video ist King!« Wer würde heute daran noch zweifeln wollen? Jede Marketerin und jeder Marketer kann die grandiosen viralen Welterfolge der letzten Jahre im Schlaf zitieren und Agenturen briefen, bitte auch einmal »sowas wie den Darth Vader von VW« zu produzieren oder sich die wenigen YouTube-Kanäle der großen »Love-Brands« mit Millionen Abonnenten als Beispiel nehmen und sagen: »Wir machen das genauso.«

Doch für viele Marken ist YouTube über zehn Jahre nach der Gründung des Portals immer noch eines: ein Bewegtbild-Friedhof in teurer Bestlage, ein Ort, den man als User eigentlich am liebsten meidet. Nur ab und zu kommt jemand vorbei, um den mit viel Ambition, ebenso viel Budget und reichlich Herzblut erschaffenen Filmchen einen kurzen Besuch abzustatten.

Also, wie haben Volvo Trucks und ihre Agenturpartner den Viral-Hit mit Jean-Claude Van Dammes »Epic Split« bloß hinbekommen? Wie wurde die erst 22-jährige Bianca Heinecke von »BibisBeautyPalace« zur erfolgreichsten weiblichen YouTuberin Deutschlands? Oder wie stieg der schwedische Gamer Pewdipie zum mit 40 Millionen Abonnenten erfolgreichsten YouTuber der Welt auf?

Die Antwort: Mit einer von Anfang an perfekten YouTube-Strategie. Mit perfektem Storytelling. Mit starkem Branding. Mit perfekter Produktion. Und mit dem richtigen Gespür für die Bedürfnisse Ihrer Zielgruppe – und für das, was diese gerne sehen möchte.

Und jetzt die gute Nachricht: Dank dieses Buches (und natürlich mit den richtigen Partnern an Bord) können Sie das auch! Es reicht heutzutage nun einmal nicht, eine gut aufgestellte Marke zu haben oder ein, zweimal ein herausragendes, kreatives Filmkonzept geliefert zu bekommen oder nur die Analytics aus dem Effeff zu kennen. Wer erfolgreiches Online-Marketing mit YouTube im Sinn hat, für den gilt: Alles ist gleichermaßen wichtig.

Genau an diesem Punkt setzt Sven-Oliver Funke mit »Video ist King!« an. Denn es gibt kein Schema F, keinen easy durchzuklickenden 10-Punkte-Plan, keine »Secret Sauce« hinter erfolgreicher Markenarbeit auf YouTube – nur viele Details, denen Sie von Anfang an ausreichend Beachtung schenken sollten. Dem Autor ist es hervorragend gelungen, alle diese Details vom Planen übers Machen bis hin zum Analysieren und Auswerten mit der perfekten Mischung aus inhaltlicher Tiefe und Leichtigkeit herauszuarbeiten.

»Video ist King!« ist daher keine DIY-Anleitung zu ultimativer Bewegtbild-Glückseligkeit, die Sie einmal durcharbeiten und nach der Umsetzung zu den anderen Fachbüchern stellen werden. Sondern es ist eher eine universell anwendbare »Formelsammlung« für YouTube-Marketing, die Sie im laufenden Betrieb Ihres YouTube-Kanals immer wieder zurate ziehen werden.

Die reichhaltigen Best-Practice-Beispiele, mit denen Sven-Oliver Funke jedes Kapitel versehen hat, zeigen bei der Lektüre auf, dass Marken und ihre Macher dabei nicht nur von anderen Marken lernen können und sollten, sondern auch von den vielen vielleicht unbekannten Profis der »Generation YouTube«, die ihr Handwerk virtuos beherrschen und Zahlen vorweisen, von denen Unternehmen meistens nicht einmal zu träumen wagen.

Ich wünsche Ihnen viel Freude bei der Lektüre und noch viel mehr Erfolg bei der Umsetzung. Wir sehen uns – womöglich schon bald auf Ihrem YouTube-Kanal!

Christoph Tratberger
Executive Creative Director
Kemper Kommunikation GmbH
christoph_tratberger@keko.de

Mit YouTube ganz nach oben

Ein guter Bergsteiger wird man nicht, indem man sich mit einer teuren Bergsteigerausrüstung an den Fuß des Berges setzt und ewig hofft, irgendwann einmal oben anzukommen.

Sie wollen Videos auf YouTube veröffentlichen und Ihren Kanal groß rausbringen? Großartig! Mit dem Kauf dieses Buches sind Sie auf dem besten Weg, YouTube sinnvoller und geschickter zu nutzen als die allermeisten Unternehmen. Die machen sich nämlich wenig Gedanken darüber, wie Online-Marketing mit YouTube überhaupt funktioniert. Und dabei spreche ich nicht davon, wie man aus technischer Sicht ein Video erstellt und auf der Plattform hochlädt, sondern von einer richtigen YouTube-Marketing-Strategie.

Eine Strategie für YouTube? Sie haben richtig gelesen! Wer nämlich einfach wild drauflosfilmt und hofft, mit dem simplen Upload irgendwelcher Videos große Aufmerksamkeit zu erlangen, liegt vollkommen daneben. Erfolg auf YouTube kommt nicht von ungefähr, und so müssen Sie schon wissen, mit was, wie, wo und wann Sie Ihren YouTube-Kanal bespielen und wie Sie den Kanal mit seinen Videos bestens herausstellen. Lassen Sie mich Ihnen sagen, was Sie erwartet!

In Kapitel 1, »Vorhang auf!«, gebe ich Ihnen zunächst einen kurzen Überblick über YouTube und das YouTube-Umfeld. Außerdem zeige ich Ihnen, was eine ordentliche YouTube-Strategie Ihrem Unternehmen alles bringen kann.

Danach geht es in Kapitel 2, »Ihre individuelle YouTube-Strategie«, direkt ans Eingemachte: Sie planen Ihre Ziele, überprüfen die Zielgruppe mit ihren Nutzungsgewohnheiten und erarbeiten eine Customer Journey Map, um Touchpoints mit Ihren Inhalten zu definieren.

Basierend auf Ihrer YouTube-Strategie lesen Sie in Kapitel 3, was ein Kanalkonzept ausmacht und wie Sie Inhalte in Formaten planen.

In Kapitel 4 machen wir einen Exkurs zum Thema Storytelling – schließlich sollten Sie wissen, wie Sie Ihre Geschichten so erzählen und aufbauen, dass man sie sich auch bis zum Ende ansehen möchte. Dabei werden virale Videos selbstverständlich nicht ausgelassen.

Was ein YouTube-Kanal im Betrieb kosten kann, rechne ich Ihnen in Kapitel 5, »Einen YouTube-Kanal kalkulieren«, vor. So wissen Sie, was auf Sie zukommt, und Ihr Vorhaben wird nicht zur Kostenfalle.

Ein hoher Wiedererkennungswert ist das Beste, was einem YouTube-Kanal passieren kann. Deshalb gehe ich in Kapitel 6 auf das Branding Ihres Kanals ein. Egal, ob visuell, auditiv oder durch Ihre Geschichten: Fallen Sie auf, und werden Sie unverwechselbar!

Damit Sie wissen, wie man Videos professionell produziert und was man dabei so alles an Handwerk beherrschen muss, erkläre ich Ihnen in Kapitel 7, »Die Produktion einleiten«, die Grundlagen der Bewegtbildproduktion. Von der Auswahl der Technik über die Location-Suche bis hin zur einwandfreien Umsetzung erfahren Sie kompakt, auf was es alles ankommt.

In Kapitel 8 kümmern wir uns um die Veröffentlichung der fertigen Videos. Einfach hochladen kann jeder, aber Videos perfekt für die Suche zu optimieren und auf dem Kanal zu platzieren, erfordert schon mehr Engagement. Zudem sollten Sie wissen, wie Sie Ihre anderen Social-Media-Accounts für Ihre Videoveröffentlichung nutzen können, um Aufmerksamkeit zu generieren.

Mit steigenden Videoabrufen und Abonnentenzahlen bildet sich um Ihren Kanal eine richtige Zuschauermenge, die immer wieder vorbeikommt, Videos kommentiert und sich auf dem Kanal tummelt – die Community. Kapitel 9 beschreibt, wie Sie eine Community aufbauen und pflegen und was Sie mit Ihren Zuschauern so alles machen können, um sie bei der Stange zu halten.

Ganz im Zeichen der Aufmerksamkeitskontrolle steht Kapitel 10, »Als Unternehmen im Netz bestehen«. Aufmerksamkeit ist wunderbar, aber was passiert, wenn die Aufmerksamkeit plötzlich auf Dinge fällt, die dem Unternehmen schaden könnten, sofern nicht reagiert wird? Und wie reagiert man im Krisenfall zielgerichtet?

YouTube ist selten das einzige Medium, das ein Unternehmen für sein Marketing nutzt. Welche Anknüpfungspunkte es im Rahmen Ihrer Kampagnenplanung gibt und wobei YouTube hier helfen kann, zeigt Ihnen Kapitel 11.

Produktplatzierungen haben oft einen faden Beigeschmack. Dass dem nicht so sein muss, wird in Kapitel 12 dargestellt. Lesen Sie, welche Formen von Produktplatzierungen es gibt und wie die YouTube-Branche mit Placements umgeht.

Messbarkeit ist alles im Unternehmenskontext: Analysieren Sie anhand von Kapitel 13 mit den YouTube Analytics Ihre Videos, und bekommen Sie wertvolle Einblicke in das Zuschauerverhalten. Danach können Sie Ihre Videos leichter optimieren, um Ihre

Zuschauer noch glücklicher zu machen. Und selbstverständlich sehen Sie auch, welche Zielgruppe Sie auf YouTube überhaupt erreichen.

Sie haben ein Werbebudget und möchten Spots vor den Videos anderer Kanäle schalten? Mit Google AdWords und Videoanzeigen in Kapitel 14, »Werben auf YouTube (AdWords)«, ist nichts leichter als das.

Und wenn Sie noch weitergehen möchten, hält Kapitel 15 ein ganz besonderes Schmankerl bereit: die YouTube-APIs. Greifen Sie auf zahlreiche Parameter per Programmierschnittstelle zu, und binden Sie die YouTube-Funktionen in Ihre eigenen Projekte ein!

Christian Solmecke, Fachanwalt für Medienrecht, hat sich freundlicherweise bereit erklärt, in Kapitel 16, »Rechtliche Aspekte«, einen Einblick über rechtliche Themen bei der Nutzung von YouTube zusammenzustellen. Hier erfahren Sie alles Wichtige über Urheberrecht, Impressumspflicht und viele weitere Rechtsthemen.

Beim Lesen werden Ihnen sicherlich die vielen Praxisbeispiele mit YouTube-Videos auffallen. Beachten Sie dazu die abgedruckten QR-Codes, mit deren Hilfe und einer QR-Codereader-App[1] auf Ihrem Smartphone oder Tablet-PC Sie die Videos ganz komfortabel ansehen können. Ein Tipp: Installieren Sie die YouTube-App auf Ihrem mobilen Endgerät, um die Videos direkt in der App betrachten zu können.

Auch wenn man als Autor beim Schreiben viel Zeit mit sich selbst verbringt, entsteht ein solches Buch nicht ohne die Unterstützung anderer Menschen. An dieser Stelle möchte ich mich bei all denjenigen bedanken, die mich beim Verfassen dieses Werkes unterstützt haben. Da wäre an erster Stelle Christoph Tratberger zu nennen, der nicht nur das Geleitwort zu diesem Buch verfasst hat, sondern auch mit einem Praxisbeispiel zum besseren Verständnis der Materie beigetragen und darüber hinaus das Gesamtwerk auf Sinn und Unsinn überprüft hat. In diesem Zusammenhang möchte ich auch Andreas Fenske erwähnen, der Kapitel 7 gegengelesen hat. Ich bedanke mich auch bei Stephan Mattescheck vom Rheinwerk Verlag, der von Anfang an überzeugt war, dass dieses Buch geschrieben werden muss, und mir das nötige Vertrauen entgegengebracht hat. Sein Kollege Erik Lipperts hat unter anderem dazu beigetragen, dass Sie die YouTube-Videos in diesem Buch über QR-Codes abrufen können. Vielen Dank an Christian Solmecke für die Bereitschaft, ein Gastkapitel über rechtliche Themen für dieses Buch zu verfassen. Mein guter Freund Matthias Eichholz hat sich die Zeit genommen, das Kapitel über die YouTube-APIs mit mir zu konzipieren, und hat damit einen wichtigen Beitrag zur Tiefe dieses Buches geleistet. Vielen Dank auch an Mirko Drotschmann, der

---

1 Ich empfehle Ihnen die kostenlose App i-nigma, die sowohl für iOS als auch für Android, Blackberry und Windows Phone verfügbar ist.

seine Sicht zu Produktplatzierungen im Interview geschildert hat. Mein größter Dank gilt meinen Eltern, ohne die dieses Werk nicht hätte realisiert werden können. Ihr habt Unmögliches möglich gemacht – dieses Buch ist für euch.

Zu guter Letzt bleibt mir nur noch, Ihnen viel Spaß mit diesem Werk zu wünschen. Ich hoffe, Sie sind nach dieser Lektüre perfekt gerüstet, um aus Ihrem YouTube-Auftritt das Maximum herauszuholen. Machen Sie es besser als alle anderen, und nutzen Sie die Wirkung von Bewegtbild auf einer der beliebtesten Plattformen im ganzen Internet. Bei Fragen oder wenn Sie weitergehende Hilfe benötigen, kontaktieren Sie mich gerne über meine Website *www.sven-oliver-funke.de*. Viel Erfolg!

Sven-Oliver Funke
Neuberg

Kapitel 1
Vorhang auf!

»Video killed the radio star« haben The Buggles in den 1980ern gesungen. Was damals auf das Musikfernsehen bezogen war, ist heute aktueller denn je. »Broadcast yourself« ist dank YouTube angesagt: Kommen Sie mit Videos groß raus!

Wenn ich Ihnen von jemandem erzähle, der während der Fahrt die Räder seines Autos wechseln kann, würden Sie mir das glauben? Vermutlich nicht. Die Geschichte klingt einfach zu absurd, als dass man sie sich vorstellen kann. Aber wie wäre es, wenn ich Ihnen ein Video davon zeige? Mit hoher Wahrscheinlichkeit werden Sie es jetzt sehen wollen, um sich zu überzeugen. Zugegebenermaßen habe ich noch nie jemanden in der Realität erlebt, der während der Fahrt seine Räder wechseln kann, aber das Video dazu existiert tatsächlich. Wenn Sie es anschauen, werden Sie davon überzeugt sein, dass es Menschen gibt, die die verrücktesten Dinge schaffen. Sie finden das Video unter *www.youtu.be/MQm5BnhTBEQ*.

Wir bevorzugen Videos gegenüber Fotografien und erst Recht gegenüber Erzählungen und Texten. Ein Augenzeuge kann viel erzählen, und jeder erlebt das Geschehen anders. Von Fotografien wissen wir, dass sie sich leicht manipulieren lassen und nur eine Momentaufnahme darstellen. Videos aber wirken auf uns immer noch am authentischsten. Sie bestehen aus Bildern und Tönen zugleich und ermöglichen uns so, die Eindrücke von zwei der für uns wichtigsten Sinnesorgane zur Beurteilung heranzuziehen. Wir nehmen Bewegungsabläufe wahr, und es fällt uns leichter, Emotionen zu erkennen. Eine glaubwürdige Manipulation erscheint uns als nicht so einfach, und wir gehen davon aus, dass wir sie zumindest leicht als eine solche identifizieren können.

Video ist also ein lohnenswertes Medium, um Botschaften zu vermitteln. Es ist eines der authentischsten Medien und genießt eine hohe Glaubwürdigkeit. Nicht umsonst ist der Videomarkt ein Wachstumsmarkt, und immer mehr Menschen wollen immer mehr Videos sehen. Die große Verfügbarkeit von Breitband-Internetverbindungen hat dabei den Umgang mit Videos grundlegend verändert und bedient das Bedürfnis nach individuellem und ortsunabhängigem Bewegtbildkonsum.

1.1 YouTube – bewegte Bilder im 21. Jahrhundert

Kennen Sie noch Fernseher? Nein, ich spreche nicht von diesen flachen, riesigen Bildschirmen, die heute in den meisten Wohnzimmern stehen. Ich meine die klobigen Kisten, mit denen man im vorigen Jahrhundert Fernsehen empfangen konnte. Mit ihrer Hilfe bestimmten große Sendeanstalten über Jahrzehnte das Abendprogramm ganzer Familien und lieferten bewegte Bilder direkt in die heimischen Wohnzimmer. Für viele Menschen ist diese Zeit vorbei. Stattdessen ist das Internet das Medium des 21. Jahrhunderts und mit ihm die Plattform YouTube für Videos.

Musste man bisher zu festen Sendezeiten zu Hause vor dem Fernseher sitzen, ermöglicht YouTube heutzutage den gezielten Videoabruf – jederzeit und überall auf der Welt. Die Videos müssen nicht linear an einem Stück angesehen werden, und sollte sich mal eines als uninteressant herausstellen, stehen Millionen weitere Videos zum Abruf bereit. Computer, Tablets, Smartphones und Smart-TVs dienen als Anzeigegeräte – je nach Nutzungssituation kann sich der Zuschauer frei für eines der Endgeräte entscheiden. Und dank der großen Verfügbarkeit entsprechender Geräte fällt der Konsum individueller aus als je zuvor.

Doch nicht nur das: Jeder Mensch kann selbst zum Produzenten werden und seine eigenen Videos einem riesigen Publikum präsentieren. Er kann andere Menschen zum Lachen bringen, auf Probleme aufmerksam machen oder berühmt werden. Es bedarf nicht mehr zwangsläufig großer Presseagenturen, Verlage und Produktionsfirmen, um Informationen aufzubereiten und zur Verfügung zu stellen. Ein Smartphone mit einer Internetverbindung reicht aus, um eigene Videos auf YouTube hochzuladen. Aber wie hat das eigentlich alles angefangen?

1.1.1 Wie alles begann

Es war ein Valentinstag: Am 14. Februar 2005 registrierten Chad Hurley, Steve Chen und Jawed Karim die Domain »YouTube.com«. Die drei Gründer der gleichnamigen Videoplattform hatten sich zuvor als frühe Mitarbeiter von PayPal kennengelernt und sich im Januar 2005 zusammengesetzt, um an einer neuen Videoplattform zu arbeiten. Wie viele andere Gründer wurden sie dabei inspiriert von der Plattform HotOrNot, einer Website zum Bewerten der Attraktivität anderer Nutzer. HotOrNot war eine der ersten Internetseiten, die zum Mitmachen einlud und damit zum Vorreiter in Sachen User-generated Content wurde. Auch YouTube sollte eine solche Mitmach-Plattform werden und die Veröffentlichung selbst gedrehter Videos ermöglichen.

Das erste auf YouTube veröffentlichte Video war genau solch ein selbst gedrehtes Video. Es trägt den Titel »Me at the zoo« und zeigt in 19 Sekunden einen der YouTube-Gründer,

Jawed Karim, vor einem Elefantengehege im Zoo. Kurze Zeit später platzte YouTube aus allen Nähten, und ein großer Teil des Kapitals wurde in den Ausbau der Server und Speicherkapazitäten investiert, bis die Plattform am 9. Oktober 2006 von Google für über 1,5 Milliarden US$ gekauft wurde und von da an ein finanzstarker Konzern hinter dem aufstrebenden YouTube stand.

Mit dieser Übernahme war die Popularität nun kaum noch aufzuhalten, und die Nutzerzahlen stiegen rapide an. Bereits kurz vor der Übernahme wurden täglich ca. 65.000 Videos hochgeladen. Ab 2007 begann YouTube mit der jährlichen Nominierung der besten YouTube-Videos und startete um den Jahresanfang 2012 mit 100 sogenannten Original-Channels. Damit begann die finanzielle Beteiligung erfolgreicher Kanäle an den Werbeeinnahmen, und die geförderten Kanäle können sich seitdem voll und ganz auf die Produktion der Inhalte konzentrieren.

Auf seinem Weg zum größten Portal für Internetvideos konnte YouTube mit einigen gigantischen Zahlen beeindrucken: Im Oktober 2009 verzeichnete YouTube jeden Tag über 1 Milliarde Videoabrufe – im Mai 2010 waren es bereits 2 Milliarden. Im Dezember 2012 knackte das Musikvideo zu »Gangnam Style« die magische Grenze von 1 Milliarde Videoabrufe, um schließlich im Dezember 2014 als erstes Video mit über 2,1 Milliarden Views den YouTube-Zähler vorübergehend lahmzulegen. Im Jahr 2015 hat YouTube über 1 Milliarde Nutzer, es werden pro Minute 300 Stunden Videomaterial auf YouTube hochgeladen, und laut Variety.com sind bekannte YouTube-Stars in den USA beliebter als andere berühmte Persönlichkeiten.

YouTube ist damit die Nummer eins im Onlinevideomarkt. Aber Facebook, Twitter und Instagram ziehen mit eigenen Videofunktionen nach und wollen ein Stück vom großen Kuchen abhaben. Und dann gibt es noch Snapchat, das ohnehin fast nur aus kurzen Videos besteht. Ganz zu schweigen von den vielen Anbietern, die ihre Inhalte auf eigenen Plattformen veröffentlichen. Trotzdem hat YouTube einen entscheidenden Vorteil: Es bietet mit seinen Kanälen und der vollen Ausrichtung auf Videos einzigartige Möglichkeiten für jedermann, Zuschauer langfristig zu binden und sie für Inhalte zu gewinnen, die länger als einige Sekunden dauern. Dabei stellt YouTube nur die Plattform zur Verfügung, beteiligt die Kanäle an den Werbeeinnahmen und kümmert sich darum, dass die hochgeladenen Videos und interessierte Nutzer bestmöglich zueinanderfinden.

1.1.2 Die Bewegtbildlandschaft im Wandel

Machen wir einen Ausflug in die Bewegtbildlandschaft Deutschlands. Wer im vergangenen Jahrhundert bewegte Bilder sehen wollte, hatte genau zwei Möglichkeiten: Kino oder Fernsehen. Während das Kino mit festen Programmplänen arbeitet, ist der Fernsehzuschauer an die Programmpläne der Sender gebunden. Das Abendprogramm frei entscheiden konnte nur, wer Sendungen zuvor aufgezeichnet oder Filme auf DVD erworben hatte. Die Rekorder ermöglichten dabei zwar die Aufzeichnung beliebiger Sendungen, doch erst mit dem Internet und der hohen Verfügbarkeit von Breitbandverbindungen ist der Zuschauer in seinem Bewegtbildkonsum völlig unabhängig von Zeit und Ort geworden.

Im Rahmen dieser Entwicklung hat sich die Bewegtbildlandschaft massiv verändert, und die Geschäftsmodelle haben sich an die veränderten Bedingungen angepasst. In Abbildung 1.1 sehen Sie in einer in Anlehnung an eine von Alexander Henschel auf den Audiovisual Media Days 2014 präsentierten Übersicht die Geschäftsmodelle mit Beispielen des deutschen Markts. Funktional lassen sich drei Empfangswege beschreiben: lineares Fernsehen, lineares Over-the-Top (OTT) und non-lineares OTT.

Over-the-Top (OTT)

Over-the-Top bezeichnet die Übertragung der audiovisuellen Inhalte über das Internet, wobei der Internetprovider keinen Einfluss auf die Content-Provider und deren Inhalte ausübt, sondern dem Endnutzer lediglich eine generelle Internetverbindung zur Verfügung stellt. Für die Internetverbindung zahlt der Zuschauer einen fixen Betrag an den Internetprovider (beispielsweise an die Deutsche Telekom), um Zugang zu erhalten. Content-Provider wie YouTube, der TV-Streamingdienst Zattoo oder Netflix wiederum bieten als Plattform den Zugang zu den gewünschten Inhalten und bauen auf eigenständigen Finanzierungsmodellen auf.

Die Finanzierung im linearen TV ist mittlerweile ein alter Hut. Für lineares und nonlineares OTT wurden die Geschäftsmodelle allerdings erst in den letzten Jahren angepasst. Die zugrunde liegenden Geschäftsmodelle sind jedoch bei allen drei Empfangswegen gleich: gebührenfinanziert, werbefinanziert, Paid Content und Commerce. Die öffentlich-rechtlichen Sender ARD und ZDF sowie deren Spartenkanäle legen ihren Fokus hauptsächlich auf das lineare TV und stellen die dort ausgestrahlten Inhalte als OTT-Inhalte erneut oder parallel bereit. Dazu dienen ihnen eigene Mediatheken (nonlinear) sowie spezielle Livestreams (linear und parallel zur TV-Übertragung).

Werbefinanzierte TV-Sender wie ProSieben, Sat.1 und RTL produzieren ebenfalls zunächst für das lineare TV-Programm und optimieren ihr Hauptprogramm für hohe Einschaltquoten. Je höher die Einschaltquoten, desto höher sind auch die Werbekosten in den zahlreichen Programmunterbrechungen ihres linearen TV-Programms. Die Werbeblöcke bilden dabei die Grundlage ihrer Finanzierung. Die Ausstrahlung der Programme des linearen TVs im linearen OTT übernehmen Anbieter wie Zattoo und MagineTV. Das Geschäftsmodell dieser Anbieter basiert sowohl auf Werbung als auch auf einem Paid-Content-Modell. Häufig sind die Livestreams einer Handvoll Sender kostenlos, und der Nutzer zahlt für die Freischaltung weiterer Sender einen monatlichen Obolus.

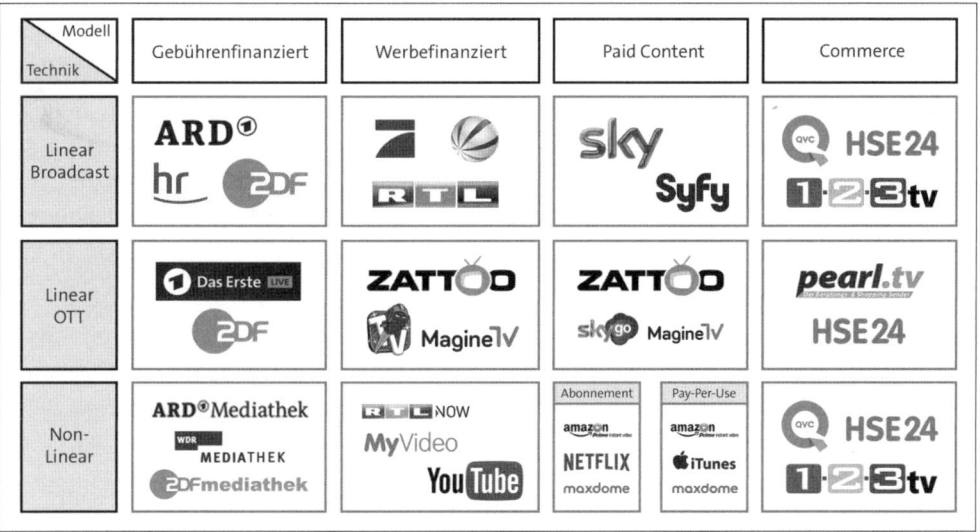

Abbildung 1.1 Der Bewegtbildmarkt in Deutschland

Die meisten werbefinanzierten TV-Sender stellen eine Auswahl ihrer Inhalte nach der TV-Ausstrahlung auf eigenen OTT-Plattformen für den kostenlosen non-linearen Abruf bereit. Wenngleich YouTube (noch) keine eigenen Inhalte produziert, gehört auch YouTube zu den non-linearen werbefinanzierten OTT-Plattformen.

Anbieter mit Paid-Content-Modellen bieten im linearen TV ein Programm ohne Werbeunterbrechungen an. Sie vermarkten ihre Programme auch häufig im linearen OTT. Paid-Content-Modelle mit non-linearen Inhalten funktionieren auf zwei Wegen: als Abonnement mit monatlicher Pauschale oder als Bezahlung bei Nutzung einzelner Inhalte (Pay-per-Use). In beiden Fällen sind vor allem Anbieter von Kinofilmen und speziell produzierte Serien am stärksten vertreten.

Schließlich gibt es noch die umgangssprachlich gerne als Teleshopping bezeichneten Anbieter wie HSE24 und QVC. Sie finanzieren sich durch den Verkauf von im Programm angepriesenen Produkten, die nur in einem bestimmten Zeitfenster zu erwerben sind. Dazu nutzen sie lineares TV und OTT, aber auch zunehmend non-lineares OTT. In letzterem Fall ähnelt die Nutzung einem Onlineshop mit Videobeiträgen, die per Klick abgerufen werden können. Prinzipiell stellen diese Sender Marketing- und Absatzkanäle für die dahinterstehenden Unternehmen dar.

Wie am Beispiel von YouTube zu sehen ist, bedeutet Over-the-Top auch, dass Inhalte nicht mehr zwangsläufig von großen Fernsehsendern oder Webanbietern produziert werden. Das führt dazu, dass sich auch die Inhalte verändern. Denn eines muss man sich immer vor Augen halten: Medienhäuser zeigen, was sich gut verkaufen lässt. Der Begriff Massenmedien kann somit auch als Spiegel der öffentlichen Meinung verstanden werden: Was die Masse sehen will, bringt den größten Umsatz. Die Medien selektieren und bewerten deshalb die Inhalte und üben direkten Einfluss darauf aus, was der Konsument schlussendlich überhaupt zu sehen bekommt. Im Umkehrschluss rücken Themen mit geringer zugemessener Bedeutung in den Hintergrund oder werden ausgelassen. Auch wenn öffentlich-rechtliche Sendeanstalten unter einem geringeren Quotendruck stehen, fließt die Einschaltquote als Leistungsindikator auch dort in Entscheidungen bei der Programmplanung ein.

Die Einschaltquote

Beim linearen TV kann aus technischen Gründen nicht exakt festgestellt werden, wie viele Zuschauer eine Sendung gerade anschauen. Deshalb ermittelt die Gesellschaft für Konsumforschung (GfK) in einem Zuschauerpanel die sogenannten Einschaltquoten. Insgesamt 5.000 ausgewählte Haushalte erhalten dazu eine elektronische Box, die den Fernsehkonsum aufzeichnet. Details wie Alter und Geschlecht der Familienmitglieder werden erfasst, und die teilnehmenden Zuschauer melden sich über eine Fernbedienung an dem Gerät an. Die GfK lässt diese Informationen in ihre Hochrechnungen für eine tägliche Quote ganz Deutschlands einfließen. Programmentscheidungen werden auf Basis dieser Einschaltquote getroffen, und werbefinanzierte TV-Sender legen darüber die Werbepreise für ihre Werbeblöcke fest.

Mit dem Internet und der Etablierung sozialer Netzwerke hat sich der Umgang mit Informationen allerdings grundlegend verändert. Wer einen Zugang besitzt, kann jederzeit auf eine riesige Menge Informationen zugreifen und selbst zum Berichterstatter werden. Ob Informationen relevant sind oder nicht, entscheidet kein Medienhaus – die Bewertung nimmt einzig und allein das Publikum selbst vor und verbreitet die Informationen in sozialen Netzwerken auf direktem Wege weiter.

1.1.3 Das YouTube-Geschäftsmodell

Wie bei fast allen Google-Produkten ist auch das Geschäftsmodell von YouTube werbebasiert. Wer schon einmal Videos auf YouTube angesehen hat, dem werden die Werbevideos vor den Videos aufgefallen sein. Die YouTube-Werbeplätze werden von Werbekunden gebucht und für die festgelegte Zielgruppe dynamisch ausgespielt.

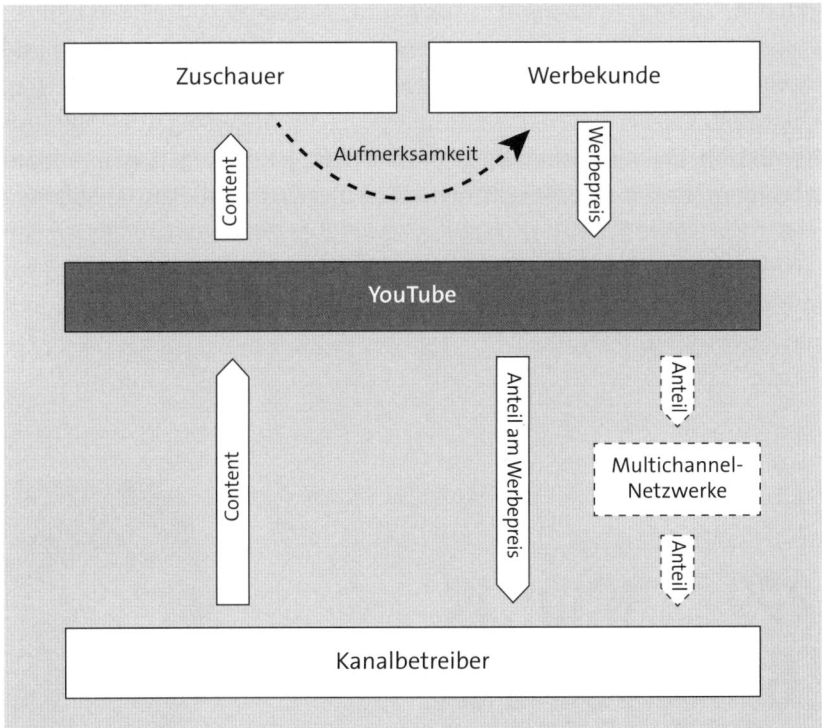

Abbildung 1.2 Das YouTube-Geschäftsmodell

Wie in Abbildung 1.2 dargestellt, gibt es vier wesentliche Stakeholder im YouTube-Geschäftsmodell: YouTube, Werbekunde, Kanalbetreiber und Zuschauer. Als Plattformbetreiber bestimmt YouTube die Regeln und kümmert sich um die Aufrechterhaltung der Dienste. Um selbst profitabel zu bleiben, bietet YouTube im Rahmen von AdWords die Möglichkeit, Videos gegen Bezahlung vor den Videos eines anderen Kanals anzeigen zu lassen. Dafür zahlt ein Werbekunde einen Werbepreis, den YouTube zunächst kassiert. Etwa die Hälfte des vereinnahmten Werbepreises wird an die Kanalbetreiber ausgezahlt.

Im Gegenzug stellen die Kanäle ihre Inhalte auf der YouTube-Plattform bereit und optimieren sie im eigenen Interesse so, dass sie von möglichst vielen Zuschauern konsumiert werden. Sie generieren dadurch das für Werbekunden interessante Publikum. Die Aufmerksamkeit des Zuschauers ist der eigentliche Wert für Werbekunden, Kanalbetreiber und die YouTube-Plattform. Die kurze Zeitspanne, in der der Zuschauer seine Aufmerksamkeit den Anzeigen des Werbekunden widmet, macht das Geschäftsmodell tragbar – und so kann sich der Zuschauer an kostenlosen Inhalten erfreuen.

In vielen Fällen haben zudem sogenannte Multichannel-Netzwerke (MCN) ein berechtigtes Interesse an den Werbeerlösen. Sie stehen in direktem Kontakt zu YouTube und kassieren immer dann die Einnahmen eines Kanalbetreibers, wenn dieser einen Vertrag mit ihnen besitzt. Multichannel-Netzwerke kümmern sich im Gegenzug um Unterstützung bei der Produktion, bei der Verhandlung um Produktplatzierungen, dem Aufbau einer großen Abonnentenbasis und vielem mehr. Für diese Gesamtleistung behalten sie in der Regel etwa die Hälfte der von YouTube ausgezahlten Gelder ein und leiten den Rest an die Kanalbetreiber weiter. Zu den großen Multichannel-Netzwerken zählen unter anderem Maker Studios (siehe Abbildung 1.3), Mediakraft, TubeOne Networks, Endemol beyond Divimove und Studio71.

Abbildung 1.3 Die Maker Studios sind weltweit eines der größten Multichannel-Netzwerke (Quelle: www.makerstudios.com/about).

YouTube hat mit seinem Monetarisierungsmodell ein System entwickelt, das langfristig klickstarke Inhalte und eine hohe Nutzerbindung bei minimalem Eigenaufwand garantiert. Wer als Kanalbetreiber erfolgreiche Inhalte produziert und Zuschauer an die Plattform bindet, wird an den Einnahmen beteiligt und kann als Einzelperson sogar mehr als seinen Lebensunterhalt damit verdienen. Die Teilnahme an der Monetarisierung ist freiwillig und kann für jedes einzelne Video neu festgelegt werden. Das Modell lässt also auch zu, dass Werbetreibende mit eigenen YouTube-Kanälen keine Fremdwerbung vor ihren Videos akzeptieren müssen.

1.2 Was bringt YouTube Ihrem Unternehmen?

Mit der Überlegung, YouTube für Ihr Unternehmen zu nutzen, begeben Sie sich auf ein attraktives Feld, um Aufmerksamkeit zu generieren. Es ist noch nicht lange her, da konnten Menschen über bewegte Bilder nur mit sehr großen Geldbeträgen erreicht werden. Attraktive Werbepausen im Fernsehen waren nämlich nur über ein Millionenbudget buchbar, und auch die Produktionskosten hatten es in sich. Für das kleine Unternehmen oder Start-up von nebenan stehen solche Sprünge in keinem Verhältnis, und so bleibt Fernsehwerbung den großen Unternehmen und Marken vorbehalten. Doch mit YouTube und dem Ruf nach mehr und mehr Content hat selbst ein Ein-Mann-Betrieb die besten Chancen, Videos für sein Marketing und den Kontakt zu seinen Kunden einzusetzen.

Natürlich fragen Sie sich trotzdem, ob YouTube überhaupt das richtige Medium für Ihr Unternehmen ist. Bringen Videos wirklich einen Mehrwert für das Geschäft? Und warum sollte es überhaupt ausgerechnet YouTube sein, wenn andere Plattformen und soziale Netzwerke doch auch die Einbindung von Videomaterial ermöglichen? Was kann ein YouTube-Kanal überhaupt leisten? Das alles sind Fragen, die durchaus berechtigt sind. Auch YouTube-Videos produzieren sich schließlich nicht von alleine, und der Aufwand ist wesentlich höher als beispielsweise das Absetzen eines Tweets. Was bringt es Ihnen also, wenn Sie mit Ihrem Unternehmen auf YouTube setzen?

1.2.1 Wie GoPro mit YouTube zum Milliardenunternehmen wurde

Es ist die wohl größte Erfolgsgeschichte eines Unternehmens, die YouTube je gesehen hat: Um das Jahr 2002 herum suchte Nick Woodman eine Möglichkeit, sich und seine Freunde beim Surfen aufzunehmen. Dabei stellte er fest, dass es auf dem Markt keine zufriedenstellende Kameralösung gab, die den Belastungen beim Surfen standhält. Kurzum entschied er, die Sache selbst in die Hand zu nehmen und entwickelte bis 2004 zunächst eine analoge Point-and-Shoot-Kamera, die er mit seinem frisch gegründeten Unternehmen GoPro unter dem Namen Hero 35mm auf den Markt brachte. Zwei Jahre später brachte GoPro bereits digitale Varianten auf den Markt und konnte schließlich 2007 mit der Hero 3 ein Modell vorstellen, das Videomaterial inklusive Ton aufzeichnet.

Und hier kommt YouTube ins Spiel: 2009 veröffentlichte GoPro das erste Video auf seinem eigenen YouTube-Kanal. Zu sehen sind spektakuläre Sportaufnahmen von Basejumpern, die waghalsig in die Tiefe springen. Die Menschen waren begeistert und begannen, über das Unternehmen zu sprechen. Bald landeten immer mehr Menschen auf dem YouTube-Kanal: 2011 waren es bereits rund 40.000, 2012 150.000 und im Januar 2014 rund 1,5 Millionen Abonnenten. Ende 2015 haben 3,5 Millionen Nutzer den Kanal des Unternehmens abonniert.

Die Marke GoPro ist zum Sinnbild für spektakuläre Videoaufnahmen geworden, die dank der kompakten und robusten Kameras möglich werden. Wer Grenzen überschreitet und zeigen will, was möglich ist, für den führt an GoPro kein Weg vorbei. GoPro hat die Möglichkeiten seines YouTube-Kanals genutzt, um Aufmerksamkeit zu erregen und sich ins Gespräch zu bringen. Und die Kunden? Sie beginnen, den Namen GoPro in ihren eigenen Videos zu verwenden und treiben den Erfolg der Marke weiter an. Ohne YouTube wäre der Erfolg von GoPro sehr wahrscheinlich nicht so groß geworden.

Wie groß der Erfolg wirklich ist, wurde im Jahr 2014 deutlich: GoPro strebte an die Börse und wurde mit rund 3 Milliarden US$ bewertet. Zu Spitzenzeiten war das Unternehmen sogar über 10 Milliarden US$ wert. Im gleichen Jahr wurde der GoPro-Kanal von Adweek zu den Top 10 der besten Markenkanäle auf YouTube gezählt. Das Unternehmen hat die Möglichkeiten erkannt und lädt täglich Videos hoch. Wie in Abbildung 1.4 zu sehen ist, erreichen die Videos nicht selten Abrufzahlen in zweistelliger Millionenhöhe.

Vielleicht werden Sie jetzt denken: »Kameras und YouTube passen natürlich auch perfekt zusammen – das musste ja funktionieren.« Kameras und YouTube passen in der Tat sehr gut zusammen, aber der Gedanke ist nur zur Hälfte richtig. Auf dem Kameramarkt hat sich in den letzten Jahren sehr viel getan: Spiegelreflexkameras liefern mittlerweile beeindruckende Aufnahmen im Kinofilm-Look, jedes Smartphone produziert qualitativ hochwertige Videos, und neben GoPro haben auch andere Hersteller Actionkameras im Angebot. Die YouTube-Kanäle der großen Kamerahersteller wie Canon, Nikon oder Sony liegen mit maximal 100.000 Abonnenten allerdings weit abgeschlagen hinter GoPro. Rollei als direkter Konkurrent im Actionkamera-Segment versackt mit nur rund 1.000 YouTube-Abonnenten in der Bedeutungslosigkeit.

Die Marke GoPro zeigt, dass YouTube einen enormen Mehrwert für Unternehmen haben kann und dass die Inhalte dabei nicht immer nur von den Unternehmen selbst produziert werden müssen. Durch den eigenen YouTube-Kanal und ein erfolgreiches Content Marketing ist die Marke auf YouTube angekommen und inspiriert Kunden so sehr, dass der Markenname ohne Zutun von GoPro als Synonym für spektakuläre Kundenvideos im YouTube-Titel auf deren eigenen Kanälen verwendet wird. Durch kontinuierlich neue Videos können sich Unternehmen – wie im Fall von GoPro eindrucksvoll geschehen – von der Konkurrenz absetzen und mehr Aufmerksamkeit generieren, die den Markenwert nachhaltig erhöht.

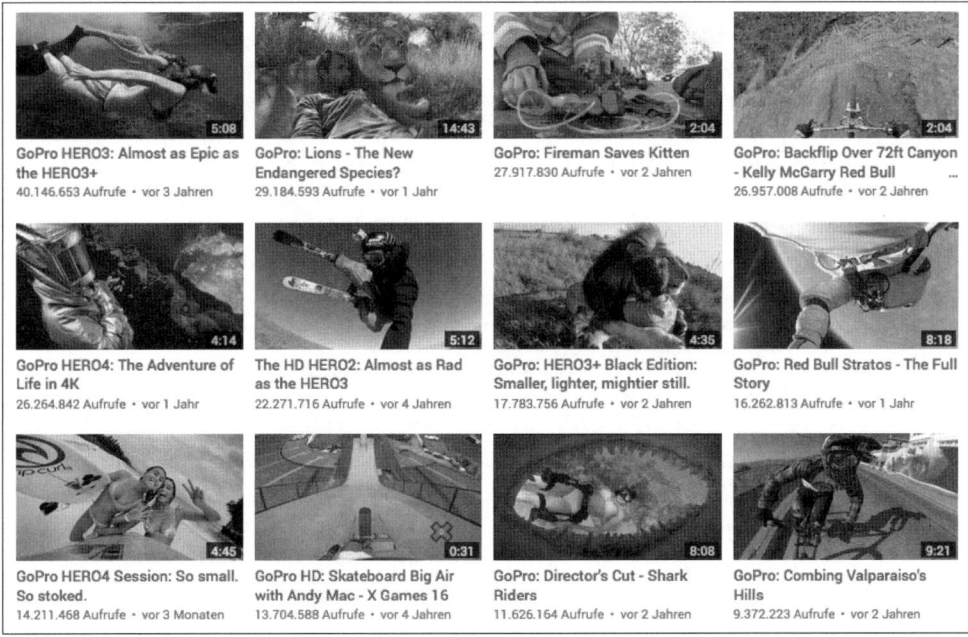

Abbildung 1.4 GoPro erreicht oftmals Abrufzahlen in zweistelliger Millionenhöhe (www.youtube.com/user/GoProCamera/videos).

Content Marketing

Unter *Content Marketing* versteht man eine Marketingform, die dem Kunden für ihn relevante Inhalte präsentiert, um ihn mit der Marke vertraut zu machen. Im Vordergrund stehen nützliche Informationen, Geschichten und Unterhaltung. Content Marketing hat vor allem in Verbindung mit eigenen Websites und sozialen Netzwerken eine neue Bedeutung erhalten. Ein Kundenmagazin, wie zum Beispiel das BMW Magazin, ist aber ebenso eine Form des Content Marketings. Der werbende Charakter steht beim Content Marketing im Vergleich zu anderen Werbetechniken wie Anzeigen oder Werbespots im Hintergrund.

1.2.2   YouTube als Instrument im Marketing 3.0

In der Vergangenheit war die Kommunikation zwischen Unternehmen und Kunden auf wenige klassische Kommunikationskanäle wie Fernseh- und Printwerbung beschränkt, die alle eines gemeinsam hatten: Das Unternehmen erzählt, die Kunden hören zu. Diese *One-to-many-Kommunikation* ist mit dem Internet und den zahlreichen Social-Media-Kanälen obsolet geworden. Der Kunde ist heute besser informiert denn je, und nur er entscheidet darüber, welche Bedeutung einer Marke zusteht.

Philip Kotler, eine der bedeutendsten Persönlichkeiten auf dem Gebiet des Marketings, setzt diese Entwicklung in einen Zusammenhang. In seinem Buch »Marketing 3.0: From Products to Cosumers to the Human Spirit« beschreibt er drei Stufen des Marketings, die sich bis heute entwickelt haben. Er nennt diese Marketing 1.0, 2.0 und 3.0, wobei er dem Marketing 3.0 die größten Chancen einräumt. Die Entwicklungsstufen sind gekennzeichnet durch einen Paradigmenwechsel vom produktorientierten über verbraucherorientiertes hin zu werteorientiertem Marketing. Doch was hat das für Konsequenzen?

Nach Kotler liegt im Marketing 1.0 das Hauptaugenmerk auf dem Produkt. Historisch verankert ist diese Form des Marketings in der industriellen Revolution. Durch standardisierte Produktionsabläufe war es erstmals möglich, die große Nachfrage nach Gütern zu befriedigen. Das hatte allerdings auch zur Folge, dass es zumeist nur eine Produktvariante gab. Die Marketingkommunikation konzentrierte sich deshalb auf die funktionalen Produkteigenschaften: Ein Teekessel ist ein Teekessel, und jeder sollte einen zu Hause haben. Die standardisierten Produkte in großen Mengen an den Mann/die Frau zu bringen, hatte für Unternehmen oberste Priorität, um bei günstigen Preisen profitabel zu bleiben. Entsprechend findet im Marketing 1.0 eine Massenabfertigung der Kunden statt, und individuelle Wünsche werden nicht realisiert, weil sie technisch und ökonomisch nicht umsetzbar sind.

Dank der Informationstechnologie sind Verbraucher heutzutage bestens informiert über Produkte und Angebote. Es gilt nicht mehr, ein einziges Produkt abzusetzen, das eine bestimmte Funktion erfüllt, sondern vielmehr, den Kunden zufriedenzustellen und langfristig an das Unternehmen und die Marke zu binden. Entsprechend zielt Marketing 2.0 darauf ab, komplexe Marken zu bilden und die Marketingkommunikation emotional aufzuladen. Um das zu erreichen, müssen sich Unternehmen auf Teilmärkte konzentrieren und spezielle Lösungen für unterschiedliche Kundengruppen bereithalten. Eine individuelle Betreuung des Kunden ist unabdingbar. Die von Autoherstellern angebotenen Produktoptionen sind nur ein Beispiel dafür.

Die riesige Menge an verfügbarem Wissen, die das Informationszeitalter mit sich bringt, führt allerdings auch dazu, dass Menschen zunehmend verunsichert sind. Sie machen sich Sorgen um Produktionsbedingungen, Umweltverschmutzung, globale Erwärmung und andere für große Teile der Menschheit und ihre Zukunft relevante Themen. Marketing 3.0 fordert deshalb Unternehmen, die folgende Frage beantworten zu können: Wie verbessert das Unternehmen die Welt? Mission und Vision sowie die vom Unternehmen gelebten Werte sind das Aushängeschild in der Kommunikation mit dem Kunden. Begriffe wie *Corporate Social Responsibility* (CSR) werden in diesem Kontext zunehmend wichtiger, und Unternehmen müssen tagtäglich an ihrer Transparenz arbeiten, um die eigene Existenz zu legitimieren. Marketing 3.0 ist zudem nicht nur *für* den Kunden, sondern *mit* ihm – der Konsument ist nicht mehr länger nur Empfänger einer Werbebotschaft, er partizipiert selbst an der Kommunikation über soziale Netzwerke.

Social Media ist heutzutage das wohl bedeutendste Kommunikationsmittel im Alltag fast aller Altersgruppen. Egal, ob dabei die Rede von Facebook, Twitter, Instagram und YouTube oder von Instant-Messaging-Diensten wie WhatsApp die Rede ist: Sie alle geben dem Konsumenten die Möglichkeit, schnell und unkompliziert mit anderen Menschen in Verbindung zu treten und sich auszutauschen. Hinzu kommt die Möglichkeit, jederzeit und überall Informationen recherchieren zu können, was die Sichtweise des Konsumenten nachhaltig verändert. Unternehmen können heute immer schwieriger vorgeben, gut und nachhaltig zu agieren, wenn sie sich de facto gar nicht daran halten.

YouTube als Instrument im Online-Marketing ermöglicht Unternehmen, ihre Aktivitäten besonders wirkungsvoll herauszustellen und für Transparenz zu sorgen. Wenn Unternehmen nicht auf YouTube aktiv sind, bedeutet dies nicht, dass auf YouTube keine Videos zu deren Marken und Produkten zu finden sind. Mit einem eigenen YouTube-Kanal beteiligen sich die Unternehmen allerdings an der ohnehin stattfindenden Öffentlichkeit und können die Sicht auf das eigene Unternehmen mitbestimmen. Im Sinne der *Many-to-many-Kommunikation* wird das Unternehmen zum Kommunikationsteilnehmer und behält im Idealfall die Deutungshoheit.

Betrachten wir dazu nochmals das im vorangegangenen Abschnitt vorgestellte Beispiel von GoPro. Hätte GoPro keinen eigenen YouTube-Kanal gestartet, hätten die Kunden sehr wahrscheinlich trotzdem irgendwann mit dem Kamerasystem aufgezeichnete Videos auf YouTube veröffentlicht. Allerdings wäre es dem Unternehmen dann ergangen wie allen anderen Kameraherstellern: Niemand hätte stolz den Namen GoPro für seine Videos verwendet und dadurch die Marke als Kunde weitergetragen. Und das aus einem einfachen Grund: Der Marke GoPro wäre keine besondere Bedeutung zugemessen worden, weil sich das Unternehmen selbst nicht aussagekräftig präsentiert hätte und vorgelebt hätte, beeindruckende Videos mit der Welt zu teilen. Mit den professionell zusammengestellten Videos auf dem GoPro-eigenen Kanal hat sich die Marke aber in der erlebnisorientierten Zielgruppe als unschlagbar und konkurrenzlos positioniert – eine Deutung, die primär nicht nur von den Kundenerlebnissen ausgeht, sondern von der Auswahl der besonders eindrucksvollen Szenen, die alle mit den von GoPro angebotenen Kameras gefilmt und millionenfach angesehen wurden.

Und in vielen Fällen ist es nicht nur das Unternehmen selbst, das Videos zu seinen Produkten ins Netz stellt. Engagierte Nutzer sprechen über Produkt und Marke und drehen selbst Videos auf eigenen Kanälen. Dieser besonders engagierte Teil der Community birgt ein großes Potenzial, weil Social Influencer in ihrer Community viele loyale Zuschauer erreichen.

Social Influencer

Als *Social Influencer* werden Menschen in sozialen Netzwerken bezeichnet, die dank der Netzwerke als Einzelperson Kontakt zu sehr vielen anderen Menschen haben. Das kann beispielsweise aufgrund einer großen Anzahl an Abonnenten auf YouTube, zahlreichen Fans auf Facebook oder mehreren tausend Followern auf Twitter der Fall sein. Social Influencer haben bei ihrer Community im Netz ein relativ hohes Ansehen, sodass sie mit einer Veröffentlichung nicht nur ihre Inhalte platzieren, sondern auch Einfluss auf eben diese Menschen ausüben können.

Und auch die eigene Community ist in vielerlei Hinsicht bares Geld wert und kann zur hilfreichen Stütze in Krisensituationen werden. Menschen, die sich regelmäßig für Ihre Inhalte interessieren und viel Zeit damit verbringen, die Videos zu konsumieren, können sich sehr gut mit Ihrer Marke identifizieren. So werden sie zu treuen Kunden des Unternehmens und stehen in der Kommunikation mit anderen für Ihre Marke ein. Wenn es ein Unternehmen dann noch versteht, die Community in die eigenen Aktivitäten auf YouTube einzubinden und das Engagement zu erhöhen, steigt auch die Aufmerksamkeit außerhalb des YouTube-Kanals spürbar an.

Video kann aber noch viel mehr: Ein kurzer Text ist schnell geschrieben und ein Foto blitzschnell auf allen möglichen Plattformen geteilt, doch nur ein Video kann auch in einer kurzen Aufmerksamkeitsspanne selbst komplexe Informationen unterhaltsam vermitteln. Machen wir ein Beispiel daraus: Denken Sie zur Abwechslung mal an Essen. Sie haben Ihre Freunde am kommenden Samstagabend eingeladen und suchen nun ein Rezept für leckeres Fingerfood. Sie recherchieren im Internet und landen schnell auf einer Rezepte-Seite, wobei Sie beim Rezept »Pizzaröllchen« hängenbleiben. Das klingt nicht nur lecker, sondern sieht auf dem zugehörigen Bild auch so aus. Sie kaufen also die benötigten Zutaten und begeben sich in die Küche, um direkt mit der Zubereitung anzufangen. Doch dann nimmt das Unheil seinen Lauf: Wie stellt sich der Rezeptautor das Zusammenrollen des dreieckig zugeschnittenen Ausrollteiges vor? Im Text steht einfach nur »Rollen Sie den Teig zusammen«, und auf dem Bild sind nur die fertigen Pizzaröllchen zu sehen. Es ist für Sie einfach nicht zu erkennen, wie es gedacht ist. Letztendlich machen Sie es, wie Sie denken, nur um festzustellen, dass die gesamte Tomatensoße wieder herausläuft.

Das hätte nicht sein müssen, wenn Sie ein Video zu dem Rezept gesehen hätten, das den gesamten Prozess besser visualisieren kann. Grundsätzlich ist das Rezept nämlich sehr einfach: Den Teig in Dreiecke schneiden, Zutaten darauf verteilen, richtig einrollen, das Blech in den Ofen stellen, ein paar Minuten warten – und fertig. Wenn Sie sich jetzt vorstellen, dass Sie der Hersteller des Ausrollteiges sind, könnten Sie Ihren Kunden einen großen Gefallen tun: Schon durch ein Video mit einer Länge von unter 1 Minute können Sie das Rezept so darstellen, dass der Zuschauer eindeutig erkennt, wie er die einzelnen Schritte auszuführen hat. Das ist für Ihre Kunden ein Mehrwert. Doch nicht nur das: Gleichzeitig haben Sie die Chance, neue Kunden von der Qualität Ihres Ausrollteiges zu überzeugen und zu zeigen, was man mit Ihrem Produkt alles machen kann.

Vielleicht haben Sie aber auch ein erklärungsbedürftiges Produkt und liefern deshalb immer eine umfangreiche Anleitung mit. Trotz eines dicken Wälzers gibt es aber immer noch Tricks, die Ihr Produkt noch besser machen und die es nicht in die Anleitung geschafft haben. Mit YouTube-Videos können Sie diesem Umstand entgegenwirken und zusätzliche Informationen zu Ihren Produkten unterhaltend bereitstellen. Dazu können Sie auch auf Erfahrungen aus der Praxis zurückgreifen und Kunden involvieren, die Ihre Produkte verwenden. Viele Ihrer Kunden werden Ihre Produkte auf eine Art und Weise nutzen, die Sie zuvor nicht für möglich gehalten haben, und sind bereit, darüber detailliert zu berichten.

YouTube fungiert also als Videoplattform und soziales Netzwerk gleichzeitig. Durch geschicktes und unaufdringliches Storytelling ermöglicht ein YouTube-Kanal, Kunden als Markenbegeisterte zu gewinnen und Fürsprecher zu finden. Die eigenen YouTube-Aktivitäten und die der Community werden zum Bestandteil der Markenwirkung und führen zu einer geordneten Kommunikation über das Unternehmen und seine Produkte. Als Teilnehmer in den sozialen Medien zeigen Sie sich als Unternehmen transparent und unterhaltend zugleich, um innerhalb der großen Aufmerksamkeitsspanne Ihrer Videos eine hohe Glaubwürdigkeit zu erlangen.

1.2.3 Mit YouTube junge Zielgruppen besser erreichen

Heutzutage begleitet uns das Internet in allen Lebenslagen. Und die Zeiten, in denen nur junge Menschen das Internet nutzten und ältere Generationen keinen oder nur einen stark eingeschränkten Zugang besaßen, sind längst vorbei. Auch YouTube wird mittlerweile von Nutzern aller Altersklassen verwendet. Bei den jungen Zielgruppen macht sich jedoch eines ganz besonders stark bemerkbar: Während der Konsum von Bewegtbildinhalten im Netz ansteigt, nimmt der Konsum klassisch linearen Fernsehens rapide ab.

Genauere Zahlen hält die ARD/ZDF-Onlinestudie 2015 bereit: Nach ihr nutzen in der Zielgruppe der männlichen 14- bis 29-Jährigen genauso viele Menschen täglich Videoportale wie das Fernsehen. Und 22 % dieser Menschen geben sogar an, gar kein Fernsehen mehr zu schauen. Frauen schauen noch geringfügig mehr Fernsehen, als dass sie Videoportale nutzen.

In der gesamten Zielgruppe der 14- bis 29-Jährigen sind nahezu alle regelmäßig online und konsumieren zu 98 % zumindest gelegentlich Videoinhalte. Besonders interessant: Fast die Hälfte der jungen Zielgruppe konsumiert auf YouTube mehrere Inhalte eines Kanals – in der Gesamtbevölkerung sind dies immerhin bereits 23 % (vergleiche Abbildung 1.5). Die Menschen konsumieren also nicht nur wahllos irgendwelche Onlinevideos, sondern halten auch im Internet nach Inhalten bestimmter Anbieter Ausschau.

Wenngleich die Studie anmerkt, dass der Prozentsatz der Nutzer, die YouTube-Kanäle nicht nur konsumieren, sondern auch abonnieren, relativ gering ist (zum Beispiel 14 % in der Zielgruppe der 14- bis 29-Jährigen), werden die Kanäle trotzdem regelmäßig aufgesucht. Feste Veröffentlichungszeiten sind deshalb auch auf YouTube ein gutes Mittel zur Zuschauerbindung.

Tab. 3 Abonnements von Videokanälen und Videopodcasts 2015 zumindest selten genutzt, in %		
	ab 14 J.	14-29 J.
Videokanäle	23	46
abonniert	5	14
nicht abonniert	17	28
teils/teils	2	4
Videopodcasts	15	27
abonniert	2	5
nicht abonniert	11	20
teils/teils	1	2
Basis: Deutschspr. Onlinenutzer ab 14 Jahren (n=1 432).		
Quelle: ARD/ZDF-Onlinestudie 2015.		

Abbildung 1.5 YouTube-Kanäle werden selbst in der Gesamtbevölkerung ab 14 Jahren von 23% der Menschen abonniert.[1]

---

1 Quelle: Thomas Kupferschmitt: »Bewegtbildnutzung nimmt weiter zu – Habitualisierung bei 13- bis 29-Jährigen. Ergebnisse der ARD/ZDF-Onlinestudie 2015«. In: Media Perspektiven 9/2015, S. 383–391.

Wer in Zukunft insbesondere die junge Zielgruppe überhaupt noch mit bewegten Bildern erreichen will, ist bestens beraten, auf YouTube aktiv zu werden. Wie Ihre Aktivitäten auf YouTube im Einzelnen aussehen, ist an dieser Stelle nicht einmal entscheidend. Ob Sie sich nun auf per AdWords geschaltete Werbespots vor den Videos anderer Kanäle beschränken, Produkte auf anderen Kanälen platzieren oder tatsächlich selbst regelmäßige Inhalte präsentieren und damit auf Content Marketing setzen, bleibt Ihnen überlassen. Werden Sie aber gar nicht aktiv, wird es zunehmend schwieriger, jungen Menschen mit Ihren Videos zu begegnen.

1.2.4 Messbarkeit

Als Unternehmen interessiert Sie, ob sich eine Kommunikationsmaßnahme bezahlt gemacht hat. Schließlich kommunizieren Sie nicht zum Spaß mit Ihren Kunden, sondern um Ihr Geschäft voranzubringen. Auf YouTube gibt es dazu die YouTube Analytics. Hier können Sie intensive Analysen vornehmen und herausfinden, wie sich Ihre Zuschauer beim Betrachten Ihrer Videos verhalten. Sie können beispielsweise herausfinden, wie lange ein Video durchschnittlich angesehen wurde oder wie alt die Zuschauer durchschnittlich sind.

Sie können aber auch feststellen, wie die Zuschauer auf Ihre Videos gelangen und ob sie auf der Endcard, einer Einblendung am Ende des Videos mit zusätzlichen Auswahlmöglichkeiten, weitere Videos angeklickt haben. Wenn Sie Links in der Infobox eines Videos platzieren, helfen Ihnen unabhängig von den YouTube Analytics die Tracking-Möglichkeiten von Short-Link-Anbietern. Damit ist der Erfolg Ihrer YouTube-Aktivitäten messbarer als jede klassische Werbeform, und Sie können jederzeit nachverfolgen, ob Ihre Videos bei der Zielgruppe ankommen, an welcher Stelle Ihrer Marketingstrategie der Kanal besucht wird und ob dort Videos angesehen werden.

YouTube-Videos weisen dabei einen besonders hohen Engagement-Faktor auf. Wer sich für das Ansehen eines YouTube-Videos entscheidet, trifft die Entscheidung, seine Aufmerksamkeit den Inhalten zu widmen, bewusst – von per Google AdWords geschalteten Werbevideos abgesehen. Der Zuschauer hat deshalb eine relativ offene Grundhaltung gegenüber den präsentierten Inhalten und ist eher bereit, sich überzeugen zu lassen und nach dem Betrachten des Videos weitere Aktionen vorzunehmen. Innerhalb der Aufmerksamkeitsspanne hat das Unternehmen die besten Chancen, den Zuschauer für sich zu gewinnen. Ist der Zuschauer überzeugt, klickt er im Anschluss beispielsweise auch gerne einen Link an, um weiterführende Informationen zu Produkten und Dienstleistungen zu erhalten oder um direkt auf ein Angebot einzugehen.

Engagement

Unter dem Begriff Engagement versteht man im Marketing den Grad der Interaktion mit einem Inhalt. Je größer das Engagement, desto intensiver beschäftigt sich ein Nutzer mit dem Inhalt und bemisst sein eigenes Handeln danach. Engagement hat vor allem im Content Marketing an Bedeutung gewonnen, da die dort präsentierten Inhalte Menschen möglichst wirksam aktivieren sollen.

Betrachten Sie als Vergleich die traditionelle Bannerwerbung im Internet: Wie oft haben Sie bereits versehentlich auf ein Banner geklickt, weil er so (un)geschickt platziert war, dass Sie gar keine andere Möglichkeit hatten? Unternehmen erzielen dadurch vielleicht hohe Klickraten auf ihren Landingpages, sorgen beim Nutzer aber für eine hohe Frustrationsrate und erreichen im schlimmsten Fall genau das Gegenteil der eigentlichen Absicht: Abneigung gegenüber einer Marke, weil sie »nervt«. Und auch die Messbarkeit ist hierbei stark eingeschränkt: Die Mitarbeiter in Marketingabteilungen freuen sich zwar über enorm hohe Klickraten – gleichzeitig fällt aber die Conversion Rate ins Bodenlose.

Conversion Rate

Als Conversion Rate bezeichnet man das Verhältnis zwischen Klicks auf einen Link und tatsächlich unter dem Link getätigten Aktionen, beispielsweise einem abgeschlossenen Kauf in einem Onlineshop oder einer Registrierung für einen Newsletter. Die Conversion Rate ist eine wichtige Kennzahl im Online-Marketing, um den Erfolg einer Marketingmaßnahme zu ermitteln. Je höher die Conversion Rate ausfällt, desto effektiver war die vorangegangene Maßnahme.

1.2.5 Alle Gründe für einen YouTube-Kanal nochmal zusammengefasst

Sie sehen, dass es einige Gründe gibt, warum Sie mit Ihrem Marketing auf YouTube-Videos setzen sollten. Die Plattform ist längst kein Ort mehr, an dem nur Katzen- und Babyvideos veröffentlicht werden, sondern ist zum professionellen Werkzeug für Unternehmen, Marken und Content Creator geworden. Fassen wir nochmal alle Gründe zusammen:

▶ Videos haben eine vergleichsweise hohe Glaubwürdigkeit und wirken authentisch.

▶ Der Bewegtbildkonsum steigt durch die Verfügbarkeit von Breitbandverbindungen an, sodass Sie ein großes Publikum erreichen können.

- Ein eigener YouTube-Kanal bindet die Zuschauer an die Marke und lässt sie am Geschehen teilhaben.

- Eine loyale und treue Community steht in Krisenzeiten für Sie ein.

- Wer sich ein YouTube-Video ansieht, trifft diese Entscheidung immer bewusst und schenkt Ihnen seine Aufmerksamkeit. Die Conversion Rate ist dadurch höher als bei vielen anderen Marketingmaßnahmen – insbesondere höher als bei solchen, die sich den Menschen aufdrängen.

- Junge Menschen sind durch TV-Werbung immer schlechter erreichbar, da sich ihr Bewegtbildkonsum zunehmend auf Videoportale im Internet verlagert.

- Die YouTube Analytics geben aufschlussreiche Einblicke in das Verhalten der Zuschauer und ermöglichen in Kombination mit anderen Tracking-Diensten sehr detaillierte Analysewerte.

- Ein YouTube-Kanal kann dabei helfen, Vision und Mission sowie Transparenz nicht nur auf dem Papier stehen zu lassen, sondern auch in der Kommunikation zu leben.

Kapitel 2
Ihre individuelle YouTube-Strategie

Ein Video auf YouTube zu veröffentlichen ist nicht schwer – aber was wollen Sie eigentlich mit Ihren Videos erreichen? Was will Ihre Zielgruppe eigentlich sehen? Und wie kommen die Nutzer überhaupt zu Ihren YouTube-Videos?

Sie haben eine Entscheidung getroffen: YouTube-Videos sollen ab sofort Teil Ihres Marketings werden. Bevor Sie allerdings zur Kamera greifen und alles auf YouTube stellen, was Ihnen gerade vor die Linse kommt, sollten Sie sich zunächst ein paar Gedanken darüber machen, was Sie mit Ihrem YouTube-Kanal überhaupt erreichen wollen.

Denn man könnte fast sagen: »Wenn etwas existiert, gibt es ein YouTube-Video darüber.« Von Kindern, Katzen und kuriosen Unfällen bis hin zu Straßenumfragen, Imagefilmen und aufwendigen Produktionen ist alles vertreten. Die allermeisten YouTube-Videos sind Schnappschüsse. Sie werden von Privatpersonen hochgeladen, die einen interessanten Moment eingefangen haben und für die das hochgeladene Video auch das einzige bleiben soll.

YouTube lässt sich aber viel strukturierter nutzen, und die Plattform bringt mehr und mehr Inhalte hervor, die nach einem klaren Produktionsplan erstellt und regelmäßig hochgeladen werden. Diese Inhalte binden Zuschauer an die entsprechenden Kanäle, sodass diese auf eine Abonnentenbasis zurückgreifen können, die langfristig erreichbar ist.

Sie sollten also nicht einfach drauflosfilmen und hoffen, dass jemand Ihre Videos anschaut. Schließlich möchten Sie mit Ihren YouTube-Videos mehr erreichen als nur ein paar Videoabrufe. Es ist deshalb sinnvoll, Ihren YouTube-Auftritt strategisch zu planen: Um Ihre Ziele festzulegen, Ihre Zielgruppe zu bestimmen und YouTube in Ihre restlichen Marketingaktivitäten zu integrieren. Nur so können Sie im Nachhinein auch feststellen, ob Ihre YouTube-Bemühungen überhaupt etwas für Ihr Unternehmen bringen.

2.1 Worst Case: Wie YouTube-Marketing scheitert

Max Modemacher ist Inhaber und Geschäftsführer des mittelständischen Unternehmens Modemacher GmbH. Die Modemacher GmbH verkauft angesagte Sonnenbrillen und ist damit recht erfolgreich. Bisher haben sich die Brillen insbesondere durch Empfehlungs-marketing verkauft: Ein Kunde war begeistert von dem Produkt und hat die Brillen weiterempfohlen. Da Max Modemacher sein Geschäft allerdings weiter ausbauen möchte, trägt er seinen Mitarbeitern in der Marketingabteilung auf, das Online-Marke-ting für die Modemacher GmbH auszubauen.

Gesagt, getan, und so wird neben Unternehmensseiten bei Facebook, Twitter und Insta-gram auch ein YouTube-Kanal angelegt. Max Modemacher ist begeistert: Endlich ist die Modemacher GmbH in den sozialen Medien vertreten. Sogleich lässt er von der Marke-tingabteilung ein Video produzieren, in dem alle Produktbilder der aktuellen Sonnen-brillen nacheinander gezeigt und überblendet werden – im Hintergrund ertönt ein knalliger Rock-Song. Das Video ist schnell auf dem neuen YouTube-Kanal veröffentlicht, und Max Modemacher träumt schon von Millionen an Klicks – das Internet soll so etwas schließlich möglich machen, wie man bei anderen Videos auf YouTube ja auch sieht.

Vier Wochen vergehen, und Max Modemacher und seinen Mitarbeitern fällt während eines Meetings plötzlich ein: Was ist eigentlich aus dem YouTube-Video geworden? Sie klicken auf den Kanal und sehen: Gerade einmal 50 Klicks! Wie kann das denn sein? Unter dem Video haben zwischenzeitlich zwei Personen kommentiert: »Wo kann ich die Sonnenbrillen kaufen?« und »Laaaangweiliges Video!« ist zu lesen. Max Modemacher ist sauer. »Die Sonnenbrillen kann man in jedem Brillengeschäft kau-fen, und das Video ist ganz sicher nicht langweilig!!!«, kommentiert er mit dem Unter-nehmensaccount.

Gleichzeitig fragt er sich jedoch, warum das Video nur von 50 Leuten angesehen wurde. Da kommt ein Mitarbeiter auf eine Idee: »Schalten wir doch AdWords, dann läuft das Video vor anderen Videos, und wir können über das Budget bestimmen, wie viele Views wir bekommen möchten!« Zurück im Unternehmen richten die Mitarbeiter der Mode-macher GmbH eine AdWords-Kampagne für das veröffentlichte Video ein und sind gespannt, was passiert. Und es passiert einiges: Fast alle Nutzer klicken das Video nach 5 Sekunden weg und schauen es sich nicht zu Ende an. Max Modemacher ist mit seinem Latein am Ende und kommt zu dem Schluss: »Unsere Marke ist für YouTube einfach nicht geeignet.«

Was hat Max Modemacher falsch gemacht? Ganz einfach: Er hatte keine Strategie für seinen YouTube-Kanal und hat die Inhalte in keiner Weise auf das Publikum und die Plattform abgestimmt. Es gibt die unterschiedlichsten Fehler, die Unternehmen auf YouTube begehen. Ganz oben auf der Liste steht jedoch ein ungeplantes Vorgehen nach dem Motto: »YouTube ist eine Plattform für Videos, also laden wir einfach mal alle unsere Videos hoch.« So kommt es dann beispielsweise, dass ein YouTube-Kanal für die zusätzliche Auswertung von TV-Spots verwendet wird, die jedoch aufgrund ihres meist stark werblichen Charakters überhaupt nicht für YouTube geeignet sind und deshalb nur sehr wenige Abrufzahlen generieren. Ebenfalls oft zu sehen sind Videos, die nicht an die Zielgruppe angepasst sind, weil die Zielgruppe völlig andere Sehgewohnheiten auf YouTube hat.

2.2 Der Planungszyklus Ihrer YouTube-Strategie

Sie stehen jetzt vor der Aufgabe, eine Strategie für Ihren YouTube-Kanal zu entwickeln. Wie gehen Sie vor? Und lässt sich eine YouTube-Strategie einmal festlegen und danach nur noch abarbeiten? Informationen im Internet und in sozialen Netzwerken sind sehr schnelllebig. Mit einem YouTube-Auftritt befinden Sie sich innerhalb dieses sehr dynamischen Umfeldes. Ihr Unternehmen wird sich vielleicht nicht jeden Tag ändern, aber die Nutzer sozialer Netzwerke bestimmen täglich neu, welche Themen aktuell sind und welche nicht.

Hinzu kommt, dass auch die YouTube-Plattform eine dynamische Entwicklung mit sich bringt. Die Plattform entwickelt sich weiter, bietet neue Funktionen und hält mit technischen Entwicklungen Schritt. Vor Kurzem hätte niemand gedacht, dass sich mit 360-Grad-Kameras interessante Geschichten erzählen lassen und dass die Nutzer es spannend finden, während der Wiedergabe den Bildausschnitt selbst zu wählen und zu verändern. YouTube hat die Funktionalität auf seiner Plattform implementiert, woraufhin zahlreiche YouTube-Creator ausgetestet haben, wie sich die neue Funktionalität sinnvoll nutzen lässt.

Die Sehgewohnheiten der Nutzer ändern sich also. Was gestern noch State of the Art war, kann morgen bereits ganz anders üblich sein. Neue Endgeräte, neue Nutzungsszenarien und andersartige Inhalte verändern den Umgang mit der Plattform. Da theoretisch jeder das YouTube-Potenzial ausschöpfen und einen YouTube-Kanal groß rausbringen kann, erscheinen auch immer wieder neue Variationen.

Wenn Sie einen eigenen Kanal haben und verschiedene Videoformate planen, in denen Sie regelmäßig Inhalte publizieren, erwartet der Zuschauer auch dort eine Anpassung an seine Sehgewohnheiten. Dank der YouTube Analytics können Sie sehr detailliert feststellen, wie Ihre Videos von den Zuschauern angenommen werden und wo es eventuell Verbesserungspotenzial gibt. Zusätzlich werden Sie anhand der Kommentare und Bewertungen erkennen, welche Inhalte positives Feedback generieren und was den Zuschauern so gar nicht zusagt.

Der Zuschauer erwartet Videos, die einen aktuellen Charakter haben. Sollten Sie sich also heute entscheiden, ein aktuelles Thema aufzugreifen, das in den sozialen Netzwerken oder den Medien die Runde macht, muss das entsprechende Video zeitnah erscheinen, um überhaupt noch eine Relevanz zu haben.

Im besten Fall sehen Sie Ihre Kommunikationsplanung für YouTube deshalb als iterativen Prozess an. Wie Sie in Abbildung 2.1 sehen, besteht dieser Prozess aus fünf wesentlichen Schritten:

1. Analyse der aktuellen Situation
2. Festhalten der Kommunikationsziele
3. Bestimmen und Festlegen der Zielgruppe(n)
4. Entwickeln der Strategie
5. Budgetierung und Implementierung

Durch das wiederholte Durchlaufen dieses Zyklus können Sie Ihre Strategie an die veränderten Bedingungen anpassen und einzelne Parameter verändern, damit sich der Kanal mit Ihrer Marke und den aktuellen Gegebenheiten auf der Plattform stetig mit entwickeln kann. In den nächsten Abschnitten werden die einzelnen Schritte genauer beleuchtet.

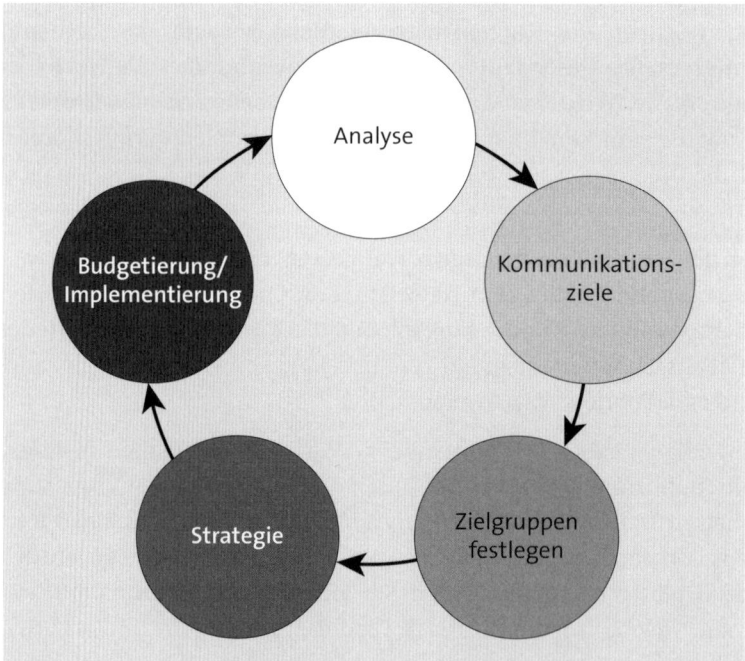

Abbildung 2.1 Eine Kommunikationsstrategie auf YouTube ist immer ein iterativer Prozess, um sich der dynamischen Plattform stetig anzupassen.

46

2.3 Wo steht Ihr Unternehmen zurzeit?

Bevor Videos auf einem YouTube-Kanal veröffentlicht werden, sollten Sie sich zunächst einmal Gedanken darüber machen, wo Ihr Unternehmen derzeit steht. Haben Sie schon einen YouTube-Kanal, oder kennen Sie sich bereits mit Bewegtbild aus? Was sind Ihre Stärken und Schwächen? Und was könnte Ihnen eventuell in die Quere kommen?

Außerdem ist das Umfeld Ihres Unternehmens prägend für Erfolg oder Misserfolg. Einflussnehmend sind nicht nur Ihre Konkurrenten, sondern sämtliche aktuellen Themen in den Medien und den sozialen Netzwerken, die deshalb ein regelmäßiges Screening voraussetzen. Nur so wissen Sie, in welchem Umfeld Sie sich überhaupt behaupten müssen und was aktuelle Entwicklungen mit sich bringen.

2.3.1 Mit der SWOT-Analyse die aktuelle Lage prüfen

Ein klassisches Tool zur Analyse der Ausgangssituation ist die sogenannte *SWOT-Analyse*. SWOT steht für die englischen Wörter *strenghts* (Stärken), *weaknesses* (Schwächen), *opportunities* (Chancen) und *threats* (Gefahren). Die SWOT-Analyse ist sehr häufig die Basis für Strategieentwicklungen jeglicher Art, da sehr deutlich wird, mit welchen inneren und äußeren Faktoren sich eine Organisation auseinandersetzen muss. So ist es sinnvoll, auch im Rahmen der Kommunikationsstrategie-Entwicklung zunächst eine SWOT-Analyse durchzuführen.

Es gibt unterschiedliche Ansätze, wie eine SWOT-Analyse grafisch dargestellt werden kann. Der grundlegende Ablauf ist jedoch bei allen Varianten gleich, sodass die grafische Darstellung in Abbildung 2.2 auch variiert werden kann. Gehen Sie für die Analyse wie folgt vor:

1. Notieren Sie alle **Stärken** und **Schwächen** Ihres Unternehmens im Zusammenhang mit einem YouTube-Kanal. Denken Sie dabei an Ihr Unternehmen und Ihre Marke mit Blick auf verfügbare Ressourcen, Fähigkeiten, Image und ähnliche unternehmensbezogene (interne) Faktoren: Welche Fähigkeiten haben Sie als Unternehmen bereits, wird Ihre Marke bereits auf YouTube rezipiert, haben Sie bereits Erfahrung mit Webvideos? Haben Sie vielleicht schon einen YouTube-Kanal und deshalb Erfahrungswerte? Wo haben Sie Defizite oder begrenzte Ressourcen?

2. Schreiben Sie nun **Chancen** und **Gefahren** eines YouTube-Kanals auf. Diese Faktoren werden von außen beeinflusst, weshalb Sie vorrangig an Konkurrenten, die YouTube-Plattform und die Entwicklung der Umwelt Ihres Unternehmens und der restlichen Social-Media-Welt denken sollten: Wo bietet das Medium YouTube Möglichkeiten für das Marketing, wie entwickeln sich die sozialen Medien, was macht die Konkurrenz

gut/schlecht? Gibt es eventuell externe Einflussgrößen, die Sie bei der Etablierung eines YouTube-Kanals behindern könnten?

3. Nachdem Sie nun eine ausführliche Liste haben, stellen Sie die einzelnen Faktoren in der SWOT-Analyse gegenüber. Dabei kann die Darstellung in Abbildung 2.2 behilflich sein, die der Übersichtlichkeit halber nur jeweils ein Beispielpaar enthält. Übrigens: Lassen Sie sich nicht von den Inhalten in der Grafik leiten: Sie sollen lediglich beispielhaft verdeutlichen, zu welchen Ergebnissen eine SWOT-Analyse kommen könnte, und Ihnen einen Eindruck von der Funktionsweise vermitteln.

Dank der Durchführung einer SWOT-Analyse kennen Sie nun detailliert Ihre Ausgangssituation und haben einen Überblick, um Ihre Strategie möglichst zielführend zu gestalten. Aus der Kombination der internen und externen Faktoren in der SWOT-Matrix leiten Sie ab, welche Maßnahmen im Rahmen Ihrer YouTube-Strategie zu ergreifen sind. Behalten Sie dabei im Hinterkopf: Externe Faktoren lassen sich nicht beeinflussen, während die internen Faktoren einer Entwicklung im Rahmen Ihrer Strategie unterliegen.

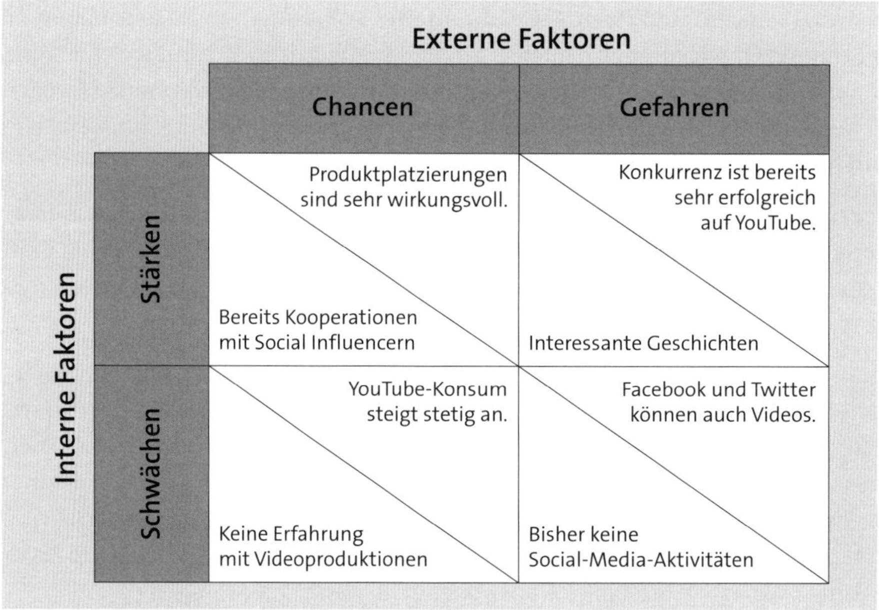

		Externe Faktoren	
		Chancen	Gefahren
Interne Faktoren	Stärken	Produktplatzierungen sind sehr wirkungsvoll. / Bereits Kooperationen mit Social Influencern	Konkurrenz ist bereits sehr erfolgreich auf YouTube. / Interessante Geschichten
	Schwächen	YouTube-Konsum steigt stetig an. / Keine Erfahrung mit Videoproduktionen	Facebook und Twitter können auch Videos. / Bisher keine Social-Media-Aktivitäten

Abbildung 2.2 Darstellung einer SWOT-Matrix

2.3.2 Trends und Entwicklungen beobachten

Wenn davon die Rede ist, Trends im Internet und den sozialen Netzwerken zu beobachten, kann man schnell vor einem großen Berg stehen und sich fragen: Wo soll man da denn anfangen? Glücklicherweise gibt es zahlreiche Quellen, die sich besonders gut eignen, um schnell einen Überblick zu erhalten:

1. Google Trends

   Ein sehr beliebtes Tool für die Identifizierung von Medientrends ist Google Trends. Die entsprechende Google-Seite ist über *www.google.de/trends/* erreichbar. Mit zahlreichen Filterfunktionen (Standort, Zeitraum usw.) können Sie die Trends eingrenzen. Google untersucht hierbei sowohl mediale Rezeption als auch die Häufigkeit von Suchbegriffen und kann so ein recht ausdrucksstarkes Bild liefern. In einer Top-Charts-Liste werden Themen nach Bereichen gruppiert dargestellt. Bei Bedarf können Sie Themenentwicklungen gezielt abonnieren und sich per E-Mail über die aktuellen Ausprägungen informieren lassen.

2. YouTube-Trends

   Die YouTube-Trends sind in das Tool Google Trends integriert und über das Menü aufrufbar (TRENDS AUF YOUTUBE). Auch hier können Sie mit mehreren Filtern auswählen, wo und in welchem Zeitraum Sie Trends beobachten möchten. Die YouTube-Trends zeigen die Videos an, die im gewählten Zeitraum die größte Aufmerksamkeit erreicht haben (siehe Beispiel in Abbildung 2.3). Ebenfalls interessant für YouTube-Trends ist das offizielle YouTube-Blog unter *http://youtube-global.blogspot.de/* sowie das Partnerblog unter *http://youtubecreatorde.blogspot.de/*.

3. Twitter-Trends

   Auf Twitter wird die Kommunikation mit Hashtags versehen. Zur Auswertung, welche Hashtags und Themen besonders beliebt sind, bietet Twitter die sogenannten TRENDING TOPICS an, die auf eine Region bezogen im linken Bereich Ihres Twitter-Profils angezeigt werden. Twitter ist ein beliebtes Kommunikationsmittel, vor allem auch, wenn es um YouTube-Videos geht. Ein Blick in die Twitter Trending Topics lohnt sich also.

4. Meinungsführer

   Im Internet gibt es auf allen Plattformen und zu allen Themen Meinungsführer, die besonders großen Einfluss haben, weil sie von vielen Menschen abonniert werden. Beobachten Sie diese Meinungsführer, und halten Sie nach den Menschen Ausschau, die sich zu Ihrer Branche häufig äußern. Meinungsführer in den sozialen Netzwerken agieren oftmals als eine Art moderner Gatekeeper und selektieren Themen im eigenen Erfolgsinteresse. Sie haben mit ihrer eigenen Meinung aber auch großen Einfluss auf die öffentliche Wahrnehmung der angesprochenen Themen.

5. Instagram

   Als ebenfalls sehr beliebtes Netzwerk mit mehreren hundert Millionen Nutzern sollten Sie auch Instagram nicht unbeachtet lassen. In der App können Sie Trending

Posts beobachten und gelangen über die Hashtags zu den letzten Posts, die unter diesen Hashtags veröffentlicht wurden.

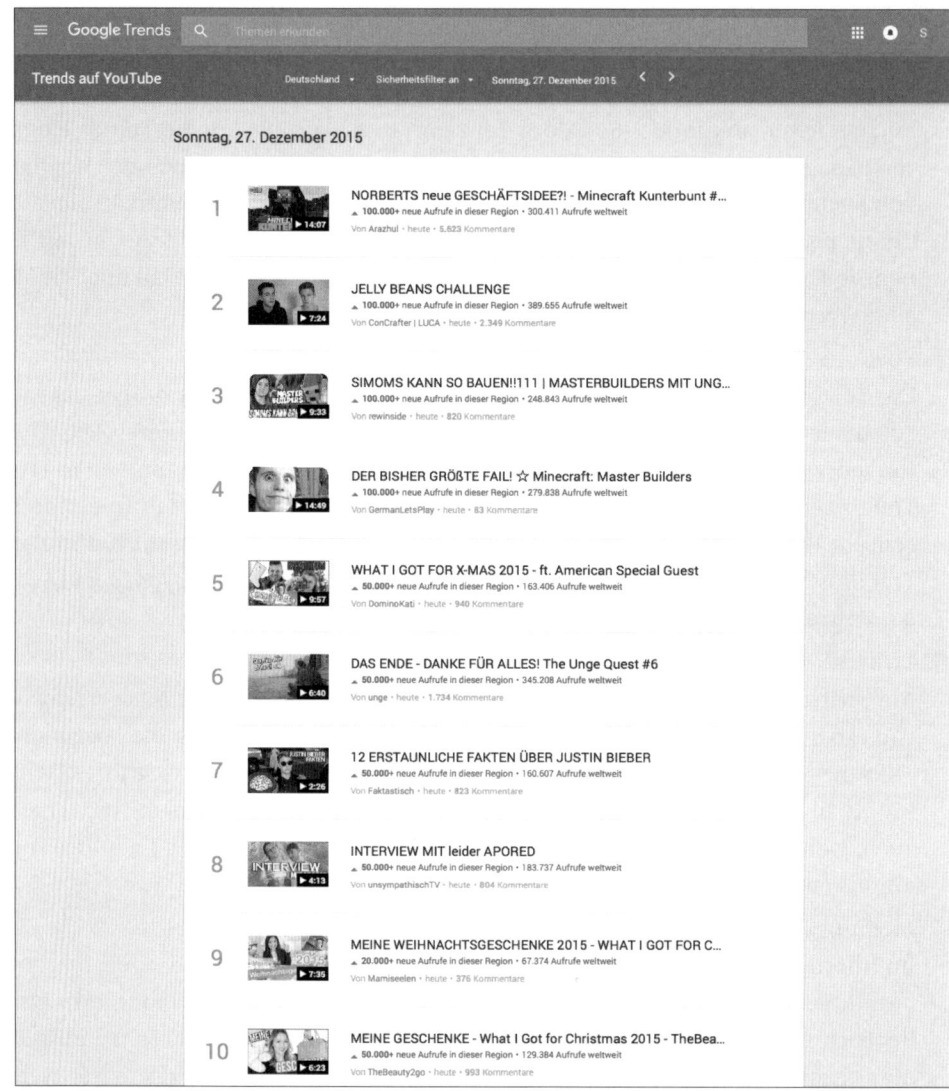

Abbildung 2.3 Kurz nach Weihnachten sind Videos zu den erhaltenen Geschenken besonders beliebt auf YouTube.

6. Die YouTube-Szene

YouTube ist stark geprägt von vorrangig jungen erfolgreichen Künstlern, die sich auf der Plattform mit ihren Kanälen präsentieren und dank dieser eine große Berühmtheit erlangt haben. Es gibt zahlreiche Blogs und Newsseiten, die sich mit der Entwicklung innerhalb dieser Szene beschäftigen. Sie werden meist von jungen Menschen für eine ebenso junge Zielgruppe betrieben, geben aber einen guten Einblick – insbesondere, wenn Sie überlegen, Kooperationen mit YouTube-Kanälen einzugehen. Beispiele für solche Blogs im deutschsprachigen Raum sind *www.broadmark.de* und *www.videolix.net*.

7. Branchenmedien
Zahlreiche Fachmagazine für die Kommunikations- und Medienbranche berichten regelmäßig über das Marketing von Unternehmen und präsentieren Kampagnen sowie YouTube-Videos. Dazu gehören unter anderem *www.wuv.de* sowie *www.horizont.net*.

Es bleibt die Frage, wie Sie aktuelle technische Entwicklungen und Funktionsänderungen auf der YouTube-Plattform mitbekommen. In der Tat gibt es keine zentrale Anlaufstelle auf der Plattform, in der neue Funktionen veröffentlicht werden. Sie sind also darauf angewiesen, dass technisch orientierte Newsseiten über entsprechende Neuerungen berichten.

2.4 Welches Ziel haben Sie vor Augen?

Was beabsichtigen Sie mit Ihrem YouTube-Kanal eigentlich? Nachfolgend finden Sie einige Ziele, an denen Sie sich orientieren können und die Ihnen zeigen, was ein eigener YouTube-Kanal für Ihr Unternehmen und Ihre Marke leisten kann. Aus diesen Zielen sollten Sie auswählen, um Ihren YouTube-Kanal planen und die aktuell von Ihnen besetzten Kommunikationsthemen festlegen zu können.

Beim Durchlesen der Ziele werden Sie feststellen, dass Sie vielleicht sogar alle Punkte mit Ihrem YouTube-Kanal abdecken möchten. Das wird in der Praxis im Idealfall auch so sein. Trotzdem ist es sinnvoll, ein oder zwei Ziele als besondere Schwerpunkte herauszuarbeiten, um darauf basierend Formate für Ihren Kanal zu entwickeln, die Entsprechendes leisten können.

2.4.1 Brand Awareness – die Markenbekanntheit steigern

Ihre Marke kennt kein Mensch? Dann wird es höchste Zeit, etwas daran zu ändern! Bringen Sie sich und Ihre Marke in das Bewusstsein und die Köpfe der Menschen, indem Sie YouTube-Videos veröffentlichen. Ein regelmäßig publiziertes Videoformat zeigt, dass Sie existieren und Ihr Unternehmen am Markt vertreten ist. Vielleicht sind Sie auch bereits einigen Menschen bekannt und möchten Ihre Markenbekanntheit steigern?

Wer interessante und spannende Inhalte veröffentlicht, bringt sich ins Gespräch und erreicht Menschen, die zuvor kein Bewusstsein für die Marke hatten. Erzählen Sie Ihre Geschichten, und lassen Sie die Menschen an Ihren Aktivitäten teilhaben. So führen Sie die Zuschauer in Ihre Markenwelt ein und können im Idealfall neue Markenbegeisterte hinzugewinnen.

Noch bevor YouTube überhaupt gegründet wurde, gelang der Agentur Jung von Matt eine Serie von TV-Spots, die sich zusätzlich im Internet viral verbreiteten und die Bekanntheit der Marke K-Fee nachhaltig steigerten. Der Aufbau der Spots folgt immer dem gleichen Prinzip: Eine scheinbar belanglose Szene wie die Fahrt eines Autos in einer von Grün geprägten Landschaft, mit entspannender Flötenmusik hinterlegt, wird etwas länger als 10 Sekunden gezeigt, bis plötzlich völlig unerwartet ein schockierend ausse-hendes Gesicht direkt bildschirmfüllend vor die Kamera springt und den Zuschauer, begleitet von einem lauten Schrei, erschreckt (siehe Abbildung 2.4). Der direkt danach eingeblendete Slogan lautet: »So wach warst du noch nie«, gefolgt von einem Packshot einer Kaffeedose der Marke K-Fee. Die Spots wurden zum damaligen Zeitpunkt vor allem als niedrig aufgelöste Videos per E-Mail geteilt, finden aber sogar heute noch immer wie-der als Re-Upload den Weg in die sozialen Netzwerke.

Abbildung 2.4 Die TV-Spots der Marke K-Fee erreichten bereits vor der YouTube-Gründung eine hohe virale Verbreitung im Internet (Quelle: youtu.be/KpGfnvHW0Tg).

2.4.2   Brand Loyality – treue Kunden binden

Wer kennt diese Angst nicht: Kunden begeistern sich für andere Marken und gehen dem eigenen Unternehmen verloren. Dieser Prozess ist normal, weil sich Menschen von Zeit zu Zeit umorientieren. Glücklicherweise kann man etwas dagegen tun, indem man Kunden laufend begeistert und sie mit Informationen um neue Markenaspekte versorgt, damit sie der eigenen Marke länger treu bleiben. Dazu muss Ihre Marke Identität stiften und spannend bleiben.

Ein eigener YouTube-Kanal hilft bei der Steigerung der Markenloyalität: Zeigen Sie, was Ihre Markenwelt zu bieten hat, und berichten Sie mit Videos über die Aktivitäten, die nicht nur direkt mit dem Absatz Ihrer Produkte in Verbindung stehen. Die wenigsten Ihrer Kunden werden andernfalls davon mitbekommen, was Ihr Unternehmen alles kann und leistet. Durch das audiovisuelle Medium bringen Sie Ihre Kunden nah an das Geschehen heran und wecken das Bedürfnis, langfristig durch den Kauf Ihrer Produkte Teil der spannenden Markenwelt zu bleiben und für Ihre Marke einzustehen.

2.4.3   Leads generieren

Die Reichweite Ihres YouTube-Kanals eignet sich perfekt für die Leadgenerierung: Gewinnen Sie qualifizierte Interessenten, indem Sie beispielsweise eine Landingpage einrichten, die Sie am Ende des Videos auf der Endcard und in der Videobeschreibung verlinken (siehe hierzu auch Kapitel 6, »Ein eigenes Branding entwickeln«). Wer sich bereits ein YouTube-Video angesehen hat und von Ihrem Produkt begeistert ist, wird Ihnen seine Kontaktdaten für einen weiteren Dialog gerne überlassen und Ihnen damit die Möglichkeit geben, mit weiteren Informationen auf ihn zuzugehen. Treue Abonnenten eines YouTube-Kanals sind meist so stark mit der Marke verbunden, dass die Interaktionsrate bei diesem Medium besonders hoch ist.

Wenn Sie auf fremde Reichweiten zurückgreifen und Kooperationen mit reichweitenstarken YouTube-Kanälen eingehen, können Sie diesen Effekt noch verstärken. Hier ist eine authentische Wirkung der Kooperationspartner durch eine Überschneidung in der Themenbesetzung wichtig, damit der Zuschauer sich auch weitergehend für Ihre Produkte und Leistungen interessiert.

2.4.4   Upselling – höherwertige Produkte schmackhaft machen

Stellen Sie sich vor, ein Kunde interessiert sich für Ihre Produkte, greift aber zu dem günstigsten Produkt, das in Ihrem Sortiment vorhanden ist, etwa weil er anfangen möchte, E-Gitarre zu lernen und zunächst mit dem Argument »erstmal probieren, ob es mir Spaß macht« ein günstigeres Modell in Betracht zieht. Natürlich wissen Sie um die Nachteile des Produkts: Günstiger Preis bedeutet wahrscheinlich niedrigere Qualität, schlechterer Klang, weniger Reparaturmöglichkeiten oder auch weniger Funktionen. Sie könnten ihm jetzt das gewünschte Produkt verkaufen und hoffen, dass bald wieder ein fortgeschrittener Musiker vorbeikommt, um das teurere und höherwertige E-Gitarren-Modell zu kaufen, an dem Sie wesentlich mehr verdienen. Oder aber Sie machen sich Gedanken darüber, wie Sie dem am günstigen Produkt Interessierten gleich das bessere Produkt schmackhaft machen können.

In zahlreichen Verkaufsratgebern werden Sie unzählige Tipps und Strategien genau zu diesem Zweck finden. Was aber kann ein YouTube-Kanal dazu beitragen, teurere und bessere Produktvarianten an den Mann zu bringen? Sehr viel: Ein Interessent, der audiovisuell erlebt, welche umfangreichen Vorteile, Funktionen und Möglichkeiten das teurere Produkt mit sich bringt, erhält einen besseren Eindruck und erweitert sein Vorstellungsvermögen. Eventuell stellen Sie im Video auch einen bekannten Musiker vor, der von dem Instrument überzeugt ist – ein Erlebnis, das Sie Ihrem Kunden im Geschäft nicht jeden Tag bieten können. Dabei befindet er sich nicht mit skeptischer Haltung in einem Geschäft und muss sich etwas »aufschwätzen« lassen, sondern macht dieses Erlebnis in Ruhe von zu Hause aus – er ist entspannt, und Sie haben einen wesentlich einfacheren Zugang. Daraus entwickelt er ein Bedürfnis für das teurere Produkt, weil Videos ihm Einblicke geben, was ihm das Produkt an Mehrwert bietet.

Das günstige Produkt steht nun zwar als Angebot bereit, er wird es aber aufgrund mangelnden Mehrwertes nicht mehr so intensiv in Betracht ziehen. Der Mehrwert kann übrigens aus unterschiedlichen Aspekten bestehen: Funktionalität, Herstellungsprozess, Erweiter- und Bedienbarkeit, aber auch ein gesteigertes Lebens- oder Zugehörigkeitsgefühl sind nur einige Aspekte, die durch YouTube-Videos zum Ausdruck gebracht werden können.

Die Marke Crumpler präsentiert ihre angebotenen Taschen einzeln auf dem unternehmenseigenen YouTube-Kanal. Die Marke erreicht dadurch gleich mehrere Ziele, die in der Hauptsache sind:

▶ Upselling, indem Kunden erkennen, welche Vorteile ein (teureres) Produkt hat (siehe Abbildung 2.5)

▶ Generierung von Sales durch einen Videobeschreibungslink zum Produkt im Onlineshop

▶ Service und Support, indem gezeigt wird, wie die Taschen zu verwenden sind (siehe nächsten Abschnitt)

54

Abbildung 2.5 Crumpler präsentiert auf seinem YouTube-Kanal die Funktionsweise seiner Taschen. Der Zuschauer erkennt so schnell, welche Vorteile die teureren Modelle haben (Quelle: youtu.be/W2GEsYdeW5I).

2.4.5 Service und Support bieten

Bei fast allen Produkten und Dienstleistungen benötigt der Kunde von Zeit zu Zeit Ihre Unterstützung. Und oftmals bekommen Sie Anfragen zum gleichen Problem, dessen Lösung Sie dann Ihren Kunden wieder und wieder liefern dürfen. Ein YouTube-Video kann helfen, Ihren Service- und Supportaufwand zu reduzieren und stellt Ihren Kunden weltweit und rund um die Uhr Hilfe bereit.

Viele Menschen googeln ihre Probleme im Umgang mit Produkten oder suchen direkt auf YouTube nach einem Video mit der Lösung. YouTube wird oft als zweitgrößte Suchmaschine der Welt gehandelt, wobei Videos zu Themen jeglicher Art gesucht werden: Wie funktioniert nochmal die Zieleingabe mit mehreren Zwischenzielen beim Navigationssystem? Oder wie war das gleich, wenn man eine neue Saite auf die E-Gitarre aufziehen muss? Fragen, die Sie kompetent anhand Ihrer eigenen Produkte in einem Video beantworten können – so bieten Sie Mehrwert und reduzieren gleichzeitig Ihren eigenen Aufwand, den Sie andernfalls mit endlosen Telefongesprächen oder Vor-Ort-Hilfestellungen auf sich nehmen würden.

Sogar Google leistet für seine Produkte mit Tutorial-Videos Support. Das Video »How to sign up for Google Partners« beschreibt einen Anmeldeprozess (siehe Abbildung 2.6). Aufgrund des Titels ist es gut für die YouTube-Suche geeignet. Es reduziert einerseits den Aufwand, den Google zur Beantwortung der Frage ansonsten betreiben müsste, und erleichtert in diesem Fall gleichzeitig die Anmeldung zu einem Google-Produkt.

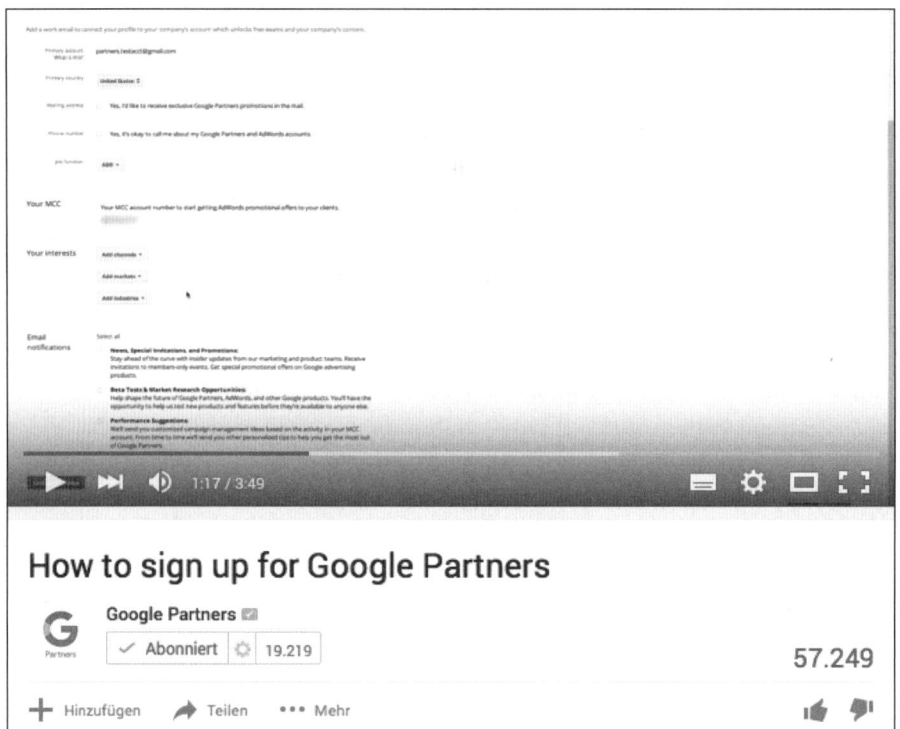

Abbildung 2.6 Google arbeitet mit Tutorial-Videos, um seinen Kunden Prozesse schnell zu erklären und Supportaufwand zu reduzieren (Quelle: youtu.be/RRxsR78mN_U).

2.4.6 Marktforschung und Produktoptimierung betreiben

Braucht der Markt eigentlich Ihr neues Produkt? Möchten Menschen die Neuheit kaufen, oder wünschen sie sich vielleicht viel lieber etwas ganz anderes? Marktforschung kann ganz schön aufwendig sein, wenn Sie so etwas herausfinden möchten. Das Schöne an YouTube in diesem Zusammenhang ist die Kommentar- und Bewertungsfunktion: Wenn die Zuschauer schon Ihre Inhalte konsumieren und ihre Zeit opfern, teilen Sie Ihnen auch gerne mit, ob sie begeistert oder absolut enttäuscht sind.

Ist Ihre Community wenig aktiv, können Sie Ihre Zuschauer auch aktiv auffordern, Ihnen ihre Meinung, etwaige Verbesserungsvorschläge und Ideen mitzuteilen. Dieser Pool kann für Sie der Quell der Erkenntnis sein, um zu erfahren, was Ihre Kunden und der Markt wirklich wollen – oder wie Sie sich noch weiter verbessern können. Nehmen Sie die Meinungen auch noch positiv auf, und gehen Sie darauf ein, ist Ihnen der Ruf als kundennahes und innovatives Unternehmen jetzt schon sicher.

Der Prozess, in dem eine Vielzahl an Nutzern in Marktforschung und Produktentwicklung einbezogen werden, wird oftmals unter dem Begriff »Crowdsourcing« zusammengefasst.

2.4.7 Deutungshoheit im eigenen Segment gewinnen

Wer sagt eigentlich die Wahrheit, ist authentisch und kommuniziert ehrlich? Über Unternehmen und Produkte gibt es immer viele Meinungen, sowohl positiver als auch negativer Natur. Und mit zunehmender Öffentlichkeit kann es schwierig sein, die Oberhand über diese Meinungen zu behalten. Kommt es dann zum Super-GAU und Ihr Unternehmen gerät mit negativen Schlagzeilen und Berichten in den Fokus einer breiten Öffentlichkeit, ist das Problem im Haus. Wer jetzt die Deutungshoheit zurückgewinnen kann, macht aus einer vermeintlichen Krise einen starken Unternehmensauftritt.

Doch um die Deutungshoheit zu besitzen, muss das Unternehmen langfristig authentisch und ehrlich im Gesamtauftritt sein. Sie werden es bereits vermuten: Ein YouTube-Kanal mit Einblicken in Ihre Aktivitäten kann ein hilfreicher Baustein für einen solchen Auftritt sein. Loyale Kunden und Markenbotschafter, die sich mit Ihrer Marke auskennen und identifizieren, werden Ihnen durch eine positive Meinungsäußerung in der öffentlichen Diskussion helfen, die Deutungshoheit zu behalten. Hier zählen beispielsweise die positiven gesellschaftlichen Handlungen bezüglich Ihres Unternehmens, über die Sie auf YouTube regelmäßig berichten.

Beispielsweise hat sich das amerikanische Unternehmen SolarCity auf die Fahnen geschrieben, die Produktion von Solarstrom voranzutreiben. Dazu werden Sonnenkollektoren zu einem innovativen Preismodell auf den Dächern von Privatpersonen installiert. Da sich das Unternehmen mit seinem Anliegen der Konkurrenz anderer Stromproduzenten (Kohle, Gas, Atom) ausgesetzt sieht, muss es sich selbst am Markt behaupten können und von anderen Unternehmen eingebrachte Argumente gegen das SolarCity-Modell entkräften. Auf seinem YouTube-Kanal räumt das Unternehmen deshalb mit Vorurteilen auf und präsentiert dazu kurze Videos (siehe Abbildung 2.7). SolarCity versucht damit, die Deutungshoheit zu behalten.

Abbildung 2.7 SolarCity räumt in kurzen Videos auf seinem YouTube-Kanal mit Vorurteilen gegenüber dem eigenen Produkt auf (Quelle: youtu.be/YcSGc7aY-Xg).

2.5 Wie sieht Ihre Zielgruppe aus?

Nachdem Sie nun erste Anhaltspunkte haben, was Sie mit Ihrem YouTube-Kanal erreichen wollen, sollten Sie sich im nächsten Schritt Gedanken über die Menschen machen, die Sie mit Ihrem YouTube-Kanal ansprechen möchten. Kennen Sie eigentlich Ihre Zielgruppe? Wer kauft und nutzt Ihre Produkte, welche Personen können sich mit Ihrer Marke identifizieren, und wer ist vielleicht zukünftig daran interessiert? Nur so gelingt es, die Medien der Zielgruppe ausfindig zu machen, ihre Sprache zu sprechen und auf ihre Wünsche und Bedürfnisse einzugehen. Wenn Sie beispielsweise Anzeigen für einen Treppenlift mit der Hauptzielgruppe der Generation 70+ in einem Jugendmagazin schalten, ist diese kommunikative Maßnahme mit sehr hoher Wahrscheinlichkeit an der Zielgruppe vorbei platziert und zeigt keine Wirkung.

Wenn Sie über einen eigenen YouTube-Kanal nachdenken, werden Sie die Zielgruppen Ihres Produkts oder Ihrer Dienstleistung in der Regel bereits kennen und vielleicht sogar anhand von Sinus- und Sigma-Milieus oder ähnlichen Zielgruppenmodellen belegen können. Falls nicht, lesen Sie in diesem Abschnitt auch, wie Unternehmen mittels Marktforschung Ihre Zielgruppe bestimmen können.

Die YouTube Analytics geben Ihnen gute Einblicke in Eigenschaften Ihrer Zuschauer. So können Sie jederzeit nachverfolgen, ob die von Ihnen publizierten Inhalte auch die Menschen erreichen, die Sie damit erreichen wollten. Gegebenenfalls ist an dieser Stelle im Kommunikationsprozess der Zeitpunkt, an dem Sie die Inhalte neu ausrichten und an die intendierte Zielgruppe anpassen.

2.5.1 Ist Ihre Zielgruppe auf YouTube überhaupt vertreten?

Eine Frage, die viele Unternehmen beschäftigt: Treffen wir auf YouTube überhaupt unsere Kunden an? Oftmals besteht das Vorurteil, YouTube werde nur von jungen Menschen genutzt. Gleich vorweg: Dem ist nicht so. YouTube hat weltweit derzeit etwa 1 Milliarde Nutzer, die regelmäßig Videos anschauen. Nach der von IPSOS durchgeführten »YouTube Global Audience Study« sind nur 37 % der deutschen Nutzer im jungen Alter von 18 bis 34 Jahren. Auch die bereits in Kapitel 1, »Vorhang auf!«, erwähnten Ergebnisse der ARD/ZDF-Onlinestudie deuten darauf hin, dass YouTube von Menschen aller Altersklassen genutzt wird. Mit Blick auf Abbildung 2.8 lässt sich also festhalten: Je jünger Ihre Zielgruppe ist, desto geringer ist der Streuverlust auf YouTube, wenngleich Nutzer in den Generationen 35+ ebenfalls sehr stark vertreten sind.

YouTube sieht das im Übrigen ähnlich und konkretisiert seine Hauptnutzergruppe in der Zielgruppenbeschreibung »Gen C«. Darunter versteht die Plattform Menschen, die sich besonders stark mit den Begriffen Creation, Curation, Connection und Community identifizieren können. Die altersunabhängige Zielgruppe konsumiert nicht nur Inhalte, sondern wird auch selbst aktiv – sie teilt, bewertet, kommentiert und erstellt eigene Inhalte auf YouTube. Menschen aus Gen C beziehen Informationen vorrangig aus dem Internet und nutzen es als ihren Hauptkommunikationsweg. Ihr Alltag ist mit zahlreichen mobilen und stationären Endgeräten hervorragend vernetzt. Es ist deshalb kein Wunder, dass laut YouTube über 90 % aus Gen C in direkter Nähe zu ihrem Smartphone schlafen. Außerdem lassen sie sich leichter dazu bewegen, Teil von etwas Größerem zu werden und sind häufig bereit, mehr zurückzugeben, als sie selbst aus den Inhalten gewinnen können.

Es stellt sich deshalb vielmehr die Frage, wie Sie Ihre Zielgruppe mit Ihren kommunikativen Maßnahmen auf YouTube erreichen können. In der Zielgruppenformulierung sollten Sie sich nicht nur an Sinus-Milieus oder anderen Zielgruppenmodellen orientieren, sondern auch konkrete Personae entwickeln (siehe Abschnitt 2.5.3). So erhalten Sie ein wesentlich besseres Bild von Ihren Zuschauern auf YouTube und können Ihre Aktivitäten an den Nutzungsgewohnheiten konkreter Personen ausrichten, die sinnbildlich für einen Großteil Ihrer Zuschauer stehen.

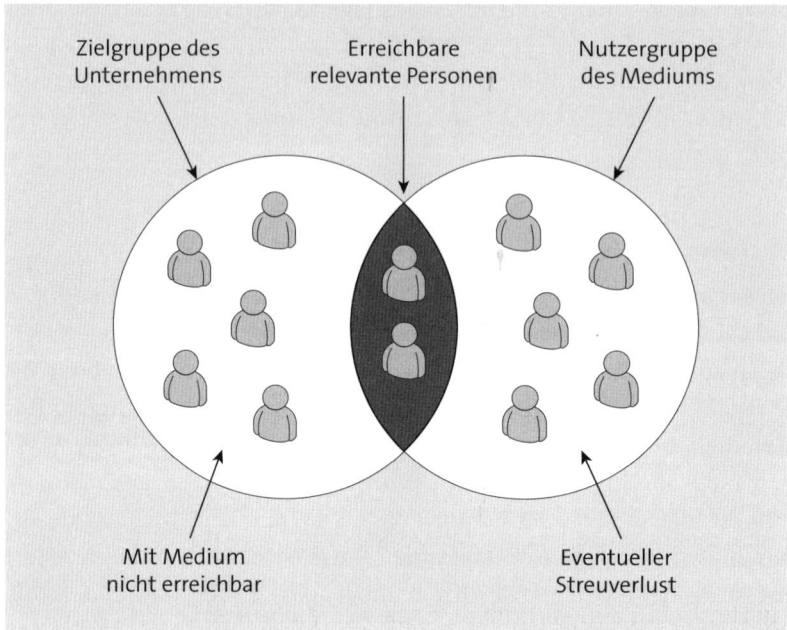

Abbildung 2.8 Je jünger Ihre Zielgruppe ist, desto geringer fallen der Streuverlust und die Anzahl nicht erreichbarer Personen auf YouTube aus.

2.5.2 Soziodemografische und psychografische Merkmale herausfinden

Um Zielgruppen allgemein beschreiben zu können, werden im Rahmen einer Marktforschung soziodemografische, psychografische und verhaltensbeschreibende Merkmale für die Gruppenbildung erfasst. Als soziodemografische Merkmale bezeichnet man Merkmale wie Alter, Geschlecht, Familienstand, Nationalität und Bildung. Auch das Einkommen, der Wohnort und der soziale Status zählen dazu. Alle soziodemografischen Merkmale lassen sich statistisch erfassen und auswerten.

Psychografische Merkmale hingegen beschreiben die innere Einstellung und Wertvorstellungen, aber auch das ästhetische Empfinden. Entsprechend schwieriger gestaltet sich die Erfassung dieser Merkmale, da sie in ihren Ausprägungen nicht ohne die Anwendung psychologischer Methoden erhoben werden können. Ähnlich verhält es sich mit Verhaltensmerkmalen, wobei die Anwendung von Tracking- und Analysesoftware bestimmte Verhaltensweisen im Internet aufdecken kann.

Um an entsprechende Daten zu gelangen, können Sie sich entweder selbst an die Erfassung wagen (auch Primärforschung genannt) oder auf Studien, Datenbanken und ähnliche Quellen zurückgreifen (Sekundärforschung). In Abbildung 2.9 sehen Sie, welche Möglichkeiten es für die Marktforschung gibt. Möchten Sie beispielsweise erfahren, ob Ihre Zielgruppe überhaupt auf YouTube aktiv ist, können Sie, wie im vorangegangenen Abschnitt geschehen, entsprechende Studien zurate ziehen. Spezifische Daten zu Ihrem Unternehmen könnten Sie hingegen Ihren internen Datenbanken und Analysetools entnehmen oder die Daten per Fragebogen neu erheben.

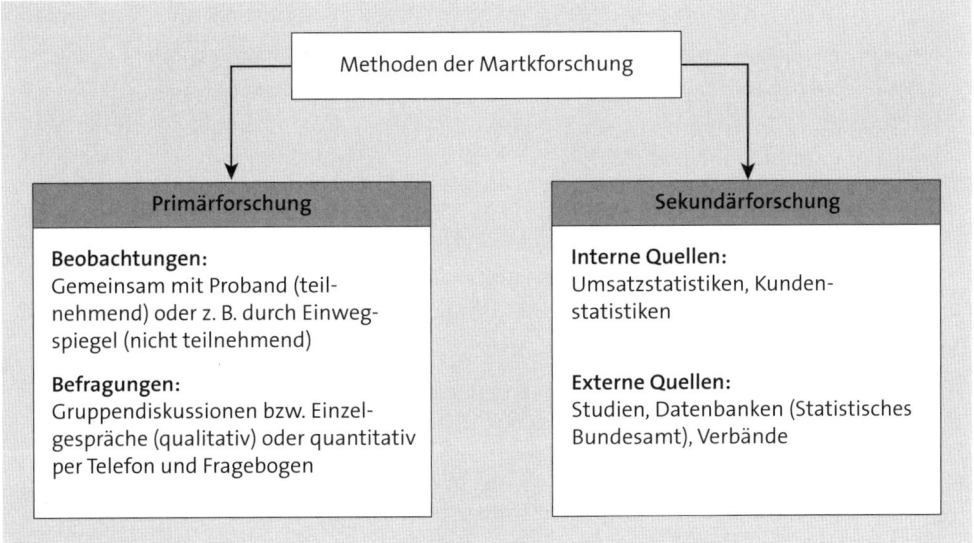

Abbildung 2.9 Die Methoden der Marktforschung können je nach Bedarf sehr vielseitig ausfallen.

Sollten keine Daten zur Verfügung stehen und Sie sich zur Erfassung für einen Fragebogen entscheiden, muss dieser Fragebogen entworfen werden, mit dessen Hilfe Sie die entsprechenden Daten anonymisiert abfragen. Ein Onlinefragebogen, den Sie an Ihre Kunden verschicken, lässt sich auch für kleine Unternehmen kostengünstig und schnell realisieren. Hier können Sie unter anderem Fragen stellen wie: »Wie oft nutzen Sie YouTube?«, oder »Haben Sie schon einmal auf YouTube nach einem Video zu einem unserer Produkte gesucht?« Bezogen auf Ihren YouTube-Kanal lassen sich viele soziodemografische Merkmale wie das Alter oder das Geschlecht auch im laufenden Betrieb über die YouTube Analytics erfassen. So wissen Sie zumindest, wer aktuell Ihre Videos schaut. Ob sich andere Kunden vielleicht nur nicht von den Videos angesprochen fühlen, wissen Sie dadurch allerdings nicht.

Fragebögen erstellen

Fragebögen sind eine beliebte Variante der primären Datenerhebung, durch die sich auch Einstellungen und in einem gewissen Rahmen sogar Verhaltensweisen erfassen lassen. Es gibt zahlreiche Onlineanbieter, die kostengünstig oder bei wenigen Teilnehmern die kostenlose Erstellung von Onlineumfragen ermöglichen. Auch die Auswertung der Fragebögen können Sie hierbei meist direkt komfortabel vornehmen. Es liegt deshalb an Ihnen, den Umfrageteilnehmern die richtigen Fragen zu stellen. Damit Sie wissen, worauf es ankommt, hier einige Tipps.

Machen Sie sich zunächst klar, was Sie mit der Umfrage überhaupt herausfinden möchten, wen Sie befragen möchten und wann Sie die Menschen befragen können. Vielleicht möchten Sie nur Ihre Kunden direkt nach dem Besuch Ihrer Filiale befragen, ob Sie sich für YouTube-Videos interessieren – vielleicht interessiert Sie dazu aber auch die Meinung des gesamten Internets.

Ein Fragenbogen, egal, ob online oder in Papierform, besteht immer aus drei logischen Abschnitten: einer Einführung mit einer Erläuterung, wofür die Daten erhoben werden, einem Hauptteil mit den eigentlichen Fragen und einem Abschlussteil, in dem Sie statistische Daten wie Alter und Geschlecht abfragen und sich für die Teilnahme bedanken können.

Grundsätzlich sind vor allem drei Fragetypen relevant:

1. **Offene Fragen**

   »Was gefällt Ihnen an unserem YouTube-Kanal?« wäre eine offen gestellte Frage. Dabei lassen Sie den Teilnehmer frei antworten und müssen die Antworten im Nachhinein zu Antwortgruppen vercoden, um die Befragung auszuwerten (beispielsweise mit den Bereichen »Aussehen des Kanals«, »Formate« und »Moderatoren«). Bei offenen Fragen erhalten Sie ein breites Antwortspektrum mit Aspekten, die Sie vielleicht noch gar nicht bedacht haben, überfordern aber eventuell auch die Teilnehmer.

2. **Geschlossene Fragen mit einer oder mehreren Antwortmöglichkeiten**

   »Haben Sie schon einmal auf YouTube nach uns gesucht?«

   ☐ Ja ☐ Nein

   »Zu welchen Themen würden Sie sich gerne auf unserem YouTube-Kanal Videos anschauen?«

   ☐ Hintergrundberichte
   ☐ Fragen und Antworten
   ☐ Produktneuvorstellungen
   ☐ Werbespots
   ☐ Tutorials

Geschlossene Fragen sind bei Teilnehmern besonders beliebt, da sie sich sehr schnell abarbeiten lassen. Dabei geben Sie mehrere Antwortmöglichkeiten vor, aus denen der Teilnehmer entweder eine oder mehrere auswählen kann. Wenn Sie dem Teilnehmer erlauben, mehrere Antworten auszuwählen, schränken Sie sich allerdings in der Auswertung ein, da Sie die erhobenen Daten nur als Rangfolge in einem Balkendiagramm darstellen können. Bei einer einzigen Antwort sind Sie flexibler und können die Antwort eindeutig zuordnen.

3. **Skalierte Abfragen**

»Auf einer Skala von 1 bis 10: Wie hilfreich schätzen Sie Tutorial-Videos zu unseren Produkten ein?«

gar nicht hilfreich ☐1 ☐2 ☐3 ☐4 ☐5 ☐6 ☐7 ☐8 ☐9 ☐10 sehr hilfreich

Mit Skalenabfragen erzielen Sie eine Bewertung zu einem bestimmten Umstand. Wichtig ist: Nutzen Sie gerade Skalen, um Meinungen abzufragen, da die Teilnehmer sich hierbei nicht in die goldene Mitte flüchten können und Position beziehen müssen. Ungerade Skalen hingegen eignen sich gut für die Abfrage von Handlungsabsichten, da der Teilnehmer über den mittleren Wert auch seine Unentschlossenheit zur Geltung bringen kann. Sie können die Skalen ausformulieren (höherer Leseaufwand bei vielen Skalenabfragen) oder als Zahlenband darstellen.

Im Idealfall wissen Sie nach der Datenauswertung mindestens, wie alt Ihre Zielgruppe ist und ob Ihre Produkte von beiden Geschlechtern gleich oder unterschiedlich stark konsumiert werden. Wenn Sie darüber hinaus eine spezielle Befragung vornehmen, was Ihre Kunden auf YouTube von Ihnen erwarten oder welche Formate sie auf YouTube regelmäßig konsumieren, haben Sie konkrete Anhaltspunkte, wie Sie Ihren Kanal gestalten können.

Dementsprechend können Sie nun Ihren YouTube-Kanal planen: Es ist wesentlich effektiver, wenn Sie beispielsweise Ihren Kanal für eine Hautpflegekollektion mit der Hauptzielgruppe weiblicher Personen im Alter von 25 bis 35 Jahren auf die konkreten Bedürfnisse und Verhaltensweisen dieser Zielgruppe ausrichten, als wenn Sie den Kanal für eine zu breite Zielgruppe auszulegen. Versuchen Sie deshalb in Ihrer Marktforschung möglichst viel über Ihre Zielgruppe und deren YouTube-Nutzung herauszufinden.

Marktforschung ist aber immer auch eine Abwägung: Wie viele Daten benötigen Sie, um ein Bild davon zu bekommen, wer Ihre Zuschauer sind oder sein könnten? Je mehr Daten und Einblicke Sie haben, desto besser können Sie sich theoretisch zwar am Zuschauer orientieren, doch werden Sie als kleines Unternehmen eine andere Marktforschung betreiben als ein großer Konzern. Kleine Unternehmen kennen Ihre Zielgruppe meist ohnehin viel besser, weil sie einen direkteren Kundenkontakt pflegen als große Konzerne und flexibler darin sind, ihre Leistungen auch schnell an einer anderen Zielgruppe zu testen. Eine teure Marktforschung in Verbindung mit einem Institut steht für kleine Unternehmen nicht zur Debatte. Als Konzern haben Sie es hingegen mit Hierarchien und definierten Abläufen zu tun und sind wesentlich weiter von Ihren Kunden entfernt. Entsprechend müssen Sie nach Möglichkeiten suchen, möglichst viel über Ihre Kunden zu erfahren, um Ihre Kommunikationsstrategie entsprechend anzupassen.

2.5.3 Persona entwickeln

Nachdem Sie nun mit Ihrer Marktforschung einiges über Ihre Zielgruppe herausgefunden haben, bietet es sich im nächsten Schritt an, darauf basierend eine sogenannte *Persona* zu entwickeln. Mit einer Persona manifestieren Sie die gewonnenen Zielgruppeninformationen und zeichnen ein Bild des typischen Kunden bzw. Zuschauers. Das hilft Ihnen bei Ihrem weiteren Vorgehen, um sich in die Lage des Zuschauers zu versetzen und Ihre YouTube-Aktivitäten möglichst nah am Zuschauer auszurichten.

Mit einer Persona beschreiben Sie den durchschnittlichen Zuschauer möglichst detailliert. Eine typische Persona kann folgendermaßen aufgebaut werden:

1. **Demografische Daten und persönlicher Hintergrund**

   Die allgemeine Beschreibung bezieht Merkmale wie Alter, Geschlecht, Wohnort, Sprache und Familienstand, aber auch Bildung und Beruf mit ein.

2. **Tätigkeiten und Interessen**

   Hobbys, Freizeitaktivitäten und Engagements können ein interessanter Baustein für die Entdeckung von Berührungspunkte mit Ihrer Marke sein. Wichtig auch: Für welche Themenbereiche interessiert sich die Person?

3. **Motivation und Ziele**

   Was motiviert die Person? Welche Ziele verfolgt sie? Was möchte sie sowohl kurz- als auch langfristig erreichen? Gibt es Vorbilder oder Motivationstreiber?

4. **Herausforderungen**

   Bezogen auf die Ziele: Welche Herausforderungen muss die Person meistern, um ihre Ziele erreichen zu können? Wie werden Entscheidungen gefällt? Gibt es in der aktuellen Lebenssituation generell übliche Herausforderungen?

Sollte Ihre eigene Datenlage nicht ausreichen, um bestimmte Merkmale zu bestimmen, treffen Sie Annahmen. Arbeiten Sie dazu auch mit Klischees, die Sie kennen, oder greifen Sie auf Eigenschaften zurück, die andere Quellen in diesem Zusammenhang nennen.

Auf Basis der Personenbeschreibung können Sie nun einen typischen Tages- oder Wochenablauf der Person konzipieren. Dieser eignet sich hervorragend, um Berührungspunkte mit Ihrer Marke herauszufiltern. Und nicht nur mit Ihrer Marke, sondern auch mit Ihrem YouTube-Kanal – für den entwickeln Sie schließlich gerade eine Strategie. Schauen wir uns ein Beispiel an:

Max Mustermann ist 32 Jahre alt, wohnt in München und ist Versicherungsberater. Er ist alleinstehend, trifft sich gerne mit Freunden und ist sowohl im Münchner Nachtleben als auch an vielen Wochenenden in den Alpen unterwegs. Er interessiert sich für einen gesunden und nachhaltigen Lebensstil und betätigt sich beim Rennradfahren und Joggen. Er hat ein Auge für stilvolles Design und liebt Individualität. Sein Antrieb ist die Gemeinschaft: Wo immer er ist, ist er dank mobilen Endgeräten gut mit Freunden und Familie vernetzt und pflegt Freundschaften bei gemeinsamen Aktivitäten, gerne auch auf Reisen. Max möchte auf absehbare Zeit nicht mehr Single bleiben und langfristig eine Familie gründen. Er steht deshalb vor der Herausforderung, die richtige Partnerin zu finden. Langfristig steht deshalb vermutlich auch ein Umzug in eine größere Wohnung oder ein Haus auf dem Plan.

Ein typischer Tagesablauf sieht für Max folgendermaßen aus: Um 6 Uhr klingelt sein Wecker, woraufhin er ins Bad geht und danach frühstückt. Während des Frühstücks nutzt er sein Tablet, um die neuesten Nachrichten und Statusupdates in sozialen Netzwerken abzurufen. Dabei sieht er sich auch das ein oder andere kurze Video an, das ihm seine Facebook-Freunde empfohlen haben.

Um halb 8 macht er sich auf den Weg zur Arbeit, wobei er ab 8 Uhr zunächst seine neuesten E-Mails beantwortet. Nach mehreren Beratungsterminen begibt er sich mit seinen Kollegen zum Mittagessen, wobei sie sich auch oftmals über lustige oder interessante Videos unterhalten, die sie auf YouTube gesehen haben. Dank Smartphones können sie sich diese Videos auch gleich gegenseitig zeigen. Nach weiteren Terminen am Nachmittag begibt sich Max gegen 17 Uhr auf den Heimweg und trifft sich abends im privaten Rahmen mit Freunden – sei es, um Filme zu schauen, gemeinsam zu kochen oder sich einfach nur zu unterhalten. Nach einem gelungenen Abend schaut sich Max kurz vor dem Einschlafen oft noch Videos seiner abonnierten YouTube-Kanäle an, die sich vor allem mit den Themen Alpinsport und Reisen beschäftigen. Damit geht für Max ein typischer Tag zu Ende.

Je detaillierter Sie die Personenbeschreibung und den Tagesablauf ausarbeiten und je mehr Einblicke Sie in das Leben der imaginären Person erhalten, desto besser können

Sie eventuelle Zeitpunkte entdecken, zu denen Ihre Kunden auf YouTube aktiv sind oder sich mit Ihrer Marke beschäftigen. Mit noch genaueren Überlegungen und einer Verknüpfung der Daten erhalten Sie auch ein Bild davon, mit welchen Themen Sie entsprechende Personen ansprechen können. So finden Sie Anknüpfungspunkte, um die YouTube-Aktivitäten genau auf die Bedürfnisse Ihrer Kunden und Zuschauer auszurichten. Auch Kooperationspartner lassen sich so gut herausfiltern: Sie sind ein Fahrzeughersteller und möchten Ihr Fahrzeug für Max attraktiv herausstellen? Wie wäre es dann mit einer Kooperation oder einer Produktplatzierung bei einem bekannten YouTube-Kanal für Alpinsport, den Max abonniert hat?

Die wichtigsten Anhaltspunkte für die Persona bezüglich der Planung eines YouTube-Kanals sind also:

▶ Wann, wie und wie oft gelangt die Person auf YouTube?

▶ Was konsumiert sie bereits auf YouTube und welche Formate kennt sie dadurch bereits?

Mit Blick auf eine ansprechende Gestaltung Ihres YouTube-Kanals ist es zudem sinnvoll, Gestaltungselemente zu sammeln, mit denen eine Persona in Kontakt kommt. Das kann zum Beispiel der bevorzugte Stil von Schriften, Fotografien, Mustern, aber auch Musik sein. Man nennt diese Form der Zusammenstellung *Moodboard*, da die Sammlung die gewünschte gestalterische Linie vorgibt.

Sie können übrigens problemlos mehrere Personae entwerfen, die Sie ansprechen möchten. Sollten es nicht möglich sein, ein einziges Format für alle entwickelten Personae zu entwerfen, können Sie später durchaus auch mehrere Formate auf Ihrem YouTube-Kanal anbieten oder mit unterschiedlichen Partnern zusammenarbeiten.

2.6 Die Strategie entwickeln

Sie haben nun ausreichende Kenntnisse über Ihre Ausgangslage, Ihre Ziele und Ihre Zielgruppe. Jetzt muss eine Strategie entwickelt werden, die vorgibt, wie Sie Ihren YouTube-Kanal dazu nutzen, Themen für Ihre Zielgruppe so aufzubereiten, dass Sie damit Ihr angestrebtes Ziel erreichen können.

Die Strategie ist stark zu unterscheiden von einem *Mission Statement* oder einer Vision. Das wird auch anhand der Wortherkunft deutlich: Strategie stammt von dem griechischen Wort *strategia* ab, das in der Übersetzung »Feldherrenkunst« bedeutet. Eine Strategie beantwortet die Frage: »Wie gewinnen wir den Krieg?« Sie sagt nicht aus: »Wir wollen den Krieg gewinnen!« Durch die Strategie legen Sie automatisch auch fest, was Sie *nicht* machen werden.

Die Strategie enthält einen Maßnahmenkatalog für Ihren YouTube-Kanal. Machen Sie sich für die Strategie Gedanken über folgende Fragestellungen:

▶ Welche Formate wollen Sie in welchem Umfang den Zuschauern präsentieren?

▶ Wie soll das Branding aussehen?

▶ Welche Aktionen planen Sie, um die Zuschauer zu involvieren?

▶ Welchen Stellenwert nimmt der YouTube-Kanal in Ihrer gesamten Marketingkommunikation ein?

▶ Welche qualitativen Ansprüche haben Sie an Ihren YouTube-Kanal, und wie lassen sich diese mit Ihrem Budget vereinbaren?

▶ Wie werden Sie die Umsetzung konkret angehen, und wie wird der YouTube-Kanal im Unternehmen implementiert?

▶ Inwiefern werden Sie auf aktuelle Themen und Internetphänomene eingehen?

▶ Welche Events Ihres Unternehmens möchten Sie audiovisuell begleiten und besonders auf Ihrem Kanal herausstellen?

▶ An welchen Stellen möchten Sie als Unternehmen mit YouTube im Leben der Zielgruppe ansetzen?

▶ Mit welchen Kooperationspartnern werden Sie zusammenarbeiten?

Zu all diesen Punkten werden Sie im Verlauf des Buches Informationen erhalten, die Ihnen bei der Umsetzung helfen. Die Strategie ist deshalb auch der aufwendigste Teil des gesamten Kommunikationsprozesses. Sie ist der konkretisierte Plan, der die Richtung vorgibt und dadurch auf alle anderen Teilprozesse reagiert: Auf Änderungen Ihrer Ziele, Veränderungen in der Zielgruppe, das Budget und die Ressourcen und auf Ergebnisse aus der Analyse Ihres Kanals und des Umfeldes.

2.6.1 YouTube in das Marketing integrieren

Ein wesentlicher Aspekt einer YouTube-Strategie ist die Verortung des Kanals im Umfeld aller anderen Kommunikations- und Marketingmaßnahmen. Denn selbstverständlich können Sie Ihr Marketing vollständig auf YouTube konzentrieren und alle anderen Marketingmaßnahmen einstellen. Aber ist das sinnvoll? Wohl eher nicht, da schließlich nicht alle Kunden den ganzen Tag auf YouTube aktiv sind. Print, Web, andere Social-Media-Kanäle, Out-of-home-Werbung und welche Marketingmaßnahmen Ihnen auch immer einfallen, erreichen die Kunden zu unterschiedlichen Zeitpunkten und sollten untereinander verzahnt werden.

Sie müssen also darüber nachdenken, wie Sie Ihre Kunden in den richtigen Momenten mit den passenden Inhalten versorgen. Um dieses Vorgehen planen zu können, wird eine *Customer Journey Map* ausgearbeitet, über die Sie festlegen, an welcher Stelle Ihres Marketings YouTube überhaupt zum Einsatz kommt.

Wo kommen Ihre Zuschauer und Abonnenten eigentlich her? Viele werden Sie vielleicht über die YouTube-Suche gefunden haben und sind an Ihren spannenden Videos hängengeblieben. Andere haben vielleicht von Freunden erfahren, dass Sie ein interessantes Video auf YouTube hochgeladen haben. Und wenn Sie die Frage nach dem Woher beantworten können: Was macht der Zuschauer eigentlich nach dem Betrachten Ihres Videos?

Die meisten YouTube-Stars haben im Gegensatz zu Unternehmen eine klare Vorstellung davon, an welcher Stelle ihr YouTube-Kanal verortet ist. Da er für sie in der Regel die Haupteinnahmequelle darstellt, steht YouTube im Fokus aller Bemühungen: Jeder Fan auf Facebook und jeder Follower auf Instagram oder Twitter wird gezielt auf die neuesten YouTube-Videos geleitet, um auf dem Kanal die wertvolle Reichweite zu generieren. Gleichzeitig sind die YouTube-Stars darauf bedacht, ihre Zuschauer möglichst lange an den Kanal zu binden und sie für weitere Videos und ein Abonnement zu gewinnen. Dazu weisen sie aktiv daraufhin, was der Zuschauer nach dem Betrachten eines Videos noch alles machen kann: ausgewählte weitere Videos anschauen, den Kanal abonnieren, ihnen auf den Social-Media-Kanälen folgen oder im Sinne der Monetarisierung auch Merchandising kaufen.

Bei vielen Unternehmenskanälen stellt sich allerdings die Frage, was YouTube überhaupt bewirken soll. Was passiert, wenn der Zuschauer das Video gesehen hat? Ist der YouTube-Kanal das Ende der Reise? Immerhin haben Unternehmen ja nicht das Ziel, Einnahmen auf ihrem YouTube-Kanal zu generieren, sondern Zuschauer als Kunden und treue Marken-Follower zu gewinnen, die im Sinne eines hohen *Return on Investments* (ROI) Umsatz generieren.

Es ist also sinnvoll, YouTube im Marketingplan zu verankern und festzulegen, was die Videos an welcher Stelle der »Reise des Kunden« leisten. Dazu zählt dann auch, dass festgelegt wird, ob der Zuschauer nach dem Betrachten der Videos weitergeführt wird oder ob YouTube die Endstation ist. Die »Roadmap für die Reise des Kunden« nennt sich deshalb auch Customer Journey Map. In ihr wird festgelegt, welche Berührungspunkte (Touchpoints) der Kunde mit der Marke hat – von der ersten Inspiration und dem Wecken eines Bedürfnisses bis hin zur endgültigen Kaufentscheidung und der Kundenerfahrung nach dem Kauf. Customer Journey Mapping hat zum Ziel, diese Touchpoints mit Blick auf ein positives Kunden- und Markenerlebnis zu optimieren.

2.6.2 Die verschiedenen Phasen der Customer Journey Map

Customer Journey Mapping im eigentlichen Verständnis ist ein komplexer Prozess und erfordert den Einsatz einer Tracking- und Analysesoftware, um alle Kontaktpunkte und das Nutzererlebnis optimal zu erfassen. Im Online-Marketing werden zu diesem Zweck Cookies und andere Trackingmethoden genutzt, um den Nutzer und seine Berührungspunkte mit der Marke möglichst vollständig nachzuvollziehen. So kann beispielsweise erkannt werden, dass der Erstkontakt mit der Marke über das Betrachten eines Onlinebanners stattgefunden hat, der Nutzer später auf der Website des Herstellers gelandet ist und abschließend eine Bestellung in einem Onlineshop ausgelöst hat. In Abbildung 2.10 sehen Sie einen ähnlichen Anbahnungs- und Entscheidungsprozess. Der Prozess kann aber auch wesentlich komplexer sein und sich je nach Branche und Produkt über kurze und sehr lange Zeiträume erstrecken.

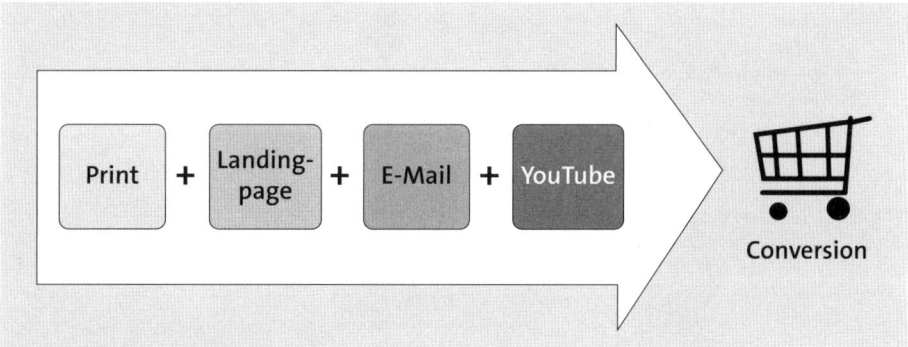

Abbildung 2.10 Beispielablauf einer Customer Journey mit Touchpoints

Beachtet werden muss zudem, dass der Kontakt zur Marke in den seltensten Fällen nach dem Kauf abschlossen ist. Neben der eigentlichen Nutzung kann es auch sein, dass der Kunde die Ware zurückschickt und dabei ebenfalls Erfahrungen mit der Marke sammelt. Es kann aber auch sein, dass der Kunde nicht mit dem Produkt zurechtkommt und auf Support angewiesen ist – ein Beispiel, an dem ein YouTube-Kanal mit Tutorial- und Anleitungsvideos das Markenerlebnis stark verbessern kann.

Conversion

Von einer Conversion spricht man im Marketing vor allem dann, wenn ein Interessent zu einem Kunden wird. Er interessiert sich also nicht nur länger für ein Produkt oder eine Leistung, sondern löst auch eine Bestellung bei dem Unternehmen aus. Die Conversion Rate ist dabei definiert als der Quotient aus Käufern und Interessenten und dient der Wirksamkeitsmessung einer Werbemaßnahme.

Je nach definiertem Ziel kann eine Conversion nicht nur das Auslösen einer Bestellung, sondern beispielsweise auch das Umwandeln eines Interessenten in einen YouTube-Abonnenten meinen. Vielfach werden mehrere Zwischenziele als Conversions definiert und in einem sogenannten *Conversion Funnel* dargestellt. Der Trichter visualisiert dann auch gut, an welchen Stellen der Customer Journey wie viele Interessenten abspringen. In Abbildung 2.11 sehen Sie ein Beispiel eines Conversion Funnels mit drei Absprungraten: Im ersten Schritt folgen 30 % der YouTube-Zuschauer auf die Landingpage, im zweiten Schritt verbleiben 12 % der YouTube-Zuschauer, und im letzten Schritt kaufen schließlich 2,4 % der ursprünglichen Interessenten. Das führt letztendlich zu einer Conversion Rate von 2,4 % der Zuschauer des YouTube-Kanals.

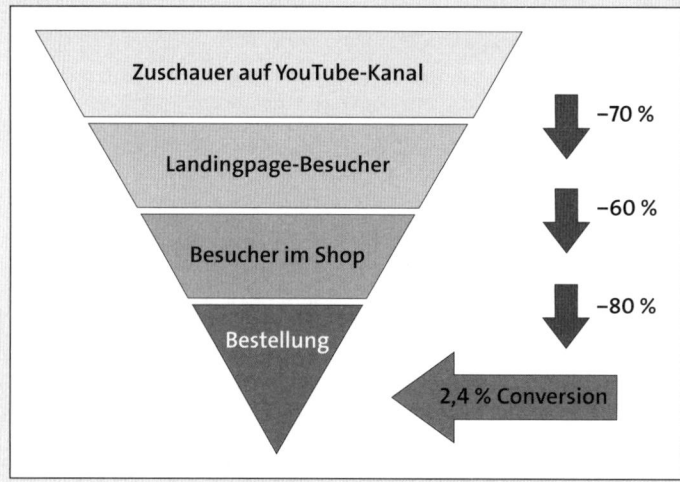

Abbildung 2.11 Beispiel eines Conversion Funnels

Optimalerweise werden also beim Customer Journey Mapping alle Phasen des *Customer Lifetime Cycles* (siehe Abbildung 2.12) berücksichtigt: Vom Moment, in dem ein Kunde erstmals mit der Marke in Kontakt kommt (Aufmerksamkeit), über die Recherche und Abwägung, ob die Marke die Bedürfnisse deckt, bis hin zum Kauf und darüber hinaus. Dann nämlich zeigt sich, ob die Entscheidung zum Kauf eine gute war (Produkterfahrung) und ob der Kunde die Marke und seine Produkte weiterempfehlen kann (Empfehlung). Insbesondere die letzten beiden Phasen sind selbst im Online-Marketing schwer zu erfassen. Man kann sich hierbei beispielsweise automatisierter Fragebögen zur Erfassung der Produkterfahrung bedienen und dem Kunden Links zur Weiterempfehlung bereitstellen, die wiederum ein Tracking im Folgezyklus erlauben.

Unternehmen, die ein intensives Marketingcontrolling betreiben, beherrschen Customer Journey Mapping im Schlaf und können jederzeit genau sagen, an welcher Stelle der Kunde mit welchen Informationen versorgt werden sollte, um die Wahrscheinlichkeit einer Conversion zu erhöhen und ihm ein optimales Markenerlebnis zu bieten. Unternehmen können dadurch auch festlegen, welche Budgets optimalerweise für die verschiedenen Marketingmaßnahmen bereitgestellt werden sollten. Dabei ist es im Übrigen egal, ob Customer Journey und Conversion online, offline oder vielleicht sogar auf beiden Wegen stattfinden.

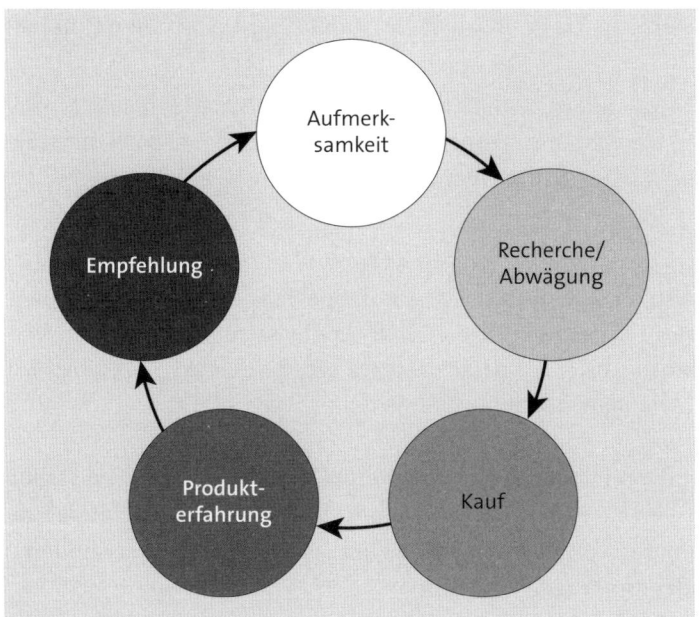

Abbildung 2.12 Die Customer Journey Map berücksichtigt idealerweise alle Stufen des Customer Lifetime Cycles.

Sollte es Ihnen nicht möglich sein, ein solch intensives Controlling zu betreiben, sind Sie auf andere Methoden angewiesen, um den Nutzer auf seiner Reise optimal zu begleiten. In Abschnitt 2.5.3 haben Sie bereits eine Persona entworfen und eventuelle Touchpoints mit der Marke erörtert. Diese Persona und die Berührungspunkte mit Ihrer Marke helfen Ihnen nun, die einzelnen Schritte der Customer Journey Map herauszufinden. Unterstützend sollten Sie zudem gängige Tracking-Tools wie Google und YouTube Analytics sowie die Trackingmöglichkeiten von Shortlink-Anbietern zurate ziehen.

2.6.3 Zeichnen Sie eine Customer Journey Map

Nun sind Sie gefordert, das Kundenerlebnis und die kanalübergreifenden Wege in Verbindung mit Ihrer Marke festzuhalten und vor allem auch festzulegen. Denn an vielen

Stellen sollten Sie den Kunden optimal weiterleiten, um den Gesamterfolg seiner Reise zu sichern. Um eine Customer Journey Map zu zeichnen, gehen Sie dabei wie folgt vor:

1. Finden Sie anhand der gesammelten Daten heraus, welche Wege Ihre Kunden in Verbindung mit Ihrer Marke gehen und wo die »Moments of Truth« liegen.

2. Hinterfragen Sie, wie groß die Zufriedenheit an den einzelnen Touchpoints ist und ob der Kunde weitere »Reiseoptionen« erhält. Tragen Sie die einzelnen Touchpoints mit der Zufriedenheitswertung wie im Beispiel von Abbildung 2.13 in einen Graphen ein.

3. Überlegen Sie, welche Möglichkeiten Sie haben, um das Kundenerlebnis an einzelnen Berührungspunkten der Marke zu verbessern. Beziehen Sie dabei auch die Möglichkeiten Ihres YouTube-Kanals in Ihre Überlegungen mit ein.

Moment of Truth

Als *Moment of Truth* bezeichnet man im Marketing Situationen an Berührungspunkten mit einer Marke, die zu positiven und negativen Kundenerlebnissen führen können. So kann der Kunde beispielsweise beim Auspacken der Ware begeistert oder enttäuscht sein und seine bisherige Meinung entsprechend ändern.

Nach den Schritten eins und zwei haben Sie einen guten Blick dafür, an welchen Stellen der Customer Journey es zu Problemen kommt. In Schritt drei wird versucht, diese Probleme zu beseitigen, indem der Kunde an diesen Stellen seiner Reise mit passenderen Informationen versorgt oder anders geleitet wird.

Betrachten Sie dazu wieder Abbildung 2.13: Wie Sie sehen, kommt es bei der Nutzung des Onlinekonfigurators zu einem ungünstigen Bruch und somit zu einer negativen Kundenerfahrung. Bei einer guten Datenlage würde sich dies beispielsweise durch eine hohe Abbruch- oder Ausstiegsrate bei den Kunden bemerkbar machen, die vorherige Stationen der Reise bereits durchlaufen haben. Der »Termin vor Ort« kann diese negative Erfahrung bei Kunden, die trotzdem weiterreisen, zwar wieder auffangen, das Kundenerlebnis wird aber durch das »Angebot« gleich wieder geschmälert. Es gilt also, insbesondere diese zwei Punkte zu optimieren, um den Kunden nicht zu verlieren. Gleichzeitig müssen aber auch die anderen Punkte betrachtet werden: Die »Landingpage« erzeugt zwar keine negativen Kundenerfahrungen, erscheint aber auch nicht herausragend mit Blick auf das Kundenerlebnis.

Was könnte also bei der im Beispiel gezeigten Customer Journey Map zu einer Verbesserung des Kundenerlebnisses beitragen? Sollte der Onlinekonfigurator bereits einfach zu bedienen und das Kundenerlebnis weiterhin an diesem Punkt negativ sein, wäre denkbar, den Kunden vom Infomaterial direkt zu einem »Termin vor Ort« überzuleiten, der ja augenscheinlich sehr positiv aufgefasst wird. Das »Angebot« könnte vielleicht in einem anderen Setting besser funktionieren: Haben Sie es bisher nach dem »Termin vor Ort« erstellt und dem Kunden per E-Mail zugeschickt? Dann kann es vielleicht besser sein, wenn Sie das Angebot unterbreiten, solange der Kunde noch bei Ihnen im Showroom ist oder Sie vor Ort beim Kunden sind.

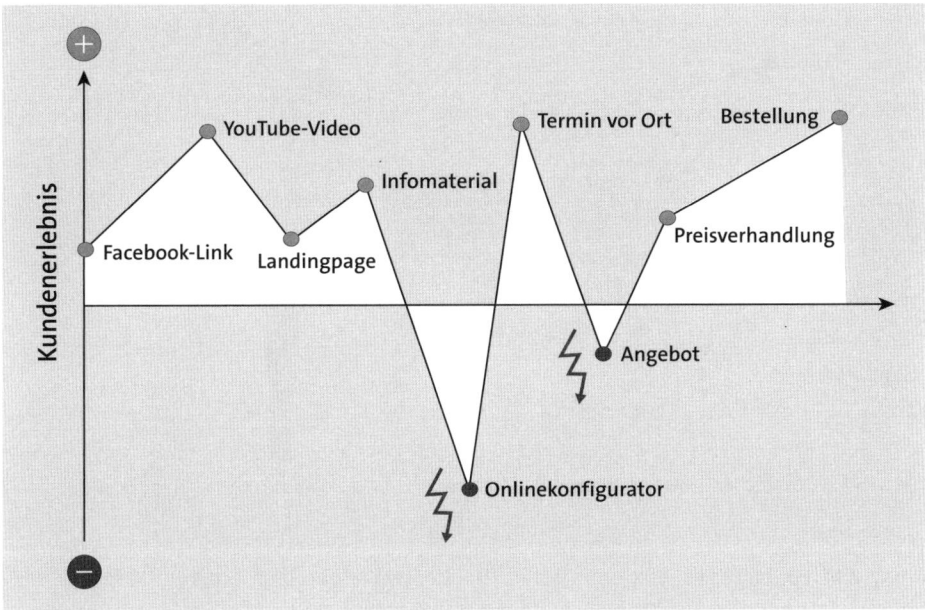

Abbildung 2.13 Beispielvisualisierung einer Customer Journey Map

Im Online-Marketing mit YouTube tritt vor allem bei Unternehmenskanälen ein ganz besonders schwerwiegendes Problem auf, das die gesamte Customer Journey zu einem Stillstand bringen kann: Der Kunde erhält keine Wegoptionen, die er nach dem Betrachten des Videos einschlagen könnte. So wird selbst das aufwendigste Video zu einer reinen Unterhaltung ohne konkrete Folgeaktion (siehe Abbildung 2.14).

Damit das nicht passiert, planen Sie unbedingt, was der Zuschauer nach dem Betrachten Ihrer Videos machen soll. Wie Sie später in diesem Buch noch im Detail sehen werden, gibt es zahlreiche Varianten, Links einzubinden, die Ihnen dabei behilflich sein können und die allgemein unter dem Begriff Call-to-Action (CTA) zusammengefasst werden:

▸ Endcard mit Links zu Ihren Social-Media-Kanälen oder einer Landingpage, zusätzliche Einbindung in die Infobox

▸ eine konkrete Aufforderung, den Kanal zu abonnieren, sowie die Platzierung eines Abonnement-Buttons auf der Endcard und in der Infobox jedes Videos

▶ das Vorschlagen von zwei oder drei Videos, verlinkt auf der Endcard, in der Infobox sowie auf Infokarten

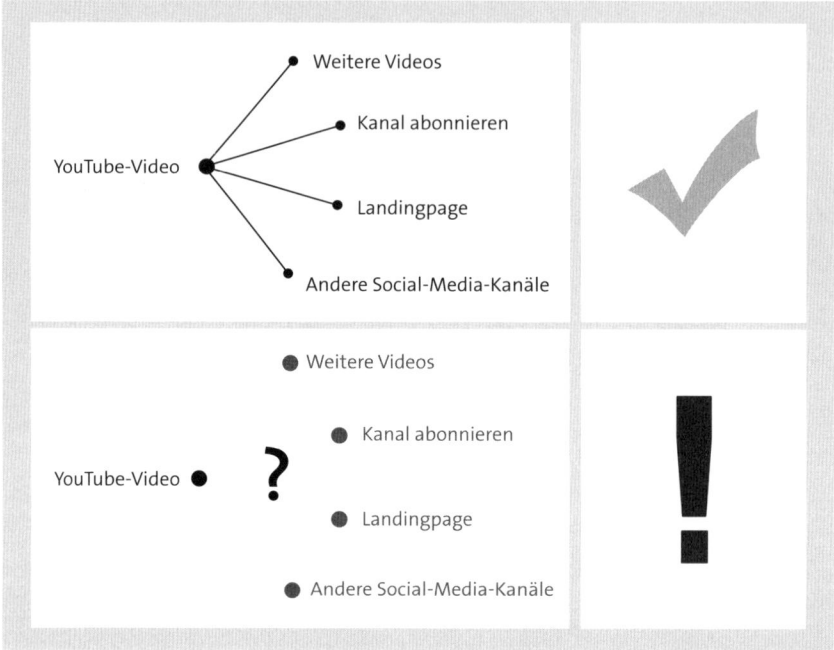

Abbildung 2.14 Ein häufiges Problem: Gibt es für den Zuschauer überhaupt Optionen, aus denen er nach dem Betrachten des Videos wählen kann?

Durch diese einfachen Maßnahmen halten Sie Ihre Zuschauer entweder auf Ihrem You-Tube-Kanal und zeigen ihnen andere Videos, die sie vielleicht weiter für Ihre Marke begeistern könnten, oder begleiten sie auf ihrer weiteren Reise, die sie näher an das Unternehmen heranführt und eine Conversion wahrscheinlicher macht.

2.7 Ressourcen zuteilen

Wenn Sie auf YouTube und Content Marketing setzen, werden Sie unweigerlich Prozesse gestalten müssen, die ansonsten nur in klassischen Medienhäusern Anwendung finden. Ihre Kommunikationsabteilung ist nicht mehr länger nur damit beschäftigt, Pressemitteilungen zu verfassen, sondern muss wesentlich mehr Inhalte selbst publizieren, eine Community pflegen und ihre Fähigkeiten als Redaktion beweisen. Kommunikations- und Marketingabteilung gehen dabei Hand in Hand, um den Kunden mit spannenden Geschichten zu fesseln.

Das bedeutet aber auch, dass Sie entsprechende Ressourcen besitzen müssen, um die Inhalte überhaupt erstellen zu können. Und selbst wenn Sie die Produktion aus der Hand und extern vergeben, müssen zumindest Koordination und Vergabe im Unternehmen erfolgen.

2.7.1 Wie groß ist Ihr Budget?

Lassen Sie sich nicht erzählen, YouTube wäre umsonst, solange Sie keine Werbung über AdWords schalten. Die Plattform kostet Sie als Kanalbetreiber zwar zunächst nichts, Inhalte müssen Sie aber trotzdem erst einmal konzipieren und produzieren. Im Unternehmenskontext ist Zeit immer auch Geld, weshalb Sie unbedingt Ihr Budget abstecken müssen. In diesem Schritt teilen Sie deshalb das Budget ein und holen sich gegebenenfalls externe Angebote ein.

Bei der Budgetierung ist es auch notwendig, die bereits durchgeführten Maßnahmen zu bewerten. War ein Format in der Vergangenheit erfolgreich? Wie teilen Sie mit Blick auf den Erfolg Ihr Gesamtbudget für den YouTube-Kanal auf die Produktion der einzelnen Videos und Formate auf? Wie viel der Betrieb eines YouTube-Kanals genau kosten kann, lesen Sie in Kapitel 5, »Einen YouTube-Kanal kalkulieren«.

2.7.2 Wer übernimmt welche Aufgaben?

Als kleines Unternehmen mit wenigen Aufträgen werden Sie zu Beginn vielleicht der Ansicht sein, dass Sie Ihre Zeit problemlos für YouTube aufbringen können. Aber was passiert, wenn Ihr Unternehmen wächst? Unterschätzen Sie den Aufwand einer internen YouTube-Produktion nicht. Auch als kleines Unternehmen in der Wachstumsphase sollten Sie unbedingt langfristig denken und überlegen, wie Sie damit umgehen, wenn die Zeit doch einmal knapper werden sollte.

Wenn Sie die Produktion extern vornehmen lassen, müssen Sie ein möglichst genaues Briefing vorbereiten, damit die ausführende Agentur weiß, auf was es Ihnen ankommt und in welchem Kontext das zu produzierende Video stehen soll. Anhand dieses Briefings wird die Agentur Ihnen zunächst ein Angebot unterbreiten, damit Sie den Kostenaufwand abschätzen können.

2.7.3 Wie pflegen Sie den Kontakt zur Community?

Die Community besteht aus den Menschen, die Ihren YouTube-Kanal und Ihre restlichen Social-Media-Kanäle abonniert haben. Die Menschen werden Ihnen nicht nur Kommentare unter Ihren Videos hinterlassen, sondern Sie auch mit Direktnachrichten überhäufen. Unbeantwortete Fragen sprechen dabei nicht für ein kommunikationsoffenes Unternehmen. Sie müssen deshalb jemanden engagieren, der sich der Beantwortung von Fragen und Kommentaren annimmt.

Hinzu kommt, dass es immer wieder öffentliche Äußerungen von Zuschauern geben wird, die nicht nur unpassend, sondern auch beleidigend oder rufschädigend sind. *Social Media Guidelines*, die festlegen, über was berichtet werden darf und wie auf Kommentare reagiert wird, sind unumgänglich, um das Risiko ungeeigneter Äußerungen Ihrer Mitarbeiter zu minimieren und Betriebsgeheimnisse zu wahren. Machen Sie Ihren Mitarbeitern auch unbedingt klar, dass deren Äußerungen auf privaten Social-Media-Accounts nicht in Verbindung mit dem Unternehmen stehen dürfen und andernfalls entsprechende Konsequenzen nach sich ziehen können.

Im Kommunikationsprozess sollten Sie die Community stets im Blick behalten und die allgemeine Stimmung auf Ihrem YouTube-Kanal bewerten, um eventuell neue Maßnahmen zu ergreifen:

▶ Akzeptiert die Community, wie Sie auf Kommentare reagieren?

▶ Wird verlangt, dass Sie sich öfter äußern, weil zu viele Fragen unbeantwortet bleiben?

▶ Wie ist die Tonalität in den Kommentaren? Positiv gegenüber Ihrem Unternehmen oder eher negativ?

▶ Wie gefallen den Zuschauern die Videos?

▶ Was wünschen sich die Zuschauer? Gibt es Anhaltspunkte, die Sie für zukünftige Videos und Formate berücksichtigen könnten?

2.7.4 Erfolg kontrollieren und nachbessern

Erfolg kommt nicht von ungefähr. Wie Sie in den vorangegangenen Kapiteln gesehen haben, ist der gesamte Kommunikationsprozess ein ständiger Verbesserungsprozess. Die unterschiedlichen, in diesem Buch später noch detailliert vorgestellten Tracking- und Analysemethoden helfen Ihnen, Ihren YouTube-Kanal stetig zu verbessern. Bleibt der Erfolg, den Sie sich eigentlich gewünscht haben, aus, bedeutet das nämlich nicht, dass Ihr Unternehmen nicht für YouTube taugt, sondern dass Sie womöglich nicht die Inhalte präsentieren, die sich Nutzer gerne ansehen würden. Softwaretools, die aufdecken, auf welchem Weg Nutzer Ihre Videos gefunden haben, an welchen Stellen sie ausgestiegen sind und was sie nach den Videos gemacht haben, liefern neben den reinen Abrufzahlen wichtige Hinweise darauf, ob Ihre Videos funktionieren und etwas bewirken.

Kapitel 3
Das Kanalkonzept

Regelmäßigkeit und Konstanz sind auf YouTube die wichtigsten Faktoren für Erfolg. Doch beides ist nur möglich, wenn man seinen kreativen Einfällen einen Rahmen gibt und sich daran orientiert.

Viele Unternehmen veröffentlichen aufwendig produzierte Videos auf YouTube, schaffen es aber nicht, Abonnenten für ihren Kanal zu gewinnen. In den meisten Fällen mangelt es dabei an einer langfristigen Content-Strategie, anhand der die Inhalte eines Kanals geplant und strukturiert werden.

Damit Zuschauer einen Kanal abonnieren, muss ein Mehrwert erkennbar sein: Was bringt es, wenn man den Kanal abonniert? Dieser Mehrwert muss klar kommuniziert werden. Wiederkehrende Formate mit einem klaren Aufbau, feste Veröffentlichungszeiten und attraktive Inhalte sind der Schlüssel zum Erfolg. Es gilt also, ein Konzept zu entwerfen, um Zuschauer als Abonnenten zu gewinnen. Nur als Abonnenten werden die YouTube-Nutzer über neue Videos informiert und dazu gebracht, Ihre Inhalte über einen längeren Zeitraum zu verfolgen.

Ein gutes Kanalkonzept hilft aber nicht nur bei der Zuschauerbindung, sondern auch bei der internen Organisation. Es hilft Ihnen, eine Struktur in Ihre Planung und Organisation zu bringen und klare Anweisungen zu formulieren. Ein Konzept ermöglicht das Arbeiten mehrerer Mitarbeiter an einem Kanal und befähigt sie dazu, ein übergeordnetes Ziel zu erreichen – beispielsweise den Kunden mit besserem Support zu begeistern.

3.1 Inhalte auf dem Kanal strukturieren

Auf dem YouTube-Kanal werden alle veröffentlichten Videos organisiert. Er ist damit die Sammelstelle Ihrer Videos, die ansonsten lediglich chaotisch auf der Plattform verteilt und nur durch Zufall zu finden wären. Auf den Kanal kommen die Nutzer, um ausschließlich Ihre Videos zu sehen und Ihren Kanal bei Gefallen zu abonnieren.

Für ein Kanalkonzept müssen Sie langfristig denken. Mithilfe von Kapitel 2, »Ihre individuelle YouTube-Strategie«, haben Sie eine Strategie entwickeln können. Nun gilt es, ein Konzept für den gesamten Kanal mit einzelnen Formaten zu entwerfen, die regelmäßig mit neuen Videos bedient werden. Das Kanalkonzept ist Teil der Strategie und konkretisiert die festgelegten Rahmenbedingungen speziell für Ihren YouTube-Auftritt.

Als Unternehmen mit einem YouTube-Kanal haben Sie so etwas wie Ihren eigenen kleinen Fernsehsender. Und nun stellen Sie sich einmal vor, ein Fernsehsender hätte kein Sendekonzept und keine Formate definiert und würde sie nicht kommunizieren: Woher sollen die Zuschauer wissen, wann sie mit ihrer Lieblingssendung rechnen können? Und woher sollen Mitarbeiter wissen, wie die Videos aufgebaut werden sollen, wie lang die Videos zu sein haben und über was überhaupt berichtet werden soll? Ein Rahmenkonzept legt all diese Faktoren fest und ermöglicht das effiziente und zielgerichtete Arbeiten aller Beteiligten, um dem Zuschauer regelmäßig Inhalte bereitzustellen, die ihn wirklich interessieren.

Behalten Sie dabei im Hinterkopf: Sie planen eine nachhaltige YouTube-Strategie für eine wachsend große Abonnentenbasis und keine einmaligen viralen Hits mit hohen Klickzahlen. Solch eine Planung können Sie sich wie das Planen eines Hauses vorstellen: Im Zelt an einer Klippe zu übernachten und den Sonnenaufgang zu genießen, ist zwar ein traumhafter Gedanke, doch langfristig ist es wesentlich attraktiver in einem gut geplanten Haus zu wohnen, in dem man sich ein schönes Zimmer aussuchen kann. So werden die Nutzer in Ihren YouTube-Kanal »einziehen«, wenn der Kanal ihnen etwas Langfristiges bietet und sie sich mit den angebotenen Formaten wohlfühlen. Die Übernachtung im Zelt wird in diesem Kontext zum wohl durchdachten Aufmerksamkeitsmagneten umfunktioniert.

3.1.1   Inhalte planen mit dem Content Creation Framework von YouTube

Wer könnte den Erfolg von YouTube-Kanälen bei der Nutzung durch Marken besser einschätzen als YouTube selbst? Auf der Basis eines riesigen Daten- und Erfahrungsschatzes hat YouTube deshalb ein Framework entwickelt, das sich zur zielgerichteten Planung und Strukturierung von YouTube-Kanälen nutzen lässt und gleichzeitig weitreichende Freiheiten für individuelle Konzepte erlaubt.

Die *Content Creation Strategy* baut auf drei wesentlichen Inhaltsformen auf: Hero-, Hub- und Help-Content. Der Anteil am jeweiligen Umfang lässt sich gut als Pyramide darstellen (siehe Abbildung 3.1). Hero-Content dient als Aufmerksamkeitsmagnet und beschränkt sich auf sorgfältig geplante und sehr gezielt eingesetzte Inhalte. Hub-Content bindet mit regelmäßigen Inhalten Zuschauer, während Help-Content mit dem größten Anteil an Videos das Fundament für die Auffindbarkeit des Kanals bildet.

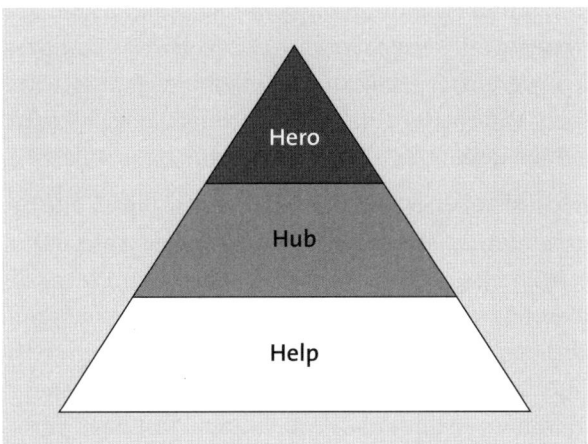

Abbildung 3.1 Das von YouTube speziell für die Plattform entwickelte Content Strategy Framework baut auf drei Content-Formen auf.

Hero-Content ist als Push-Content-Form für Ihren ganz großen Auftritt reserviert: Er macht seinem Namen alle Ehre und sticht ganz besonders heraus. Üblicherweise planen Sie diese Inhalte um ein bestimmtes Tent-Poling-Ereignis oder eine Kampagne und ziehen dadurch zahlreiche neue Nutzer an. Setzen Sie mit Ihren Inhalten durchaus auf Veranstaltungen von anderen auf, und nutzen Sie deren Aufmerksamkeit für sich – beispielsweise Sportveranstaltungen oder Messen. Hero-Content sollte vor allem nach der erfolgreichen Etablierung von Help- und Hub-Content in Angriff genommen werden. So können Sie Ihre vorhandene Zuschauerbasis ausbauen und haben bereits umfangreiche Inhalte vorzuweisen, für die sich ein Abonnement lohnt.

Tent-Poling

Von *Tent-Poling* spricht man, wenn ein Ereignis das Potenzial hat, besonders große Aufmerksamkeit zu erregen. Beispiele für solche Tent-Poling-Ereignisse sind unternehmenseigene, aber auch fremde Veranstaltungen sowie Feiertage oder große Medienereignisse. Während solcher Tent-Poling-Ereignisse kann die ohnehin schon große Aufmerksamkeit genutzt werden, indem sich ein Kanalbetreiber inhaltlich auf die Ereignisse bezieht.

Hub-Content stellt interessante Themen auf Ihrem Kanal heraus: Aufgrund dieser Inhalte abonnieren Nutzer den Kanal und möchten regelmäßig bei Ihnen vorbeischauen. Die Videos erscheinen regelmäßig und im Idealfall an einem festen Tag zu einer festen Uhrzeit. Wöchentliche Serien sind das Paradebeispiel für Hub-Content. Die

Formate müssen dabei nicht für immer und ewig fortgeführt werden, sollten aber eine gewisse Konsistenz über mehrere Monate aufweisen. So wäre beispielsweise eine Serie über Ihre Mitarbeiter gut als zeitlich begrenzter Hub-Content planbar – eine Serie mit der Vorstellung von 3.000 einzelnen Mitarbeitern möchte allerdings auch niemand ansehen, das verliert irgendwann seinen Reiz.

Typischerweise besteht *Help-Content* aus Tutorials und Videos für erklärungsbedürftige Produkte und stellt damit Pull-Content dar. Diese Inhalte haben geringere Anforderungen an die Aktualität, konzentrieren sich hingegen umso mehr auf die Vermittlung der Inhalte. Dabei handelt es sich insbesondere um Inhalte, nach denen Nutzer über die YouTube-Suche recherchieren und die ein hohes Zuschauervolumen generieren. Die Videos sind dabei nicht in erster Linie darauf ausgerichtet, Zuschauer an Ihren Kanal zu binden, sondern Inhalte mit Informationen zu Ihrer Marke und Ihren Produkten bereitzustellen. Auch wenn andere Kanäle Ihre Produkte thematisieren und Tutorials anbieten, genießen Sie als Unternehmen immer noch die größte Glaubwürdigkeit, wenn es um korrekte Informationen zu Ihren Produkten geht.

Push-Content vs. Pull-Content

Die Bezeichnungen Push- und Pull-Content beschreiben vereinfacht ausgedrückt, wie der Nutzer an die Inhalte gelangt. Sucht er aktiv nach den Inhalten, handelt es sich um Pull-Content: Er »zieht« die Inhalte an sich heran, um sie zu konsumieren. Möchte das Unternehmen Inhalte an den Nutzer aktiv herantragen und ihn auf etwas aufmerksam machen, spricht man von Push-Content: Das Unternehmen »schiebt« die Inhalte zu dem Nutzer mit dem Ziel, dass er die Inhalte konsumiert. Man könnte auch sagen: Durch Pull-Content spricht ein Unternehmen *mit* dem Kunden und mithilfe von Push-Content *zu* ihm.

In Abbildung 3.2 sehen Sie eine beispielhafte Jahresplanung. Planen Sie unbedingt langfristig, um Produktionszeiten, Veröffentlichungsaufwand und wichtige Ereignisse wie Produktvorstellungen optimal berücksichtigen zu können. Wie sich in der Beispielplanung gut erkennen lässt, wird Help-Content durchgehend und konstant veröffentlicht, Hub-Content in über mehrere Monate andauernden Serien angesetzt und Hero-Content über eine vergleichsweise kurze Zeitspanne geplant.

Es kann durchaus sinnvoll sein, Hub- und Hero-Content so einzuplanen, dass Hub-Content zu besonders veröffentlichungsstarken Hero-Momenten endet oder pausiert wird. Dadurch vermeiden Sie, dass der Zuschauer überflutet wird und nicht mehr all Ihre Inhalte konsumieren kann. Immerhin wird er als Abonnent über jedes neue Video informiert.

80

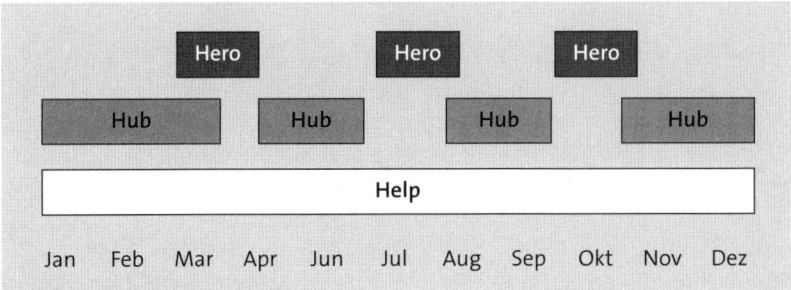

Abbildung 3.2 Aufbau eines Content-Plans nach dem Content Strategy Framework von YouTube

Die Umbenennung von Hygiene in Help

Sollten Sie im Internet nach dem Content Strategy Framework von Google suchen, werden Sie vielfach den Begriff »Hygiene« statt »Help« lesen. Das Unternehmen hat die Bezeichnung im Jahr 2015 geändert, um dem inhaltlichen Fokus der damit gemeinten Videos besser Rechnung tragen zu können. Sollten Sie also »Hygiene« statt »Help« lesen, handelt es sich dabei lediglich um eine andere Begrifflichkeit.

3.1.2 Themen des Kanals festlegen

Über was möchten Sie auf Ihrem Kanal sprechen, und welche Ihrer Geschichten möchten Sie erzählen? Die Bandbreite an Themen ist so vielfältig wie Ihr Unternehmen. Es lohnt sich, Themen bewusst zu selektieren und sich zu fragen, was der Zuschauer sehen möchte. Relevante Themen für Unternehmen könnten beispielsweise aus den Bereichen Unternehmensgeschichte, Events, Produkte, Mitarbeiter, regelmäßige Updates, Kundenerlebnisse und Standpunkte der Marke stammen. In all diesen Bereichen gibt es Geschichten, die für den Zuschauer interessant sind und die in ein regelmäßiges Format passen.

Fragen Ihre Kunden immer wieder nach, wie Ihre Produkte funktionieren? Das schreit förmlich nach Tutorial- oder Erklärvideos. Es kommt häufig die Frage, wie die Produkte hergestellt werden? Das könnte man doch eigentlich mal zeigen! Suchen Sie gezielt nach Themen in den Anfragen, die Sie tagtäglich erreichen. Denken Sie bei der Auswahl an die zuvor vorgestellten drei Bereiche Hero, Hub und Help. Um für diese drei Bereiche Themen zu finden, mit denen Sie im nächsten Schritt Formate entwickeln, können nachfolgende Fragen hilfreich sein.

Hero-Content:

▶ Was sind besonders wichtige Ereignisse in Ihrem Unternehmen, die Sie medial herausstechend auf YouTube begleiten können?

▶ Was ist die aufmerksamkeitsstärkste und ungewöhnlichste Idee, die Sie für eines Ihrer Produkte filmisch umsetzen könnten?

Hub-Content:

▶ Zu welchen Themenbereichen könnten Sie ein Format kreieren, das interessante Themenbereiche episodisch erzählt, nachdem Ihre Zuschauer aber normalerweise nicht aktiv suchen würden?

▶ Haben Sie interessante Geschichten zu erzählen, die für Sie vielleicht zur Unternehmensnormalität zählen, mit denen Sie sich für Außenstehende aber öffnen können und als Unternehmen und Marke für den Kunden greifbarer werden?

▶ Wie können Sie Kundenerlebnisse als Erfolgsgeschichten präsentieren und Ihren Kunden eine Plattform bieten, ihre individuellen Geschichten mit Ihrer Marke zu erzählen?

▶ Mit welchen Themen können Sie den Kunden für Ihre Marke begeistern, um ihn an Ihr Unternehmen zu binden?

Help-Content:

▶ Was sind Fragestellungen, für die Nutzer in Verbindung mit Ihren Produkten oder Ihrem Unternehmen nach Antworten suchen?

▶ Sind Ihre Produkte erklärungsbedürftig, und können Sie Ihre suchenden Kunden mit Tutorial- und Anleitungsvideos unterstützen?

▶ Ist es sinnvoll und möglich, ein Format zu kreieren, in dem einer Ihrer Mitarbeiter oder ein Moderator regelmäßig mit der Community interagiert?

Nehmen wir an, Sie verkaufen höherwertige Rucksäcke, die besonders viele Fächer haben und vielseitig nutzbar sind. Sie werden wohl kaum ein dickes Handbuch mitliefern, in dem Sie jedes Fach einzeln beschreiben. Viele interessierte Kunden möchten aber die Funktionen überblicken und sich vor dem Kauf bereits inspirieren lassen, was sie mit Ihren Taschen alles anfangen können. Die YouTube-Suche wird eine der Anlaufstellen für die Suche nach Testvideos sein. Mit einem entsprechenden Help-Content-Format können Sie als Unternehmen Videos bereitstellen, die im Rahmen einer solchen Suche als Ergebnisse gelistet werden: »33 Arten, Rucksack XY zu nutzen«. Erzählen Sie die Geschichte dramaturgisch und visuell ansprechend, helfen Sie dem Kunden auf die beste Art und Weise, und bestimmen Sie gleichzeitig mit, welches Bild der Kunde von Ihren Taschen erhält. Ein solches Format ist einwandfreier Help-Content.

Unternehmen sind, von außen betrachtet, abstrakte, unpersönliche Gebilde und leben vor allem durch das Erzählen der individuellen Motivation auf. Es könnte also Teil eines Formats sein, einen Mitarbeiter vorzustellen, ihn einen Tag lang zu begleiten und zu zeigen, welchen Beitrag er zu der Marke und den Produkten leistet und was ihn dabei antreibt. Ein solches Format ist nicht nur im Rahmen Ihres *Employer Brandings* sinnvoll, sondern ermöglicht den Zuschauern auch, die Marke besser zu begreifen. Die Mitarbeitergeschichten rücken den Zuschauer näher an das Unternehmen heran, und er lernt, Ihre Produkte besser wertzuschätzen und bei der nächsten Kaufentscheidung auszuwählen. Daraus könnten Sie ein Format als Hub-Content kreieren.

Employer Branding

Jedes Unternehmen sucht nach den besten Mitarbeitern für eine spezifische Aufgabe. Potenzielle Kandidaten müssen dazu aber zunächst auf das Unternehmen aufmerksam werden und es als attraktiven Arbeitgeber wahrnehmen. Employer Branding hat deshalb zum Ziel, ein Unternehmen als Arbeitgeber in der Wahrnehmung der Öffentlichkeit zu stärken und Bewerberkandidaten zu generieren.

Sie stellen zweimal im Jahr neue Produkte vor und kommunizieren dies nicht nur in Form einer Pressemitteilung, sondern zelebrieren die Neuvorstellungen auch auf einem Event? Im Rahmen der gesamten Kommunikation kann Hero-Content entstehen: Videos mit Vorankündigungen, das eigentliche Event als Aufzeichnung oder Follow-me-around in Kooperation mit einer bekannten Persönlichkeit, aber auch eindrucksvolle Produktvorstellungsvideos. Hero-Content muss kein einmaliges Video sein – Sie können Ihre Ereignisse genauso vorher, währenddessen und im Nachgang als Hero-Content auf YouTube aufbereiten. Eine Playlist organisiert die Videos, die Sie ohnehin untereinander bestmöglich verlinken sollten.

Ein besonders erfolgreiches Beispiel für Hero-Content ist das in Abbildung 3.3 zu sehende Video von Volvo Trucks, das gemeinsam mit dem belgischen Schauspieler Van Damme gedreht wurde. Darin fahren zwei Volvo-Trucks rückwärts auf einer abgesperrten Straße, während Van Damme einen Spagat zwischen den zwei Außenspiegeln vollführt. Das Video wurde über 82 Millionen Mal angesehen und ist im Rahmen einer umfassenderen Kampagne entstanden, in der die Präzision und Stabilität des »Volvo Dynamic Steering«-Systems herausgestellt wurde.

Zu Beginn Ihres YouTube-Daseins sollten Sie sich intensiv in Ihrem Unternehmens-, Kunden- und Markenumfeld umschauen, um herauszufinden, welche Themen interessant sein könnten. Sammeln Sie aber später immer weiter Ideen zu neuen Themen und Formaten, und berufen Sie sich nicht nur auf das, was Sie zu Beginn festgelegt haben.

Oftmals stellen Kanalbetreiber fest, dass die von ihnen als erfolgreich eingestuften Formate gar nicht wie erwartet angenommen werden und andere, als weniger bedeutend konzipierte Videos für die Zuschauer ungeahnt relevante und interessante Inhalte liefern. Da hilft manchmal nur die Trial-and-Error-Methode: Probieren Sie unterschiedliche Varianten aus, und fördern Sie Themen und Formate, die erfolgreich sind!

Abbildung 3.3 Volvo Trucks hat 2013 gemeinsam mit Van Damme besonders erfolgreichen Hero-Content veröffentlicht (Quelle: youtu.be/M7FIvfx5J10).

3.1.3 Sendezeiten und Veröffentlichungsrhythmus

Es mag zunächst wie ein Gegensatz klingen: Das nichtlineare YouTube braucht einen Veröffentlichungsrhythmus? Auf der Plattform können Videos zwar jederzeit veröffentlicht werden, doch für den Betrieb eines YouTube-Kanals sind feste Veröffentlichungszeiten ein wichtiger Baustein für die Zuschauerbindung. Wenn der Zuschauer weiß, wann er mit welchen Inhalten auf Ihrem Kanal rechnen kann, erscheint ihm die Attraktivität eines Abonnements höher und somit eröffnet sich für Sie die Chance, ihn regelmäßig zu erreichen.

Die Veröffentlichungszeitpunkte sollten nicht willkürlich gewählt werden. Wenn Sie anfangs noch auf keine Erfahrungswerte durch YouTube Analytics zurückgreifen können, versuchen Sie den optimalen Zeitpunkt mit anderen Methoden zu eruieren. Dabei hilft es, die eigene Zielgruppe anhand der erstellten Persona genauer zu betrachten und zu überlegen, wann und wo sie online ist. Beispielsweise sind Jugendliche und junge Erwachsene an Werktagen vormittags in der Schule oder im Ausbildungsbetrieb und können erst gegen Abend Ihre Inhalte konsumieren. Eine Veröffentlichung am Nachmittag wäre hier sinnvoll. Auch die Wochentage spielen eine große Rolle: Ist Ihre Zielgruppe an Freitagabenden unterwegs und erholt sich samstags auf der Couch? Dann lohnt sich eine Veröffentlichung am Samstagvormittag eher als am Freitagabend. Analysieren Sie in diesem Zusammenhang auch die Veröffentlichungszeitpunkte anderer Kanäle, die Ihre Zielgruppe auf YouTube konsumiert.

Wenn Sie mit sorgfältig ausgewählten Veröffentlichungszeitpunkten die Aktivierung möglichst vieler Abonnenten erzielen können, ist das für Ihren Kanal ein wichtiger Baustein zum Erfolg: Je öfter Sie Ihre Abonnenten dazu bewegen, Ihre Videos zu konsumieren, desto prominenter platziert der YouTube-Algorithmus Ihre Videos bei den Abonnenten. Ein inaktiver Abonnent sorgt zwar für eine hohe Abonnentenzahl, Sie können ihn aber nur noch schwer auf der Plattform erreichen, und er hat somit einen geringeren Wert als Videokonsument.

Versuchen Sie, Ihre Zeiten möglichst genau einzuhalten, und versprechen Sie keine Veröffentlichung zu einer bestimmten Uhrzeit, wenn Sie sich nicht daran halten. Je nach Markenbekanntheit warten die Nutzer auf neue Videos und möchten die ersten sein, die sie konsumieren. Bei bekannten YouTube-Stars macht sich dies besonders stark bemerkbar, wenn die Zeitpunkte nicht eingehalten werden. Oftmals führt das Nichteinhalten der versprochenen Zeitpunkte dazu, dass sich die Abonnenten über die ausbleibenden Inhalte beschweren.

Aber wie oft sollte man eigentlich auf YouTube Videos veröffentlichen? Muss man täglich Videos veröffentlichen, so wie es viele erfolgreiche YouTuber vormachen? Wenn Ihr Unternehmen nicht ausgerechnet ein TV-Sender ist oder ohnehin täglich Videomaterial für interessante Geschichten produziert, dürfte dieser Rhythmus schwer zu realisieren sein. Idealerweise konzentrieren Sie sich deshalb auf wöchentliche Formate, die Sie an unterschiedlichen Wochentagen veröffentlichen.

Vermeiden Sie, alle gerade produzierten Videos auf einen Schlag zu veröffentlichen, nur weil die Videos gerade herumliegen! Dieser Fehler ist bei Unternehmenskanälen immer wieder zu beobachten. Auf der einen Seite kann es dadurch passieren, dass der YouTube-Algorithmus nicht alle Videos beim Zuschauer platziert. Auf der anderen Seite wird sich der Nutzer auch nicht an einem Tag alle hochgeladenen Videos gleichzeitig ansehen.

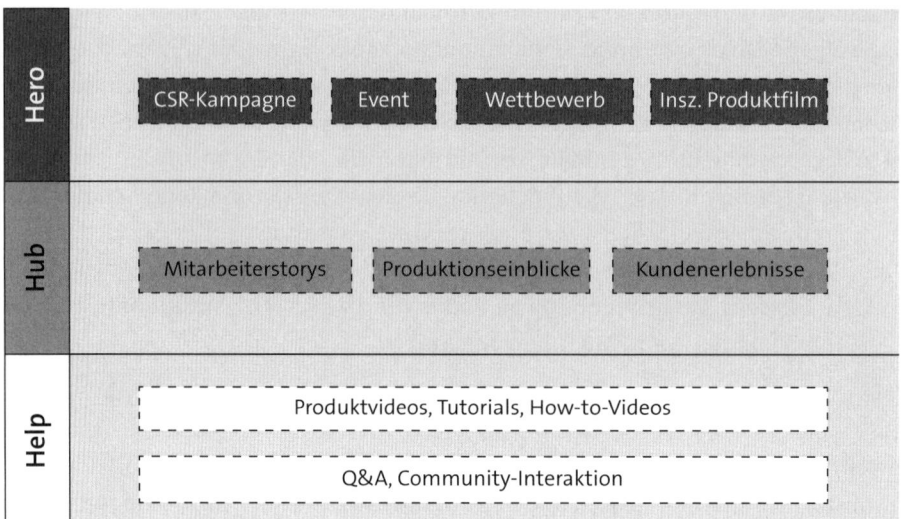

Abbildung 3.4 Beispiel eines Content-Plans nach dem Content Strategy Framework von YouTube

Ein detaillierterer Content-Plan nach dem Beispiel in Abbildung 3.4 verdeutlicht nochmals neben der allgemeinen Verortung der drei Content-Formen in Abbildung 3.2, mit welchen Themen Sie konkret innerhalb der Content-Blöcke arbeiten könnten. Haben Sie Themen festgelegt, können Sie diese Themen in einem solchen Content-Plan gut organisieren, um daraufhin entsprechende Formate festzulegen.

3.2 Das Formatkonzept

Was ist eigentlich ein Format? Bei klassischen Fernsehproduktionen spricht man von einem Format, wenn der äußere Rahmen einer immer wiederkehrend ausgestrahlten Sendung festgelegt ist. Dazu zählt der grundsätzliche Ablauf der Sendung ebenso wie die Gestaltung der für das Format typischen Elemente – vor allem Branding und Setting.

Die Sendung »Wer wird Millionär« ist ein typisches Fernsehformat. Alle Elemente wie das Logo, die farbliche Gestaltung, der Aufbau des Studios, die programmierten Kamerafahrten und vor allem der grundsätzlich immer gleiche Ablauf mit einem Moderator und einem Teilnehmer, der sich durch die Fragen bis zur Millionenfrage hangelt, sind Teil des Formats. Das TV-Format ist dabei so flexibel, dass es sich problemlos in andere Länder exportieren lässt und dort (als das gleiche Format unverkennbar) mit anderen Personen in einer anderen Sprache gesendet werden kann.

Ein Formatkonzept auf YouTube muss nicht zwangsläufig in solch einer Komplexität festgelegt werden. Viel wichtiger ist es, dem Zuschauer eine ungefähre Richtung vorzugeben, was er von dem Video eines Formats erwarten kann. Wichtige Rahmenbedingungen sind deshalb:

▶ Welcher Gattung soll das Video entsprechen (Vlog, Behind-the-Scenes oder eine andere)?

▶ Wie sieht das ungefähre Setting aus (beispielsweise Moderator und Interviewpartner sitzen in einem bestimmten Restaurant zusammen)?

▶ Wie ist der ungefähre Ablauf (beispielsweise Teaser-Thema, Intro, Art der Themenbehandlung, Endcard, Videodauer usw.)?

3.2.1 Gattungen für ein Format

Sie wissen zwar aus den Überlegungen im übergeordneten Kanalkonzept, über was Sie ungefähr sprechen möchten, doch fehlt Ihnen jetzt noch die passende Machart, mit deren Hilfe Sie Ihre Inhalte perfekt darstellen können. Die Gattungen auf YouTube unterscheiden sich teils massiv von denen im Fernsehen. Die meisten entspringen den Kanälen der überwiegend jungen Zielgruppe und sind durch deren Bedürfnis nach Selbstvermarktung und Monetarisierung entstanden. Nicht alle nachfolgend vorgestellten Formatgattungen sind deshalb für den eigenen Unternehmenskanal brauchbar. Je nach Branche sind viele erst relevant, wenn es um Produktplatzierungen auf anderen Kanälen geht. Es ist daher durchaus wissenswert, mit welchen Formaten YouTuber arbeiten.

Monetarisierung
Von Monetarisierung wird auf YouTube gesprochen, wenn Kanalbetreiber mit für den Zuschauer kostenlosen Videos trotzdem Geld verdienen. Das kann durch YouTube-Werbung vor den Videos geschehen, aber auch durch Product-Placements, eigene Produktlinien und viele weitere Einkommensquellen, die sich aus der großen Bekanntheit der Kanäle ergeben.

Follow-me-around

Follow-me-arounds sind personenbezogene Formate. Sie werden besonders häufig für Veranstaltungen und Hintergrundgeschichten mit einem hohen Realitätsbezug eingesetzt und spiegeln das persönliche Erleben der Erzählperson wider. Die Machart ist dabei relativ einfach: Die Erzählperson spricht die Zuschauer direkt an und filmt sich und die Umgebung mit einer kompakten Kamera zumeist selbst. Dabei führt sie den Zuschauer durch die eigene Erlebniswelt, kommentiert das Geschehen und zeigt es aus ihrer Perspektive.

Beispielsweise präsentiert die YouTuberin Bianca Heinicke auf ihrem Kanal »Bibis-BeautyPalace« regelmäßig auch Follow-me-arounds. Vor allem in Verbindung mit ihrem Engagement für Neckermann-Reisen führt sie die Zuschauer durch ihre Erlebniswelt, die sie in den Urlaubsregionen vorfindet (beispielsweise in New York, siehe Abbildung 3.5).

Abbildung 3.5 Follow-me-around-Videos zeigen besondere Ereignisse aus Sicht einer einzelnen Person, wie hier auf dem Kanal »BibisBeautyPalace« (Quelle: youtu.be/g3Eg_66cBLs).

Case-Filme und Behind-the-Scenes

Diese Gattung ist sehr beliebt bei Unternehmen für die Darstellung von CSR-Aktivitäten und besonderen Werbekampagnen. Oftmals sind die Ersteller die ausführenden Agenturen, die ihre Leistungen bei Wettbewerben einreichen und so die Umsetzung dokumentieren. Dabei wird sich unterschiedlicher Elemente wie Interviews und Making-of-Material bedient, um die Geschichte hinter den Aktionen zu erzählen. Viele Case-Filme besitzen durch die Besonderheit der dargestellten Inhalte virales Potenzial und verbreiten sich entsprechend auf den sozialen Plattformen.

Ein schönes Beispiel für einen Case-Film ist das Video zum »Fiat Parking Billboard«. Wie Sie in Abbildung 3.6 sehen können, ist dieses Video von der ausführenden Agentur »Leo Burnett Germany« erstellt und auf YouTube hochgeladen worden, um diese lokal begrenzte Aktion zu dokumentieren und öffentlich zu machen.

Abbildung 3.6 Case-Filme zeigen Offline-Unternehmensaktivitäten, wie hier im Video zum »Fiat Parking Billboard« (Quelle: youtu.be/PDwHYILZyd0).

Interviews und Gespräche

Bei Interviews können die Interviewpartner ihre Standpunkte klarstellen. Sie treten selbst in Erscheinung und erhöhen so die eigene Authentizität. Das ist im Unternehmenskontext oft besonders wertvoll. Bei Gesprächen mit mehreren Teilnehmern und dabei aufkommenden Diskussionen werden einzelne Standpunkte voneinander abgegrenzt. Beide Formatgattungen werden sowohl im Fernsehen als auch auf YouTube eingesetzt und zählen deshalb zu den klassischen Formaten. Das Interview kann auch als Bestandteil anderer Formate eingesetzt werden.

Tutorials

Mit Tutorials werden Dinge und Vorgänge erklärt, für die andernfalls eine Anleitung oder ein Fachbuch notwendig wäre. Auf YouTube sind die Ersteller vor allem Privatpersonen. Aber auch Unternehmen können Tutorial-Formate sehr gut einsetzen, um den Umgang mit ihren Produkten zu erklären. Der Taschenhersteller Crumpler zeigt in einer Art Tutorial-Format, wie die Funktionen der Taschen genutzt werden können (siehe Beispiel in Kapitel 2, »Ihre individuelle YouTube-Strategie«). Die Videos dieses Formats zählen auf dem Crumpler-Kanal zu den meistgesehenen. Die Zuschauer kommen bei Tutorials häufig über die YouTube-Suche auf die Videos, weil sie gezielt nach entsprechenden Videos zu einem Produkt suchen.

Auch die Firma Weber Grills zeigt in Tutorial-Videos auf ihrem YouTube-Kanal, was man alles mit den hauseigenen Produkten machen kann (siehe Abbildung 3.7). Die hochwertigen Grills lassen eine Vielzahl an individuellen Zubereitungsmethoden zu, sodass sich Rezepte gut als Tutorial-Videos umsetzen lassen. Der Hersteller erreicht damit auch, dass die als Help-Content realisierten Videos aufgrund der Rezept-Thematik über die YouTube-Suche leicht gefunden werden können und stellt die Zubereitung zugleich in den Kontext seiner Produktlinie.

Abbildung 3.7 Tutorial-Videos erklären Vorgänge und lassen sich sehr gut im Unternehmenskontext einsetzen, wie hier bei Weber Grills (Quelle: youtu.be/KJ1kiWh7PHk).

(Daily) Vlog

Der Vlog ist das Urgestein unter den YouTube-Formaten und wird von vielen YouTube-Stars als das entscheidende Mittel zum Erfolg genannt. In den Anfangszeiten von YouTube wurden Vlogs vorrangig mit Webcams aufgenommen und die Erzählperson kommentierte bestimmte Themen in ihrem privaten Umfeld. Die meisten heutigen Vlogs überschneiden sich hingegen oft mit Follow-me-arounds, wobei der Fokus wesentlich stärker auf einer Dokumentation der Erlebnis- und Gedankenwelt der Erzählperson liegt und das »Mitnehmen« des Zuschauers zu einem besonderen Anlass in den Hintergrund gerät. Insbesondere bei Daily Vlogs baut der Zuschauer eine große parasoziale Beziehung auf und verfolgt die Geschehnisse konstant über große Zeiträume.

Parasoziale Beziehung

Unter dem Begriff *parasoziale Beziehung* versteht man in der Medienwissenschaft das gefühlte Verhältnis eines Zuschauers zum Akteur eines Videos, etwa eines Vlogs. In einer intensiven parasozialen Beziehung empfindet der Zuschauer den Akteur meist als einen engen Freund, weil er sehr viel über ihn weiß. Durch die direkte Ansprache und die Illusion des persönlichen Kontakts entsteht für den Zuschauer das Gefühl eines engen Verhältnisses. Umgekehrt hat der Akteur jedoch in der Regel nicht einmal Kenntnis vom einzelnen Zuschauer und auch keinen Einblick in dessen Leben.

Mit rund 10 Millionen Abonnenten gehört die YouTuberin Zoella mit ihrem gleichnamigen Kanal zu den größten YouTubern weltweit. Auf ihrem Zweitkanal »MoreZoella« gibt sie ihren Zuschauern regelmäßig Einblicke in ihren Alltag in Form eines Vlog-Formats. Unter dem Stichwort »Vlogmas« startete sie eine tägliche Vlog-Serie in der Weihnachtszeit (siehe Abbildung 3.8)

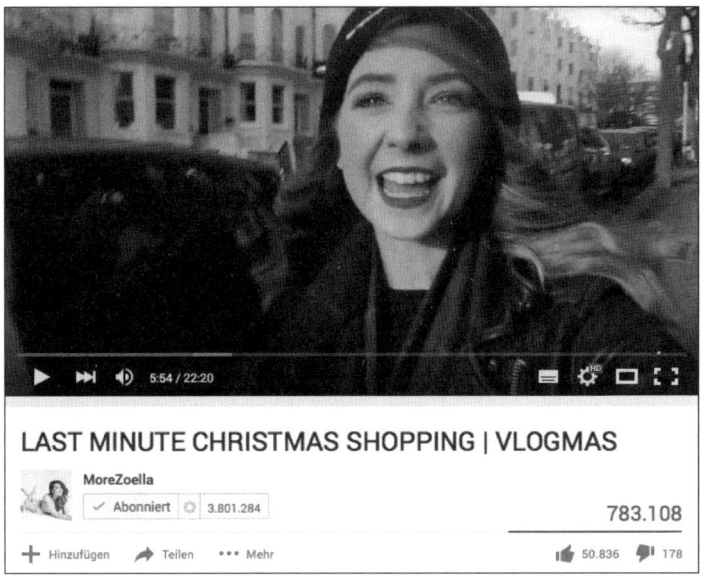

Abbildung 3.8 Bei Vlogs können Zuschauer beispielsweise die YouTuber in ihrem Alltag begleiten, wie hier bei »MoreZoella« (Quelle: youtu.be/por8Wqc1e_Y).

Haul und Unpacking

Den Haul könnte man auch als eine moderne Form von Verkaufsformaten bezeichnen. Das Wort leitet sich aus dem Englischen ab und kann mit »Ausbeute« übersetzt werden. Dabei präsentieren die Protagonisten ihre Einkäufe (den Haul) und erläutern Vor- und Nachteile der Produkte sowie die ursprüngliche Kaufabsicht. Unpacking-Videos haben einen ähnlichen Charakter und zeigen, wie die neu erworbenen Produkte zum ersten Mal ausgepackt werden. Für Unternehmen sind diese Formate besonders im Rahmen von Product-Placements mit bekannten YouTube-Stars interessant.

Abbildung 3.9 Bei Haul-Videos werden die Einkäufe vor der Kamera präsentiert, wie hier beim Kanal »DominoKati« (Quelle: youtu.be/vgNtsD8hsOM).

Auf dem Kanal »DominoKati« zeigt die Kanalbetreiberin unter anderem auch Hauls. Im Beispiel in Abbildung 3.9 werden im Video Produkte eines Einkaufs in den USA gezeigt. Charakteristisch und hier gut sichtbar ist die zu Beginn gezeigte Einkaufstüte, aus der die nacheinander präsentierten Produkte herausgeholt werden.

Let's Play

Computer- und Konsolenspiele erfreuen sich großer Beliebtheit und haben zum Phänomen der Let's-Play-Videos geführt. Dabei spielt ein Einzelner oder eine kleine Gruppe ein Videospiel, zeichnet das Bildschirmgeschehen und seine Kommentare auf und lädt die dabei entstandenen Videos auf YouTube hoch.

Bei Let's-Plays stehen Witz und Unterhaltung im Vordergrund. Die Videos sind teilweise sehr lang und gehören dennoch zu den beliebtesten auf YouTube.

Abbildung 3.10 Der Gaming-Bereich ist auf YouTube sehr stark vertreten, vor allem als Let's-Play-Videos, wie hier auf dem Kanal »Gronkh« (Quelle: youtu.be/MNglgPD6BB8).

Mit rund 4 Millionen Abonnenten ist »Gronkh« der größte deutsche YouTube-Kanal. Der YouTuber Erik Range präsentiert auf diesem Kanal in erster Linie Let's-Play-Videos – und das trotz oft sehr langer Videos sehr erfolgreich. Die Videos werden dabei in Serien und mehreren Teilen hochgeladen, so wie bei dem Let's Play zu dem Spiel »Sims« (siehe Abbildung 3.10).

Challenges und Tags

Es ist nicht einfach, als neuer Kanal ein großes Publikum zu erreichen und viele Abonnenten zu gewinnen, wenn kein Zugang zu einem bestehenden Publikum vorhanden ist. Im Rahmen der Community-Bildung haben sich deshalb Challenges und Tags etabliert.

Bei Challenges kooperieren YouTube-Kanäle in gemeinsamen Videos und absolvieren dabei in einem Wettbewerb eine oder mehrere spezifische Aufgaben. Der Verlierer erhält eine Bestrafung, die zur Belustigung des Zuschauers in der Regel recht unappetitlich ist. Meist wird der Inhalt dabei in zwei eigenständige Videos verpackt, die aufeinander aufbauen und auf beiden Kanälen gleichzeitig veröffentlicht werden – ein Mechanismus, der die Zuschauer zum Besuch und Abonnieren des jeweils anderen Kanals bringen soll.

Ein prominentes Beispiel für die Nutzung von Challenges durch Marken ist die Oreo-Lick-Challenge mit den Kanälen Dagibee und LiontTV. Dabei galt es, das weiße Innere eines Oreo-Keks möglichst schnell abzulecken – es gewinnt derjenige, der dabei am schnellsten ist. Etliche andere Kanäle haben diese Challenge aufgegriffen und unter dem Hashtag #OREOlickforit auf YouTube veröffentlicht.

Wenn sich Kanäle gegenseitig »taggen«, müssen sie in einem Video Fragen zu einem bestimmten Themenbereich beantworten, für den sie ein Hashtag erhalten haben. Nach Beantwortung der Fragen können sie selbst Kanäle taggen, die ihrerseits ebenfalls Fragen aus einem vorhandenen Fragenkatalog oder Zuschauerfragen zu dem Thema beantworten müssen. Der Zuschauer erhält dadurch einen Einblick in die Ansichten der einzelnen Kanalbetreiber, und die Kanäle können sich durch die unterschiedlichen Antworten positionieren. Der Abonnentenzugewinn entsteht durch die Nennung der Tag-Partner.

Comedy und Parodien

Der Bereich Comedy deckt auf YouTube ein großes Spektrum ab. Gemeinsamer Nenner ist jedoch immer der Unterhaltungswert. Sehr beliebt sind beispielsweise 10-Arten-Videos, Straßencomedy und Parodien. Bei 10-Arten-Videos werden zehn verschiedene Varianten eines bestimmten Themas humorvoll präsentiert. Auch hierbei gibt es Unternehmen, die im Rahmen von Product-Placements mit diesen Formaten arbeiten: Die YouTuberin Joyce Ilg hat in Kooperation mit der Marke Rügenwalder zehn Arten typischer Vegetarier-Situationen präsentiert, um schließlich mit Vorurteilen gegenüber Vegetariern aufzuräumen (siehe Abbildung 3.11).

Ein sich öffnendes Unternehmen, zu dessen Marke ein humorvoller Umgang passt, kann Comedy-Videos durchaus auch auf seinem eigenen Kanal nutzen.

Abbildung 3.11 Comedy-Videos und Parodien, wie hier ein Video auf dem Kanal »Joyce«, haben ein großes Potenzial, geteilt zu werden (Quelle: youtu.be/HhfK4pLevHs).

(Cover-)Musik

Einige Musiker sind erst durch YouTube bekannt geworden und konnten internationalen Erfolg verbuchen. So wie die britische Sängerin Jasmine Thompson, die 2015 gemeinsam mit dem DJ Robin Schulz den internationalen Sommerhit »Sun goes down« liefern durfte. Zuvor hatte sie auf ihrem YouTube-Kanal etliche Coversongs hochgeladen, die sie mit einfachen Mitteln in ihrer Privatwohnung aufgenommen hat. Für Unternehmen außerhalb des Musikgeschäfts sind diese Formate von geringer Bedeutung, sofern nicht im Rahmen von Product-Placements genutzt.

Filmtrailer

Ebenfalls kaum von Bedeutung, aber dennoch aufgrund der großen Menge zu erwähnen, sind Filmtrailer zu aktuellen und zukünftigen Kinofilmen. Filmtrailer geben innerhalb von 2 Minuten einen Ausblick auf einen Kinofilm.

Erklärvideos

In Erklärvideos werden Sachverhalte verständlich für jedermann visuell aufbereitet. Die Aufmachung reicht von Stop-Motion-Animationen bis hin zu komplexen 3D-Animationsfilmen. Erklärvideos stellen eine oftmals kosteneffiziente Methode zur Verdeutlichung des Produktnutzens dar und werden deshalb oft von Unternehmen genutzt.

Wenn es einen Kanal gibt, der Erklärvideos auf höchst professionellem Level veröffentlicht, dann wohl »In a Nutshell – Kurzgesagt«. Die Videos werden von der gleichnamigen Münchner Designagentur produziert und stellen komplexe Erklärungen mithilfe ansprechender Animationen dar. Zu diesen komplexen Vorgängen gehört auch das Fermi-Paradoxon, das in einem zweiteiligen Erklärvideo aufzeigt, warum die Menschheit noch keinen Aliens begegnet ist (siehe Abbildung 3.12).

Abbildung 3.12 Der Kanal »In a Nutshell – Kurzgesagt« zeigt, wie professionell animierte Erklärvideos gemacht werden können (Quelle: youtu.be/sNhhvQGsMEc).

Imagefilme

In Imagefilmen werden Unternehmen, Organisationen und Regionen mit ihrem Angebot abgebildet. Ein Unternehmen kann sich Interessenten in einem Imagefilm vorstellen und zeigen, welche Leistungen es anbietet und welchen Mehrwert es für die Gesellschaft generiert. Imagefilme für Regionen beschreiben zumeist mehrere regionale Besonderheiten, stellen ansässige Unternehmen vor und zeigen das Leben in einer Region auf. So werden Regionen im Hinblick auf ein bestimmtes Ziel, wie beispielsweise das Herausstellen der Attraktivität für Unternehmen, Touristen oder Arbeitnehmer, gestärkt.

Ein gutes Beispiel für eine Imageaufwertung von Regionen mit einer filmisch sehr ansprechenden Umsetzung sind die Videos zur Initiative »Hessen schafft Wissen«. Dabei stehen Studierende und akademische Spitzenkräfte als Hauptzielgruppe im Vordergrund, denen das Land Hessen als attraktiver Universitätsstandort nahegelegt werden soll. Der entsprechende YouTube-Kanal beinhaltet unter anderem auch Imagefilme zu den Universitätsstädten des Landes Hessen, wie beispielsweise den in Abbildung 3.13 gezeigten Film zur Stadt Wiesbaden.

Abbildung 3.13 Einer der Imagefilme von »Hessen schafft Wissen«. Dieser soll die Stadt Wiesbaden als attraktiven Studienstandort abbilden (Quelle: youtu.be/glmSmw-C3Qc).

Mitschnitte von Veranstaltungen

Produktneuvorstellungen, Modenschauen oder Vorträge lassen sich wunderbar aufzeichnen, um sie später den Nicht-Anwesenden auf YouTube zu präsentieren. Das Unternehmen Apple streamt seine Keynotes sogar live ins Netz und stellt sie im Anschluss zum erneuten Abruf zur Verfügung. Solche Videos sind in der Regel länger als die üblichen YouTube-Videos und lassen sich gut im Unternehmenskontext einsetzen, um Veranstaltungen einem größeren Publikum zugänglich zu machen. Höchst beliebt und sehr professionell produziert sind die Mitschnitte der TED-Events, die auch auf YouTube abrufbar sind.[1]

3.2.2   Storytelling und Videoaufbau für das Format festlegen

In Kapitel 4, »Das Storytelling«, erfahren Sie, welche Formen des Storytellings es gibt und wie Sie Geschichten aufbauen können, damit der Zuschauer sie optimal konsumieren kann und keine Langeweile aufkommt. In diesem Abschnitt soll deshalb nicht der ausführlichen Darstellung vorgegriffen werden. Dennoch sollen Sie wissen, dass das Storytelling wesentlicher Teil eines Formats ist und sich dabei vor allem auf die inhaltliche Umsetzung bezieht:

► Welche Themen werden behandelt?

► Wie werden Themen aufbereitet?

► Welche Plattformen werden genutzt, um die Geschichten zu erzählen?

► Wie inspiriert man mit Geschichten, sodass Menschen darüber sprechen?

► Was kann man welcher Zielgruppe erzählen?

Legen Sie für das Storytelling Ihres Formats fest, *was* Sie *wie* mit wem (*wer*) und *warum* erzählen möchten. Das Was beinhaltet dabei die Themen, die Sie aufgreifen möchten, das Wie die Erzählweise, das Wer die in den Film einbezogenen Personen und das Warum den Grund, der die Daseinsberechtigung des Videos erklärt. Sie könnten also beispielsweise festlegen:

Das Format »Grüner Daumen« beinhaltet Informationen zur richtigen Pflege bestimmter Zimmerpflanzen. Dazu demonstrieren jeweils zwei Mitarbeiter anhand der von uns angebotenen Pflanzen in einer Art Selbstversuch, wie man es richtig und falsch macht, während ein Moderator durch das Video führt und beide Vorgehensweisen anhand der Ergebnisse bespricht. Wir produzieren das Format, weil wir glauben, dass jeder mit unserem Wissen einen »grünen Daumen« haben kann und wir unseren Kunden so einen Mehrwert bieten möchten.

Damit sich der Aufbau nicht bei jedem Video des Formats unterscheidet, sollten Sie zudem eine grobe Aufbauskizze erstellen. In Abbildung 3.14 sehen Sie eine mögliche Variante. Es ist nicht wichtig, dass die eingezeichneten Blöcke einem Maßstab entsprechen, solange anhand der Zeitskalen erkennbar ist, welche Gewichtung die einzelnen Blöcke einnehmen.

---

1 Kanal: *www.youtube.com/TEDtalksDirector*

Bezogen auf das bereits beschriebene Format »Grüner Daumen« würde das Video bei einem Aufbau wie in Abbildung 3.14 mit einem kurzen Teaser beginnen, in dem die Mitarbeiter bereits kurz zu sehen sind. Der Teaser würde dabei Spannung aufbauen und auf den eigentlichen Inhalt nach dem Intro vorbereiten. Im Intro könnte kurz ein Logo animiert werden, das Unternehmens- und Kanalname beinhaltet. Die darauffolgenden drei Teile sind Sinnabschnitte des eigentlichen Handlungsstrangs. Teil 1 könnte bei dem Format »Grüner Daumen« daraus bestehen, dass die beiden Mitarbeiter abwechselnd in ihrem Vorgehen begleitet und die guten/schlechten Ergebnisse gezeigt werden, Teil 2 könnte die Erklärung beinhalten und Teil 3 als kürzester Block die Vorteile der eigenen Produktreihe herausstellen. Auf der anschließenden Endcard werden dann weitere Videos präsentiert, eine Website verlinkt und Ähnliches.

Selbstverständlich können Sie die einzelnen Elemente weiter konkretisieren. So wäre zum Beispiel denkbar, dass der Teaser immer aus bestimmten Textbausteinen zusammengesetzt wird, die ein Moderator in die Kamera spricht und an das entsprechende Video anpasst. Sie können den Aufbau auch komplett anders planen und ein Intro auslassen oder einen weiteren kurzen Outtake-Block hinter der Endcard platzieren, damit sich der Zuschauer die Endcard vollständig ansieht.

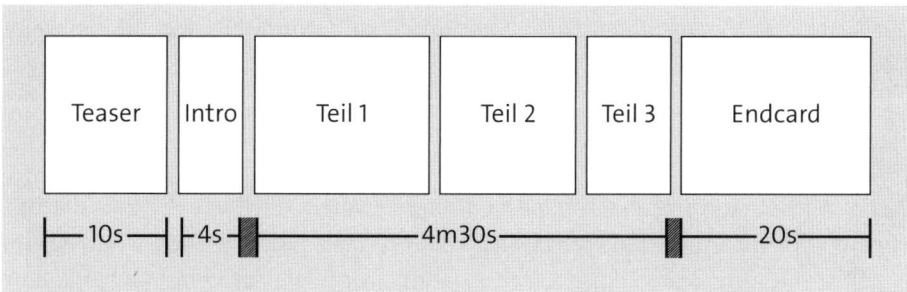

Abbildung 3.14 Grobe Aufbauskizze eines Formats (nicht maßstabsgetreu)

Eine Aufbauskizze in dieser Form hilft in jedem Fall bei der Reproduktion des Formats. Der Zuschauer erkennt das Format in jedem einzelnen Video anhand der Abfolge wieder und weiß, was ihn erwartet. Er hat so auch vor einem Abonnement eine bessere Vorstellung, ob ihm die in Zukunft angebotenen Inhalte überhaupt zusagen werden.

3.2.3 Formattypische Elemente gestalten und auswählen

Denken Sie wieder an die TV-Sendung »Wer wird Millionär«, die bereits zu Beginn des Kapitels erwähnt wurde, und überlegen Sie noch einmal genau, welche Elemente das

Format auszeichnen, damit Sie es als eine »Wer wird Millionär«-Sendung identifizieren. Wenn man diese Elemente nun mit den Funktionen der YouTube-Plattform verknüpft, gehören zu einem Format:

▶ der Aufbau und die Ausgestaltung individueller Thumbnails

▶ die Gestaltung von Intro, Endcard, Zwischenblenden und Bauchbinden

▶ der Musikstil eventueller Vorder- und Hintergrundmusik

▶ wiedererkennbare Elemente im Video

▶ die Wahl der Moderatoren, Sidekicks und anderer Personen im Video

▶ ein besonderes Licht-, Ton- und Kamera-Setup, das Auswirkungen auf die Wirkung des Films hat

▶ die Eigenheiten der Farbkorrektur im Schnitt

▶ spezielle Film- und Schnitttechniken, die wiederkehrend eingesetzt werden, wie Zeitraffer, Zeitlupe, Hyperlapse, Jump Cuts und ähnliche

Zu diesen Punkten erfahren Sie in späteren Kapiteln dieses Buches ausführlich, wie Sie ihre Ausgestaltung vornehmen können. Zu einer Formatplanung gehört die Bestimmung all dieser Parameter aber dazu. Sie sorgen genau wie der Aufbau der Videos dafür, dass der Zuschauer Videos einem Format zuordnen kann und weiß, was ihn bei weiteren Videos erwartet.

3.2.4　Wie wird das Format produziert?

Um die Formatentwicklung abzuschließen, sollten Sie auch die Frage der Produktionsweise beantworten können. Ein Format kann dadurch besonders wirken, wenn es vom Akteur selbst mit einer kompakten Kamera gefilmt wird, wie zum Beispiel bei Follow-me-arounds üblich, oder die zu filmende Person von einem ganzen Produktionsteam mit mehreren Kameras begleitet wird. Beides weist erhebliche Unterschiede in der Wirkung auf den Zuschauer auf und macht sich gleichzeitig auch bei den Produktionskosten bemerkbar.

Ebenso wirkt sich die Produktionszeit aus: Sie könnten mehrere Videos eines Formats an einem Stück produzieren (zum Beispiel an 3 Tagen hintereinander) oder jedes neue Video einmal pro Woche in die Produktion geben. Hier kommt es auch darauf an, ob die vorgesehenen Themen zeitkritisch sind und entsprechende Videos schnell veröffentlicht werden müssen. Anhand der Überlegungen zur Produktion sehen Sie, ob Videos zu einem Format überhaupt mit der angestrebten Regelmäßigkeit erstellt werden können. Legen Sie also unbedingt fest, wie die Videos des Formats produziert werden sollen.

3.3 Livestreaming-Formate planen

YouTube-Kanäle können seit einiger Zeit auch Livestreams starten. Warum dann nicht die nächste Veranstaltung live ins Internet streamen, damit die Kunden sie zu Hause am Bildschirm mitverfolgen können? Später kann man die Veranstaltung ja immer noch als Mitschnitt zur Verfügung stellen und Zuschauer erreichen, die nicht beim Livestream dabei sein konnten. Livestreamings sind vor allem im Rahmen von Hero-Content relevant und sollten für herausragende Ereignisse genutzt werden.

3.3.1 Hürden beim Livestreaming

Was zunächst nach einer attraktiven Videovariante klingt, entpuppt sich bei genauerer Betrachtung als durchaus aufwendig.

Wer sich für ein Livestreaming außerhalb einer Bildschirmaufzeichnung oder einer einfachen Webcam-Aufnahme interessiert, muss nämlich schon im Vorhinein einiges beachten:

▶ Urheberrecht, Persönlichkeitsrecht und Sendelizenz
Wenn Sie Videos live streamen, müssen Sie genau wie bei allen anderen YouTube-Videos beachten, dass Sie geltendes Recht nicht verletzen. Das kann zum Beispiel schon der Fall sein, wenn auf einer Veranstaltung Musik läuft, die durch das Urheberrecht geschützt ist. Hier müssen Sie vorab klären, dass Sie die entsprechenden Inhalte senden dürfen. Sie dürfen auch nicht einfach jeden filmen, nur weil er ihnen gerade vor die Kamera gelaufen ist.

Darüber hinaus muss beachtet werden, dass für manche Inhalte nach dem Rundfunkstaatsvertrag eine Sendelizenz benötigt wird. Mehr zu der rechtlichen Seite beim Betrieb eines YouTube-Kanals finden Sie in Kapitel 16, »Rechtliche Aspekte«, von Christian Solmecke.

▶ Produktionsumgebung mit Live-Setup
Wer live streamen möchte, braucht die entsprechenden technischen Möglichkeiten dazu. Theoretisch reicht zwar ein Smartphone mit Internetverbindung. Aber sobald eine Veranstaltung mit mehreren Kameras gleichzeitig gefilmt werden soll, um zwischen mehreren Perspektiven wechseln zu können, wird ein entsprechendes Videomischpult und eine Bildregie benötigt. Die Bildregie muss die einzelnen Kameras koordinieren und dazu mit den die Kameras bedienenden Personen über Kopfhörer verbunden sein. Hinzu kommt ein Gerät oder eine Software, um aus dem live geschnittenen Video einen Stream in einem für YouTube geeigneten Format zu encodieren.

▶ Stabile und leistungsstarke Internetleitung
Wenngleich keine Satellitenschlüssel für die Übertragung des Streams zur YouTube-Plattform notwendig ist, muss die verwendete Internetleitung stabil und leistungsstark sein. Veranstaltungszentren haben meist eine Internetleitung, die einen Hotspot für alle Besucher aufspannt. Je mehr Besucher sich in das WLAN einloggen, desto langsamer wird diese Internetverbindung.[2] Eine solche nicht dedizierte Leitung ist eher ungeeignet für die Übertragung eines Livestreams. Auch wenn Sie auf mobiles Internet zurückgreifen und LTE als leistungsstarke Internetverbindung wählen, müssen Sie damit rechnen, dass die Übertragungsgeschwindigkeit bei vielen am Verbindungspunkt eingeloggten Mobilfunknutzern stark abfallen kann – und das wird bei einer großen Veranstaltung mit vielen Besuchern sehr wahrscheinlich der Fall sein.

▶ Kommentator
Je nach Veranstaltung kann es für den Zuschauer sehr langweilig sein, wenn kein Kommentator durch den Livestream führt. Selbst wenn der Kommentator nicht im Bild zu sehen ist, sollten Sie ihn gegebenenfalls als Off-Stimme einplanen. Ein Kommentator muss umfassend über den Ablauf informiert sein und den Zuschauer kompetent durch den Livestream führen können.

Sollten Sie also lieber die Finger vom Livestream lassen? Es kommt darauf an, welchen Aufwand Sie betreiben möchten und wie zeitkritisch Ihre Inhalte sind. Ein Livestream wie bei den Videodays mit Zuschauerzahlen im vier- und fünfstelligen Bereich oder bei den Keynotes von Apple kann durchaus ein großes Potenzial haben. Sind Sie jedoch mit Ihrem Unternehmen im Massenmarkt nicht so stark vertreten, dass der Livestream von vielen Zuschauern verfolgt wird, sollten Sie das Kosten-Nutzen-Verhältnis gut abwägen und stattdessen in Betracht ziehen, lieber mehrere Einzelvideos zu produzieren, die Sie rund um die Veranstaltung zeitnah auf Ihrem Kanal veröffentlichen.

3.3.2 Funktionen des YouTube-Livestreams

Sollten Sie sich für einen Livestream entscheiden, geht die Funktionalität über die eines reinen Videostreams hinaus. Wie Sie in Abbildung 3.15 sehen, können sich die Nutzer im rechten Bereich neben dem Video über die Veranstaltung in Echtzeit austauschen. Sie können also theoretisch sogar auf diese Kommentare eingehen. Sie können außerdem jederzeit sehen, wie viele Nutzer den Stream aktuell verfolgen und wie er bewertet wird.

---

2 Ein Problem, mit dem sogar Steve Jobs schon zu kämpfen hatte (ab Minute 1:00): *youtu.be/ znxQOPFg2mo*

#Live

YouTube generiert automatisch Themenkanäle, wozu auch der Kanal #Live zählt. Sie finden ihn ganz einfach über die YouTube-Suche bei Eingabe der Bezeichnung. Auf dem Themenkanal finden Sie aktuelle Livestreams, die öffentlich einsehbar sind, wie beispielsweise den Livestream einer Bowling-Veranstaltung (siehe Abbildung 3.15).

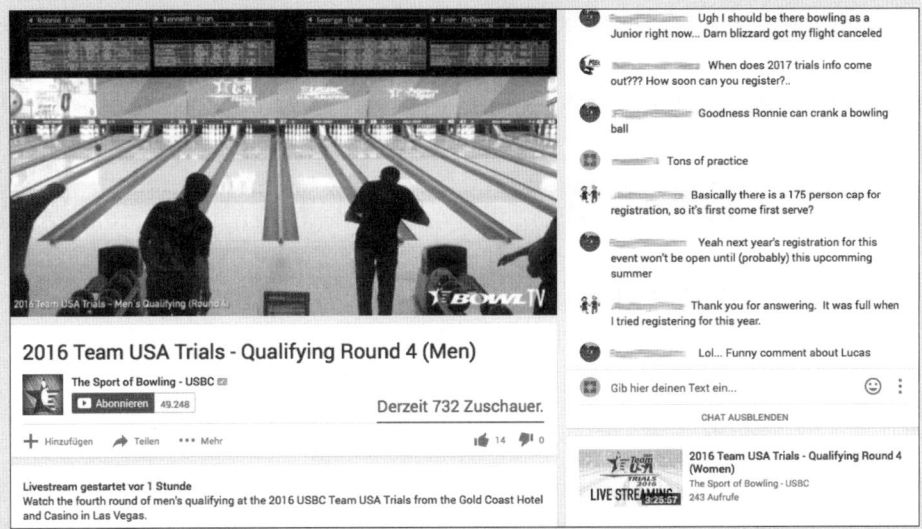

Abbildung 3.15 Livestreams wie der zur Qualifikationsrunde im Bowlingsport können leicht über den Themenkanal #Live gefunden werden (Quelle: youtu.be/A49TBi49VyQ).

Auch bei Livestreams können Sie mit Zwischenblenden, Animationen und Einspielern arbeiten. Sie müssen diese Elemente vorab produzieren oder live generieren, beispielsweise durch einen Titelgenerator. Die entsprechenden Elemente werden dann auf einer virtuellen Kameraspur in Ihrem Videomischer eingespielt.

3.3.3 Planung eines Livestream-Formats

In den allermeisten Fällen dienen Livestreams dazu, Veranstaltungen für ein größeres Publikum direkt zu übertragen, weshalb in diesem Kapitel von einem solchen Szenario ausgegangen werden soll. Wenn Sie einen Livestream um eine Veranstaltung herum planen, benötigen Sie für die Regie einen Ablaufplan der Veranstaltung. Darauf basierend sollte erörtert werden, welche Kameras zum Einsatz kommen und an welchen Stellen diese am besten positioniert werden.

Die Wahl der Kameraperspektiven erfolgt mit Blick auf den Ablauf der Veranstaltung. Sie sollten sich jedoch immer verschiedene Perspektiven offenhalten: So macht es beispielsweise Sinn, eine Kameraperspektive mit einem großen Überblick über die Veranstaltung und mehrere Perspektiven mit kleineren Ausschnitten bereitzuhalten. Was nun bereits technisch klingt und eigentlich in Kapitel 7 über die Produktion von YouTube-Videos zu erwarten wäre, ist essenzieller Bestandteil einer Livestream-Produktion und gehört mit zum Storytelling: Sie müssen es bei einem Livestream schaffen, jederzeit die wichtigsten Ausschnitte zeigen zu können, damit der Zuschauer das Geschehen begreifen kann. Das ist alles andere als trivial, wenn an mehreren Stellen Aktionen passieren und alle Kameras unkoordiniert filmen.

In einem speziellen Ablaufplan für die Bildregie und die Kameras sollten Sie deshalb festlegen, welche Kameras zu welchen Zeitpunkten was filmen. In diesen Ablaufplan gehört auch, an welcher Stelle Einspieler gezeigt werden, damit diese vorgehalten werden können. Ein ebenfalls häufiges Szenario: Gibt es auf Ihrer Veranstaltung eine Leinwand, auf der Videos und Präsentationen gezeigt werden? Dann sollte diese Bildquelle auch als Schnittquelle verfügbar sein. So müssen Sie nicht mit Qualitätseinbußen leben, wenn Sie die Leinwand mit einer Ihrer Kameras abfilmen, und Sie halten sich gleichzeitig Ihre Kameras für das eigentliche Geschehen frei.

Sollten Sie Ihr Livestream-Event im YouTube-Studio unter LIVESTREAMING angelegt haben und Sie, nachdem ein Test im privaten Modus funktioniert hat, bereit zum Streaming sein, kündigen Sie kurz vorher auf Ihren Social-Media-Kanälen an, dass Ihr Livestream in Kürze starten wird. Erinnern Sie Ihre Fans und Follower beispielsweise 15 Minuten vorher daran und erneut, sobald der Livestream beginnt. Teilen Sie dabei auch unbedingt den Link zum Livestream, damit die Nutzer direkt auf Ihren Livestream gelangen.

Sie können ein Livestream-Event gut nachbereiten, indem Sie Highlight-Videos mit den besten Ausschnitten auf YouTube hochladen. Insbesondere bei sehr langen Veranstaltungen wie den Videodays (über 7 Stunden Livestream) erleichtert eine im Nachhinein angelegte Playlist mit Einzelvideos die Suche nach bestimmten Ausschnitten. Außerdem können die Ausschnitte über die YouTube-Suche gut gefunden werden. Sollten Sie also eine Veranstaltung mit mehreren Produktvorstellungen streamen, stellen Sie im Nachhinein eine Playlist mit Einzelvideos zusammen, die nur jeweils eine Produktvorstellung zeigen.

Kapitel 4
Das Storytelling

In einem TED-Talk zitierte der zweifache Oscar-Preisträger Andrew Stanton einst eine Notiz des legendären amerikanischen TV-Hosts Fred Rogers: »Frankly, there isn't anyone you couldn't love once you've heard their story.«

Storytelling ist die Kunst des Geschichtenerzählens. Wir alle haben jeden Tag Erlebnisse, oft banaler und manchmal faszinierender Natur. Mit den zahlreichen Medien unserer heutigen Zeit ist auch die Anzahl der erzählten Geschichten um uns herum rapide angestiegen. War man früher auf einzelne Personen angewiesen, die ihre Geschichten persönlich weitererzählt haben oder die exklusive Möglichkeit hatten, sie auf Papier zu bringen, ist heute jeder in der Lage, seine Geschichten online zu erzählen.

Mit all den modernen Errungenschaften umgibt uns allerdings eine Flut an Geschichten, die wir niemals alle konsumieren könnten. Wir sind umgeben von sozialen Netzwerken, Blogs, YouTube-Videos, klassischen Medien und vielen weiteren Kanälen, über die unzählige Geschichten verbreitet werden. Wenn Sie als Unternehmen mit Ihren Geschichten auffallen möchten, müssen Sie deshalb einige Kenntnisse über gutes Storytelling besitzen. Schließlich erlangt nur derjenige die volle Aufmerksamkeit, der die besseren Geschichten erzählt.

4.1 Was kann gutes Storytelling?

Jeder kennt Werbespots aus dem Fernsehen: Sie unterbrechen die geliebte Sendung, sind aufdringlich und versprechen einem den Himmel auf Erden. Die meisten Werbetreibenden versuchen, den Zuschauer in den 15 bis 30 Sekunden eines Werbespots mit allen Tricks und Finessen förmlich zu zwingen, das Produkt zu kaufen. Aber wer will schon gezwungen werden, ein Produkt zu kaufen? Zuschauer wollen viel lieber unterhalten werden und ganz nebenbei eine Begeisterung für Produkte aufbringen, bevor sie losziehen, um sie zu erwerben und der ganzen Welt die zugehörige Geschichte zu erzählen.

Gutes Storytelling kann genau das. Es erzählt die Geschichten von Unternehmen, Marken, Produkten und Menschen, um das Interesse des Zuschauers zu gewinnen und ihn langfristig als loyalen Markenfan zu gewinnen. Mit Sätzen wie »Wusstest du schon ...« oder »Kennst du eigentlich ...« erzählt dieser Kunde Ihre Geschichten weiter und begeistert andere Menschen für Ihre Marke. Er teilt Ihre Botschaft und erreicht Menschen, die Sie andernfalls wohl nie erreicht hätten.

Geschichten machen Marken zu dem, was sie sind: Sie geben Ihnen ein Gesicht und unterstreichen die Einzigartigkeit, die durch die entsprechende Markenwelt erzeugt wird. Dabei ist die Markenwelt der Kosmos, in dem die Geschichten erzählt werden. Das Gesamtbild einer Marke wird dadurch zu mehr als einem simplen Versprechen und lässt die Marke durch die erzählten Geschichten zum Leben erwecken. Geschichten sind also bares Geld wert, wenn sie richtig erzählt werden und andere Menschen in ihren Bann ziehen. Sie sind eine langfristige und nachhaltige Investition in eine Marke.

4.1.1 Abgrenzen von der Konkurrenz

Gutes Storytelling führt dazu, dass Sie sich mit Ihren Geschichten von anderen abheben. Sie wollen ja schließlich, dass sich Ihre Marke von anderen Marken unterscheidet und der Kunde klare Assoziationen zu Ihrer Marke im Kopf hat. Für was steht Ihre Marke? Was macht Ihre Marke im Vergleich zu anderen so besonders? Eine gute Geschichte sticht aus der uns umgebenden Masse an Geschichten hervor und durchbricht den gigantischen Fluss an Informationen, der uns durch das Internet, die Medien und soziale Netzwerke umgibt. Damit ist Storytelling auch das erfolgversprechendste Mittel im Content Marketing: Es werden nicht länger einfach nur alle verfügbaren Informationen bereitgestellt, sondern inspirierende Geschichten erzählt.

Wie Sie feststellen werden, ist Storytelling kein Konstrukt, das Ihnen Inhalte nach Schema A, B und C vorgibt. Das stünde auch im vollkommenen Widerspruch dazu, dass Ihre Geschichten individuell sein sollen. Es ist vielmehr das Wissen darum, wie Sie Ihre Inhalte so formulieren und darstellen, dass sie ansprechend und gut verdaulich vom Zuschauer konsumiert werden können, ohne auf die wesentlichen Aspekte der Markenbotschaft verzichten zu müssen.

4.1.2 Mit Geschichten Mehrwert schaffen

Menschen geben mehr Geld für die Produkte einer Marke aus, wenn die Marke gute Geschichten erzählt. Warum ist das so? Unternehmen und Marken sind für den Konsumenten schwer greifbare Konstrukte. Wenn Sie im Geschäft stehen und sich für ein bestimmtes Produkt interessieren, haben Sie ja zunächst erstmal keine Vorstellung, wie das dahinterstehende Unternehmen tickt, welche Ansichten es vertritt oder wie die Produkte hergestellt werden. Erst wenn Unternehmen beginnen, Geschichten über ihre Marken zu erzählen, erhalten Sie eine bessere Vorstellung davon. Das Unternehmen rückt in Ihr Bewusstsein, und Sie greifen zu Produkten, deren Geschichten Sie kennen. Und wenn Sie die Geschichten mehrerer Marken kennen? Dann greifen Sie zu der Marke, deren Geschichten Sie am meisten inspirieren und die Ihnen am meisten zusagen.

Viele Unternehmen haben dies erkannt und erzählen ihre Geschichten direkt am Point of Sale oder drucken sie auf dem Produkt ab. Nehmen Sie beispielsweise eine Packung Kaffee aus dem Supermarktregal, können Sie darauf die Geschichte eines jungen Erntehelfers lesen und erfahren, dass sich das Unternehmen für eine besonders faire Entlohnung und nachhaltigen Anbau einsetzt. Die schön ausgeschmückte Geschichte gefällt Ihnen so gut, dass Sie intuitiv bereit sind, mehr Geld für das durch die erzählte Geschichte aufgewertete Produkt zu bezahlen. Der soeben gekaufte Kaffee erhält durch geschicktes Storytelling einen größeren Wert.

Storytelling auf einem YouTube-Kanal erzählt solche und viele andere Geschichten nicht nur am Point of Sale. Die Videos sorgen dafür, das allgemeine Bewusstsein für die Ausgestaltung einer Marke zu etablieren, und der audiovisuelle Charakter wirkt stärker auf den Kunden als die reine Verpackungsbeschreibung. Der Griff zum Produkt und die anschließende Kaufentscheidung fallen dann gleich von Anfang an auf die Marken, von denen der Konsument inspiriert ist, weil er die Geschichten kennt. Die erzählten Geschichten regen damit auch die Fantasie an, erzeugen ein Zugehörigkeitsgefühl und machen das Unternehmen greifbarer.

4.1.3 Zusammenhänge verdeutlichen

Bewusst geplantes Storytelling ist in der Lage, undeutliche Zusammenhänge in einen Kontext zu rücken, um dem Zuschauer klarzumachen, auf was er zu achten hat. Wie diese Möglichkeit zu verstehen ist, lässt sich am besten anhand eines Beispiels verdeutlichen: Die Marke Innocent Drinks nutzt diese Möglichkeit in ihrem Video unter dem Motto »Chain of Good« (siehe Abbildung 4.1). Die erzählte Geschichte wird gezielt überspitzt dargestellt, macht aber im Rahmen dieses Kapitels deutlich, welchen Mehrwert das Storytelling leistet.

Die Grundidee des Videos ist simpel: Wer Innocent Drinks konsumiert, unterstützt Menschen in ärmeren Ländern, da 10 % der Einnahmen von Innocent Drinks gespendet werden. Als Aufhänger für die Geschichte dient eine Familie in Peru. Sie kann sich dank der durch Innocent Drinks geleisteten Spenden eine kleine Solaranlage für die Produk tion von Strom und warme Kleidung für den Winter leisten. Die Entscheidungen des Protagonisten Mark, der in einem Industriestaat im Supermarkt steht und überlegt, zu welchem Smoothie-Getränk er greift, hat nach der erzählten Geschichte direkte Auswirkungen auf das Leben der Menschen in Peru: Kein Innocent-Smoothie, keine warme Kleidung für die Menschen in Peru. Innocent stellt diesen Zusammenhang humorvoll dar und schafft beim Zuschauer ein Bewusstsein für die Zusammenhänge, die in Verbindung mit dem Produkt stehen.

Abbildung 4.1 Die Marke Innocent Drinks nutzt Storytelling für das Verdeutlichen von Zusammenhängen in Verbindung mit dem Konsum der Produkte auf humorvoll überspitzte Art und Weise (Quelle: youtu.be/0c17bhtmmds).

4.2   Welche Formen von Storytelling gibt es?

In Storytelling-Fachkreisen wird meist von vier Storytelling-Formen gesprochen: klassisches, crossmediales, transmediales und dynamisches Storytelling. Ob dynamisches Storytelling wirklich eine eigene Einheit bildet oder eigentlich doch nur transmediales Storytelling ist, darüber streiten sich zwar die Geister. Fakt ist jedoch, dass die Reihenfolge bewusst gewählt ist, da von klassischem zu dynamischem Storytelling die Erzählstruktur zunehmend aufgebrochen wird und die Geschichten offener erzählt werden.

4.2.1   Klassisches Storytelling

Klassisches Storytelling erzählt Geschichten in einer festen Einheit und wandelt die Geschichten nicht ab. Der Storyteller formuliert die Geschichte so, dass sie durch genau ein Medium transportiert werden kann. Am Beispiel von YouTube-Videos würde man also lediglich das YouTube-Video perfektionieren und das Video dann in anderen Medien ebenfalls nutzen – beispielsweise auf Facebook hochladen oder auf einem Monitor am Point of Sale präsentieren.

Haben die Medien große Gemeinsamkeiten, kann eine Wiederverwertung ähnlich wie bei einem Film im Kino und auf DVD funktionieren – mit großer Wahrscheinlichkeit wird es das aber im Werbeumfeld nicht, weil die einzelnen Medien aufgrund ihrer Funktionsweise und Nutzungsart unterschiedlich bespielt werden müssen. Der größte Trugschluss bei Unternehmen entsteht hierbei, wenn 30 Sekunden lange TV-Spots auf YouTube mit dem Ziel hochgeladen werden, große Zusatz-Aufmerksamkeit im Netz zu erlangen.

Abbildung 4.2 Das Video »Die Hornbach Frühjahrskollektion« gehört zum klassischen Storytelling und ist speziell auf Onlinemedien ausgerichtet (Quelle: youtu.be/R18LRfoZZ9w).

Das YouTube-Video »Die Hornbach Frühjahrskollektion« kann dem klassischen Storytelling zugeschrieben werden (siehe Abbildung 4.2). Das Video wurde speziell für das YouTube-Umfeld optimiert – mit schnellen Schnitten, einer kontinuierlich vorantreibenden Erzählweise und einer Laufzeit von 70 Sekunden passt es sich den Sehgewohnheiten der YouTube-Nutzer an. Die Geschichte wird im Video abschließend erzählt. Für einen TV-Werbespot wäre das Video zu lang, und die Aufmerksamkeit könnte in einem dort angesiedelten Werbeblock nicht über die komplette Dauer gehalten werden. Hornbach bringt dies auch im Videotitel mit der Kennzeichnung »Online-Spot« zum Ausdruck. Das Video wäre allerdings auch als Facebook-Video zu lang, da die Nutzer dort aufgrund der Anzeige im Newsstream nur selten so lange Videos betrachten. Um das Video dennoch auch im TV senden zu können oder auf Facebook zu platzieren, müsste es zumindest neu geschnitten werden.

4.2.2 Crossmediales Storytelling

Mit der zunehmenden Anzahl unterschiedlicher Medien und Plattformen muss die Erzählform der Geschichten individuell für jedes Medium angepasst werden. Dabei spricht man von crossmedialem Storytelling. Ein YouTube-Video könnte also in gleicher Form verschriftlicht und als Blogbeitrag veröffentlicht werden, der von den Lesern in einem anderen Nutzungsszenario verwendet wird.

Crossmediales Storytelling hat mit klassischem Storytelling gemeinsam, dass die Geschichte innerhalb eines Mediums vollständig erzählt wird. Wer das YouTube-Video gesehen hat, erhält durch den Blogbeitrag keine neuen Erkenntnisse. Crossmedial angelegtes Storytelling hat zum Ziel, mehr Menschen mit einer Botschaft zu erreichen, indem sie vielfach transformiert und präsentiert wird.

4.2.3 Transmediales Storytelling

Transmediales Storytelling geht noch einen Schritt weiter und erzählt Geschichten über mehrere Medien hinweg. Facebook, Snapchat, Twitter, YouTube und selbst klassische Medien wie Print und TV sind dann Teil einer Story, die insgesamt gesehen größer ist als die in den einzelnen Medien erzählten Teilgeschichten. Wichtiges Kriterium transmedialen Storytellings ist die Non-Linearität – der Nutzer muss keinem vorgegebenen Weg folgen, um die Geschichte in ihrer Gesamtheit zu erfahren.

Ein gutes Beispiel für transmediales Storytelling ist die Kampagne »The Best Job in The World« von der Tourism Queensland. Die Kampagne startete 2009 und wurde kurze Zeit später in drei Kategorien (Cyber Grand Prix, PR Grand Prix und Direct Marketing Grand Prix) bei den Cannes Lions ausgezeichnet, dem höchsten Preis in der Werbebranche. »The Best Job in The World« arbeitete transmedial für die Rekrutierung eines Bewerbers, der für 6 Monate auf die Hamilton Islands im Great Barrier Reef ziehen und dort zu einem Jahresgehalt von mehr als 80.000 € die Insel erkunden sollte. Die Bewerber mussten dafür lediglich ein einminütiges Video zu ihrer Motivation einsenden.

Rund 35.000 Videos aus aller Welt wurden eingeschickt, während unzählige Medien über die Aktion und die Bewerber berichteten. Wie in Abbildung 4.3 zu sehen, wurden dabei unter anderem Zeitungsanzeigen, Plakatwände, Job-Portale sowie soziale Netzwerke wie Twitter, Facebook, YouTube und viele andere eingesetzt. Transmedial ist die Geschichte vom besten Job der Welt deshalb, da sie nicht abschließend in einem Medium erzählt und nur durch die vielen Teilgeschichten zum Großen und Ganzen wurde.

Abbildung 4.3 »The Best Job in The World« ist ein ausgezeichnetes Beispiel für transmediales Storytelling (Quelle: youtu.be/SI-rsong4xs).[1]

4.2.4 Dynamisches Storytelling

Wie bereits erwähnt, ist dynamisches Storytelling als eigenständige Erzählform stark umstritten. Hier wird sie als separate Form des Storytellings angesehen, da sie crossmediales und transmediales Storytelling um eine wesentliche Komponente erweitert: Co-Creation. Der Kunde wird dabei in das Erzählen der Geschichte eingebunden und avanciert selbst zum Storyteller. Damit ist ausdrücklich nicht gemeint, Inhalte in sozialen Netzwerken zu teilen, sondern vielmehr durch das eigene Erzählen Teil der Geschichte zu werden.

---

1 Siehe auch *www.adeevee.com/2009/10/tourism-queensland-great-barrier-reef-the-best-job-in-the-world-media/*

Die Kampagne »wireinander« der Techniker Krankenkasse ist ein Beispiel für dynamisches Storytelling, das auch YouTube einbindet (siehe Abbildung 4.4). Dabei wurden einzelne Schicksalsgeschichten ausgewählter Prominenter crossmedial erzählt, während die Adressaten aufgefordert wurden, ihre eigenen Geschichten zu veröffentlichen. Unter dem Hashtag #wireinander veröffentlichten die Nutzer unzählige Geschichten in den sozialen Netzwerken – in Form von Texten, Bildern und Videos. Die Kampagne hat durch die Einbindung der Nutzer eine Eigendynamik erhalten und ist mit den generierten Inhalten weit über die vom Versicherer selbst im Rahmen der Kampagne erzählten Geschichten hinausgegangen.

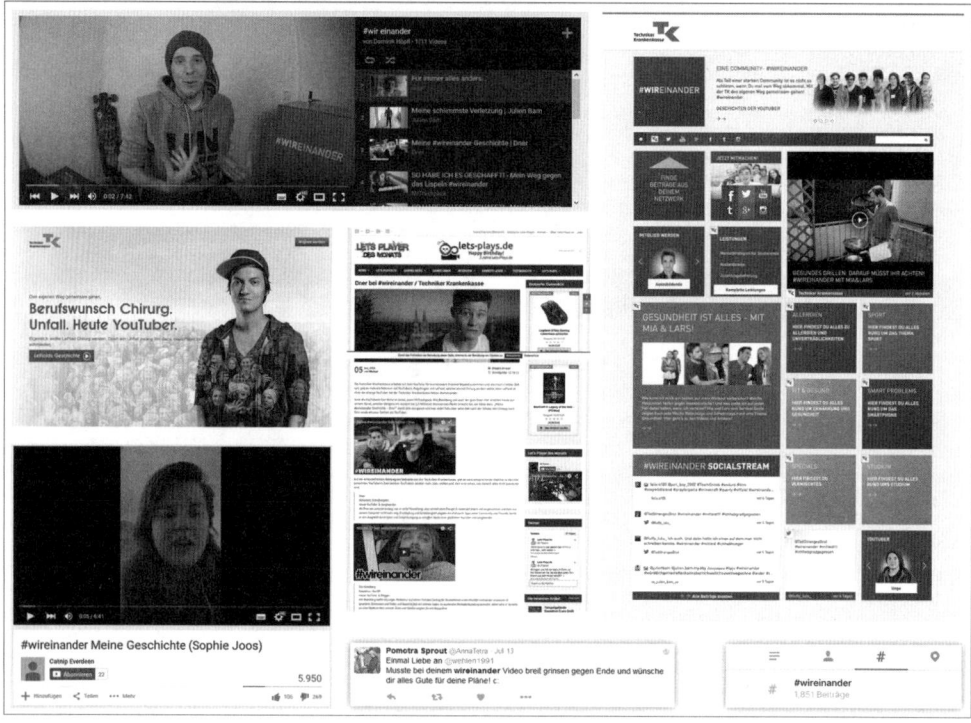

Abbildung 4.4 Die Kampagne »wireinander« der Techniker Krankenkasse wird crossmedial erzählt und dynamisch fortgesetzt.

4.3 Wie inspirieren Marken mit Geschichten?

Haben Sie sich schon einmal Gedanken darüber gemacht, warum uns manche Unternehmen mit ihren Produkten mehr faszinieren und inspirieren als andere? Vor der Produktvorstellung des iPods gab es bereits jahrelang MP3-Player, und trotzdem hat Apple das mobile Musikerlebnis mit seinem Gerät salonfähig gemacht. Bereits um das Jahr 1900 haben die Menschen über Elektroautos nachgedacht, aber erst Elon Musk hat es mit Tesla nach der Jahrtausendwende geschafft, ein solides Elektrofahrzeug für den Alltag zu bauen. Und mit Lycos, Yahoo und AltaVista gab es bereits Suchmaschinen im Internet, bevor Google als heute marktbeherrschendes Unternehmen überhaupt angedacht war. Wie sich herausstellt, ist es die Form des Storytellings, die besonders erfolgreiche Unternehmen gegenüber ihren Mitbewerbern so gut da stehen lässt.

4.3.1 Warum machen Sie, was Sie machen?

Simon Sinek bezeichnet sich selbst als Leadership Expert. Das allein ist eigentlich keinen eigenen Abschnitt in diesem Buch wert. Wäre da nicht seine im September 2009 aufgezeichnete Rede auf der TEDxPuget Sound Konferenz in Newcastle. Das Video gehört bis heute mit über 24 Millionen Abrufen zu den drei meistgesehenen Videos aller TED-Konferenzen. Was macht diese Rede so besonders?

Sinek beschreibt in dem knapp 18 Minuten langen Talk mit dem »Golden Circle« ein Modell, mit dessen Hilfe Unternehmen inspirieren und die Marke zum Erfolg führen können. Erfolgreichen Unternehmen wie Apple attestiert er dabei ein besonders effektives und zugleich simples Muster, das andere Menschen begeistert: Die Motivation muss am Anfang stehen. Mit dem Golden Circle (siehe Abbildung 4.5) hat er das Ergebnis seiner Forschungen in einem Modell dreier konzentrischer Kreise visualisiert. Das Modell ist durch die drei Fragen Why, How und What gekennzeichnet. Die meisten Unternehmen betrachten diese drei Fragen in folgender Reihenfolge:

1. **What?**
   Die Frage nach dem Was ist noch am einfachsten zu beantworten: Was macht das Unternehmen? Welche Produkte und Dienstleistungen bietet es an, und welche Eigenschaften weisen diese auf? In diesem Kontext bleibt Emotionalität außen vor, und Fakten werden in den Vordergrund gerückt.

2. **How?**
   Sobald es darum geht, das Wie zu beschreiben, wird es bereits schwieriger. Was macht das Unternehmen und seine Produkte besonders, und wie differenziert es sich vom Wettbewerb? Der USP (Unique Selling Proposition) ist das klassische Beispiel zur Beantwortung dieser Frage.

3. **Why?**
   Die wenigsten Unternehmen können allerdings das Warum ihrer Arbeit beantworten. Was treibt die Mitarbeiter an, besser als alle anderen Mitbewerber zu sein? Warum stehen die Menschen jeden Morgen auf und arbeiten für das Unternehmen?

Im Sinekschen Sinn ist das Warum also die intrinsische Motivation eines Unternehmens. Gewinnerwirtschaftung ist in diesem Zusammenhang übrigens keine Motivation, sondern wird nach Sinek als Ergebnis gewertet!

Interessanterweise konzentrieren sich die erfolgreichen Unternehmen in ihrer Denk- und Kommunikationsweise nicht zuerst auf das Was. Erfolgreiche Unternehmen gehen vielmehr von der Motivation, dem Warum, aus und beschreiben, wie sie ihr Ziel erreichen wollen und welche Produkte und Dienstleistungen sie deshalb anbieten. Sie betrachten den Golden Circle also von innen nach außen statt von außen nach innen.

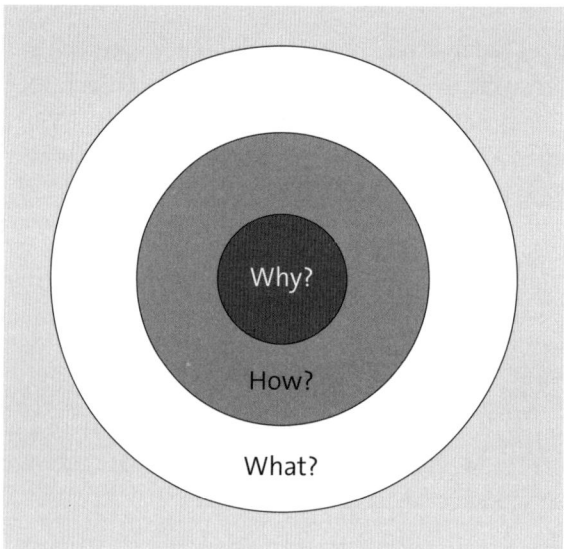

Abbildung 4.5 Modell des Golden Circle nach Simon Sinek

Ein prominentes Beispiel liefert Sinek gleich mit: das Unternehmen Apple. Würde Apple wie andere Unternehmen im Golden Circle von außen nach innen denken und kommunizieren, wäre die Botschaft folgende:

> *[Übersetzung] Wir bauen großartige Computer. Sie haben ein schönes Design, sind einfach zu benutzen und nutzerfreundlich. Möchten Sie einen kaufen? (Simon Sinek)*

Statt allerdings das Offensichtliche zu kommunizieren und die Produkte und Dienstleistungen in den Vordergrund zu stellen, denkt und kommuniziert Apple folgendermaßen:

> *[Übersetzung] Bei allem was wir machen, glauben wir daran, dass der Status quo in Frage gestellt werden kann. Wir denken anders. Wir stellen den Status quo in Frage, indem wir unseren Produkten ein schönes Design geben, sie einfach zu benutzen und*

nutzerfreundlich sind. So kommt es, dass wir großartige Computer bauen. Möchten Sie einen kaufen? (Simon Sinek)

Die Erkenntnis ist dabei grundlegend für jedes erfolgreiche Storytelling, denn die meisten Produkte und Dienstleistungen sind weitestgehend austauschbar. Nach Sinek kaufen die Menschen nicht, was Sie machen, sondern warum Sie etwas machen. Es sind also Geschichten, die die Menschen begeistern und dazu bewegen, einem Produkt den Vorzug zu geben – selbst wenn die harten Fakten, wie beispielsweise technische Daten oder der Preis, im Vergleich eigentlich unattraktiver oder gleichwertig erscheinen.

Wenn Sie also nach Geschichten für Ihren YouTube-Kanal suchen, fragen Sie sich immer: Warum machen wir das? Womit macht genau unser Unternehmen die Welt ein Stück besser? Auf der Suche nach Kundengeschichten können Sie dieses Prinzip ebenfalls anwenden. Es gibt immer Kunden, die aus einem besonderen Antrieb Ihre Produkte kaufen und verwenden. Da gibt es beispielsweise das Team um Ken Krieger, das innerhalb kürzester Zeit auf Basis von Intel-Hardware ein abwaschbares Tablet für den Einsatz in Ebola-Gebieten gebaut hat. Oder den zottelbärtigen Bekleidungsunternehmer und Porsche-Enthusiasten Magnus Walker, der eine einzigartige private Sammlung mit Porsche-911-Modellen kreiert hat und sie nach seinen eigenen Vorstellungen umbaut. All diese Menschen handeln aus einem besonderen Antrieb, und ihre Geschichten sind Zündstoff für inspirierende Videos. Der Golden Circle ist damit nicht nur ein hilfreiches Werkzeug für das Kommunizieren Ihrer Unternehmensvision, sondern auch für die Suche nach Geschichten, die es wert sind, erzählt zu werden.

4.3.2 Die Bedürfnisse der Menschen mit Geschichten befriedigen

Wussten Sie, dass der Mensch bestimmte grundsätzliche Bedürfnisse hat, deren Erfüllung er anstrebt? Abraham Maslow, allgemeinhin als Gründervater der humanistischen Psychologie bekannt, hat diese Bedürfnisse erforscht und seine Ergebnisse in der sogenannten Maslowschen Bedürfnispyramide dargestellt (siehe Abbildung 4.6). Demnach sorgt sich der Mensch zunächst um seine körperliche Unversehrtheit: Saubere Luft, Essen und Wasser sowie Wärme und Schlaf müssen vorhanden sein. Erst danach kümmern wir uns um unsere Sicherheit und eine gewisse Stabilität im Leben.

Soziale Beziehungen stehen an dritter Stelle, bevor wir uns mit unseren ganz individuellen Bedürfnissen wie Erfolg, Ansehen und Unabhängigkeit beschäftigen. Das zuletzt entstehende Bedürfnis ist die Selbstverwirklichung: Wir wollen das Maximale unseres Potenzials ausschöpfen. Die Entstehung einzelner Bedürfnisse bedingt, dass das jeweils vorangegangene Bedürfnis befriedigt werden konnte. Haben wir nichts zu essen und zu trinken, frieren wir oder werden um unseren Schlaf gebracht, dann streben wir nicht nach Selbstverwirklichung.

Bedürfnis vs. Bedarf

Verwechseln Sie nicht die beiden Begriffe Bedürfnis und Bedarf. Bedürfnisse werden durch das innere Verlangen und den Wunsch ausgedrückt, einen Mangel zu beseitigen. Ein Bedarf hingegen beschreibt genau das, was konkret benötigt wird, um den Mangel zu beseitigen.

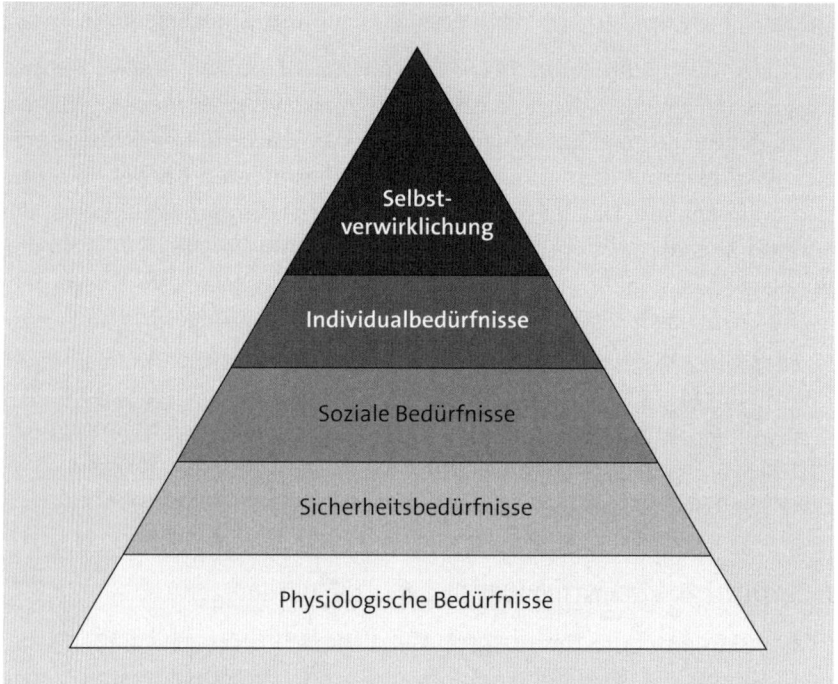

Abbildung 4.6 Nach der Bedürfnispyramide von Maslow strebt der Mensch die Erfüllung fünf grundsätzlicher Bedürfnisse nacheinander an.

Wenngleich die Maslowsche Bedürfnispyramide auf den ersten Blick auch wenig mit Storytelling zu tun zu haben scheint, ist sie dennoch essenziell für die Themenauswahl, die Wahl des Mediums und die Art, wie Ihre Geschichten erzählt werden. Da die Pyramide immer von unten nach oben durchlaufen wird, können Sie Menschen sehr leicht ansprechen, wenn Sie sich mit Ihren Geschichten und Produkten auf Themen der unteren drei Blöcke konzentrieren – auf die sogenannten Defizitbedürfnisse. Die meisten Menschen haben Erfahrungen im Mangel und im Stillen dieser Bedürfnisse gesammelt und können beispielsweise sehr gut nachvollziehen, wie sich Menschen fühlen, die entsprechende Bedürfnisse noch nicht befriedigen konnten. Defizitbedürfnisse können zudem immer wieder auftreten, sodass wir selbst nach Erfüllung auch weiterhin nach ihnen streben und uns in abgeschwächter Weise permanent darum kümmern.

Betrachten wir also beispielsweise die Geschichte eines Kaffeebohnen-Erntehelfers in einem Entwicklungsland, der seine Familie kaum ernähren kann, können wir einen leichten Zugang zu dieser Geschichte finden: Immerhin geht es uns als Käufer des Kaffees wahrscheinlich vergleichsweise gut, und wir können deshalb das Bedürfnis des Erntehelfers nachvollziehen. Leiden wir jedoch unter Hunger oder sind um unsere Sicherheit besorgt, fällt es uns schwer, den Drang nach Individualbedürfnissen oder Selbstverwirklichung nachzuempfinden. Die oberen beiden Blöcke werden auch gerade deshalb als Wachstumsbedürfnisse bezeichnet, weil Menschen auf diesen Ebenen versuchen, über sich selbst hinauszuwachsen, sobald ihre Defizitbedürfnisse befriedigt sind.

Aber auch die Wahl des Mediums kann mit Blick auf die Maslowsche Bedürfnispyramide sinnvoller getroffen werden. Denken sie kurz zurück an Abschnitt 4.2, »Welche Formen von Storytelling gibt es?«: Im dynamischen Storytelling haben Sie die Erwartung, dass die Nutzer durch Co-Creation Teil der Geschichte werden. Mit dieser Erwartung könnte Facebook als Medium für die Kreationen allerdings falsch gewählt sein, da das Netzwerk auf die sozialen Bedürfnisse abzielt: Kontakt zu Freunden halten, sich austauschen und Informationen aus anderen sozialen Gruppen (auch Marken und Unternehmen!) aufnehmen. Die wenigsten Menschen werden auf Facebook aber über ihre Statusmitteilung hinaus kreativ tätig. Dagegen positionieren sich YouTube, Tumblr und Medium.com stark im Bereich der Wachstumsbedürfnisse und sollten in diesem Kontext als mögliche Medien in Betracht gezogen werden.

In Abbildung 4.7 sehen Sie den Versuch einer groben Einordnung relevanter Plattformen auf der Maslowschen Bedürfnispyramide. Die meisten Plattformen zielen je nach Nutzungsszenario auf mehrere Bedürfnisse ab. So kann Snapchat soziale Bedürfnisse befriedigen, indem es als Kommunikationsmittel genutzt wird, oder für Individualbedürfnisse eingesetzt werden, wenn der Nutzer die App für das Erstellen von Storys nutzt und er das Medium auf ein höheres Ansehen in seinem Umfeld und darüber hinaus ausrichtet. Ähnlich verhält es sich mit YouTube: Als Zuschauer findet man unzählige Videos zu allen möglichen Themen und kann YouTube als Informations- und Unterhaltungsmedium nutzen, wohingegen der eigene Kanal einer Privatperson einen stark selbstverwirklichenden Charakter hat.

Es ist schwierig, große Social-Media-Plattformen zu finden, die sich auf die unteren Bereiche der Bedürfnispyramide konzentrieren. Warum ist das so, wenn wir doch eben noch festgestellt haben, dass sich diese Bedürfnisse besonders leicht befriedigen lassen und deshalb einen leichteren Zugang ermöglichen? Die Frage ist vor allem mit einem wesentlichen Aspekt zu beantworten: Plattformen konzentrieren sich im Internet darauf, dass die Menschen aktiv werden und sich auf der Plattform beteiligen. Das geschieht aber in den Industriestaaten vorrangig in den oberen Bereichen der Bedürfnispyramide.

Es ist auch ausdrücklich nicht so, dass YouTube nicht dazu beitragen kann, physiologische Bedürfnisse zu befriedigen – wenn beispielsweise – wie im Fall der Marke Innocent Drinks aus Abschnitt 4.1.3, »Zusammenhänge verdeutlichen« – ein Unternehmen auf dieser Plattform Geschichten erzählt, die sich auf eben dieses Bedürfnis beziehen. Das ist aber nicht Gegenstand dieser Einteilung der Plattformen, bei der der Nutzer im Vordergrund steht: Warum nutzt eine Person eine entsprechende Plattform? Am Beispiel von LinkedIn lässt sich dies gut verdeutlichen: Wer auf LinkedIn aktiv ist, sorgt sich um berufliche Stabilität und knüpft deshalb Kontakte. Die Plattform weist deshalb auch bei Weitem keine so starke Nutzung auf wie Facebook mit dem Fokus auf soziale Bedürfnisse, da berufliche Sicherheit wesentlich schneller und über einen längeren Zeitraum hinweg erlangt werden kann. Soziale Kontakte zu Freunden und Familie müssen in aller Regel wesentlich intensiver gepflegt werden.

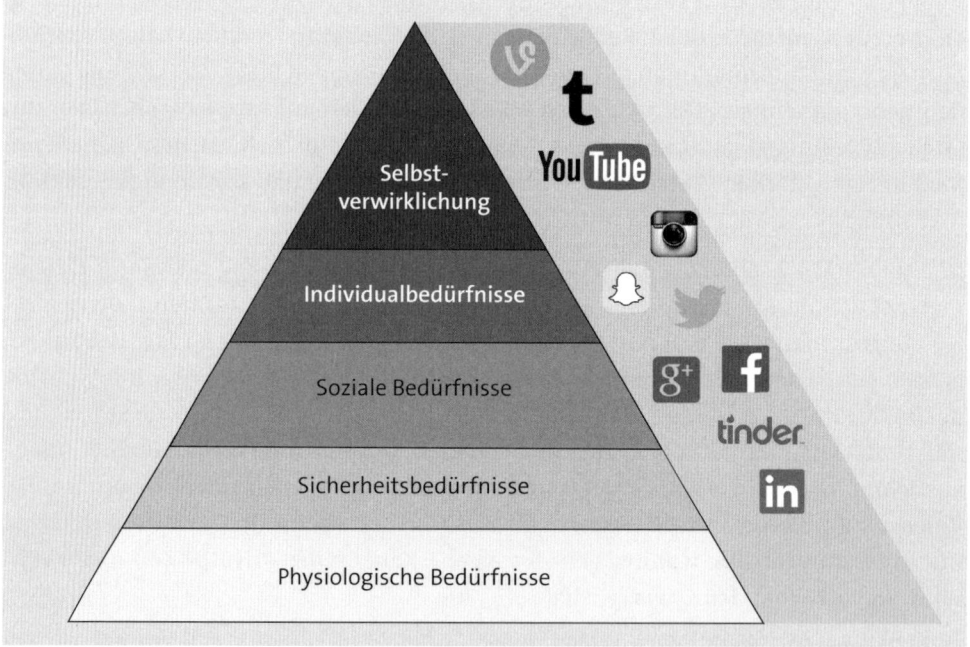

Abbildung 4.7 Einordnung relevanter Plattformen und Apps auf den Ebenen der Maslowschen Bedürfnispyramide

Zusammengefasst: Was können Sie also mit der Maslowschen Bedürfnispyramide im Storytelling anfangen?

▶ Wenn Sie viele Menschen mit Ihren Geschichten erreichen wollen, ist es leichter, sich mit den Botschaften auf die unteren drei Blöcke der Maslowschen Bedürfnispyramide zu konzentrieren.

▶ Wählen Sie die Hauptplattformen für Ihre Geschichten gezielt danach aus, wie Sie Ihre Geschichten erzählen und eventuell fortführen möchten.

▶ Denken Sie daran: Die Zielgruppe Ihrer Geschichten muss ein Verständnis für das jeweilige Bedürfnis aufbringen können.

4.3.3 Die Zielgruppe mit einem Insight ansprechen

Wie Sie bereits wissen, kaufen Kunden nicht einfach irgendwelche Produkte, sondern Produkte mit einer Geschichte. Sie stehen also vor der Aufgabe, spannende Geschichten zu erzählen und Ihre Zielgruppe damit möglichst unvergesslich anzusprechen. Das ist gar nicht so einfach: Was bewegt die Zielgruppe denn überhaupt im Umgang mit Ihren Produkten?

Ein äußerst wirkungsvoller Ansatz in diesem Zusammenhang ist der *Consumer Insight*. Der Begriff Insight wurde in der Werbebranche viele Jahre inflationär verwendet und hatte keine eindeutige Definition. In ihrer Dissertation hat Kerstin Föll eine solche Definition erarbeitet:

> *Consumer Insight bezeichnet eine erleuchtende Einsicht in die wahren Beweggründe der Zielgruppe (d. h. in die ›Black Box‹ Konsument) in Zusammenhang mit einer spezifischen Produkt- oder Markensituation.[2]*

Der Consumer Insight ist ein wirkungsvolles Konzept, um Ansätze für gute Geschichten zu finden. Die Träume, Wünsche und Hoffnungen der Zielgruppe sind die Grundlage für die Botschaft Ihres inspirierenden Storytellings. Das Herausfinden eines Consumer Insights ist allerdings alles andere als trivial und erfordert ein umfangreiches Wissen über Ihre Kunden. Sie müssen also schon etwas Marktforschung betreiben, wie in Kapitel 2, »Ihre individuelle YouTube-Strategie«, beschrieben. Und obendrauf gilt es, aus diesen Daten die wahren Beweggründe des Konsumenten herauszufiltern. Keine leichte Aufgabe, weshalb Ihnen folgende Fragestellungen dabei behilflich sein sollen:

▶ Was sind die häufigsten Probleme im Umgang mit Produkten unserer Produktkategorie?

▶ Was sind die Sorgen im Alltag des Konsumenten, bezogen auf unsere Produktkategorie oder eine angrenzende?

---

2 Föll, Kerstin, Consumer Insight, S. 26

▶ Hat der Konsument ein Bedürfnis, das durch die aktuelle Markenkommunikation nicht befriedigt wird?

Der Consumer Insight ist nicht auf das Storytelling einer einzelnen Geschichte oder Kampagne beschränkt, sondern kann sich auf die Gesamtausrichtung der Marke beziehen. So kommuniziert die Marke Barbie beispielsweise Folgendes:

For over 55 years, Barbie has been a conduit to imagination and self-discovery for young girls. After almost 150 inspirational careers, Barbie – along with her friends and family – continues to inspire and encourage the next generation of girls that anything is possible.

So wird dank dieses Insights aus dem Spielzeug der Barbie-Puppe eine Marke, die ein wesentliches Bedürfnis der Eltern befriedigt: Sie sorgen sich um die Zukunft ihres Mädchens und stellen sich vielleicht gar nicht die Frage, wie eine Puppe dazu beitragen kann, dass ihr Kind später erfolgreich wird. Die Marke dreht basierend auf diesem Insight hierbei den Spieß um und zeigt in dem YouTube-Video »Imagine The Possibilities«, wie Mädchen gerade durch das Spielen mit der Barbie bestens auf das spätere Leben vorbereitet werden. Barbie beruft sich dabei auch auf den Spieltrieb, den Kinder ausleben.

Abbildung 4.8 Barbie bedient mit seinem Video »Imagine The Possibilities« einen klaren Consumer Insight der Zielgruppe (Quelle: youtu.be/l1vnsqbnAkk).

In dem Video (siehe Abbildung 4.8) übernehmen mehrere Mädchen im Grundschulalter selbstbewusst die Jobs erwachsener Menschen: Professorin, Tierärztin, Fußballtrainerin, Museumsführerin oder erfolgreiche Geschäftsfrau – selbstverständlich zur Verwunderung der Anwesenden. Die Auflösung folgt am Ende des Videos: Es ist das kleine Mädchen, das mit dem Barbie-Puppenspiel im Kinderzimmer all diese Berufe so sehr verkörpert, dass es sich bildlich real anfühlt. Die Kernbotschaft ist: Wer mit Barbie-Puppen spielt, kann bereits als junges Mädchen alle Rollen einnehmen.

Die erfolgreichsten Videos auf dem YouTube-Kanal von Barbie sind 3D-animierte Kurzfilme mit Barbie und Ken. »Imagine The Possibilities« hebt sich also von allen anderen erfolgreichen Videos deutlich ab und ist mit über 16 Millionen Abrufen das erfolgreichste Video auf dem Kanal (siehe Abbildung 4.9). Wie Sie sehen, kann ein guter Insight die Grundlage für sehr erfolgreiches Storytelling sein.

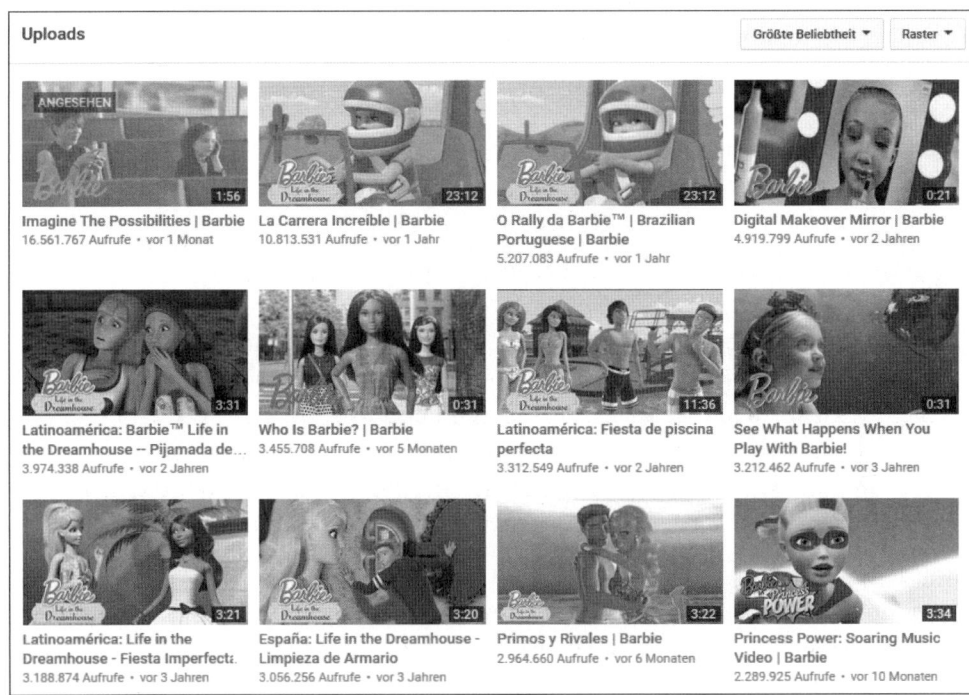

Abbildung 4.9 »Imagine The Possibilities« ist dank eines starken Insights das erfolgreichste Video auf dem Barbie-Kanal trotz seiner Andersartigkeit.[3]

---

3 Quelle: *www.youtube.com/channel/UCadtap8RYMNy8w4K9lXhzpQ*

4.3.4 Drei Themenbereiche für interessante Geschichten

Sie glauben, in Ihrem Unternehmen gibt es nichts zu erzählen, und Sie fragen sich, woher Sie all die Geschichten für Ihre YouTube-Videos überhaupt nehmen sollen? Im Unternehmenskontext gibt es vor allem drei Bereiche, in denen Sie nach interessanten Geschichten suchen können: Ihre Kunden, Ihre Produkte und Ihr Unternehmen selbst (siehe Abbildung 4.10). Die drei Bereiche lassen sich mit Unterbereichen versehen.

Im Fall des Unternehmens können dies zum Beispiel Ihre Mitarbeiter sein. Junge Unternehmen arbeiten zudem sehr häufig auch mit der Gründerstory oder dem Gründermythos für die Markenstory. Der Gründermythos von YouTube bestand zum Beispiel lange Zeit aus einer Erzählung, nach der die beiden Gründer Hurley und Chen keine geeignete Plattform fanden, um ihr Video zu teilen, das nach einer Party entstand.

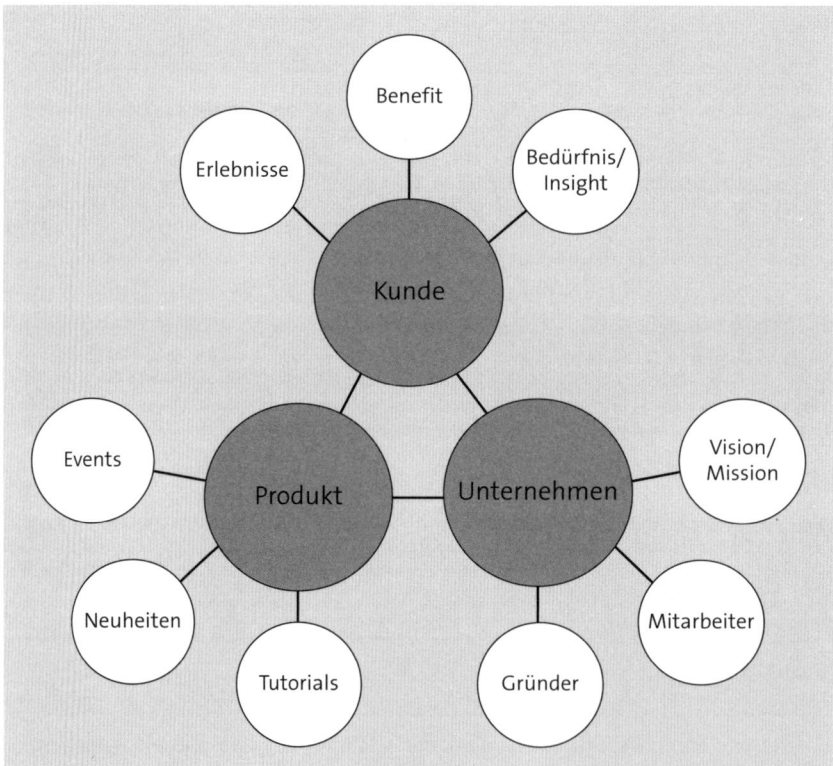

Abbildung 4.10 Für Marken gibt es vor allem drei wesentliche Quellen interessanter Geschichten: Kunde, Produkt und Unternehmen.

Aber auch Ihr Produkt bzw. Ihre Marke geben Anlass für zahlreiche Geschichten, die Sie auf Ihrem YouTube-Kanal erzählen können. Denken Sie beispielsweise an Events, die

122

sich wunderbar sowohl vorab als auch im Nachgang aufbereiten lassen. Oder stellen Sie doch Ihre Neuheiten auf YouTube vor! Und ganz wichtig: Tutorials zu Ihren Produkten. Ihre Kunden werden auf YouTube nach Hilfestellung im Umgang mit Ihren Produkten suchen. Und wer könnte die besser geben, als Sie?

Kundenstorys sind häufig sehr spannend für das YouTube-Publikum. Wenn Sie einen oder mehrere Kunden in den Fokus Ihrer Videos setzen, können Sie geschickt folgende Fragen beantworten:

▶ Wer nutzt Ihre Marke und Ihre Produkte?

▶ Wie werden die Produkte genutzt, und was für Möglichkeiten ergeben sich durch die Nutzung, von denen die Zuschauer ebenfalls profitieren könnten (Benefit)?

▶ Welches Bedürfnis befriedigt Ihre Marke?

Scheuen Sie nicht davor zurück, mehrere Bereiche miteinander zu kombinieren. Vielfach praktiziert wird beispielsweise die Testimonial-Werbung: Eine Person aus dem Kundenkreis wird mit dem Produkt in Verbindung gebracht, indem sie ihre eigene Geschichte auf das Produkt projiziert – oftmals sogar, ohne dass die Geschichte direkt etwas mit dem Produkt zu tun hat. Der Kunde muss dabei nicht zwangsläufig eine große Bekanntheit besitzen, sondern kann durch seine passende Geschichte sowie eine starke Persönlichkeit einen Zusammenhang erzeugen.

Ebenfalls mehrere Bereiche werden durch die Kombination von Produkt und Unternehmen abgedeckt. Das kann zum Beispiel der Fall sein, wenn Ihr Unternehmen durch den Absatz einer Produktneuvorstellung in der Lage ist, eine höhere gesellschaftliche Leistung zu erbringen.

4.3.5 Zugehörigkeitsgefühl erzeugen

Wenn ein Kunde eine Marke über einen längeren Zeitpunkt konsumiert, bezieht er durch seinen Konsum eine Position in seinem direkten Umfeld. Dazu muss eine Marke nicht einmal aktiv Geschichten erzählen. Denken Sie beispielsweise an Discountermarken, bei denen bewusst auf intensives Storytelling verzichtet wird, um die Produkte als günstigere Alternative erscheinen zu lassen. Und trotzdem drückt ein Konsument mit der Nutzung entsprechender Produkte etwas aus: Sei es, dass er vorgibt, den ideellen, durch Werbung geschaffenen Wert nicht zahlen zu wollen oder dass er einfach nur Wert auf einen günstigen Preis legt. In seinem direkten Umfeld mit Freunden und Familie prägt er dadurch sein eigenes Bild und kann allein durch den Konsum ausdrücken, welche Ansichten er vertritt.

Marken schaffen dadurch also zwangsläufig ein Zugehörigkeitsgefühl: Kaufe ich Schuhe von Adidas oder von Nike? Welche Automarke bevorzuge ich, und wie möchte ich dadurch in meinem Umfeld wahrgenommen werden? Kaufe ich hochwertige Smoothie-Getränke im Supermarkt oder nutze ich einen erstklassigen Mixer, um mir meine Smoothies selbst herzustellen? In letzterem Fall kann die Motivation zum Smoothie-Kauf beispielsweise darin begründet liegen, dass Sie als vielbeschäftigter, gesund lebender Mensch angesehen werden möchten und sich eben dieser Gruppe Menschen zugehörig fühlen möchten. Bereiten Sie sich Ihren Smoothie hingegen selbst zu, möchten Sie dadurch vielleicht Ihr Engagement für das individuelle, gesundheitsbewusste Leben herausstellen, das die Marke des Geräteherstellers ebenfalls verkörpert.

Durch Storytelling können Sie bewusst ein Zugehörigkeitsgefühl erzeugen. Auf YouTube und in sozialen Netzwerken wird Zugehörigkeit durch eine aktive und loyale Community deutlich. Schaffen Sie also mit Ihren Videos einen Wert, mit dem man als Zuschauer durch den langfristigen Konsum der Videos (und Ihrer Produkte) eine Position in seinem Umfeld beziehen kann. Die Zuschauer möchten durch das regelmäßige Anschauen Ihrer Videos das Gefühl erlangen, zu Ihrer Community und Ihrer Marke zu gehören.

Ein Beispiel: Ein Kunde hat das Bedürfnis, sein Leben sportlicher und gesünder zu leben (sein Herzenswunsch). Er sucht deshalb nach einer Gruppe, die ihm sowohl aktiv mit einer konkreten Anleitung als auch passiv durch die Zugehörigkeit dabei hilft, dieses Ziel zu erreichen (der Benefit). Sie könnten sich nun mit Ihrer Sportartikelmarke auf Geschichten zur Produktionsweise Ihrer Waren konzentrieren. Das ist sicherlich nicht uninteressant und als Teil des gesamten Storytellings ein interessanter Baustein. Sie erzeugen dadurch allerdings ein geringes Gefühl der Zugehörigkeit. Wenn Sie hingegen eine 30-Tage-Challenge starten, in der Sie täglich in Zusammenarbeit mit einem zertifizierten Fitnesstrainer kurze Trainingsvideos auf Ihrem YouTube-Kanal veröffentlichen, schaffen Sie für die Teilnehmer ein enormes Zugehörigkeitsgefühl: Das gemeinsame Erreichen des höheren Ziels schweißt die Zuschauer sowohl untereinander als Community als auch mit Ihrem Kanal und Ihrer Marke zusammen. Sie haben das Ganze schließlich erst möglich gemacht und sind deshalb der *Enabler*. Wer von nun an durch den Konsum Ihrer Videos und Ihrer Produkte zu Ihrer Marke gehört, drückt damit aus: »Ich kann und will in kürzester Zeit fit werden.« Ihre Produkte müssen dabei nicht außen vor bleiben, wenn Sie innerhalb der Videos beispielsweise als Trainingsgeräte verwendet werden.

4.3.6   Positive Absichten verdeutlichen

Wenn man die Welt in den Nachrichten so betrachtet, kann sie ein ziemlich grausamer Ort sein: Hunger, Armut, Umweltverschmutzung, Katastrophen, Kriege – und das waren nur die großen Negativthemen, die uns täglich in den Medien umgeben. Das Gute daran: Sie als Unternehmen können darüber berichten, wie Sie die Welt ein Stück weit besser machen, weil Sie beispielsweise Kaffeebauern mit einem fairen Preis entlohnen oder sich für biologische Landwirtschaft einsetzen. Oder weil Sie es ermöglicht haben, dass Menschen nach einer Umweltkatastrophe schnell mit Lebensmitteln versorgt wurden.

Zeigen Sie auf Ihrem YouTube-Kanal, dass Sie eine positive Absicht haben. Intel hat das mit dem in Abschnitt 4.3.1, »Warum machen Sie, was Sie machen?«, bereits vorgestellten Video über den leicht abwaschbaren Tablet-PC für Ebola-Gebiete vorbildlich geschafft: Nach dem Betrachten des Videos weiß der Zuschauer, dass die Intel-Edison-Plattform sehr agil ist und dass dadurch Hardwareprojekte möglich werden, die Menschenleben retten können. Wer würde da noch die positiven Absichten von Intel bestreiten oder gar deren Existenzberechtigung in Frage stellen?

4.3.7   Best Practice: Porsche und Scott Schuman

Storytelling kann viele Seiten haben und deshalb als sehr abstrakt wahrgenommen werden. Das folgende Praxisbeispiel soll deshalb einen Einblick in erfolgreiches Storytelling auf einem Unternehmenskanal und das Vorgehen in Planung und Produktion bieten.

Zwischen November 2014 und April 2015 hat der Automobilhersteller Porsche drei Videos unter dem Titel »All that matters« auf seinem YouTube-Kanal veröffentlicht. Anlass war die Einführung der neuen Porsche-911-GTS-Modellreihe, die eine sportlichere Fahrwerksabstimmung und ein Leistungsplus mit sich bringt. Der Briefing-Claim »All that matters« steht dabei für die Konzentration auf das Wesentliche: sportlicher Fahrspaß für den Alltag und die Straße. Das von Porsche angepeilte Ziel der Videoreihe war einerseits die Verjüngung der Marke und andererseits die Zielgruppenerweiterung durch modernes Storytelling auf YouTube mit Protagonisten, die in dieser Form bisher noch nicht in der Markenwelt von Porsche vertreten waren.

Die drei schließlich ausgewählten Protagonisten Errolson Hugh, Attila Hildmann und Scott Schuman bringen alle einen unterschiedlichen Blick auf die Marke Porsche mit und wurden sehr bewusst nach klaren Kriterien ausgewählt. Errolson Hugh legt als Begründer der funktional getriebenen Modemarke Acronym großen Wert auf Performance und ist seit seinem Erfolg als Modedesigner in jungen Jahren begeisterter Porschefahrer. Attila Hildmann hat sich als Bestsellerautor mit veganen Kochbüchern weltweit einen Namen gemacht und verkörpert den Begriff Performance durch seine beeindruckend individuelle Transformation vom Übergewichtigen zum Sportler. Auch Hildmann hat als Porschefahrer eine persönliche Beziehung zur Marke, ist aber ebenfalls vorher noch nicht in der Markenkommunikation in Erscheinung getreten. Scott Schuman wurde schließlich für das mit einem innovativen Dachsystem und dem charakteristischen Bügel ausgestattete Modell »Targa 4 GTS« ausgewählt, da er als weltweit bekannter Modeblogger und Fashion-Fotograf den Blick für das besondere Detail mitbringt. Die Auswahl der Protagonisten orientierte sich also nach den Gesichtspunkten Performance, Glaubwürdigkeit, Stil und faszinierende persönliche Geschichte.

Alle drei Videos sind vor allem im Vergleich zu anderen Videos von Porsche sehr erfolgreich und wurden von Anfang an als herausstechender Hero-Content geplant (mehr dazu, was Hero-Content genau ist, erfahren Sie in Abschnitt 3.1.1, »Inhalte planen mit dem Content Creation Framework von YouTube«). Thematisch orientieren sich Marke und Videos an den oberen Bereichen der Bedürfnispyramide.

Abbildung 4.11 Eines der erfolgreichsten Videos auf dem YouTube-Kanal von Porsche funktioniert dank brillanten modernen Storytellings (Quelle: youtu.be/qqz1CzJ0Ylc).

Als Best Practice soll an dieser Stelle das Video mit Scott Schuman herangezogen und die Herangehensweise im Storytelling mit Einblicken hinter die Kulissen näher beleuchtet werden (siehe Abbildung 4.11). Das Video ist als eine Art Roadmovie angelegt: Eine viertägige Reise im neuen Porsche-Modell auf einer eindrucksvollen Route an die europäischen Mode-Hotspots – von Mailand bis zur Fashion-Week in Paris. Wie funktioniert Storytelling in einem Rahmen, der weitestgehend dokumentarischen Charakter hat und der sich – wenn überhaupt – nur nichtauthentisch in einem Skript vorgeben ließe?

126

Die Videoreihe ist in Zusammenarbeit mit der Porsche-Leadagentur Kemper Kommunikation GmbH entstanden. Das bedeutet: Das Unternehmen Porsche ist Kunde und muss sich gerade bei einer solchen Produktion auf die Agentur verlassen können. Für beide Partner bedeutet dies aber auch, dass es trotz fehlenden Skripts enge Absprachen geben muss. Da die eigentliche Filmproduktion zudem von einer Produktionsfirma realisiert wurde, muss ein ungefährer Ablaufplan vorhanden sein. Im Ablaufplan wurde neben der Durchführung des »Roadtrips« auch festgehalten, wie das Video nach dem Dreh im Schnitt aufgebaut und wie lang es ungefähr werden soll. Die Angaben umfassen unter anderem, welche Fragen im Interview gestellt werden, was an welchen Orten ungefähr gedreht werden könnte und welche Funktionen und Details des Fahrzeugs in der natürlichen Umgebung gezeigt werden sollen.

Betrachtet man das fertige Video, fällt sofort die markante Musikauswahl auf. Anders als bei vielen anderen Produktionen wurde ein existierender Titel ausgewählt und in Absprache mit dem Postproduktionsteam vom Künstler Alexis Troy als Soundtrack für das Video angepasst. Die progressiv gebrochene Musikanmutung ist mehr als nur emotionaler Musikteppich und wird dadurch Teil des Storytellings: In der Musik findet sich das Anecken, das ständige Neuerfinden und der Konservativismus-Bruch des durch Schuman verkörperten Stil- und Modethemas wieder. Die Musik ist deshalb auch durch ein starkes Leitmotiv geprägt, das immer wieder fragmentiert und variiert wird und dadurch als Teil der gesamten Geschichte permanent Spannung generiert. Auch die Bildgestaltung ist bewusster Teil des Storytellings: Die geringe Tiefenschärfe im Video visualisiert das bewusste Auge des Fotografen, der in der Lage ist, den Fokus auf das Wesentliche zu konzentrieren und Details hervorzuheben. Sie ist auch Ausdruck einer qualitativ hochwertigen Produktion und unterstreicht den Markenanspruch von Porsche.

Mit der gesamten Videoreihe verbindet Porsche geschickt die beiden Themenbereiche Produkt und Kunde und unterstreicht den Anspruch der Marke und speziell der GTS-Modellreihe: Produkt und Marke sind dabei Enabler für ein individuell geprägtes Leben, das auf Erfolg und Glaubwürdigkeit beruht. Die eingesetzten Kunden-Testimonials unterstreichen durch ihre persönliche Geschichte diesen Anspruch und projizieren ihre Geschichten auf die Marke. Das Produkt wird dabei weder in den Vorder- noch in den Hintergrund gestellt, sondern ist ebenbürtiger Teil der Geschichte.

Als Ergänzung finden Sie in Abbildung 4.12 einige Making-of-Eindrücke von der Produktion. Im Fall von Porsche bestand das an der Produktion beteiligte Team aus rund zehn Personen, die in mehreren Autos gereist sind: Regie, Kamera, Drohnenoperator sowie Produktions-, Kamera- und Regieassistenz und weitere. Außerdem war im Fall von Scott Schuman ein Vertreter des Kunden mit vor Ort. Die Kosten eines solch aufwendig produzierten Videos liegen deshalb auch im oberen fünfstelligen Bereich.

Abbildung 4.12 Making-of-Bilder vom Video über Scott Schuman[4]

4.4   Wie erzählen Sie Geschichten spannend?

Sie haben nun einige Anhaltspunkte, wie Sie spannende Geschichten finden können. Jetzt heißt es: erzählen. Aber wie erzählt man eine Geschichte so, dass sie möglichst gut zu verstehen ist und die Zuschauer gespannt bis zum Ende am Ball bleiben? Der Aufbau von Geschichten ist simples Handwerkszeug, das sie in diesem Abschnitt lernen.

4.4.1   Der klassische Aufbau einer Geschichte

Klassisches Storytelling ist wahrhaftig antik: Der griechische Philosoph Aristoteles (384 bis 322 v. Chr.) war davon überzeugt, dass alle Geschichten aus einem Beginn, einem Mittelteil und einem Ende bestehen. Was zunächst vielleicht trivial erscheinen mag, lässt sich als grundlegende Struktur für Geschichten gut in einem Dreieck darstellen (siehe Abbildung 4.13). Dabei wird deutlich, dass die Mitte den Höhepunkt darstellt und Beginn und Ende auf gleichem Niveau liegen. Dieser simple Aufbau ist dennoch eine

---

4   © Porsche AG

wichtige Erkenntnis: Wenn eine Geschichte keinen klaren Anfang und kein klares Ende erkennen lässt, ist sie nicht vollständig erzählt und schwer zu erfassen.

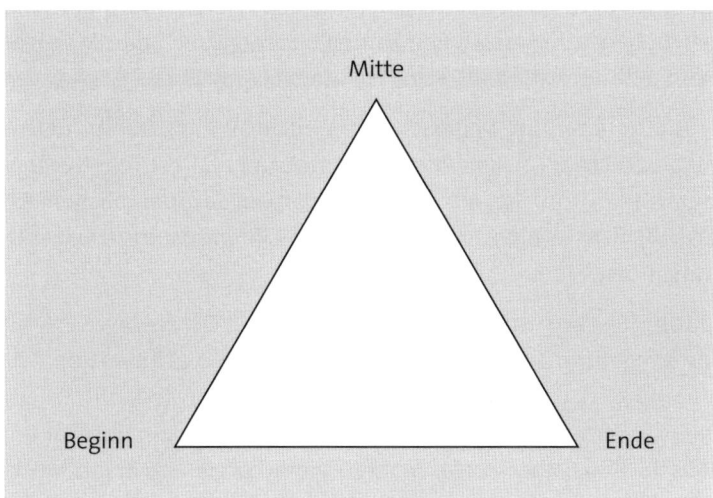

Abbildung 4.13 Der Aufbau einer Geschichte nach Aristoteles

Rund 2.000 Jahre später erweiterte Gustav Freytag (1816–1895) das Modell von Aristoteles (siehe Abbildung 4.14). Zwischen Exposition und Klimax verortete er die aufsteigende Handlung als eigenständigen Akt mit dem sogenannten erregenden Moment. Das erregende Moment bringt den Helden oder den Gegenspieler zum Handeln. Mit diesem Schlüsselmoment nimmt die Geschichte ihren Lauf und spitzt sich bis zur Klimax mit dem emotionalen Höhepunkt zu.

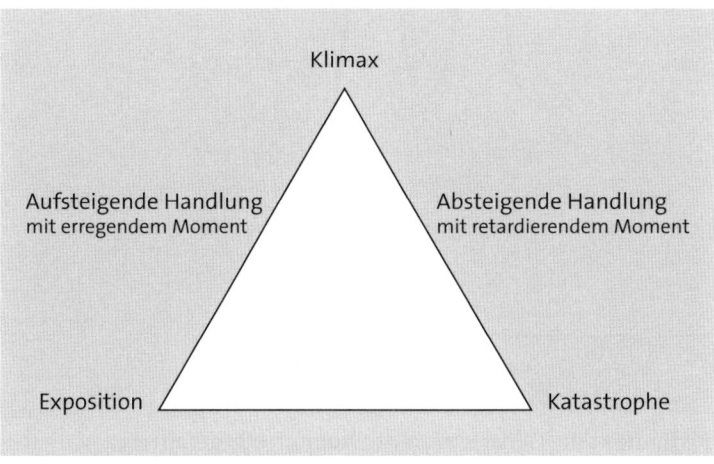

Abbildung 4.14 Klassische Erzählstruktur eines Dramas nach Freytag

Des Weiteren fügte Freytag in seine 5-Akt-Struktur die absteigende Handlung mit dem retardierenden Moment zwischen Klimax und Katastrophe ein. Das retardierende Moment hebt die Spannung vor dem vermeintlichen Ende nochmals an und zögert den Schluss hinaus. Die Katastrophe ist im klassischen Drama das tragische Ende. Weniger dramatisch steht an dieser Stelle auch die Auflösung mit dem Happy End.

Diese Erzählstrukturen funktionieren im weitesten Sinne nicht nur im traditionellen Storytelling. Auch wenn Geschichten crossmedial oder transmedial erzählt werden, muss Spannung aufgebaut werden, und Sie müssen sich Gedanken darüber machen, wo Ihre Geschichte anfangen soll, inwiefern die Ereignisse ihren Höhepunkt erreichen sollten und wie die Geschichte endet.

Nichtsdestotrotz wird häufig eine Loop-Struktur vorgeschlagen, um Geschichten erfolgreicher zu erzählen (siehe Abbildung 4.15). Dies ist insbesondere den geänderten Nutzungsgewohnheiten geschuldet, nach denen der Zuschauer weniger Zeit mit einem Medium verbringt und seine Aufmerksamkeit zwischen mehreren Medien gleichzeitig wechselt. Sie werden in Abschnitt 4.5 über virales Marketing noch auf diese Erzählstruktur nach Teixeira stoßen, in der Sie den Zuschauer mit auf eine emotionale Achterbahnfahrt der Gefühle nehmen. Anstatt sich auf einen Höhepunkt in der Geschichte zu konzentrieren, werden in einer Loop-Struktur mehrere Höhepunkte und Wendungen eingebaut, die über die gesamte Geschichte hinweg und nicht nur in der Mitte auftreten.

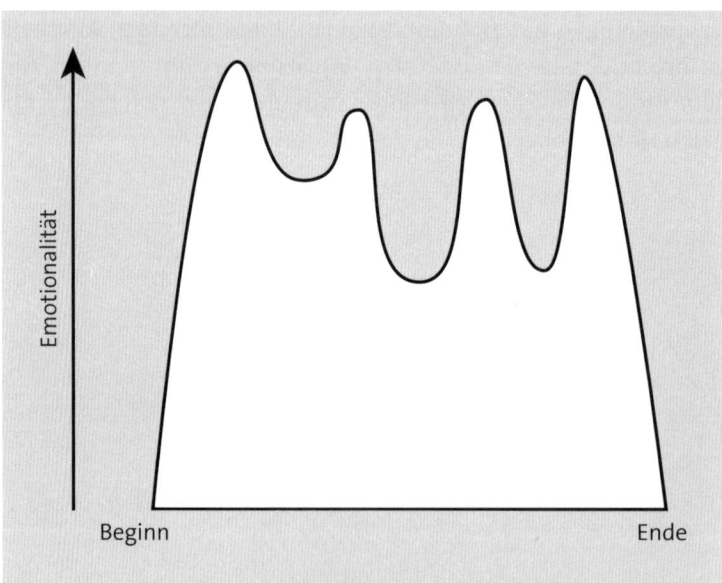

Abbildung 4.15 Die Achterbahnfahrt der Gefühle als Mittel zur Aufrechterhaltung der Aufmerksamkeit

130

4.4.2 Alles beginnt mit einem Konflikt

Zur Weihnachtszeit 2015 veröffentlichte die Handelsmarke Edeka einen »Weihnachtsclip« auf ihrem YouTube-Kanal. Im Film ist zunächst ein alter Mann zu sehen, der in der Vorweihnachtszeit seine Wohnung herrichtet und die Grußkarten seiner Kinder und Enkel aufstellt. Im Hintergrund läuft der Anrufbeantworter mit einer Bandansage, in der seine Tochter erklärt, sie würden es dieses Jahr leider wieder nicht zum Weihnachtsbesuch schaffen, dies aber im nächsten Jahr nachholen. Nach einer kurzen Szene, in der der alte Mann alleine an seinem Esstisch sitzt und traurig speist, erfährt der Zuschauer im nächsten Moment, wie die Kinder und Enkelkinder vom Tod des alten Mannes erfahren. Niedergeschlagen machen sich die Kinder und Enkel auf zur Beerdigung ihres Vaters bzw. Großvaters, um bei der Ankunft festzustellen, dass der alte Mann gar nicht gestorben ist, sondern die Todesnachricht nur genutzt hat, um all seine Geliebten zum bereits gerichteten Weihnachtsessen an einen Tisch zu bekommen.

Das Video hatte bereits nach 2 Tagen über 5 Millionen Abrufe erzielt und wurde unzählige Male in sozialen Netzwerken als herzzerreißende Geschichte geteilt. Der entscheidende Punkt ist dabei der Konflikt des alten Mannes: Er würde gerne seine liebsten Verwandten an Weihnachten um sich haben, schafft es aber mit einer Einladung nicht, dass sie zu ihm kommen. Er sucht also nach einer Lösung für diesen Konflikt und greift zur radikalen Maßnahme: seinem inszenierten Tod.

Wie im Video von Edeka, beginnt jede interessante Geschichte mit einem Konflikt. Dies gilt nicht nur für Geschichten, die als Parabel erzählt werden. Ein Konflikt kann ebenso ganz sachlich sein und sich an den Problemen orientieren, die Ihre Produkte lösen. So wie im Video »Light up the dark« von Philips. Dort wird die Geschichte von Uppsala erzählt, einem Ort in Schweden. In den Wintermonaten kämpfen die Bewohner mit wenig Sonnenlicht, und es wird bereits sehr früh am Nachmittag dunkel. Das hat zur Folge, dass Aktivitäten im Freien zurückgehen und die Leistungsfähigkeit der Menschen sinkt. Die Marke Philips hat dieses Problem erkannt und tritt in ihrer Rolle als innovativer Hersteller von LED-Lampen als Enabler auf. Die Marke installiert im öffentlichen Raum Lampen, um den Aufenthalt im Freien auch ohne Tageslicht zu ermöglichen – mit der Folge, dass sich die Menschen wesentlich besser fühlen. Philips ist also in seinem Case-Film (*youtu.be/erWkveAK95I*) Problemlöser auf einer sachlichen Ebene.

Konflikte sind Innovationstreiber. So ist beispielsweise das »F 015 Luxury in Motion« von Mercedes-Benz das Resultat eines gesellschaftlichen Konflikts: Die zunehmende Vernetzung fordert eine Verlagerung der Aufmerksamkeit des Fahrers. Der Schwerpunkt wandert von der ursprünglichen Rolle als Fahrer zur Rolle des Reisenden und Kommunikators. Moderne Technologien in der autonom fahrenden Fahrzeugstudie von Mercedes-Benz machen dies möglich. Das Unternehmen ist Löser eines Konflikts, der für viele Menschen heute noch nicht relevant ist und deshalb vor allem unterschwellig wirkt.

Behalten Sie also im Hinterkopf: Der Konflikt ist der Ausgangspunkt für den Aufbau Ihrer Geschichte. Eine Geschichte, die keinerlei Konflikt aufweist, lässt sich kaum interessant und spannend konstruieren. Wenn Sie als Unternehmen Konflikte kommunizieren, halten Sie unbedingt nach solchen Ausschau, die Sie in Ihren Videos lösen oder auflösen können. Ob die Lösung dabei durch Ihre Produkte oder Leistungen stattfindet oder ob Sie eine clevere Lösung für Gesellschaftsprobleme wie im Fall des Edeka-Spots anbieten, ist dabei nicht relevant. Ohne Lösung begeben Sie sich allerdings mit Ihrer Kommunikation auf unvermeidbares Glatteis und können Ihre Rolle in der öffentlichen Wahrnehmung nicht stärken.

4.4.3 Den Helden auf eine Reise schicken

Sie haben nun einen lösbaren Konflikt erarbeitet und benötigen eine Erzählstruktur, an der Sie sich orientieren können, um Ihre Geschichte reizvoll zu erzählen. Glücklicherweise haben sich schon andere Menschen damit befasst, wie Geschichten so aufgebaut werden, dass sie uns faszinieren. Als besonders bedeutend gilt die Arbeit des amerikanischen Professors und Autos Joseph Campbell, der ein Faible für Mythen hatte. Er war so sehr daran interessiert, dass er sie zum Gegenstand seiner Forschungen machte und die Erzählstrukturen von Geschichten unterschiedlichster Kulturen weltweit untersuchte. Dabei stellte er fest, dass sich in allen Mythologien ein gleiches Muster nachweisen lässt – unabhängig von allen Kulturen. In seinem Buch »The Hero with a Thousand Faces« beschreibt er schließlich als gemeinsamen Nenner das Motiv der Heldenreise, das bis heute Grundlage unzähliger Geschichten ist. Wie funktioniert die Heldenreise?

Die Heldenreise nach Campbell wurde von dem Drehbuchautor Christopher Vogler überarbeitet und ist danach zum Standardkonstrukt in Hollywood und in der Werbung geworden. Sie lässt sich in drei wesentliche Bestandteile gliedern: Aufbruch, Initiation und Rückkehr. Die Heldenreise beschreibt damit einen Problemlösungsprozess, der gleichzeitig eine Transformation des Helden ermöglicht. Die Erzählung durchläuft dabei folgende zwölf Schritte (siehe auch Abbildung 4.16):

1. Der Held in seiner Alltagswelt
   Im ersten Schritt wird der Held in seiner alltäglichen Umgebung vorgestellt. Hierbei werden erste Sehnsüchte des Helden erkennbar.

2. Der Ruf des Abenteuers
   Im zweiten Schritt wird der Held klassischerweise von einem Herold zum Abenteuer gerufen. Der Ruf des Abenteuers kann aber auch schlicht durch das Auftreten eines Mangels in Erscheinung treten.

3. Der Held weigert sich

   Der Held weigert sich zunächst, aus seiner Welt auszubrechen und dem Ruf des Abenteuers zu folgen.

4. Ein Mentor tritt auf den Plan

   Ein Mentor tritt nun auf den Plan und überredet den Helden, die Reise anzutreten. Der Mentor sorgt oftmals auch erst für die Befähigung des Helden oder unterstützt ihn mit letzten Maßnahmen, indem er ihm beispielsweise ein Schwert für die Reise zur Verfügung stellt.

5. Der Beginn des Abenteuers

   Mit dem fünften Schritt beginnt das eigentliche Abenteuer. Der Held kann nun nicht mehr in seine alte Welt zurück, da er die Schwelle zum Abenteuer überschritten hat. Er muss demnach die Reise abschließen.

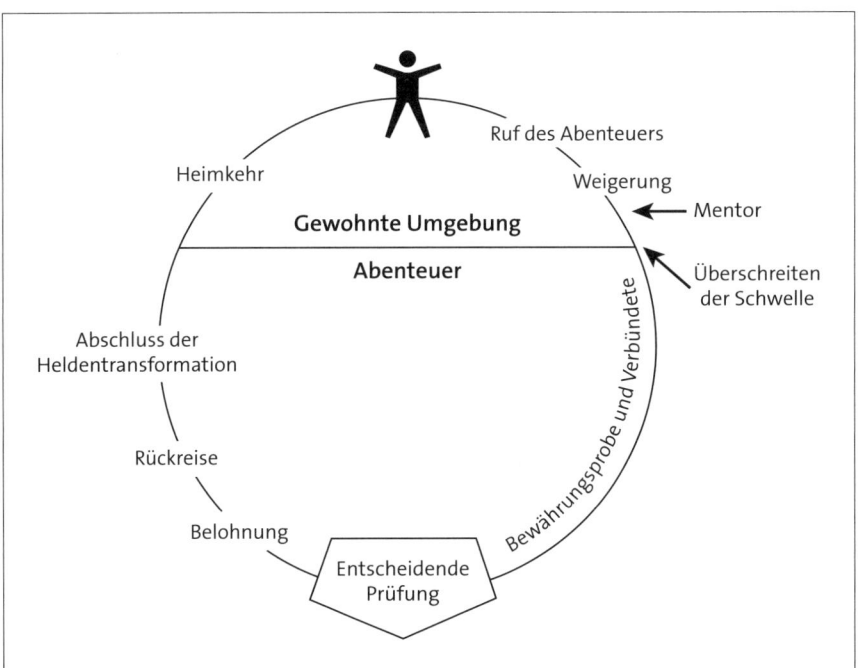

Abbildung 4.16 Die Heldenreise in Anlehnung an Campbell

6. Die ersten Bewährungsproben

   Während der Held auf seiner Reise Freundschaften schließt, Verbündete findet und positive Aspekte der Reise durchlebt, steht er auch bereits vor den ersten Bewährungsproben und muss sich mit Feinden auseinandersetzen.

7. Vordringen zum schwierigsten Punkt

   Auf der weiteren Reise dringt er bis zum schwierigsten Punkt vor: dem endgültigen Gegner.

8. Die entscheidende Prüfung

   In der entscheidenden Prüfung muss er den Gegner besiegen, um das Problem zu lösen und beispielsweise an das Elixier zu gelangen. Dabei wird der Held symbolisch neu geboren und erlangt den Heldenstatus.

9. Die Belohnung wird erlangt

   Mit dem neunten Schritt wird der dritte Abschnitt eingeläutet. Der Held kann das Elixier an sich reißen und die Früchte seiner anstrengenden Reise ernten.

10. Antritt des Rückweges

    Er tritt daraufhin den Rückweg an, und es wird deutlich, wie der Held dank der Bewältigung des Abenteuers zu einem neuen Menschen geworden ist. Auf seiner Rückkehr kann er gegebenenfalls noch mit Nachwirkungen des Sieges konfrontiert werden, die er jedoch dank seines Heldenstatus problemlos überwinden kann.

11. Abschluss der Transformation des Helden

    Der Held ist nun ein wahrer Held und die Transformation abgeschlossen.

12. Ankunft zu Hause

    Zuletzt kehrt er zurück und wird zu Hause mit Lob und Anerkennung belohnt.

Die Heldenreise bedingt allerdings auch noch etwas ganz anderes: Helden sterben für gewöhnlich nicht. Sollten Sie es dennoch tun, durchleben Sie eine immense Transformation, die den Heldenstatus unbestreitbar macht. Überlegen Sie sich also ganz genau, ob Sie Ihre Zuschauer in Trauer versetzen möchten oder ob Sie es schaffen können, Ihren Held im Todesfall wahrhaft heroisch dastehen zu lassen.

Plot Points

Syd Field, ein berühmter Spezialist des Drehbuchschreibens, führte in seinen Werken den Begriff der »Plot Points« ein. Darunter versteht er plötzliche Wendungen, die der Zuschauer so nicht vorhersehen konnte. Diese Überraschungen führen dazu, dass die Geschichte umso spannender wird, weil die handelnden Personen schlagartig in ein anderes Licht gestellt werden. Plot Points lassen sich vor allem an TV-Krimis leicht erklären: Die Vorstellung über den vermeintlichen Mörder wechselt im Laufe des Krimis mehrfach, um die Spannung aufrechtzuerhalten. Plot Points sind auch im Rahmen der Viralität von Videos beliebt, da sie der Initiator für das Teilen sein können: »Schau mal, du wirst nicht ahnen, was passiert.«

Sicherlich werden Sie sich jetzt fragen, warum das Konstrukt der Heldenreise überhaupt für moderne Geschichten taugt. Immerhin ist die ganze Zeit von Begriffen wie Helden,

Mentoren und Reisen die Rede, die man wirklich nur im Bereich der Mythen verorten würde. Und damit haben Sie auch Recht, denn der Ursprung dieses Konstrukts ist eben die Mythenforschung von Campbell. Und trotzdem ist die Heldenreise in ihren Grundzügen relevant für den Aufbau moderner Geschichten, wie die folgenden beiden Beispiele verdeutlichen. Sie werden sehen, dass sich in beiden Fällen die Heldenreise in ihren Grundzügen nachweisen lässt.

Zur Fußballweltmeisterschaft 2014 hat der Sportartikelhersteller Nike ein über 90 Millionen Mal abgerufenes YouTube-Video veröffentlicht, in dem die besten Spieler der Welt mit optimierten Klonen konfrontiert werden (siehe Abbildung 4.17). In dem fünfeinhalb Minuten langen Video sieht der Zuschauer zunächst Straßen- und Stadionszenen des brasilianischen Fußballs. Kurz darauf tritt der Herausforderer auf den Plan: Der Firmeninhaber von Perfect Inc. Er stellt seine Fußball-Klone vor, die dank ihrer Optimierungen anders als ihre menschlichen Gegner keine Fehler mehr machen. Wie sich zeigt, haben die menschlichen Spieler keine Chance und deshalb als Fußballer ausgedient. Da tritt der niedergeschlagene Zlatan auf: In einer düsteren Welt voller Perfektionismus läuft er gesenkten Hauptes durch Rio und macht an einigen Stationen Halt. Dabei sieht er einen jungen Fußballspieler, der alleine auf einem Bolzplatz mit dem Ball spielt und kommt an einer leer gefegten Sportsbar vorbei, auf dessen Fernseher ein Interview mit dem Firmeninhaber der risikoarm spielenden Klone von Perfect Inc. gezeigt wird. Dessen Statement, es kümmere niemanden, was die alten menschlichen Fußballer heutzutage machen, ist für den Helden der Auslöser, die »Reise« auf sich zu nehmen. Entschlossen trommelt er die ausrangierten Spieler seiner alten Mannschaft zusammen und prägt ihnen seine Mission ein: den Fußball zu retten, indem Risiken eingegangen werden. Gemeinsam mit seinen neuen Gefährten (und der Sportausstattung von Nike) verbreiten sie ihre Botschaft und fordern die Klone zu einem letzten Alles-oder-nichts-Match heraus. Die finale Prüfung beginnt, und die ganze Welt schaut sich das Spiel an. Nach einem spannenden Kampf erzielen die menschlichen Spieler schließlich den entscheidenden Treffer und werden von der ganzen Welt bejubelt. Nikes Slogan untermauert das Heldentum: Risk everything.

Ebenfalls an der Heldenreise orientiert sich das Video »A Ticket to Visit Mum« von British Airways, wenngleich keine vollständige Heldenreise zum Einsatz kommt (*www.youtube.com/watch?v=WPcfJuk1t8s*). Der aus Mumbai stammende Ratnesh erzählt zu Beginn des Videos von seinen Erinnerungen an sein Heimatland, das er als 17-Jähriger als Expat in den USA zurückgelassen hat. Kurz darauf erzählt die Mutter ihre Perspektive und die Geschichte, wie der Sohn Mumbai vor 15 Jahren verlassen hat und dass sie dank British Airways nun die Möglichkeit hat, ihrem Sohn sein Lieblingsgericht zukommen zu lassen. In der Küche bereitet sie das Gericht zu, und es wird deutlich, wie sehr sie ihren Sohn all die Jahre vermisst hat. Während die Mutter die Küche reinigt, kommt der Sohn aus New York und sieht seine Mutter auf den Monitoren der Filmcrew in der

135

Küche abwaschen. Er erzählt im Off, wie schön es ist, nach Hause zu kommen und den Geruch des Essens zu riechen. Er überschreitet die letzte Schwelle und überrascht seine Mutter mit seiner Anwesenheit – ein emotional freudiger Moment, den British Airways mit »It's never been just about flying« untermauert. Ratnesh, der ausgezogene Held, ist wieder nach Hause gekommen.

Abbildung 4.17 »The Last Game« von Nike ist eine klassische Heldenreise (Quelle: youtu.be/ly1rumvo9xc).

Entscheidend im letzten Spot ist auch der Plot Point: Dass British Airways dem jungen Ratnesh sein Lieblingsessen von Mumbai nach New York fliegen will, ist allein schon spannend. Der Zuschauer hat Bilder im Kopf, wie Ratnesh wohl reagieren wird und was es in ihm auslöst, das von seiner Mutter zubereitete Gericht essen zu können. Der überraschende Moment, in dem British Airways stattdessen den Sohn einfliegt und Mutter und Sohn zusammenführt, macht die Geschichte noch einzigartiger und sorgt für erhöhte Shareability (1,4 Millionen Abrufe).

Der Held ist also nicht immer das Unternehmen. Es ist sogar wesentlich geschickter, stattdessen Kunden oder Mitarbeiter zu Helden zu machen und als Unternehmen Mentor oder Gefährte (als Enabler) zu sein.

4.4.4 Klassische Strukturen auf YouTube aufbrechen

Die im letzten Abschnitt als Beispiele herangezogenen Heldenreisen sind klassisch linear aufgezogen. Ein Held durchlebt eine Transformation, und die Geschichte ist erzählt – in einem Medium, wie in diesem Fall einem einzelnen YouTube-Video. Sie erinnern sich an Aristoteles und Freytag: Anfang, Mitte und Ende liegen alle in einem Video. Auf YouTube können Sie diese klassischen Strukturen aufgrund der Wirkung als soziales Netzwerk aufbrechen und Ihre Kampagnen durch andere soziale Netzwerke erweitern.

Lassen Sie den Zuschauer zum Helden werden, und seien Sie derjenige, der ihn dazu befähigt. Das kann zum Beispiel auch in der Art einer transmedialen Kampagne wie von »The Best Job in The World« (siehe Abschnitt 4.2.3, »Transmediales Storytelling«) realisiert werden: Ein Held wird gesucht, die Qualifikation wird auf die Probe gestellt, bis es zur finalen Prüfung und dem Erlangen der Belohnung kommt.

Oder fordern Sie Ihre Zuschauer zum kollektiven Heldentum auf, indem ein gemeinsames Handeln »die Welt ein Stück weit besser macht«. Eine denkbare Struktur wäre zum Beispiel gegeben, wenn ein veganer Foodtruck Aufmerksamkeit für seine Crowdfunding-Kampagne benötigt und die Zuschauer durch einen kleinen Betrag sowie das Teilen in den sozialen Netzwerken am Heldentum beteiligt werden.

4.5 Virale Geschichten

Sicherlich haben Sie schon davon gehört: Ein Video wird im Internet auf einmal so oft geteilt, dass es eine enorme Aufmerksamkeit erhält und plötzlich jeder davon spricht – und das, obwohl der Videoersteller eine eigentlich viel geringere oder gar keine gewachsene Reichweite hat. Wenn einem Video solche Aufmerksamkeit zukommt und es sich verbreitet wie ein Virus, spricht man von einem viralen Video.

Seien Sie zu Beginn dieses Abschnitts gewarnt: Niemand kann Ihnen hundertprozentig vorhersagen, ob ein Video so oft geteilt wird, dass es in kürzester Zeit die ganze Welt kennt. Es gibt zwar Faktoren, die Viralität begünstigen, aber es kann am Ende auch ganz anders kommen, und trotz ausgiebiger Tests interessieren sich nach der Veröffentlichung vielleicht viel weniger Menschen dafür. Wenn Ihnen also jemand verspricht, ein virales Video zu produzieren, oder Ihnen erzählt, er arbeite an einem viralen Video, genießen Sie diese Aussagen mit Vorsicht.

Wesentlich sicherer und planbarer ist es, sich ein Publikum aufzubauen und es mit regelmäßigen Inhalten zu versorgen. Sind Ihre Videos brillant und sieht Ihr Publikum eine Relevanz für andere Menschen, werden die Inhalte bei dieser Vorgehensweise mit gleicher Regelmäßigkeit weiter geteilt, und das Publikum vergrößert sich stetig. Insofern erreichen Sie auch hier eine gewisse Viralität. Stechen dann einzelne Videos mit einer besonderen Relevanz hervor, kann eine erhöhte Interaktivität des Publikums beobachtet werden, und Ihre Reichweite steigt in einzelnen Fällen vorübergehend auch in größeren Sprüngen an.

4.5.1 Wie Sie Geschichten erzählen, die sich selbst verbreiten

Der Harvard-Professor Thales Teixeira ist eine Koryphäe auf dem Gebiet des digitalen Marketings. An seinem Lehrstuhl untersucht er unter anderem, wie man Marken möglichst kosteneffizient am Markt etabliert. In Anlehnung an den von Toyota etablierten Terminus Lean Management bezeichnet er dies als Lean Advertising. »Lean« steht dabei ursprünglich für die effiziente Gestaltung der Wertschöpfungskette industrieller Güter. Damit umfasst Lean Advertising also kosteneffiziente Methoden, um das Marketing eines Unternehmens zu realisieren.

Im Zuge seiner Forschungsarbeiten hat Teixeira 2013 herausgefunden, dass es einigen Firmen gelingt, Onlinevideos effizienter einzusetzen als TV-Werbespots. Die Platzierung von TV-Werbespots kann dabei durchaus sehr teuer sein, wohingegen Onlinevideos wesentlich günstiger erscheinen. Viralität hat sich dabei als wichtiger Baustein herauskristallisiert. Da Viralität bislang jedoch schwer greifbar erschien und ein zufällig viraler Erfolg keine planbare Größe darstellt, hat Teixeira untersucht, welche Faktoren virale Videos begünstigen und wie virale Videos funktionieren. Dazu zeichnet er einen Prozess, der sich wie in Abbildung 4.18 darstellen lässt.

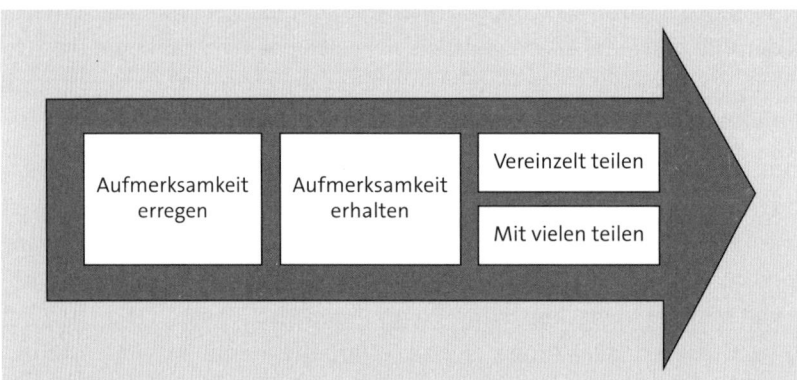

Abbildung 4.18 Der Prozess viraler Verbreitung nach Teixeira

Im ersten Schritt muss die Aufmerksamkeit des Nutzers gewonnen werden, damit er sich das Video eines Unternehmens überhaupt ansieht. Teixeira stellte sich deshalb die Frage: Wann akzeptieren Menschen, dass es sich um Werbung handelt, und schauen sich einen Werbespot an? In einer Studie ließ er zahlreiche Probanden Werbefilme ansehen und gab ihnen die Möglichkeit, jederzeit zum nächsten Spot umzuschalten. Wie sich herausstellte, schalteten die Zuschauer zu bestimmten Zeitpunkten besonders häufig weiter: Sobald das Logo der Marke ganz offensichtlich im Bild platziert wurde.

Er schlussfolgerte daraus, dass Menschen nicht überredet werden möchten. Aber wenn ein Unternehmen Werbung schaltet, dann natürlich auch mit dem Sinn und Zweck, selbst in Erscheinung zu treten. Statt den Zuschauer direkt mit der Marke zu konfrontieren, muss er allerdings nach und nach an die Marke gewöhnt werden. Das geschieht vor allem, indem Produkte oder Elemente der Marke zunächst sehr zurückhaltend platziert werden. Diesen Vorgang nennt Teixeira *Brand Pulsing*: Die Marke wird zunehmend präsenter, und der Zuschauer hat Zeit, sich an die Anwesenheit der Marke zu gewöhnen. Geschickte Produktplatzierungen basieren übrigens auf dem gleichen Prinzip: Die Zuschauer akzeptieren, dass Marken zu einem gewissen Grad im Video zu sehen sind, möchten aber nicht das Gefühl haben, zum Kauf überredet zu werden.

Hat man es also geschafft, den Zuschauer für einen Werbespot zu gewinnen, muss er möglichst bis zum Ende des Videos am Ball bleiben. Es gilt, ihn emotional zu fesseln. Aber an welcher Stelle sollte der emotionale Moment einsetzen? Gleich zu Beginn oder vielleicht erst gegen Ende des Videos? Teixeira analysierte dazu in einer weiteren Studie die Wirkung von Emotionalität auf die Aufmerksamkeit der Zuschauer. Er stellte dabei fest, dass es weder sinnvoll ist, Emotionen gleich zu Beginn aufzubauen und auf einem konstanten Emotionalitätslevel zu bleiben, noch diesen Moment aufzusparen und Emotionalität am Ende des Videos schlagartig aufzubauen.

Stattdessen ist der optimale Weg laut Teixeira, eine »Achterbahn der Emotionen« zu erzeugen. Demnach bleiben Zuschauer bei Onlinevideos länger am Ball, wenn sich die Geschichte aus häufig wechselnden Höhen und Tiefen zusammensetzt. Arbeitet man hingegen mit einer konstanten Emotionalität, gewöhnt sich der Zuschauer an diesen Zustand und schaltet weg. Sie haben den Zuschauer also direkt zu Beginn erfreut? Nehmen Sie ihm die Freude direkt wieder ab, um sie ihm nach einer emotionalen Talfahrt direkt wieder anzubieten. Mit solch einer Achterbahnstruktur werden YouTube-Videos bis zum Schluss angesehen, um danach eventuell auch noch geteilt zu werden.

Bleibt die letzte Frage: Wenn sich die Zuschauer das Video fertig angesehen haben, wann sind sie bereit, es auch zu teilen? Auch hierauf liefert Teixeira Antworten: Videos werden häufiger geteilt, wenn der Zuschauer abschätzen kann, wie der Empfänger reagieren wird. Im Fall von humorvollen Videos sind die erfolgreicheren Videos diejenigen mit gängigem Humor gegenüber Videos mit ungewöhnlichem Humor. Denn, und das ist die zweite Erkenntnis: Die meisten Menschen teilen Videos vor allem aus Eigennutz, um sich selbst zu profilieren. Profilierung ist dabei nicht negativ besetzt, sondern beschreibt vielmehr, wie sich ein Mensch sehen möchte. Können Zuschauer also nicht abschätzen, wie sie durch das Teilen eines Videos selbst dastehen – weil sie beispielsweise davon ausgehen, dass andere nicht genauso reagieren und die Beweggründe des Teilens nachvollziehen werden –, vermeiden Sie es lieber.

Wenngleich sich dieser Abschnitt um virale Videos dreht, wird mit diesem Prozess etwas viel Wichtigeres deutlich: *Shareability*. Teixeira beantwortet, was Menschen dazu bringt, Videos zu teilen. Damit haben Sie wichtige Werkzeuge in der Hand, um organisches Wachstum für Ihren Kanal zu generieren. Vielleicht erreichen Sie auch den nächsten Viral-Hit, aber zunächst einmal erreichen Sie durch eine hohe Shareability eine höhere Reichweite. Und zwar nicht nur für Ihren YouTube-Kanal, sondern für Ihre gesamte Marke: Bringen Sie Menschen dazu, sich für Ihre Inhalte zu begeistern und sie zu konsumieren, und geben Sie Ihnen damit gleichzeitig etwas an die Hand, das sie für Ihre eigene Profilierung nutzen können. So entsteht eine Symbiose aus Ihrem Ziel (Reichweite) und den sozialen Bedürfnissen der Menschen (meist vorrangig Profilierung).

Shareability

Unter dem Begriff Shareability versteht man im Online-Marketing eine weiche Größe, die den Grad des »Teilenwollens« beschreibt. Je höher die Shareability, desto mehr Faktoren begünstigen, dass der Zuschauer einen Inhalt weiterempfiehlt und dadurch die Reichweite vergrößert. Laut Jonah Berger gibt es sechs Gründe, warum Menschen Inhalte teilen und darüber sprechen. Demnach teilen Menschen Inhalte, wenn ...

1. ... sie dadurch in ihrem Umfeld ein höheres Ansehen erlangen.
2. ... sie in ihrer Umgebung oft an die Inhalte erinnert werden und dort Anknüpfungspunkte finden.
3. ... die Inhalte passende Emotionen transportieren.
4. ... die Informationen eine große Öffentlichkeit haben.
5. ... Inhalte einen praktischen Mehrwert bieten.
6. ... die Inhalte als bereichernde Geschichten aufbereitet wurden.

4.5.2 Ihre Zutatenliste für virale Videos

Es gibt kein Geheimrezept, das Ihnen in jedem Fall den viralen Megaerfolg ermöglicht. Dennoch können Sie einiges dazu beitragen, um Ihrem Video eine hohe Shareability mitzugeben und den Veröffentlichungsprozess des Videos zu optimieren. Folgende Punkte sollen deshalb als Zutatenliste dienen:

▶ Sorgen Sie dafür, dass bereits in den ersten Sekunden des Videos Handlungen stattfinden und der Zuschauer gefesselt wird.

▶ Emotionalität ist der Schlüssel für Mitgefühl und Begeisterung.

▶ Virale Videos sind keine Langspielfilme: 3 Minuten zählen als oberste Grenze.

▶ Konzentrieren Sie Ihre Botschaft auf das Wesentliche. Je prägnanter das Video Ihre Botschaft verkörpert, desto einprägsamer ist es.

▶ Fragen Sie sich hinsichtlich der im vorigen Abschnitt beschriebenen Shareability: Was hat der Zuschauer davon, wenn er das Video teilt?

▶ Die Veröffentlichung ist der Anstoß für die virale Reise: Laden Sie das Video nicht einfach nur auf YouTube hoch, sondern teilen Sie es, und kündigen Sie es auf all Ihren Plattformen an.

▶ Fremde Reichweiten sind Gold wert: Sie finden jemanden, dem das Video gefällt und der viele Menschen erreicht? Perfekt! Eine solche persönliche Empfehlung animiert auch andere zum Teilen.

▶ Kooperieren Sie für Ihr Video gegebenenfalls mit einer reichweitenstarken Seite (wie zum Beispiel bei der 911-GTS-Kampagne »All that matters« in Kooperation mit Hyperbeast geschehen), oder binden Sie Prominente in Ihr Video ein.

▶ Machen Sie auch klassische Medien wie Zeitungen und Magazine auf Ihr YouTube-Video aufmerksam.

4.5.3 Best Practice: Volkswagen – The Force

Eines der beliebtesten und erfolgreichsten viralen Videos der letzten Jahre ist der Volks-wagen-Spot »The Force« (siehe Abbildung 4.19). Volkswagen hat den 60-sekündigen Spot zum neuen Passat im Jahr 2012 zunächst auf YouTube eingeführt und konnte dort bis Ende 2015 weit über 60 Millionen Abrufe erzielen. Eine Woche später wurde zum Super Bowl eine auf 30 Sekunden gekürzte Version im amerikanischen Fernsehen ausgestrahlt.

Im Film ist ein kleiner Junge in einem Darth-Vader-Kostüm zu sehen, der mit allen Mitteln versucht, mittels übernatürlicher Macht Gegenstände, Spielzeug und Haustiere ohne Berührung zu einer Aktion zu bewegen. Seine Frustration über das Nichtgelingen spitzt sich bis zur Mitte des Films immer weiter zu, bis plötzlich der Vater mit dem Auto nach Hause kommt. Der junge Darth Vader eilt nach draußen, um mittels der Macht das väterliche Auto zu starten. Der Vater, mittlerweile im Haus angekommen, beobachtet seinen Sohn bei seinen Bemühungen und startet das Auto mittels seiner Fahrzeugfern-bedienung, was große Verwunderung bei seinem Sohn auslöst.

Volkswagen schafft gleich zu Beginn durch die Verwendung des sehr bekannten Star-Wars-Themas in Verbindung mit einem als Darth Vader verkleideten Kind einen Span-nungsmoment. Der Zuschauer kann die Frustration des Kindes über das Ausbleiben einer übernatürlichen Macht emotional nachvollziehen und ist gespannt auf die Lösung des Konflikts. Als Lösung dient die neue Fahrzeugfunktion, der als »Erscheinung der Macht« hier durch das gesamte Setting eine besonders eindrucksvolle Bedeutung zugeschrieben wird.

Die Geschichte ist in ihren Grundzügen simpel und wurde von Volkswagen auf eine kurze Laufzeit verdichtet, ohne im Gegenzug Details auszulassen. Das Storytelling ist klassisch aufgebaut: Die Einführung des Kindes als Darth Vader, der Aufbau des Konflikts mit dem Ausbleiben der Macht und einem Zuspitzen bis zur Mitte des Videos, der anschließenden Wendung und schließlich der Auflösung durch die überraschend unkonventionelle Lösung dank der neuen Technik.

Der Spot arbeitet zudem mit bekannten und im Alltag einer Familie (Zielgruppe des Passats) oft zu findenden Mustern, wodurch der Zuschauer schnell Anknüpfungspunkte findet. So wird ein weiteres Momentum geschaffen, in dem der Zuschauer zum Teilen des Videos angeregt wird.

Abbildung 4.19 Einer der bekanntesten und erfolgreichsten Viral-Clips der letzten Jahre: Volkswagen mit dem kleinen Darth Vader (Quelle: youtu.be/R55e-uHQna0).

Auch wenn Volkswagen bereits vor der Ausstrahlung im Fernsehen mehrere Millionen Abrufe auf YouTube generieren konnte, erzeugt die Fernsehausstrahlung eine große Öffentlichkeit, die den Inhalt als noch relevanter erscheinen lässt: »Kennst du schon den neuen Spot von Volkswagen? Nein?! Darüber spricht doch gerade jeder! Du musst ihn dir unbedingt ansehen.«

Kapitel 5
Einen YouTube-Kanal kalkulieren

»Wer aufhört zu werben, um Geld zu sparen, kann ebenso seine Uhr anhalten, um Zeit zu sparen.« – Henry Ford

Im Gegensatz zu YouTube-Stars geben die meisten Unternehmen ihre Kanäle nicht für die Monetarisierung frei, um nicht Gefahr zu laufen, Konkurrenzwerbung vor den eigenen Inhalten akzeptieren zu müssen. Für Unternehmen ist der eigene YouTube-Kanal Teil des Marketings und somit ein Kostenfaktor. Umso wichtiger ist es also, dass Sie wissen, wie groß dieser Kostenfaktor ist. Nur so können Sie im Rahmen Ihres gesamten Marketings kalkulieren.

Gleich vorweg sei gesagt: Die Kosten variieren stark, weil es darauf ankommt, was Sie vorhaben und mit welchen Anspruch Sie Ihre Videos produzieren. Eine High-End-Filmproduktion mit einem großen Team verursacht selbstverständlich höhere Kosten als die Ein-Mann-Produktion eines Vlog- oder Follow-me-around-Videos.

Und natürlich ist es auch nicht damit getan, nur Videos zu produzieren. Für den Betrieb eines YouTube-Kanals entstehen auch andere Kosten im Zusammenhang mit der Betreuung des Kanals. Denken Sie beispielsweise an die Community: Wer beantwortet Fragen unter den Videos und sorgt dafür, dass sich die Zuschauer auf Ihrem Kanal wohlfühlen? Ebenso entstehen Kosten für das Branding oder die Auswertung der YouTube Analytics.

5.1 Mögliche Kostenfaktoren bei YouTube-Videos

In diesem Abschnitt werden zunächst mögliche Kostenfaktoren vorgestellt, die im Rahmen eines YouTube-Kanals entstehen können. In Abbildung 5.1 sehen Sie die Phasen der Produktion von YouTube-Videos und welche Positionen Sie gegebenenfalls besetzen müssen. Die in den nachfolgenden Abschnitten aufgeführten Kostenfaktoren beziehen sich auf diese Ablaufskizze.

Lassen Sie sich von der Anzahl der einzelnen Faktoren nicht abschrecken. Es ist je nach Anforderung natürlich auch möglich, dass Sie all diese Funktionen selbst übernehmen.

So ist es auch möglich, als Ein-Mann-Unternehmer mithilfe einer einfachen Point-and-Shoot-Kamera erzählenswerte Geschichten zu filmen oder den Unternehmensalltag in Form eines Vlogs zu präsentieren. Die allermeisten Videos auf YouTube sind auch keine Hochglanzproduktionen, die mit großen Teams entstanden sind. Der typische You-Tube-Nutzer hat keine Qualitätsansprüche, die sich nur mit teuren Fernsehproduktionen bedienen lassen – er ist kleine Produktionen gewohnt und nimmt ein nicht ganz so perfektes Video sogar häufig als wesentlich authentischer wahr.

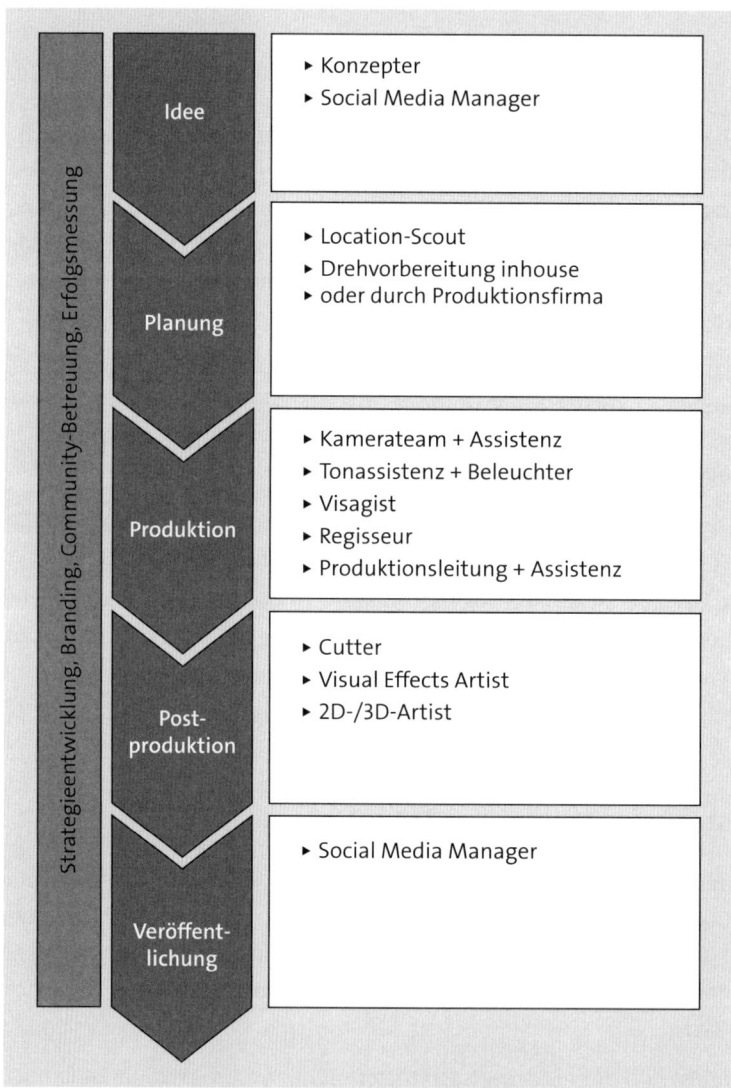

Abbildung 5.1 Ablauf einer YouTube-Produktion mit gegebenenfalls beteiligten Personen

Auch wenn die Kosten hierfür vielleicht überschaubar sind, weil Sie bereits eine Kamera und einen Computer zum Schneiden der Videos besitzen, bedenken Sie, dass Sie das Equipment irgendwann erneuern müssen. Wenn Sie Ihre Mitarbeiter damit beschäftigen, Videos zu produzieren, müssen Sie diese Zeit intern verrechnen und sollten gegenrechnen, ob sich ein kurzfristiges Engagement eines professionellen Dienstleisters rentiert. Und sollten Sie wirklich einmal zu einem größeren Unternehmen werden, werden vielleicht auch die Anforderungen steigen. Es kann also durchaus auch in solch einem Fall interessant sein, sich einen Überblick über die nachfolgenden Kostenfaktoren zu verschaffen.

5.1.1 Betreuung des YouTube-Kanals

Ihr YouTube-Kanal ist mehr als nur eine Ablage für Ihre Videos, um sie der Öffentlichkeit zugänglich zu machen. Neben der Veröffentlichung des Videos fallen einige weitere Arbeiten an: Der Kanal benötigt ein Branding, Playlists müssen erstellt und gepflegt werden, die YouTube Analytics zur Erfolgsmessung ausgewertet werden, und die Community erwartet Antworten auf Fragen in den Kommentaren. Das Festlegen sämtlicher Rahmenbedingungen ist dabei ebenso wichtig: Wann soll ein Video zu welchem Format erscheinen, was soll es beinhalten, und wie wird es produziert? All diese Tätigkeiten muss irgendjemand ausführen, den Sie zu entsprechenden Kosten intern oder extern beschäftigen müssen.

Als spezielle Berufsbezeichnung für diese Tätigkeiten ist in den letzten Jahren der *Social Media Manager* entstanden. Seine Aufgabe ist es unter anderem, die Social-Media-Kanäle des Unternehmens zu betreuen und neue Inhalte zu koordinieren. Ein Social Media Manager verdient nach Angaben der Plattform Gehalt.de im Durchschnitt rund 37.500 € im Jahr.[1] Einen umfangreichen Einblick in die Tätigkeiten des Social Media Managers bietet auch das im Rheinwerk Verlag erschienene Buch »Der Social Media Manager« von Vivian Pein.

5.1.2 Konzepter

Ein Konzepter entwirft Konzepte für Videoproduktionen und Kampagnen. Er recherchiert und strukturiert Informationen und tritt mit den anderen Projektbeteiligten in einen ausführlichen Dialog. Ergebnis seiner Arbeit können ein Exposé, aber auch Storyboards und Prototypen sein. Zumeist arbeiten Konzepter in Agenturen und erstellen dort entsprechende Konzepte für deren Kunden. Die Rolle des Konzepters kann auch intern durch den Social Media Manager übernommen werden.

---

1 Quelle: *www.gehalt.de/news/Gehaelter-in-der-Onlinebranche-IT-Profis-sind-Spitzenverdiener*

5.1.3 Kamera- und Postproduktionscrew

Je nachdem, was für ein Video Sie planen, benötigen Sie außer einer Kamera vielleicht sogar ein ganzes Kamera- und Produktionsteam. Ein professionelles Filmteam kann beispielsweise aus den folgenden Produktionsmitgliedern bestehen:

- Kameramann und Kameraassistent
- Tonassistent
- Beleuchter
- Visagist
- Regisseur
- Produktionsleiter und Produktionsassistent
- Cutter

Im Sinne einer kostengünstigen Produktion werden Sie für die meisten YouTube-Produktionen allerdings eher auf kleine Teams setzen, die mehrere Aufgaben gleichzeitig übernehmen können. So ist es für viele Formate durchaus üblich, dass eine YouTube-Produktion von einer oder zwei Personen geleistet wird, die das Drehbuch schreiben, die Produktion planen und während der Produktion alle Aufgaben wie Kamera, Ton, Regie und Schnitt gemeinsam übernehmen. Solche kleinen Teams können beispielsweise eingesetzt werden, wenn Interviews geführt oder Veranstaltungen mit einer Kamera dokumentiert werden sollen.

Sollten Sie sehr große Veranstaltungen mit mehreren Kameras in voller Länge mitschneiden wollen, benötigen Sie ein ungleich größeres Team, das die einzelnen Aufgaben übernimmt. Spätestens hierbei sollten Sie auf externe Produktionspartner zurückgreifen, die Ihnen die entsprechenden Leistungen als Gesamtpaket anbieten können.

5.1.4 Animierte Elemente

Auf YouTube sind Tutorial- und Erklärvideos sehr beliebt. Insbesondere letztere setzen sich meist aus 2D- oder 3D-Animationen zusammen und verdeutlichen Prozesse und Abläufe im Rahmen der angebotenen Unternehmensleistungen. Zum Erstellen dieser Animationen bedarf es eines entsprechend ausgebildeten 2D-/3D-Animators. Es gibt aber auch zahlreiche Designbüros und Animationsstudios, die sich auf Erklärvideos spezialisiert haben und eine entsprechende Leistung als Paketpreis anbieten.

Lassen Sie sich unbedingt Referenzen für die angebotene Leistung vorlegen, und verlangen Sie zunächst ein Storyboard für Ihren Film. Aufgrund der immer einfacher zu bedienenden Softwaretools werden auf dem Markt viele Erklärvideos angeboten, die schlecht produziert sind und dem Begriff Animation keine Ehre machen. Mit solchen Videos können Sie dann auf Ihrem YouTube-Kanal nicht hervorstechen.

5.1.5 Equipment

Kameras, Stative, Mikrofone, Scheinwerfer und ähnliches Equipment können Sie kaufen oder leihen. Verleiher für Video- und Filmtechnik gibt es in allen großen Städten vor Ort (beispielsweise *www.pillefilm.de* oder *www.711rent.com*). Zahlreiche Anbieter vermieten ihr Equipment mittlerweile auch online und verschicken es per Spedition. Die aktuellen (Netto-)Kosten finden Sie auf den Websites der jeweiligen Verleiher. Denken Sie in jedem Fall daran, eine Versicherung für das Equipment abzuschließen – entweder beim Verleiher gegen Aufpreis (meist rund 10 %) oder separat bei einem Versicherer.

Wenn Sie regelmäßig Produktionen inhouse durchführen, lohnt sich die Investition in eigenes Equipment. Minimal müssen Sie hierbei mit Kosten für eine Kamera (beispielsweise eine Spiegelreflexkamera mit Filmfunktion wie in Abbildung 5.2), einen Schnittcomputer und geeignete Schnittsoftware rechnen. Idealerweise investieren Sie für eine bessere Produktionsqualität aber auch in Zubehör wie Stative, Tonaufnahmetechnik und Lichttechnik. Sollten Sie auf Kameras mit wechselbaren Objektiven setzen, lohnt sich die Anschaffung zusätzlicher Objektive für unterschiedliche Einsatzzwecke und wechselnde Bildeindrücke.

Abbildung 5.2 Für Inhouse-Produktionen kann sich die Anschaffung einer Kamera mit Zubehör lohnen, wie hier eine Spiegelreflexkamera.

5.1.6 Schauspieler und Moderatoren

Sie möchten nicht einfach nur Veranstaltungen dokumentieren und Interviews filmen, sondern auch moderierte Videos auf YouTube veröffentlichen? Dann benötigen Sie jemanden, der diese Aufgabe übernehmen kann. Findet sich im Unternehmen niemand, den Sie zu den üblichen Mitarbeiterkosten damit beauftragen können, muss ein Moderator oder Schauspieler für diese Aufgabe engagiert werden.

Neben Agenturen, die Moderatoren und Schauspieler vermitteln, gibt es zahlreiche Websites, auf denen Freischaffende ihre Leistungen anbieten, wie beispielsweise crew-united.com (siehe Abbildung 5.3). Achten Sie dabei unbedingt auf eine entsprechende Qualifizierung und gute Referenzen, die belegt werden können: Ohne entsprechende Nachweise sind die Leistungen zwar vielleicht günstiger zu erhalten, die Qualität ist dann aber auch nicht gewährleistet. Vor allem auf entsprechenden Plattformen im Internet bieten zahlreiche Laiendarsteller ihre Leistungen in diesem Bereich an, können aber keinerlei Erfahrung nachweisen.

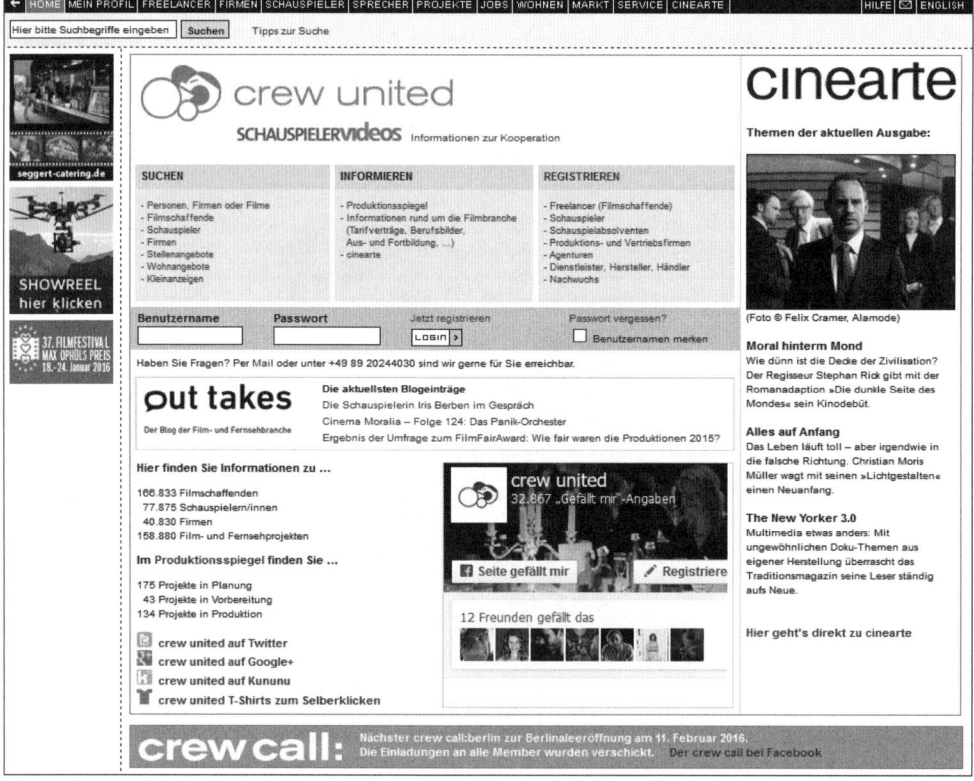

Abbildung 5.3 Auf www.crew-united.com finden Sie unter anderem auch Schauspieler für die Videoproduktion.

Wer auf YouTube als Unternehmen aktiv sein möchte, kann sich aber auch einer ganz anderen Quelle für gut geeignete Moderatoren bedienen: YouTuber. Sie wissen, wie man Menschen auf der Plattform anspricht und aktiviert, und sie verstehen es, authentisch zu wirken. Ein klassischer Event- oder TV-Moderator bringt diese Erfahrung in der Regel nicht mit und kennt sich mit dem Medium YouTube nicht aus. Gegebenenfalls erhalten Sie so nicht nur einen erfahrenen YouTube-Moderator, sondern greifen auch noch auf die Reichweite des entsprechenden *Social Influencers* zurück. Entsprechende Gagen werden entweder direkt mit den YouTubern oder mit Multichannel-Netzwerken und dem Künstlermanagement ausgehandelt.

5.1.7 Locations, Set-Design und Requisiten

Vor allem bei aufwendigen Produktionen kann es notwendig sein, eine geeignete Location für den Dreh anzumieten – beispielsweise eine alte Fabrikhalle. Die Kosten sind meist Verhandlungssache, solange kein Studio angemietet wird, das feste Konditionen hat (zum Beispiel ein Blue- oder Greenscreen-Studio wie in Abbildung 5.4). Kosten können auch entstehen, wenn bestimmte Bereiche abgesperrt werden müssen. Hier sind meist die entsprechende Stadt und das dortige Ordnungsamt verantwortlich, die solche Maßnahmen gegen Gebühr genehmigen und durchführen.

Abbildung 5.4 Ein Bluescreen-Studio kann notwendig sein, wenn Personen oder Objekte in einen anderen Hintergrund montiert werden sollen.

Wenn Sie in einem Studio drehen, müssen Sie zunächst ein Set erschaffen. Ein Set kann aus Möbeln, aber auch aus künstlichen Wänden bestehen. Hier entstehen Kosten für die benötigten Materialien und für einen Set-Designer, der oftmals in Form eines spezialisierten Innenarchitekten solche Aufgaben übernimmt.

Eventuell benötigen Sie auch Requisiten, die Sie leihen oder kaufen müssen. Kosten für Requisiten können vom einfachen Kugelschreiber bis zum Luxusfahrzeug reichen. Gegebenenfalls möchten Sie Requisiten auch mit Ihrem eigenen Branding versehen – auch hier können zusätzliche Kosten entstehen.

5.1.8 Kooperationspartner (Produktplatzierungen)

In Abschnitt 5.1.6, »Schauspieler und Moderatoren«, wurde bereits erwähnt, dass YouTuber als Moderatoren geeignet sein können. Im Rahmen von Produktplatzierungen und Kooperationen mit YouTubern entstehen Kosten für die entsprechende Platzierung. Auch diese Leistungen sind mit dem YouTuber direkt oder seinem Management auszuhandeln und variieren je nach Reichweite stark. Einige Multichannel-Netzwerke haben auch feste Preislisten für Produktplatzierungen auf ihren Partnerkanälen.

5.1.9 Fahrzeug-, Reise- und Cateringkosten

Sie müssen Equipment transportieren, und das Produktionsteam sowie die Darsteller müssen zum Drehort anreisen? Entsprechende Kosten müssen einkalkuliert werden. Kosten entstehen für Kfz und Sprit, aber auch für Bus, Bahn, Flugzeug oder im Rahmen einer Fahrtkostenerstattung.

Insbesondere bei länger andauernden Produktionen sollten Sie sich zudem um das Catering Gedanken machen. Nur ein gestärktes Team kann auch volle Leistung erbringen. Erfragen Sie hierzu bei lokalen Catering-Anbietern die Kosten für die Verpflegung Ihres Teams. Das erspart Ihnen Organisationsaufwand, und Sie können sich auf Ihr eigentliches Ziel konzentrieren, die Videoproduktion.

5.1.10 AdWords

Wenn Sie AdWords nutzen möchten, um Videoanzeigen zu schalten, können Sie Ihr Budget selbst festlegen. Die Kosten orientieren sich deshalb an der von Ihnen gewünschten Reichweite und der Größe der anzusprechenden Zielgruppe. Eine lokale Zielgruppe, die sich auf eine Stadt beschränkt und aus 100.000 potenziellen Kunden besteht, erfordert ein wesentlich geringeres Budget als eine nationale Werbekampagne für eine breit angelegte Zielgruppe.

Die Kosten orientieren sich dabei an einem Cost-per-View-Modell, in dem Sie im Wettbewerb mit anderen AdWords-Kunden einen Betrag festlegen, den Sie maximal für das vollständige Betrachten eines Werbespots oder das Interagieren mit dem Video zu zahlen bereit sind. Die Kosten liegen dabei üblicherweise zwischen 0,05 und 0,21 € (siehe Abbildung 5.5) und variieren je nach Anzahl der um den Werbeplatz konkurrierenden AdWords-Kunden und ihrer Gebote. Mehr über AdWords und Videoanzeigen lesen Sie in Kapitel 14, »Werben auf YouTube (AdWords)«.

Abbildung 5.5 Sollten Sie AdWords-Anzeigen schalten, sind diese Kosten ebenfalls einzukalkulieren – auch wenn Sie Ihr Budget frei festlegen können.

5.2 Intern produzieren oder extern vergeben?

Nachdem Sie nun einen Überblick haben, welche Kostenfaktoren im Rahmen eines YouTube-Kanals entstehen können, stellt sich Ihnen sicherlich die Frage: Sollen wir alle Videos selbst produzieren oder lieber erfahrene Agenturen und Produktionspartner damit beauftragen? Beide Varianten haben Vor- und Nachteile.

5.2.1 Videos inhouse selbst produzieren

Wer Videos im Unternehmen konzipiert und selbst umsetzt, benötigt nicht nur das passende Equipment, sondern auch das entsprechende Know-how. Auf YouTube sind die Erwartungen an die Produktionsqualität wesentlich geringer als in anderen Werbemedien, und so können sehr gute Geschichten mit sehr einfachen Mitteln erzählt werden.

Sofern Sie die Aufgabe nicht selbst übernehmen, müssen Sie jemanden im Unternehmen engagieren, der sich um die Videoproduktion für Ihren YouTube-Kanal kümmert.

Wenn Sie allerdings erst einmal entsprechende Strukturen im Unternehmen etabliert haben, können Sie in der Regel wesentlich schneller und flexibler Videos produzieren als das in Abstimmung mit einer Agentur möglich wäre. Besonders zeitkritische Videos zu Events oder als Reaktion auf die Kommunikation in der Community sind so einfacher umzusetzen. Lange geplante Produktionen können je nach Thema auch an Relevanz verlieren. Wenn Sie beispielsweise ein Event erst 4 Wochen später im Video nachbereiten, hat es mit hoher Wahrscheinlichkeit bereits an Aktualität verloren.

Grundsätzlich sind vor allem Videos mit geringerem Produktionsaufwand im Unternehmen gut zu realisieren, die als regelmäßige Formate auf dem YouTube-Kanal erscheinen. Zu diesen Formaten zählen vor allem Vlogs und Follow-me-arounds (wie beispielsweise von dem Küchenmixer-Hersteller und Produzenten der Serie »Will it Blend?«[2] Blendtec in Abbildung 5.6) sowie Community- und Tutorial-Videos. Insbesondere Tutorials lassen sich auch gut als Format planen, um Strukturen für die Produktion im Unternehmen zu schaffen. Abstimmungsprozesse werden durch die klar erarbeiteten Rahmenbedingungen erleichtert, und Ihre Mitarbeiter können nach dem gleichen effizienten Schema viele Videos zu einem Format produzieren. Die Kosten für das notwendige Equipment halten sich in einem solchen Rahmen in Grenzen (siehe Beispielkalkulationen).

Vlogs und Follow-me-arounds im eigentlichen Verständnis leben zudem davon, dass sie die Perspektive des Protagonisten sehr authentisch erzählen, weil zwischen ihm und dem Zuschauer niemand Weiteres steht. Es gibt zwar hin und wieder sehr hochwertig produzierte Videos, bei denen der Protagonist von einem Kamerateam begleitet wird, aber die Authentizität ist hierbei herabgesetzt. Es lohnt sich also, solche Formate nicht an Agenturen zu vergeben, sondern stattdessen Spontaneindrücke und das aktuelle Geschehen mit einfacheren Mitteln festzuhalten.

Eine unternehmensinterne Produktion kann aber auch Nachteile haben. So stellt sich bei kleinen Teams im Unternehmen die Frage, wer die Aufgaben im Krankheitsfall übernimmt. Ein YouTube-Kanal, der eigentlich wöchentlich mit mehreren neuen Videos bestückt wird, kann nach 2 Wochen Inaktivität nicht nur Zuschauer verlieren, sondern fällt auch im Ranking von YouTube und wird deshalb nicht mehr so häufig als relevantes Ergebnis gelistet. Hier kann ein Mix aus festen Mitarbeitern und einem Pool an Freelancern behilflich sein, die Sie bei Bedarf buchen. Bedenken Sie aber: Insbesondere Mitarbeiter, die vor der Kamera stehen, lassen sich nicht so einfach durch häufig wechselnde Freelancer ersetzen.

---

2 *www.youtube.com/user/Blendtec*

Abbildung 5.6 Blendtec hat kurzzeitig auf dem Kanal »InsideBlendtec« ein einfaches, aber sehr authentisches Vlog-Format zum Hauptkanal produziert (Quelle: youtu.be/-mcwvXz1AzA).

Alles in allem lässt sich also festhalten, dass es sich vor allem empfiehlt, Help- und gegebenenfalls auch Hub-Content (siehe Abschnitt 3.1.1, »Inhalte planen mit dem Content Creation Framework von YouTube«) im Unternehmen zu realisieren, um Kosten bei einem regelmäßig bespielten YouTube-Kanal einzusparen.

5.2.2   Einen externen Produktionspartner beauftragen

Externe Produktionspartner und Agenturen sind spezialisiert auf ihr Handwerk. Sie haben Erfahrung in der Produktion von Videos und wissen, welche Inhalte in welcher Form beim Zuschauer Anklang finden. Die Produktionsqualität ist aufgrund der verfügbaren Ressourcen in Form von professionellem Equipment und einem umfassenden Netzwerk an spezialisierten Mitarbeitern in der Regel höher als bei einer unternehmensinternen Produktion.

Das muss aber nicht immer so sein! Es gibt zahlreiche Unternehmen, die Videos zwar kostengünstig produzieren, dabei aber keine hohe Produktionsqualität liefern können. Lassen Sie sich deshalb unbedingt Referenzen zeigen, und gleichen Sie diese mit Ihren eigenen Erwartungen ab. Vergleichen Sie die Angebote und Referenzen unterschiedlicher Anbieter, um einen Eindruck zu erhalten, welcher Anbieter die für Sie optimale Leistung bietet.

Die Vergabe an externe Dienstleister lohnt sich vor allem für Hero-Content (wie beispielsweise bei dem Video »The Dancing Traffic Light Manikin« von Smart, siehe Abbildung 5.7) und Videos, die einen hohen Produktionsaufwand erfordern. Die Produktionspartner haben hierzu nicht nur Zugriff auf mehr Ressourcen, sondern auch mehr Erfahrung in der Koordination entsprechender Teams. Da Hero-Content zur vollen Wirkung bestmöglich vorbereitet werden muss, lohnt es sich, jemanden zu engagieren, der über die Unternehmensgrenzen hinwegschaut und mehr Erfahrung in der Konzeption entsprechender Inhalte hat.

Abbildung 5.7 Hero-Content wie dieses Video von Smart lässt sich effektiver von erfahrenen Dienstleistern produzieren (Quelle: youtu.be/SB_0vRnkeOk).

5.3 Use Case: Zwei Musterkalkulationen

Damit Sie einen Eindruck davon bekommen, mit welchen Kosten Sie ungefähr rechnen müssen, finden Sie nachfolgend zwei Musterkalkulationen, die als Annäherung dienen sollen. In der ersten Kalkulation übernehmen Sie die gesamte Produktion intern und müssen sich dazu entsprechendes Equipment anschaffen. Bis auf die interne Koordination wird in der zweiten Kalkulation die gesamte Produktion inklusive Konzept extern an eine Agentur vergeben.

5.3.1   Einfache Produktionen inhouse mit eigenem Equipment

Sie haben sich dazu entschieden, die Produktion selbst durchzuführen. Dazu haben Sie entsprechend geschulte Mitarbeiter eingestellt, die sowohl den Kanal betreuen als auch die Videos mit firmeneigenem Equipment umsetzen. Es ist sinnvoll, Allround-Talente einzustellen, die Erfahrung mit Social Media und YouTube haben und gleichzeitig alle Schritte der Produktion inklusive Kamerabedienung und Schnitt abdecken können.

Es stellt sich nun die Frage: Was kostet das benötigte Equipment? Auch hier ist wieder entscheidend, welchen Anspruch Sie verfolgen und was Sie vorhaben. Die folgende Aufstellung enthält deshalb eine Kostenspanne, innerhalb der Sie sich für YouTube-Produktionen ohne besondere Ansprüche wie Drohnen oder Spezial-Equipment bewegen:

- ▶ Kamera: 800 bis 5.000 €
- ▶ Beleuchtungs-Set: 250 bis 2.000 €
- ▶ Zusätzliches Tonequipment: 200 bis 800 €
- ▶ Stative und Befestigungen: 100 bis 600 €
- ▶ Schnittcomputer und Software: 1.000 bis 3.000 €

Die Kostenspanne liegt also zwischen 2.350 und 11.400 €. Für 2.350 € erhalten Sie beispielsweise eine einfache digitale Spiegelreflexkamera mit Filmfunktion, ein Tageslicht-Softboxen-Set, ein externes Aufsteckmikrofon für Ihre Kamera, ein einfaches Dreibeinstativ und einen (mobilen) Schnittcomputer, auf dem problemlos HD-Videos geschnitten werden können.

Für 11.400 € hingegen erhalten Sie zum Beispiel eine professionelle Spiegelreflexkamera mit Filmfunktion und einem oder sogar zwei Objektiven, ein dimmbares Scheinwerfer-Set, ein Mikrofon mit Tonangel, ein Stativ mit einem speziellen Dreh-/Schwenkkopf zum Filmen sowie einen (mobilen) Schnittcomputer, der auch für den Schnitt von 4K-Videos geeignet ist.

Natürlich können Sie die gesamte Produktion auch mit einem Smartphone für 500 € abdecken (mit reduzierten Qualitätsansprüchen). Ebenso ist die Grenze nach oben offen: Mit Filmkameras wie denen der Firma RED finden Sie sich von den Kosten her auch schnell im fünfstelligen Bereich wieder. Entsprechende Kameras sind aber für außerordentliche Ansprüche und die professionelle Produktion von Werbespots gedacht und in den allermeisten Fällen für YouTube-Videos vollkommen überdimensioniert.

Wenn Sie doch einmal planen, eine solche Kamera für eines Ihrer Projekte einzusetzen, lohnt sich der Zugriff auf spezielle Filmverleiher. Dort können Sie die benötigten Kameras inklusive Objektiven sowie professioneller Licht- und Tontechnik für drei- bis vierstellige Beträge leihen.

Hinzu kommen die Kosten für Ihre angestellten Mitarbeiter, wobei beispielsweise für kurze Interviewvideos pro Video durchschnittlich 1 bis 3 Tage Produktions- und Postproduktionsaufwand einkalkuliert werden sollten. Wenn Sie mit Ihren Mitarbeitern die Produktion nicht vollständig abdecken können oder Sie kurzfristig zusätzliches Personal benötigen, bietet sich der Einsatz von Freelancern an. Die Kosten variieren je nach Erfahrung eines Freelancers im Audio-/Videobereich zwischen 250 und 600 € pro Tag.

5.3.2 Aufwendige Produktionen extern vergeben

Etwas anders sieht es aus, wenn Sie die Videos extern produzieren lassen. Da die Kosten je nach Umfang stark variieren, soll hierzu ein fünfminütiges Videointerview angenommen werden, bei dem sich zwei Personen gegenübersitzen. Hierfür können in etwa folgende Kosten entstehen, wobei das Equipment bereits inklusive ist:

▶ Kamerateam: ca. 500 bis 1000 € pro Tag

▶ Schnitt: ca. 300 bis 500 € pro Tag

Bei einem relativ einfachen fünfminütigen Videointerview können Sie durchaus mit jeweils einem Tagessatz auskommen. Rechnen Sie hier also mit 800 bis 1500 € pro Interview. Im Übrigen lässt sich die Produktion von solch kleinen Videos auch vorab pauschal vereinbaren. Sie sollten dabei aber unbedingt beachten, was in dieser Pauschale enthalten ist. Achten Sie darauf, dass Sie die Möglichkeit haben, mindestens einmal Korrekturen nach dem Schnitt vornehmen zu lassen, und dass dieser Aufwand inklusive ist. Vereinbaren Sie bei einer Pauschale auch, wie Leistungen abgerechnet werden, die Sie später optional buchen möchten.

Die Kosten für ein Video können natürlich auch wesentlich höher liegen. In Abschnitt 4.3.7, »Best Practice: Porsche und Scott Schuman«, wurde bereits erwähnt, dass die Kosten für eine Videoproduktion wie im Fall von Porsche durchaus im oberen fünfstelligen Bereich angesiedelt sein können. Wenn zunächst von einer Agentur ein Konzept ausgearbeitet werden muss, für das später dann viele Beteiligte über mehrere Tage zur Produktion benötigt werden, summiert sich der Kostenaufwand entsprechend. Um diese Kosten in etwa abschätzen zu können, hier einige Anhaltspunkte:

▶ Rechnen Sie pro eingebundene Person mit 300 bis 700 € Tagessatz, je nach Erfahrung des Produktionsmitglieds.

▶ Für den Zeitaufwand betrachten Sie die Phasen Konzept, Planung und Organisation, Produktion sowie Postproduktion. Falls Sie die Veröffentlichung nicht intern vornehmen, müssen Sie auch dafür einen entsprechenden Zeitaufwand veranschlagen.

▶ Gegebenenfalls addieren Sie zusätzliche Kosten, wenn etwa Requisiten benötigt werden oder die Beteiligten anreisen müssen. Ebenfalls eingerechnet werden müssen eventuelle Kosten für Musik oder grafische Elemente.

Als Musterkalkulation soll hierzu die Annahme getroffen werden, dass eine Agentur ein Konzept entwirft und die Produktion koordiniert. Die eigentliche Produktion dauert 3 Tage, wobei 6 Stunden Videomaterial entstehen, die anschließend zu einem siebenminütigen Video geschnitten werden sollen (das nur als Rahmenbedingungen, um den benötigten Zeitaufwand festzulegen). Dafür könnten folgende, in Tabelle 5.1 ausgewiesene Kosten entstehen, die jedoch je nach Erfahrung und Renommee der Produktionsmitglieder auch deutlich höher ausfallen können.

Position	Zeitaufwand	Tagessatz	Faktor	Kosten
Konzept, 2 Personen	3 Tage	500 €	2	3.000 €
Organisation, 2 Personen	3 Tage	300 €	2	1.800 €
2 Kamerateams, je 2 Personen	3 Tage	1.000 € pro Team	2	6.000 €
Regisseur	6 Tage	700 €	1	4.200 €
Beleuchter	3 Tage	400 €	1	1.200 €
Cutter	4 Tage	500 €	1	2.000 €
Musikrechte	pauschal	400 €	1	400 €
Titelanimation	pauschal	1.000 €	1	1.000 €
Gesamtkosten				19.500 €

Tabelle 5.1 Beispielkalkulation eines extern produzierten YouTube-Videos

Wie Sie anhand der Kalkulation sehen, ist eine entsprechende Produktion durchaus mit hohen Kosten verbunden. Demgegenüber steht jedoch die Frage, ob eine entsprechende Produktion intern überhaupt zu realisieren ist. Die Vielzahl der an der Produktion beteiligten Personen wird in Unternehmen nur selten zur Verfügung stehen, sodass diese ohnehin hinzugebucht werden müssten.

Kapitel 6
Ein eigenes Branding entwickeln

*Als Marke erkannt zu werden ist eine der Voraussetzungen, Kunden lang-
fristig zu binden und sich am Markt zu differenzieren. Das ist bei einem
YouTube-Kanal nicht anders: Sorgen Sie dafür, dass Sie auf YouTube
sofort auffallen!*

Denken Sie einmal kurz nach, welche Elemente Ihnen einfallen, die ein Video und dessen Ersteller charakterisieren. Vielleicht sind Ihnen Elemente eingefallen wie: Personen,
Hintergrundmusik, Logos, Sprache, Farben, Gegenstände, Kleidung, Kameratechnik,
markante Geräusche oder auch die Location. All diese Elemente können Sie bei der Aufnahme und dem Schnitt bestimmen und jederzeit wieder einsetzen.

Doch das ist nicht alles: Die YouTube-Plattform bietet zahlreiche Funktionen, um sich
als Marke darzustellen. Neben der Ausgestaltung von Elementen, die Sie bereits während Aufnahme und Schnitt bestimmen können, zeigt Ihnen dieses Kapitel, wie Sie die
einzelnen Elemente der YouTube-Plattform optimal »branden« können.

Denn schließlich sticht ein gut gemachter YouTube-Kanal aus der Masse hervor und
sorgt für Wiedererkennung bei den Zuschauern. Mit dem Branding Ihres Kanals differenzieren Sie Ihre Videos von denen der Konkurrenz und sorgen für die Identifikation
mit Markensymbolen. Bewegt sich ein Nutzer auf der YouTube-Plattform, fallen ihm
gebrandete Videos schneller auf und geben ihm Orientierung in der großen Auswahl.

6.1 Visuelles Branding

Das Branding beinhaltet alle Elemente, die dazu beitragen, eine Marke von anderen
Marken zu unterscheiden, weshalb es in seiner Ausprägung viele Facetten beinhalten
kann. Bedingt durch den audiovisuellen Charakter von Videos sind die wichtigsten
Bestandteile auf YouTube das visuelle und das akustische Branding.

Das visuelle Branding beinhaltet alle Elemente, die Ihrem Zuschauer ins Auge fallen
können. Dazu zählt nicht nur die Aufmachung des eigentlichen Videos, sondern auch
das visuelle Erscheinungsbild des Kanals. Der Kanal ist Ihr Aushängeschild auf You-

Tube: Hier kann der Nutzer alle Ihre veröffentlichten Videos einsehen, Text und weiterführende Links zu Ihrem Kanal abrufen und direkt mit Ihnen interagieren. Es ist also umso wichtiger, dass der Kanal sofort als Ihr Kanal erkannt wird.

6.1.1　Banner, Profilbild und andere Kanalelemente

Das als *Kanalbild* bezeichnete Banner ziert den Kopfbereich eines jeden YouTube-Kanals. Es ist das Hauptaugenmerk beim Besuch eines Kanals und lässt sich deshalb wunderbar für das Branding des Kanals nutzen. Bei der Gestaltung müssen jedoch einige Dinge beachtet werden, damit der Inhalt des Kanalbildes auf allen Geräten und Bildschirmgrößen erkennbar ist. In Abbildung 6.1 sehen Sie die einzelnen Bereiche, die auf Smartphone, Tablet, Desktop-PC und Fernsehbildschirm sichtbar sind. Da sich die YouTube-Plattform im Desktop-Browser an die Bildschirmauflösung anpasst, variiert der sichtbare Bereich dort zwischen der Breite von Smartphone und maximaler Ausnutzung des eingezeichneten Desktop-Bereichs.

Das Gesamtbild soll nach YouTube-Vorgaben einer Größe von 2.560 Pixeln in der Breite und 1.440 Pixeln in der Höhe entsprechen. Die weiteren Bereiche für die einzelnen Geräte entsprechen:

▶ 1.546 × 423 Pixel für Smartphones und als minimale Auflösung für die Darstellung im Browser eines Desktop-PCs

▶ 1.855 × 423 Pixel für Tablets

▶ 2.560 × 423 Pixel als maximale Auflösung für die Darstellung im Desktopbrowser

▶ 2.560 × 1.440 Pixel für die Darstellung auf Fernsehbildschirmen

Texte und Logos sollten aufgrund der variablen Größe im für Smartphones eingezeichneten Bereich platziert werden. Dieser Bereich wird auf allen Geräten und Bildschirmauflösungen angezeigt, sodass die Darstellung von Elementen in diesem Bereich gesichert ist.

Jeder Kanal verfügt zudem über ein *Profilbild*. Es wird in der Kanalansicht über das Kanalbild gelegt angezeigt. Schriften im je nach Bildschirmbreite variierenden Profilbildbereich sollten vermieden werden, damit sie nicht vom Profilbild verdeckt werden.

Verfügt der Kanal über Social-Media-Accounts bei Facebook, Twitter und Co. oder soll eine Website verlinkt werden, finden diese Links im als *Social Links* bezeichneten Bereich Platz. Die Links werden in den Einstellungen des Kanals festgelegt und durch die Plattform platziert, sodass sie wie das Profilbild in der Platzierung variieren. Im entsprechenden Bereich sollten deshalb ebenfalls keine Schriften und keine wichtigen Objekte platziert werden.

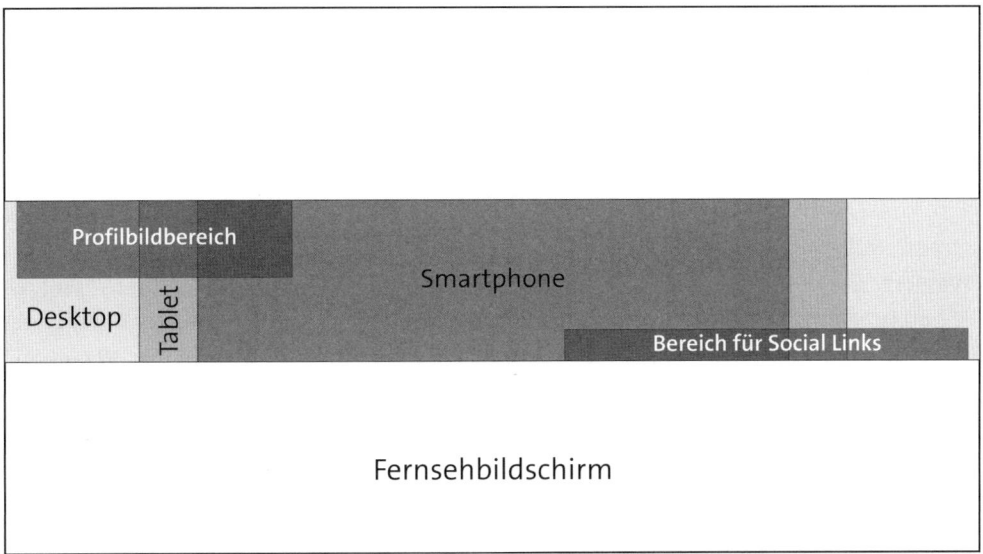

Abbildung 6.1 Layoutvorlage zur optimalen Darstellung des Kanalbildes

Bleibt die Frage: Was soll eigentlich auf Kanalbild und Profilbild zu sehen sein? Das Kanalbild ist die größte Fläche, die Sie außerhalb der Videos frei gestalten können, und sollte entsprechend für das Branding genutzt werden. Gibt es in den Videos Personen, die dauerhaft als Markenbotschafter oder Moderatoren auftreten, können Sie diese in das Kanalbild aufnehmen. Lassen Sie sich andernfalls von Ihrem vorhanden Corporate Branding und der Bildwelt Ihrer Marke leiten, und lehnen Sie sich daran an. Auch Logo und Claim können auf dem Kanalbild Platz finden. Sehr etabliert bei Kanälen mit regelmäßigen Formaten ist die Angabe des Wochentages, der Uhrzeit und der Name des zu diesem Zeitpunkt zu erwartenden Formats. So weiß der Zuschauer auf den ersten Blick, wann er mit neuen Inhalten rechnen kann.

Für das Profilbild bietet sich im Fall eines Unternehmens oder einer Marke das entsprechende Logo an. YouTube empfiehlt zwar, das Profilbild mit 800 × 800 Pixeln hochzuladen, stellt es aber lediglich mit 98 × 98 Pixeln dar. Komplexe Grafiken sind bei dieser Größe nicht möglich, sodass Sie sich eher darauf konzentrieren sollten, prägnante Grafiken mit klaren Kanten, Kontrasten und Farbunterschieden als Profilbild einzusetzen. Gute Logos erfüllen diese Kriterien ohnehin bereits, da sie auf unterschiedliche Darstellungsgrößen hin optimiert wurden.

Da das Profilbild auf der gesamten Plattform immer wieder in Erscheinung tritt, sollten Sie dieses Bild nicht zu oft wechseln. Andernfalls finden Ihre Abonnenten den Kanal in der Liste der abonnierten Kanäle schlechter und können Ihre Kommentare und Anmerkungen nicht gut von anderen Kommentaren unterscheiden. Das Kanalbild ist nur auf dem Kanal selbst sichtbar und hat dadurch keinen so prägenden Charakter wie das Profilbild. Sie können es also beispielsweise je nach Saison ändern.

Neben den bereits genannten Elementen gibt es noch das *Wasserzeichen*. Es wird in jedem Ihrer Videos angezeigt und schmückt die untere rechte Ecke (siehe Abbildung 6.2). Ein Wasserzeichen kann Transparenzen enthalten, um das Video nicht zu sehr zu stören und es optisch besser einzufügen. Fährt der Zuschauer mit der Maus über das Wasserzeichen, kann er den Kanal direkt abonnieren. Die Einrichtung des Wasserzeichens ist etwas versteckt: Klicken Sie im YouTube-Studio auf KANAL und dann auf BRANDING, um dort das Wasserzeichen hochzuladen. Idealerweise ist das Wasserzeichen quadratisch und hat eine Größe von 600 auf 600 Pixel im PNG-Format. Beim Upload darf es maximal 1 MB groß sein.

Abbildung 6.2 Das Wasserzeichen schmückt die untere rechte Ecke und bietet beim Überfahren mit der Maus ein Abonnement für den Kanal an (Quelle: youtu.be/d3ml2rmc_9g).

6.1.2 Intro

Je nach Videoform können unterschiedliche Elemente für das Branding im Video eingesetzt werden. Dazu zählen vor allem das Intro und die Endcard sowie bei Bedarf die Zwischenblende. Alle drei Elemente werden wiederkehrend verwendet. Sie werden nach Möglichkeit nur durch den Einsatz entsprechender Titel und Inhalte abgewandelt und für alle Videos des gleichen Formats genutzt. Die Gestaltung sollte dabei so gewählt werden, dass sie entweder Ihr vorhandenes Corporate Design widerspiegelt oder zumindest ein eigener Gestaltungsstil innerhalb des YouTube-Kanals erkennbar ist.

Unter einem Intro versteht man klassischerweise eine Animation Ihres Firmenlogos oder eines Formatlogos, das zu Beginn des Videos abgespielt wird. Da die typischen You-Tube-Nutzer in den ersten Sekunden eines Videos darüber entscheiden, ob sie sich das Video weiter anschauen, ist es empfehlenswert, das Intro nicht direkt an den Anfang zu stellen. Vielmehr sollten Sie in den ersten 10 bis 15 Sekunden mit sehr prägnantem Filmmaterial zeigen, was im Video passieren wird oder zumindest mit einem kurzen Clip Lust auf das Video machen. Je aussagekräftiger Sie die ersten Sekunden des Videos gestalten, desto eher bringen Sie den Zuschauer dazu, das Video weiter anzuschauen anstatt wegzuklicken.

Nach diesem kurzen Videoteaser ist Platz für Ihr eigentliches Intro. Ein gutes Intro ist mit einer Dauer von ca. 5 Sekunden im Verhältnis zu den meisten Videos sehr kurz. Da Intros bei jedem Video wieder verwendet werden, führen längere Intros dazu, dass der Zuschauer vermehrt wegklickt – er kennt das Intro schließlich schon und mag es sich nicht jedes Mal wieder anschauen müssen. Das eigentliche Ziel ist nicht, dem Zuschauer ein Branding-Element aufzuzwingen, sondern das Video in den Kontext Ihres Kanals und Ihres Unternehmens zu setzen.

Folgende Fragestellungen helfen Ihnen bei der Erstellung und Beurteilung eines guten Intros:

▶ Erhält der Zuschauer einen Bezug zu Ihrer Marke oder Ihrem YouTube-Kanal?

▶ Gibt es Elemente, die Ihre Zielgruppe besonders ansprechen?

▶ Passt die Stimmung des Intros zu der Markenwelt?

Sollten Sie mehrere regelmäßige Formate haben, kann es durchaus sinnvoll sein, für einzelne Formate eigene Intros zu nutzen, die sich jedoch visuell aneinander anlehnen. So differenzieren Sie nicht nur Ihren Kanal von anderen Kanälen, sondern geben dem Zuschauer auch innerhalb Ihres eigenen Kanals eine Orientierung. Haben Sie beispielsweise ein wöchentlich angebotenes Q&A-Format und ein tägliches Vlog-Format, können Sie durch separate Intros diese Formate voneinander abgrenzen. Regelmäßige Zuschauer sehen so gleich zu Beginn des Videos, um welches Format es sich handelt. Bedenken Sie dabei auch, dass sich nicht jeder Zuschauer für alle Formate auf Ihrem Kanal interessiert.

6.1.3 Zwischenblenden

Nachdem Sie für Ihr Video nun einen guten Anfang haben, müssen Sie das Video auch weiterhin strukturieren. Dabei kann es in manchen Fällen sinnvoll sein, Zwischenblenden einzusetzen. Es handelt sich hierbei zumeist um kurze Animationen, mit deren

Hilfe Sie von Thema zu Thema überleiten. So kann es beispielsweise schwierig für den Zuschauer sein, Beiträge innerhalb eines Nachrichtenformats zu unterscheiden, sofern keine klare Trennung der Beiträge vorliegt. Mit einer sehr kurz gehaltenen Zwischenblende von maximal 3 Sekunden können Sie für eine klare Trennung sorgen. Ein Beispiel sehen Sie in Abbildung 6.3.

Zwischenblenden müssen nicht immer gleich sein. Eine Variation ist beispielsweise denkbar, wenn Sie wiederkehrende Rubriken innerhalb eines Formats abgrenzen möchten. Ein Format könnte beispielsweise daraus bestehen, dass Sie zunächst einen neuen Mitarbeiter vorstellen, danach ein paar Community-Fragen beantworten und am Schluss Produktproben verlosen. Alle drei Abschnitte können Sie voneinander abgrenzen, indem Sie passende Zwischenblenden vor dem jeweiligen Abschnitt verwenden.

Abbildung 6.3 Der YouTuber LeFloid nutzt Zwischenblenden mit einer Logo-Animation zwischen den Beitragsthemen seines Nachrichtenformats (Quelle: www.youtube.com/user/LeFloid).

Da Sie die Zwischenblenden ebenfalls während des Schnitts in Ihr Video einbauen, sind Sie auch hier völlig frei in der Gestaltung und können sich an Ihr Corporate Branding anlehnen. Denken Sie dabei auch an einprägsame Soundeffekte, die Ihre Animation untermauern. Wie Sie mit Musik und Soundeffekten arbeiten können, lesen Sie in Abschnitt 6.3, »Akustische Markenführung«.

6.1.4   Endcard

Sie haben mit dem Video nun Ihre Inhalte präsentiert, und der Zuschauer nähert sich dem Ende des Videos. Jetzt ist es an der Zeit, ihn zu binden und ihn auf weitere Videos und Aktivitäten hinzuweisen. Hierzu setzen Sie eine Endcard ein, über die weitere Möglichkeiten präsentiert werden. Typische Elemente einer Endcard sind: Links zu maximal drei weiteren Videos, Links zu Ihren Social-Media-Kanälen oder einer Landingpage sowie ein Abonnieren-Button. Der Abonnieren-Button aktiviert Zuschauer, die über dritte Quellen oder die YouTube-Suche auf Ihr Video gestoßen sind, und macht sie im Idealfall zu neuen Abonnenten. Optional kann das angesehene Video auf der Endcard weitergeführt werden, um den Zuschauer aktiv aufzufordern, weiter mit Ihren Inhalten zu interagieren. Alle genannten Elemente benötigen einen visuellen Rahmen, in dem sie platziert werden können und in dessen Gestaltung Sie frei sind. Nutzen Sie diesen Umstand, und gestalten Sie die Endcard entsprechend Ihrem Corporate Design oder Kanalauftritt, um auch mithilfe der Endcard einen Kontext herzustellen. Die Endcard kann mit Musik hinterlegt werden.

Im Gegensatz zum Intro und eventuellen Zwischenblenden kann der Nutzer mit der Endcard interagieren. Deshalb sind bei der Gestaltung einige Punkte zu beachten, damit das Nutzererlebnis nicht getrübt wird.

Alle anklickbaren Elemente müssen klar zu erkennen sein. Das ist umso wichtiger, als die mobilen Apps von YouTube keine Möglichkeit der direkten Interaktion mit den Videos bieten. Die Links aller verweisenden Elemente müssen deshalb unbedingt in der Infobox des Videos angegeben werden, damit mobile Nutzer eine Möglichkeit haben, den Verlinkungen zu folgen. Kann der Zuschauer die anklickbaren Elemente auf der Endcard klar und deutlich ausmachen, sucht er die entsprechenden Links in der Infobox – sind sie hingegen nicht erkennbar, gibt es keinen Anlass überhaupt danach zu suchen.

Skalieren Sie die Elemente so, dass sie anklickbar sind. Winzige Elemente, die selbst im Desktop-Browser nur schwer mit der Maus zu treffen sind, fördern nicht gerade das Nutzererlebnis. Je höher dabei die Arbeitsauflösung des Desktops und je kleiner damit das Video dargestellt wird, desto schwieriger wird es für den Nutzer, sehr klein dargestellte Elemente anzuklicken. Achten Sie darauf, dass alle Elemente einen gewissen Abstand zueinander haben, sodass die Trennung anklickbarer Bereiche klar erkennbar ist.

Das Layout einer Endcard kann auf vielfältige Art und Weise gestaltet werden. In Abbildung 6.4 sehen Sie ein Beispiellayout für eine Endcard. Dabei wird das Video im größten Teilbereich weitergeführt. Der Zuschauer wird direkt aufgefordert, mit den einzelnen Elementen zu interagieren (Call-to-Action). Ein Beispiel für die direkte Aufforderung im Rahmen einer Sonnenbrillen-Marke könnte lauten: »Wenn euch das Video gefallen hat, abonniert diesen Kanal. Auf der rechten Seite findet ihr zwei weitere Videos von uns: Im oberen Video ist Michael Prominent in Paris auf der Fashion Week unterwegs, um die neue Sonnenbrille ›Extremstylo‹ auszutesten. Im unteren Video haben wir den Test gemacht, wie das neue Exklusivmodell zu den Outfits von Personen auf den Straßen

6

von Berlin passt. Folgt uns auch auf Twitter, Instagram und Facebook, um nichts mehr zu verpassen!« Nach Abschluss könnten Sie Ihr Logo einblenden und die Endcard noch einige Sekunden stehen lassen, damit der Nutzer die Elemente anklicken kann. In den beiden Videoplatzhaltern auf der rechten Seite blenden Sie lautlos interessante Ausschnitte aus den verlinkten Videos ein.

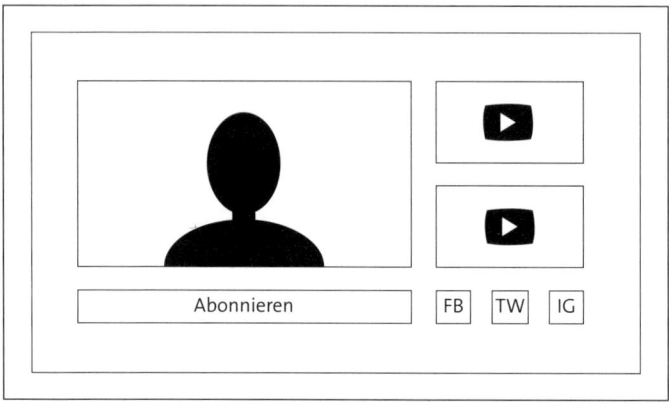

Abbildung 6.4 Beispiel für ein Endcard-Layout mit Möglichkeit zur Weiterführung des Videos, Verlinkungen zu zwei weiteren Videos und den Social-Media-Accounts sowie einem Abonnieren-Button

Das in Abbildung 6.5 gezeigte Beispiellayout bietet sich an, wenn das Video nicht weitergeführt und mit keiner direkten Aufforderung versehen werden kann, weil kein Moderator oder Sprecher vorhanden ist. Es zeigt stattdessen zwei weitere Videos und einen Abonnieren-Button – weitere Bereiche für Social-Media-Accounts können im freien Platz ergänzt werden. Die beiden Videos können nacheinander optisch hervorgehoben werden, um parallel jeweils für einige Sekunden auch den Ton der Videoausschnitte einzublenden. So wirkt die Endcard nicht zu ruhig, und der Zuschauer wird neben der visuellen Ebene zusätzlich auf der tonalen Ebene angesprochen.

Die eigentlichen Verlinkungen können Sie nach Upload des Videos festlegen. YouTube bietet dazu frei positionierbare Rahmen an, die Sie über die gestalteten Elemente legen. Dazu laden Sie zunächst das Video hoch und legen danach Anmerkungen an. Im ANMERKUNGEN-Dialog spulen Sie das Video bis zur Endcard vor und platzieren eine SPOTLIGHT-Anmerkung im Video. Den nun angezeigten Rahmen platzieren Sie auf dem zu verlinkenden Objekt und skalieren ihn entsprechend der Objektgröße. Im Anschluss legen Sie im Dialog des Spotlights einen Link mit dem gewünschten Ziel an. Abschließend passen Sie die Dauer aller angelegten Verlinkungen über die Endzeit entsprechend der Anzeigedauer im Video an.

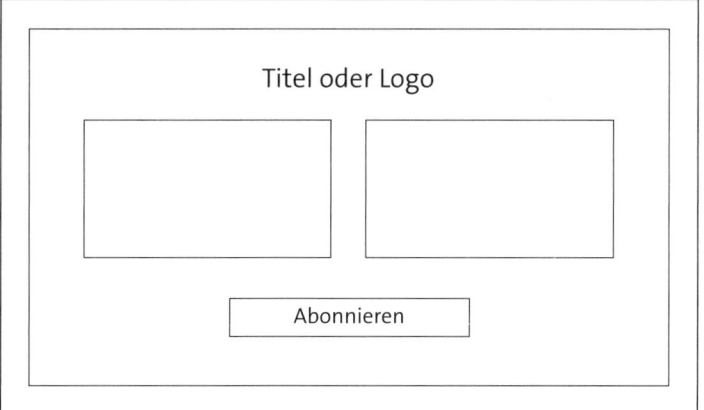

Abbildung 6.5 Beispiel für ein Endcard-Layout mit Titelbereich, zwei Videoverlinkungen und einem Abonnieren-Button

Egal, ob Intro, Zwischenblenden oder Endcard: Bringen Sie in allen Fällen die Aussage auf den Punkt, und testen Sie an einem Testpublikum, wie die Zuschauer reagieren. Folgende Fragen können Ihnen dabei helfen, sinnvolles Feedback zur Verbesserung zu erhalten:

▶ Haben Sie den Eindruck, dass die Elemente zu Ihrem Gesamtauftritt passen? Erkennen Sie die Marke/den Kanal darin wieder?

▶ Erscheinen Ihnen Intro, Zwischenblenden und Endcard als zu lang/zu kurz/genau richtig?

▶ Haben Sie das Gefühl, dass Sie beim Intro, den Zwischenblenden und der Endcard alle wesentlichen Elemente gleich erfassen konnten und von der Aufmachung nicht überfordert waren?

6.1.5 Bauchbinden

Bei Unternehmenskanälen mit wechselnden Personen vor der Kamera sollte dem Zuschauer mitgeteilt werden, wer gerade vor der Kamera steht. Das lässt sich effektiv mit Bauchbinden erledigen. Bauchbinden müssen ebenfalls an die Gestaltung des restlichen Kanals angepasst und nach Möglichkeit animiert werden. Zur Größenbeurteilung ist in Abbildung 6.6 beispielhaft eine vereinfachte Bauchbinde zu sehen. Wesentliche Bestandteile sind der vollständige Name, die Position im Unternehmen sowie ein Hintergrund, der Schrift und Video voneinander trennt und die Lesbarkeit gewährleistet. Achten Sie bei der Gestaltung darauf, dass die Schriftgröße auch auf Smartphones lesbar bleibt und gleichzeitig den Zuschauer auf größeren Monitoren nicht visuell erschlägt.

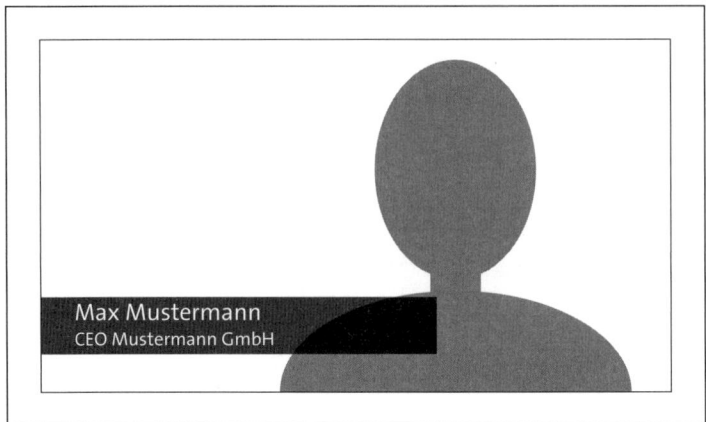

Max Mustermann
CEO Mustermann GmbH

Abbildung 6.6 Beispiel für eine Bauchbinde

6.2   Kamera und Farbkorrektur als Stilmittel einsetzen

Die Technik ist nur Mittel zum Zweck? Ganz im Gegenteil! Wie in Kapitel 7, »Die Produktion einleiten«, beschrieben, haben Kameras und Objektive optische Besonderheiten. Das kann die Schärfentiefe betreffen, aber auch den Grad der Verzerrungen im Weitwinkel oder den Dynamik- und Farbumfang. All diese Besonderheiten lassen sich als Stilmittel einsetzen.

Und auch im Schnitt lässt sich einiges am Bild verändern. Hier leistet vor allem die Farbkorrektur einen entscheidenden Beitrag zur Wiedererkennung. Gleichzeitig bewirkt die Farbkorrektur unterschiedliche Bildstimmungen und verändert die Wirkung auf den Zuschauer.

6.2.1   Durch die Kameratechnik Besonderheiten schaffen

Sehr beliebt für Follow-me-arounds war lange Zeit beispielsweise die Legria-Kamerareihe von Canon mit einer sehr starken tonnenförmigen Weitwinkelverzerrung und einer großen Schärfentiefe. Heute wird diese Kamera noch von zahlreichen YouTube-Kanälen verwendet, da sie mit ihrem Bildeindruck der Inbegriff einer erlebnisorientierten Generation ist. Gleichzeitig sind mittlerweile aber auch neue Kameras ohne diesen Bildcharakter auf den Markt gekommen, die dagegen eine Aufzeichnung mit hohen Frameraten wie 120 Frames pro Sekunde ermöglichen. Das hat wieder andere YouTube-Kanäle dazu gebracht, Zeitlupenaufnahmen als ein Stilmittel einzusetzen und sich dadurch auf YouTube zu differenzieren.

Wie man Kameratechnik als starkes Stilmittel etablieren kann, hat der YouTuber Casey Neistat gezeigt. Er nutzt eine kompakte Spiegelreflexkamera mit einem starken Weitwinkelobjektiv (10–22 mm) für seine Vlogs. Das hochwertige Objektiv hat bei Weitem keine so starke tonnenförmige Verzerrung wie die Legria-Kameras. Durch die Verwendung einer Kamera mit relativ großem APS-C-Sensor und dadurch verminderter Schärfentiefe haben die Videos zudem einen filmischen Look. Die Kamera selbst wird von Neistat über ein kleines umfunktioniertes Stativ mit flexiblen Elementen einarmig vor dem Körper getragen (siehe Abbildung 6.7). Alles in allem wirkt das Bild, als laufe ein extra Kameramann mit professionellem Filmequipment vor Neistat, um die Vlogs zu filmen. Dieses Stilmittel hat Neistat weltweit so bekannt gemacht, dass es mittlerweile von zahlreichen anderen Kanälen adaptiert wird.

Wie am Beispiel von Casey Neistat ersichtlich wird, kann auch Kamerazubehör als Stilmittel eingesetzt werden: Durchgehend weiche Kamerafahrten mit einem Schwebestativ, regelmäßige Drohnenaufnahmen in den ersten Szenen eines Videos oder eine vor dem Körper montierte Actionkamera lassen sich nur mit Zubehör erzielen, und die geringere Verbreitung solcher Aufnahmen gegenüber der großen Masse an immer gleichen Videos stellt Ihren Kanal in ein besonderes Licht.

Abbildung 6.7 Der YouTuber Casey Neistat hat die Bildwirkung eines ungewöhnlichen Kamera-Setups als sein Stilmittel etabliert (Quelle: www.youtube.com/user/caseyneistat).

6.2.2 Mit der Farbkorrektur spielen

Neben unzähligen Möglichkeiten, den Videos durch Bildgestaltung und Schnitttechniken einen eigenständigen Stil zu geben, kann auch die Farbkorrektur als Stilmittel eingesetzt werden. Sofern Sie in Erwägung ziehen, eine Farbkorrektur im Schnitt vorzunehmen, denken Sie dabei daran, dass die Farbkorrektur die Stimmung im Bild direkt beeinflusst. Die gleiche Szene wirkt mit einem Blaustich kalt und trostlos oder mit einem Rotstich warm und romantisch. Passen Sie deshalb die Farbkorrektur der beabsichtigten Stimmung und Wirkung an, und prüfen Sie, ob Sie dadurch nicht etwas auslösen, das Sie so eigentlich gar nicht beabsichtigen:

Blau wirkt kühl und hat eine beruhigende Wirkung auf den Menschen. Die Farbe wird oft symbolisch für die Einheit genutzt (siehe auch Flaggen der EU und USA). Rot hingegen wirkt lebhaft, leidenschaftlich, stark und in bestimmten Situationen auch aggressiv. Gelb und Orange stellen gemeinsam mit Rot die Signalfarben dar. Auf entsprechend gefärbte Objekte achten wir eher und nehmen die Farben als warm wahr. Grün wird oft als die Farbe der Hoffnung bezeichnet. Wir verbinden Grün mit Frische, Frühling, Wachstum und Natur. Weiß steht für Reinheit und Unversehrtheit, während Schwarz für die Nacht und Trauer, aber auch für die Reduktion auf das Wesentliche steht. Schwarz kann deshalb in manchem Kontext auch mit Professionalität verbunden werden (zum Beispiel bei einem schwarzen Anzug). Diese Farbbeschreibungen sind als Anhaltspunkte zu verstehen. Ein Testpublikum kann Ihnen helfen, Stimmung und Bildwirkung vor der Veröffentlichung auf YouTube zu beurteilen.

Weiß und Schwarz stehen gleichzeitig auch für Hell und Dunkel. Ein insgesamt helles Bild wirkt reiner, fröhlicher und aufgeschlossener als ein unterbelichtetes Bild. Man spricht in diesem Zusammenhang von High-Key- (überwiegend sehr hellen) und Low-Key-Aufnahmen (überwiegend sehr dunklen Aufnahmen). Ob eine Bildstimmung ausgewogen ist oder in den High-Key-/Low-Key-Bereich fällt, lässt sich auch anhand des Histogramms gut beurteilen (siehe Abbildung 6.8).

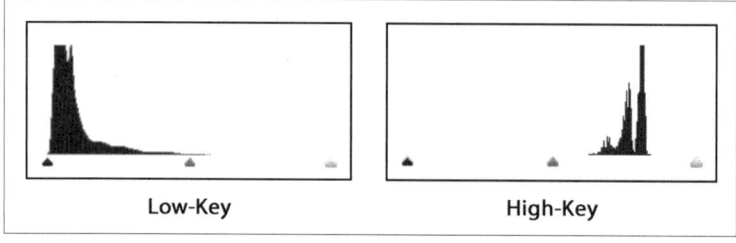

Abbildung 6.8 Wenn Sie sich die Histogramme von Low-Key- und High-Key-Aufnahmen anzeigen lassen, werden Sie etwas in dieser Art sehen.

Für eine schnelle Farbkorrektur gibt es mittlerweile etliche Presets – entweder direkt in der Schnittsoftware oder als Download im Internet. Eine manuelle Farbkorrektur, mit der Sie Ihren eigenen Stil entwickeln, ist jedoch immer ein besseres Wiedererkennungsmerkmal. Beispielsweise arbeitet der Kanal »the_candourist« bei einigen seiner ersten Videos mit einer sehr charakteristischen Farbkorrektur (siehe Abbildung 6.9). Die

Videos wirken durch die sehr gesättigten Bilder sehr klar, und das Blau des Himmels reicht in ein leichtes Türkisblau.

Abbildung 6.9 Der Kanal »the_candourist« nutzt eine eigene Farbkorrektur mit einer Blauverschiebung für seine ersten Videos als Stilmittel (Quelle: youtu.be/qfZHV7LQM7I).

6.3 Akustische Markenführung

Viele Menschen unterschätzen die Wirkung von Sprache, Musik, Geräuschen und allen anderen Tönen unserer Umwelt. Besonders Geräusche nehmen wir oft auch gar nicht bewusst wahr und stören uns erst an der zirpenden Grille, wenn uns jemand auf das Geräusch hingewiesen hat. Anhand der Sprache können wir den Charakter und die Stimmung unseres Gegenübers einordnen, und ihr Klang ist für uns oft ein entscheidendes Kriterium, ob wir jemanden mögen oder nicht. Und wenn der Nachbar mit seinen Freunden auf der Terrasse fröhliche Partymusik hört, kann es durchaus sein, dass die Musik nicht zu unserer akut schlechten Laune passt. Das Potenzial von akustischen Komponenten zur Markenführung ist deshalb sehr groß: Der Zuschauer nimmt es vielleicht nicht so bewusst wahr wie die Bilder, die er sieht, doch die Wirkung auf sein Gesamturteil ist dafür umso größer.

6.3.1 Charakterstarke Sprecher

Die Stimme eines sorgsam gewählten Sprechers passt zu den Attributen, die die Marke charakterisieren. Ein bekanntes Beispiel ist die unverwechselbare Stimme von Manfred Lehmann, der als Synchronstimme von Bruce Willis bekannt ist. Aber auch sein »20 Prozent auf alles – außer Tiernahrung« dürfte selbst nach Schließung der Praktiker-Filialen den meisten noch ein Begriff sein. Der Einsatz der markanten »Bruce-

171

Willis-Stimme« verkörperte natürlich auch die Attribute des Schauspielers in den entsprechenden Hollywood-Actionfilmen: maskulin, selbstbewusst, rau im Umgang, aber stets pragmatisch. Es ist davon auszugehen, dass Praktiker als Baumarktkette mit genau diesen Attributen auf eine vorwiegend männliche Zielgruppe abzielte. Der Bezug zu Bruce Willis als Identifikationsfigur ist allein durch die Stimme bereits gegeben, und die Marke Praktiker wird im Gegenzug mit den gleichen Attributen in Verbindung gebracht. Die Wahl hätte aber auch ohne diesen Hintergrund auf Lehmann fallen können, da die Stimme in ihrer akustischen Wirkung bereits diese Attribute erzielt. Die Stimme des Sprechers ist eindeutig maskulin, und der tiefe und gezeichnete Klang steht in Verbindung mit Eigenschaften wie Kraft und Stärke. Die meisten Handwerker werden sich mit diesem Bild identifizieren können.

Das Vorgehen zur Auswahl eines charakterstarken Sprechers richtet sich also zunächst nach den Markenattributen und der gewünschten Wirkung auf den Zuschauer. Wenn nicht bereits vorhanden, muss die Marke im ersten Schritt in ihrer Ausprägung durch Attribute beschrieben werden: selbstbewusst, zaghaft, sportlich, jung, alt, selbstironisch und lebendig könnten einige Adjektive lauten, mit denen eine Marke womöglich beschrieben werden kann.

Im zweiten Schritt müssen diesen Begriffen Stimmeigenschaften zugeordnet werden, indem die psychologische Wirkung betrachtet wird. Selbstbewusstsein spricht man zum Beispiel einer tieferen und tragenden Stimme mit einer langsamen bis mittelschnellen Sprechweise zu. Eine sehr hohe Stimme hingegen wird allgemein oft mit Unwahrheit und geringerer Intelligenz in Verbindung gebracht, aber auch mit großer Dynamik und Wechselhaftigkeit. Beziehen Sie in Ihre Überlegungen zu den Stimmeigenschaften auch eine Zielgruppenbeschreibung mit ein. Eine Beispielmarke mit Produkten für den jung gebliebenen Teil der Generation 60+ ist gut beraten, einen Sprecher dieser Generation mit einer lebendigen, in mittlerer Tonlage angesiedelten Stimme und normaler bis leicht erhöhter Sprechgeschwindigkeit zu wählen. Diese Stimmeigenschaften machen Personen jünger und bezeugen noch vorhandenen Tatendrang.

Im dritten und schlussendlich letzten Schritt muss ein Sprecher gefunden werden, dessen Stimme den gesuchten Klang bietet. Zu diesem Zweck gibt es Sprecherdatenbanken mit Demomaterial zum Probehören. Sollten Sie einen Sprecher direkt casten, lassen Sie ihn einen Beispieltext sprechen, um seine Stimmwirkung beurteilen zu können. Die Bewertung nehmen Sie anhand der Kriterien vor, die Sie zuvor in den Schritten 1 und 2 erarbeitet haben.

Bei der Wahl eines regelmäßig im Bild zu sehenden Moderators sollten Sie ebenfalls auf Kriterien nach diesem Vorgehen achten. Neben der optischen Erscheinung und der Fähigkeit, vor der Kamera authentisch zu wirken, ist auch seine Stimme ein wesentlicher Bestandteil und muss sowohl zu der optischen Erscheinung der Person als auch zu der vertretenen Marke passen.

6.3.2 Ein einprägsames Soundlogo etablieren

Es war ein kritischer Aufschrei in der Presse: Am 18. März 2013 gab BMW bekannt, den seit 14 Jahren genutzten »Doppelgong« am Ende der Werbespots durch ein neues Soundlogo zu ersetzen. Dabei mochten die neuen Klänge so gar nicht zu den bisher verwendeten Sounds passen. Die Markenverantwortlichen bei BMW wagten es, die Evolution des Logos komplett zu überspringen und erfanden stattdessen gleich etwas gänzlich Neues. In der Pressemitteilung hörte sich das neue Soundlogo dann folgendermaßen an:

Klangbestandteile werden in Reverse-Technik vorwärts und rückwärts eingespielt und stehen symbolhaft für flexible Mobilität. Die Melodie wird von einem anschwellenden, hallenden Sound vorbereitet und anschließend von zwei markanten bassbetonten Akzenten getragen, die das klangliche und rhythmische Fundament des Sound Logos darstellen. Final mündet das neue Sound Logo in einen schimmernden, wertig anmutenden Ausklang. Diese Kombination verschiedener Elemente steht für Freude an Fortschritt, an Dynamik und für die Freude am Fahren.

Ziemlich viel Text für ein paar Sekunden Musik, finden Sie nicht? Was auf den Laien zunächst wie das Werk von detailverliebten Menschen wirken mag, ist für Marken ein wichtiges Mittel, um das eigene Markenprofil zu schärfen: das Soundlogo. Ein einprägsames Soundlogo charakterisiert die Marke auf akustischer Ebene und kann in manchen Fällen sogar für einen Ohrwurm sorgen. Denken Sie beispielsweise an das gesangliche Logo der ING-DiBa – mit großer Wahrscheinlichkeit werden Sie es aus dem Stand summen können.

Die Entwicklung eines Soundlogos kann sehr aufwendig sein. Da es sich dabei um ein Wiedererkennungsmerkmal handelt, sollte es in jedem Fall individuell sein. Greifen Sie stattdessen auf Sounddatenbanken zurück, kann es passieren, dass der Zuschauer es an anderer Stelle wieder hört. Ein gutes Soundlogo

▶ ist kurz,

▶ hat eine einprägsame Melodie,

▶ verkörpert mittels Klangelementen Eigenschaften der Marke und

▶ ist individuell für die Marke.

Es gibt zahlreiche Musiker, die sich auf Soundlogos und Corporate Music spezialisiert haben. Als Beispiel für die YouTube-Szene kann der Musiker Vincent Lee[1] genannt wer-

---

1 *www.vincentleemusic.com*

den. Er hat nicht nur das Thema der Videodays 2015 produziert, sondern auch zahlreiche Soundlogos für YouTuber geschrieben.

Ein Soundlogo kann übrigens als Hörmarke beim Deutschen Patent- und Markenamt eingetragen werden. Das schützt Sie davor, dass andere Marken Ihr Soundlogo ebenfalls verwenden können und dadurch der Wiedererkennungswert Ihrer Marke verwässert wird.

6.3.3 Hintergrundmusik gezielt auswählen und wiederverwenden

Musikalische Untermalung kommt nicht nur bei Logos und Animationen zum Einsatz, sondern findet auch als Hintergrundmusik bei den Videos Verwendung. Musikalische Stimmung und Videoinhalt müssen dabei zusammenpassen.

Hüten Sie sich davor, Musik zu verwenden, für die Sie keine spezielle Lizenz erworben haben. Davon abgesehen, dass Sie bei einer solchen Musikverwendung abgemahnt werden können, sperrt YouTube alle Videos, die Musik enthalten, deren Künstler durch die Rechte-Verwertungsgesellschaft GEMA vertreten werden. Das schließt zum Beispiel so ziemlich jeden Musiktitel ein, den Sie im Radio hören können. Beansprucht ein Künstler über das Content-ID-System Urheberrechtsansprüche an einem Ihrer Videos, erhalten Sie außerdem einen sogenannten *Strike* für Ihren Kanal. Nach drei erhaltenen Strikes wird Ihr YouTube-Kanal dauerhaft gesperrt.

Freie Musik, die Sie für Ihre YouTube-Videos verwenden können, bietet YouTube unter anderem auch selbst an. Sie finden die entsprechende Datenbank unter *www.youtube.com/audiolibrary/music* oder im YouTube-Studio unter dem Menüpunkt VIDEO-TOOLS. In dieser Bibliothek (siehe Abbildung 6.10) können Sie sogar nach Musik filtern, für die nicht einmal der Künstler genannt werden muss.

Musiker, die Ihnen Musik für Ihre Videos zur Verfügung stellen, lassen sich auch gut über die Plattform *soundcloud.com* finden. Achten Sie bei der Musikauswahl darauf, dass es sich nicht um Remixe handelt, und schreiben Sie die Künstler zwecks Lizenz über die Nachrichtenfunktion der Plattform direkt an.

Eine weitere Datenbank für GEMA-freie Musik ist *jamendo.com*. Lesen Sie unbedingt sehr genau, was Sie laut der Lizenz eines Stücks machen dürfen. Viele Titel auf Jamendo sind zwar unter einer Creative-Commons-Lizenz veröffentlicht, dürfen aber nicht kommerziell verwendet werden oder haben andere Einschränkungen. Gegen Bezahlung können Sie andere Lizenzen auf Jamendo erwerben, die Ihren Anforderungen entsprechen.

Außer den genannten Plattformen gibt es zahlreiche andere Websites, auf denen Sie Musik für Ihre YouTube-Videos erwerben können. Oftmals wird hier auch eine monatliche Pauschale bezahlt, um Zugriff auf das Archiv zu haben und die Titel nutzen zu dürfen. So arbeiten Multichannel-Netzwerke häufig mit Anbietern von Musikbibliotheken zusammen, um ihren Partnern eine größere Musikauswahl bieten zu können.

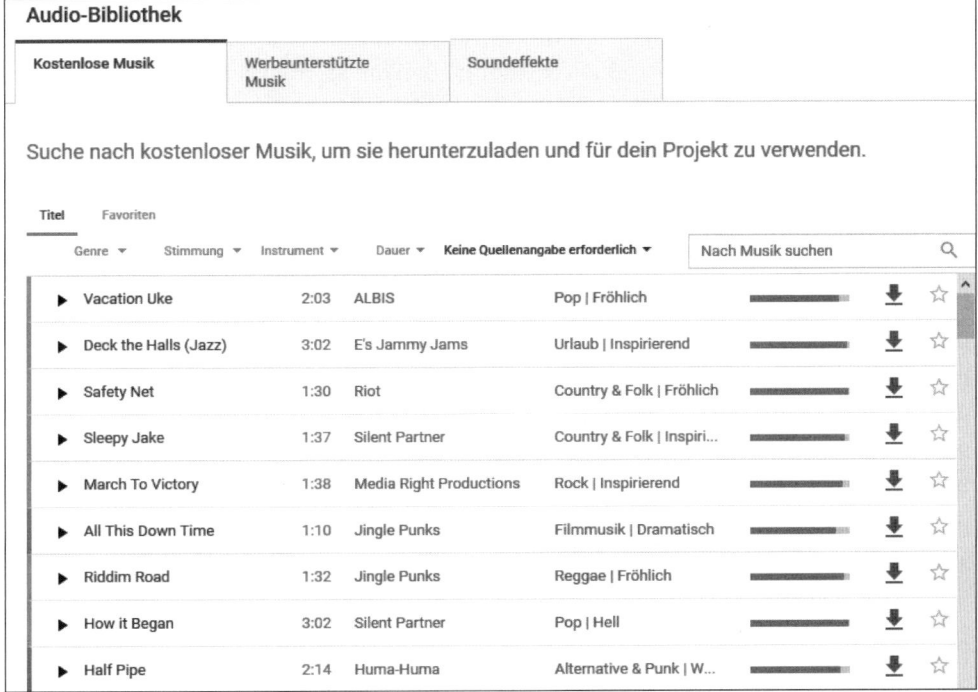

Abbildung 6.10 Die Audio-Bibliothek von YouTube stellt kostenfreie Musik zur Verwendung auf YouTube zur Verfügung.

6.3.4 Geräusche – Produkte und deren Umgebung klingen lassen

Wissen Sie eigentlich, wie die Tür Ihres Backofens klingt? Vermutlich nicht so genau. Aber wenn Sie an die Tür Ihres Fahrzeugs denken, haben Sie vielleicht eine bessere Vorstellung. Woran liegt das? Hersteller wie Audi feilen mit eigenen Teams und in eigens dafür errichteten Gebäuden am Klang der Fahrzeuge. Insbesondere bei Premium-Automarken soll der Kunde bereits beim Öffnen der Tür das Gefühl vermittelt bekommen, dass es sich um ein Fahrzeug handelt, das sein Geld auch wert ist. Eine klapprige Tür, die beim Öffnen und Schließen ein unschönes Geräusch erzeugt, passt nicht zu einem hochwertigen Fahrzeug.

Doch das ist noch lange nicht der Grund, warum Sie das Geräusch besser beschreiben können. Der Clou an der Tatsache, dass Sie das Geräusch Ihrer Fahrzeugtür besser kennen als das Geräusch Ihrer Backofentür, ist ganz einfach: Der Backofenhersteller nutzt das Geräusch der Tür eher selten vordergründig für sein Marketing. Ganz im Gegensatz zu den Herstellern von Pkws, die Geräusche wie die der Tür bei jeder Gelegenheit in ihren Videos herausstellen, sobald im Bild eine Tür geöffnet oder geschlossen wird.

Der Wert von Geräuschen auf die Produktwirkung sollte nicht unterschätzt werden und ist nicht nur für Fahrzeughersteller ein Thema. Denken Sie an das Zischen beim Öffnen einer Wasserflasche als Garant für Erfrischung, das charakteristische Klicken eines Uhrenverschlusses oder das Geräusch beim Durchziehen der Kreditkarte an einem Kartenterminal. Nimmt der Kunde die Geräusche der drei Beispiele unterbewusst beim Betrachten Ihres Videos wahr und testet oder nutzt er das Produkt später, wird er sich an die verwendeten Geräusche erinnern und sie mit Ihrer Marke direkt in Verbindung bringen – im Idealfall noch ohne zu wissen, welche Marke er in der Hand hält.

Damit Geräusche für das Branding genutzt werden können, müssen sie also besonders hervorgehoben werden. Nehmen Sie markante Geräusche Ihrer Produkte immer gesondert auf, um sie im Schnitt entsprechend positionieren zu können. Bei der Aufnahme achten Sie darauf, dass der Abstand zur Geräuschquelle nicht zu groß ist, um eine saubere Aufnahme ohne Störgeräusche zu erhalten. Richtmikrofone eignen sich besonders gut hierfür. Mehr zur Aufnahme erfahren Sie in Kapitel 7, »Die Produktion einleiten«.

Sollten Sie Geräusche benötigen, die nicht in direktem Zusammenhang mit Ihren Produkten stehen, können Sie auch hierfür auf Bibliotheken zurückgreifen. Eine sehr bekannte Soundbibliothek ist beispielsweise *freesound.org*. Regen, ein hupendes Auto oder Comic-Soundeffekte wie bei Tom und Jerry finden Sie dort zuhauf. Achten Sie aber auch hier unbedingt auf die Lizenz, unter der die Geräusche stehen.

6.3.5   Best Practice: Audi

In dem Video »Audi Sound Studio – Wie klingt Audi?«[2] gibt der Fahrzeughersteller Audi Einblicke in seine Arbeit zum Thema Corporate Sound. Bei Audi legt man demnach nicht nur Wert darauf, die Geräusche am Fahrzeug möglichst angenehm zu gestalten, damit der Kunde auch das Gefühl eines hochwertigen Fahrzeugs bekommt, sondern nimmt diese Geräusche für eine intern geführte Datenbank in allen möglichen Anwendungsszenarien und mit sehr hoher Audioqualität auf. Egal, ob es sich dabei um das Geräusch einer Tür, eines Bedienschalters oder des Motorenklangs handelt: Jedes Geräusch wird möglichst separiert in einem Akustiklabor aufgenommen, um es im Anschluss in der Datenbank zu hinterlegen und mit dem Fahrzeugmodell zu verknüp-

---

2 *youtu.be/z6KjEi_INKg*

176

fen. Für die Fahrgeräusche wird das Fahrzeug auf einer Teststrecke bewegt, wobei sogar unterschiedliche Umweltbedingungen berücksichtigt werden, die später eventuell relevant sein könnten.

Darüber hinaus arbeitet Audi mit bestimmten Sprechern zusammen, deren Stimme immer wieder in Verbindung mit der Marke in Erscheinung tritt. Der Kunde kommt mit den Audi-Stimmen nicht nur bei YouTube-Videos und Produktfilmen in Kontakt, sondern zum Beispiel auch in Verbindung mit der Telefonansage, die er bei seinem Anruf bei Audi hört.

Und auch die Musik muss zu Audi passen: Individuell produzierte Musik in verschiedenen Stimmungslagen ist in der Datenbank hinterlegt und kann für Produktionen eingesetzt werden. Dazu zeichnet Audi einzelne für die Marke als charakteristisch bestimmte Musikinstrumente auf und verwendet die einzelnen Töne später im digitalen Sampling für die Musikproduktion.

Durch die Verfügbarkeit der einzelnen Geräusche in einer umfassenden Datenbank ist es Audi-Produktionspartnern möglich, ohne großen Aufwand die für Audi charakteristischen Geräusche zu verwenden. Der Kunde ist so dank der Audi-eigenen Klangfarben in der Lage, die Marke allein auf Basis der Audiospur zu identifizieren.

6.4 Running Gags – Vorfreude ist die schönste Freude

Regelmäßige Zuschauer freuen sich, wenn Sie Elemente aus vorherigen Videos entdecken, und halten bewusst danach Ausschau. Auch wenn der Begriff eigentlich aus dem Comedy-Bereich kommt, wird in diesem Abschnitt deshalb von Running Gags gesprochen, wenn wiederholt Elemente in den Videos vorkommen, die eine Erwartungshaltung beim Zuschauer wecken. Die damit bezeichneten Elemente müssen nicht zwangsläufig eine Form von Humor darstellen, sondern vielmehr die Wiedererkennung unterstützen. So könnte beispielsweise eine immer wieder auftauchende Figur oder ein bestimmter Satz ein solcher Running Gag sein.

Prominente Beispiele sind die fliegenden Figuren in den Redbull-Werbespots. Der Zuschauer wartet auf die Pointe, während in den allermeisten Fällen eine der Figuren am Ende »Flügel verliehen bekommt« und damit den Running Gag darstellt.

Ein klassischer Running Gag war auch das Glas Wasser, das in der Harald-Schmidt-Show von dem »scharfen Sven« hereingebracht wurde. Die Zuschauer warteten auf den Moment genauso sehr wie auf die Beantwortung der allabendlichen Frage nach der Biermarke, die Schmidts Assistent Manuel Andrack an diesem Abend trank.

Running Gags können (und sollten) jedes Mal leicht variiert werden, müssen in ihren Grundzügen aber beibehalten werden. Nur so kann der Zuschauer die Elemente immer wieder entdecken, und seine Erwartungen werden erfüllt. Running Gags sorgen damit für eine Auflockerung des Themas, bei humorvollen Varianten für eine Steigerung des Unterhaltungswertes, und binden den Zuschauer länger an einzelne Videos und an den Kanal.

6.5 Kanalbeschreibung

Die Kanalbeschreibung ist auf der Kanalseite im oberen Menü über KANALINFO abrufbar. Sie gibt unter anderem Auskunft über die Anzahl der Abonnenten, der Gesamtvideoaufrufe und den Zeitpunkt der Erstellung des Kanals. Außerdem kann eine E-Mail-Adresse für geschäftliche Anfragen hinterlegt werden. Im unteren Bereich gibt es die Möglichkeit, Links zu Social-Media-Kanälen und Websites zu hinterlegen.

Ein wesentliches Element der Kanalbeschreibung ist allerdings ein frei editierbares Feld, in dem der Kanal beschrieben wird. Dieses Feld wird auch von Suchmaschinen analysiert, um Details über den Kanal herauszufinden. Es ist wichtig, dass Sie deshalb sowohl den Nutzer als auch Suchmaschinen beim Verfassen einer Kanalbeschreibung berücksichtigen:

► Wer betreibt den Kanal?

► Was gibt es auf dem Kanal zu sehen?

► Zu welchen Zeitpunkten werden Videos veröffentlicht?

► Fordern Sie den Nutzer auf, den Kanal zu abonnieren.

► Verwenden Sie Begriffe, nach denen in Suchmaschinen zu Ihrem Unternehmen gesucht werden könnte.

► Setzen Sie eine ansprechende Formulierung ein.

► Strukturieren Sie die Beschreibung, um die Übersichtlichkeit zu gewährleisten. Bedienen Sie sich dabei typografischer Möglichkeiten wie Sonderzeichen, und arbeiten Sie mit Absätzen, um Freiräume zwischen den Textbestandteilen zu schaffen.

Außerhalb der Kanalbeschreibung haben Sie (von den Videobeschreibungen abgesehen) auf YouTube keine Möglichkeit, durchsuchbaren Text mit Informationen über Ihr Unternehmen und Ihren Kanal zu veröffentlichen. Nutzen Sie die Kanalbeschreibung also sinnvoll, und schöpfen Sie das Potenzial aus.

Die Kanalbeschreibung kann in unterschiedliche Sprachen übersetzt werden. Je nach Spracheinstellung seitens des Nutzers wird dann die entsprechende Übersetzung angezeigt. Klicken Sie dazu im oberen Bereich Ihrer Kanalseite auf das Stiftsymbol, und wählen Sie KANALINFOS ÜBERSETZEN aus (siehe auch Abbildung 6.12). In der darauffolgenden Ansicht (siehe Abbildung 6.11) wählen Sie im rechten Bereich die Zielsprache aus und übersetzen die beiden Passagen unter KANALTITEL und KANALBESCHREIBUNG. Zum Vergleich sehen Sie links den Text in der Ausgangssprache.

Abbildung 6.11 Die Kanalbeschreibung kann in verschiedene Sprachen übersetzt werden, um die Sprache des Nutzers zu berücksichtigen.

Die Kanalbeschreibung wird außerdem als Kurzbeschreibung angezeigt, wenn Ihr Kanal in den Suchergebnissen auftaucht und der Nutzer mit der Maus über Ihr Kanalbild fährt. Die Beschreibung ist hier allerdings auf die ersten Wörter begrenzt und wird nur als Ausschnitt angezeigt. Wichtige Informationen darüber, wer Sie sind, sollten also am Anfang der Kanalbeschreibung stehen, um in diesem Ausschnitt angezeigt zu werden. Überprüfen Sie abschließend unbedingt, wie die Kanalbeschreibung am Desktop und in den mobilen Apps dargestellt wird.

6.6   Den Kanal im Kanaltrailer vorstellen

Gelangt ein YouTube-Nutzer im Desktop-Browser zum ersten Mal auf die Kanalseite Ihres YouTube-Kanals und hat er den Kanal noch nicht abonniert, wird automatisch ohne sein Zutun der Kanaltrailer abgespielt – vorausgesetzt, Sie haben einen solchen eingerichtet. Im Kanaltrailer haben Sie die Möglichkeit, sich selbst und Ihren Kanal kurz vorzustellen und dem Zuschauer einen Einblick zu geben, was auf Ihrem Kanal passiert:

- Wer sind Sie?
- Was bieten Sie auf dem Kanal an?
- Was macht den Kanal aus?
- Was kann der Zuschauer erwarten, wenn er den Kanal abonniert?
- Wann werden neue Inhalte veröffentlicht?

Ein guter Trailer ist so kurz wie möglich und so lang wie nötig. Ein guter Richtwert sind 30 bis 60 Sekunden. Er ähnelt damit einem Trailer für einen Kinofilm oder einer Werbung für eine Fernsehsendung, weshalb Sie durchaus auch auf Ausschnitte vergangener Videos zurückgreifen können, um einen Querschnitt zu präsentieren. Achten Sie dabei aber unbedingt darauf, dass trotz Ausschnitten eine kurze Story innerhalb des Trailers erkennbar bleibt.

Fassen Sie sich kurz, und konzentrieren Sie sich auf die wesentlichen Informationen zu Ihrem Kanal. Fordern Sie den Nutzer sowohl im Video als auch in der Videobeschreibung auf, den Kanal zu abonnieren, um zukünftig keine neuen Videos zu verpassen. Nach dem Video wird automatisch ein Abonnieren-Button im Videoplayer angezeigt.

Wenn der YouTube-Nutzer den Kanal bereits abonniert hat, wird ihm statt des Kanaltrailers eine Videoempfehlung angezeigt. Läuft der Kanaltrailer auf der Kanalseite, wird vor ihm keine Werbung geschaltet. Der Kanaltrailer wird leider nur im Desktop-Browser und nicht in den mobilen Apps von YouTube unterstützt.

Nutzen Sie die Videobeschreibung des Kanaltrailers für Informationen über Ihren Kanal. Schließlich handelt es sich hierbei um die Vorstellung Ihres Kanals und die Nutzer sollen dieses Video gut auffinden können: Die Videobeschreibung wird von Suchmaschinen indexiert und liefert auf diese Weise wichtige Informationen zu Ihrem Kanal.

Die Einrichtung des Kanaltrailers ist einfach: Aktivieren Sie zunächst die Funktion KANAL-LAYOUT ANPASSEN. Klicken Sie dazu auf das per Mouse-Over erscheinende Stiftsymbol beim Abonnieren-Button auf Ihrer Kanalseite. Wählen Sie in dem erscheinenden Menü KANALNAVIGATION BEARBEITEN aus (siehe Abbildung 6.12). Auf der nachfolgenden Seite aktivieren Sie die entsprechende Funktion und klicken auf SPEICHERN.

Abbildung 6.12 Ein Kanaltrailer kann nur angezeigt werden, wenn die Funktion »Kanal-Layout anpassen« aktiviert ist.

Laden Sie danach das entsprechende Video auf YouTube hoch. Navigieren Sie im Anschluss auf Ihre Kanalseite, und klicken Sie auf FÜR NEUE BESUCHER. Bewegen Sie den Mauszeiger an die Stelle des Stiftsymbols in Abbildung 6.13, und klicken Sie es an. Daraufhin wählen Sie TRAILER ÄNDERN und entscheiden sich auf der darauffolgenden Seite für eines Ihrer Videos.

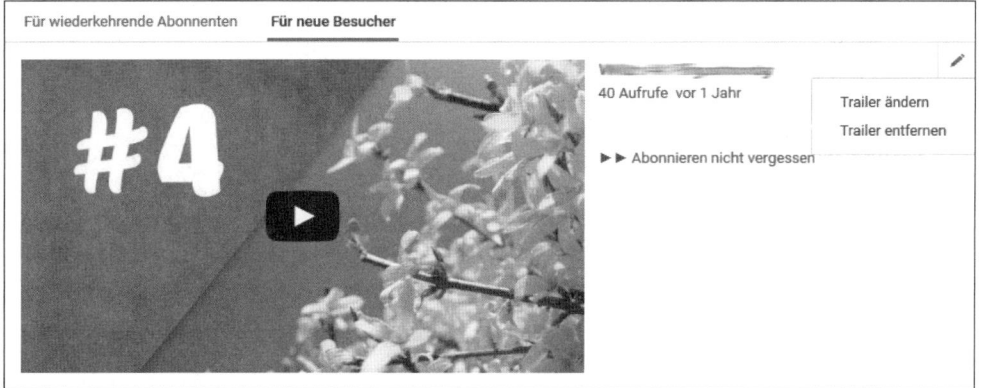

Abbildung 6.13 Die Auswahl zum Ändern des Kanaltrailers erscheint, wenn der Mauszeiger an die Position des Stiftsymbols bewegt wird.

Welches Video für Abonnenten als Empfehlung angezeigt werden soll, wählen Sie übrigens unter FÜR WIEDERKEHRENDE ABONNENTEN, ausgegraut zu sehen in Abbildung 6.13. Standardmäßig wird hier das zuletzt hochgeladene Video angezeigt, was in der Regel auch sinnvoll ist. Sie können hier aber auch Ihre letzte Aktivität anzeigen lassen oder ein spezielles Video als Empfehlung auswählen.

6.7 Best Practice: Twin.TV

Die besten Lehrstücke sind auf YouTube die erfolgreichsten YouTube-Kanäle. In den allermeisten Fällen sind das jedoch keine Unternehmens-, sondern Unterhaltungskanäle. Twin.TV gehört mit mehreren hunderttausend Abonnenten zu den erfolgreichsten Comedy- und Entertainment-Kanälen in Deutschland und ist auf eine junge Zielgruppe ausgerichtet. Die Show behandelt Themen rund um die YouTube-Szene, bestehend aus Neuigkeiten der YouTube-Stars und einer humorvollen Kommentierung ihres Verhaltens. Der Kanal bedient sich dazu zahlreicher Comedy-Elemente, und da das Branding des Kanals sehr umfassend und professionell ist, eignet es sich gut als Beispiel für diesen Abschnitt.

6.7.1 Was es an visuellen Elementen zu sehen gibt

In Abbildung 6.14 sehen Sie die Kanalansicht von Twin.TV. Die Betreiber zeigen im Kanalbild die beiden Moderatoren der Formate und weisen auf die Zeitpunkte der beiden regelmäßigen Formate hin. Alle wesentlichen Inhalte im Kanalbild sind so platziert, dass zu keinem Zeitpunkt Inhalte verdeckt oder ausgeblendet werden. Das Profilbild besteht aus dem Kanallogo und hebt sich deutlich vom darunterliegenden Kanalbild ab. Der Kontrast zwischen Schrift und Hintergrund im Profilbild ist so stark, dass das Profilbild auch bei kleiner Darstellung im Kommentarbereich identifizierbar bleibt.

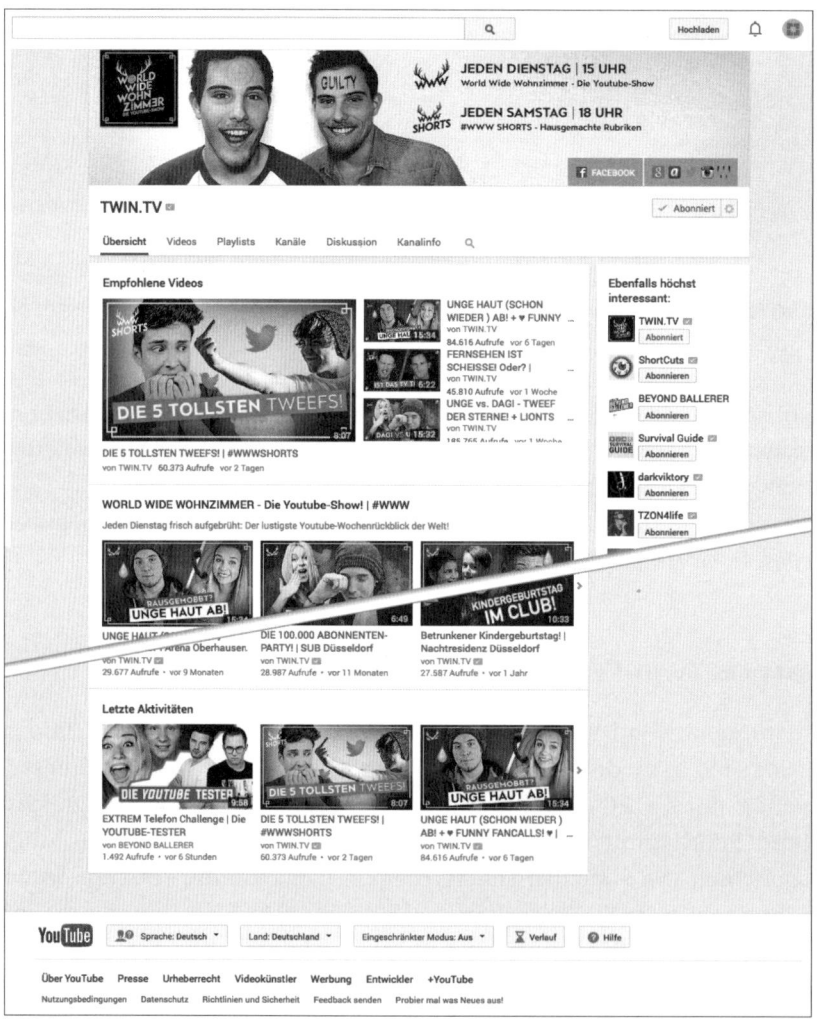

Abbildung 6.14 Die Kanalansicht von TwinTV (Quelle: www.youtube.com/user/TwinTVChannel1)

Die Video-Thumbnails sind so gestaltet, dass der Kanal über das Logo in der linken oberen Ecke erkannt werden kann. Zum Branding gehören auch der dünne Linienrahmen und der quer platzierte, farbig hinterlegte Titelbereich mit einem Hinweis auf das Video. Twin.TV setzt zudem auf Gesichter in den Thumbnails, die gegenüber »menschenleeren« Thumbnails eine höhere Klickrate aufweisen.

Das visuelle Gesamterscheinungsbild außerhalb der Videos ist in sich stimmig und wird konsequent umgesetzt. Die Gestaltung der Videos folgt ähnlichen Prinzipien und soll anhand eines der Kanalformate dargestellt werden[3]. Bei dem Format handelt es sich um ein Top-5-Ranking zu diversen Themen, wobei die einzelnen vergebenen Plätze durch die Moderatoren kommentiert werden.

Abbildung 6.15 TwinTV-Intro mit Logo-Zoom

Jedes Video startet direkt mit dem Intro, einer zweisekündigen Zoom-Einblendung des Formatlogos (siehe Abbildung 6.15). Die darauffolgende Begrüßung durch die beiden Moderatoren wird mit einer Bauchbinde versehen (siehe Abbildung 6.16). Die Bauchbinde enthält die Namen der Moderatoren sowie einen Untertitel mit »komischem« Inhalt. Die Schriften der Bauchbinde sind auf allen Displaygrößen lesbar, und die Gestaltung greift die Linienrahmen der bereits besprochenen Thumbnails wieder auf.

Abbildung 6.16 Bauchbinde

---

3 Das Video der nachfolgenden Screenshots ist abrufbar unter: *youtu.be/v8CIuAVursg*

183

Aufgrund des Formatcharakters arbeitet der Kanal mit Zwischenblenden, um zunächst das Thema anzukündigen (siehe Abbildung 6.17) und danach jeweils eine Zwischenblende mit der nächsten Rankingplatzierung einzublenden (siehe Abbildung 6.18). So werden die einzelnen Abschnitte klar abgetrennt.

Abbildung 6.17 Zwischenblende mit Formatankündigung

Abbildung 6.18 Zwischenblende für aktuellen Abschnitt

In Abbildung 6.19 ist das eigentliche Kommentieren der Rankingplätze zu sehen. Twin.TV arbeitet für das Format mit einem Greenscreen, um im Hintergrund Bilder zum aktuellen Thema einblenden zu können. Die Bilder werden in eine separat gestaltete Hintergrundvorlage eingepasst und sind an die Gestaltung der Zwischenblenden und des Formats angepasst.

Abbildung 6.19 Kommentieren der vergebenen Ranking-Plätze

Zuletzt arbeitet auch Twin.TV mit einer Endcard (siehe Abbildung 6.20): Dem Nutzer werden drei ähnliche Videos vorgeschlagen, auf die er direkt per Klick gelangt. Dabei wird auch der Videotitel ausgewiesen, und die einzelnen Videos laufen in einer tonlosen Vorschau. Das Logo des Formats sowie ein Abonnieren-Button komplettieren die Endcard.

Abbildung 6.20 Endcard mit weiteren Optionen für den Zuschauer

6.7.2 Wie Musik und Geräusche eingesetzt werden

Auf der akustischen Ebene setzt Twin.TV auf mehrere Komponenten zur Steigerung des Wiedererkennungswertes. Das Intro ist mit einer prägnanten Musik unterlegt, die durch die Musik der Endcard wieder aufgegriffen wird. Hinter den von Sprache geprägten Videoabschnitten ist eine unaufdringlich leise, aber vorwärts tragende und fröhliche Musik zu hören, die in besonders hervorgehobenen Momenten auch kurzzeitig vollständig ausgeblendet wird. Die einzelnen Zwischenblenden werden von einer feierlichen Musik begleitet.

Geräusche werden insbesondere als nicht im Bild vorkommende Soundeffekte eingesetzt. Spricht einer der Moderatoren über das Verfassen eines Tweets, hört man im Hintergrund das Geräusch einer Computermaus. An anderer Stelle wird das Geräusch einer alten Registerkasse verwendet. Die Geräusche tragen gemeinsam mit der leisen Hintergrundmusik zur Geräuschkulisse im ansonsten tonlosen Studio bei.

Kapitel 7
Die Produktion einleiten

Der Kanal ist durchdacht, die Story gefunden – jetzt geht es an die Produktion des Videos. Was benötigen Sie, um sich ins rechte Licht zu rücken? Und wie setzen Sie das Ganze in der Praxis um?

Die Produktion der Videos ist das A und O, denn alle Anstrengungen sind vergebens, wenn der Zuschauer vom eigentlichen Video enttäuscht ist. Wenn beispielsweise das Bild verschwommen ist, die Protagonisten nicht zu erkennen sind oder der Ton nicht zu verstehen ist, ist das kein guter Start für Ihren YouTube-Auftritt. Sicherlich mag es ein kleines Start-up einfacher haben, ein technisch unausgereiftes Video abzuliefern und stattdessen mit starken Inhalten zu überzeugen, doch sobald sich Ihre Kunden an einen qualitativ hochwertigen Unternehmensauftritt gewöhnt haben, werden Patzer in der Umsetzung zunehmend kritisch beäugt und nicht mehr so leicht verziehen. Zu einer erfolgreichen Umsetzung gehört deshalb nicht nur das Filmen und Schneiden, es ist auch etwas Vorarbeit in der Produktion notwendig, um Ihre Zuschauer vollends in Ihren Bann zu ziehen. Aufgrund des Buchumfangs können nur die wesentlichen Aspekte in diesem Kapitel behandelt werden. Weiterführende Bücher mit tiefgreifenden Informationen zu den einzelnen Themen finden Sie aber im Programm des Rheinwerk Verlags.

7.1 Was Sie zum Filmen wissen sollten

Um ein ansprechendes Video zu erstellen, reicht es nicht, die Kamera auf das Geschehen zu richten und davon auszugehen, später im Schnitt genügend Filmmaterial zu haben. Sie müssen bereits während des Filmens daran denken, wie die einzelnen Szenen später zusammenpassen könnten, und entsprechende Ausschnitte aufnehmen. Dabei liegt der Fokus nicht nur darauf, viele Einstellungen aus unterschiedlichen Perspektiven und Blickwinkeln zu filmen, sondern vielmehr die Wirkung der Bilder zu beurteilen: Soll die Szene ruhig, aufgeregt oder machtvoll erscheinen? Soll der Blick des Zuschauers auf bestimmte Aspekte im Bild gerichtet werden? Je nach Bildgestaltung können Sie solche Wirkungen bewusst erzeugen.

7.1.1 Einstellungsgrößen

Der Kameramann lenkt mit der Wahl des Bildausschnitts das Auge und die Wahrnehmung des Zuschauers. Er muss sich also die Fragen stellen: Was soll der Zuschauer sehen, und wie soll die Szene auf ihn wirken? Damit Sie den Bildausschnitt bewusst wählen können, gibt es sogenannte Einstellgrößen, die Bildausschnitte und deren Wirkung beschreiben. Sie reichen vom alles überblickenden Panorama bis zum ausschnitthaften Detail (siehe Abbildung 7.1).

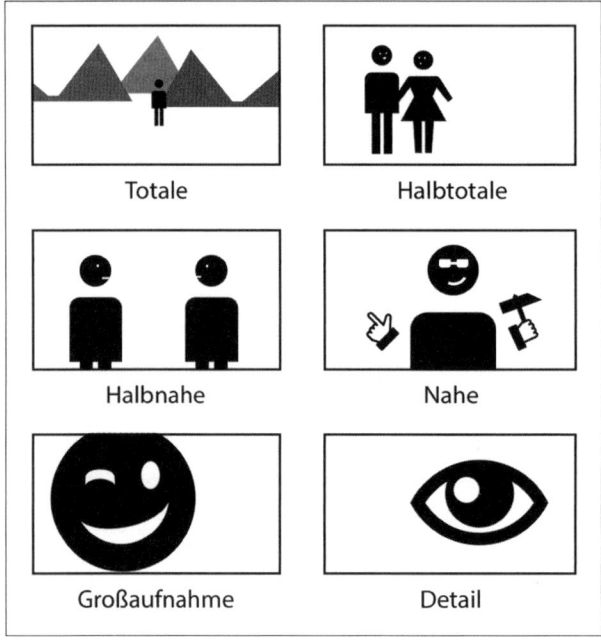

Abbildung 7.1 Die Einstellgrößen im Überblick

Das Panorama und die Totale ähneln sich in ihren Grundprinzipien. Während das Panorama eine sehr weitläufige Umgebung abbildet und Details kaum erkennbar erscheinen, sind Personen und Objekte bei der Totale bereits etwas genauer auszumachen. Beide Einstellgrößen geben einen Überblick über eine Szenerie. Sie sorgen dafür, dass sich der Zuschauer im Großen und Ganzen orientieren kann, um die nachfolgenden Einstellungen einordnen zu können. Sie werden deshalb häufig als erste Einstellung einer Szene verwendet, als sogenannter *Establishing Shot*.

In der Halbtotale werden Personen von Kopf bis Fuß abgebildet. Der Zuschauer hat bei dieser Einstellung immer noch die Beobachterrolle, ist aber bereits näher am Geschehen und kann Mimik und Körpersprache gut erkennen.

Dagegen werden Personen und Personengruppen in der Halbnahe von Kopf bis Hüfte abgebildet. Die Einstellung bietet sich vor allem für Dialogszenen an, da der Zuschauer die Distanz mehrerer Personen gut einschätzen kann, gleichzeitig aber noch etwas näher am Geschehen ist.

Die Nahe zeigt Personen von Kopf bis etwa zur Mitte des Oberkörpers. Mit dieser Einstellung wählt der Kameramann bereits bestimmte Personen und Objekte aus und lenkt den Blick auf sie. Die Kamera verlässt also spätestens hier die neutrale Beobachterrolle und bringt den Zuschauer sehr nah an das Geschehen heran.

Die Großaufnahme, auch Close-up genannt, zeigt einen kleineren Ausschnitt bildfüllend. Bei Personen kann dies beispielsweise der Kopf bis maximal zum Schulteransatz sein. Die Einstellung erzeugt eine direkte Konfrontation und große Nähe zum Zuschauer, da nun sämtliche emotionalen Regungen im Gesicht ablesbar sind und der Blick des Zuschauers nicht in Details der Umgebung flüchten kann. Man spricht im Zusammenhang mit den abgebildeten Personen auch oft von »der Enthüllung der Seele«.

Das Detail zeigt schließlich nur einen sehr kleinen bildfüllenden Ausschnitt, wie etwa die Hände oder Augen von Personen. Die Umgebung verschwindet hierbei gänzlich, und so können die abgebildeten Details sehr intim sein und emotionsgetragen. Setzen Sie diese Einstellungsgröße deshalb nur mit Bedacht ein, wenn Sie Personen und deren Handlungen filmen.

7.1.2 Kamerablickwinkel

Da die Position der Kamera auch immer die Position des Zuschauers ist, hat der Kamerablickwinkel starke Auswirkungen auf die Wahrnehmung abgebildeter Personen und Objekte. Grundsätzlich gibt es drei Kamerablickwinkel: Augenhöhe, Aufsicht und Untersicht. Darüber hinaus kann die Kamera jedoch auch in Extrempositionen wie der Vogel- oder Froschperspektive positioniert werden.

Befindet sich die Kamera auf Augenhöhe mit einer Person oder auf Höhe des Objekts, spricht man entsprechend von Augenhöhe. Der Zuschauer kennt diesen Kamerablickwinkel aus dem Alltag und stuft den Blickwinkel deshalb als neutral ein.

Befindet sich die Kamera hingegen über der Augenhöhe abgebildeter Personen, bezeichnet man dies als Aufsicht. Auf den Zuschauer wirken Personen klein, unbedeutend, unterwürfig oder auch unterlegen. Die Vogelperspektive als extreme Aufsicht aus großen Höhen wird insbesondere für Überblicke genutzt – beispielsweise mit Drohnenaufnahmen bei Festivals oder anderen Großveranstaltungen.

Als Untersicht wird die Kameraposition unterhalb der Augenhöhe bezeichnet. Sie lässt Personen groß und mächtig oder auch Ehrfurcht gebietend wirken. Entsprechend wird dieser Blickwinkel häufig für das Erscheinen des Helden genutzt. Die Froschperspektive als extreme Untersicht demonstriert absolute Überlegenheit der abgebildeten Personen und Objekte. In Verbindung mit Actionkameras und Weitwinkelaufsätzen ist diese Perspektive beispielsweise bei Skateboard-Aufnahmen sehr beliebt.

7.1.3 Brennweite

Vereinfacht ausgedrückt wird über die Brennweite und die Sensorgröße der Blickwinkel physikalisch erzielt. Häufig wird die Brennweite als Kleinbildäquivalent in Millimetern angegeben, sodass die Werte auch bei unterschiedlichen Sensorgrößen vergleichbar sind. Man spricht von einer umso längeren Brennweite, je höher der Wert ist. Beachten Sie beim Einsatz von Wechselobjektiven, dass die Brennweite bei Sensorgrößen wie APS-C im Gegensatz zu Vollformatkameras mit einem Verlängerungsfaktor von beispielsweise 1,6 verrechnet werden muss. Die entsprechenden Werte werden in den Betriebsanleitungen der digitalen Wechselsystemkameras ausgewiesen.

Ein extremes Weitwinkelobjektiv von beispielsweise 16 mm Kleinbildäquivalent bildet einen sehr großen Blinkwinkel ab. Es eignet sich beispielsweise für Landschaftsaufnahmen oder in kleinen Innenräumen. Häufig finden sich Kameras und Objektive mit Zoombrennweiten, die von 24 mm bis etwa 100 mm reichen. Sie decken stufenlos flexible Brennweiten vom Weitwinkel über die Normalbrennweite (ca. 50 mm) bis zum leichten Tele ab. Für die meisten Filmprojekte sind diese Brennweiten ausreichend. Mittlere Telebrennweiten von 135 mm bis 200 mm sind notwendig, wenn Objekte weiter vom Aufnahmepunkt entfernt sind. Brennweiten bis 800 mm stellen extreme Teleobjektive dar und sind nur in sehr speziellen Situationen wie bei Sport- und Tieraufnahmen notwendig.

Zu beachten ist: Je kürzer die Brennweite, desto stärker sind die optischen Verzerrungen im Bild – insbesondere bei günstig gefertigten Kameras und Objektiven. Das macht sich nicht nur bei Objekten wie Hochhäusern und Wänden bemerkbar, sondern auch bei Personen. Platzieren Sie Personen deshalb bei extremen Weitwinkelaufnahmen möglichst im mittleren Bildbereich, um Gesichter nicht vollends zu entstellen. Um stürzende Linien bei Architekturaufnahmen zu umgehen, werden sogenannte Tilt-Shift-Objektive eingesetzt, die den Ausgleich der stürzenden Linien über ein flexibles Linsenelement ermöglichen. Wer hingegen extrem stürzende Linien als Gestaltungsmerkmal einsetzen möchte, kann sich zu diesem Zweck Fischaugenobjektive und entsprechende Aufsätze anschauen.

Über die Brennweite kann auch der Bewegungseindruck gesteuert werden. Ist die Kamera statisch und bewegt sich ein Objekt im Bild einer Weitwinkelaufnahme, ist der Bewegungseindruck kleiner als bei einer entsprechend längeren Brennweite. Ein anderes Phänomen ist bei Weitwinkelaufnahmen aus dem fahrenden Auto zu beobachten: Je kleiner die Brennweite, desto schneller erscheint die Bewegung in Fahrtrichtung. Testen Sie deshalb verschiedene Brennweiten, wenn Sie Bewegungseindrücke verstärken oder abschwächen möchten.

7.1.4 Schärfentiefe

Mit dem Begriff Schärfentiefe wird die Größe des Schärfebereichs im Bild bezeichnet. Je größer die Schärfentiefe, desto größer ist der Bereich, in dem Objekte scharf sind. Die Schärfentiefe ist ein beliebtes Mittel der Bildgestaltung. Bilder mit einer großen Schärfentiefe wirken unruhig, da sich der Blick des Zuschauers in den vielen Details der Umgebung verliert. Durch gezieltes Scharfstellen bestimmter Personen oder Objekte können diese vom Vorder- und Hintergrund gelöst und so der Blick des Zuschauers auf das Wesentliche gelenkt werden (siehe Abbildung 7.2).

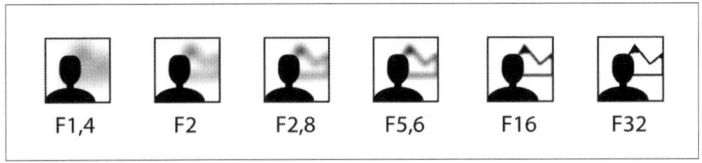

Abbildung 7.2 Schärfentiefe unterschiedlicher Blenden bei gleicher Brennweite und gleichem Objektabstand

Die drei Faktoren Blende, Brennweite und Sensorgröße bestimmen die Schärfentiefe:

▶ Je länger die Brennweite, desto kleiner ist der Schärfebereich.

▶ Je größer die Blende, desto kleiner ist der Schärfebereich.

▶ Je kleiner der Sensor, desto größer ist der Schärfebereich.

Da die Brennweite meist durch den gewünschten Blickwinkel oder den Abstand zum Objekt definiert wird und die Sensorgröße durch den verwendeten Kameratyp festgelegt ist, bleibt nur die Blende als variabler Faktor. Sie können zwar aktiv durch die Wahl einer Kamera mit großem oder kleinem Sensor die Schärfentiefe bestimmen (siehe weiter unten), werden jedoch nicht während der Aufnahmen ständig zwischen zahlreichen Kamerasystemen wechseln. Die Blende ist hingegen auch während der Aufnahme variabel.

Eine offene und große Blende lässt viel Licht durch das Objektiv auf den Kamerasensor fallen und wird durch kleine Blendenwerte wie 2.8 beschrieben. Entsprechend kommt bei kleinen Blenden mit Werten wie 8 oder höher weniger Licht auf dem Sensor an. Die Kamera muss dann die Empfindlichkeit des Sensors erhöhen (oft in ISO angegeben) oder die Verschlusszeit verringern, um ein gleich helles Bild zu erreichen. Gleichzeitig erhält das Bild durch die kleinere Blende jedoch eine größere Schärfentiefe. Bedenken Sie, dass nicht alle Kameras das manuelle Einstellen der Blende ermöglichen – bei sehr kleinen Sensoren, wie sie in Smartphones oder Actionkameras verbaut werden, hat dies jedoch auch kaum Auswirkungen auf den ohnehin sehr großen Schärfebereich.

7.1.5 Das Zusammenspiel von Blende, Belichtungszeit und Empfindlichkeit

Wie bereits erwähnt, sind Blende, Belichtungszeit und Empfindlichkeit direkt voneinander abhängig. Je größer die Blende, je länger die Belichtungszeit und je höher die eingestellte Empfindlichkeit des Sensors, desto mehr Licht fällt auf den Sensor. Die Werte müssen entsprechend der Umgebungshelligkeit angepasst werden, um Über- und Unterbelichtungen zu vermeiden und ein optimal belichtetes Bild zu erhalten. Wird einer der Werte verkleinert, muss mindestens ein anderer Wert vergrößert werden, um die gleiche Lichtmenge auf dem Sensor zu erreichen. Dabei ergibt sich:

▶ Je kleiner die Blende, desto höher die Empfindlichkeit und/oder länger die Belichtungszeit.

▶ Je kürzer die Belichtungszeit, desto größer die Blende und/oder höher die Empfindlichkeit.

▶ Je höher die Empfindlichkeit, desto kleiner die Blende und/oder die Belichtungszeit.

Alle drei Faktoren haben jedoch auch noch andere Auswirkungen auf das Videomaterial. Der Zusammenhang von Blende und Schärfentiefe wurde bereits verdeutlicht. Welche Auswirkungen haben aber Belichtungszeit und Empfindlichkeit auf den Bildeindruck? Die Auswirkung der Sensorempfindlichkeit ist schnell erklärt: Bei hohen Werten stellt sich ein sogenanntes Rauschen ein, und die Bilder verlieren an Details (siehe Abbildung 7.3). Die Bestrebung sollte also sein, die Empfindlichkeit möglichst gering zu halten.

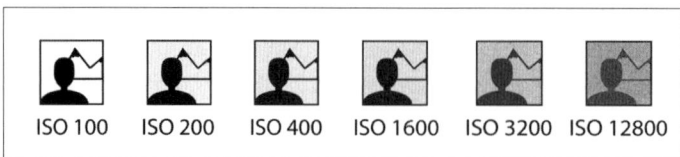

ISO 100   ISO 200   ISO 400   ISO 1600   ISO 3200   ISO 12800

Abbildung 7.3 Bei hoher Sensorempfindlichkeit steigt das Rauschen im Bild an, und Details im Bild gehen verloren.

Die Belichtungszeit korreliert mit der Framerate und kann technisch nicht länger sein als die maximale Standzeit eines Bildes. Bei einer Aufnahme mit 30 Frames pro Sekunde, kann ein Frame also nicht länger als 1/30 Sekunde belichtet werden. Nutzt man sehr kurze Belichtungszeiten wie 1/1000 Sekunde, erhält man zwar sehr scharfe Einzelbilder, verpasst aber auch einen Großteil der Informationen zwischen den Frames (siehe Abbildung 7.4). Das führt unweigerlich zu ruckelnden Videos, weshalb die hohe Standschärfe im Gegensatz zur Fotografie im Film eher unerwünscht ist. Der optimale Bildeindruck wird mit der vollen oder halben Standzeit des Bildes erreicht – bei 30 Frames pro Sekunde also 1/30 oder 1/60 Sekunde.

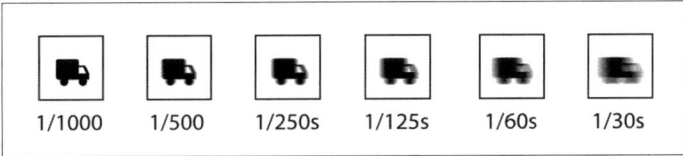

1/1000   1/500   1/250s   1/125s   1/60s   1/30s

Abbildung 7.4 Im Video eher unerwünscht: Kürzere Belichtungszeiten bedeuten schärfere Einzelbilder, die den Bewegungseindruck abschwächen.

Und jetzt folgt die Kür: Was macht man, wenn es sehr hell ist, die Empfindlichkeit bereits den niedrigsten Wert hat und die Belichtungszeit trotzdem bei der ganzen oder halben Standzeit liegen soll? In vielen sonnigen Situationen wäre das Bild nun stark überbelichtet. Um Bewegungen dennoch ohne Bildruckeln einfangen zu können, gibt es Neutraldichtefilter (ND-Filter). Sie werden vor dem Objektiv angebracht und lassen nur eine verringerte Menge an Licht in das Objektiv. Es gibt sie sowohl mit festen Werten als auch stufenlos variabel. Professionelle Broadcasting-Camcorder haben solche Filter oft bereits eingebaut, andernfalls bietet der Handel zahlreiche ND-Filter mit unterschiedlichen Filterdurchmessern.

7.1.6 Bildaufbau

Um eine harmonische Bildwirkung zu erreichen, gibt es Prinzipien, wie Objekte im Bildausschnitt positioniert werden sollten. In diesem Abschnitt werden aufgrund des begrenzten Umfangs nur die wichtigsten davon vorgestellt.

Sehr bekannt ist der *Goldene Schnitt*: Objekte werden dabei im Verhältnis 1:0,618 vom Bildrand positioniert. Da dies in der Praxis für Ungeübte schwierig umzusetzen ist, hat sich die *2/3-Regel* etabliert. Dabei entspricht das Verhältnis 1:0,667 und liegt demnach nah am Verhältnis des Goldenen Schnitts. Viele Kameras bieten als Hilfsmittel das Einblenden eines Rasters mit Dritteleinteilung. Für einen harmonischen Bildeindruck positionieren Sie Objekte auf einer der beiden Drittellinien (siehe Abbildung 7.5). Sehen Sie den Goldenen Schnitt und die 2/3-Regel als Hilfsmittel: Sie sind selbstverständlich frei, Objekte beispielsweise mittig im Bild zu positionieren, wenn Sie Harmonie aufbrechen möchten oder es anderweitig in Ihr Bildgestaltungskonzept passt. Eine mittige Platzierung der Erzählperson mit direktem Blick in die Kamera ist auf YouTube sogar ein sehr gängiges Stilmittel.

Abbildung 7.5 Positionierung im 2/3-Raster mit Blick in das Bild

Ein typischer Mangel im Bildaufbau sind ungewollt aus dem Bild blickende Personen – sofern dies nicht ganz bewusst als Stilmittel eingesetzt wird. Um das zu vermeiden, wählen Sie den Bildausschnitt so, dass in Blickrichtung der Person ein Raum im Bild vorhanden ist. Eine nach rechts blickende Person positionieren Sie dementsprechend im linken Teil des Bildes, eine nach links blickende Person im rechten Teil. Das Gleiche gilt für Objekte, die eine Blickrichtung besitzen.

Vermeiden Sie zu große Räume zu den Bildrändern. Sehr häufig sind Filme mit zu viel Himmelausschnitt – insbesondere, wenn Personen die Kamera vor sich tragen und sich selbst filmen. Dies rührt daher, dass beim Filmen das Bedürfnis besteht, das eigene Gesicht in der Mitte des Bildes zu positionieren, weil man sich auf dem Monitor während des Filmens dann einfacher wiederfindet.

7.1.7 Bewegung

Am einfachsten lässt sich eine Kamera auf einem Stativ befestigen und statisch betreiben. Der Zuschauer nimmt hierbei die Beobachterrolle ähnlich einer Überwachungskamera ein, da entgegen seinen Alltagserfahrungen keinerlei Bewegung durch die Kamera selbst stattfindet. Im Alltag drehen wir jedoch unseren Kopf und bewegen uns durch unsere Umgebung. Soll also mehr Dynamik erzeugt werden, bietet es sich bei Anbringung der Kamera auf einem Stativ an, die Schwenk- und Neigefunktionen zu nutzen und bewegten Objekten zu folgen. Aber Vorsicht: Übertreiben Sie es nicht! Wenngleich wir unseren Kopf im Alltag manchmal sehr schnell drehen, nehmen wir unsere Umgebung während des Kopfdrehens nicht sehr stark wahr und konzentrieren uns stattdessen auf das anvisierte Objekt. Sehen wir uns hingegen einen Film mit einem Schwenk an, nehmen wir sehr bewusst alle Bilder zwischen Anfang und Ende des Schwenks wahr. Entsprechend langsam und gleichmäßig sollte der Schwenk ausgeführt werden, damit diese Bilder auch wahrnehmbar sind und der Blick des Zuschauers Halt finden kann.

Ein Bewegungseindruck lässt sich auch durch einen Zoom erreichen. Dabei verlängern oder verkürzen Sie die Brennweite eines Zoomobjektivs während der Aufnahme. Aber auch hier gilt: Setzen Sie dieses Mittel nur dezent ein. Der Mensch ist nicht in der Lage, diese Bewegung ohne optische Hilfsmittel zu erfahren, weshalb sie ihm bei extremen Zooms unnatürlich erscheint.

Um etwas mehr Dynamik in Ihre Aufnahmen zu bringen, bietet sich ein sogenannter Slider an. Er wird auf einem oder zwei Stativen befestigt und ermöglicht die flüssige Bewegung der Kamera entlang einer Achse. Slider werden gerne für Zweitkameras in Interviewsituationen oder bei Imagefilmen eingesetzt. Der große Bruder des Sliders ist der Kamerawagen, auch Dolly genannt. Kamerawagen erfordern einen erhöhten Aufwand, da zumeist Schienen verlegt werden müssen, um den Wagen zu bewegen. Für die meisten YouTube-Projekte dürfte diese Art der Kamerabewegung überdimensioniert und zu aufwendig sein – von den Kosten ganz abgesehen. Bei professionellen Projekten mit großen Teams und hoher Arbeitsgenauigkeit werden Kamerawagen jedoch regelmäßig eingesetzt, um Bewegungen von Personen zu verfolgen.

Mit der freien Beweglichkeit der Kamera kommen Sie jedoch den Alltagserfahrungen des Zuschauers am nächsten. Durch Bewegungen im Raum ist der Bildeindruck sehr subjektiv und nah am Geschehen. Der Zuschauer erfährt dadurch die Abmessungen des Raums, und Sie können ihn wunderbar durch die Szenerie führen. Wenngleich die meisten Kameras eine gute Bildstabilisierung haben, kann für ambitioniertere Projekte mit Hilfsmitteln eine sehr flüssige und schwebend wirkende Bewegung erreicht werden. Sehr beliebt sind kleine Schwebestative, auch Steadycams genannt: Sie ermöglichen flüssige Aufnahmen selbst über große Wegstrecken. Auch beim Treppensteigen bleibt das Bild damit sehr stabil, was bei Aufnahmen aus der Hand meist nicht der Fall ist. Schwebestative gibt es je nach Kameragewicht mit Weste und freischwingendem Arm oder mit einfachem Tragegriff. Erforderlich ist jedoch immer ein Kameramann.

Etwas teurer, aber ähnlich funktional sind Gimbal-Systeme: Die Kamera wird bei diesem System elektronisch und mit kleinen Schrittmotoren in mehreren Achsen stabilisiert. Dadurch werden Verwacklungen verringert, während das System einfach vor dem

7

Körper getragen werden kann. Gimbal-Systeme gibt es auch zur Stabilisierung an Hubschraubern, Drohnen oder Kamerakränen.

Apropos Kamerakräne und Drohnen: Wer hoch hinaus möchte, kommt um eines dieser Hilfsmittel nicht herum. Während Kamerakräne einen eingeschränkten Aktionsradius haben und klobig in der Handhabung sind, sind sie in Innenräumen wesentlich einfacher zu handhaben als Drohnen. Dagegen können Drohnen im Außenbereich ihre Stärken ausspielen und große Höhen erreichen sowie Objekte über bis zu mehrere Kilometer mit der Kamera aus der Luft verfolgen.

Wer es lieber unkompliziert mag, kann bei Aufnahmen mit dem Smartphone zu einem sogenannten Selfiestick greifen. Das Smartphone wird dabei am Ende eines Stabs befestigt und verlängert quasi den eigenen Arm. Geschickt angewendet, ergeben sich interessante Perspektiven für die Bildgestaltung.

7.1.8 Der Achsensprung – und wie man ihn vermeidet

Oftmals werden mehrere Personen mit mehreren Kameras im Wechsel gefilmt, um die Kameraperspektiven später gegeneinander zu schneiden. Mehrere Kameras kommen beispielsweise bei Interviewsituationen zum Einsatz, um jeweils die Interviewpartner einzeln und mit einer dritten Kamera einen Überblick und Close-ups zu filmen.

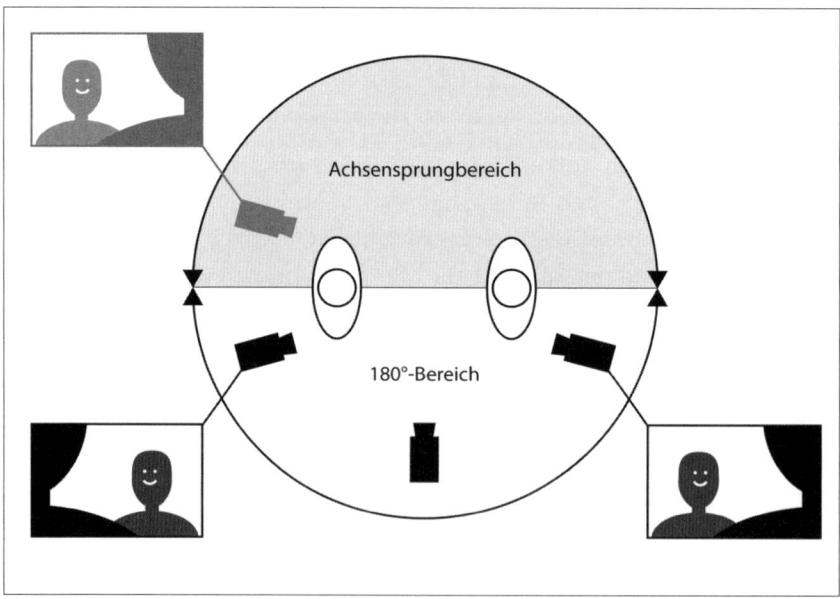

Abbildung 7.6 Achsensprünge brechen die Filmlogik auf, weshalb sich die Kameras immer im 180-Grad-Bereich aufhalten müssen.

196

Damit die Blick- und Bewegungsrichtungen im geschnittenen Video später zusammenpassen, müssen sich alle Kameras im 180-Grad-Bereich befinden (siehe Abbildung 7.6).

Verlässt eine der Kameras diesen Bereich, nennt man dies einen Achsensprung. Beim Achsensprung im Interview führt das Filmen über die falsche Schulter dazu, dass beide Interviewpartner in die gleiche Bildrichtung schauen – der Zuschauer kann daraus nicht mehr erkennen, dass sich beide Personen gegenübersitzen. Um dennoch in den Achsensprungbereich zu wechseln, können Sie eine Kamerafahrt nutzen, die in diesen Bereich führt. Danach müssen Sie jedoch Ihr Kamera-Setup solange im Achsensprungbereich positionieren, bis Sie mit einer weiteren Kamerafahrt wieder in den vorherigen Bereich wechseln.

Übrigens: Achten Sie beim Aufstellen der Kameras darauf, dass sich die Kameras mindestens in einem 30-Grad-Winkel zueinander befinden, wenn sich die damit gefilmten Einstellungen nicht gravierend unterscheiden (zum Beispiel Totale und Close-up). Andernfalls wirkt der direkt aufeinanderfolgende Schnitt dieser Kameras irritierend.

7.2   Das richtige Equipment auswählen

Der Kameramarkt bietet diverse Kamerasysteme mit entsprechenden Vor- und Nachteilen bei Dreh und Schnitt. Stark eingrenzend für die Auswahl eines Kameratyps ist zunächst die Frage, welche technischen Anforderungen Ihr Video stellt. Möchten Sie beispielsweise eine 720p-Auflösung erzielen, ist die Auswahl wesentlich größer als bei 4K oder jenseits von 4K. Auch höhere Frameraten wie 50 Frames/Sekunde beherrschen nicht alle Kameras, lassen das Videobild jedoch flüssiger erscheinen. Bedenken Sie aber: Je höher die Auflösung und die Framerate Ihres Videos, desto länger braucht das Video im Upload. Und auch die Speicherleistung innerhalb Ihres gesamten Workflows steigt mit zunehmender Auflösung und Framerate. Gleichzeitig muss der Zuschauer bei einer langsamen Internetverbindung länger auf das Video warten und eventuelle Unterbrechungen in Kauf nehmen, wenn er überhaupt in den Genuss der hohen Auflösungen kommen möchte. Gängiges und qualitativ für fast alle Zwecke ausreichendes Format ist derzeit 1080p mit 25 oder 30 Frames/Sekunde.

Um Ihnen eine Orientierung im Kameradschungel zu geben, soll nachfolgend geklärt werden, wofür die einzelnen Kameratypen eingesetzt werden und welche Vor- und Nachteile sie mit sich bringen. Auflösungen bis 1080p unterstützen fast alle aktuellen Kamerasysteme. Da die eingesetzte Kamera aber auch maßgeblich die Einsatzmöglichkeiten, die Abbildungsqualität und den Look Ihres Videos bestimmt, sollte die Auswahl hinsichtlich dieser Kriterien bewusst getroffen werden.

7.2.1 Camcorder

Der Begriff Camcorder ist die Kurzform für Kamerarekorder und wurde bis vor wenigen Jahren für kompakte Kameras mit Magnetbandaufzeichnung verwendet. Da diese Aufzeichnungsform überholt ist, fallen heutzutage kompakte Videokameras mit Kartenaufzeichnung unter den Begriff. Mit der Ausrichtung auf die Videoaufzeichnung unterscheiden sie sich von Fotokameras mit Videofunktionen.

Camcorder haben den Vorteil, dass sie alle zum Filmen benötigten Funktionen auf kompaktem Raum vereinen. Zumeist haben Sie einen dreh- und klappbaren Monitor, einen großen Zoombereich und oftmals sogar ein vergleichsweise hochwertiges Mikrofon verbaut. Optische Bildstabilisatoren sorgen dafür, dass Ihre Aufnahmen aus der Hand nicht verwackeln. Die Vorteile dieser Kameragattung sind jedoch zugleich auch ihr Nachteil: Durch die vielen integrierten Funktionen lassen sie sich nicht oder nur sehr schwer erweitern. Zoombereich und Lichtstärke sind durch die verbaute Optik vorgegeben, sodass diese Parameter nicht über die Kamerafähigkeit hinaus variiert werden können. Auch der Anschluss externer Mikrofone ist meist nicht möglich. Camcorder im unteren bis mittleren Preissegment sind dabei vor allem auf Endkunden ausgerichtet, die mit möglichst wenigen Kenntnissen höherwertiges Videomaterial mit Erinnerungswert schaffen möchten. Daneben finden sich häufig integrierte Funktionen zum Bearbeiten und direkten Teilen der Videos auf zahlreichen Social-Media-Plattformen – die Möglichkeiten sind dabei jedoch stark begrenzt.

7.2.2 Actionkameras

Die Gattung der Actionkameras ist noch relativ jung und insbesondere durch die Modelle der Firma GoPro geprägt. Es handelt sich bei Actionkameras um sehr kompakte Kameras, die in der Regel in speziellen Schutzgehäusen betrieben werden. Die Steuerung der Bildparameter erfolgt aufgrund der Größe oftmals über ein per WLAN gekoppeltes Smartphone oder Tablet. Charakteristisch für Actionkameras ist eine feste Brennweite, die einen sehr großen Blickwinkel abdeckt. Eigentlich gerade verlaufende Linien werden dadurch zu den Bildrändern hin tonnenförmig dargestellt, gleichzeitig bekommt man jedoch sehr viel der Szenerie auf das Bild.

Aufgrund von Größe, Robustheit, Wasserdichte und einem vielfältigen Zubehörangebot eignen sich diese Kameras vor allem für actionreiche Sportaufnahmen und ungewöhnliche Blickwinkel. Die Kameras können mit Saugnapfadaptern beispielsweise an Helm oder Lenker befestigt werden, aber auch an der Außenseite von Autos oder den Tragflächen von Segelflugzeugen. Die Befestigungsvarianten der kleinen Kameras sind damit sehr vielseitig: Sie möchten einem Hund eine Kamera auf den Rücken schnallen? Selbst dafür gibt es entsprechende Adapter.

Mit Actionkameras entstehen Blickwinkel, die ungewöhnlich und spannend sind, sofern man direkten Zugang zu den entsprechenden Objekten hat. Durch die feste Weitwinkelbrennweite, ein fehlendes Display und eher schlechte Tonqualität sind diese Kameras jedoch im sonstigen Gebrauch zu umständlich oder sogar ungeeignet.

7.2.3 Digitale Spiegelreflexkameras und Mirrorless-Systeme

Seit einigen Jahren integrieren die Hersteller von digitalen Spiegelreflexkameras neben der eigentlichen Fotofunktion auch eine Videofunktion. Die Bauweise der Kameras bringt einige Besonderheiten mit sich, die von Filmern sehr geschätzt werden: Gegenüber den anderen Kameragattungen besitzen Spiegelreflexkameras einen verhältnismäßig großen Kamerasensor, der einen einzigartigen Look zulässt. Mit seiner Hilfe erreichen Sie spielend leicht eine Trennung von Objekt und Hintergrund durch gezielte Schärfeverlagerung – im Bild ist also nicht immer fast alles scharf. Bei der Bildgestaltung können Sie somit bewusst bestimmte Objekte hervorheben. Durch das Verkleinern der Objektivblende steht es Ihnen gleichzeitig offen, den Schärfebereich zu vergrößern.

An Spiegelreflexkameras und Mirrorless-Systemen lassen sich die Objektive wechseln. Die Möglichkeiten in der Bildgestaltung sind hierdurch nahezu grenzenlos, da jedes Objektiv einen spezifischen Look besitzt. Mit entsprechenden Adaptern lassen sich oftmals auch Objektive anderer Hersteller betreiben und selbst sehr teure professionelle Filmkameralinsen mit ausgezeichneter Abbildungsqualität nutzen.

Die Popularität dieser Kameragattung lässt fast vermuten, es handle sich um das optimale System für jeden Einsatz. Doch es gibt auch Nachteile, die zu bedenken sind: Neben den relativ hohen Anschaffungskosten für Kamera, Objektive und Zubehör können die Kameras, mit Zubehör bestückt, schnell schwer und unhandlich werden. Auch haben nur wenige Kameras einen Autofokus, der während des Filmens zuverlässig scharf stellt. Aufgrund der Komplexität lassen sich für die Nutzung einer Spiegelreflexkamera als Filmkamera problemlos ganze Bücher füllen.

7.2.4 Kompakte Fotokameras mit Filmfunktion

Ebenso wie Spiegelreflexkameras können die meisten kompakten Fotokameras filmen. Entscheidend ist hierbei die Größe der Kameras: Sie lassen sich problemlos in der Hosentasche verstauen und herausholen, sobald man etwas aufnehmen möchte. Sie werden deshalb häufig auch Point-and-Shoot-Kameras genannt. Zahlreiche Modelle bieten auch einen klappbaren Monitor, mit dem man das Bild auch kontrollieren kann, wenn man selbst vor der Kamera steht. Es dürfte nicht verwundern, dass diese Kameragattung vor allem für Vlog-Formate sehr häufig Verwendung findet.

7.2.5   Professionelle Filmkameras

Für die meisten YouTube-Projekte sind professionelle Filmkameras, wie sie beispielsweise von den Herstellern RED und ARRI angeboten werden, außerhalb der finanziellen Reichweite – auch da sie Einarbeitungszeit und einen speziellen Workflow erfordern. Dafür bieten Sie hohe Auflösungen jenseits von 4K, hohe Frameraten und spezielle RAW-Videoformate mit umfangreichen Justierungsmöglichkeiten in der Postproduktion. Für spezielle Projekte kann sich also vielleicht ein Blick darauf lohnen – aufgrund der Anschaffungskosten dann jedoch in den meisten Fällen als Leihkamera.

7.2.6   Smartphone und Tablet

Was oft vergessen wird: Viele Smartphones und Tablets bieten ausreichend gute Videofunktionen, um das gefilmte Material verwenden zu können. Wenn also keine andere Kamera verfügbar ist, darf auch das Smartphone herhalten. Gleichzeitig sollte man jedoch immer bedenken, dass ein zum Telefonieren und Surfen konzipiertes Gerät keine Kamera ersetzen kann: Es fehlen in den allermeisten Fällen Einstellmöglichkeiten für grundlegende Kameraparameter wie Blende, Belichtungszeit und Empfindlichkeit, und einen optischen Zoom bieten nur exotische Modelle. Achten sollten Sie auch auf die Bildqualität der Vorder- und Rückkamera – während die Kamera auf der Rückseite des Displays meist eine hohe Abbildungsqualität hat, ist die Ihnen zugewandte Kamera oftmals nicht ganz so gut. Sie können sich dann zwar selbst sehen, müssen jedoch mit Qualitätseinbußen leben.

Machen Sie sich vor der Nutzung Ihres Smartphones auch Gedanken darüber, wie Sie die Videos später auf Ihren Computer zur Nachbearbeitung überspielen. Sollte es nicht möglich sein, die Dateien direkt per Kabel oder Austausch der Speicherkarte zu übertragen, kann eventuell ein Cloud-Dienst zum Speichern von Dateien behilflich sein. Dabei laden Sie die Dateien auf den Speicher des Anbieters hoch und synchronisieren Ihren Computer ebenfalls mit dem Cloud-Speicher.

Videos auf YouTube werden im 16:9-Querformat dargestellt. Das Smartphone ist deshalb beim Filmen immer im Querformat zu betreiben. Niemand möchte seinen Computer-Bildschirm oder Fernseher drehen, um ein YouTube-Video anzusehen!

7.2.7   Webcam

Heute nur noch selten verwendet, war die Webcam in den Anfangsjahren von YouTube die erste Wahl, um sich selbst zu filmen. Sollten Sie sich während einer Bildschirmpräsentation nur klein als Bild-in-Bild zeigen wollen, kann dies eventuell eine Option sein.

Let's-Play-YouTuber oder Tutorial-Anbieter haben diesen Anspruch und nutzen Webcams auf diese Weise oftmals noch. Andernfalls ist aufgrund der niedrigen Qualität davon abzuraten, eine Webcam als Filmkamera zu verwenden.

7.2.8 Kamerastative

Es gibt zahlreiche Situationen, in denen ein Kamerastativ eine große Hilfe ist. Übliche Ein- und Dreibeinstative gibt es in zahlreichen Ausführungen von sehr günstig bis sehr teuer. Hierbei entscheidet vor allem die Stabilität und der Stativkopf über den Preis: Ein teurer Stativkopf ermöglicht flüssigere Schwenks und Neigungen sowie eine Kontrolle der Empfindlichkeit. Dreibeinstative sind beispielsweise nützlich, wenn Sie selbst vor die Kamera treten, bei Interviews oder auch bei Zeitraffer-Aufnahmen. Einbeinstative sind zur reinen Stabilisierung prädestiniert – sie lassen sich schnell umstellen und nehmen wenig Platz ein, haben jedoch – alleine gelassen – keinen sicheren Stand.

Wie in Abschnitt 7.1.7, »Bewegung«, bereits erwähnt, gibt es zahlreiche Hilfsmittel, um die Kamera zu bewegen. Slider, Kamerakran, Steadycams und Drohnen zählen zu den beweglichen Kamerahaltungen. Darüber hinaus gibt es Halterungen, die für spezielle Aufnahmesituationen geeignet sind. Dazu zählen auch Saugnäpfe, die vor allem in Verbindung mit Actionkameras häufig eingesetzt werden – beispielsweise, um die Kamera an der Scheibe eines Fahrzeugs zu befestigen.

Ein effektives und zugleich sehr einfach zu realisierendes Mittel zur Stabilisierung einer Kamera ist ein kleiner Sandsack, im Handel oft auch als Bohnensack für Kameras vertrieben. Ein solcher Sack kann auf Untergründen aufgelegt werden, während durch das flexible und dennoch stockende Innenmaterial die aufliegende Kamera in ihrer Position beliebig stabilisiert werden kann.

7.3 Lichtquellen – wie Sie alles ins rechte Licht rücken

Damit wir Farben, Formen und Konturen wie beabsichtigt wahrnehmen können, muss eine Szene gekonnt ausgeleuchtet sein. Bei professionellen Filmproduktionen sorgt der Beleuchter dafür, dass die von Drehbuch und Regisseur beabsichtigte Bildwirkung erreicht wird. Wenngleich der typische YouTube-Nutzer Videos mit Available Light durchaus gewohnt ist, können Sie bei Videos für Ihr Unternehmen mit kleinen Licht-Setups für ein professionelles Auftreten sorgen und Ihre Videos aufwerten.

Beim Filmen unter freiem Himmel (outdoor) ist meist genügend Licht vorhanden, das genutzt werden kann. Mit Reflektoren und Abdeckfahnen können Sie dieses Licht zur optimalen Ausleuchtung nutzen, ohne zusätzliche Scheinwerfer aufstellen zu müssen: Reflektoren lenken einstrahlendes Licht um, während Abdeckfahnen großflächige Schatten werfen.

Reflektoren gibt es mit unterschiedlichen Beschichtungen: Gold für warmes, Weiß für neutrales Licht und Silber für kaltes Licht. Als Beispiel für den Einsatz eines Reflektors dient an dieser Stelle die Beschreibung einer Extremsituation: Sie möchten eine Person vor einem Sonnenuntergang am Meer filmen. Wenngleich das menschliche Auge mit seinem sehr großen Dynamikumfang die Person noch in Details erkennen kann, ist dies nach Belichtung durch die Kamera nicht mehr möglich. Die einzige Lichtquelle befindet sich hinter der gefilmten Person und ist vergleichsweise hell. Ohne eine zusätzliche Lichtquelle bleibt auf dem Kamerabild lediglich eine menschliche Silhouette vor einem Sonnenuntergang. Mit einem Reflektor, der leicht seitlich vor der Person positioniert wird, wird das Sonnenlicht auf die Person umgelenkt und hellt sie mit natürlichem Licht auf. Reflektoren leisten auch ihren Beitrag, wenn die Sonne durch Wolken verdeckt ist.

Bei Tageslicht in direktem Sonnenschein aufgenommene Gesichter werfen zahlreiche Schatten. Filmen Sie deshalb möglichst in schattigen Bereichen, oder nutzen Sie Abdeckfahnen, um einen großflächigen Schatten auf die gefilmten Personen zu werfen. Dadurch sind Gesichter schattenfrei, während die Umgebung weiterhin sonnig ist. Achten Sie beim Einsatz von Abdeckfahnen darauf, die Einstellgrößen so zu wählen, dass der geworfene Schatten auf Objekten in der Umgebung nicht unangenehm auffällt.

Wenngleich Reflektoren und Abdeckfahnen auch bei Aufnahmen in Innenräumen (indoor) genutzt werden, kommen hier in der Regel kleine Licht-Setups mit künstlichem Licht zum Einsatz. Sehr wirksam ist dabei die *Dreipunktbeleuchtung*, bestehend aus Führungslicht, Aufhelllicht und Spitzlicht. In Abbildung 7.7 sehen Sie den typischen Aufbau einer Dreipunktbeleuchtung.

Das Führungslicht wird seitlich von vorn angeordnet und ist die stärkste Lichtquelle im Aufbau. Es wird mithilfe eines Stativs leicht über der Höhe der gefilmten Person angebracht. Die Sonne als natürliche Lichtquelle scheint die meiste Zeit unseres Alltags von oben auf Objekte. Deshalb empfinden wir Licht von oben als natürlich. Um die durch das Führungslicht entstehenden Schatten auszugleichen, kommt auf Gesichtshöhe das Aufhelllicht zur Aufhellung der Schatten zum Einsatz. Das Aufhelllicht sollte mit wesentlich weniger Licht zur Ausleuchtung beitragen, darf dafür jedoch breiter strahlen und weicheres Licht erzeugen. Um die Person vom Hintergrund zu trennen, wird hinter der Person ein Spitzlicht platziert (auch Kantenlicht genannt). Das Spitzlicht befindet sich meist dem Führungslicht gegenüber und sorgt für einen leichten Schein an den Kanten. Dafür sollte eine Lichtquelle mit stärker gebündeltem Licht zum Einsatz kommen, um nur die Kanten des Motivs zu betonen. Die Intensität des Spitzlichts ist ebenfalls wesentlich geringer als die des Führungslichts.

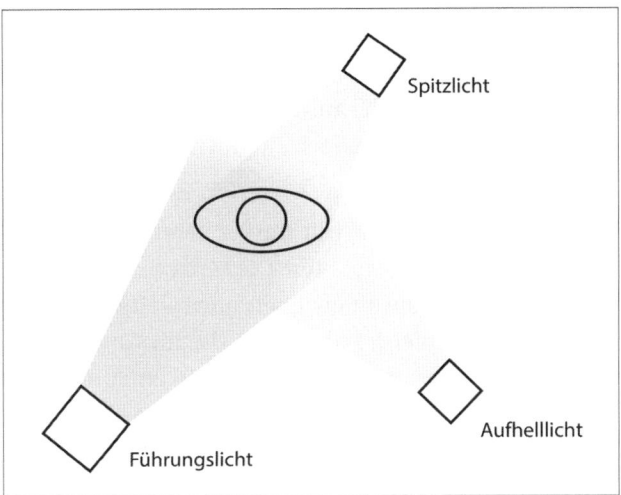

Abbildung 7.7 Die Dreipunktbeleuchtung

Sehr beliebt bei YouTubern sind Tageslichtscheinwerfer mit Softboxen, da sie günstig und leicht einzusetzen sind. Sie hellen mit sehr diffusem Licht die gesamte Szene auf. Dabei werden meist zwei gleich starke Softboxen verwendet, die jeweils frontal auf die Gesichtshälften der gefilmten Person scheinen. Der Hintergrund wird gleichzeitig mit ausgeleuchtet und Schatten beispielsweise an Wänden hinter der Person weitestgehend vermieden. Es kann für den Anfang sinnvoll sein, mit dieser einfachen Ausleuchtung zu experimentieren und später auf eine aufwendigere Beleuchtung wie die Dreipunktbeleuchtung mit unterschiedlichen Lichtstärken zu setzen.

Für Interviews sowohl in Innenräumen als auch im Freien eignet sich für direkt vor der Kamera stehende Personen ein LED-Aufstecklicht, das auf der Kamera angebracht wird. So werden Interviewte auf kurze Distanz aufgehellt und sind trotz wenig Licht erkennbar. Aufstecklichter sind vor allem auf Veranstaltungen mit ungünstigen Lichtverhältnissen sinnvoll.

7.4 Die Tonaufnahme meistern

Bei der Tonaufnahme muss der während des Filmens aufgezeichnete Ton von nachträglich aufgezeichnetem unterschieden werden. Während des Drehs aufgezeichneter Ton wird entweder über in die Kamera integrierte oder über externe Mikrofone aufgezeichnet. Integrierte Kameramikrofone sind bei den meisten Kameras keine Wohltat für die Ohren. Sie nehmen den gesamten Ton in der Umgebung auf. Extern angeschlossene Mikrofone hingegen haben idealerweise eine mittlere bis starke Richtcharakteristik und sind dadurch in der Lage, nur Sprache und Geräusche aus einer bestimmten Richtung aufzunehmen. Das ist wichtig, da das menschliche Ohr im Alltag selektiv arbeitet und wir uns gezielt auf eine bestimmte Geräuschquelle aus einer Richtung konzentrieren. Bei einer schlechten Tonaufnahme können wir jedoch die Richtung nicht mehr nachträglich beeinflussen.

Kleinmembran-Kondensatormikrofone sind Mikrofone mit starker Richtcharakteristik und werden als sogenannte Niere oder Hyperniere angeboten. Die Mikrofone sind dank ihrer Bauform sehr robust und bieten gleichzeitig die Möglichkeit, auch weiter entfernte Geräuschquellen aufzuzeichnen. Zahlreiche Anbieter haben Modelle im Angebot, die sich direkt an Kameras anschließen lassen, sofern seitens der Kamera entsprechende Anschlüsse zur Verfügung stehen. Bei Spiegelreflexkameras ist dies meist ein 3,5mm-Klinke-Anschluss, bei professionelleren Kameras vereinzelt auch der XLR-Anschluss mit integrierter Phantomspeisung. Da Kondensatormikrofone immer eine anliegende Spannung benötigen, müssen sie bei Anschlüssen ohne Phantomspeisung aus einem Batteriefach mit Strom versorgt werden. Die Mikrofone können auf der Kamera befestigt, als Sprechermikrofon aus der Hand betrieben oder an einer sogenannten Angel befestigt werden. Die Angel fungiert als verlängerter Arm, um möglichst nah an die Geräuschquelle heranzukommen und Störgeräusche zu vermeiden.

Wer besonders viele Störgeräusche in der Umgebung hat oder einen sehr sauberen Ton erzielen möchte, greift für Personen zu Ansteckmikrofonen. So kann der Ton sehr nah an der Sprachquelle aufgenommen und via Funk zur Kamera oder einem Aufnahmegerät übertragen werden.

In jedem Fall sinnvoll ist ein Windschutz oder in sehr windigen Situationen ein Mikrofonfell. Beide Varianten vermeiden störendes Rauschen durch Windeinströmungen, wobei das Mikrofonfell eine bessere Wirkung erzielt. Für später im Bild zu sehende Mikrofone kann der Windschutz von speziellen Dienstleistern mit dem eigenen Branding bedruckt werden. Zur Vermeidung von Griff- und Bewegungsgeräuschen, gibt es zahlreiche Varianten an Mikrofonspinnen, in denen das Mikrofon elastisch aufgehängt wird.

Für die nachträgliche Tonaufnahme im Studio kommen empfindlichere und weniger robuste Mikrofone zum Einsatz. Nennenswert sind in diesem Zusammenhang Großmembran- und Röhrenmikrofone. Ohne allzu technisch zu werden, wird bei Großmembranmikrofonen der Ton über eine mehrere Zentimeter große in Schwingungen versetzte Membran aufgezeichnet. Entsprechende Mikrofone besitzen einen Klang, der aufgrund der hohen Mikrofonempfindlichkeit als besonders »voll« beschrieben wird und deshalb zum Beispiel beliebt für nachträgliche Voice-over-Aufnahmen ist. Röhrenmikrofone gelten vor allem bei Gesangsaufnahmen als die Königsklasse, und entsprechende Mikrofone sind sehr teuer in der Anschaffung. Gleichzeitig bieten sie jedoch einen einzigartig warmen Klang.

Bei jeder Tonaufnahme mit externen Mikrofonen muss der Tonpegel beachtet werden. Kameras und Aufnahmegeräte beherrschen das manuelle und automatische Einstellen des Tonpegels. In Situationen ohne zu starke Lautstärkeschwankungen ist der automatische Modus die stressfreie Variante. Schwankt jedoch die Lautstärke, wie zum Beispiel bei der Aufnahme eines Konzerts mit lauten und leisen Passagen, muss der Tonpegel zuvor manuell auf den maximalen Pegel eingestellt werden. Andernfalls passt die Automatik die leisen Passagen an die lauten an und entstellt die Aufnahme. Wie Sie den Pegel einstellen, entnehmen Sie den Betriebsanleitungen Ihres Aufzeichnungsgeräts. Pegeln Sie vor der Aufnahme den Ton so aus, dass der Pegel im lautesten Moment zwischen -6dB und 0dB bleibt, aber keinesfalls über 0dB hinausgeht.

Die Beurteilung der Tonaufnahme sollte mit geschlossenen Kopfhörern erfolgen. So können Sie sich auf die Wiedergabe konzentrieren und werden nicht von Störgeräuschen Ihrer Umwelt beeinflusst. Achten Sie bei der Wahl der Kopfhörer auf eine möglichst neutrale Wiedergabe – viele Kopfhörer aus dem Hifi-Bereich passen die Wiedergabe so an, dass beispielsweise Bässe besonders stark hervorgehoben werden.

Wenn Sie Bild und Ton mit separaten Geräten aufnehmen, sollten Sie eine Filmklappe verwenden, um beides später im Schnitt synchronisieren zu können. Die Klappe wird dabei vor dem Filmen einer Szene vor die Kamera gehalten und mit einer Szenennummer beschrieben, die zusätzlich laut vorgelesen wird, um Bild und Ton später einander zuordnen zu können. Das eigentliche Klappen der Filmklappe ist der Punkt, an dem Sie sowohl visuell im Bild als auch auditiv in der Audiospur im Schnitt einen eindeutigen Anhaltspunkt für die Synchronisation finden.

7.5 Ab in die Maske – im Video gut aussehen

Spätestens wenn Sie Personen in künstlichem Scheinwerferlicht aufnehmen, sollten Sie sowohl Männer als auch Frauen zuvor in die Maske schicken, um mithilfe eines Make-ups die Wirkung der Gesichter zu verbessern und unschöne Hautunreinheiten zu verdecken. Idealerweise übernimmt diese Aufgabe eine Person, die Erfahrung als Visagist oder Maskenbildner hat und sowohl mit den Arbeitsutensilien als auch mit den zu schminkenden Personen umzugehen weiß. Mit einigen Tipps können Sie jedoch auch selbst dafür sorgen, dass die Gesichter von Personen in Interviews besser zur Geltung gebracht werden und dem Zuschauer nicht negativ in Erinnerung bleiben. Folgende Utensilien sollten Sie dazu als Basisset bereithalten:

- Feuchtigkeitscreme für eine Unterstützung der Haut vor dem eigentlichen Schminkprozess
- eine Foundation für die Gesichtshaut als Grundlage für Puder
- Concealer zum Abdecken dunkler und andersfarbiger Bereiche unter den Augen
- Puder, um den glänzenden Schein der Gesichtshaut im Scheinwerferlicht zu reduzieren
- Neutraler matter Lippenstift zur Aufbesserung der Lippen
- Augenbrauengel zur Formung der Augenbrauen
- Schwämme und Pinsel zum Aufbringen von Puder, Concealer und Foundation
- Abschminktücher, um nach der Aufnahme das Make-up wieder entfernen zu können

Insbesondere Männer sind geneigt, auf ein geeignetes Gesichts-Make-up zu verzichten, da sie es im Alltag nicht gewohnt sind. Sie vergessen dabei aber die Wirkung, die ihre Haut auf den Zuschauer haben kann. Insbesondere bei Männern geht es deshalb auch nicht darum, das Gesicht zu verändern, sondern das Make-up als unterstützende Maßnahme für die Wirkung der Gesichtspartien anzusehen.

Für das Make-up sollten Sie sich zunächst darauf konzentrieren, rote Stellen und Hautunreinheiten der Gesichtshaut zu verdecken. Dazu zählen auch dunkle Bereiche unter den Augen, die Sie mit Concealer abdecken können. Müde Gesichter erscheinen so wesentlich frischer und aufgeweckter. Puder deckt im Anschluss glänzende Bereiche der Haut ab, die durch Scheinwerferlicht andernfalls besonders stark auffallen.

Der Visagist ist im Normalfall stets am Set anwesend und pudert insbesondere bei langen Produktionen die Personen immer wieder nach, um den Glanz zu verdecken. Wählen Sie bei Produktionen mit hochauflösenden Kameras unbedingt ein sehr feines und für TV-Produktionen ausgezeichnetes Puder, da es andernfalls durch die hohe Auflösung im Bild sichtbar wird. Achten Sie außerdem immer darauf, Kleidung mithilfe eines Handtuchs abzudecken, bevor Sie Puder aufbringen. Ein letzter Tipp: Vergessen Sie nicht die Ohren der Personen, die meist auch sehr prominent im Bild zu sehen sind und bei starken Farbunterscheidungen ansonsten zu bedeutend auffallen können.

7.6 Besonderheiten der Location kennen

Die Location ergibt sich zumeist aus Ihren Plänen, was Sie filmen möchten. Wenn die Story es nicht ausdrücklich vorsieht, werden Sie einen Büroarbeitsplatz samt Schreibtisch wohl eher nicht für ein Video ins Freie verlegen und Ihren Zuschauern damit einen völlig absurden Kontext bieten. Ebenso ist es umgekehrt sehr aufwendig und eher unangemessen, einen Outdoor-Kletterpark nach innen zu verlegen und im Studio zu drehen. Bevor Sie allerdings mit der Produktion starten, sollten Sie einige Besonderheiten der grundlegenden Aufnahmesituationen outdoor, indoor und im Studio kennen. So vermeiden Sie wortwörtlich, dass Sie später unbeholfen im Regen stehen.

7.6.1   Outdoor – unter freiem Himmel aufnehmen

Wer unter freiem Himmel filmt, ist von Sonne, Wind und Wetter abhängig. Das bedeutet jedoch nicht, dass nur bei Sonnenschein gefilmt werden kann. Mit der richtigen Vorbereitung und vorausschauender Planung kann man sich zumindest auf jede Wettersituation einstellen.

Das Wetter gibt gemeinsam mit der Tageszeit vor, wie die Lichtverhältnisse sind. Je nach Format müssen Sie deshalb beachten, dass sich Sonnenstand und Lichteinfall über den Tag verteilt ändern. Filmen Sie über einen längeren Zeitraum am selben Ort, macht sich das besonders stark bemerkbar, wenn das gefilmte Material im Anschluss auf eine kürzere Dauer geschnitten wird. Denkbar ist hier zum Beispiel ein Interview auf einer Parkbank über den Zeitraum von 1 Stunde, das am Ende jedoch nur 15 Minuten lang sein wird. Scheint zu Beginn des Drehs vielleicht noch die Sonne, kann dies bereits nach wenigen Minuten ganz anders aussehen. Wenn Sie das Material später schneiden, machen sich die wechselnden Lichtverhältnisse in den Schnitten unangenehm bemerkbar. Mit etwas Vorausdenken können Sie das Problem jedoch umgehen: Suchen Sie sich einen Bildausschnitt, in dem wenig Sonnenlicht vorhanden ist und umgebende Objekte wenige Schatten werfen. Sonnenschein fällt dem Zuschauer oft erst auf, wenn Schatten durch einen plötzlichen Wolkenvorhang wegfallen und Sie zwischen diesen Lichtsituationen ungünstig schneiden.

Planen Sie aufgrund des sich ändernden Sonnenstands keine Drehs, bei denen Szenen in großen Zeitabständen gefilmt werden. Sollten Sie beispielsweise nach dem eigentlichen Dreh Schnittmaterial zu einem Interview filmen, das sie später für Übergänge nutzen können (Close-ups, Details), drehen Sie nicht morgens das Interview und nachmittags das Schnittmaterial. Versuchen Sie hingegen, die Zeitabstände möglichst kurz zu halten, damit Sie das zusätzliche Material später sinnvoll einfügen können und der Zuschauer nicht irritiert wird. Sehr hilfreich kann im Beispielfall auch eine separate Kamera sein, die bereits während des Interviews Schnittmaterial sammelt.

Für das meiste Equipment ist Wasser tödlich oder wird in Verbindung mit Strom sogar zur Gefahrenquelle. Denken Sie deshalb daran, wenn das Wetter plötzlich umschlägt: Für nicht wasserdichte Kameras gibt es spezielle Plastikhauben und Unterwassergehäuse.

Nicht explizit für Regen zugelassene Scheinwerfer und deren Stromzuführung müssen bei einem Wetterumschwung weggeräumt werden. Scheinwerfer können schwere Brandverletzungen verursachen, wenn sie umkippen: Nutzen Sie Sandsäcke, um Stative zu beschweren. Kontrollieren Sie dabei stets, ob die Sicherung ausreicht. Bei zu starkem Wind brechen Sie den Dreh sicherheitshalber ab.

Stimmungsvolle Aufnahmen entstehen in den Morgen- und Abendstunden, wenn die Sonne nicht mehr hoch am Himmel steht. Dabei sind nicht nur Sonnenaufgänge und -untergänge für die Stimmung verantwortlich, sondern vielmehr die tiefstehende Sonne. Sie lässt Kanten deutlicher hervortreten und sorgt für ein angenehmes Gegenlicht. Für stimmungsvolle Aufnahmen sollten Sie also auch mal früh aufstehen oder länger wach bleiben.

Die Umwelt im Freien hat ihre eigene Geräuschkulisse: Autos, Flugzeuge, Vögel, Menschen und im schlimmsten Fall auch ein Presslufthammer sorgen dafür, dass Ihre Aufnahmen gestört werden. Da die wenigsten dieser Faktoren beeinflusst werden können, bleibt nur, entweder an einen anderen Ort zu wechseln oder die Tonaufnahme so zu beherrschen, dass die Geräuschkulisse nicht zu stark mit aufgenommen wird. In Abschnitt 7.4, »Die Tonaufnahme meistern«, wurde bereits beschrieben, wie der Einsatz von Richt- und Ansteckmikrofonen funktioniert. Versuchen Sie in lauten Umgebungen immer, mit dem Mikrofon möglichst nah an die Quelle des Geräuschs zu kommen, das Sie aufnehmen möchten – bei Personen müssen Sie also möglichst nah an den Mund der Personen heran, ohne die Kameraaufnahme durch Mikrofone im Bild zu sehr zu stören. Positionieren Sie sich mit der Tonaufnahme möglichst so, dass das Mikrofon nicht in die Richtung der Störquelle zeigt – bei einem Interview auf dem Bürgersteig richten Sie das Mikrofon also nicht auf die laute Straße.

7.6.2 Indoor – wenn in geschlossenen Räumen gefilmt wird

Innenaufnahmen mögen zunächst einfacher erscheinen und sind es in der Regel auch, haben aber ebenfalls ihre Tücken. Ist der Raum nicht ausreichend beleuchtet, sollte an Scheinwerfer gedacht werden. Achten Sie dabei auf Spiegelungen, die unangenehm auffallen können: Niemand möchte extra aufgestellte Scheinwerfer in Fensterscheiben, Bilderrahmen, Spiegeln und Ähnlichem entdecken.

Computer, Lüftungsanlagen, Spülmaschinen oder die Renovierungsarbeiten im Nachbarzimmer bilden die Geräuschkulisse von Innenräumen. Hier heißt es: Minimieren Sie die Geräusche nach Möglichkeit, und setzen Sie auch in Innenräumen auf eine möglichst nah an der Tonquelle stattfindende Tonaufnahme.

In den meisten Innenräumen gibt es Fenster, und weil der Blick nach draußen so schön sein kann, könnte man sich doch vor dem Fenster filmen. Vorsicht: Ohne zusätzliche Lichtquelle erscheinen vor Fenstern platzierte Personen bei Tageslicht zu dunkel! Sorgen Sie deshalb für genügend Ausleuchtung, wenn solche Aufnahmen auf Ihrem Plan stehen.

Ebenfalls ein großes Problem können flackernde Leuchtstoffröhren und Monitore darstellen. Hier hilft es, die Belichtungszeit (Shutter) und die Framerate so anzupassen, dass sie sich als Teiler bzw. Vielfaches an die Frequenz des Stromnetzes angleicht: Für die Netzfrequenz von 50 Hz in Europa und den meisten anderen Ländern ergibt sich entsprechend 1/25, 1/50, 1/100 und Frameraten von 25, 50, 100 Frames pro Sekunde. Äquivalent muss mit der Netzfrequenz von 60 Hz in den USA verfahren werden. Bei Umstellung der Framerate müssen Sie jedoch beachten, dass Filmmaterial im Schnitt einfacher zu handhaben ist, wenn die Framerate im gesamten Material gleich ist.

7.6.3 Studioproduktion – volle Kontrolle über Licht und Co.

Abgeschirmt von der Außenwelt erlauben Studios vollkommen störungsfreie Aufnahmen mit der vollen Kontrolle über Ton und Licht. Im Gegenzug müssen im Studio alle gewünschten Objekte, Geräusche und Lichtquellen erst aufwendig geschaffen werden.

Ein Studio kann aber auch noch viele Vorteile haben: Man mag sich nicht vorstellen, wie es wäre, wenn die Tagesschau täglich eine andere Kulisse hätte. Ein einmal eingerichtetes Studioset mit Kulissen kann jederzeit mit dem gleichen Ton- und Bildeindruck wiederverwendet werden, sodass Ergebnisse reproduzierbar sind. Der Wiedererkennungswert steigt dadurch in den Augen des Zuschauers, und er kann Ihre Formate leichter identifizieren. Detailreich und mühevoll gestaltete Sets müssen dabei nicht langweilig sein und können für jede Aufzeichnung mit wechselnden Details versehen werden.

Ein Greenscreen bietet außerdem die Möglichkeit, den Hintergrund innerhalb eines Videos auszutauschen. Dazu wird ein grüner Hintergrund genutzt, vor dem die zu filmenden Objekte und Personen platziert werden. Dieser Hintergrund sollte möglichst gleichmäßig ausgeleuchtet werden, was im Studio besonders einfach zu realisieren ist. In der Nachbearbeitung wird das Grün des gefilmten Materials gegen einen anderen Hintergrund ausgetauscht. Um den Aufwand in der Nachbearbeitung gering zu halten, sollten die gefilmten Objekte selbst kein Grün enthalten. Alternativ kann ansonsten auch auf einen blauen Hintergrund ausgewichen werden.

7.7 360-Grad-Videos für YouTube aufnehmen

Neben dem klassischen 2D-Film geht YouTube auch technisch neue Wege und unterstützt sphärische 360-Grad-Videos. Die Technik ist mit einem erhöhten Produktionsaufwand gegenüber normalen 2D-Produktionen verbunden und erfordert zudem ein Umdenken in der Filmgestaltung, um den Nutzer nicht zu überfordern.

Einen besonderen Entwicklungsschub haben 360-Grad-Videos durch Virtual-Reality-Brillen und entsprechende Cardboard-Brillen[1] erhalten, die jedoch für die Wiedergabe von 360-Grad-Videos nicht zwingend notwendig sind. Durch Bewegen des eigenen Kopfes kann der Zuschauer bei diesen Brillen den Blickwinkel verändern und fühlt sich mitten im Geschehen. Zweidimensionale 360-Grad-Videos sind dabei verhältnismäßig leicht zu realisieren – es gibt aber auch erste, sehr aufwendige Versuche, stereoskopische sphärische Videos zu produzieren.

7.7.1 Was Sie für 360-Grad-Videos benötigen

Sphärische Videos liegen voll im Trend auf YouTube, wenngleich noch sehr wenige YouTube-Kanäle mit der neuen Technik experimentieren. Das liegt vor allem auch daran, dass spezielle Kameras oder Kamerahalterungen für mehrere Kameras notwendig sind, um das benötigte Material überhaupt filmen zu können.

Eine sehr unkomplizierte Variante zum Filmen von 360-Grad-Videos sind Consumer-Kameras wie das Modell »Theta S« von der Marke Ricoh. Entsprechende Kameras haben mehrere Linsen integriert, die dank eines sehr großen Blinkwinkels gemeinsam eine Rundumsicht aufnehmen. Der Nachteil der Kameras ist jedoch ihre relativ geringe Aufnahmequalität: Die Bilder wirken in den meisten Aufnahmesituationen verwaschen, und der Kontrastumfang ist in der Regel nicht allzu gut.

Eine bessere Variante ist die Verwendung mehrerer Einzelkameras, die in einer speziellen Halterung so kombiniert werden, dass eine Rundumsicht gefilmt werden kann. Sehr beliebt ist dazu die Kombination mehrerer GoPro-Kameras. Entsprechende Halterungen gibt es beispielsweise von *www.360heros.com* oder *freedom360.eu* (siehe Abbildung 7.8). Dank der Kombination mehrerer sehr hochauflösender Kameras mit einer guten Farbwiedergabe ist auch die endgültige Aufnahmequalität sehr hoch und lässt sich oftmals jenseits von 4K-Auflösung skalieren. Der Nachteil ist jedoch ein noch höherer Produktionsaufwand, da die einzelnen Aufnahmen der Kameras erst mit einer speziellen Software[2] kombiniert werden müssen.

---

1 Siehe auch *www.google.com/get/cardboard/*
2 Beispielsweise mit »Kolor Autopano« (*www.kolor.com/360-videos/*)

Abbildung 7.8 Der Hersteller 360heros.com erklärt in diesem YouTube-Video, wie die GoPro-Kameras in der speziellen Halterung installiert werden (Quelle: youtu.be/JDDJTWza9SU).

7.7.2 360-Grad-Videos filmen

Egal, welche Kameravariante Sie wählen: Es gibt ein paar Besonderheiten, die Sie bei der Produktion von 360-Grad-Videos zu beachten haben. Dazu müssen Sie zunächst wissen, wie die Videos später vom Zuschauer betrachtet werden können. Im Desktop-Browser stellt YouTube die Videos im YouTube-Player dar, und der Zuschauer kann mithilfe der Pfeiltasten seiner Tastatur den Ausschnitt des Videos wählen und sein Sichtfeld verändern. In den mobilen YouTube-Apps bewegt sich der Zuschauer entweder durch Drehen seines Smartphones oder mithilfe des Touchscreens, auf dem er das Sichtfeld verschieben kann.

Wie Sie sehen, erfordert die Wiedergabe von 360-Grad-Videos einen Aufwand seitens des Zuschauers. Das Verändern des Blickfeldes kostet ihn Zeit, in der er weniger vom eigentlichen Inhalt mitbekommt. Sie müssen sich also Zeit lassen und die Videos länger aufnehmen. Entsprechend ist es auch nicht möglich, zahlreiche schnelle Schnitte hintereinanderzusetzen. Der Zuschauer muss den Ausschnitt wählen können und benötigt deshalb lang dauernde Einstellungen, um sein gesamtes Umfeld wahrnehmen zu können.

Während Sie bei der »normalen« Filmproduktion immer nur einen Ausschnitt der Szenerie zeigen und den Zuschauer durch Kameraausschnitt und Tiefenschärfe leiten, zeigen Sie bei 360-Grad-Videos die gesamte Szenerie und überlassen die Wahl dem Zuschauer. Diese Möglichkeit soll natürlich auch intensiv genutzt werden, weshalb Sie Wege finden müssen, dem Zuschauer über die Geschichte anzudeuten, wo er gerade hinschauen soll. Wohl bemerkt: Es gibt noch wenige Geheimrezepte für die Erzählweise in 360-Grad-Videos.

Ein sehr gelungenes YouTube-Video stammt vom Kanal »FinalCutKing« und heißt »Heroes in 360« (siehe Abbildung 7.9). Aus ihm lässt sich einiges für eine gelungene Erzählweise in 360-Grad-Videos ableiten:

▶ Weisen Sie den Zuschauer zu Beginn des Videos darauf hin, dass es sich um ein 360-Grad-Video handelt und er den sichtbaren Ausschnitt verschieben kann.

▶ Geben Sie dem Zuschauer am Anfang einen Moment Zeit, damit er sich im Video umschauen kann.

▶ Nutzen Sie Sprache oder Geräusche, die der Zuschauer lokalisieren kann und deren Quelle er schnell finden kann.

▶ Platzieren Sie das Geschehen so, dass der Zuschauer den Ausschnitt aktiv verändern muss, um die Geschichte nachzuvollziehen. Im Beispiel sind die Personen dazu weit genug voneinander entfernt.

▶ Bewegen Sie die Kamera möglichst wenig, und verändern Sie stattdessen die Szenerie. Bewegen Sie dazu Objekte in solch einer Geschwindigkeit, dass der Nutzer der Bewegung folgen kann. Bei »Heroes in 360« bewegt sich eine Person zur Tür und kommt wieder zurück. Da die Person Handlungsträger ist und sich die Kamera nicht bewegt, muss der Zuschauer dieser Bewegung durch Verändern des Kameraausschnitts folgen.

▶ Achten Sie darauf, dass rund um die Kamera etwas passiert, das der Zuschauer entdecken kann, und nicht nur an einer Stelle vor der Kamera.

▶ Verzichten Sie nach Möglichkeit weitestgehend auf Schnitte.

Noch ein Hinweis: Ein Problem, das oft bei 360-Grad-Videos auftritt, ist direkter Sonneneinfall bei einer der Kameras. Dadurch kann es zu Bildstörungen kommen, indem die unterschiedlichen Aufnahmen zu starke Helligkeitsunterschiede aufweisen. Noch viel auffallender sind jedoch die vom einfallenden Licht gebildeten Reflexe, die nur bei einer einzigen Kameraaufnahme auftreten. Dadurch wird nach dem Kombinieren der Aufnahmen zum 360-Grad-Video sehr deutlich, an welcher Stelle die einzelnen Aufnahmen zusammengefügt wurden.

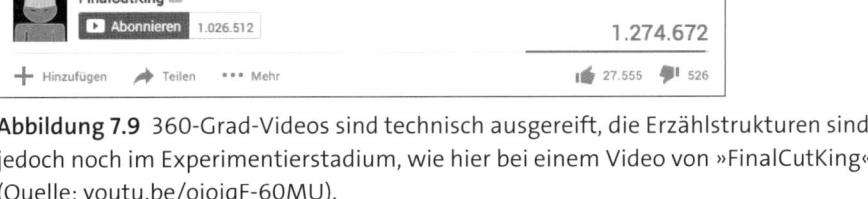

Abbildung 7.9 360-Grad-Videos sind technisch ausgereift, die Erzählstrukturen sind jedoch noch im Experimentierstadium, wie hier bei einem Video von »FinalCutKing« (Quelle: youtu.be/oiojqF-60MU).

7.7.3 Wie 360-Grad-Videos für den Upload vorbereitet werden müssen

Die finale Videodatei muss für den Upload als 360-Grad-Video vorbereitet werden. You-Tube empfiehlt dazu das Tool »360 Video Metadata«[3]. Führen Sie das Tool nach dem Download aus, und wählen Sie die entsprechende Videodatei. Setzen Sie im Anschluss einen Haken bei SPHERICAL, und klicken Sie auf SAVE AS, um die Videodatei inklusive der benötigten Metadaten abzuspeichern und wie üblich auf YouTube hochzuladen. Beachten Sie, dass die Verfügbarkeit der 360-Grad-Funktion für das entsprechende Video einen Moment Zeit in Anspruch nehmen kann.

7.8 Die passende Schnittsoftware finden

Alle Szenen sind gefilmt, und Sie sind bereit, das Material zu einem interessanten You-Tube-Video zusammenzuschneiden. Dazu werden alle produzierten Daten auf einen Schnittcomputer überspielt, um sie danach in eine sinnvolle Reihenfolge zu bringen und zu kürzen.

---

3 Download für Windows: *https://github.com/google/spatial-media/releases/download/v2.0/ 360.Video.Metadata.Tool.win.zip*

Der Markt für professionelle Videoschnittprogramme ist überschaubar. Für den Anfang genügt jedoch eventuell auch eine weniger umfangreiche Software, und für einfache Schnitte gibt es mittlerweile auch Apps zum Schneiden von Videomaterial direkt auf Smartphone und Tablet. Was also unterscheidet die einzelnen Programme?

7.8.1   Adobe Premiere Pro CC

Als Bestandteil der Creative Cloud von Adobe wird das Programm Premiere Pro CC angeboten (siehe Abbildung 7.10). Das Videoschnittprogramm spielt in der professionellen Liga und kann mit allen gängigen Videoformaten umgehen. Es bietet unzählige Profifunktionen und lässt sich mit anderen Programmen aus der Creative Cloud nahtlos verwenden. Eine beispielsweise in Photoshop oder After Effects erstellte Datei wird automatisch in Premiere Pro aktualisiert, wenn sie editiert wird. Im Zusammenspiel mit After Effects bleiben schließlich kaum Wünsche offen. Premiere Pro CC kann auf Windows-PCs und Macs betrieben werden.

Abbildung 7.10 Adobe Premiere Pro CC zählt zu den professionellen Schnittprogrammen.

214

7.8.2 Final Cut Pro

Nicht ganz so flexibel in der Betriebssystemwahl ist die ebenfalls sehr professionelle Schnittsoftware Final Cut Pro. Das Programm lässt sich nur auf Macs betreiben. Im Grundsatz bietet Final Cut Pro vergleichbare Funktionen und Formatunterstützungen, wie sie bei Premiere Pro verfügbar sind.

7.8.3 Avid Media Composer

Avid Media Composer ist bei Film- und Fernsehproduktionen seit vielen Jahren stark verbreitet und lässt sich durch zahlreiche Hardwarekomponenten erweitern. Selbst einige Hollywood-Produktionen wurden mit dieser Software geschnitten. Anfänger beschreiben die Software oftmals als kompliziert in der Einarbeitung, was sich neben dem hohen Preis durchaus nachteilig auswirkt. Media Composer ist sowohl für Macs als auch für Windows-PCs verfügbar.

7.8.4 Adobe Premiere Elements und Magix Video Deluxe

Günstiger und einfacher in der Bedienung sind Programme wie Premiere Pro Elements und Video Deluxe von Magix. Sie bewegen sich im Preisrahmen bis etwa 150 € und können gängige Dateiformate von Camcordern bearbeiten. Codecs für viele professionelle Kameras fehlen jedoch, und der Funktionsumfang stellt keine Profifunktionen zur Verfügung. Für die ersten Versuche ist Adobe Premiere Elements besonders interessant, da Ihnen das grundlegende Bedienkonzept bei einem späteren Umstieg auf Premiere Pro bereits vertraut ist.

7.8.5 iMovie und Windows Movie Maker

Diese beiden Programme sind ein besonders günstiger Einstieg: Windows Movie Maker für Windows-PCs kann kostenlos im Rahmen des Windows-Essential-Pakets als Download bezogen werden. iMovie für Macs ist zu einem geringen Preis im App Store erhältlich. Wenngleich beide Programme sehr intuitiv zu bedienen sind, ist ihr Funktionsumfang im Vergleich zu den bereits genannten Programmen begrenzt. Beide Programme bringen gestaltete Vorlagen für Titel und Ähnliches mit, von deren Nutzung im Umfeld eines repräsentativen Markenauftritts abgeraten werden muss: Durch die große Verbreitung der Programme werden die Vorlagen geradezu inflationär und häufig von Privatpersonen verwendet – sie können sich bei deren Einsatz nicht von der Masse abheben und auch keine Professionalität bezeugen. Trotz allem können sie einfache Videoschnitte mit Material gängiger Kameras problemlos mit beiden Programmen anfertigen.

7.8.6 Videoschnitt per App am Smartphone und Tablet

Auch per Smartphone und Tablet können Sie Ihre Videos schneiden. Zu diesem Zweck gibt es zahlreiche Apps in den App Stores der jeweiligen Betriebssysteme, wobei sich deren Funktionsumfang teilweise massiv unterscheidet. Grundsätzlich kann Videoschnitt an Smartphones und Tablets keines der zuvor genannten Programme ersetzen, da der Funktionsumfang stark begrenzt ist. Dennoch kann es sehr hilfreich sein, unterwegs am Smartphone oder Tablet gefilmtes Material umgehend schneiden und auf YouTube hochladen zu können. Dabei überwiegt der Informations- und Dringlichkeitswert der Inhalte gegenüber einem aufwendigen Schnitt.

7.9 Auf was Sie beim Schnitt von Onlinevideos achten sollten

Das Konsumverhalten der Nutzer von Onlinevideos unterscheidet sich grundlegend von dem der Kino- und Fernsehzuschauer. Während Kino- und Fernsehzuschauer eine lange Zeit unterhalten werden möchten, wird YouTube vor allem als Zwischendurch-Medium genutzt: Schnell mal ein Video in der Kaffeepause, im Bus oder zwischen zwei Terminen anzusehen, überbrückt die Zeit. Da dem Nutzer eine schier unendliche Vielfalt an Inhalten auf YouTube und allgemein im Internet zur Verfügung steht, entscheidet er sehr schnell, ob er Inhalte vollständig konsumiert oder nach wenigen Sekunden zu anderen Inhalten wechselt. Diesem Umstand muss der Schnitt Rechnung tragen und Videos sowohl in ihrer Länge begrenzen als auch mit den Inhalten von Anfang an überzeugen. Selbstverständlich bedeutet das nicht, dass lange Videos auf YouTube keine Chance haben – sie sind einfach nur schwieriger als regelmäßiges Programm für einen erfolgreichen YouTube-Kanal realisierbar. Welche Tricks gibt es also beim Schnitt von Onlinevideos?

7.9.1 Die Videodauer

Die optimale Videolänge für regelmäßige Formate beträgt 5 bis 10 Minuten, sofern der Zuschauer den gesamten Inhalt konsumieren soll. Längere Videos können selbstverständlich ebenfalls funktionieren, wenn die Inhalte entsprechend interessant für das Publikum sind. Allerdings rücken diese Videos dann aus dem Fokus des Zwischendurch-Mediums, und es wird schwieriger, den Zuschauer über die komplette Dauer zu halten.

7.9.2 Teaser, Intro, Content

Die ersten Sekunden eines Onlinevideos entscheiden darüber, ob der Zuschauer dranbleibt oder weiterklickt. Anstatt also das Intro mit Logo-Animation oder Ähnlichem ganz an den Anfang zu setzen, sollten Sie zunächst einen sogenannten Teaser an den Beginn des Videos stellen. Der Teaser besteht aus gefilmtem Material und muss so interessant sein, dass er den Zuschauer fesselt. Der Teaser sollte den Inhalt des Videos ankündigen, ohne ihn aufzulösen. Hinterlässt er beim Zuschauer Fragen, von denen er sich in dem Video eine Auflösung verspricht, hat der Teaser seinen Zweck erfüllt. Idealerweise wird das Intro nach etwa 15 Sekunden Teaser eingeblendet, um direkt danach das Video mit den eigentlichen Inhalten zu beginnen.

7.9.3   Überflüssiges weglassen

Die Erzählstruktur erfolgreicher Onlinevideos ist wesentlich kompakter als im Fernsehen. Überflüssige Längen bergen auf YouTube die Gefahr, den Zuschauer bei Langeweile an andere Inhalte zu verlieren. Bringen Sie Ihre Botschaft also am besten bereits bei der Aufnahme auf den Punkt. Gelingt dies nicht, achten Sie beim Schnitt penibel auf Längen, und verzichten Sie lieber auf Ausschnitte, die nicht zu Ihrer Geschichte beitragen. Es fällt oft schwer, sich von einzelnen Szenen zu trennen, aber es muss bei Weitem nicht alles im Video gezeigt werden, was Sie gefilmt haben.

Ein auf YouTube sehr beliebtes Mittel zur Reduzierung von Längen ist der sogenannte *Jump Cut*. Bei Jump Cuts werden längere Sprechpausen oder unerwünschte Ausschnitte innerhalb eines Filmclips einfach geschnitten und ausgelassen. So entstehen harte Schnitte mit Sprüngen in derselben Kameraeinstellung, die Tempo in ansonsten ruhige Szenen bringen können. Fährt beispielsweise ein Fahrzeug eine längere Straße entlang und Sie möchten den Vorgang ohne Längen zeigen, können Sie Jump Cuts verwenden, um aus dieser langen Einstellung eine kurze Einstellung zu machen (siehe Abbildung 7.11).

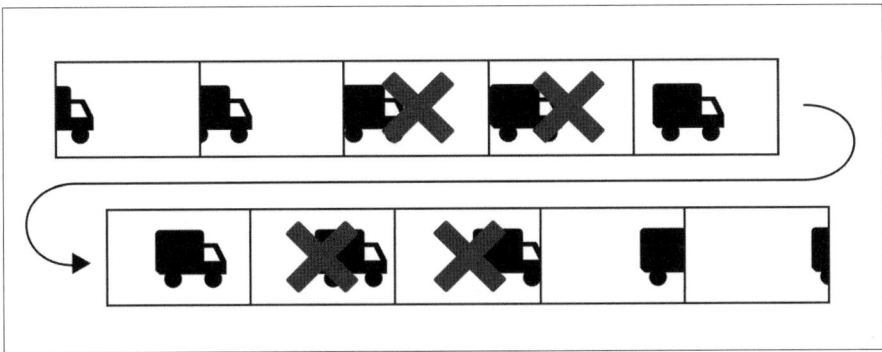

Abbildung 7.11 Jump Cuts entstehen durch Weglassen von Videomaterial innerhalb einer Einstellung. Das Vorbeifahren des Fahrzeugs wird dadurch ohne eine zu lange Einstellung gezeigt.

7.9.4   Branding-Elemente im Video umsetzen

Im vorigen Kapitel haben Sie bereits erfahren, welche verschiedenen Elemente es im Video für das Branding gibt und wie man sie optimalerweise gestaltet. Intro, Zwischenblenden, Endcard und Bauchbinden müssen Sie im Schnittprogramm einfügen. Auch alle auf der Endcard befindlichen Elemente, die später vom Zuschauer angeklickt werden können, müssen zunächst im Schnitt erstellt und eingefügt werden, und werden erst bei der Videoveröffentlichung auf der Plattform programmiert.

Die einzelnen Elemente helfen Ihnen aber auch, Ihr Video beim Schnitt zu strukturieren. Wissen Sie beispielsweise, dass Ihr Intro nach 15 Sekunden erscheinen soll, können Sie die entsprechende Datei gleich zu Beginn des Schnitts im Schnittfenster platzieren. Ihr Video soll insgesamt 5 Minuten lang werden und die Endcard soll davon 20 Sekunden einnehmen? Dann gibt eine im Schnittfenster platzierte Endcard den maximalen Zeitraum vor, den Sie zwischen Intro und Endcard noch ausfüllen können.

7.10   Die optimalen Einstellungen für den Export wählen

Grundsätzlich sind Sie frei in der Formatwahl für den Upload auf YouTube. Alle gängigen Formate werden akzeptiert und von der Plattform in ein nutzerfreundliches Format umgewandelt. Die meisten Schnittprogramme bieten zudem an das Schnittfenster angepasste Voreinstellungen für den YouTube-Export, sodass Sie sich weder über Container und Codecs noch über Voll-/Halbbilder, Auflösung und Framerate Gedanken machen müssen. Sollte es keine explizierte Exporteinstellung für YouTube in Ihrem Schnittprogramm geben, müssen Sie ein paar Einstellungen selbst vornehmen.

7.10.1   Exportformat

Ein Videoformat besteht grundsätzlich zunächst aus drei Komponenten: Container, Audio-Codec und Video-Codec. Da Video und Audio getrennt digital codiert werden, benötigen sie eigene Codecs. Das Wort Container ist dabei wörtlich zu nehmen: Er umfasst die Audio- und Videodaten und stellt sie gebündelt bereit. Der von YouTube eingesetzte und für den Export empfohlene Container ist MP4. Als Audiocodec nutzen Sie im Idealfall AAC-LC und für die Videodaten den Codec H.264.

7.10.2   Auflösung, Seitenverhältnis und Framerate

Auflösung und Framerate sollten Ihrem Quellmaterial bzw. den Schnittfenstereinstellungen entsprechen. Nutzen Sie dort 720p, bringt es keinen Vorteil, in einer höheren

Auflösung wie 1080p oder gar 4K zu exportieren. Quellmaterial mit 30 Frames pro Sekunde lässt sich zwar auch auf 25 Frames pro Sekunde umcodieren, doch sollten Sie dies ohne genaue Kenntnisse nicht vornehmen. Nutzen Sie deshalb grundsätzlich beim Export die gleiche Framerate wie im Quellmaterial, um keine Bildfehler zu erhalten.

Der YouTube-Player stellt Videos im 16:9-Seitenverhältnis dar. Sollte Ihr Video ein anderes Seitenverhältnis, wie beispielsweise 4:3, haben, wird das Video in das 16:9-Seitenverhältnis mit schwarzen Seitenbalken eingefügt. Je nach Seitenverhältnis erscheinen die Balken über und unter bzw. links und rechts neben dem Video.

YouTube generiert aus dem hochgeladenen Video mehrere niedriger aufgelöste Videovarianten, um die Ladezeit für den Nutzer zu optimieren. Die maximal abrufbare Auflösung entspricht der Auflösung, die Sie beim Upload Ihres Videos genutzt haben – das Video wird nicht hochgerechnet, um höhere Auflösungen bereitzustellen. Laden Sie das Video deshalb in der für Sie höchsten verfügbaren Videoauflösung auf Ihrem Kanal hoch.

7.10.3 Zeilensprungverfahren deaktivieren und Bitrate wählen

Achten Sie beim Export darauf, dass die Daten ohne Zeilensprungverfahren codiert werden. Dazu muss im entsprechenden Feld statt »Interleaced« das Wort »Progressive« stehen. Die Bitrate kann für den Upload durchaus hoch sein, wenngleich Google für den optimalen Upload die Werte aus Tabelle 7.1 empfiehlt.

Typ	Video-Bitrate (24 fps, 25 fps, 30 fps)	Video-Bitrate (48 fps, 50 fps, 60 fps)
2160p (4K)	35–45 Mbit/s	53–68 Mbit/s
1440p (2K)	16 Mbit/s	24 Mbit/s
1080p	8 Mbit/s	12 Mbit/s
720p	5 Mbit/s	7,5 Mbit/s
480p	2,5 Mbit/s	4 Mbit/s
360p	1 Mbit/s	1,5 Mbit/s

Tabelle 7.1 Die von YouTube empfohlenen Video-Bitraten im Überblick

7.10.4 Export eines Masters

Grundsätzlich ist es nicht empfehlenswert, Schnittdateien und Originalmaterial zu löschen, da Sie sie eventuell zu einem späteren Zeitpunkt wieder benötigen könnten.

Wenn Sie dies dennoch nach dem Schnitt vorhaben, sollten Sie zunächst ein zusätzliches Master-File exportieren. Dabei wählen Sie ein Format wie ProRes oder DNxHD, um das Video neben Ihrem YouTube-Export zusätzlich in einer hohen Bearbeitungsqualität archivieren zu können. Möchten Sie später Teile des Videos erneut schneiden, nutzen Sie diesen Master-Export als Grundlage. Im Master-File ist dann aber auch nur das finale Video enthalten und keine Szenen, die Sie nicht verwendet haben!

Kapitel 8
Die Videoveröffentlichung

Der Kanal »PewDiePie« ist der erste auf YouTube mit insgesamt über 10 Milliarden Aufrufen. Das ist vor allem auch möglich, weil die Videos perfekt auf der Plattform platziert werden. Was können Sie also noch optimieren, wenn Sie Ihre Videos veröffentlichen?

Ihr Videomaterial ist abgedreht, geschnitten und fertig zur Veröffentlichung. YouTube gestaltet das Hochladen von Videos besonders einfach, aber damit ist es noch lange nicht getan. Ihr Video soll schließlich auch abgerufen werden und möglichst viele Nutzer erreichen. Bei der Videoveröffentlichung können Sie deshalb einige Ergänzungen vornehmen, die Ihr Video auf der Plattform besser herausstellen. So werden die Nutzer leichter auf Ihr Video aufmerksam und beginnen, sich für Ihre Inhalte zu interessieren.

Außerdem sollten Sie Ihre Accounts auf anderen sozialen Netzwerken wie Facebook, Twitter, Instagram und Snapchat nutzen, um Nutzer auf Ihre Videos aufmerksam zu machen. Es gibt verschiedene Möglichkeiten, die Funktionen dieser Plattformen für den YouTube-Erfolg einzusetzen und nicht immer ist die optimale Lösung, einfach einen Link zum Video zu posten.

8.1 Videos bestmöglich auf YouTube platzieren

YouTube möchte, dass die Nutzer genau die Videos zu sehen bekommen, für die sich interessieren oder nach denen sie suchen. Der YouTube-Algorithmus wertet deshalb alle nur denkbaren Parameter aus, um die Relevanz eines Videos für Suchanfragen und Videovorschläge einschätzen zu können. Durch das Optimieren einiger besonders stark gewichteter Parameter kann man seine Reichweite nachhaltig vergrößern.

Dabei geht es nicht nur darum, die möglichen Felder beim Videoupload mit Informationen zu füllen, sondern vielmehr Elemente wie den Videotitel oder das Vorschaubild so zu gestalten, dass die Nutzer einen guten Eindruck vom Video bekommen. Je besser die Elemente gestaltet werden, desto größer sind die Chancen für eine hohe *Watchtime*. Die Watchtime gibt an, wie lange der Nutzer das Video angesehen hat. Klickt er das Video bereits nach kurzer Zeit wieder weg, weil er vom Video etwas ganz anderes erwartet hat, registriert die YouTube-Plattform das und stuft Ihr Video und Ihren Kanal als weniger relevant ein. In der Suche und der Videoauswahl für die Empfehlungen landen Sie dann auf den hinteren Rängen oder werden gar nicht erst in Betracht gezogen.

Wie hoch die Watchtime und wie das Verhalten der Nutzer ist, lässt sich in den YouTube Analytics für jedes einzelne Video nachvollziehen (siehe Kapitel 13).

Eine gute Suchmaschinenoptimierung für YouTube-Videos bezieht deshalb drei Fragestellungen in die Optimierung mit ein:

1. Wie erhält der Nutzer den bestmöglichen Eindruck vom Inhalt, bevor er auf das Video klickt?
2. Was hilft der YouTube-Suche bei der Beurteilung der Relevanz?
3. Was hilft anderen Suchmaschinen bei der Beurteilung der Relevanz?

Nachfolgend werden dazu die wichtigsten Parameter erläutert, die Sie direkt nach dem Videoupload hinzufügen und bearbeiten können.

8.1.1 Das Vorschaubild optimieren

Das Vorschaubild wird auch Thumbnail genannt. Es wird immer dann angezeigt, wenn der Player zum entsprechenden Video noch nicht geladen wurde. Das ist beispielsweise in den Suchergebnissen, bei den Empfehlungen in der Seitenleiste oder in der Kanalübersicht der Fall. Vorschaubilder werden auch als Playerhintergrund angezeigt, wenn der YouTube-Player extern eingebunden ist und das Video noch nicht gestartet wurde.

Standardmäßig wird das Vorschaubild automatisch aus einem Standbild des Videos generiert. Nach dem Bestätigen des Kontos ist es aber auch möglich, individuelle Thumbnails als Grafiken zu erstellen und hochzuladen. YouTube empfiehlt dazu eine Bildgröße von 1280 × 720 Pixel und eine maximale Dateigröße von 2 MB.

YouTube-Konto bestätigen

Damit YouTube sicherstellen kann, dass hinter Ihrem Konto kein Spam-Anbieter steht, müssen Sie für bestimmte Funktionen wie für individuelle Thumbnails Ihr Konto bestätigen. Dazu rufen Sie die URL *www.youtube.com/verify* auf und folgen den Anweisungen für eine telefonische Bestätigung.

Die Optimierung des Vorschaubildes bezieht sich in erster Linie auf den Nutzer: Fällt das Vorschaubild auf und macht es Lust darauf, das Video anzuklicken? Erst im Anschluss wird der bereits erwähnte YouTube-Algorithmus relevant. Er erkennt, wie groß Zuschauerbindung und Wiedergabedauer sind, und bewertet darauf basierend, ob im Thumbnail ein korrekter Bezug zum Videoinhalt erkennbar ist. Mit einem guten Vorschaubild steigen Wiedergabedauer und Zuschauerbindung. Sorgen Sie also dafür, dass auf dem Thumbnail nur Elemente zu sehen sind, die sich auch auf den Inhalt des Videos beziehen. So wecken Sie keine falschen Erwartungen beim Zuschauer, enttäuschen ihn nicht und können ihn möglichst lange für das Video begeistern.

Da Sie bei individuellen Vorschaubildern in der Gestaltung frei sind, sollten Sie darauf achten, dass das Bild aus der Masse hervorsticht. Idealerweise zieht ein Eye-Catcher die Aufmerksamkeit des Zuschauers auf sich. Sehr wirkungsvoll ist dabei der Einsatz von Gesichtern und Emotionen. Bekannte Gesichter sind ein Aufmerksamkeitsmagnet, weshalb Sie Ihre Kooperationspartner unbedingt in das Vorschaubild mit aufnehmen sollten.

Selbstverständlich können Sie auch Schriften auf dem Bild platzieren. Denken Sie dabei an hohe Kontrastunterschiede für eine saubere Trennung zwischen Schrift und Hintergrund. Gerade beim Einsatz von Schriften muss genau darauf geachtet werden, dass der Text auch auf sehr kleinen Bildschirmen noch lesbar ist. Testen Sie Ihre Vorschaubilder deshalb auch in der Smartphone-Darstellung. Die Devise für Text auf dem Vorschaubild lautet: die Videoaussage und den Inhalt mit einzelnen Schlagwörtern verdeutlichen.

Erstellen Sie sich für Ihre Vorschaubilder am besten eine Vorlage, die Sie immer wieder für Ihre Thumbnails verwenden können. Legen Sie dabei Komponenten wie Layout, Schrift und die Farbigkeit von Elementen fest, und variieren Sie das (Hintergrund-)Bild. Denken Sie bereits beim Dreh daran, dass Sie ein fesselndes Vorschaubild benötigen, und nehmen Sie entsprechende Bilder auf. Da die Vorschaubilder auf allen Geräten in unterschiedlichen Größen angezeigt werden, muss der Bildinhalt sowohl bei kleinen als auch großen Formaten funktionieren. Häufig werden deshalb engere Ausschnitte gegenüber der Totale bevorzugt.

Nutzen Sie auf keinen Fall das exakt gleiche Vorschaubild für verschiedene Videos! Andernfalls ist nicht auf den ersten Blick ersichtlich, worin sich die Videos unterscheiden, und Sie sorgen beim Nutzer für Irritationen. Entdeckt er das Vorschaubild mehrfach, geht er davon aus, das zugehörige Video bereits gesehen zu haben. Nicht jeder Nutzer springt zudem auf das gleiche Vorschaubild an, sodass Sie mit vielen Variationen eine breitere Masse mit Ihren Videos erreichen können.

YouTube hat in seinen Community-Richtlinien festgelegt, was bei Vorschaubildern, Videotiteln und anderen Elementen erlaubt ist. Lesen Sie deshalb unbedingt, was Sie dürfen und was nicht. So mögen Bilder mit sexuell anregenden Inhalten zwar viel Aufmerksamkeit auf sich ziehen, aber sie entsprechen damit nicht mehr den Richtlinien. Auch Vorschaubilder, die so gar nicht zum Video passen, werden nicht geduldet. Wird

8

223

YouTube auf ein solches Fehlverhalten aufmerksam, sperrt es dem Kanal dauerhaft die Möglichkeit, individuelle Vorschaubilder hochzuladen. Dadurch entgeht Ihnen eine der attraktivsten Möglichkeiten, die Aufmerksamkeit der Nutzer für Ihre Videos zu gewinnen.

In Abbildung 8.1 sehen Sie sechs Vorschaubilder für ein Beispielvideo eines Garten- und Landschaftsbetriebs mit dem Titel »Die 5 stärksten Duftrosen | Rosenparadies selbstgemacht Nr. 12«. Im Video werden nacheinander fünf Rosenarten von einer jungen Dame vorgestellt, die alle einen intensiven Geruch haben. Hierbei soll nun das passende Vorschaubild ausgewählt werden. Welches Bild spricht wohl die meisten Nutzer an und vermittelt einen guten Einblick vom Video?

Abbildung 8.1 Beispiele für gute und schlechte Vorschaubilder

In Bild eins (von links oben) wird die Aufmerksamkeit des Nutzers auf das Gartenhaus gelenkt. Auch wenn es sich bei dem Bild um eine typische Gartenszene handelt, ist nur anhand des Vorschaubildes nicht zu erkennen, dass es im Video um Rosen geht. Der Nutzer würde hier wohl eher eine Anleitung für den Bau eines Gartenhauses erwarten.

Im zweiten Bild sind zwar Rosen abgebildet, doch ist die Darstellung so klein, dass die Rosenblüten selbst auf großen Bildschirmen kaum zu erkennen sind. Es ist daher ebenfalls ungünstig gewählt und könnte auch ein aus dem Videomaterial automatisch generiertes Vorschaubild sein.

Rosen fallen in erster Linie durch ihre Blütenpracht auf, weshalb der Nutzer im dritten Bild nur anhand der Rosenzweige keinen Bezug zu Rosen herstellen kann. Auf dem vierten Bild ist erstmals eine Rosenblüte eindeutig erkennbar. Allerdings gibt es keinen Anhaltspunkt im Vorschaubild, dass es in dem Video speziell um den Duft von Rosen gehen wird. Ganz anders sieht es hingegen bei Bild fünf und sechs aus: Bild fünf fällt durch das intensive Rosenrot der großen Blüten auf, das man sofort vor Augen hat, wenn man an Rosen denkt. Der darüberliegende Titel »Rosenduft« macht eindeutig klar, dass es in diesem Video um den Duft von Rosen gehen wird. Der Titel ist dabei so groß gewählt, dass er auch bei einer sehr kleinen Darstellung des Vorschaubildes erkennbar bleibt.

Wahrscheinlich erinnern Sie sich: Gesichter ziehen die Aufmerksamkeit auf sich. Das sechste Bild wird den Nutzern deshalb immer ins Auge fallen. Hierbei ist eindeutig erkennbar, dass es um den Geruch der Rose geht (sie riecht daran) und dass dieser scheinbar sehr angenehm ist (geschlossene Augen, zufriedener Blick). Ergänzt wird das Video durch den Videotitel, der hier mit dem Vorschaubild eine gute Einheit bildet. Eine runde Sache wird daraus, wenn die abgebildete Frau auch im Video vorkommt.

8.1.2 Videotitel

Der Videotitel unterstreicht die Aussage des Vorschaubildes und gibt dem Nutzer weitere Anhaltspunkte, was er von dem Video erwarten kann. Er ist auch für die YouTube-Suche eines der entscheidendsten Kriterien, da er sich leicht durchsuchen lässt und eine hohe Relevanz für die Auswahl eines Videos hat.

Je nach Endgerät wird der Titel neben oder unter dem Vorschaubild angezeigt. Er muss Lust auf das Video machen und gleichzeitig ehrlich sein. Kurze und prägnante Videotitel sind auf YouTube klar im Vorteil, da die Titel je nach Bildschirmgröße verkürzt dargestellt werden und eventuell nur noch ein kurzer Titelanfang angezeigt wird. Wichtige Informationen gehören deshalb immer an den Anfang, damit sie nicht abgeschnitten werden und sofort ins Auge fallen. Weniger wichtige Informationen wie die Episodennummer, der Serien- oder Kanalname oder ein Hashtag gehören in den hinteren Teil des Videotitels. Ein guter Anhaltspunkt ist die Reihenfolge folgender Fragestellungen:

▶ Was passiert im Video, bzw. was ist im Video zu sehen?

▶ Wer ist im Video zu sehen?

▶ In welchen Kontext ordnet sich das Video ein?

225

Nutzen Sie typografische Möglichkeiten, um den Videotitel zu strukturieren. Sie können beispielsweise Gedankenstriche und senkrechte Striche zur Abgrenzung nutzen. Ein Beispiel für ein fiktives Rezeptformat wäre:

Nudeln mit Zitrone und Pinienkernen | Musterkoch Folge 32

In diesem Titel sieht der Nutzer gleich zu Beginn den wesentlichen Inhalt, nämlich, dass es sich um ein Rezept für Nudeln mit Zitrone und Pinienkernen handelt. Anhand der Ergänzung des Formattitels »Musterkoch« begegnet ihm die Serie auch außerhalb der Kanalübersicht und er kann das Video einordnen. Kommt eine bekannte Persönlichkeit in dem Video vor, könnte das Format aber auch so aussehen:

Musterpromi kocht Nudeln mit Zitrone und Pinienkernen #musterkoch

Die bekannte Persönlichkeit wird hierbei als Aufhänger genutzt, das eigentlich relevante Rezept kommt im Titel vor, und der abschließende Hashtag weist darauf hin, dass es über das Video hinaus eine Diskussion in anderen sozialen Netzwerken gibt und dieser Hashtag dafür genutzt wird.

Oft zu finden ist eine auf den Inhalt bezogene Frage im Titel eines Videos. Sie kann beispielsweise »Neue Filiale in Hamburg?« lauten. Menschen interessieren sich für Antworten, weshalb ein als Frage formulierter Titel eine höhere Klickrate aufweist. Nutzen Sie diese Methode aber nur, wenn die Frage durch das Video auch wirklich beantwortet oder zumindest im Video angemessen ausführlich behandelt wird. Im Beispiel wäre der Nutzer wohl eher enttäuscht, wenn Sie gar keine neue Filiale in Betracht ziehen, sondern nur irgendjemand im Video eine belanglose Äußerung zu diesem Thema anbringt.

Machen Sie im Videotitel keine falschen und unseriösen Versprechungen. Ein Titel wie »Beste Kaffeemaschine der Welt« als Videotitel für die eigene Kaffeemaschinenserie weckt sehr hohe Erwartungen, die mit einem mittelmäßigen Modell nicht einzuhalten sind. Superlative machen Sie angreifbar durch Nutzer, die diese Meinung nicht teilen oder andere Erfahrungen mit Ihren Produkten gemacht haben.

Nutzen Sie ein einheitliches Titelformat pro Videoreihe, und halten Sie sich an Ihre Vorlage. Das erhöht den Wiedererkennungswert für Ihren Kanal, wenn der Nutzer auf der Plattform unterwegs ist und über eines Ihrer Videos stolpert.

Videotitel und Vorschaubild gehen Hand in Hand. Sie erzielen eine stärkere Gesamtwirkung, wenn der Inhalt des Vorschaubildes Gemeinsamkeiten mit dem Titel aufweist und das Vorschaubild ergänzt. Welche Auswirkungen der Titel auf das Vorschaubild haben kann, sehen Sie in Abbildung 8.2. Je nach Titel steht das Vorschaubild in einem gänzlich anderen Kontext, obwohl sich der Bildinhalt in keiner Weise verändert.

Das letzte Bison in Deutschland

Kann man Bison-Fleisch essen?

Frau Bison bekommt einen neuen Mann aus Österreich

Ein schöner Tag im Wildpark

Bison bricht aus Gehege aus!

So klingt ein Bison

Abbildung 8.2 Je nach Titel kann das Vorschaubild und damit auch das Video in einem ganz anderen Kontext stehen.

Zuletzt noch ein Tipp aus dem Umfeld von Werbetextern: Vermeiden Sie, das Offensichtliche im Bild als Titelinhalt zu verwenden. Bezogen auf Abbildung 8.2 wäre der Titel »Bison steht im Wildpark« entsprechend ungünstig gewählt, da er keine über den Bildinhalt hinausgehenden Informationen enthält.

8.1.3 Videobeschreibung

Die Videobeschreibung wird unter jedem Video und als Ausschnitt in der YouTube-Suche angezeigt. Sie kann einen Umfang von bis zu 5.000 Zeichen haben und bietet damit eine Menge Platz für ergänzende Informationen und weiterführende Links. Der Text wird in die YouTube-Suche einbezogen und sollte deshalb relevante Keywords einbinden, nach denen die Nutzer zu Ihrem Thema besonders häufig suchen. Auch hier gilt: Eine reine Aneinanderreihung von häufig gesuchten Keywords ist kontraproduktiv und führt dazu, dass die *Watchtime* sinkt, weil der Nutzer durch die Suche und Videoempfehlungen fehlgeleitet wurde.

Die Videobeschreibung wird zunächst nicht vollständig eingeblendet. Je nach Gerät ist das im Deutschen auch als INFOBOX und im Englischen als DESCRIPTION bezeichnete Feld der Videobeschreibung in der Standardansicht gar nicht oder nur als Ausschnitt lesbar. Erst ein Klick auf MEHR zeigt den vollständigen Text an. Die ersten zwei bis drei Zeilen sind deshalb die Abschnitte mit der größten Aufmerksamkeit.

Damit der Zuschauer die Videobeschreibung auch beachtet und liest, muss der Text unbedingt strukturiert werden. Links sollten mithilfe des Dienstes bit.ly oder eines anderen Shortlink-Anbieters gekürzt werden, um die Übersichtlichkeit zu gewährleisten. Ein praktischer Nebeneffekt von Shortlinks ist zudem die Klickstatistik, anhand derer Sie später nachvollziehen können, welche Links wie oft angeklickt wurden.

Folgende Elemente können Sie in der Videobeschreibung unterbringen:

1. Die Beschreibung beginnt mit ein bis zwei kurzen Sätzen über den Inhalt des Videos, sodass der Zuschauer weiß, was ihn ungefähr erwartet. Außerdem kann die YouTube-Suche den Inhalt des Videos besser verstehen und interessierte Nutzer besser leiten.

2. Sie nutzen weitere Social-Media-Kanäle wie Facebook, Twitter, Snapchat oder besitzen eine eigene Website, ein Blog oder eine Landingpage zu Ihrer Kampagne? Dann listen Sie die Links dazu unbedingt auf. Wer von Ihren Videos begeistert ist, interessiert sich vielleicht auch für Ihren Content auf anderen Plattformen.

3. Das höchste Gut für einen YouTube-Kanal sind seine Abonnenten. Fordern Sie Ihre Zuschauer also auf, Ihren Kanal zu abonnieren, und platzieren Sie einen entsprechenden Link direkt in der Videobeschreibung.

4. Sollten Sie auf der Endcard weitere Videos verlinken, setzen Sie diese Links auch in die Videobeschreibung. In den mobilen Apps ist es nicht möglich, die Links direkt im Video anzuklicken, sodass der Zuschauer ansonsten keine Möglichkeit hat, die Videos direkt anzuwählen.

5. Sie haben einen Promotion-Code für eine Kampagne, und der Nutzer bekommt damit einen Rabatt auf seinen Einkauf? Die Videobeschreibung ist der perfekte Ort dafür. Denken Sie aber daran, im Video auf die Promotion-Aktion hinzuweisen, sonst weiß der Zuschauer nicht, dass er einen Promotion-Code in der Beschreibung finden kann.

6. Kollaborationen sind auf YouTube ein wirksames Mittel, um seine Reichweite schnell zu vergrößern. Wer mit anderen YouTubern, Marken oder bekannten Persönlichkeiten zusammenarbeitet, sollte diese Mitwirkenden und Partner unbedingt in der Beschreibung verlinken. Selbst wenn der Nutzer dadurch von Ihrem Kanal auf einen anderen Kanal wechselt, hilft es ihm, Ihren Kanal im Markenkosmos einzuordnen. Abgesehen davon wird nicht jeder Zuschauer die Person oder Marke kennen, mit der Sie zusammenarbeiten, und so kann er auf einfachem Weg nachverfolgen, mit wem er es überhaupt zu tun hat.

7. In Ihrem Video werden Produkte angesprochen? Helfen Sie dem Nutzer mit Links zu den Produkten, damit er sie auch kaufen kann. Bei Product-Placements wird der Link nicht selten in Form eines Affiliate-Links ausgeführt.

8. Lange Videos wie Interviews oder Event-Mitschnitte sind für den Zuschauer schwer zu überblicken. Welches Thema wird wann angesprochen, und wer kommt wann zu Wort? Hierbei helfen *Zeitstempel*. Zeitstempel ermöglichen das direkte Springen an eine bestimmte Stelle im Video und funktionieren damit wie Kapitel auf einer DVD. Mit einem kurzen Titel versehen, helfen sie bei der Strukturierung des Videos.

9. Wer über die YouTube-Suche auf eines Ihrer Videos gelangt ist, kennt Sie als Marke oder Person vielleicht gar nicht. Ein Beschreibungstext am Ende des Videos erklärt dem Zuschauer, wer Sie überhaupt sind und für was Sie stehen. Das erhöht das Interesse und steigert die Aufmerksamkeit für weitere Inhalte. Außerdem erhöhen Sie damit die Wahrscheinlichkeit, bei Suchanfragen über Google oder Bing mit Ihrem Video direkt in den Suchergebnissen aufzutauchen.

Die Reihenfolge der in der Videobeschreibung angeführten Informationen kann variiert werden. Oberste Priorität sollte zunächst das Interesse des Nutzers haben, um ihn langfristig binden zu können. Stellen Sie sich bei der Entscheidung über die Sortierung folgende Fragen:

▶ Welche Informationen sind für den Nutzer am wichtigsten, wenn er das Video noch nicht gesehen hat?

▶ Welche Informationen sind am wichtigsten, um das Ziel des Videos zu erreichen?

Eine einmal erarbeitete Struktur einer Videobeschreibung lässt sich immer wieder verwenden und verkürzt den Arbeitsaufwand. Viele der Inhalte wie Social-Media-Links und eine Kanalbeschreibung sind ohnehin nicht variabel. Als erster Eindruck, wie eine Videobeschreibung konkret aussehen könnte, soll das nachfolgende Beispiel dienen.

Musterbeispiel einer Videobeschreibung

Was bringt eine ordentliche Videobeschreibung auf YouTube? Max erklärt im Video, wie man Keywords, Social-Media-Links und andere Elemente perfekt unterbringt.

Jetzt 10 % auf unsere YouTube-Schulung sparen mit dem Rabatt-Code 6457.
Einfach bei der Buchung auf *http://bit.ly/buchung* eingeben.

Das Vorschaubild optimieren: *http://bit.ly/beispiel1*
Tags und Kategorien zuordnen: *http://bit.ly/beispiel2*

Dir gefällt das Video? Dann abonnier doch unseren Kanal!
http://bit.ly/beispielabo

Folge uns in den sozialen Netzwerken!
Facebook *https://www.facebook.com/Muster*
Twitter *https://www.twitter.com/Muster*
Instagram *https://www.instagram.com/Muster*

Dies ist ein Text mit der Beschreibung zu Ihrem Kanal. Überlegen Sie sich, nach welchen Keywords die Nutzer im Zusammenhang mit Ihrem Unternehmen suchen könnten, und verwenden Sie diese Keywords in diesem Beschreibungstext. Dadurch steigern Sie die Trefferquote auch über YouTube hinaus in anderen Suchmaschinen.

8.1.4 Tags und Kategorien zuordnen

Tags werden beim Upload des Videos eingegeben und sind nicht öffentlich für die Nutzer sichtbar. Es handelt sich dabei um Keywords oder kurze Phrasen, die YouTube für die Suchfunktion verwendet. Sucht der Nutzer nach bestimmten Begriffen, werden die Tags in die Suche einbezogen. Gut gewählte Tags sind speziell statt allgemein gehalten. Ein Video über eine Veranstaltung zum Thema »Digitales Nomadentum« sollte nicht mit dem allgemein gehaltenen Keyword »Event« versehen, sondern besser mit dem Tag »Konferenz Digitales Nomadentum« beschrieben werden. Events gibt es viel zu viele, und der Nutzer wird wohl kaum einfach nur nach dem Wort »Event« suchen.

Setzen Sie nicht einfach auf populäre Tags, die nichts mit Ihren Videos zu tun haben. Das verfälscht die Suchergebnisse und ist nicht zielführend. Es gibt zwar ganze Listen mit klickstarken Keywords, aber die wenigsten davon werden Ihre Videos beschreiben. Hier zählt Qualität statt Quantität: lieber nur fünf starke und zum Video passende Tags angeben als eine ganze Reihe klickstarker Tags ohne Relevanz für das Video. Auch an dieser Stelle würden Sie mit ungeschickt gewählten Tags Ihren Kanal langfristig negativ beeinflussen, wenn die Zuschauerbindung sehr gering ausfällt.

Nach der Zuordnung der Tags sollte zudem eine Kategorie angegeben werden, in die sich das Video einordnen lässt. Die Auswahlliste ist relativ knapp, hilft aber ebenfalls der YouTube-Suche bei der passenden Auswahl der Videos. Stellen Sie sich bei der Wahl der Kategorie die Frage: In welche Kategorie passt der Inhalt des Videos am besten? Sollten Sie einen Kanal über Ernährung betreiben, das Video aber beschreibt auf humorvolle Art und Weise bestimmte Ernährungstypen (zum Beispiel zehn Arten von Veganern), so gehört dieses Video der Kategorie UNTERHALTUNG an. Ein Video mit Tipps zur richtigen Nutzung eines Küchenmessers hat hingegen weniger Unterhaltungswert und passt dafür besser in die Kategorie PRAKTISCHE TIPPS & STYLING.

8.1.5 Mit Untertiteln das Publikum vergrößern

Untertitel sind eine großartige Möglichkeit, Videos für ein größeres Publikum verständlich zu machen. Dabei wird das Gesprochene im unteren Teil des Videos in Textform eingeblendet, und der Zuschauer kann während des Abspielens den Text mitlesen. Mit Untertiteln erreichen Sie vor allem zwei entscheidende Nutzergruppen, die Ihre Videos sonst nicht verstehen würden: hörgeschädigte Nutzer und Nutzer aus anderen Ländern, die die gesprochene Sprache nicht verstehen. Die Zuschauer können Untertitel deaktivieren, wenn sie keinen Bedarf danach haben.

In geringem Maß wertet YouTube auch die Untertitel aus, um herauszufinden, ob das Videothema zu der Suchanfrage passt. Wenngleich die Berücksichtigung bei Weitem nicht so stark ist wie bei dem Videotitel oder der Videobeschreibung, kann dies immer noch große Auswirkungen auf eine höhere Watchtime haben: Wenn Nutzer die Inhalte durch Untertitel besser verstehen können, sehen sie sich das Video auch länger an.

Untertitel können während des Schnitts im Schnittprogramm angelegt und gesondert exportiert werden oder direkt im YouTube-Studio eingegeben werden. Klicken Sie dazu nach dem Upload des Videos auf BEARBEITEN und dann im oberen Menü auf UNTERTITEL. Im darauffolgenden Abschnitt können Sie die Untertitel mit der jeweiligen Anzeigedauer festlegen (siehe Abbildung 8.3).

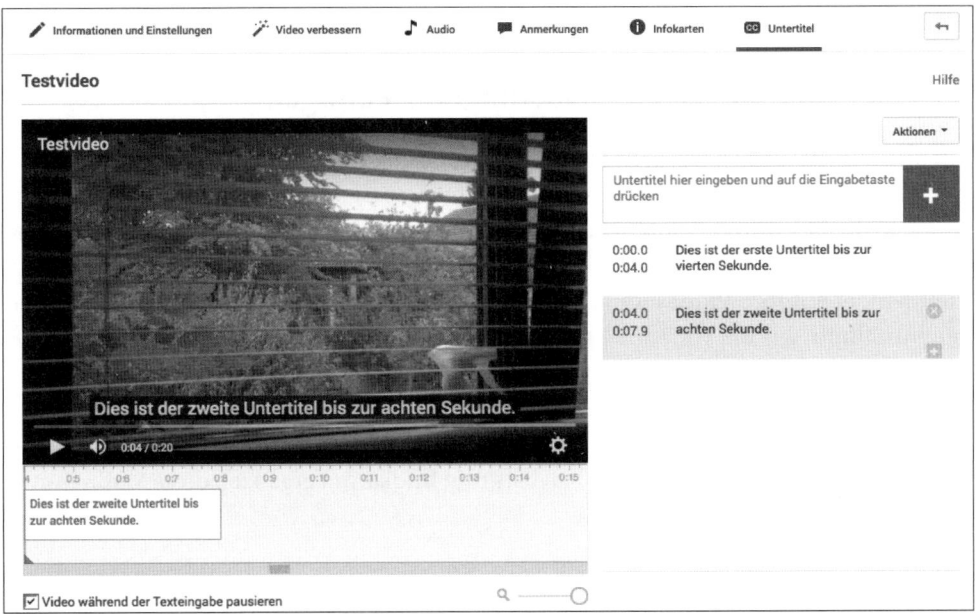

Abbildung 8.3 Untertitel können direkt auf YouTube erstellt, bearbeitet und in einer Live-Vorschau betrachtet werden.

Werden keine Untertitel eingegeben, kann YouTube automatische Untertitel erzeugen. Die Untertitelung ist jedoch nicht sehr zuverlässig, weshalb eine manuelle Eingabe immer bevorzugt werden sollte. Sollten Sie eine bestimmte Sprache nicht selbst beherrschen, können Sie Untertitelvorschläge der Community entgegennehmen. Achten Sie aber bei Unternehmenskanälen unbedingt darauf, dass Sie keine Garantie für eine korrekte Übersetzung haben und sich eventuell auf geschäftsschädigende Fehlübersetzungen einlassen.

Aufbau einer SRT-Datei

Untertitel lassen sich auch mit einem einfachen Texteditor verfassen und beispielsweise im SubRup-Format mit der Endung *.srt* speichern, um sie auf YouTube hochzuladen. Dabei müssen die Untertitel inklusive Timecode wie in folgendem Beispiel eingegeben werden:

```
1
00:00:00,000 --> 00:00:04,000
Dies ist der ERSTE Untertitel bis zur VIERTEN Sekunde.

2
00:00:04,001 --> 00:00:08,000
Dies ist der ZWEITE Untertitel bis zur ACHTEN Sekunde.
```

8.2 Elemente für die Zuschauerbindung einfügen

Ein nicht unwesentlicher Aspekt für den YouTube-Algorithmus ist die Anzahl der Abonnenten und Views, die ein Kanal vorweisen kann. Das ist auch logisch, denn je mehr Nutzer sich für bestimmte Inhalte längerfristig interessieren, desto relevanter scheinen diese Inhalte zu sein. Nachdem Sie bereits Ihre Videos so optimiert haben, dass möglichst viele Nutzer auf Ihre Videos und Ihren Kanal aufmerksam werden, erfahren Sie in diesem Abschnitt, wie Sie YouTube-Elemente nutzen, um Zuschauer für weitere Inhalte zu interessieren und langfristig zu binden. In diesem Kapitel haben Sie bereits erfahren, dass Sie weitere Videos in der Videobeschreibung verlinken sollten. In Abschnitt 6.1.4 haben Sie zudem die Endcard als Mittel zur Zuschauerbindung kennengelernt, deren Programmierung dort erklärt wird. Playlists und Infokarten ergänzen diese Maßnahmen.

8.2.1 Playlists anlegen

Playlists eignen sich sehr gut, um Nutzer auf weitere Inhalte eines Kanals aufmerksam zu machen. Sie bekommen dadurch einen besseren Überblick über die angebotenen Inhalte und entdecken so neue Videos, die sie vorher nicht in Betracht gezogen hätten.

Sobald auf einem Kanal mehrere Formate, Staffeln oder erkennbare Sinnabschnitte vorhanden sind, sollten die Videos in Playlists organisiert werden. Mit ihrer Hilfe lassen sich Videos zu einem gleichen Thema gruppieren und mit einem Titel versehen. Der Nutzer kann alle angelegten Playlists über einen extra Tab auf dem Kanal einsehen.

Wie Sie in Abbildung 8.4 sehen, können Playlists auf der Kanalübersicht angezeigt werden und eignen sich damit auch, um Videos einzelner Formate zu präsentieren. Insbesondere auf der Kanalübersicht hat der Nutzer dadurch eine bessere Übersicht und sieht auf einen Blick, was Ihr Kanal an Bandbreite zu bieten hat. Playlists werden aber auch in den Ergebnissen der YouTube-Suche angezeigt, wo sie sich beispielsweise gut für die Zusammenstellung von Musikalben eignen.

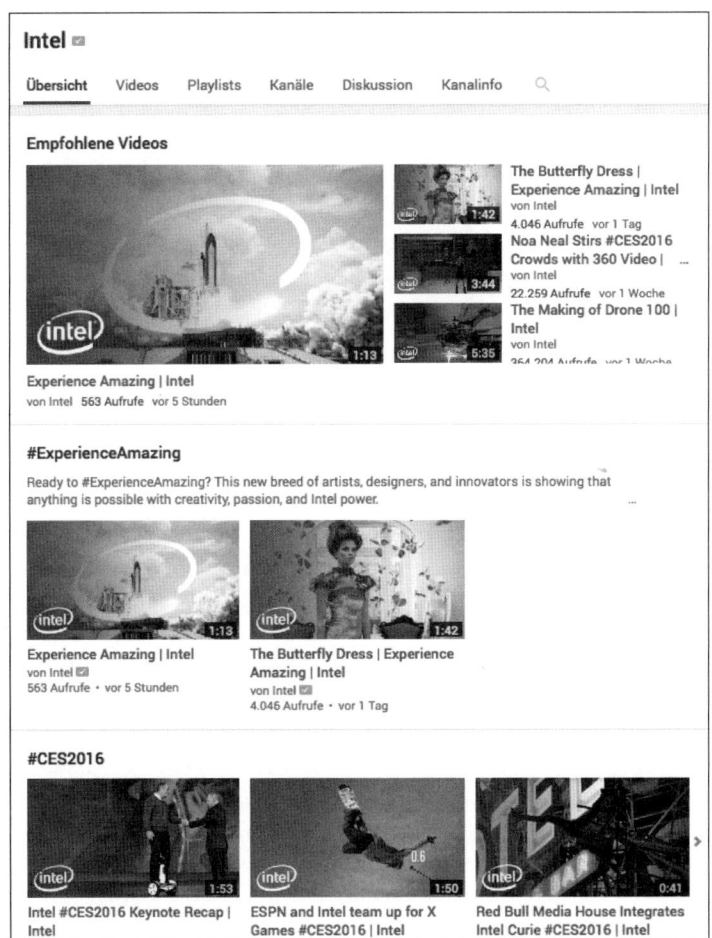

Abbildung 8.4 Intel verwendet auf seinem Kanal zahlreiche Playlists und strukturiert damit die Kanalübersicht (Quelle: www.youtube.com/user/channelintel).

Klickt der Nutzer ein einzelnes Video in einer Playlist an, wird es wie üblich im YouTube-Player abgespielt. Wählt er allerdings die Wiedergabe der gesamten Playlist aus, werden die einzelnen Videos in der angelegten Reihenfolge automatisch wie in Abbildung 8.5 hintereinander abgespielt. Das ist unter anderem beim Anklicken von Playlists in der YouTube-Suche der Fall. Idealerweise können Sie dadurch erreichen, dass sich der Zuschauer mehrere Ihrer Videos ansieht und auch Videos kennenlernt, die bereits älter sind. Das steigert die Verweildauer und damit die Relevanz Ihres Kanals.

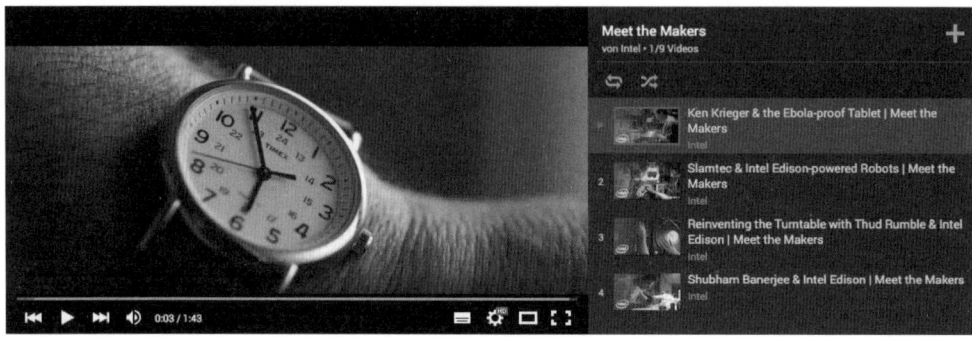

Abbildung 8.5 Bei der Wiedergabe einer Playlist werden die enthaltenen Videos wie hier beim Kanal von Intel automatisch hintereinander abgespielt. Im Player erscheinen zusätzliche Vor- und Zurück-Buttons (Quelle: www.youtube.com/user/channelintel).

Playlists werden im Video-Manager des YouTube-Studios angelegt. Nach der Eingabe eines Titels können Sie bereits veröffentlichte Videos der Playlist hinzufügen. Videos können auch automatisch hinzugefügt werden. Dazu wählen Sie in den Playlist-Einstellungen AUTOMATISCH HINZUFÜGEN aus und legen in den Regeln fest, nach welchen Kriterien YouTube Ihre neuesten Videos der ausgewählten Playlist hinzufügen soll. Geben Sie beispielsweise im Videotitel den Namen der Formate an, können Sie die einzelnen Formattitel als Kriterium für das Hinzufügen zu einer passenden Playlist nutzen.

Es ist auch möglich, Videos anderer Kanäle eigenen Playlists hinzuzufügen. Arbeiten Sie im Rahmen einer Kampagne mit YouTube-Stars zusammen, die Videos mit Bezug zu Ihrer Kampagne veröffentlichen, können Sie eine Playlist auf Ihrem eigenen Kanal anlegen und diese Videos hinzufügen. Dazu suchen Sie beim Hinzufügen von Videos über das Feld VIDEOSUCHE nach dem gewünschten Video oder fügen die URL direkt in das entsprechende Feld ein.

Sie können die Reihenfolge der Videos durch Drag & Drop verändern oder über die Playlist-Einstellungen eine Sortierungsart wählen. Empfehlenswert ist die Sortierung von Neu nach Alt absteigend. So bekommt der Nutzer die neuesten Videos mit der größten Aktualität zuerst angezeigt.

Um eine Playlist auf der Kanalübersicht zu präsentieren, müssen Sie zunächst die Kanalübersicht aktivieren. Fahren Sie dazu auf Ihrem Kanal mit der Maus rechts unter das Kanalbild, und klicken Sie auf den nun eingeblendeten Stift. Wählen Sie KANAL-NAVIGATION BEARBEITEN, und aktivieren Sie die Anzeige der Übersicht. Anschließend können Sie auf dem Kanal Abschnitte hinzufügen und diese mit einzelnen Playlists bestücken.

8.2.2 Infokarten einfügen

Infokarten können weiterführende Informationen und Links zu anderen Videos, Kanälen oder externen Seiten enthalten und werden im oberen rechten Bereich des Videos als kleines »i« sowie an den gewünschten Stellen kurzzeitig als Titel angezeigt. Sie können vom Nutzer während des Videos aufgeklappt werden und tragen dazu bei, die Zuschauer für weitere Videos oder Links zu begeistern. Infokarten sind im Vergleich zu manchen Anmerkungen weniger störend und werden sowohl im Desktop-Browser als auch auf mobilen Endgeräten angezeigt. Werden die Karten vom Nutzer eingeblendet, sind alle im Video vorkommenden Infokarten in einer Seitenleiste über dem Video sichtbar (siehe Abbildung 8.6).

Abbildung 8.6 Aufgeklappte Infokarten in einem Video des Kanals CokeTV (Quelle: www.youtube.com/user/CokeTV)

8.2.3 Anmerkungen programmieren

Es gibt verschiedene Anmerkungstypen: Sprechblase, Hinweis, Titel, Spotlight und Label. Allen gemeinsam ist, dass sie nur im Desktop-Browser angezeigt werden und auf mobilen Endgeräten nicht funktionieren. Die meisten Anmerkungstypen werden von den YouTube-Nutzern als störend angesehen und deshalb bei Erscheinen vielfach über die Player-Einstellungen ausgeblendet – mit Ausnahme des Spotlights. Mithilfe des Spotlights können Sie einen interaktiven Bereich im Video markieren, auf den die Nutzer klicken können, um einen Link aufzurufen. Hinter diesem Link können sich die verschiedensten Inhalte verbergen: Links zu weiteren Videos Ihres Kanals, zu externen Websites, Social-Media-Accounts oder auch der Link zum Abonnieren des Kanals. Damit eignet sich das Spotlight vor allem für die Programmierung der in Abschnitt 6.1.4 vorgestellten Endcard, auf der die einzelnen Elemente bereits gestaltet wurden.

Um ein Spotlight einzurichten, laden Sie zunächst das Video hoch und klicken danach im Menü auf ANMERKUNGEN. Im ANMERKUNGEN-Dialog spulen Sie das Video bis zur Endcard vor und platzieren eine Spotlight-Anmerkung im Video. Den nun angezeigten Rahmen platzieren Sie auf dem zu verlinkenden Objekt und skalieren ihn entsprechend der Objektgröße. Im Anschluss legen Sie im Dialog des Spotlights einen Link mit dem gewünschten Ziel an. Abschließend passen Sie die Dauer aller angelegten Verlinkungen entsprechend der Anzeigedauer im Video an.

8.2.4 Best Practice: Intel

Wie bereits an Beispielen aufgezeigt, setzt Intel auf seinem Kanal einiges sehr vorbildlich um, was die Veröffentlichung der Videos betrifft. Intel betreibt mehrere YouTube-Kanäle für unterschiedliche Unternehmensbereiche, weshalb an dieser Stelle erwähnt sei, dass es sich um den Hauptkanal unter der Adresse *www.youtube.com/user/channelintel* handelt.

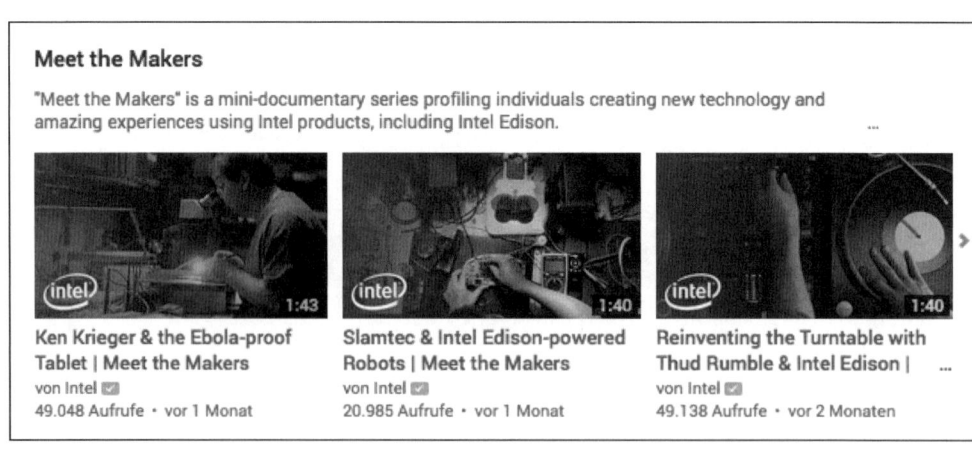

Abbildung 8.7 Videos auf dem Kanal von Intel, organisiert in einer Playlist (Quelle: www.youtube.com/user/channelintel)

In Abbildung 8.7 sehen Sie einen Ausschnitt der Kanalübersicht, der die ersten drei Videos der Playlist »Meet the Makers« zeigt. In dieser Playlist werden die dem Format »Meet the Makers« zugehörigen Videos organisiert.

Der Videotitel der einzelnen Videos ist dabei nach dem Prinzip »Inhalt | Formattitel« aufgebaut, wobei der Inhaltsbereich einen direkten Bezug zum Videoinhalt aufweist. Wenn möglich, verwendet Intel den eigenen Markennamen als Keyword im Videotitel, was hilfreich bei Suchanfragen ist, um die Videos der eigenen Marke herauszustellen.

Intel verwendet eine einheitliche Gestaltungsvorlage für die Vorschaubilder, in der das Logo und ein blauer Verlauf über ein Standbild gelegt werden. So sind die Videos auch außerhalb des Kanals leicht dem Intel-Kanal zuzuordnen. Das für die Vorschau verwendete Bild hat Bezug zum Videoinhalt und zeigt häufig agierende Personen oder deren Hände.

Videotitel und Vorschaubild bilden auf dem Kanal eine Einheit: Das Vorschaubild weckt mit ungewöhnlichen, auf Technologie bezogenen Bildwelten das Interesse des Nutzers, während der Videotitel weitere Hinweise auf den Inhalt gibt, die dem Vorschaubild alleine nicht zu entnehmen sind.

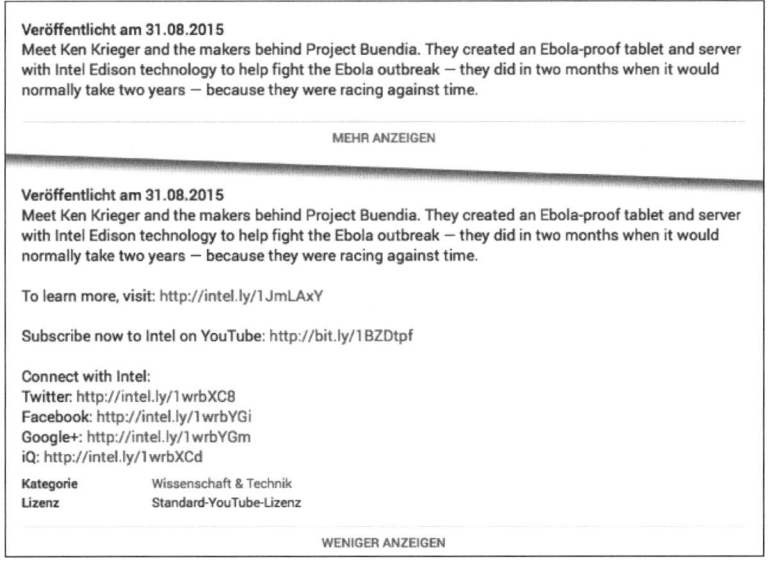

Abbildung 8.8 Die Videobeschreibung des Videos »Ken Krieger & the Ebola-proof Tablet | Meet the Makers« von Intel (Quelle: youtu.be/jiS46A10Wy0)

Die Videobeschreibung ist übersichtlich strukturiert (siehe Abbildung 8.8) und folgt dem gleichen Muster bei allen Videos. Im nicht ausgeklappten Zustand sind die ersten drei Zeilen lesbar, die ausgeklappt durch Links zu einer Landingpage, der Aufforderung, den Kanal zu abonnieren und Links zu weiteren Social-Media-Seiten ergänzt werden. Intel nutzt dazu eine eigene Short-URL, um die Links zu kürzen und zu tracken.

Die Videos werden von Intel nicht manuell untertitelt. Allerdings sind auf dem Kanal automatische Untertitel aktiviert, die durch die klaren Sprachaufnahmen erstaunlich genau sind und somit das Publikum durchaus erweitern können.

8.3   Social-Media-Netzwerke für den YouTube-Kanal nutzen

Wenngleich YouTube ein einzigartiges Konzept für Videos anbietet, ist die Plattform längst nicht mehr die einzige, die den Austausch von Bewegtbild ermöglicht. Facebook, Twitter, Instagram, Vine und Snapchat sind die derzeit heißesten Kandidaten, um mit Videos viele Menschen zu erreichen. Die Konzepte könnten dabei allerdings nicht unterschiedlicher sein, und so gilt: Nur wer die Eigenheiten der Plattform kennt, kann seine Videos dort auch erfolgreich platzieren.

Es ist wichtig, andere Plattformen regelmäßig zu bedienen: Ihr YouTube-Kanal kann selbst bei einem Abonnement schnell untergehen oder in Vergessenheit geraten, wenn der Nutzer vorübergehend nicht so viel auf YouTube aktiv ist, und so müssen Sie dafür sorgen, dass Ihren Abonnenten, Fans und Followern Ihr YouTube-Dasein immer wieder ins Gedächtnis gerufen wird. In einem sozialen Netzwerk wie Facebook sind die meisten Menschen tagtäglich aktiv, um Inhalte zu entdecken und über die Videos hinaus mit Ihnen in Kontakt zu bleiben. Hier können Sie also ansetzen, um immer wieder neue Aufmerksamkeit für Ihre Videos zu generieren.

Da es sich in diesem Buch um YouTube dreht, werden im Folgenden Möglichkeiten genannt, wie Sie die genannten Plattformen und Apps für die Gewinnung neuer Zuschauer und Abonnenten auf Ihrem YouTube-Kanal nutzen können. Selbstverständlich eröffnen alle Netzwerke im Rahmen Ihrer Social-Media-Strategie noch wesentlich mehr Möglichkeiten des crossmedialen oder transmedialen Storytellings. Seien Sie kreativ, und kombinieren Sie die unterschiedlichen Plattformen miteinander!

8.3.1   Facebook

Das soziale Netzwerk Facebook hat nach eigenen Angaben rund 1 Milliarde Nutzer, die sich täglich einloggen. Damit zählt das Netzwerk zu den meistgenutzten Websites und ermöglicht neben Statusupdates mit Text und Bildern auch das Hinzufügen von Videos.

Anders als bei YouTube kann man auf Facebook nicht nach einzelnen Videos suchen. Vielmehr werden die Videos wie alle anderen Inhalte auf Facebook im nach Aktualität sortierten Newsstream des Nutzers angezeigt. Für jeden Nutzer wird dabei kontinuierlich ein Interessenprofil generiert, über das die im Newsstream angezeigten Inhalte priorisiert und selektiert werden.

Um Facebook-Videos zielführend für den YouTube-Kanal zu nutzen, gibt es zunächst drei Varianten: Facebook-Exclusive-Content, einfache Links zum YouTube-Video oder den Upload von Videoausschnitten. Erstere Variante ist mit zusätzlichem Drehaufwand verbunden, kann richtig umgesetzt jedoch wirkungsvoller sein als ein einfacher Videoausschnitt. Links zu neuen YouTube-Videos sollten Sie grundsätzlich immer veröffentlichen, aber durch die geringere Wertung des Facebook-Algorithmus für externe Links und die ungünstigere Playeransicht erreicht diese Variante im Vergleich eine geringere Aufmerksamkeit als ein natives Video.

Als gutes Beispiel für exklusive Inhalte auf Facebook – wenn auch nicht mit dem Ziel, Aufmerksamkeit für einen YouTube-Kanal zu erhalten, sondern für eine TV-Sendung zu erregen – ist die Fernsehsendung »GRIP – Das Motormagazin«. Um die Facebook-Nutzer zum Einschalten der Sendung zu bewegen, veröffentlichen die Moderatoren kurz vor der Sendung exklusive Handyvideos vom Dreh, in denen Sie mit Making-of-Material Lust auf die Sendung machen. In der direkten Ansprache fordern Sie die Nutzer am Ende des Videos auf, zur Sendezeit einzuschalten – ausgetauscht gegen den Hinweis auf ein neues YouTube-Video, erzielen Sie damit eine außerordentliche Wirkung.

Dank der Autoplay-Funktion von Facebook starten die Videos standardmäßig automatisch, wenn der Nutzer über das Video scrollt. Die Funktion hat allerdings einen Haken: Der Ton ist zunächst abgeschaltet. Untertiteln Sie Ihre Videos also gegebenenfalls direkt im Videomaterial, und sorgen Sie für aussagekräftige Bilder ab der ersten Sekunde: Können Sie den Nutzer in den ersten Sekunden überzeugen, wird er sich das Video vielleicht auch mit Ton ansehen, und die Chance steigt, ihn mit Ihrer Botschaft zu erreichen.

Die Autoplay-Funktion startet allerdings nur mit nativen Facebook-Videos und nicht mit extern eingebundenen Playern wie dem YouTube-Player. Laden Sie Ihre Videos also direkt auf Facebook hoch, anstatt einfach nur einen Link zu YouTube zu posten, damit die Videos auch automatisch gestartet werden.

Für Facebook-Videos gilt der altbekannte Satz »In der Kürze liegt die Würze«: Halbstündige Filme sind für den Newsstream ungeeignet. Gute Facebook-Videos sind 15 bis maximal 30 Sekunden lang und bringen interessante Geschichten auf den Punkt. Halten Sie sich immer vor Augen, dass ein Facebook-Video nur einer von vielen Inhalten im Newsstream ist, durch den der Nutzer scrollt. Mit langen Videos hält sich der Nutzer deshalb im Newsstream nicht auf.

Eine wesentliche Funktion von Facebook ist das Teilen: Erzählen Sie also Geschichten, die es wert sind, geteilt zu werden. Inhalte werden immer dann geteilt, wenn das Teilen einen Mehrwert für den Nutzer bietet: Ist das Video beispielsweise so witzig, dass man damit anderen eine Freude machen kann? Oder ist die Botschaft so stark, dass man damit seinen eigenen Standpunkt untermauern kann? Fragen Sie sich, welchen Mehrwert das Teilen eines Videos für den Nutzer bietet. Je öfter das Video schließlich geteilt wird, desto größer wird Ihr Publikum. Vermeiden Sie jedoch direkte Aufforderungen zum Teilen der Videos im Facebook-Text: Das Betteln um Likes und Shares wird durch den Facebook-Algorithmus erkannt und mit einer geringeren Reichweite abgestraft.

Geben Sie dem Nutzer am Ende des Videos einen Hinweis, was er jetzt machen kann: Er soll Ihr YouTube-Video ansehen? Dann verlinken Sie das Video mit der Call-to-Action-Funktion von Facebook. Dadurch wird nach dem Video ein Link eingeblendet, dem der Betrachter folgen kann. Wenn Sie den Link zusätzlich in den Text des Facebook-Postings einbauen, ist er auch bereits vor Videoende sichtbar.

8.3.2 Twitter

Twitter hat sich als Kurznachrichtendienst mit maximal 140 Zeichen einen Namen gemacht. Neben Texten und Fotos bietet das Netzwerk mittlerweile auch das Veröffentlichen von Videos an. Die Videos dürfen dabei maximal 30 Sekunden lang sein und werden in der Timeline des Nutzers angezeigt. Native Videos, GIFs und Videos des Netzwerkes Vine[1] werden durch die Autoplay-Funktion ähnlich wie bei Facebook automatisch abgespielt.

Damit bietet es sich an, auf Twitter einen interessanten Ausschnitt oder einen Teaser für Ihr YouTube-Video zu veröffentlichen. Im Text des Tweets verlinken Sie dann ergänzend das vollständige Video auf YouTube. Denken Sie auch auf Twitter daran: Sie müssen möglichst ab der ersten Sekunde mit starken Bildern überzeugen, damit der Nutzer nicht über das Video hinwegscrollt.

8.3.3 Instagram

Instagram ist ein von Facebook aufgekaufter Dienst mit über 300 Millionen Nutzern, über den Fotos mit anderen Nutzern geteilt werden können. Dazu dient in erster Linie

---

1 Vine wird in diesem Kapitel übrigens nicht gesondert genannt. Der Grund ist einfach: Vine-Videos haben einen völlig eigenen Charakter und lassen sich nicht ohne Weiteres für das Anwerben von YouTube-Kanälen nutzen. Zudem hat Vine in Deutschland eine relativ geringe Bedeutung. Wer sich dennoch für Vine interessiert, kann sich die Aktivitäten der Marken Opel und Coca-Cola als gut gemachte Beispiele ansehen.

eine mobile App. Neben Fotos können auch Videos mit maximal 15 Sekunden veröffentlicht werden. Wie bei Facebook werden die Fotos und Videos in einem Stream angezeigt, wobei die neuesten Beiträge als Erstes erscheinen. Scrollt der Nutzer über ein Video, startet es automatisch. Der Ton wird allerdings erst abgespielt, nachdem das Video angetippt wurde. Fotos und Videos können über die App aufgezeichnet und direkt veröffentlicht werden. Alternativ können bereits aufgezeichnete Daten aus dem Smartphone-Speicher veröffentlicht werden.

Für Instagram gilt wie für Facebook: Die Aufmerksamkeit mit Videos erlangt nur, wer ab der ersten Sekunde überzeugt und die Nutzer fesseln kann. Der Nutzer scrollt schließlich über die Beiträge und ist im schlimmsten Fall bereits innerhalb eines Wimpernschlags über Ihr Video hinweg. Wecken Sie jedoch schnell sein Interesse, wird er am Video hängenbleiben und es mit eingeschaltetem Ton weiter anschauen. Sie sollten zudem beachten, dass die Videos in einer Endlosschleife ablaufen. Nach spätestens 15 Sekunden beginnen die Videos auf Instagram wieder von vorn.

Da in einem Instagram-Stream alle Beiträge der verfolgten Accounts angezeigt werden, begrenzen Sie unbedingt Ihre Posting-Frequenz. Mit mehr als ein oder zwei Beiträgen pro Tag erreichen Sie nicht mehr, sondern nerven Ihre Follower und verlieren an Reichweite. Veröffentlichen Sie auch nicht alle Beiträge auf einen Schlag, sondern einzeln, dafür aber regelmäßig.

Damit der Instagram-Nutzer auf Ihren YouTube-Kanal gelangt, müssen sie diesen auch verlinken. In der Foto-/Videobeschreibung können Sie Links zwar einfügen, der Nutzer kann diese aber nicht anklicken oder kopieren. Gängige Praxis ist es deshalb, das zuletzt veröffentlichte Video oder den Kanal in der Profilbeschreibung zu verlinken und den Nutzer auf diesen Link aufmerksam zu machen. In der Profilbeschreibung sind die eingefügten Links anklickbar und führen den Nutzer direkt zum gewünschten Ziel. Kürzen Sie Ihre Links unbedingt mit einem Dienst wie bit.ly, um nachzuverfolgen, wie oft und wann der Link angeklickt wurde.

Bleibt die Frage: Was erwartet der typische Instagram-Nutzer, wenn Sie ihn für Ihren YouTube-Kanal gewinnen möchten? Da die Videos nur 15 Sekunden lang sein können, bieten sich vor allem extra zusammengeschnittene Ausschnitte des YouTube-Videos oder extra produzierte Hintergrundvideos vom Set an. Möglich ist auch, in 15 Sekunden eine moderierende Person auf das YouTube-Video aufmerksam machen zu lassen.

Auch auf Instagram haben Hashtags eine stark filternde Funktion und lassen Nutzer Inhalte entdecken, die sie vorher noch nicht kannten. Verwenden Sie also nicht nur Hashtags, die individuell für Ihren Social-Media-Auftritt sind, sondern auch Hashtags, die häufig verwendet werden und zu Ihrer Thematik passen.

8.3.4 Snapchat

Snapchat ist als App für mobile Betriebssysteme verfügbar und erlaubt es den Nutzern, maximal 10 Sekunden lange Fotos und Videos in privaten Nachrichten oder in sogenannten Storys zu veröffentlichen. Während die Inhalte der privaten Nachrichten nur zum einmaligen Abruf verfügbar sind und danach verfallen, bleiben Storys 24 Stunden lang bestehen und können beliebig oft angesehen werden. In Storys werden die einzelnen veröffentlichten Fotos und Videos für die festgelegte Dauer hintereinander angezeigt.

Für Unternehmen und Marken ist vor allem die Storys-Funktion interessant. Sie erlaubt es, Inhalte mit allen »Freunden«[2] zu teilen. Da Snapchat für die Storys keinen Upload voraufgezeichneten und bearbeiteten Materials ermöglicht, ist die Authentizität des Mediums sehr hoch. Die wenigen Bearbeitungsmöglichkeiten erlauben keine großartigen Bildmanipulationen. Die App drängt außerdem zu einer umgehenden Veröffentlichung, bevor weitere Inhalte aufgezeichnet und publiziert werden können.

Snapchat ist also ein Sofortmedium. Als Ergänzung zu einem YouTube-Kanal übernimmt es die Rolle von Follow-me-arounds mit Hintergrund- und Making-of-Material. Veranstalten Sie beispielsweise als Modeunternehmen eine Modenschau, kann ein mit Snapchat ausgestatteter Mitarbeiter oder Influencer direkt von der Veranstaltung berichten. Auf Snapchat werden die Inhalte umgehend veröffentlicht und erzeugen dadurch ein gesteigertes Gefühl von Immersion – die Nutzer fühlen sich Ihrer Veranstaltung vergleichsweise nah und können an den Geschehnissen teilhaben. Drehen Sie über diese Veranstaltung ein ausführlicheres YouTube-Video, können Sie dies in den Snaps ankündigen.

Oder stellen Sie sich vor, Sie drehen ein neues Video und veröffentlichen auf Snapchat einen kurzen Einblick in Ihren Dreh. Versehen Sie die Snaps mit interessanten Hintergrund-Einblicken, und weisen Sie die Nutzer darauf hin, auf welchem Kanal sie das gedrehte Video demnächst finden können.

Snapchat hat allerdings einen entscheidenden Haken: Wie erfahren Nutzer davon, dass Sie überhaupt auf Snapchat vertreten sind? Sollten Sie nicht bereits eine Snapchat-Community besitzen, gibt es schließlich keine Möglichkeit, einfach so entdeckt zu werden. In der Tat ist das ein Problem, für das in der App selbst derzeit keine Lösung existiert. Da Snapchat aber auch nicht Ihr einziger Kanal sein sollte, können Sie etwa Facebook, Instagram und Twitter dazu nutzen, Ihren Snapchat-Namen bekannt zu machen. Weisen Sie

---

2 Snapchat verwendet den Begriff »Freunde«. Eine »Freundschaft« muss für Snapchat aber nicht auf Gegenseitigkeit beruhen, sodass hier eigentlich der Begriff »Follower« angebrachter wäre, der zum Beispiel auf Twitter und Instagram für das gleiche Vernetzungsprinzip genutzt wird.

auch in Ihren YouTube-Videos darauf hin, dass Sie auf Snapchat aktiv sind und was der Nutzer dort an Zusatzmaterial erwarten kann – beispielsweise auf der Endcard.

Snapchat lässt sich aber auch sehr gut für die Interaktion mit den Zuschauern nutzen. Dazu können Sie sich beispielsweise Fragen für ein Q&A-Video privat zuschicken lassen und die Fragen in Ihr Video einbauen. Ein gutes Beispiel ist der Kanal »Mr. Ben Brown«, der genau diese Möglichkeit bereits genutzt hat (Link: *youtu.be/4fUidn9Uifk*).

8.3.5   Google+

Mit Google+ hatte Google die Bestrebung, ein weiteres soziales Netzwerk zu etablieren. Die Funktionalität ähnelt der von Facebook, und so können auch Videos veröffentlicht werden. YouTube und Google+ sind dabei eng miteinander verzahnt, wobei Google die Kommentarfunktion unter den YouTube-Videos lange Zeit vollständig über Google+-Accounts abwickelte. Das ist mittlerweile nicht mehr der Fall. Tendenziell sind auf Google+ wesentlich weniger Nutzer aktiv. Nichtsdestotrotz können Sie das Potenzial nutzen und die veröffentlichten YouTube-Videos als Verlinkung auf einer eigenen Google+-Seite veröffentlichen. Sollte Ihre Zielgruppe auf Google+ aktiv sein, wird sie dadurch auf neue Videos aufmerksam gemacht.

8.3.6   Best Practice: FunForLouis

FunForLouis ist der YouTube-Kanal von Louis Cole, einem britischen YouTube-Star. Louis Cole produziert auf seinem Kanal ein täglich erscheinendes Format, in dem er die Zuschauer auf seine Reisen rund um die Welt mitnimmt. Louis Cole versteht es auf eindrucksvolle Weise, alle großen sozialen Netzwerke mit Inhalten zu bedienen und mit seinen Zuschauern über die YouTube-Videos hinaus zu interagieren. Darüber hinaus ist er an dem Netzwerk Storie beteiligt, über dessen App er exklusive Videoinhalte teilt.

Das Vlog-Format präsentiert Cole in erster Linie auf seinem in Abbildung 8.9 zu sehenden YouTube-Kanal. Bei dem im Screenshot abgebildeten Video »FLYING IN LIGHTNING STORM!« handelt es sich um das zuletzt veröffentlichte Video. Auf dem Twitter-Account funforlouis (siehe Abbildung 8.12) teilt er bei Veröffentlichung eines neuen Videos den entsprechenden Link zu seinem YouTube-Kanal. Er nutzt Twitter aber auch zur Interaktion mit seinen Followern und veröffentlicht Hinweise auf seine Instagram-Veröffentlichungen.

Cole nutzt Instagram für die Veröffentlichung von Fotos, die auf seinen Reisen entstehen (siehe Abbildung 8.10). Er stellt damit Hintergrundmaterial zu seinen YouTube-Videos bereit, das in einer vergleichsweise kurzen Zeit konsumiert werden kann. Ist ein Abonnent beispielsweise zeitlich nicht in der Lage, ein Video anzusehen, wird er dennoch über Instagram visuell am Geschehen beteiligt und »auf dem Laufenden gehalten«.

Gut erkennbar sind die visuellen Überschneidungen der Inhalte. Obwohl es sich mit Fotos, Videos und Texten um andere Inhaltsformen handelt, ist auf den ersten Blick erkennbar, dass ein crossmedialer Ansatz vorhanden ist: Bilder und Videos werden auf den unterschiedlichen Plattformen so geteilt, dass sie zusammengenommen wirken.

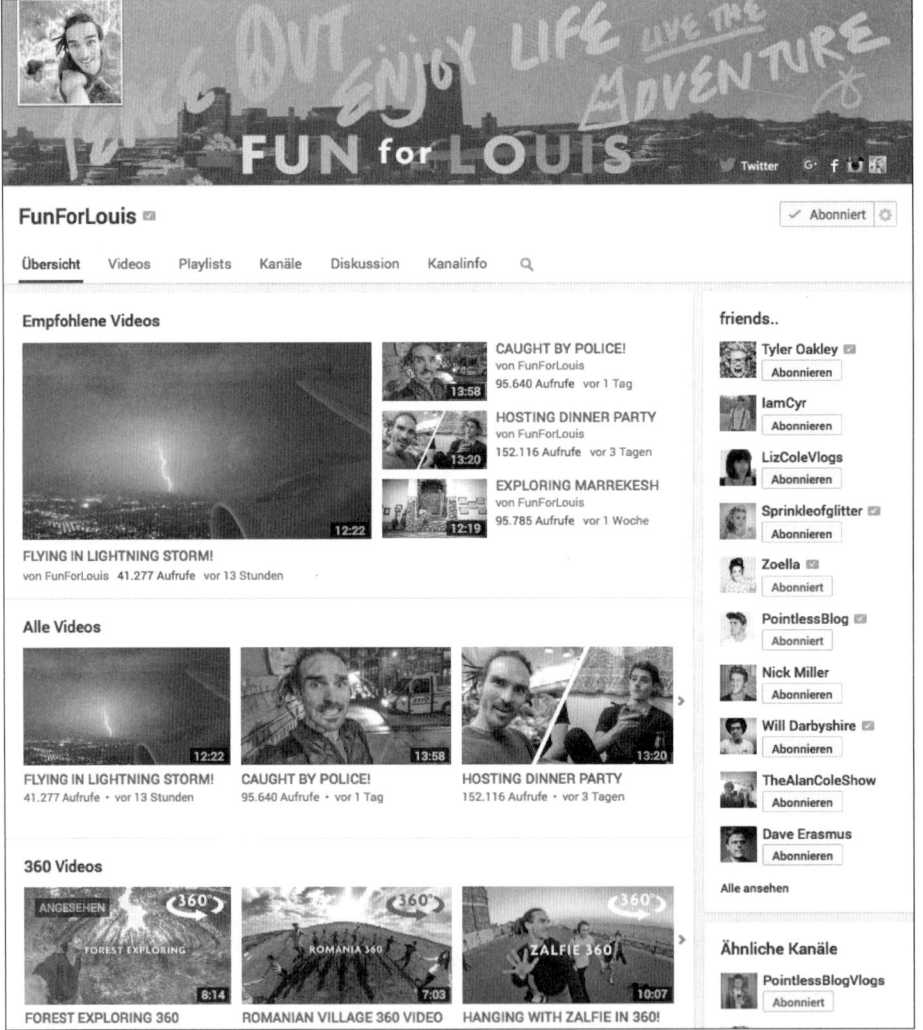

Abbildung 8.9 Der YouTube-Kanal FunForLouis (Quelle: www.youtube.com/user/FunForLouis)

Die auf Instagram erscheinenden Bilder werden zudem auf der Facebook-Seite FunForLouis geteilt (siehe Abbildung 8.11). Auch hier steht im Vordergrund, dass der Fan auf dem Laufenden bleibt und ihm die Marke FunForLouis immer wieder visuell ins Gedächtnis gerufen wird. Der Facebook-Account wird vereinzelt auch für die Veröffentlichung von Videos genutzt, wie beispielsweise 360-Grad-Videos.

Abbildung 8.10 Der Instagram-Account von funforlouis (Quelle: www.instagram.com/funforlouis/)

Auf dem Google+-Account in Abbildung 8.13 werden die Videos direkt bei Veröffentlichung geteilt. Cole steigert damit seine Reichweite und die Auffindbarkeit auf Google ohne großen Zusatzaufwand. Eine anderweitige Interaktion findet auf Google+ nicht statt.

Abbildung 8.11 Die Facebook-Seite von Fun For Louis (Quelle: www.facebook.com/FunForLouis)

246

Abbildung 8.12 Der Twitter-Account von funforlouis (Quelle: https://twitter.com/funforlouis)

funforlouis ist auch auf Snapchat vertreten (siehe Abbildung 8.14). Hier werden vor allem zeitkritische Inhalte in Videoform veröffentlicht. Das können beispielsweise Aufrufe zu einem Treffen oder einer Aktion sein. Cole nutzt Snapchat aber auch für Hintergrundmaterial direkt von seinen Reisen, mit dem er auf sein nächstes Video aufmerksam macht und das direkt nach der Aufnahme veröffentlicht wird. Auf Snapchat werden von Cole allerdings wesentlich seltener Inhalte veröffentlicht als in allen anderen vorgestellten Netzwerken.

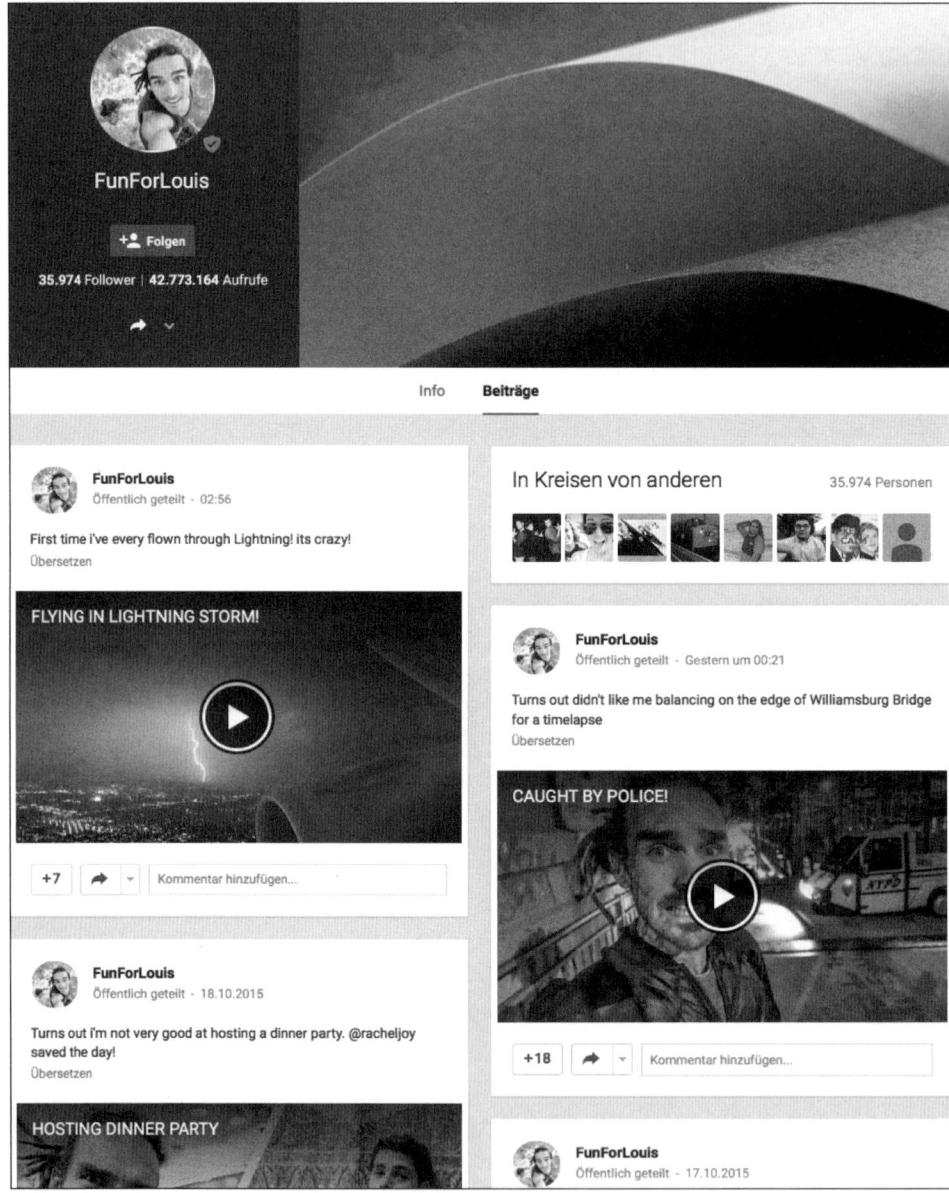

Abbildung 8.13 Die Google+-Seite von FunForLouis (Quelle: https://plus.google.com/ +FunForLouis/posts)

Zuletzt noch ein Snapchat-Tipp: Wenn Sie Ihren Snapchat-Account beispielsweise auf Facebook bewerben möchten, können Sie dazu auch den Link *snapchat.com/add/ NUTZERNAME* nutzen. »NUTZERNAME« ist dabei durch den Namen Ihres Snapchat-Accounts zu ersetzen. Dieser Weg ist für den Nutzer eine komfortable Alternative zum Snapcode, damit er Ihren Account direkt per Klick in der App hinzufügen kann.

Abbildung 8.14 Der Snapchat-Account von FunForLouis
(Quelle: Screenshot des Snapchat-Accounts funforlouis)

Kapitel 9
Die Community

»Traditional marketing talks at people. Content marketing talks with them«, hat der Creative Director und Co-Founder von Velocity, Doug Kessler, einmal gesagt.

9

Der Begriff der *Community* bezeichnet im Internet eine Gruppe von Menschen, die miteinander kommunizieren und in manchen Fällen sogar gemeinsame Projekte organisieren. Mit dem Aufkommen sozialer Netzwerke hat sich der Begriff aber noch etwas gewandelt: Hier umfasst eine Community die Gesamtheit aller Follower, Fans und Abonnenten, die sich um eine bestimmte Thematik herum bilden. Wenn die Rede von »Ihrer« Community ist, sind damit all die Menschen gemeint, die sich online für Ihr Unternehmen und Ihre Marke interessieren. Egal, ob das Fans auf Facebook, Follower auf Twitter und Instagram oder Abonnenten auf YouTube sind: Sie konsumieren Ihre Inhalte und bringen sich gegebenenfalls auch aktiv in die Diskussion unter Ihren Videos ein.

Communitys können lose entstehen, indem sich die Nutzer aus eigenem Interesse beteiligen oder von Ihnen gebildet werden, indem Sie Anreize für eine Gruppenbildung geben. Letzteres wird oftmals auch unter dem Begriff *Community Management* verstanden und hat in den letzten Jahren neue Berufsbilder hervorgebracht. Indem Sie die an Ihrem Unternehmen interessierten Menschen regelmäßig mit exklusiven Neuigkeiten versorgen, Fragen beantworten und die Menschen einbinden, stärken Sie den Zusammenhalt und geben ihnen das Gefühl, zu etwas dazuzugehören – eben zu Ihrer Community.

In den Kommentaren tauschen sich die Zuschauer über das entsprechende Video aus, schreiben Ihnen Ihre Meinung und stellen Fragen, die Sie in Ihren nächsten Videos oder in einem Kommentar beantworten können. Um eine langfristig stabile Community aufzubauen und Markenbegeisterte zu gewinnen, die für Sie einstehen, ist deshalb ein intensives *Monitoring* notwendig. Nur so können Sie auf Kommentare, Wünsche und Fragen eingehen und notfalls unangebrachte Kommentare blockieren. Die Menschen erwarten von Ihnen, dass Sie für eine faire Kommunikation aller Beteiligten sorgen und sich als Moderator gegebenenfalls einbringen.

Dabei müssen auch andere Netzwerke wie Twitter und Instagram mit einbezogen werden, da sich Diskussionen immer auch auf andere von den Zuschauern genutzte Medien verlagern werden – selbst wenn Sie nicht auf den entsprechenden Plattformen aktiv sein sollten. Diese Aufgabe kann zuweilen ziemlich aufwendig sein und erfordet individuelle Strategien und die Nutzung spezieller Funktionen auf den Plattformen, um vor allem bei großen Social-Media-Auftritten den Überblick zu behalten.

Eine treue Community ist der Lohn Ihrer Social-Media-Bemühungen: Menschen, die Ihre Inhalte regelmäßig konsumieren, die über Ihre Marke sprechen, stellen ein großes Potenzial dar. Sie agieren als Fürsprecher für Ihre Marke und stehen in eventuellen Krisenzeiten für Ihr Unternehmen ein. Dank Ihrer Inhalte ist die Community die gut informierte Masse, die Unwahrheiten über Ihr Unternehmen aus der Welt schafft.

Auf YouTube wird die Community durch Zuschauer und Abonnenten gebildet. Manche werden sich regelmäßig an Diskussionen beteiligen und immer wieder in Erscheinung treten, von vielen anderen bekommen Sie online nie etwas mit. Letztere konsumieren Ihre Inhalte vor allem und tragen Ihre Marke offline weiter.

Der Aufbau einer Community ist alles andere als trivial und erfordert ein Verständnis, wie Internet-Communitys aufgebaut sind. In diesem Kapitel erfahren Sie deshalb auch, warum Menschen überhaupt Teil einer Community sein wollen, was die Community von Ihnen erwartet und wie Bestandteile erfolgreicher Community-Arbeit aussehen können.

9.1 Wie sich Communitys zusammensetzen

In allen Online-Communitys gibt es unterschiedlich engagierte Nutzer. Für dieses Buch wurde auf Basis eines umfangreichen Datenschatzes analysiert, wie groß der jeweilige Nutzeranteil für bestimmte Interaktionsformen ist, wie beispielsweise das Kommentieren oder Weiterempfehlen von Videos. Dabei hat sich herausgestellt: Je höher die geforderte Interaktion, desto größer ist die Handlungsschwelle für die Nutzer.

Abbildung 9.1 verdeutlicht diesen Zusammenhang. Je höher der Bereich in der Pyramide, desto intensiver ist die Interaktion mit dem YouTube-Kanal oder einem anderen Social-Media-Kanal. Gleichzeitig wird die Menge der entsprechend agierenden Nutzer nach oben hin immer kleiner. Relativ wenige Nutzer sind aktiv und führen die Diskussion an, die im Verhältnis von vielen Nutzern beobachtet wird und auf deren Basis sie sich eine Meinung bilden:

1. **Beobachten**
   Eine große Menge Menschen beobachtet Ihre Aktivitäten, ohne jedoch direkt Ihre Inhalte online zu konsumieren. Das kann entweder darüber erfolgen, dass Kunden

zwar Ihre Produkte kaufen und wissen, dass Sie auch online aktiv sind, oder aber dass Sie über Dritte von Ihren Aktivitäten erfahren.

2. **Konsumieren**

Eine etwas kleinere Nutzergruppe konsumiert Ihre Inhalte, macht sich in den sozialen Netzwerken aber nicht bemerkbar. Auf YouTube können sie Abonnenten sein und Ihre Videos regelmäßig anschauen oder in unregelmäßigen Abständen auf Ihre Videos gelangen – aufgrund der Empfehlungsfunktion oder auch, weil Sie Inhalte anbieten, die oft über die Suche gefunden werden.

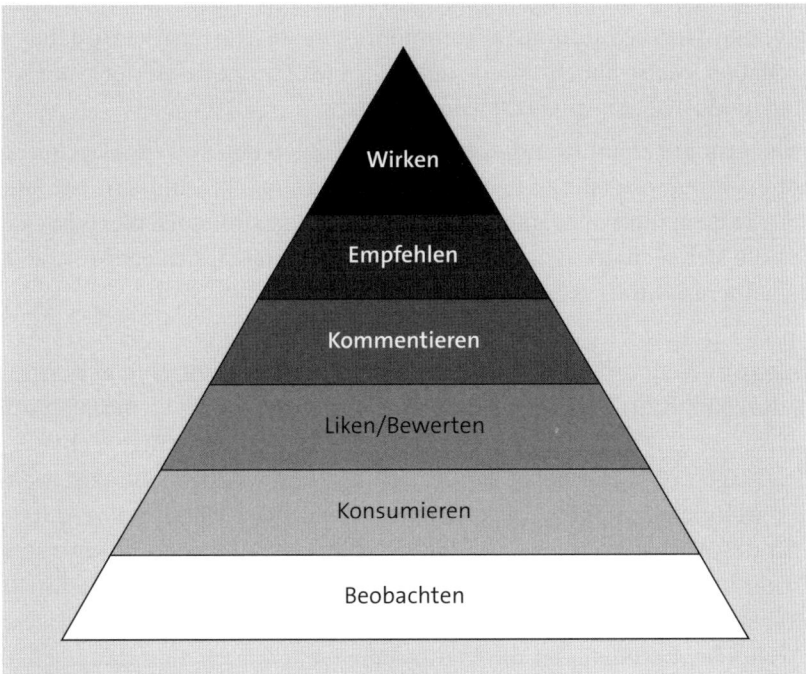

Abbildung 9.1 Aufbau von Online-Communitys

3. **Liken/Bewerten**

In fast allen sozialen Netzwerken und auch auf YouTube gibt es die Möglichkeit, Inhalte zu bewerten und zu zeigen, dass sie einem gefallen haben. Dies stellt auch zugleich die erste Stufe mit direkter Interaktion dar, die Ihnen als Feedback dient. Für das Bewerten der Inhalte ist auf allen Plattformen nur ein einziger Klick notwendig, und der Nutzer gibt relativ wenig über sich selbst preis – die Hemmschwelle ist entsprechend gering.

In dieser Nutzergruppe sind Menschen vertreten, die Ihre Kanäle mit hoher Wahrscheinlichkeit abonniert haben und deshalb regelmäßig die neuesten Inhalte zu sehen bekommen. Das Bewerten der Inhalte kann mehrere Funktionen erfüllen: Während auf Facebook die Kontakte der entsprechenden Nutzer darüber informiert werden, dass ein Beitrag »gelikt« wurde, ist die Bewertungsfunktion auf YouTube Ausdruck des Gefallens oder Missfallens und gibt dem Kanalbetreiber wichtige Hinweise, ob die Inhalte positiv oder negativ aufgenommen wurden.

4. **Kommentieren**

Eine noch kleinere Nutzergruppe konsumiert Ihre Inhalte nicht nur, sondern äußert sich auch dazu. YouTube bietet dazu die Kommentarfunktion an, in der vielfältige Themen angesprochen und Fragen gestellt werden. Das Verhältnis zwischen nur konsumierenden Nutzern und auch kommentierenden Nutzern kann dabei sehr deutlich ausfallen: Meist haben Videos mit über 1 Million Abrufen nur rund 3.000 Kommentare inklusive der Antwortkommentare.

Hier kann der erhöhte Zeitaufwand, aber auch das Fehlen einer eigenen Meinung als Grund herangezogen werden. Das bedeutet jedoch im Umkehrschluss nicht, dass die Kommentarfunktion nur von wenigen Nutzern beachtet wird. Auch hier gibt es viele Beobachter, die sich nicht aktiv in die Diskussion einbringen, sich aber für die Meinungen der anderen Nutzer interessieren.

5. **Empfehlen**

Die Schwelle zum Weiterempfehlen von Inhalten ist relativ groß. Nutzer positionieren sich dadurch in ihrem Freundes- und Bekanntenkreis, sodass die Empfehlungen sorgfältig ausgewählt werden, um das eigene soziale Beziehungsgefüge nicht negativ zu beeinträchtigen. Entsprechend wenige Nutzer können dazu bewegt werden, Inhalte auch weiterzuempfehlen. Die relativ wenigen Nutzer, die sich dazu durchringen, sind für das Wachstum Ihres YouTube-Auftritts aber sehr wichtig – nur so werden Menschen ohne Eigenaufwand erreicht, die sich zuvor noch nicht für Ihren Auftritt interessiert haben. Hat sich ein Nutzer dazu entschieden, Ihre Marke an seine Kontakte weiterzuempfehlen, ist die Wahrscheinlichkeit auch ziemlich hoch, dass sich einige seiner Kontakte für Ihre Inhalte interessieren werden. Es handelt sich schließlich um eine wohlüberlegte Aktion des Nutzers, in der er sorgfältig abgewogen hat, ob die Inhalte für seine Kontakte relevant sein könnten.

6. **Wirken**

An der Spitze des Eisberges steht das Wirken. Hier nimmt der Nutzer eine noch stärkere Position ein und wird selbst aktiv. Ein gutes Beispiel ist die Kampagne #wireinander der Techniker Krankenkasse (siehe Abschnitt 4.2.4, »Dynamisches Storytelling«). Dabei wurden in Kooperation mit einigen großen YouTube-Kanälen ausgewählte Geschichten mit persönlichen Rückschlägen im Leben erzählt. Die Nutzer wurden daraufhin aufgefordert, zu kommentieren und ihre eigenen Geschichten in Text- und Videoform zu erzählen. Während viele Kommentare zu den entsprechenden Videos abgegeben wurden, sind im Vergleich zu den Abrufzahlen nur verhältnis-

254

mäßig wenige Nutzer selbst aktiv geworden und haben ihre Geschichten erzählt. Die Kampagne ist damit aber alles andere denn als Misserfolg zu werten, weil es gelungen ist, die Schwelle zum Aktivwerden mit diesen Nutzern zu überschreiten und dadurch sowohl die Reichweite als auch die Nachhaltigkeit zu vergrößern.

Entsprechend der Pyramide dürfen Sie nicht erwarten, dass Ihre Videos zu Beginn Ihres YouTube-Daseins viele Kommentare erzielen können. Auch Kampagnen, in denen Sie die Nutzer auffordern, selbst aktiv zu werden, sind ohne eine große Social-Media-Community kaum realisierbar. Es fehlt Ihnen schlicht eine gewisse Menge an Menschen, die Ihre Inhalte überhaupt kennt und sich damit identifizieren kann.

Ihr langfristiges Ziel sollte es sein, möglichst viele Nutzer für sich zu gewinnen, die selbst die Initiative ergreifen und im Sinne Ihrer Marke handeln. Je mehr Nutzer sich im oberen Teil der Pyramide aufhalten, desto stärker ist die Bindung an Ihre Marke. Dadurch wird Ihre Markenbotschaft weitergetragen, und die Nutzer kommunizieren die von Ihnen publizierten Inhalte in Ihrem Interesse.

9.2 Eine Beziehung zum Zuschauer aufbauen

Menschen haben das Bedürfnis der sozialen Zugehörigkeit. Sie möchten Gleichgesinnte finden und sich über Interessen austauschen. Ihre YouTube-Zuschauer teilen dabei ein gemeinsames Interesse: Ihren Kanal und die Inhalte Ihrer Videos. Dank der Kommentar- und Bewertungsfunktionen auf der YouTube-Plattform ist ein Austausch besonders einfach möglich, sodass sich viele Zuschauer im Kommentarbereich Ihrer Videos äußern werden.

Aber Ihre Zuschauer werden sich nicht nur unter Ihren Videos austauschen, sondern auch andere Netzwerke wie Twitter und Instagram nutzen, um mit Ihnen in Kontakt zu bleiben und sich über die dort veröffentlichten Inhalte auszutauschen. Wenn Ihre Abonnenten also ohnehin aktiv sind, warum sollten Sie sich nicht an der Interaktion beteiligen und so eine engere Beziehung zu Ihren Zuschauern aufbauen?

Eine Community bildet sich allerdings in den seltensten Fällen ohne das Zutun des Kanalbetreibers. Er muss seine Zuschauer darauf aufmerksam machen, dass es mehr zu sehen und zu erleben gibt, und mit ihnen in regelmäßigem Austausch stehen. Nur so bekommen die Zuschauer überhaupt einen Anreiz, Teil einer Gemeinschaft zu werden.

9.2.1 Mit der Kommentarfunktion nah am Zuschauer sein

Mit YouTube bietet sich Ihnen nicht nur eine geeignete Möglichkeit, Ihre Videos auf einfachem Weg im Internet zu verbreiten. Sie befinden sich gleichzeitig auch sehr viel näher am Zuschauer, als das bei anderen Medien möglich wäre. Ein wesentlicher Punkt ist hierbei die Kommentarfunktion, über die Nutzer direkt unter Ihren Videos ein Statement abgeben können. Das Gute daran: Zwischen Ihnen und den Zuschauern gibt es keinen Dritten, sodass Sie direkt auf Kommentare eingehen und antworten können. Damit haben Sie ein effektives Tool in der Hand, das Sie nur noch richtig einsetzen müssen.

Mit steigender Reichweite nimmt auch die Anzahl der Kommentare zu, und es wird schwer, auf alle Fragen und Anmerkungen einzugehen. Die Anmerkungen und gestellten Fragen können dabei überaus vielseitig sein und Produkte, Ihr Unternehmen und auch Ihr Handeln in Bezug auf Ihre Umwelt betreffen – aber auch ganz anderer Natur sein. Zur Förderung der Übersichtlichkeit hat YouTube ein Bewertungssystem in den Kommentaren etabliert, über das die Nutzer mitbestimmen können, welche Kommentare besonders relevant sind. Kommentare mit einer hohen Wertung werden in der Kommentarsektion weiter oben angezeigt und sind leichter aufzufinden. Für die Interaktion mit der Community können Sie sich dieses Rankingsystem zunutze machen, um auf die Kommentare einzugehen, die in der Community besonders beliebt sind.

Gefällt Ihnen der Kommentar eines Nutzers besonders gut? Wenn Sie als Kanalbetreiber auf einen Beitrag antworten, wird die gesamte zu diesem Kommentar geführte Diskussion prominenter in der Kommentarsektion platziert. Sie können besonders interessante oder positive Kommentare also herausstellen, indem Sie sich beispielsweise für das Feedback bedanken.

Wie in Kapitel 10, »Als Unternehmen im Netz bestehen«, noch ausführlicher beschrieben wird, gibt es auf fast jedem YouTube-Kanal Nutzer, die negative Stimmung oder Spam verbreiten. Wenn Sie mit Ihrem Unternehmen nicht gerade mitten in einer Kommunikationskrise stecken, sollten Sie konstruktive Kritik im Sinne der Community unbedingt zulassen. Nichts erregt die Gemüter mehr als das Löschen von Beiträgen, die sich kritisch mit Ihrem Unternehmen auseinandersetzen. In einer starken Community stehen zudem immer genügend Menschen für Ihre Marke ein und werden sich für Ihr Unternehmen stark machen. Beobachten Sie solche Diskussionen also, und treten Sie für eine sachliche Auseinandersetzung mit dem Thema ein.

Sperren oder löschen Sie nur, wenn es sich um Kommentare mit rassistischen, volksverhetzenden, extrem beleidigenden oder sonstigen strafrechtlich relevanten Inhalten handelt. Wägen Sie bei allen anderen Kommentaren unbedingt genau ab, ob ein Eingriff sinnvoll ist. Der Unmut einer Community über gelöschte Kommentare kann andernfalls auch schnell zum Shitstorm mutieren.

Kommentare löschen und Nutzer sperren

Sollten Sie sich dazu entscheiden, Kommentare zu löschen oder Nutzer komplett zu sperren, können Sie dies im YouTube-Studio unter dem Menüpunkt COMMUNITY im Untermenü KOMMENTARE vornehmen.

Im Untermenü COMMUNITY-EINSTELLUNGEN haben Sie zudem die Möglichkeit, eine schwarze Liste mit Begriffen anzulegen, die eine zusätzliche Genehmigung der Kommentare erfordern. Auf dieser Seite sehen Sie auch, welche Nutzer sie gänzlich blockiert haben.

9.2.2 Bewertungen richtig deuten

Unter jedem Video findet sich eine Funktion zum Bewerten des Videos. Die Anzahl der Bewertungen wird unter dem Zähler für die Videoabrufe angezeigt. Die beiden Daumen (siehe Abbildung 9.2) bilden dabei zugleich auch die Schaltfläche für die Bewertung. Klickt ein Nutzer einen der beiden Daumen an, wird das Video entsprechend bewertet und der Zähler um einen Wert nach oben gesetzt.

Abbildung 9.2 Die Bewertungen zu einem Video werden unter dem Zähler der Videoabrufe angezeigt.

Nehmen Sie ein paar negative Bewertungen aber nicht allzu ernst, denn als Faustregel gilt: Positive und negative Bewertungen stehen in der Regel im Verhältnis 10:1. Oft ist nicht erkennbar, warum Einzelne ein Video negativ bewertet haben. Erst wenn das Verhältnis von positiven zu negativen Bewertungen deutlich über diesen Wert ansteigt, sollten Sie die Aussage Ihres Videos überprüfen und beginnen, die negativen Bewertungen ernst zu nehmen.

In jedem Fall sollten Sie das Feedback aber beobachten. Wenn Sie leichte Veränderungen der Bewertungen bei der Betrachtung aller Ihrer Videos feststellen, deutet dies auch auf eine entsprechende Wahrnehmung bei den Zuschauern hin. Sie sehen dadurch, welche Videos besonders gut angenommen wurden und ob sie für die Zuschauer relevante Informationen enthalten haben.

9.2.3 Mit Hintergrundmaterial punkten

Bei aufwendig produzierten Kinofilmen ist die Entstehungsgeschichte schon seit langer Zeit kein Geheimnis mehr: Beispielsweise enthält die DVD-Veröffentlichung des Films »Herr der Ringe« stundenlanges Making-of-Material, das einen Blick hinter die Kulissen erlaubt. Dabei geht es nicht nur darum, die Entstehung zu dokumentieren und dem Zuschauer den betriebenen Aufwand zu zeigen, sondern vielmehr darum, die Menschen hinter der Maske kennenzulernen.

Auch wenn es also zunächst nicht so scheint, ist Hintergrundmaterial ein wichtiger Baustein im Aufbau einer treuen Community. Genau wie Schauspieler im Film verkörpern Sie auch im Unternehmensalltag eine bestimmte Rolle, und Ihre Kommunikation mit YouTube-Videos übernimmt eine definierte Funktion, wie beispielsweise die Produktvorstellung. Ihre Videos und die Inhalte werden also in den allermeisten Fällen inszeniert sein. Dennoch ist es für den Zuschauer auch interessant, die Menschen hinter Ihren Videos, Ihren Veranstaltungen und Ihren Aktionen kennenzulernen. Nehmen Sie Ihre Zuschauer also mit auf die Reise, und geben Sie ihnen Einblicke, die sie sonst nicht erhalten.

Auf YouTube bieten sich dazu Making-ofs, Vlogs und Follow-me-arounds an. Aber Ihre Zuschauer tummeln sich nicht nur auf YouTube, sondern auch in anderen sozialen Netzwerken. Nutzen Sie diese Netzwerke, und punkten Sie mit Hintergrundmaterial. Zeigen Sie beispielsweise Bilder vom Dreh eines neuen Formats, oder präsentieren Sie ein kurzes Handyvideo vom Set oder direkt von einer Ihrer Veranstaltungen, um dem Zuschauer zu signalisieren: »Du gehörst zu uns! Wir möchten dich deshalb mit hinter die Kulissen nehmen.« Exklusives Material, das später so in Ihren Videos nicht zu sehen sein wird, ist dabei von besonders großem Interesse für die Zuschauer und stärkt das Gefühl, zu den »Eingeweihten« zu gehören.

Denken Sie auch an Zuschauer, die Ihre Videos nicht ansehen können, weil sie sich beispielsweise in einer Umgebung befinden, in der sie keine Videos betrachten können – in der U-Bahn, auf der Arbeit oder im Urlaub mit schlechter Internetverbindung. Ein crossmedialer Ansatz, in dem Sie Ihre Geschichten als Magazinbeitrag auf einem Blog veröffentlichen, hilft Ihnen, diese Menschen trotzdem zu erreichen und sie über die Beiträge in den sozialen Netzwerken hinaus umfassend auf dem Laufenden zu halten.

9.2.4 Mit Hashtags Trends setzen

Bei all den Kommentaren wird es schnell unübersichtlich. Wer da noch den Überblick behalten will, setzt auf Hashtags in der Kommunikation mit der Community. Hashtags im heutigen Verständnis wurden erstmals von Twitter eingeführt und erlauben es, sich zu bestimmten Themen zu äußern und die Beiträge dieser Themen zu organisieren. Auf

Twitter eröffnet der Klick auf einen Hashtag eine Liste mit den neuesten Tweets, die unter dem Hashtag veröffentlicht wurden. Hashtags werden durch das Doppelkreuzsymbol # gekennzeichnet. Der Aufbau eines Hashtags ist dabei simpel:

 # + Wort/Phrase = Hashtag

Werden mehrere Wörter in einem Hashtag verwendet, sind diese ohne Leerzeichen aneinanderzureihen, und die Worttrennung ist gegebenenfalls mit Großbuchstaben vorzunehmen. Ein guter Hashtag für die Kommunikation mit Ihrer Community

▶ ist möglichst kurz, um auf Twitter nicht zu viele der 140 Zeichen zu blockieren,

▶ hat einen direkten Bezug zu Ihrer Marke, Ihrem Unternehmen, Ihrer Veranstaltung oder dem Thema, über das diskutiert werden soll,

▶ ist speziell (#wireinander) und nicht allgemein (#halloween)

▶ und sollte noch nicht von anderen verwendet worden sein.

Hashtags gibt es aber nicht nur auf Twitter. Sie werden mittlerweile in fast allen sozialen Netzwerken und somit auch auf YouTube verwendet. Gleichwohl ist die Verwendung von YouTube-Hashtags in den Kommentaren nicht so stark ausgeprägt. Die Funktionsweise ist im Vergleich zu Twitter auch eine andere: Ein Klick auf einen Hashtag löst auf YouTube eine Suchanfrage zu dem entsprechenden Thema aus – für den Nutzer wird also mit dem Klick auf einen Hashtag nach passenden Videos gesucht. Als Kanalbetreiber können Sie jedoch im YouTube-Studio die Videokommentare durchsuchen und nach dem gewünschten Hashtag filtern. So finden Sie schnell Kommentare, die unter dem von Ihnen vorgegebenen Hashtag geschrieben wurden, und können gezielt darauf eingehen.

Auch andere Netzwerke taugen damit zur Aktivierung Ihrer Community. Im Vergleich aller Plattformen ist ein sinnvoller Einsatz von Hashtags aber nur auf Twitter und Instagram möglich, da die Beiträge der teilnehmenden Nutzer in den allermeisten Fällen auch ohne direkte Verbindung und spezielle Berechtigungen sichtbar sind. Hashtags auf Facebook werden in der Markenkommunikation vor allem deshalb hinfällig, weil die Nutzer ihre Privatsphäre-Einstellungen so anpassen, dass ihre Beiträge nur von ihren Kontakten eingesehen werden können.

Sehr wirkungsvoll ist nach wie vor die Verknüpfung von YouTube und Twitter. Setzen Sie beispielsweise einen Hashtag in den Titel Ihres YouTube-Videos, und führen Sie die Diskussion mit Ihren Zuschauern auf Twitter weiter. Twitter hat in diesem Zusammenhang einige Vorteile. Zum einen können Nutzer ebenfalls nach Hashtags filtern und bei besonders großer Aufmerksamkeit sogar über die *Trending Topics* von Twitter auf Ihren Hashtag aufmerksam werden. Und zum anderen beschränken Sie die Kommunikation auf 140 Zeichen – eine Begrenzung, die in den YouTube-Kommentaren nicht besteht,

9

wodurch YouTube-Kommentare an einigen Stellen sehr ausladend sein können und Sie mehr Zeit investieren müssen, um die Beiträge zu sichten.

Hashtags werden von YouTube-Kanälen unter anderem häufig für Q&A-Videos eingesetzt. Dabei etablieren Sie einen Hashtag, wie beispielsweise #askMarke, um Fragen zu sammeln, die in einem der nächsten YouTube-Videos zitiert und beantwortet werden. Beachten Sie als Unternehmen jedoch, dass solche Aktionen gut durchdacht sein müssen und der Hashtag sinnvoll gewählt werden muss. So hat das Unternehmen McDonalds einst den Hashtag #McDStories verwendet, der umgehend von unzähligen Nutzern zu einem Hashtag für Negativerlebnisse mit der Marke umfunktioniert wurde. Hier kommt es auch darauf an, in welchem Umfeld sich Ihr Unternehmen befindet. Mehr zu Kommunikationsrisiken lesen Sie in Kapitel 10, »Als Unternehmen im Netz bestehen«.

Der Vollständigkeit halber soll erwähnt werden, dass Hashtags auch als Handzeichen dargestellt werden können. Da dieses Handzeichen ausschließlich von einer jungen Zielgruppe verwendet wird, sollten Sie es auch nur in der Kommunikation mit einer jungen Zielgruppe und schon gar nicht inflationär verwenden.

Abbildung 9.3 Der Hashtag #BereitWieNie wurde von Mercedes bereits im Vorfeld der Fußball-WM 2014 eingeführt (Quelle: youtu.be/o-P4vBYMb6U).

Kurz vor der Fußballweltmeisterschaft 2014 hat der Automobilhersteller Mercedes als offizieller Sponsor der deutschen Nationalmannschaft im Rahmen seiner Kampagne den Hashtag #BereitWieNie etabliert und konnte darüber eine gesammelte Kommunikation in den sozialen Netzwerken anregen. Der Hashtag wurde unter anderem in einem YouTube-Video eingeführt (siehe Abbildung 9.3), in den sozialen Netzwerken weiterverwendet und auf der Website *www.bereit-wie-nie.de* im Rahmen der Kampagne verwendet. Der Hashtag war so zuvor noch nicht belegt, kurz und eindeutig und hatte einen direkten Bezug zum Sieg der deutschen Mannschaft.

9.2.5   Den Zuschauer auffordern (Call-to-Action)

Die wenigsten Zuschauer wissen, was es in Ihrem Markenuniversum noch so zu entdecken gibt. Und ebenfalls nur sehr wenige werden nach dem Betrachten einer Ihrer Videos direkt auf die Idee kommen, Ihren Kanal zu abonnieren. Als Zuschauer macht man sich nicht automatisch Gedanken darüber, welchen Vorteil das Abonnement eines Kanals haben könnte, und beachtet stattdessen nach dem Betrachten eines Videos zunächst die weiteren Videovorschläge der YouTube-Plattform. Sie haben also eine Facebook-Seite oder einen Instagram-Account? Oder einen guten Grund, warum ein einmaliger Zuschauer zum Abonnenten werden soll? Vielleicht möchten Sie auch einfach nur, dass der Zuschauer das Video positiv bewertet, wenn es ihm gefallen hat? Fordern Sie den Zuschauer dazu auf, aktiv zu werden!

Diese Form der konkreten Handlungsaufforderung nennt man Call-to-Action. Sie setzt nach einem Video den notwendigen Impuls beim Zuschauer, damit er die von Ihnen gewünschte Aktion ausführt. Ganz gleich, um was es sich dabei handelt: Sagen Sie dem Nutzer, was er nach Ihrem Video machen soll. Vermeiden Sie dabei aber ein dominantes Auftreten. Möchten Sie beispielsweise eine positive Bewertung für Ihr Video erzielen, sagen Sie lieber so etwas wie: »Dir hat das Video gefallen? Dann zeig es uns mit einem Daumen nach oben, damit wir in Zukunft mehr solcher Videos veröffentlichen!«, anstatt eine plumpe Formulierung zu nutzen wie: »Gib uns bitte noch eine positive Bewertung!« Geben Sie den Nutzern einen guten Grund, warum sie handeln sollen.

Im Sinne der Community-Bildung sollten Sie Ihre Zuschauer auch direkt auffordern, an der Diskussion in den Kommentaren teilzunehmen. Das kann beispielsweise durch Formulierungen geschehen wie: »Was hältst du von ...? Schreib es uns in die Kommentare unter diesem Video!« oder »Erzähl uns in den Kommentaren von deinen Erfahrungen zu diesem Thema.« Ganz nebenbei erfahren Sie so auch, was Ihre Zuschauer zu Ihren Videos zu sagen haben, und können Anregungen für künftige Videos sammeln.

Nachfolgend finden Sie weitere Anregungen für gängige Call-to-Actions:

▶ Wir veröffentlichen jeden Dienstag und Donnerstag ein Video. Vergiss also nicht, unseren Kanal zu abonnieren, um immer auf dem Laufenden zu bleiben!

▶ Zu unserer Rabattaktion gelangt ihr über den Link in der Infobox.

▶ Auf Instagram werden wir Fotos zu unserem Event am Wochenende veröffentlichen. Schaut also mal vorbei! Den Link zu unserem Instagram-Account findet ihr in der Infobox.

▶ Stellt uns auf Twitter mit dem Hashtag #askMarke Fragen zu unserem Produkt/zu diesem Thema. Einige der Fragen werden wir im nächsten Video beantworten.

In diesem Zusammenhang sollten Sie sich auch Gedanken darüber machen, wie Sie Ihre Zuschauer ansprechen. Eine grundsätzliche Empfehlung lautet: Handelt es sich bei der Zielgruppe des Kanals um B2B-Kunden, sollten Sie auf das »Sie« setzen. Im Fall von B2C empfiehlt sich das »Du« bzw. »Ihr«. In den meisten Fällen wird der Plural in der Ansprache verwendet, um das Zugehörigkeitsgefühl innerhalb der Community herauszustellen. Das direkte »Du« impliziert zudem einen sehr persönlichen Kontakt, den der Zuschauer zu einer Marke oder den darstellenden Personen eventuell noch nicht pflegt oder auch gar nicht pflegen möchte.

9.2.6 Best Practice: BibisBeautyPalace, Nela Lee und Neo Magazin Royale

Wenn es in Deutschland ein Beispiel für eine aktive und treue Community gibt, dann ist es die des YouTube-Kanals »BibisBeautyPalace«. Der Kanal der 22-jährigen Bianca Heinecke hat sie mit rund 2,5 Millionen Abonnenten zur erfolgreichsten YouTuberin in Deutschland gemacht. Thematisch bewegt sich der Kanal im Segment Beauty und Lifestyle. Die Zielgruppe ist im Teenie-Alter und folgt »Bibi« auf Schritt und Tritt durch ihr Online- und Offlineleben.

Auch wenn BibisBeautyPalace kein Unternehmenskanal ist, kann man einiges von der quirligen YouTuberin lernen. Die Community ist ihr insbesondere so treu, weil Bianca Heinecke einen direkten Draht zu ihren Zuschauern pflegt und sie die Zielgruppe in ihre Videos einbindet. Im Kommentarbereich werden durchschnittlich rund 8.000 Kommentare geschrieben, deren Inhalt sich vor allem mit dem im Video Gezeigten beschäftigt. Ganz besonders starke Wirkung entfalten dabei die Call-to-Actions am Ende der meisten Videos.

Ein transkribierter Ausschnitt des Videos »10 Arten von Geschwistern + Outtakes« verdeutlicht, wie die Zuschauer zum Handeln aufgefordert werden:

Wir hoffen natürlich, dass es euch gefallen hat [...] und wenn ihr möchtet, dass noch mehr davon kommt, dann gebt dem Video einfach einen Daumen nach oben, damit wir sehen, dass das richtig ist, was wir machen. Sonst würde ich gerne von euch wissen: Habt ihr Geschwister? Und wenn ja: Was sind das für Geschwister? [...] Schreibt es in die Kommentare![1]

Bei 6,3 Millionen Videoabrufen erreicht diese Aufforderung 190.000 positive Bewertungen und über 8.000 Kommentare. Beachten Sie: Die Zielgruppenansprache ist auf die sehr junge Zielgruppe ausgerichtet. Sie mag je nach Zielgruppe für Ihren eigenen Kanal sprachlich unpassend wirken, trifft in diesem Fall aber die Tonalität der angesprochenen Zielgruppe. Selbstverständlich muss die Kommunikation angepasst werden, wenn Sie eine breiter aufgestellte und ältere Zielgruppe ansprechen möchten.

Nichtsdestotrotz ist das Beispiel hervorragend geeignet, um Call-to-Actions zu verdeutlichen: Der Zuschauer bekommt einen plausiblen Grund, warum er das Video bewerten soll, indem ihm die Möglichkeit eingeräumt wird, dadurch den Fortbestand des Formats zu sichern. Das steigert die Interaktion mit der Community und führt zu einer größeren Bindung – wer das Video positiv bewertet hat, wird sich in Zukunft eher ein Video des gleichen Formats wieder anschauen.

Mit der Aufforderung, sich in den Kommentaren mit eigenen Erfahrungen einzubringen, gibt Bianca Heinecke den Impuls für Community-Diskussionen. Betrachtet man die Kommentare genauer, äußern sich zahlreiche Zuschauer zu dem Video, woraufhin andere Nutzer auf entsprechende Kommentare eingehen und diskutieren. Das fördert den Zusammenhalt der Community, ohne dass der Kanalbetreiber Einfluss auf die Diskussion nehmen muss oder sich einzubringen hat. Im Fall von BibisBeautyPalace werden die Aufforderungen im Video so formuliert, dass keine zwangsläufige Reaktion seitens des Kanalbetreibers notwendig ist – bei 8.000 Kommentaren ist dies auch kaum zu realisieren.

Die Moderatorin und YouTuberin Nela Lee fordert ihre Zuschauer ebenfalls auf, sich an der Diskussion zu bestimmten Themen zu beteiligen. Mit rund 130.000 Abonnenten ist ihr Kanal allerdings wesentlich kleiner, und es kommen weniger Kommentare pro Video zusammen. Sie hat dadurch die Möglichkeit, auf einzelne Kommentare einzugehen und Fragen der Community direkt zu beantworten (siehe Abbildung 9.4, unterer Kommentar). In dem Video »Babys Privatsphäre, Namen, Moderationspause | BABY UPDATE« geht Nela Lee zudem auf Kommentare ein. Sie fördert dadurch, dass sich ihre Zuschauer in den Kommentaren beteiligen und Fragen stellen, auf die sie in den nächsten Videos eingehen kann.

---

1 Quelle: *www.youtube.com/watch?v=zlP7zN2obZA*

Gleichzeitig ist die ältere Zielgruppe auch in der Lage, umfangreichere Kommentare zu verfassen und geordnete Diskussionen zu führen, wie im oberen Kommentar in Abbildung 9.4 deutlich zu erkennen ist. Kritische Kommentare sind in ihrer Community nur sehr selten zu finden.

Abbildung 9.4 Kommentare zu dem Video »Babys Privatsphäre, Namen, Moderationspause | BABY UPDATE« von Nela Lee (Quelle: Screenshot www.youtube.com/NelaLeeOfficial)

Nela Lee versteht es zudem, ihre Community mit Hintergrundmaterial zu versorgen. Auf ihrem Instagram-Account veröffentlicht sie Bilder privater und beruflicher Momente, die von ihren Videos unabhängig sind. So kann sie immerhin 65.000 Follower auf Instagram vorweisen, die ihre Inhalte außerhalb der Videos auf YouTube konsumieren. Die Verknüpfung zu ihrem YouTube-Kanal schafft sie über einen Link zum letzten Video in der Profilbeschreibung (siehe Abbildung 9.5). Auch Twitter und Facebook werden von Nela Lee separat mit Inhalten bespielt.

Abbildung 9.5 Der Instagram-Account von Nela Lee
mit Link zum letzten Video, platziert in der Profilbeschreibung
(Quelle: Screenshot www.instagram.com/NelaLee/)

Ebenfalls interessant ist die Fernsehsendung »Neo Magazin Royale«, die außer im ZDF auch auf YouTube mit einem eigenen Kanal vertreten ist, auf dem sich rund 130.000 Abonnenten zusammenfinden. Auf dem Kanal werden neben Ausschnitten der TV-Sendung auch exklusive Webinhalte präsentiert. Neo Magazin Royale schafft es eindrucksvoll, eine starke Online-Community zu etablieren. Das Format ist dabei so konzipiert, dass mit jeder Sendung ein neuer Hashtag herausgegeben wird, der für die Kommentare auf Twitter und YouTube genutzt werden kann. Zusätzlich haben die Zuschauer im Vorfeld der Sendung die Möglichkeit, die sogenannte Hashtag-Konferenz im Livestream über die App Periscope mitzuverfolgen (siehe Abbildung 9.6). In der Redaktionskonferenz wird über den Hashtag der nächsten Sendung beraten. Das Neo Magazin

Royale schafft es dadurch, mehrere Elemente für den Aufbau einer Community geschickt miteinander zu verknüpfen.

Abbildung 9.6 Der Moderator Jan Böhmermann teilt auf Twitter den Link zum Livestream der Hashtag-Konferenz auf Periscope mit (Quelle: Screenshot www.twitter.com/janboehm).

9.3 Die Community pflegen

Wie in einer guten Ehe, müssen Sie auch die Beziehung zu Ihrer Community pflegen und dafür sorgen, dass es den Zuschauern nicht langweilig wird. Was kann man also machen, damit die Beziehung spannend bleibt? Neben kontinuierlich neuen Videos, die auf die Wünsche der Community zugeschnitten sind, gibt es ein paar Hebel, die Ihnen zusätzliche Bonuspunkte einbringen können.

Dazu sollten Sie sich zunächst eines vor Augen halten: Egal, wie gut Ihre Marke online funktioniert, wichtig ist auch die Offlinekommunikation. Ein Großteil unseres Lebens findet auch heute offline statt, weshalb sich Ihre Zuschauer auch vor allem für Ihr »Offlineleben« interessieren – und damit für alles, was Ihr Unternehmen außerhalb des Internets so leistet. Sie können die Herstellung dieser Verbindung sehr vielseitig lösen: Sei es nun durch einen persönlichen Kontakt außerhalb von YouTube und Co. oder durch Videos, in denen Sie mehr Informationen über Ihre Aktivitäten preisgeben, für die sich die Community interessiert.

9.3.1 Fantreffen und Events organisieren

So schön wie YouTube-Videos, soziale Netzwerke und die Kommunikation mit einem großen Publikum auch sind: Ihre Zuschauer möchten Sie irgendwann auch im echten Leben erleben. Dabei kann sich alles um Ihr Unternehmen, Ihre Produkte, aber auch um

Ihre Person drehen – je nachdem, wie Ihr YouTube-Kanal aufgebaut ist und welche Inhalte Sie präsentieren. Stellen Sie sich als Unternehmensgründer und Persönlichkeit in den Vordergrund Ihres YouTube-Kanals, wie es beispielsweise der Entrepreneur Gary Vaynerchuk auf dem Kanal »WineLibraryTV« und seinem eigenen Kanal »Gary Vaynerchuk« gemacht hat (siehe Abbildung 9.7), werden die Zuschauer zunächst an Ihnen als Person interessiert sein und möchten Sie persönlich kennenlernen. Stellen Sie hingegen Ihre Produkte vor, möchten die Zuschauer diese Produkte auch gerne anfassen und ausprobieren. Mit keinem YouTube-Video können Sie Erfahrungen und Erlebnisse in der Realität ersetzen.

Abbildung 9.7 In der »The #AskGaryVee Show« steht die Person Gary Vaynerchuk als Unternehmer im Vordergrund – hier in der 172. Folge (Quelle: www.youtube.com/GaryVaynerchuk).

Offline-Events sind ein effektives Instrument, um Zuschauer an Ihre Marke zu binden. Wenn Sie mit Ihrer Marke nicht ohnehin eine spannende Offline-Erlebniswelt bieten, geben Sie Ihren Zuschauern zumindest die Gelegenheit, zu bestimmten Zeitpunkten mit Ihnen und Ihren Produkten in Kontakt zu kommen. Auch Gary Vee sucht den Kontakt zu seinen Abonnenten und gibt ihnen die Möglichkeit, nach Reden auf Konferenzen das direkte Gespräch mit ihm zu suchen.

Oder erdenken wir als Beispiel ein Modeunternehmen, das eine Modenschau veranstaltet. YouTube eignet sich hierbei hervorragend für die Vor- und Nachbereitung des Events. Im Vorhinein könnte beispielsweise eine Aktion gestartet werden, bei der einzelne Zuschauer als VIP-Gäste ausgewählt werden. Es könnte aber auch über die Planungen und den Aufbau berichtet werden. Im Nachhinein bietet sich zunächst ein Video mit Eindrücken von der Veranstaltung an. Aber auch Spots zu den neuen Produkten sind denkbar. Fragen Sie sich: Was interessiert den Zuschauer, wenn er nicht zu unserer Veranstaltung kommt?

Nutzen Sie auch andere Social-Media-Kanäle zur Organisation solcher Events. Erstellen Sie beispielsweise ein Facebook-Event, und laden Sie Ihre Fans ein. Oder fordern Sie Ihre Kunden auf, eigene Bilder der Veranstaltung unter einem von Ihnen vorgegebenen Hashtag auf Instagram zu veröffentlichen. Auf Veranstaltungen beliebt sind auch Fotos eines professionellen Fotografen vor einer interessant gestalteten Fotowand, die dann in einem Facebook-Album veröffentlicht werden. Beispielsweise hatten Gäste bei der Kinotour zum Film »Die Minions« die Möglichkeit, mit den lebensgroßen Figuren Selfies zu machen. Seien Sie individuell, und erweitern Sie durch Offlineaktionen die Erfahrungen, die Kunden mit Ihrer Marke machen und die wiederum online als originell rezipiert werden können.

Das Unternehmen Rewe griff darüber hinaus auf die Reichweite von YouTubern zurück, um einen Kontakt zu einer jungen Zielgruppe aufzubauen. Dazu wurden die beiden YouTuber Joyce Ilg und LionT zu einem Recruiting-Event eingeladen, bei dem neue Bewerber für eine Ausbildung bei Rewe gesucht wurden. Die Veranstaltung wurde vorbereitet, indem beide YouTuber Comedy-Videos zum Thema »Bewerbung« auf ihren YouTube-Kanälen veröffentlichten, um im Anschluss zu dem Event einzuladen. Die YouTuber waren selbst bei der Veranstaltung anwesend und haben das Event in Form von Follow-me-arounds nachbereitet.

Sollten Sie sich dazu entscheiden, YouTuber mit großer Reichweite zu Ihren Veranstaltungen einzuladen, beachten Sie unbedingt, dass Sie ausreichende Sicherheitsvorkehrungen treffen. Eine auch nur kurz vorher angekündigte Autogrammstunde mit einem großen YouTuber kann schon mal mehrere tausend euphorische Jugendliche auf den Plan rufen. Die YouTuber Dagibee und Bianca Heinecke von »BibisBeautyPalace« durften diese Erfahrung unter anderem bei einem Spontan-Event auf der Kölner Domplatte machen, das umgehend abgebrochen werden musste.[2]

Offline-Events können aber auch darauf ausgerichtet sein, dass die Zuschauer die Möglichkeit haben, außerhalb des Internets Gleichgesinnte zu treffen. Vor allem im Unternehmenskontext ist solch ein Ansatz interessant, wenn die Marke ein erhöhtes Fanpotenzial hat.

9.3.2   Kontinuierliches Monitoring – Reagieren statt Ignorieren

Sollten Sie beabsichtigen, dass Ihr Unternehmen als verschlossen, uninteressiert und unnahbar angesehen wird, beantworten Sie auf keinen Fall Kommentare, und reagieren

---

2 Mehr über das schiefgegangene Event lesen Sie unter anderem unter dem Link: *www.rundschau-online.de/koeln/youtube-stars-fan-treffen-in-koeln-geraet-ausser-kontrolle,15185496,26325130.html*

Sie auch nicht auf Kritik. Was eigentlich selbstverständlich sein sollte, ist bei vielen Unternehmen mit Social-Media-Kanälen noch nicht angekommen: Soziale Netzwerke sind kein Ablageplatz für ihre Inhalte, sondern bauen auf der Beziehung der einzelnen Teilnehmer auf. Entsprechend erwarten die Nutzer auch, dass die Unternehmen auf Beiträge reagieren und sich Kritik zu Herzen nehmen. Leider ist immer wieder zu sehen, dass Unternehmen genau das nicht machen.

Ein kontinuierliches Community-Monitoring gehört zum Pflichtprogramm, um einerseits Tendenzen zu beobachten und um andererseits mit der Community in Kontakt zu treten. Vielleicht können Sie nicht auf jeden Beitrag eingehen, aber einzelne relevante Beiträge sollten Sie nicht unbeachtet lassen. Sortieren Sie deshalb:

▶ Enthält der Beitrag eine Frage, deren Beantwortung für die gesamte Community von Interesse ist?

▶ Gibt es berechtigte Kritik, auf die Sie annehmend reagieren können?

▶ Wurde ein Beitrag durch die Voting-Funktion von anderen Nutzern als besonders relevant bewertet?

▶ Gibt es Unstimmigkeiten innerhalb der Community zu einer Frage, bei der Sie aufklären können?

Grundsätzlich gilt: Ignorieren Sie keine Beiträge, wenn die ganze Community auf eine Antwort wartet und Ihnen das Ausbleiben einer Reaktion Schaden zufügt. Vor allem bei Fehltritten trauen sich viele Unternehmen nicht zuzugeben, dass Sie einen Fehler begangen haben. Besser wäre es, Reue zu zeigen, Fehler einzugestehen und das Versprechen abzugeben, alles dafür zu geben, um in Zukunft besser zu werden. Versprechen Sie aber nicht, dass Sie nie wieder Fehler machen – so etwas können Sie nicht ausschließen! Lesen Sie mehr dazu auch in Kapitel 10, »Als Unternehmen im Netz bestehen«, zum Thema Krisenmanagement.

Ein kontinuierliches Monitoring bringt oft aber auch noch ganz andere Dinge hervor: Interessante Geschichten, wie Leute Ihre Produkte nutzen oder wie sie mit der Marke in Verbindung stehen. Greifen Sie solche Geschichten auf, stellen Sie einen direkten Kontakt her, und versuchen Sie, die Geschichte des Einzelnen als Kundengeschichte präsentieren zu können. Sollten Sie ohnehin ein entsprechendes Format mit Kundenstorys auf Ihrem YouTube-Kanal besitzen, können Sie solche Geschichten perfekt integrieren. Vielleicht können Sie scheinbar Unmögliches möglich machen, indem Sie einem besonders großen Markenfan ein besonderes Erlebnis schenken und das Ganze in Videoform begleiten? Positive Erfahrungen und Emotionen bleiben im Gedächtnis und stellen Ihre Marke als etwas Besonderes heraus.

9.3.3 Community-Videos – Kommentare kommentieren und Fragen beantworten

Question-&-Answer-Videos (Q&A-Videos) zählen zu den beliebtesten Formaten auf You-Tube. Dabei stellen sich die Kanalbetreiber den Kommentaren, Fragen und Anregungen der Community und verpacken die Antworten in einem Video. Gleich vorweg: Wenn sich Unternehmen in solchen Formaten öffnen, sollten sie sich zuvor genau überlegen, mit welchen Fragen Sie konfrontiert werden könnten. Ein Öffnen für Fragen bedeutet immer auch, dass Fragen gestellt werden, die man eigentlich nicht hören möchte. Gibt es zu viele Fragen, zu denen Sie sich nicht äußern möchten, die der Community aber unter den Nägeln brennen, sollten sie sich den Schritt zu Q&A-Videos gut überlegen.

In diesem Abschnitt wird davon ausgegangen, dass für Ihr Unternehmen kein großes Risiko einer Krise besteht, wenn Sie eine entsprechend Q&A-Aktion starten und Fragen in einem Video beantworten. Sie haben also festgestellt, dass in den Kommentaren interessante Fragen auftauchen, die Sie problemlos im Interesse einer größeren Menge beantworten können? Oder wollen Sie sich den Fragen Ihrer Community stellen und sie auffordern, unter einem Hashtag Fragen zu stellen? Im ersten Fall können Sie diese Fragen einfach in Videoform beantworten. Sollten Sie die Zuschauer erst auffordern, hat sich folgendes Vorgehen bewährt:

- ▶ Veröffentlichen Sie in einem Ihrer Netzwerke (Facebook, Twitter etc.) die Aufforderung, Fragen an das Unternehmen unter einem Hashtag oder als Antwort auf den Beitrag zu stellen, beispielsweise mit: »Stellt uns eure Fragen zum Thema XY, und wir werden sie im nächsten Video beantworten.«

- ▶ Setzen Sie eine Deadline, oder beobachten Sie die Menge eingehender Fragen, und beenden Sie das Fragestellen durch ein zweites Posting.

- ▶ Sortieren und gruppieren Sie die Fragen. Viele Fragen werden zum gleichen Thema gestellt, sodass Sie so nur eine der Fragen als Beispiel anführen müssen.

- ▶ Produzieren Sie das Video. Lesen Sie die Frage dazu vor, und blenden Sie sie nach Möglichkeit auch als Screenshot im Video ein. Beantworten Sie die Frage danach, und gehen Sie zur nächsten Frage über. Üblich ist, dass eine Person vor der Kamera die Frage beantwortet – zeigen Sie sich also nach Möglichkeit!

Eine Variante von Q&A-Videos sind Kommentare-Kommentier-Videos. Dabei werden Kommentare aufgegriffen, die nicht zwangsläufig eine Frage beinhalten müssen. Der YouTube-Kanal hyperboleTV[3] besteht fast ausschließlich aus solchen Videos. Prominente werden dort mit Kommentaren zu ihrer Person konfrontiert und können darauf reagieren. Im Format »Disslike« sind die entsprechenden Kommentare sogar meist negativ.

---

3 www.youtube.com/user/hyperboleTV

9.3.4 Gewinnspiele und Verlosungen

Insbesondere für Unternehmen, die im B2C-Bereich Produkte anbieten, sind Gewinnspiele auf YouTube hervorragend geeignet, um einen guten Eindruck bei der Community zu hinterlassen. Über Gewinnspiele und Verlosungen (auf YouTube oft auch als Give-away bezeichnet) wird dabei sehr häufig auch in anderen Medien berichtet, sodass Sie viele neue Zuschauer erreichen können, indem Sie Ihre Produkte verlosen.

Sehr viele Unternehmen arbeiten für Gewinnspiele mit bekannten YouTube-Stars zusammen, die Produkte auf deren reichweitenstarken Kanälen verlosen. Das hilft zwar dem Produkt und ist eine effektive Werbevariante, bringt Ihnen aber keine neuen Abonnenten für Ihren eigenen Kanal und trägt damit auch nicht zur Pflege Ihrer eigenen Community bei.

Wie man es als Unternehmen anders machen kann, zeigt das Beispiel von »Sony Playstation DE«. Der Kanal verloste um die Weihnachtszeit zehn Pakete, die speziell für die Gaming-affine Zielgruppe interessant waren (siehe Abbildung 9.8). Die Produkte stammten dabei aus dem eigenen Haus, aber auch von Marken, die in direkter Verbindung mit den Sony-Produkten stehen.

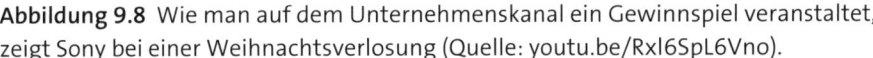

Abbildung 9.8 Wie man auf dem Unternehmenskanal ein Gewinnspiel veranstaltet, zeigt Sony bei einer Weihnachtsverlosung (Quelle: youtu.be/Rxl6SpL6Vno).

Sie können natürlich nicht nur Produkte verlosen. Ebenso interessant für die Community sind Erlebnisse in Verbindung mit Ihrer Marke. Eine Fahrt auf einer Rennstrecke mit einem Instruktor könnte zum Beispiel für eine Automarke relevant sein. Die Erlebnisse müssen dabei aber nicht den Leistungen Ihrer Marke entsprechen. Eine erlebnisorientierte Marke könnte zum Beispiel auch einen Fallschirmsprung verlosen. Es bietet sich an, diese Erlebnisse mit der Kamera zu begleiten und in einem separaten Video auf dem Kanal zu veröffentlichen.

Ob und in welchem Rahmen Gewinnspiele in sozialen Netzwerken und auf YouTube gestattet sind, bestimmen die Plattformen in ihren Allgemeinen Geschäfts- und Nutzungsbedingungen. In Abschnitt 16.7.4 erfahren Sie von Gastautor Christian Solmecke, Fachanwalt für Medienrecht, was Sie bei Gewinnspielen aus rechtlicher Sicht beachten müssen.

9.3.5 Zuschauer auffordern, kreativ zu werden

Wie zu Beginn des Kapitels beschrieben, ist es ein lohnenswertes Ziel, möglichst viele Zuschauer dazu zu bewegen, selbst aktiv zu werden. So wie es die Techniker Krankenkasse geschafft hat, dass Zuschauer ihre eigenen Geschichten erzählen, können Sie Ihre Zuschauer dazu motivieren, etwas beizutragen. Das muss nicht immer im Rahmen einer groß angelegten Kampagne passieren, sondern kann auch im Alltag geschehen. Nutzen Sie dazu auch andere Plattformen, und fordern Sie Ihre Zuschauer beispielsweise auf, Bilder mit Ihrem Hashtag auf Instagram zu veröffentlichen.

Abbildung 9.9 BMW greift die Geschichten seiner Kunden auf und erzählt sie auf seinen Plattformen (Quelle: youtu.be/KMS_R7orszU?).

Die Marke BMW hat zu diesem Zweck den Hashtag #BMWstories etabliert. Darunter können Kunden ihre Geschichten mit der Marke teilen. BMW greift besonders interessante Geschichten auf und veröffentlicht sie erneut. Dazu dienen die sozialen Netzwerke, aber auch eine eigene Website unter *www.bmw.com/bmwstories*, auf der die Inhalte gesammelt werden. Auf YouTube wird dann als Teil einer über 40 Videos umfassenden Playlist beispielsweise die Geschichte des 83-jährigen Präzisionsfahrers erzählt (siehe Abbildung 9.9), während auf Facebook eine Auswahl der besten Bilder von Markenfans auf Instagram gepostet wird (siehe Abbildung 9.10).

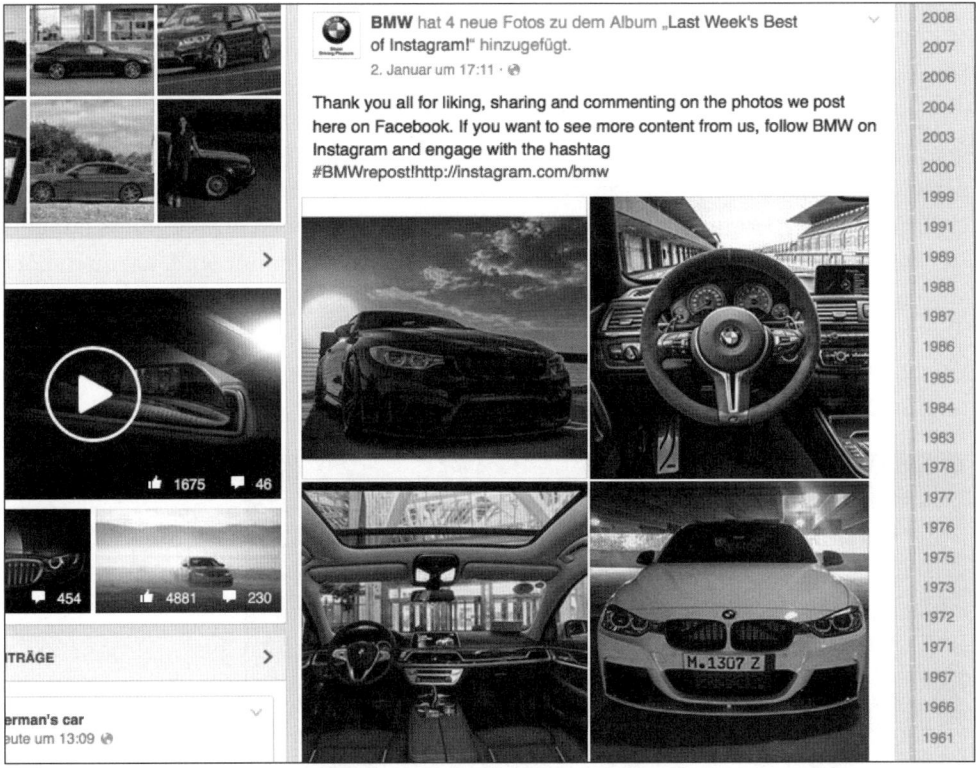

Abbildung 9.10 Repost der besten Instagram-Bilder auf Facebook, die zu der Marke BMW gepostet wurden (Quelle: www.facebook.com/BMW)

Warum hat diese Art der Zuschauerbeteiligung einen Mehrwert für die Community? Nutzer, die sich an solchen Aktionen beteiligen und sich einbringen, beschäftigen sich intensiv mit Ihrer Marke und versuchen, Inhalte zu publizieren, die aus ihrer Sicht Relevanz besitzen. Andere Nutzer haben die Möglichkeit, auf diese Beiträge einzugehen, und es entstehen Interaktionen über Ihre eigenen Beiträge hinaus. Nutzer werden die Marke als nahbar erleben – Sie öffnen sich als Marke und beteiligen die Nutzer mit ihren eigenen Geschichten an der Marke. So bringen Sie nicht nur die Zuschauer näher an Ihre Marke, sondern durch die vielfältigen Interaktionen auch untereinander enger zusammen.

9.3.6   Kooperieren Sie mit anderen YouTube-Kanälen

Wenn es ein Geheimrezept auf YouTube für organisches Wachstum gibt, dann dieses: Stellen Sie sich gut mit erfolgreichen YouTube-Kanälen, und machen Sie gemeinsame Sache. Dadurch erreichen Sie YouTube-Nutzer, die ohne eine Zusammenarbeit vielleicht nie auf Ihren Kanal aufmerksam geworden wären. In Kapitel 10, »Als Unternehmen im Netz bestehen«, lesen Sie ausführlich, wie eine solche Zusammenarbeit im Unternehmenskontext aussehen kann.

9.3.7   Best Practice: JP Performance und Unge

Jean Pierre Kraemer ist vor allem als Moderator der Sendung »Die PS Profis« bekannt geworden, die auf dem Fernsehsender Sport1 ausgestrahlt wird. Gemeinsam mit seinem Kollegen Sydney Hoffmann sucht er dort seit 2009 im Kundenauftrag Autos auf dem Gebrauchtmarkt. Aber »JP«, wie er gerne von seinen Fans genannt wird, hat auch noch eine andere Seite: Er ist Unternehmer, und das sogar sehr erfolgreich. Ein Großteil seines Unternehmenserfolgs mit der JP Performance GmbH ist jedoch auch seiner intensiven Social-Media-Arbeit zu verdanken, die vor allem durch seinen YouTube-Kanal mit über 300.000 Abonnenten geprägt ist.

Abbildung 9.11 Der Moderator und Unternehmer Jean Pierre Kraemer macht auf seinem Kanal JP Performance vor, wie Q&A-Videos für Unternehmen erfolgreich funktionieren können (Quelle: youtu.be/VMX0gVJwmQA).

Auf seinem Kanal zeigt die lockere Frohnatur nicht nur die neuesten Tuning-Arbeiten seines Unternehmens, sondern pflegt auch in besonderem Umfang eine engagierte Community. Er betreibt ein intensives Monitoring der Kommentare und fordert die Nutzer auf, Fragen jeglicher Art rund um das Thema Auto und Tuning zu stellen. In einem regelmäßig erscheinenden Format (siehe Abbildung 9.11) beantwortet er die Fragen entspannt und ungezwungen vor der Kamera und punktet damit bei seiner Community. Die produzierte Transparenz hilft Jean Pierre Kraemer im Unternehmensalltag: Kunden werden durch die Social-Media-Aktivitäten auf sein Unternehmen aufmerksam, können sich vorab von den Kompetenzen und Ergebnissen überzeugen, um im Anschluss gegebenenfalls selbst mit der Tuning-Firma in Kontakt zu treten.

Weniger Unternehmer und mehr Selbstvermarkter ist der YouTuber Simon Wiefels, auch bekannt als Unge. Er präsentiert den über 1,4 Millionen Abonnenten auf seinem Kanal Vlogs seines Alltags und seiner Reisen sowie Let's-Play-Videos. Neben regelmäßigen Q&A-Videos zeigt sich Unge auch offen für den direkten Kontakt zu seinen Zuschauern, sei es, bei zufälligen Treffen ein gemeinsames Foto zu machen oder sich bei Veranstaltungen mit den Zuschauern direkt auszutauschen. Dazu dienen ihm Veranstaltungen wie der LetsPlayDay, die er zusätzlich für seine virtuelle Gemeinschaft filmt (siehe Abbildung 9.12).

Abbildung 9.12 Fantreffen und Offline-Events, wie hier der LetsPlayDay mit Unge, sind vor allem für bekannte YouTuber wichtig für die Pflege der Community und werden oft als Follow-me-around dokumentiert (Quelle: youtu.be/JxhcmwJQCEg).

Seine hohe Medienpräsenz und die junge Zielgruppe erfordern dabei allerdings auch intensive Sicherheitsvorkehrungen, damit solche Events keine Gefahr für Leib und Leben darstellen.

Wie hilfreich eine starke Community sein kann, hat sich für Unge im Dezember 2014 erwiesen: Unzufrieden mit seinem Vermarkter kündigte er die Arbeit an seinen unter Vertrag stehenden YouTube-Kanälen »ungefilmt« und »ungespielt« mit zusammen über 2 Millionen Abonnenten auf und äußerte sich in einem Video zu den aus seiner Sicht üblen Machenschaften des Netzwerkes Mediakraft. Das Video schlug hohe Wellen und schaffte es bis in die Tagesthemen der ARD und in zahlreiche andere Medien. Der Hashtag #freiheit führte innerhalb kürzester Zeit die Trending Topics von Twitter an, und Unge erlebte einen regelrechten Sympathiesturm.

Gleichzeitig kündigte Unge an, auf einem neuen, nicht unter Vertrag stehenden Kanal mit dem Namen »unge« zukünftig weiter Videos zu veröffentlichen. Wie in Abbildung 9.13 gut zu erkennen, konnte Unge innerhalb kürzester Zeit einen Großteil seiner Abonnenten für den neuen Kanal gewinnen und den Kanal schnell auf über 1 Million Abonnenten bringen. Ohne eine intensive Beziehungspflege zur Community wäre es Unge mit Sicherheit nicht möglich gewesen, diesen Schritt so erfolgreich zu gehen.

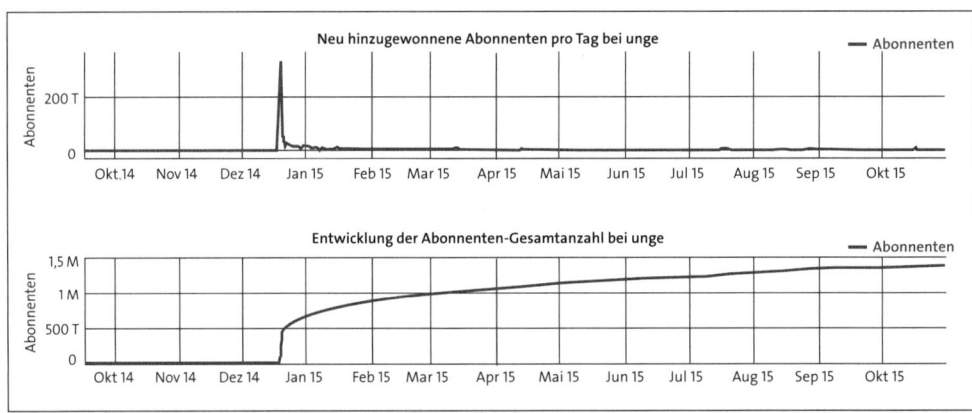

Abbildung 9.13 Die treue Community folgte Simon Wiefels schlagartig von den aufgekündigten Kanälen »ungespielt« und »ungefilmt« zu dem neuen Kanal »unge«.

Kapitel 10
Als Unternehmen im Netz bestehen

»If you want your company to be good on social media, then be a good company.« – Jerome Jarre

Frei nach dem Motto »Alles, was Sie sagen, kann gegen Sie verwendet werden« birgt jede Kommunikation ihre Risiken. Handlungen und Äußerungen, die nicht zum Markenversprechen passen, das Ansprechen gesellschaftlicher Tabus oder auch einfach die persönliche Meinung sind Beispiele, die massenweise Kritiker auf den Plan rufen. In sozialen Netzwerken finden Einzelne schnell Gehör, und ehe man es sich versieht, wird aus der falschen Reaktion auf eine triviale Nutzeräußerung eine handfeste Kommunikationskrise. Wer jetzt nicht weiter weiß, vernichtet sein über Jahre aufgebautes Image innerhalb weniger Augenblicke. Doch so weit muss es gar nicht erst kommen, wenn man weiß, wie man sich als Unternehmen in den sozialen Netzwerken richtig verhält und was einen erwarten kann.

10.1 Veränderte Bedingungen durch das Internet

Als Tim Berners-Lee am 12. März 1989 seinem Arbeitgeber, der Europäischen Organisation für Kernforschung (kurz CERN) seine Idee für ein Hypertext-Projekt zum Austausch von Informationen zwischen zwei Forschungseinrichtungen der Organisation vorschlug, hat er wohl nicht geahnt, was das Internet einmal für Auswirkungen auf das Leben der Menschheit haben würde. Das relativ junge Medium Internet durchdringt heute den Alltag der meisten Menschen. Nach der ARD/ZDF-Onlinestudie 2015 nutzen mittlerweile 80 % der Deutschen das Internet, wobei 44,5 Millionen von ihnen täglich online sind.[1]

Was das Internet hervorgebracht hat, zeigt sich auch anhand der Plattformentwicklungen: Wikipedia hat im Januar 2016 seinen 15. Geburtstag gefeiert und ist zur größten Enzyklopädie der Welt geworden, während Facebook und YouTube jeweils über 1 Milliarde Nutzer zählen. Das Internet hat den weltweiten Zugriff auf Informationen jeglicher

---

1 Quelle: *www.ard-zdf-onlinestudie.de/*

Art verändert und gibt gleichzeitig jedem Nutzer die Möglichkeit, selbst Inhalte zu publizieren. In diesem Umfeld, in dem praktisch jeder die Chance hat, gehört zu werden, stehen Unternehmen vor neuen Herausforderungen.

10.1.1 Wie Journalismus im Informationszeitalter funktioniert

Wer früher ein Problem mit einem bestimmten Unternehmen ausgemacht hatte, musste schon handfeste Beweise und umfangreiche Unterlagen vorlegen, um dieses Problem massenwirksam kommunizieren zu können. Der Weg dazu führte direkt zu einem Journalisten, der von der Faktenlage überzeugt werden musste. Die Journalisten der Massenmedien mit Zeitung, Radio und Fernsehen agierten als sogenannte Gatekeeper, die in der Regel nur solche Nachrichten publizierten, die dem journalistischen Auftrag gerecht wurden.

Ganz anders sieht die Welt seit der Etablierung des Internets aus. Seitdem sich soziale Netzwerke wie Facebook, Twitter und Co. durchgesetzt haben und etliche hundert Millionen Menschen weltweit dort angemeldet sind, hat sich die Gatekeeper-Rolle der Massenmedien zunehmend aufgelöst. Das bedeutet auch: Wer heute unzufrieden mit einem Produkt oder dem Service eines Unternehmens ist, ist nur einen Facebook-Post entfernt davon, das betreffende Unternehmen in eine katastrophale Krise zu stürzen – zumindest, wenn das Unternehmen nicht schnell genug davon Wind bekommt und angemessen reagiert.

Je glaubwürdiger dabei das Medium ist, desto schwieriger ist es, Vorgänge zu leugnen. Sie erinnern sich: Videos sind glaubwürdiger als einzelne Bilder oder Textbeiträge. Deshalb spielt auch gerade YouTube eine entscheidende Rolle in der Entwicklung von Unternehmenskrisen, wenn Nutzer belastende Videos auf der Plattform hochladen.

Gatekeeper

Als Gatekeeper bezeichnet man die Rolle der Massenmedien, in denen Journalisten Nachrichten selektieren und darüber entscheiden, welche Informationen an die Öffentlichkeit gelangen und welche nicht. Entsprechend groß kann der Einfluss der Massenmedien auf die öffentliche Meinung sein. Durch das Internet und die damit neu geschaffenen Möglichkeiten, mit denen praktisch jedermann Informationen publizieren kann, wurde die Gatekeeper-Rolle der Massenmedien zunehmend abgeschwächt.

Hinzu kommt, dass sich Journalisten heute so selbstverständlich im Internet bewegen wie alle anderen Menschen auch. Sie beobachten Trends und greifen Themen auf, die in den sozialen Netzwerken hohe Wellen schlagen. Dabei kann es sich um einfache Tweets handeln oder um komplexe YouTube-Videos: Was sich im Internet als Trend entwickelt, ist nicht selten bereits ein paar Stunden später in zahlreichen klassischen Medienhäusern angekommen und wird weiterverbreitet. Ein Inhalt, der erst einmal im Internet eine gewisse Aufmerksamkeit erreicht hat, ist in seiner Verbreitung so gut wie nicht mehr aufzuhalten.

10.1.2 Was Nutzer von Unternehmen erwarten

Da im Internet praktisch jeder Informationen auf den unzähligen Plattformen einstellen kann, ist der verfügbare Informationsumfang entsprechend hoch. Die hohe Vernetzung der Menschen trägt dazu bei, dass sich Unternehmen selbst am anderen Ende des Globus keine Fehltritte leisten können, ohne dass die Information darüber kurze Zeit später weltweit abrufbar ist. Die schlechten Arbeitsbedingungen bei Zulieferern, umweltschädliche Methoden in der Produktion oder schlicht mangelhafte Produkte und schlechter Service sind nur einige Beispiele, die Zündstoff für einen Shitstorm im Internet liefern.

Shitstorm

Unter einem Shitstorm versteht man einen Sturm der Entrüstung im Internet. Charakteristisch für einen Shitstorm ist die sehr schnelle Verbreitung negativer Kritik gegenüber einer Person oder einem Unternehmen, die hauptsächlich in den sozialen Netzwerken ihre stärkste Ausprägung findet. Blogs sowie die Kommentar- und Beitragsfunktionen in den sozialen Netzwerken sind besonders relevante Orte für die im Rahmen eines Shitstorms gehäußerten Meinungen.

Als Unternehmen steht man deshalb vor der Frage, was Internetnutzer von einer Kommunikation im Internet erwarten. Die Frage ist relativ einfach zu beantworten: Ein Unternehmen ist in den sozialen Netzwerken nur dann glaubwürdig, wenn es transparent kommuniziert und auf Nutzerbeiträge reagiert. Jedes Unternehmen, das das Potenzial einzelner Beiträge unterschätzt und glaubt, lediglich eigene Beiträge zum Zwecke der Werbung veröffentlichen zu können, während alles andere ignoriert wird, ist in den sozialen Netzwerken auf dem Holzweg.

Die Nutzer erwarten, dass sich Unternehmen mit den von ihnen gesetzten Themen auseinandersetzen – und zwar optimalerweise rund um die Uhr und 7 Tage pro Woche. Daraus haben sich neue Berufsbilder wie das des Social Media Managers ergeben, der zeitnah auf Blogbeiträge und Social-Media-Kommentare reagiert. Dass entsprechende Jobs keine 9-to-5-Jobs sind, dürfte klar sein.

10.2 Social-Media-Kommunikation im Unternehmensalltag

In den sozialen Netzwerken kommunizieren neben Ihrem Unternehmen auch Ihre Mitarbeiter. Sie veröffentlichen Statusupdates auf Facebook, bloggen über neue Produkte oder erstellen YouTube-Videos in ihrer Freizeit. Ohne klare Regeln, über *was* Ihre Mitarbeiter *mit welcher Tonalität* im Zusammenhang mit Ihrem Unternehmen im Internet berichten dürfen, kann die Öffentlichkeit schnell zum Problem werden.

10.2.1 Umgangsregeln im Internet und den sozialen Netzwerken

Im Internet gelten grundsätzlich die gleichen Umgangsregeln wie außerhalb des Internets. Auch wenn ein paar Wörter schnell getippt und abgeschickt sind, gilt es, angemessen und respektvoll zu kommunizieren. Dazu wurde für das Internet der Begriff *Netiquette* gebildet, der als Synonym für die Benimmregeln im Netz steht.

Eine Netiquette kann auch speziell vom Betreiber einer Website oder Plattform formuliert werden, um sich an die Funktionen anzupassen. Auch YouTube beschreibt in seinen Community-Richtlinien, wie sich Nutzer auf der Plattform zu verhalten haben, und macht damit auch gleichzeitig klar, warum Inhalte gesperrt werden können (siehe Abbildung 10.1). Wer eine Netiquette erstellt, kann später leichter argumentieren, wenn er Nutzer ausschließt oder Beiträge löscht. Die allgemeinen Umgangsregeln im Internet umfassen:

▶ Diskriminierungen, Beleidigungen und Provokationen haben keinen Platz verdient.

▶ Alle Gesetze gelten auch im Internet. Insbesondere Beiträge mit strafrechtlicher Relevanz können verfolgt werden.

▶ Kommentare unter einem Beitrag sollten thematisch auch in irgendeiner Weise zu dem Beitrag passen. Unpassende Eigenwerbung und Spam werden in aller Regel nicht geduldet.

▶ Absichtlich eingeführte technische Beschränkungen sollten nicht zum Nachteil einer guten Kommunikationsatmosphäre umgangen werden. Dazu zählt zum Beispiel, auf Twitter keine Romane zu veröffentlichen, indem man den Text auf unzählige Tweets verteilt.

Leider gibt es immer Menschen, die sich nicht an diese Umgangsregeln halten und sogar gezielt als Störer auftreten. Auch YouTube ist ein soziales Netzwerk, und die Community kann und wird sich zu Ihren Videos äußern. Da es auf YouTube keine Klarnamenpflicht gibt und die Nutzer sich leicht hinter einem Pseudonym verstecken können, werden Sie höchstwahrscheinlich des Öfteren mit sehr negativen Kommentaren konfrontiert, auf die Sie angemessen reagieren müssen. Es ist deshalb wichtig, dass Sie vor allem über zwei Typen von Störern Bescheid wissen: Trolle und Hater.

Abbildung 10.1 Die YouTube-Community-Richtlinien erklären, was auf YouTube gern gesehen ist und was nicht (Quelle: www.youtube.com/yt/policyandsafety/de/community-guidelines.html).

Trolle sind Personen, die in Internet-Communitys permanent destruktive Beiträge mit unsachlichen und beleidigenden Inhalten schreiben. Auf YouTube richten sich ihre Aussagen sowohl gegen den Videoautor als auch gegen Teile der Community. Die Motivationsgründe sind unterschiedlich, doch in den meisten Fällen ist es das Bedürfnis nach Aufmerksamkeit. Das einzige Ziel der Trolle ist es, Unruhe zu stiften, zu provozieren und abzuwarten, was passiert. Die Erwartungen liegen auf einer möglichst breiten Reaktion. In der Anonymität des Internets verstecken sich Trolle hinter Accounts, die keinen Rückschluss auf ihre wahre Identität zulassen. Um Trolle abzuwehren, hilft nur ein konsequentes Vorgehen:

1. **»Don't feed the trolls.«**
   Wer entsprechende Personen ignoriert, entzieht ihnen die Grundlage ihres Erfolgs und stellt ein unattraktives Ziel dar. Sollten Sie sich dennoch versehentlich auf eine Diskussion mit einem Troll eingelassen haben, hören Sie umgehend mit dem Versuch auf, seine Argumente zu entkräften. Trolle haben keine gefestigte Meinung. Ihr Ziel ist es lediglich, Sie aus der Reserve zu locken. Widersprüche in der Argumentation sind deshalb an der Tagesordnung, und auf eine Reaktion Ihrerseits wird es immer eine Gegenreaktion geben, die Sie weiter herausfordert. Lassen Sie sich nicht darauf ein, und machen Sie von Anfang an klar, dass Trolle bei Ihnen keine Chance haben.

2. **Sperrung des Accounts erwirken**
   Auf Ihrem YouTube-Kanal bestimmen Sie die Regeln. Löschen Sie konsequent entsprechende Beiträge, und sperren Sie die trollenden Accounts. Zum Sperren gehen Sie auf die Kanalinfo des Accounts, klicken auf das Fahnensymbol und wählen NUTZER SPERREN. Der Nutzer kann Ihre Videos jetzt nicht mehr kommentieren und Ihnen keine privaten Nachrichten mehr schicken. Aber Achtung: Unterscheiden Sie zwischen Trollen und begründeter Kritik! Eine Kritik zu sperren, macht Sie angreifbar, und man wird Ihnen unterstellen, Sie wollten etwas verheimlichen und kritische Zuschauer mundtot machen. Nehmen Sie kritische Stimmen stattdessen zum Anlass, sich zu verbessern und auf die Wünsche der Community einzugehen.

Im Gegensatz zu einem Troll hat der *Hater* eine gefestigte Meinung. Er ist überzeugt, dass nur seine Argumente zählen, und er wird seinen Standpunkt mit aller Kraft wiederkehrend verteidigen. Das macht es einfacher, sich gegenüber Hater-Kommentaren zu positionieren. Reagieren Sie nicht spontan, und warten Sie stattdessen zunächst die Reaktion Ihrer Community ab. Sie wird den Hater eventuell von selbst in seine Schranken verweisen und Argumente gegen seine Meinung anbringen. Wird das Durcheinander allerdings zu groß, machen Sie in Ihrem Statement klar, dass Sie die Meinung des Haters zwar tolerieren, sie aber keinesfalls annehmen werden. Reagieren Sie gelassen, sprechen Sie *über* und nicht *mit* dem Hater, und vermeiden Sie stark argumentative Antworten. Achten Sie in Ihrer Reaktion darauf, dass Ihr Gegenüber nicht sein Gesicht verliert.

10.2.2   Social Media Guidelines herausgeben

Wenn es um die Auswirkungen von Mitarbeiter-Posts in den sozialen Netzwerken geht, wird oft ein Fall angeführt, bei dem im April 2009 folgender Tweet auf einem privaten Twitter-Account zu lesen war: »Coolstes Praktikum aller Zeiten! FBI durchsucht gerade die Büros von Siemens Medical Solutions.«[2] Es dauerte angeblich weniger als 1 Stunde, da griffen die ersten Nachrichtenagenturen den Tweet auf und mutmaßten über den Gegenstand der Durchsuchung. Der Fall eignet sich auch deshalb als wunderbares Beispiel, weil deutlich wird, wie schnell hochbrisante Informationen selbst bei einer Behörde wie dem FBI den Weg nach draußen finden können.

Viele Mitarbeiter machen sich keine Gedanken darüber, was sie im Zusammenhang mit ihrem Arbeitgeber in den sozialen Netzwerken veröffentlichen sollten und was nicht. Und selbst wenn sie sich Gedanken machen, schätzen sie die Lage oft falsch ein, weil die Grenzen zwischen beruflich und privat schnell verschwimmen. Damit so etwas nicht passiert, sollten Sie als Unternehmen sogenannte *Social Media Guidelines* an Ihre Mitarbeiter herausgeben. Ein solches Dokument soll Bewusstsein für einen angemessenen Umgang mit dem Internet bei Ihren Mitarbeitern schaffen und so Ihr Unternehmen schützen.

Viele Unternehmen präsentieren ihre Social Media Guidelines auf ihrer Website oder sogar – wie das Unternehmen Linde – in einem extra YouTube-Video (siehe Abbildung 10.2), damit ihre Mitarbeiter jederzeit Zugriff darauf haben.[3] Grundsätzlich sind diese Richtlinien auch kein Geheimnis, und die meisten Empfehlungen ähneln sich in ihren Grundsätzen. Für Ihre eigenen Richtlinien können Sie sich also problemlos von anderen inspirieren lassen. Trotzdem sollen an dieser Stelle einige Anhaltspunkte für die Erstellung von Social Media Guidelines gegeben werden:

1. Begrüßen Sie die Nutzung von sozialen Netzwerken, und ermuntern Sie Ihre Mitarbeiter, dieses Medium zu nutzen.

2. Stellen Sie klar, dass Firmengeheimnisse und Interna auch auf privaten Profilen nichts zu suchen haben.

3. Erklären Sie Ihren Mitarbeitern, was Social Media für Ihr Unternehmen bedeutet und wie Sie es nutzen möchten.

4. Bestimmen Sie, wie ein Mitarbeiter vorgehen soll, wenn er über sein Arbeitsgebiet im Internet berichten möchte.

---

2 Quelle: *www.ingenieur.de/Themen/Internet/Gezwitscher-hinterm-Werkstor-schafft-glaeserne-Unternehmen*

3 Eine Zusammenstellung zahlreicher Social Media Guidelines von Unternehmen finden Sie unter: *https://buggisch.wordpress.com/2011/10/12/deutsche-social-media-guidelines/*

5. Legen Sie fest, wer im Namen des Unternehmens sprechen darf.

6. Geben Sie an, dass Äußerungen, die als Privatperson getätigt werden und das Unternehmen oder sein Umfeld betreffen könnten, als eigene Meinung gekennzeichnet werden müssen. Eine gute Hilfestellung ist es, dass Mitarbeiter dazu mit *ich* statt mit *wir* kommunizieren.

7. Weisen Sie Ihre Mitarbeiter darauf hin, dass das Internet nichts vergisst und sie gegebenenfalls auch später noch Verantwortung für ihre Beiträge übernehmen müssen. Entsprechend überlegt sollten die Beiträge erstellt werden.

8. Ihre Mitarbeiter müssen zudem wissen, dass sie alle geltenden Rechte zu beachten haben. Das gilt auch für Urheber-, Lizenz- und Markenrechte.

9. Halten Sie Ihre Mitarbeiter dazu an, die Netiquette zu beachten und alle Kommunikationsteilnehmer respektvoll zu behandeln. Hierzu sollten Sie auch aufzeigen, dass Konkurrenten ebenfalls respektvoll zu behandeln sind.

10. Im Sinne eines Frühwarnsystems (siehe später in diesem Kapitel) können Sie zudem Ihre Mitarbeiter dazu auffordern, kritische Beiträge zum Unternehmen umgehend an die Kommunikationsabteilung zu melden, und das Vorgehen dazu festlegen.

11. Benennen Sie Mitarbeiter oder eine Abteilung, die für Fragen zur Verfügung stehen.

Abbildung 10.2 Das Unternehmen Linde erklärt seinen Mitarbeitern in einem ansprechenden YouTube-Video, wie Social Media genutzt werden sollte (Quelle: youtu.be/TFtNU_yBRNM).

10.2.3 Mitarbeiter dabei unterstützen, über das Unternehmen zu berichten

Falls Sie nun den Eindruck haben, dass es wohl am besten ist, den Mitarbeitern die Kommunikation über Ihr Unternehmen gänzlich zu untersagen, um jeglichem Risiko aus dem Weg zu gehen, liegen Sie falsch. Davon abgesehen, dass ein solches Vorgehen in der Praxis kaum umzusetzen ist, weil die Grenzen zwischen Privat- und Berufsleben oft verwischen, kann es als Unternehmen sogar Vorteile haben, wenn sich Ihre Mitarbeiter darum kümmern, eine Öffentlichkeit herzustellen.

Sehr gut in Unternehmen etabliert sind Mitarbeiterblogs, auf denen Mitarbeiter zu Unternehmensthemen schreiben können. Zumeist wird dazu ein zentral geführtes Blog eingerichtet, auf dem der einzelne Mitarbeiter als Autor seiner Blogbeiträge auftritt. Gelungene Beispiele sind die Blogs von Frosta[4] oder auch Direct2Dell[5].

Da sich dieses Buch allerdings mit YouTube beschäftigt, stellt sich die Frage, wie Mitarbeiter über das Medium Video zielführend selbst berichten können. Ein Video ist in der Erstellung komplexer als ein Blogbeitrag und deshalb schwieriger in der Umsetzung. Trotzdem ist es möglich, Mitarbeiter bei der Kommunikation über dieses Medium zu unterstützen:

▶ Consumer-Kameras sind von jedermann einfach zu bedienen. Ein Mitarbeiter, der mit einer solchen Kamera ausgestattet ist, kann seine Perspektive einfach abbilden und über seine Arbeit berichten. Die Videos kann im Anschluss ein erfahrener Mitarbeiter schneiden, um sie auf dem YouTube-Kanal zu veröffentlichen.

▶ Ihre Mitarbeiter werden oftmals in die Produktion von YouTube-Videos involviert sein. Wer könnte authentischer live von der Produktion berichten, als diese Mitarbeiter selbst? Hierzu können Sie Ihre Mitarbeiter beispielsweise ermuntern, Bilder auf Instagram zu veröffentlichen oder auf Snapchat eine Story zu erstellen. Das muss nicht auf den offiziellen Unternehmenskanälen erfolgen, sondern kann auch auf privaten Accounts stattfinden.

▶ Etablieren Sie eine Kultur, in der jeder Mitarbeiter Themenvorschläge für Ihren You-Tube-Kanal machen darf. Binden Sie ihn dann nach Möglichkeit in die Produktion der Videos ein.

Durch ein solches Vorgehen schaffen Sie eine gute Transparenz für Ihr Unternehmen, die sich langfristig auszahlt. Jeder Mitarbeiter ist Teil Ihres Unternehmens und lebt die Unternehmenskultur. Entsprechend authentisch kann er über seine Arbeit berichten.

---

4 Erreichbar unter: *www.frostablog.de/*
5 Erreichbar unter: *http://en.community.dell.com/dell-blogs/direct2dell/b/direct2dell/*

10.3   Die Stimmung im Netz beobachten

Um die online und auf YouTube publizierten Meinungen wahrzunehmen, hilft ein intensives *Monitoring*, das nicht nur den eigenen YouTube-Kanal einbezieht. Beim Monitoring in sozialen Netzwerken sucht man gezielt nach Informationen zum eigenen Unternehmen und den Produkten. Gleichzeitig beobachtet man Trends, die in den sozialen Netzwerken besonders populär sind. Beziehen Sie dabei unter anderem folgende Quellen in die allgemeine und spezielle Themenbeobachtung mit ein:

▶ Kommentare und Bewertungen Ihrer eigenen Videos

▶ Videos zu Ihren Produkten, die Sie leicht über die YouTube-Suche identifizieren werden

▶ die Verwendung Ihrer Markenzeichen auf Twitter (Marke und Unternehmensname)

▶ populäre Hashtags und Trending-Topics auf Twitter

▶ Google Alerts zu Begriffen, die Sie zuvor festgelegt haben

▶ Reaktionen auf Ihren anderen Social-Media-Kanälen

Ein Monitoring muss kontinuierlich durchgeführt werden. Das Internet ist ein 24-Stunden-Medium, sodass es nicht ausreicht, sich einmal pro Woche einen Überblick zu verschaffen.

Sobald Sie Themen lokalisiert haben, gilt es, diese zu bewerten: Können sie für das Unternehmen zur Gefahr werden? Muss darauf reagiert werden und müssen gegebenenfalls sogar Maßnahmen ergriffen werden? Sollte ein Thema eine Reaktion erfordern, planen Sie die entsprechende Maßnahme, und gleichen Sie sie mit Ihrem Szenariokatalog ab, den Sie im nächsten Abschnitt erarbeiten werden.

Für das *Social Media Monitoring* gibt es auch Softwaretools, die den Monitoring-Prozess erleichtern. Diese Tools erlauben unter anderem eine automatische Auswertung der Tonalität, um festzustellen, welche Stimmung in den Communitys zu bestimmten Themen herrscht. Seien Sie jedoch vorsichtig mit solchen Auswertungen, und überprüfen Sie die Angaben in einem manuellen Monitoring.

Wesentlich sinnvoller sind Tools, die Ihnen die Informationsbeschaffung aus unterschiedlichen Quellen abnehmen und sie Ihnen für eine manuelle Auswertung bündeln. Diese Tools greifen auf Programmierschnittstellen verschiedener sozialer Netzwerke zurück, um auf öffentlich verfügbare Informationen Zugriff zu erhalten. Ein solches Tool ist beispielsweise Social Searcher[6] (siehe Abbildung 10.3).

---

6 Erreichbar unter: *www.social-searcher.com/*

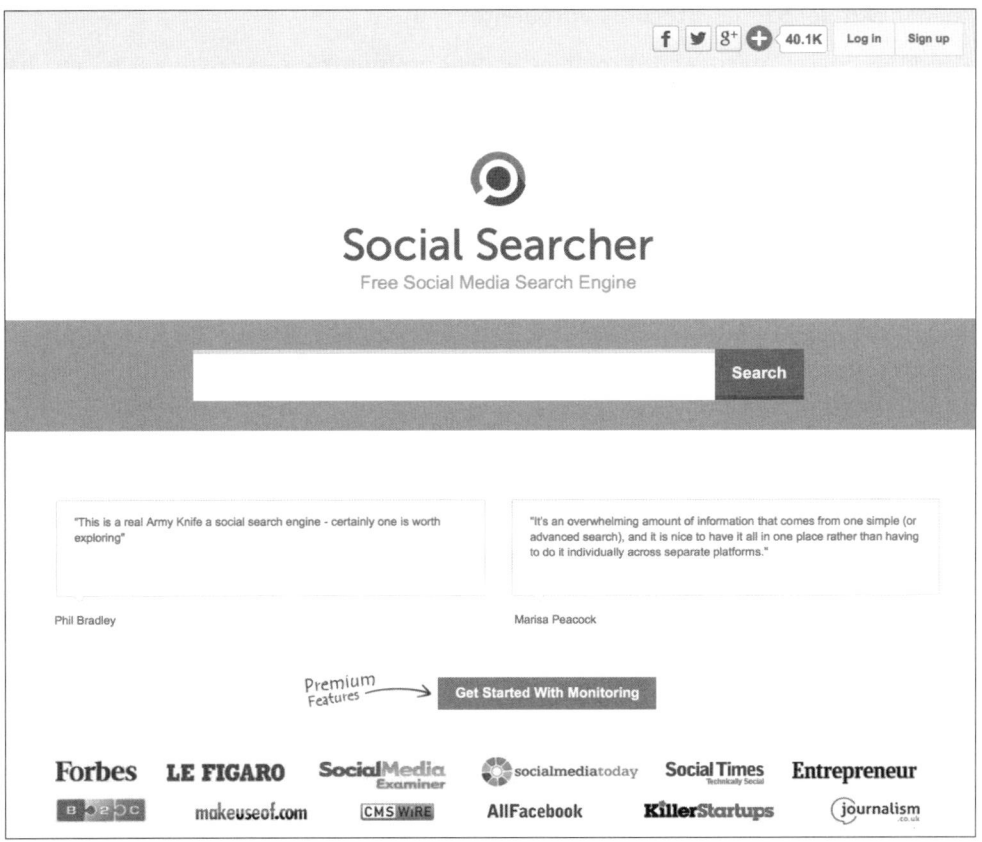

Abbildung 10.3 Die Website Social Searcher kann mehrere soziale Netzwerke gleichzeitig auf einen Begriff durchsuchen.

10.4 Auf Krisen vorbereitet sein

Zum Glück sind fatale Fehltritte auf YouTube eher die Ausnahme, da die meisten Unternehmen ihre Videos von mehreren Mitarbeitern überprüfen lassen, bevor Sie freigeschaltet werden. Unvermeidbar ist jedoch die Eigendynamik von sozialen Netzwerken, die dazu führen kann, dass Einzelmeinungen zu einem großen Thema werden. Dazu zählen dann vor allem Krisen, die aus dem Handeln der Unternehmen und anderen Einflussgrößen außerhalb von YouTube resultieren. YouTube muss in diesem Zusammenhang auch als Nachrichtenmedium betrachtet werden, in dem theoretisch jeder seine Meinung in eigenen Videos kundtun kann.

10.4.1   Mit der Szenariotechnik vorbereitet sein

Um auf eventuell auftretende Probleme in der Kommunikation vorbereitet zu sein, hat sich die sogenannte Szenariotechnik bewährt. Mit ihrer Hilfe werden Risiken erfasst, um darauf basierend Notfallpläne zu entwickeln. Tritt eines der durchdachten Szenarien ein, können Sie als Unternehmen auf einen vorgefertigten Plan zurückgreifen und verlieren keine Zeit in der Kommunikation.

Ein schnelles und wohl durchdachtes Statement schwächt die Krise ab, da die vielen an der Diskussion beteiligten Parteien keine so große Chance mehr haben, Vermutungen, Anschuldigungen und eventuelle Unwahrheiten zu publizieren. Eine Krise kann am besten vermieden werden, indem man ihr Aufkommen früh erkennt und ihr entgegenwirkt. So nehmen Sie Ihren Kritikern sprichwörtlich den Wind aus den Segeln.

In Abschnitt 2.3.1, »Mit der SWOT-Analyse die aktuelle Lage prüfen«, haben Sie bereits die sogenannte *SWOT-Analyse* kennengelernt. Auch zu Beginn einer Szenarioanalyse ist es sinnvoll, eine solche SWOT-Analyse anzufertigen. Hier ist das Ziel, Kommunikationsrisiken zu erörtern und geeignete Maßnahmen zu finden:

▶ Welche Stärken können Sie zur Bekämpfung welcher Risiken einsetzen?

▶ Welche Schwächen hat das Unternehmen, und wie können darauf basierende Kommunikationskrisen eingedämmt werden?

Die meisten Kommunikationsrisiken ergeben sich aus der Kombination externer Gefahren und interner Schwächen. So können als externe Gefahren beispielsweise nicht eingehaltene Richtlinien bei der Konkurrenz auch für die eigene Kommunikation riskant sein. Am Beispiel des Abgasskandals von Volkswagen im Jahr 2015 lässt sich dies gut darstellen: Der Autokonzern ist in eine Krise geraten, weil aufgedeckt wurde, dass Abgaswerte bei Dieselfahrzeugen manipuliert und falsch ausgewiesen wurden. Auch wenn dieses Fehlverhalten zunächst auf den Volkswagenkonzern beschränkt ist, sind andere Automobilhersteller von dieser Krise mit betroffen. Sie haben zwar mit VW nicht direkt etwas zu tun, müssen den verunsicherten Kunden aber trotzdem beweisen, dass ihre Abgaswerte korrekt ausgewiesen werden. Diesen Umstand belegt auch der Aktienkurs von BMW: Er ist während der Krise von VW zeitweise um bis zu 10 % eingebrochen, obwohl sich BMW nichts hat zuschulden kommen lassen.

Grundsätzlich gibt es Kriterien, die auf eine risikoreiche Situation eines Unternehmens hinweisen, wie zum Beispiel[7]:

▶ Ihre Branche hat ein schlechtes Image in der Gesellschaft.

▶ Ihre Produkte können bei Produktfehlern Auswirkungen auf die Gesundheit haben.

---

7 In Anlehnung an Steinke, Lorenz: Kommunizieren in der Krise. Wiesbaden: Springer Gabler 2014.

- Sie kommunizieren im Marketing Nachhaltigkeit sowie ökologische und soziale Verträglichkeit.
- Sie sind Markführer in Ihrer Branche.
- Ihre Marke hat einen sehr großen Bekanntheitsgrad.
- Ihr Unternehmen wird umstrukturiert und sorgt dabei für Veränderungen bei Mitarbeitern und im Unternehmensumfeld.
- Ihre Branche oder Sie selbst haben bereits mehrere Krisen durchlebt.
- Um konkurrenzfähige Preise zu erzielen, müssen Sie mit Zulieferern intensive Verhandlungen führen.
- Es gibt Organisationen und Personengruppen, die sich regelmäßig negativ über Ihr Unternehmen in der Öffentlichkeit äußern.
- Ein starkes Unternehmenswachstum hat dafür gesorgt, dass Sie in der Öffentlichkeit sehr positiv wahrgenommen wurden.
- Sie vertreiben ein Produkt, das aufgrund seiner Beschaffenheit schnell falsch bedient oder verwendet werden kann.

Vielleicht werden Sie sich fragen, warum auf dieser Liste auch eigentlich kaum negativ klingende Aspekte aufgelistet sind, wie beispielsweise eine positive Wahrnehmung in der Öffentlichkeit, die auf einem starken Unternehmenswachstum basiert. Eine euphorische Grundhaltung der Öffentlichkeit kann und wird zu gegebenem Zeitpunkt umschlagen oder zumindest nachlassen und sich normalisieren. Sie müssen sich also früh genug darauf einstellen, dass dieser Zeitpunkt kommen wird und dass in dieser Phase in der medialen Berichterstattung sowie in den sozialen Netzwerken negative Meinungen geäußert werden.

Sobald Sie Themen identifiziert haben, die zu einer Kommunikationskrise führen könnten, müssen Sie eine Bewertung vornehmen. Die Bewertung erfolgt dabei auf Basis der erörterten Problembereiche. Versuchen Sie, die individuellen Kommunikationsrisiken einzuschätzen. Dazu beziehen Sie Ihre bisherige Kommunikation, Ihre Erfahrungen mit Kunden und die öffentliche Wahrnehmung mit ein.

Konkretisieren Sie Ihre Risiken jetzt in möglichen Szenarien: Ein Kunde stirbt aufgrund des Verzehrs Ihres Produkts? Bei einem Ihrer Zulieferer ist die Produktionshalle aufgrund nicht eingehaltener Sicherheitsvorkehrungen abgebrannt? Ihre Mitarbeiter fordern regelmäßig mehr Gehalt? Nun beginnt die eigentliche Arbeit: Spielen Sie diese Szenarien durch, und erarbeiten Sie eine Strategie, wie Sie im Falle eines Falles reagieren werden, wenn die Presse bei Ihnen anklopft und nachfragt. Und nicht nur die Presse: Denken Sie an die Dynamik der sozialen Netzwerke, in der ein Einzelner mit seiner

289

glaubwürdig erscheinenden Meinung eine Lawine der Entrüstung lostreten kann, auf die im Nachgang die Presse gerne auch noch aufspringt.

Im Szenariokatalog halten Sie deshalb anhand dieser konkreten Risikoszenarien fest, wie Sie genau reagieren werden:

▶ Wie werden Sie Ihre Mitarbeiter unterrichten, und was werden Sie ihnen sagen, wie sie sich verhalten sollen?

▶ Welches Medium werden Sie wählen, um eine Stellungnahme zu veröffentlichen?

▶ Wer wird die Stellungnahme veröffentlichen oder vor die Kameras treten?

▶ Was werden Sie der Öffentlichkeit sagen und mit welcher Tonalität?

▶ Wie gehen Sie mit (Presse-)Anfragen um?

Notieren Sie vorab wichtige Kontaktdaten von Entscheidungsträgern, und halten Sie die Zugangsdaten zu den Social-Media-Accounts bereit. Viele Reaktionen in Krisen lassen zu lange auf sich warten, weil Unternehmen intern nicht schnell genug kommunizieren.

10.4.2 Wie Krisen auf YouTube aussehen können

Wie bereits erwähnt, sind Krisen aufgrund eines Fehltritts auf YouTube sehr selten. Die Marke Coca-Cola ist mit ihrem Weihnachtsspot im Jahr 2015 eine der wenigen Ausnahmen gewesen und hat das YouTube-Video umgehend nach der Kritik zurückgezogen.[8] Im Spot waren junge Menschen zu sehen, die zu einem indigenen Volk fahren, um gemeinsam mit ihnen und Coca-Cola auf Weihnachten anzustoßen. Kritische Stimmen urteilten, das Video verstärke die Vorurteile gegenüber Indigenen und stelle sie als kulturell minderwertig dar.

Ein wichtiger Punkt für Ihren YouTube-Kanal: Überlegen Sie sich gut, ob Sie Q&A-Videos auf Ihrem Unternehmenskanal anbieten und wie Sie die Zuschauer Fragen stellen lassen. Sollte es für Ihre Marke keinen ausreichend großen Rückhalt in der Community geben oder sollten die Risikofaktoren für eine Krise zu groß sein, vermeiden Sie entsprechende Formate. Hier ist es zunächst notwendig, eine Kultur des ständigen Austauschs zwischen Kunde und Unternehmen zu etablieren, damit solche Formate erfolgreich sind und kein Risiko darstellen. Start-ups haben es in aller Regel einfacher, solche Formate anzubieten, da sie noch kein gefestigtes (Negativ-)Image in der Gesellschaft besitzen.

---

8 *www.horizont.net/marketing/nachrichten/Mexiko-Coca-Cola-zieht-umstrittenen-Online-Werbespot-zurueck--137772*

In der Regel müssen Sie als Unternehmen aber eher auf Videobeiträge reagieren, die sich gegen Sie richten. Beachten Sie dazu auch die Praxisbeispiele in Abschnitt 10.6. Der Ausgangspunkt der meisten Negativbeiträge ist dabei, dass ein Produkt nicht wie vorgesehen funktioniert oder dass ein Unternehmen nicht so zu handeln scheint, wie es vorgibt. In beiden Fällen können Sie in der Kommentarfunktion Aufklärungsarbeit leisten und Informationen bereitstellen, die den scheinbaren Missstand beheben.

10.4.3 Krisentrainings für die Mitarbeiter

Der beste Szenariokatalog bringt Ihnen auch im Ernstfall nichts, wenn die in die Krisenkommunikation involvierten Mitarbeiter nicht damit umzugehen wissen. Um in einer Krise schnell und professionell reagieren zu können, sollten Sie deshalb regelmäßig Krisentrainings mit Ihren Mitarbeitern durchspielen. Dazu zählt nicht nur, die Strategien zu kennen, sondern auch den Umgang mit den notwendigen Medien zu beherrschen:

▶ Simulieren Sie konkrete Krisenszenarien, und spielen Sie diese durch.

▶ Schulen Sie Ihre Mitarbeiter im Umgang mit sozialen Netzwerken.

▶ Trainieren Sie, mit welcher Rhetorik in den einzelnen Medien kommuniziert werden muss, um Ihre Botschaft im Krisenfall angemessen veröffentlichen zu können. Hierzu zählt auch, den Mitarbeitern ein Gefühl dafür zu geben, welche Sprache das Unternehmen üblicherweise in der Kommunikation spricht.

▶ Üben Sie die Kommunikation zwischen unterschiedlichen Abteilungen, die in den einzelnen Szenarien notwendig sein kann, um korrekte Informationen herausgeben zu können (beispielsweise zwischen Forschung und Entwicklung und Social Media).

Krisentrainings haben außerdem den Vorteil, eventuelle Schwachstellen identifizieren zu können. So kann es durchaus sein, dass Sie bei der Entwicklung der Szenarien relevante Medien vergessen haben oder in der Übung feststellen, dass wichtige Personen im Notfall nicht erreichbar sind. Entsprechend können Sie Ihren Szenariokatalog überarbeiten und Strukturen im Unternehmen schaffen, die den festgestellten Problemen entgegenwirken.

10.4.4 Einrichtung eines Frühwarnsystems

Wie bereits in Abschnitt 10.3, »Die Stimmung im Netz beobachten«, dargestellt, hilft ein kontinuierliches Monitoring bei der Erkennung von Kommunikationsrisiken. Als Ergänzung sollten Sie in Ihrem Unternehmen ein Frühwarnsystem einrichten, über das Sie Krisenpotenziale schnell erkennen und gezielt reagieren können. Ein solches System ist essenziell für die Kommunikation im Internet, um Krisen gar nicht erst entstehen zu lassen und die Verbreitung negativer Nachrichten einzudämmen. Wie kann ein solches Frühwarnsystem aussehen?

Die meisten Unternehmen verstehen unter einem Frühwarnsystem das bereits angesprochene Monitoring: Beobachten und Identifizieren von Beiträgen in den sozialen Netzwerken, Einstufen von Kommentaren auf den eigenen Seiten und unter den eigenen Videos sowie das Auswerten von Blog- und Forenbeiträgen. Es dürfte aber auch klar sein, dass Sie dadurch nicht immer alle unternehmenskritischen Beiträge zeitnah lokalisieren können, weil der Umfang mit der Unternehmensgröße steigt und Sie deshalb vielleicht erst nach bereits erfolgter Verbreitung davon mitbekommen.

Im Rahmen eines Frühwarnsystems sollten Sie deshalb alle Mitarbeiter im Unternehmen dazu anhalten, Beiträge mit Krisenpotenzial zu melden. Ihre Mitarbeiter sind ohnehin privat auf den verschiedensten Kanälen aktiv, und es ist wahrscheinlich, dass sie dabei über einzelne Beiträge stolpern, die Sie genauer beobachten sollten. In der Praxis könnte ein solches System beispielsweise folgendermaßen aussehen:

▶ Schaffen Sie eine Unternehmenskultur, in der Social Media einen hohen Stellenwert hat. Beachten Sie dazu auch die Herausgabe von Social Media Guidelines.

▶ Erklären Sie Ihren Mitarbeitern, ab wann Sie Beiträge als kritisch ansehen und welchen Wert es für Sie hat, darauf reagieren zu können.

▶ Geben Sie Strukturen vor, die so flexibel sind, dass Mitarbeiter entsprechende Inhalte zeitnah an zuständige Personen im Unternehmen melden können.

▶ Belohnen Sie Mitarbeiter, die aktuelle Inhalte im Netz identifiziert haben, auf die Sie erfolgreich reagieren konnten.

Je früher Sie Krisenpotenziale erkennen und darauf reagieren, desto wahrscheinlicher ist es, dass Sie mit Ihrem Statement einer weiteren Verbreitung entgegenwirken und eine Krise abwenden können. Aufgrund der vielen Interessengruppen und der einfachen Verbreitung von Inhalten ist es vor allem im Internet unbedingt notwendig, innerhalb kürzester Zeit zu reagieren. Die Nutzer erwarten, dass auf von ihnen angesetzte Themen nicht erst Tage später eine Antwort kommt und sehen eine Verzögerung häufig als Schuldeingeständnis, das Anlass für eine weitere Verbreitung gibt.

10.5   Zu viel Aufmerksamkeit – in Krisen kommunizieren

Manchmal helfen alle Anstrengungen im Vorfeld nicht, um eine Krise gar nicht erst entstehen zu lassen. Sie stehen also plötzlich vor dem Problem, dass Sie zu viel Aufmerksamkeit erhalten, auf die Sie eigentlich lieber verzichten würden. Jetzt hilft in erster

Linie nur, den Szenariokatalog zu überprüfen und die wichtigsten Mitarbeiter zusammenzutrommeln, um mit einer angemessenen Kommunikation die Deutungshoheit zurückzugewinnen. Es ist dabei unerheblich, ob Sie sich auf die eingetretene Krise bereits vorbereitet haben oder ob Sie vor völlig neuen Tatsachen stehen: Spätestens im weiteren Verlauf müssen Sie Medien und Plattformen für Ihre Krisenkommunikation auswählen, die richtigen Worte finden und Menschen aktivieren, die für Ihr Unternehmen und Ihre Marke einstehen.

10.5.1 Die Faktenlage prüfen

Einer der größten Fehler in einer Krise ist ein abgegebenes Statement vor dem Prüfen der Fakten. Bevor Sie sich zu etwas äußern, was gerade die große Runde macht, sollten Sie deshalb zunächst genau prüfen, ob an den Anschuldigungen etwas dran ist. Was sich eigentlich trivial anhört, wird von vielen Unternehmen immer wieder vergessen. So passiert es, dass eine Erklärung herausgegeben wird, in der Vorfälle geleugnet oder heruntergespielt werden, die sich im Nachhinein als noch schlimmer bewahrheiten.

Es gibt immer wieder Krisenfälle, in denen Sie sich zunächst einen Überblick verschaffen müssen, in denen die Informationen aber nicht ad hoc verfügbar sind. Sollten Sie zum Prüfen der Faktenlage Zeit benötigen, kommunizieren Sie dies in einem ersten Statement. So gewinnen Sie Zeit und zeigen, dass es Ihnen nicht gleichgültig ist und dass Sie die Vorwürfe nicht aussitzen möchten. Bedenken Sie aber auch, dass ein erstes Statement in den Köpfen der Leute am stärksten wirkt. Bei der Formulierung sollten Sie deshalb darauf achten, dass das Statement keinem Schuldeingeständnis gleichkommt, wenn Sie dies nicht beabsichtigen.

10.5.2 Die passenden Worte helfen aus der Kommunikationskrise

Sobald Sie genügend Informationen über die Faktenlage zusammengetragen haben, müssen Sie entscheiden, mit welcher Strategie und Tonalität Sie reagieren werden. Grundsätzlich gibt es zwei Vorgehensweisen: Offensiv oder defensiv. Sollten Sie tatsächlich einen Fehler begangen haben, bietet es sich an, den Fehler zuzugeben, um daraufhin offensiv zu kommunizieren, wie Sie weiter vorgehen werden. Sind die Vorwürfe haltlos und entbehren jeglicher Faktenlage, können Sie durchaus defensiv reagieren. Legen Sie dabei aber auch Quellen und Beweise offen, die in der Lage sind, die Vorwürfe zu entkräften.

Denken Sie im Anschluss über die Tonalität Ihres Statements nach. Sie sollte an der Zielgruppe ausgerichtet werden und deren Erwartungen erfüllen. Überprüfen Sie dazu vor Veröffentlichung des Statements, wie die Zielgruppe auf Ihr Statement reagieren könnte. So hat sich beispielsweise das Unternehmen Domino's Pizza mit der Forderung der Tierschutzorganisation PETA nach einer veganen Pizzavariante einen öffentlichen Streit darüber geliefert, ob diese notwendig sei oder nicht. Statt auf die Zielgruppe zuzugehen, hat sich das Unternehmen gegen die relativ große Zielgruppe der Veganer gestellt. Dabei war vor allem die Tonalität des Pressesprechers ungünstig gewählt, wie eine E-Mail an die Huffington Post belegt:[9]

> *The Board of Directors did recommend that shareholders vote against it, as there has been no consumer interest in vegan toppings from Domino's [...] We believe we know more about testing and rolling out products for our brand than PETA does, and we know how to run our business better than PETA does.*

Das Resultat können Sie mit einer Google-Suche nach »dominos veganer« überprüfen, die mit rund 400.000 Einträgen durchaus umfangreich ausfällt und zeigt, wie stark das Thema aufgegriffen wurde.

10.5.3   Den Streisand-Effekt vermeiden

Im Jahr 2003 entdeckte die US-Schauspielerin Barbara Streisand auf der Website pictopia.com unter rund 12.000 Luftaufnahmen der kalifornischen Küste auch eine Aufnahme ihres Anwesens. Die Schauspielerin war nicht begeistert und verklagte den Fotografen des Bildes auf 50 Millionen US$ Schadensersatz. Mit diesem rechtlichen Schritt lenkte sie aber erst die bis dahin gar nicht vorhandene Aufmerksamkeit auf sich und das Anwesen, woraufhin das Bild unzählige Male im Internet verteilt wurde. Das Phänomen, bei dem rechtliche Schritte gegen einen Inhalt im Internet dazu führen, dass dieser erst recht eine enorme Aufmerksamkeit erlangt, hat durch das Vorgehen von Streisand einen Namen erhalten: Streisand-Effekt.

Damit aus einer Mücke kein Elefant wird, überlegen Sie sich gut, ob Sie gegen einen unliebsamen Inhalt im Internet rechtliche Schritte einlegen, wenn dieser bis dato ohnehin kaum Aufmerksamkeit erlangt hat. Selbst wenn Sie dadurch vielleicht bewirken können, dass der Inhalt auf der entsprechenden Website oder Plattform entfernt wird, dauert ein Verfahren auf dem Gerichtsweg immer eine Zeit lang, in der sich die Information über Ihr Vorgehen wie ein Lauffeuer im Internet verbreiten wird. Zusätzlich werden andere Internetnutzer die von Ihnen kritisierten Inhalte kopieren und an anderen Stellen publizieren, sodass Sie die eigentlich angestrebte Kontrolle gänzlich verlieren.

Streisand war mit ihrer Klage im Übrigen nicht erfolgreich. Das Bild des Anwesens ist heute selbst auf Wikipedia zu finden und schmückt dort einen Artikel über den Strei-

---

9   Quelle: *www.huffingtonpost.com/2015/04/30/vegan-dominos-aint-gonna-happen_n_7174942.html*

sand-Effekt. Ebenfalls nicht erfolgreich war die Deutsche Bahn AG, die 2009 den Betreiber des Blogs netzpolitik.org abmahnte, weil dort ein internes Memo zur Mitarbeiter-Rasterfandung veröffentlicht wurde.[10] Die Veröffentlichung erhielt erst durch die Abmahnung eine enorme Aufmerksamkeit und führte dazu, dass die Deutsche Bahn ihre Abmahnung kurze Zeit später wieder zurückzog. Das Dokument ist auch heute noch uneingeschränkt abrufbar.

10.5.4   Die richtigen Medien und Plattformen auswählen

Sie haben festgelegt, mit welchen Worten Sie reagieren werden, und müssen nun ein Medium für die Kommunikation auswählen. Als Grundsatz gilt dabei: Das Medium, das Anlass für die Krise war, muss unbedingt mit einbezogen werden. Ist ein Shitstorm auf Twitter entfacht, sollten Sie auch dort Stellung beziehen und zumindest von dort auf Inhalte in weiteren Medien verlinken.

Sollte die Presse bereits auf die Krise aufmerksam geworden sein, müssen Sie auch Pressevertreter über Ihr Statement informieren. Für eine effektive Krisenkommunikation ist es deshalb wichtig, die Eigenheiten der Medien und Plattformen zu verstehen, um angemessen reagieren zu können:

▶ Twitter
  Auf Twitter wird hauptsächlich in 140 Zeichen und mit Hashtags kommuniziert. Per Klick auf einen Hashtag lassen sich alle Beiträge anzeigen, die mit dem entsprechenden Hashtag versehen wurden. Zudem lassen sich andere Twitter-Accounts ansprechen, indem der Twitter-Name des anderen mit einem @-Zeichen versehen im Beitrag angegeben wird. Die Zeichenbegrenzung führt dazu, dass Sie keine langen Statements veröffentlichen können, sondern vorrangig zu einem ausführlichen Statement auf Ihrer Website oder in einem anderen Medium verlinken können. Die gezielte öffentliche Ansprache relevanter Accounts über das @-Zeichen kann sich hierbei als hilfreich in der Verbreitung Ihres Tweets erweisen.

▶ Facebook
  Auf Facebook können Texte, Bilder und Videos veröffentlicht werden. Da sich auch längere Texte veröffentlichen lassen, können Sie auch ein ausführlicheres Statement auf Ihrer Facebook-Seite einbinden. Sie sollten allerdings bedenken, dass lange Texte weniger oft gelesen werden und sich deshalb nach Möglichkeit auf das Wesentliche konzentrieren. Bilder und Videos erregen auf Facebook eine höhere Aufmerksamkeit, weil sie zum einen im Newsstream der Nutzer besser auffallen und zum anderen vom Facebook-Algorithmus als relevanter eingestuft und deshalb öfter angezeigt

---

10 Quelle: *netzpolitik.org/2009/deutsche-bahn-ag-schickt-mir-abmahnung/*

werden. Ziehen Sie also durchaus in Erwägung, zumindest ein Foto zu Ihrem Statement zu veröffentlichen.

▶ YouTube
Besonders wichtige Informationen in einer Krise lassen sich gut in ein Video verpacken. Das kann zum Beispiel ein Statement des Firmenchefs sein oder auch ein Videobeweis, mit dem Anschuldigungen widerlegt werden können. Ihr YouTube-Kanal ist eine geeignete Plattform, um ein solches Video zu veröffentlichen. Je nach Schwere der Krise sollten Sie gegebenenfalls erwägen, die Kommentarfunktion für dieses Video zu deaktivieren, um weiteren Diskussionen nach Ihrer Klarstellung die Plattform zu entziehen. Bedenken Sie dabei aber, dass sich die Diskussionsteilnehmer dann in andere soziale Netzwerke flüchten könnten.

▶ Ihre Website
Sollten Sie ein längeres Statement zu Vorwürfen veröffentlichen, platzieren Sie dieses auch auf Ihrer Website. Sie müssen es nicht auf der Startseite einbinden, sollten aber einen Menüpunkt wie etwa »Presse« einrichten, unter dem Sie die Meldung veröffentlichen. Insbesondere Pressevertreter, die Sie in einem Verteiler nicht erreichen konnten, werden auf Ihrer Website nach Informationen suchen und können sich darauf berufen, dass die entsprechenden Informationen auch wirklich offiziell sind.

▶ Blogs
Gibt es Blogs, die über die Krise berichtet haben? Weisen Sie die entsprechenden Betreiber auf Ihr Statement hin, um auch dort für Richtigstellung zu sorgen.

▶ Presse
Hat die Presse die Krise bereits aufgegriffen, informieren Sie Pressevertreter und eventuell auch Presseagenturen in Form einer Pressemitteilung über Ihre Position. Richten Sie sich darauf ein, dass Journalisten Rückfragen stellen, und richten Sie dazu eine Telefonnummer ein, unter der man Sie erreichen kann. Unterrichten Sie Ihre Mitarbeiter, die üblicherweise Telefonanfragen annehmen, wie bei Anrufen von Pressevertretern vorzugehen ist.

10.5.5 Fürsprecher in der Community aktivieren

Insbesondere im Internet lässt sich die Entwicklung von Krisen auch durch eine loyale Internet-Community begrenzen. Oft richtet sich nur eine kleine Gruppe mit ihren Vorwürfen gegen Ihr Unternehmen und versucht, andere von ihrer Position zu überzeugen. Mit einer frühzeitigen Reaktion können Sie verhindern, dass Fürsprecher in Ihrer Community verunsichert werden oder aufgrund der bereits weitläufigen Diskussion keine Möglichkeit mehr haben, effektiv ihre Meinung zu vertreten. Die Aktivierung und Unterstützung der Fürsprecher kann sehr wirkungsvoll sein, weil dadurch klar wird, dass Sie als Unternehmen nicht allein auf weiter Flur stehen (siehe hierzu auch das Praxisbeispiel von true fruits in Abschnitt 10.6.2). Steuern Sie den Dialog, und stellen Sie weitere Informationen zur Verfügung, die eventuell benötigt werden, um Unklarheiten aus dem Weg zu räumen.

10.6   Beispiele aus der Praxis

Exemplarische Unternehmenskrisen und Shitstorms gibt es wie Sand am Meer. In den wenigsten Fällen lässt sich jedoch eine abgewendete Krise von Außenstehenden feststellen, da schließlich keine Krise daraus wurde und die Umstände keine größere Bekanntheit erlangt haben. Zwei besonders spannende Beispiele mit Social-Media- und YouTube-Bezug sollen in diesem Abschnitt vorgestellt werden.

Das erste Beispiel zeigt, welche Risiken durch das Medium YouTube aufgrund seiner hohen Glaubwürdigkeit bestehen können, auch wenn man als Unternehmen überhaupt nicht auf der Plattform aktiv ist. Beim zweiten Beispiel hat das Unternehmen einen Shitstorm zu seinem eigenen Vorteil genutzt und konnte sein Markenprofil weiter schärfen.

10.6.1   Das Ekelvideo von Domino's Pizza

Welches Krisenpotenzial YouTube-Videos haben können, zeigt ein Video aus dem Jahr 2009, das dem Unternehmen Domino's Pizza zum Verhängnis wurde. Domino's Pizza ist eine internationale Schnellrestaurantkette, die sich auf den Pizza-Lieferservice spezialisiert hat – nach eigenen Angaben mit über 10.000 Filialen in 73 Ländern.

In dem verhängnisvollen Video ist ein Mitarbeiter bei der Zubereitung der Gerichte des Lieferservice zu sehen. Unter anderem steckt er sich dabei Zutaten der Gerichte in die Nase und verarbeitet sie danach weiter. Das Video zeigt auch absichtliches Niesen auf eine Pizza, die kurz darauf ausgeliefert wird – alles zur Belustigung der Angestellten. Dabei erklärt die filmende Angestellte:

In about five minutes, they'll be sent out to delivery, where somebody will be eating these, yes, eating them. And little did they know that cheese was in his nose and that there was some lethal gas that ended up on their salami. [...] That's how we roll at Domino's.[11]

---

11 Das Video ist mittlerweile nicht mehr im Original abrufbar. In einem noch abrufbaren News-Beitrag werden jedoch Ausschnitte gezeigt: *youtu.be/OhBmWxQpedI*

Mit dieser Aussage unterstreicht die Angestellte nicht nur ihre für den Zuschauer und Kunden ekelerregenden Absichten, sondern pauschalisiert auch die Vorgehensweise bei der Herstellung von Pizza durch das Unternehmen. Das Video landete auf YouTube und erreichte innerhalb kürzester Zeit ein Millionenpublikum. Massenmedien griffen das Thema auf und berichteten über die scheinbar unkontrollierten Zustände bei Domino's Pizza. Im Internet entbrannte eine Diskussion über das Unternehmen und die ausbleibende Reaktion.

Hinter den Kulissen begann das Unternehmen durchzugreifen und feuerte die Angestellten, die angaben, dass es sich lediglich um einen Streich gehandelt habe und dass die Gerichte nie ausgeliefert wurden. Domino's Pizza hoffte, dass der Shitstorm in Kürze abebben werde und unternahm in Sachen öffentliche Statements: nichts. Erst über 2 Tage später realisierte das Unternehmen, dass es sich in einer handfesten Krise befand, weil sich das Video weiterhin viral verbreitete und die Berichterstattung doch nicht von allein abflachte.

Dann jedoch reagierte das Unternehmen schnell und professionell: Auf der eigenen Website wurde eine Entschuldigung für den Vorfall veröffentlicht, während gleichzeitig ein Twitter-Account eingerichtet wurde, um Fragen der Internetgemeinde zu beantworten. Der CEO Patrick Doyle persönlich (!) veröffentlichte zusätzlich ein zweiminütiges Video mit einer Entschuldigung auf YouTube und erklärte, dass es sich hierbei um einen nicht ausgelieferten Einzelfall handele und das Unternehmen tagtäglich enorme Anstrengungen unternehme, um saubere Abläufe in den Filialen zu gewährleisten.[12]

Da das Ekel-Video jedoch innerhalb kürzester Zeit eine enorme Verbreitung über die sozialen Netzwerke gefunden hatte und deshalb eine große Menge an Menschen von da an beim Verzehr von Gerichten des Unternehmens einen faden Beigeschmack verspürt haben dürften, war der Imageschaden von Domino's Pizza enorm.

Viele Kommunikationsexperten haben sich im Nachgang mit dem Fall beschäftigt und die Reaktion des Unternehmens bewertet. Einigkeit besteht darüber, dass das Unternehmen nicht schnell genug reagiert hat. Neben dem Erkennen des Krisenpotenzials fehlte es außerdem an unternehmenseigenen Accounts im Internet, über die mit den Kunden hätte kommuniziert werden können. Die Neueinrichtung des Twitter-Accounts sorgte zwar für einen Kanal, über den kommuniziert werden konnte, doch musste diese Struktur erst geschaffen werden und konnte deshalb nicht ihr volles Potenzial entfalten – wenngleich man anmerken muss, dass Twitter zu dieser Zeit noch nicht so weit verbreitet war wie heute, aber damals das Hauptaustragungsmedium für den auf das Video folgenden Shitstorm war.

---

12 Als Kopie abrufbar unter: *youtu.be/dem6eA7-A2I*

10.6.2   Wie true fruits seinen Standpunkt erfolgreich verteidigen konnte

Das Unternehmen true fruits produziert Smoothie-Getränke und hat sich einen Namen mit wortgewandten Flaschentexten gemacht, die auf den Glasflaschen der Getränke abgedruckt werden. Das grundlegende Markenversprechen ist dabei stets, dass die Smoothies überaus gesund sind und gleichzeitig einen guten Geschmack aufweisen. Die Flaschentexte können als teilweise durchaus gewagt für ein Unternehmen beschrieben werden, wobei sie in jedem Fall die Tonalität der Zielgruppe treffen.

Am 25. März 2015 veröffentlichte das Unternehmen auf Facebook ein Bild seines damals aktuell angebotenen Smoothies, der normalerweise in einer durchsichtigen Flasche daherkommt (siehe Abbildung 10.4). Der Smoothie selbst ist durch die verwendeten Früchte weiß und im Vergleich zu den ansonsten intensivfarbigen Smoothies unauffällig. Da er deshalb scheinbar weniger Absatz erfuhr, hatte sich das Marketing von true fruits einfallen lassen, die Flasche schwarz zu färben, sodass der Inhalte nicht mehr sichtbar war, und mit der Aufschrift »Blindverkostung« zu versehen. Dazu passend wurde der ohnehin von Zeit zu Zeit wechselnde Flaschentext ausgetauscht:

Hast Du schon mal einer hässlichen Freundin, die aber totaaal lieb ist ein Date besorgt? So fühlen wir uns gerade mit dem white, unserem wohl leckersten Smoothie, der aufgrund seiner blassen und unfruchtigen Optik leider viel zu selten in den Genuss eines knisternden Rendezvous mit Dir kommt. Was blieb uns also anderes übrig, als das Licht auszuknipsen, damit Du Dich einzig und alleine auf seine inneren Werte konzentrieren kannst. #schluckimdunkeln

Kaum hatte das Unternehmen das Bild auf Facebook veröffentlicht, wurde nicht nur der Facebook-Beitrag vergleichsweise häufig geteilt, sondern auch die Meinung der Fans in den Kommentaren. Es dauert nicht lange, da sah sich das Unternehmen mit Sexismus- und Lookismus-Vorwürfen konfrontiert, und kritische Stimmen mehrten sich so sehr, dass erste Blogs das Thema aufgriffen. Das Unternehmen hingegen machte erst einmal nichts außer: beobachten.

Die erste Reaktion folgte am nächsten Tag in Form eines weiteren Facebook-Beitrags (siehe Abbildung 10.5) mit einem Bild im Stil einer auf Instagram weit verbreiteten Art, seine wichtigsten Dinge (*Essentials*) zu fotografieren. Darauf war auch die entsprechende Flasche abgebildet. Der Text ließ zwar verlauten, dass true fruits den Shitstorm des zuvor geposteten Bildes wahrgenommen hatte, enthielt aber keine ausführliche Stellungnahme des Unternehmens. Stattdessen zeigte das Unternehmen in dem Text zwischen den Zeilen Unverständnis für die Debatte und lieferte den Kritikern praktisch neuen Zündstoff – allerdings auch der großen Fangemeinde von true fruits, die nun eine Welle der Unterstützung und Begeisterung verlauten ließ.

10

Abbildung 10.4 Das Bild des neu vermarkteten Smoothies erreichte eine enorme Aufmerksamkeit auf Facebook.[13]

Wiederum am nächsten Tag, dem 27. März 2015, veröffentlichte true fruits schließlich eine Stellungnahme zu den Vorwürfen (siehe Abbildung 10.6). Darin stellte das Unternehmen klar, dass es sich seinen Humor nicht verbieten lasse und niemand gezwungen werde, die Produkte zu kaufen. Das Unternehmen ging sogar so weit und empfahl den Kritikern, sich gegenseitig aus dem Weg zu gehen. Der Beitrag wurde von der Fangemeinde überaus positiv aufgenommen.

In der Folge veröffentlichte das Unternehmen weitere Beiträge, in denen es die Vorwürfe aufgriff und damit kokettierte. Als einer der Höhepunkte kann das Video von

---

13 Alle Screenshots in diesem Abschnitt von: *www.facebook.com/true.fruits.no.tricks*

einem der Gründer angesehen werden, in dem am 1. April eine vermeintliche Entschuldigung erfolgte – im Stil der nun etablierten Unternehmenskommunikation an dieser Stelle allerdings in Verbindung mit dem Datum humoristisch aufbereitet. Das Unternehmen beginnt nun, die Kommunikation stringent zu halten und antwortet unter anderem auch auf Interviewanfragen kritischer Blogs mit der gleichen Haltung.[14]

Abbildung 10.5 Ein im Instagram-Stil veröffentlichtes Bild war das erste Statement des Unternehmens auf Facebook.

---

14 Nachzulesen unter: *http://indyvegan.org/schluckbeschwerden/*

true fruits hat den vermeintlichen Shitstorm genutzt, um seine Position am Markt weiter auszubauen und Aufmerksamkeit für das Markenversprechen zu schaffen. Gleichzeitig legitimierte das Unternehmen durch das nun klare und spitze Markenprofil zukünftige Marketingaktionen, wie beispielsweise den in Abbildung 10.7 dargestellten Facebook-Beitrag. Die bis zu dem Shitstorm zum Facebook-Beitrag am 25. März 2015 veröffentlichten Flaschentexte waren zwar auch schon bekannt für ihre Wortgewandtheit, erregten aber nicht diese Aufmerksamkeit.

Abbildung 10.6 Das offizielle Statement, in dem das Unternehmen seinen Standpunkt vertrat, folgte 2 Tage nach dem ersten Beitrag.

Die Tonalität in der Unternehmenskommunikation wird von nun auch in Antworten auf Facebook-Kommentare fortgesetzt. So kann das Unternehmen kritischen Kommentaren stets umgehend den Wind aus den Segeln nehmen und erhält dafür Beifall von der Community. Die Kommunikation mit der Facebook-Community wird von true fruits im Übrigen vorbildlich geführt: Fragen zu den Produkten werden direkt in den Kommentaren beantwortet und Antwortkommentare des Unternehmens sind unter fast jedem Beitrag zahlreich zu finden.

So wird der Kontakt zur Community intensiviert, die mit über 400.000 Facebook-Fans ein großes Potenzial für das Unternehmen darstellt.

Abbildung 10.7 Mit der erfolgreichen Positionierung der Marke während des Shitstorms legitimierte true fruits zukünftige Aktionen wie diesen Beitrag.

Kapitel 11
Kampagnenplanung mit YouTube

Manchmal hat man ein mitteilenswertes Anliegen, das man kommunizieren möchte, und plant eine Kommunikationskampagne. In der modernen Kampagnenplanung sollten neben den vertrauten Medien auch die Möglichkeiten von YouTube bedacht werden.

Sie haben ein neues Produkt entwickelt, möchten Ihr Arbeitgeberimage aufbessern oder nach einer Krise eine neue Position beziehen? Es gibt viele Gründe, warum eine Kampagne sinnvoll sein kann. Aber was ist eigentlich eine Kampagne?

Eine Kampagne ist eine zeitlich begrenzte Aktion, die ein bestimmtes Anliegen verfolgt. Dazu bedient man sich in der Werbung und Kommunikation unterschiedlicher Online- und Offlinemedien, die man – strategisch geplant – mit Informationen versieht. Die Medienwahl kann dabei sehr vielseitig sein und Zeitung, Fernsehen, Sponsoring und alle erdenklichen anderen Werbemöglichkeiten umfassen.

Eine Kampagne hat ein definiertes Ziel, auf das die kommunizierte Botschaft ausgerichtet wird. Die Kernbotschaft ist dabei integraler Bestandteil der Kampagne, an der sich die Maßnahmen in den einzelnen Medien orientieren. Die meisten erfolgreichen Kampagnen arbeiten crossmedial oder transmedial und binden mehrere Medien gleichzeitig ein. Aufgrund der Reichweite der Plattform sollte auch YouTube in diese Medienwahl mit einbezogen werden.

11.1 Kampagnen strukturiert starten

Wer eine Kampagne durchführen will, sollte sich nicht mal eben an den Rechner setzen und ein paar Social-Media-Posts absetzen. Gute Kampagnen sind stufenweise aufgebaut und erreichen Menschen mehrfach über unterschiedliche Medien und zu verschiedenen Zeitpunkten. Social Media und YouTube können dann Teil dieser Kommunikation sein. Die Kampagne muss also geplant sein, und der Plan muss die einzelnen Abschnitte umfassen – mit Angaben zur zeitlichen Abfolge und zu den Inhalten, die sinnvoll aufeinander aufbauen und sich verknüpfen lassen.

Für die Kampagnenplanung haben sich Strukturen bewährt, wobei der Prozess je nach Kampagnenanforderung individuell ausgestaltet werden kann. In diesem Kapitel soll ein gängiger Ablauf vorgestellt werden, sodass Sie eine Kampagnenplanung sowohl intern vollständig selbst ausführen als auch die Arbeit externer Agenturen verstehen und bewerten können.

11.1.1 Halten Sie Ihre Anforderungen fest – das Briefing

Egal, ob Sie Ihre Kampagne intern oder extern durchführen lassen: Zu Beginn der Kampagnenplanung sollte ein Briefing der beteiligten Mitarbeiter und Partner erfolgen. Das Briefing bringt alle Beteiligten auf den gleichen Stand und informiert sie über die Ausgangslage:

- ▶ Was soll erreicht werden? Was ist das Marketingziel?
- ▶ Was sollte man dazu über die Marke und die Produkte wissen?
- ▶ Wer ist die Zielgruppe (auch Einstellungen und Verhalten)?
- ▶ Wer sind die Konkurrenten, und wie agieren Sie?
- ▶ Welche Trends gibt es in der Branche und am Markt?
- ▶ Welche Vorgaben müssen berücksichtigt werden (Claim, Corporate Design, juristische Beschränkungen und Verbote)?

Ein Briefing ist außerdem für die Angebotserstellung durch eine Agentur notwendig. Nur so kann ein Vorschlag für die Umsetzung gemacht werden, um den Rahmen der Kampagne abzustecken. Je genauer die Ausarbeitung in dieser Phase ist, desto besser sind die Kosten kalkulierbar.

11.1.2 Wie gelangen Sie zur Kommunikationsidee der Kampagne?

Im nächsten Schritt gilt es, auf Grundlage des Briefings die Kommunikationsidee der Kampagne zu erarbeiten. In Abbildung 11.1 sehen Sie die einzelnen Elemente der Kampagnenplanung, die zu einer Kommunikationsidee führen. Die Ausgangslage der Marke (engl. *Brand Position*) wird durch die inneren und äußeren Umstände der Marke beschrieben. Die Kommunikation der Kampagne soll schließlich die Marke so darstellen, dass das angestrebte Markenbild (engl. *Brand Ambition*) erreicht werden kann. Das angestrebte Markenbild ist das gewünschte Ergebnis nach Durchführung Ihrer Kampagne und steht in engem Zusammenhang mit Ihrem Marketingziel. Sowohl die Ausgangslage der Marke als auch das angestrebte Markenbild wurden bereits im Briefing festgehalten.

Ebenfalls im Briefing festgehalten wurde die Zielgruppe, die durch die Kampagne angesprochen werden soll (engl. *Conceptual Target*). Sie dient in den weiteren Überlegungen als Ausgangspunkt für die Kommunikationsidee der Kampagne. In Abschnitt 4.3.3, »Die Zielgruppe mit einem Insight ansprechen«, wurde bereits der sogenannte *Consumer Insight* beschrieben, der Einblicke in die Wünsche und Bedürfnisse des Konsumenten gibt. Der Consumer Insight ist oftmals in Verbindung mit dem Herzenswunsch der Zielgruppe ein Ansatzpunkt, um zur Kernaussage zu gelangen.

Im ersten Schritt hinterfragen Sie die Zielgruppe mit ihren Wünschen und Bedürfnissen, um den Herzenswunsch zu formulieren (engl. *Core Desire*):

▶ Was ist der Zielgruppe wichtig und welche Anforderungen hat sie?

▶ An was glaubt die Zielgruppe?

▶ Wie steht sie aktuell zur Marke und zu den Produkten?

▶ Was ist der entscheidende Punkt, auf den die Zielgruppe anspringt (Insight)?

Nehmen wir an, Sie sind ein Versicherungsdienstleister, der seine Marke verjüngen möchte und dazu eine Kampagne plant. Sie suchen also nach einer Kommunikationsidee, die junge Menschen in Verbindung mit Ihren Leistungen anspricht. Der auf Basis der oben genannten Punkte basierende Herzenswunsch für die Zielgruppe junger Berufseinsteiger könnte beispielsweise lauten:

Junge Menschen müssen bei Eintritt in das Berufsleben die passenden Versicherungen finden und sind überfordert von komplizierten Versicherungsverträgen (Insight). Sie wünschen sich, die benötigten Versicherungen auf ihre individuelle Situation angepasst und trotzdem unkompliziert abschließen zu können (Core Desire).

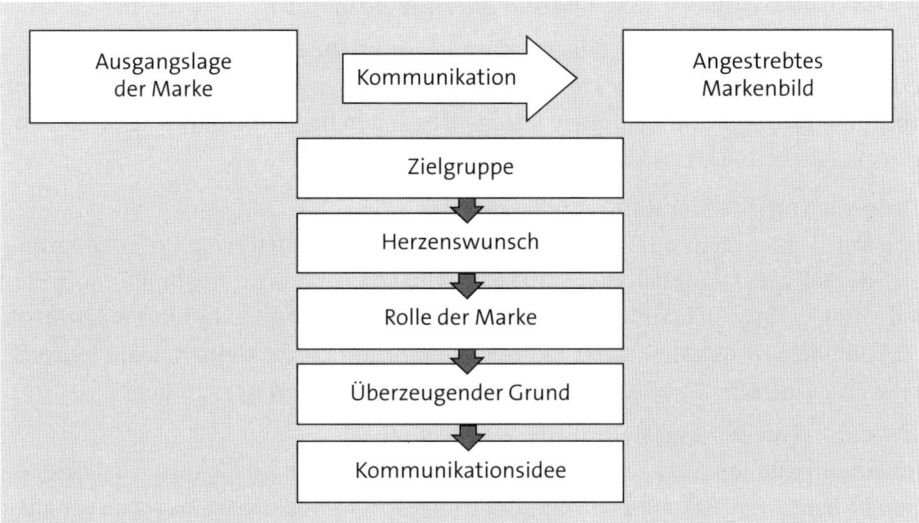

Abbildung 11.1 Die Elemente der Kampagnenplanung

307

Nun muss die Rolle Ihrer Marke (engl. *Role of the Brand*) definiert werden. Was leistet die Marke, das den Herzenswunsch der Zielgruppe bedient? Wie kann die Marke den Konsumenten unterstützen und sein Leben einfacher machen? In den meisten Fällen wird die Rolle der Marke bereits durch eine wage Definition im Briefing zum Ausdruck gebracht. Beziehen Sie also an dieser Stelle das Briefing erneut intensiv mit ein, und betrachten Sie, welche Anknüpfungspunkte die Marke bezüglich des Herzenswunsches der Zielgruppe haben könnte und wie gegebenenfalls die angebotenen Produkte und Leistungen dazu beitragen.

Die Rolle der Marke geht Hand in Hand mit dem Grund, der die Zielgruppe von der Marke überzeugen soll (engl. *Reason Why*): Was ist der überzeugendste Grund, aus dem die Marke in der Lage ist, das Kernbedürfnis der Zielgruppe zu befriedigen? Er muss glaubwürdig und ehrlich sein. In diesem Zusammenhang ist es auch wichtig, eine emotionale Begründung für die Glaubwürdigkeit bei der Zielgruppe zu liefern (engl. *Emotional Benefit*), um im späteren Kreativprozess zu wissen, welche Emotionen bei der Zielgruppe entstehen sollen.

Ergebnis Ihrer Bemühungen ist die Kommunikationsidee, die als kreatives Sprungbrett für die Ausgestaltung der Kampagne dient. Eine gute Kommunikationsidee ist zielgruppenrelevant, inspirierend und spitz formuliert. Hängen Sie sich möglichst nicht an Kommunikationsideen Ihrer Konkurrenten an, seien Sie stattdessen unverwechselbar. Nur so ist Ihre Kampagne individuell und sticht aus der Masse an Botschaften heraus.

11.1.3   Der Kreativprozess in der Kampagnenplanung

Jetzt beginnt die kreative Arbeit. Sie ist untergliedert in theoretische Überlegungen und erste konkrete Ansätze für die Umsetzung. Ausgangspunkt ist die zuvor erarbeitete Kommunikationsidee. Die theoretischen Überlegungen beginnen damit, die Ausgestaltung in eine Richtung zu lenken:

▶ Wie ist die Tonalität der Kommunikation?
   Arbeiten Sie hier nicht mit zu allgemeinen Begrifflichkeiten wie »jung« oder »professionell«. Selbstverständlich möchten Sie als Unternehmen »professionell« auftreten, und »jung« ergibt sich aus der bereits festgelegten Zielgruppe und ihren Bedürfnissen. Eine bessere Wahl, mit der Sie später mehr anfangen können, wäre beispielsweise (falls zutreffend): ruhig, aufschreiend, liebevoll, kühl oder Ähnliches.

▶ Wie ist die visuelle Ausgestaltung der Kampagne?
   Um einen visuellen Anker zu finden, sammeln Sie Eindrücke, die Ihnen bei Ihrer Recherche begegnen. Bei einer Bewegtbildproduktion sollten diese Eindrücke vor allem aus Videos und Videomaterial bestehen. Lassen Sie sich nicht nur von anderen Wer-

bekampagnen inspirieren, sondern auch von Videomaterial aus Stock-Archiven und von anderen Kanälen auf YouTube. Eine beliebte Website für professionelles Bewegtbild ist zudem die YouTube-ähnliche Plattform Vimeo.com, die vor allem inspirierende Film- und Schnitttechniken hervorbringt. Darüber hinaus können Sie sich aber auch eine Art *Moodboard* zusammenstellen. Egal, ob Sie Bilder aus Magazinen ausschneiden oder in einem Stockfoto-Archiv stöbern: Tragen Sie Ihre Eindrücke an einem Ort zusammen. Sortieren Sie daraus aus, und legen Sie fest, welche visuellen Aspekte Sie aufgreifen möchten. Sie können nun erste Entwürfe skizzieren, indem Sie Elemente kombinieren und die Wirkung testen.

▶ Den Ablauf planen
Für Bewegtbild bietet sich in diesem Schritt eine erste Storyboard-Skizze an, die mögliche Abläufe deutlich macht.

11.1.4 Mit der Mediaplanung die Werbeträger auswählen

Bevor Sie nun an die konkrete Umsetzung aller Kampagnenelemente gehen, müssen die Werbeträger ausgewählt werden. Wie zu Beginn des Kapitels beschrieben, gibt es unzählige Medien, die Sie für Ihre Kampagne einsetzen und miteinander kombinieren können, wie zum Beispiel:

▶ Printprodukte
▶ Fernsehen und Hörfunk
▶ Social Media und YouTube
▶ Apps und Websites
▶ Werbebanner und Suchmaschinenanzeigen
▶ Point of Sale
▶ Außenwerbung (out of home) und Digital Signage

Die Werbeträger müssen sowohl auf die Kommunikationsidee als auch auf die Zielgruppe ausgerichtet werden. Je häufiger die Zielgruppe mit einem bestimmten Medium in Kontakt kommt, desto wahrscheinlicher ist es, dass Ihre Botschaft eine Chance hat, gesehen zu werden.

Denken Sie auch an ungewöhnliche Medien, die nicht in dieser Liste aufgeführt sind. Zum Beispiel hat die Hamburger Agentur Scholz & Friends 2011 eine Pizza als Medium für ihre Guerilla-Kampagne genutzt. Dazu wurde gemeinsam mit einer bei der Zielgruppe beliebten Pizzeria eine »Pizza Digitale« entwickelt: Eine Pizza, auf der die Tomatensoße einen QR-Code bildete, der beim Abscannen auf eine Landingpage führte (siehe Abbildung 11.2). Die Pizza wurde jeder Bestellung beigelegt, die von bestimmten Konkurrenzagenturen in Hamburg bei der Pizzeria einging. Scannten die dort arbeitenden Mitarbeiter den QR-Code ab, wurden sie auf ein Jobangebot von Scholz & Friends aufmerksam gemacht. Die Kampagne führte zu zwölf neuen Bewerbungen.

Abbildung 11.2 Die Guerilla-Kampagne von Scholz & Friends setzte eine Pizza als Medium ein (Quelle: youtu.be/SzqTDRThbiE).

Die Maßnahme von Scholz & Friends war im Übrigen deshalb so erfolgreich, weil sie hochrelevant für die Zielgruppe war. Arbeiten die Angestellten der Agenturen spätabends und bestellen Pizza, leisten sie sehr wahrscheinlich gerade Überstunden. Der Herzenswunsch, einen interessanten Job mit »normalen« Arbeitszeiten zu finden, ist bei der Zielgruppe besonders stark ausgeprägt. Scholz & Friends zeigte mit der kreativen Wahl des Mediums, dass die Agentur attraktiv für die Zielgruppe ist und eine Alternative anzubieten hat.

Guerilla-Marketing

Von Guerilla-Marketing spricht man, wenn ungewöhnliche Elemente miteinander kombiniert werden, um eine überraschend und erstaunende Werbewirkung beim Betrachter auszulösen. Die dafür benötigten Mittel sind meist mit einem kleinen Etat abdeckbar. Vielfach beziehen entsprechende Maßnahmen alltägliche Gegenstände und die Umgebung mit ein. So hat die Marke Mr. Proper einen Streifen eines dreckigen Zebrastreifens strahlend weiß eingefärbt und die bekannte Figur der Marke an einer Ecke aufgebracht. Viele weitere Beispiele liefert eine Suche über die Google-Bildersuche (*www.google.de/imghp*) unter dem Stichwort »Guerilla Marketing«.

11.1.5 Ausarbeitung und Test

Sie haben der Ausgestaltung der Kampagne im Kreativprozess eine Richtung vorgegeben und anschließend die zu bespielenden Medien ausgewählt. Nun müssen die Inhalte für die Medien produziert werden – es geht also an die Umsetzung. Die Umsetzung von YouTube-Videos sollte in mehreren Schritten erfolgen:

▶ Storyboard und Shotlist

▶ Produktionsplanung

▶ Dreh des Materials

▶ Sichtung und Schnitt des Materials

▶ eventueller Nachdreh

▶ eventueller Pretest und Vorstellung

Es ist wichtig, die einzelnen Schritte aufeinander abzustimmen. Sollten Sie die Produktion der Inhalte an eine Agentur weitergeben, lassen Sie sich unbedingt in regelmäßigen Abständen über alle Schritte informieren, und machen Sie weitere Schritte von Ihrem Okay abhängig. Ein typischer Ablauf in der Zusammenarbeit mit Agenturen ist folgender:

▶ Briefing der Agentur

▶ Analyse und Briefing-Gespräch mit dem Kunden

▶ Präsentation des Konzepts beim Kunden

▶ Rebriefing für Idee und Konzept

▶ Feintuning durch die Agentur

▶ Freigabe durch den Kunden

Sie sollten darauf drängen, persönliche Gespräche zu protokollieren und die Protokolle abzusegnen. Dieser Mehraufwand erspart Probleme in der Kommunikation und greift Missverständnissen zwischen Kunde und Agentur vor. Später können Sie sich so auf ein schriftliches Dokument berufen. Auch intern sollten Sie regelmäßig gemeinsam überprüfen, ob die Umsetzung in die vorgesehene Richtung geht. Behalten Sie dabei Ihre Kommunikationsidee im Hinterkopf, und kontrollieren Sie, ob die konzipierten Inhalte für die unterschiedlichen Medien zueinanderpassen.

11.1.6 Die Kampagne starten

Sobald das Konzept fertig ist und die für den Start benötigten Materialien erstellt sind, muss die Kampagne entsprechend des festgelegten Ablaufs ausgespielt werden. Ausspielen bedeutet auch, die Kampagne während der Laufzeit zu begleiten. Vor allem bei

Kampagnen mit Social-Media- und YouTube-Einsatz muss auf Kommentare reagiert und die Dynamik beobachtet werden:

▶ Nimmt die Zielgruppe die Kampagne wie vorgesehen an?

▶ Gibt es Reaktionen in den sozialen Medien, auf die reagiert werden muss?

▶ Insbesondere beim Einsatz von dynamischem Storytelling: Welche Inhalte werden von Dritten publiziert, die im Sinne der Kampagne aufgegriffen und integriert werden können?

11.1.7 Was können YouTuber beim Kampagnenstart bewirken?

Wie Sie in Kapitel 12 über Produktplatzierungen sehen werden, bietet die Zusammenarbeit mit YouTubern und anderen Social Influencern große Chancen, Menschen gezielt zu erreichen. Wenn Sie es schaffen, die Richtigen auszuwählen, entsteht nicht nur für Ihr Unternehmen ein Mehrwert, sondern auch für die YouTuber. Da YouTuber nicht nur auf ihrem YouTube-Kanal aktiv sind und auch andere Social-Media-Plattformen nutzen, sind sie im Grunde auch immer Social Influencer, und es bietet sich eine sehr einfache Platzierung an: das Teilen eines Links zu Ihrer Kampagne oder Ihrem Video – auch *Linkplatzierung* genannt.

Die YouTuber müssen für eine Linkplatzierung nicht zwangsläufig auch als Partner in den Videos oder innerhalb der Kampagne vorkommen. Es sollten sich aber inhaltliche Synergien ergeben, damit die Follower und Abonnenten des YouTubers einen Zusammenhang ausmachen können.

Ein Beispiel: Sie vertreten eine Fluggesellschaft, die eine Gewinnspielkampagne zu einer neuen Fluglinie gestartet hat. Ein YouTuber ist bekannt dafür, dass er viel reist. Er war idealerweise im Zielland der neuen Fluglinie und hat von dort bereits berichtet. Wird nun ein Link auf Facebook, Twitter oder Instagram platziert, kann er diesen Zusammenhang einfach herstellen:

> *Erinnert ihr euch noch an meine Videos aus Land XY? Schaut euch mal die Kampagne von Z unter www.tollekampagne.de an, bei der ihr einen Flug dorthin gewinnen könnt, wenn ihr erzählt, warum ihr gerne nach XY reisen möchtet.*

In den meisten Fällen werden Sie als Unternehmen für diesen Beitrag zwar zahlen müssen, erkaufen sich dadurch aber eine initiale Reichweite für Ihre Kampagne. Die Zuschauer sind ohnehin an der Thematik interessiert, und so ist das Engagement verhältnismäßig hoch. Der YouTuber kann im Gegenzug seinen Abonnenten und Followern einen sinnvollen Mehrwert bieten, sodass der Beitrag einen verzeihbaren Werbecharakter hat.

Besonders häufig und für beide Seiten sinnvoll werden solche Linkplatzierungen einge-setzt bei:

▶ Kampagnen mit Gewinnspielen, die zum YouTuber passen

▶ Aktionen mit Rabattcodes, von denen man nur auf den Social-Media-Accounts der YouTuber erfährt

▶ Videos und Kampagnen mit einer starken emotionalen Begründung, die dadurch eine hohe Shareability aufweisen

Der von der Marke Edeka zu Weihnachten 2015 veröffentlichte Weihnachtsclip, der im Netz unter dem Hashtag #heimkommen diskutiert und geteilt wurde, wurde noch am gleichen Tag auch von BibisBeautyPalace auf Twitter geteilt (siehe Abbildung 11.3).

Abbildung 11.3 Tweets wie der von Bianca Heinicke tragen insbesondere zu Beginn einer Kampagne zur schnellen Verbreitung bei.[1]

Die rund 1,2 Millionen Follower von Bianca Heinicke haben den Beitrag über 1.300 Mal retweetet und über 5.500 Mal gelikt und ihn dadurch weiter verbreitet. Die große Auf-

---

1 Quelle: *https://twitter.com/BibisBeauty/status/670627584871411713?ref_src=twsrc^tfw*

313

merksamkeit für den Spot ist auch durch solche Beiträge entstanden, mit denen gleich zu Beginn viele Menschen erreicht werden konnten. Der Spot hat so in den Netzwerken eine hohe Präsenz erlangt, die Inhalte relevanter erscheinen lässt.

11.2 YouTube und CSR-Kampagnen

Viele Unternehmen haben erkannt, dass Sie als Teil der Gesellschaft einen Beitrag zu leisten haben, um positiv wahrgenommen zu werden. Sie sind sich ihrer Verantwortung bewusst und gestalten nicht nur ihre unternehmerischen Prozesse so, dass Mensch und Umwelt durch die Unternehmensaktivitäten möglichst wenig belastet werden, sondern kümmern sich auch aktiv darum, einen freiwilligen Mehrwert zu erbringen. Der geleistete Beitrag geht weit über eine faire Entlohnung der Mitarbeiter hinaus und berücksichtigt vielfach auch Themen, die nicht in direktem Zusammenhang mit den Eigenschaften der angebotenen Produkte stehen.

Was früher in der Öffentlichkeitsarbeit unter »Tue Gutes und rede darüber« zusammengefasst wurde, wird heute auch gerne unter dem Stichwort *Corporate Social Responsibility* (kurz CSR) angeführt. Unternehmen sind im eigenen Interesse bestrebt, diese Bemühungen auch öffentlichkeitswirksam zu kommunizieren. CSR-Aktionen werden von Kritikern zwar gerne als reine Imageaufbesserung abgewertet, aber genau das ist natürlich ein Bestandteil eines solchen Beitrags, von dem sowohl Unternehmen als auch die Gesellschaft profitieren. Entsprechend viel Engagement stecken Unternehmen in die Suche nach optimalen Betätigungsfeldern.

Auf YouTube ist in den letzten Jahren zunehmend zu beobachten, dass Videos einen großen Beitrag zu dieser Kommunikation leisten. Da wäre beispielsweise der Case-Film, der den Ablauf und den Erfolg einer Aktion herausstellt und der auf dem Unternehmenskanal veröffentlicht wird. Eine ähnliche Wirkung haben Videos mit Behind-the-Scenes- oder Making-of-Charakter, die Einblicke hinter die Kulissen der Aktion bieten.

YouTube lässt sich aber auch nutzen, um andere Menschen dazu zu bewegen, selbst aktiv zu werden und Teil einer geplanten Aktion zu werden. Auf Ihrem Unternehmenskanal haben Sie mit Ihren Abonnenten eine gewisse Reichweite, die Sie aktivieren können.

Eine denkbare Aktion für ein Unternehmen unter Einbezug der eigenen Reichweite wäre beispielsweise folgende: Viele Kinder malen mit Wachsmalstiften und brauchen die Stifte nicht vollständig auf. Statt diese Stifte wegzuwerfen, könnten Sie Ihre Zuschauer animieren, die Reste zu sammeln und in einer Ihrer Verkaufsstellen abzugeben. Im Anschluss schmelzen Sie diese Stifte nach Farbe sortiert ein, formen daraus Wachsmalstifte und kreieren Sets mit neuen Wachsmalstiften (ein Vorgang, der theoretisch in jeder Küche stattfinden kann). Diese Stifte verteilen Sie nun kostenlos an Kinderabteilungen in Krankenhäusern, um Kindern das triste Krankenhausleben zu erleichtern.

Auf Ihrem YouTube-Kanal können Sie in Verbindung mit Ihren Social-Media-Accounts diese Aktion einmalig ankündigen oder zusätzlich mit jeweils eigenen Videos zu folgenden Fragestellungen zeitnah begleiten:

▶ Wie viele Stifte wurden bereits abgegeben? (Regelmäßige Zwischenstände schaffen neue Motivation.)

▶ Wie formt das Unternehmen aus den Resten neue Stifte? Wer von den Mitarbeitern ist daran beteiligt? (Einblicke hinter die Kulissen zeigen, dass die Menschen auch Spaß an der Sache haben.)

▶ Wie verteilt das Unternehmen die Stifte? (Begleiten Sie die Fahrer bei der Auslieferung an einzelne Krankenhäuser.)

▶ Was malen die Kinder mit den Stiften? (Zum Schluss präsentieren Sie die Bilder.)

Natürlich sind entsprechende Aktionen umso wirkungsvoller in der Außenkommunikation, wenn Ihr Unternehmen ohnehin Berührungspunkte mit der Aktion besitzt. Für das vorgestellte Beispiel wären also ein Unternehmen aus dem Gesundheitssektor oder ein Spielzeughersteller besser geeignet als ein Automobil-Unternehmen. Bei der Planung konzentrieren Sie sich möglichst auf Themen, die Sie als Unternehmen zumindest touchieren.

11.3   YouTube für Produktkampagnen

Als eine der bedeutendsten Plattformen im Internet – vor allem in Bezug auf Videos – ist YouTube ein attraktives Medium für Kampagnen. Es lässt sich gut zusammen mit anderen Medien nutzen und hat einen starken Unterhaltungswert, wodurch sich Informationen gut transportieren lassen. Es stellt sich also die Frage: Wie kann man YouTube-Videos sinnvoll mit anderen Medien verknüpfen, und welche Möglichkeiten ergeben sich daraus?

11.3.1   Die Kombination von YouTube mit Print

Eine sehr beliebte Möglichkeit, Internet-Inhalte mit Printprodukten zu verknüpfen, ergibt sich durch sogenannte QR-Codes. Die Abkürzung QR steht für Quick Response und bezeichnet eine technische Lösung, um Informationen so darzustellen, dass sie maschinell schnell erfasst werden können. QR-Codes sind also in erster Linie nicht für

Menschen konzipiert, sondern für digitale Endgeräte. Nichtsdestotrotz nehmen Sie dem Nutzer viel Arbeit ab: Scannt er mit einer App, die Zugriff auf die Kamera seines Smartphones hat, einen QR-Code ab, können die darin enthaltenen Informationen im Bruchteil einer Sekunde erfasst und dargestellt werden. QR-Codes können als Information auch Links zu YouTube-Videos oder Kanälen enthalten, sodass der Nutzer ohne Eingabe einer langen URL und allein durch das Abscannen eines QR-Codes direkt auf der YouTube-Plattform landet (siehe Abbildung 11.4). Sofern die YouTube-App auf dem Smartphone installiert ist, erfolgt die Anzeige direkt in der App.

Scan mich und besuch Blende 8 auf YouTube!

Abbildung 11.4 Probieren Sie es aus!

Wie man QR-Codes generiert

Um QR-Codes zu generieren, können Sie entweder einen Webdienst oder eine spezielle Software nutzen. Layoutprogramme wie Adobe InDesign bieten zudem häufig einen integrierten QR-Code-Generator:

1. QR-Codes aus dem Web
   Wenn Sie nach »QR Code Generator« googeln, werden Sie auf zahlreiche Webservices stoßen, die aus einer URL einen QR-Code generieren. Achten Sie dabei sowohl auf die maximale Ausgabegröße als auch auf die Lizenz der Codes. Manche Anbieter stellen nur niedrig aufgelöste Codes zur Verfügung, die nicht für Printprodukte geeignet sind, und erlauben keine kommerzielle Nutzung der Grafiken.

2. Open-Source-Software
   Ein eigenes Tool, das dank der Open-Source-Lizenz frei verwendbar ist, stellt der QR-Code-Generator von Stefan Ganzer dar. Er ist kostenlos unter *www.heise.de/download/qr-code-generator-1185046.html* als Download erhältlich und erstellt QR-Codes in allen erdenklichen Varianten.

3. Adobe InDesign
   Sollten Sie mit Adobe InDesign arbeiten, um Ihre Printprodukte zu layouten, haben Sie bereits einen QR-Code-Generator an Bord. Klicken Sie dazu im Menü auf OBJEKT und dann auf QR-CODE GENERIEREN. Um ein YouTube-Video zu verlinken, wählen Sie unter ART die Variante HYPERLINK aus, und kopieren Sie die URL des Videos in das Feld URL (siehe Abbildung 11.5).

Ein Tipp: Je mehr Informationen ein QR-Code enthalten muss, desto kleinteiliger wird die Darstellung. Der QR-Code für eine lange URL ist deshalb komplexer und fehleranfälliger als der einer kurzen URL. Nutzen Sie deshalb für QR-Codes von YouTube-Videos immer die Kurzvariante, die Sie unter jedem YouTube-Video im Feld TEILEN angezeigt bekommen.

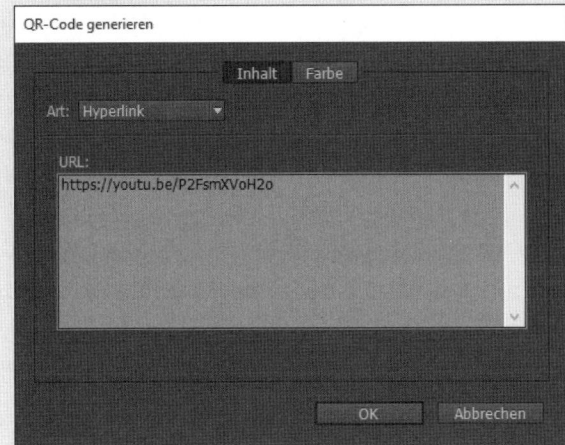

Abbildung 11.5 In Adobe InDesign können QR-Codes direkt generiert werden.

QR-Codes lassen sich theoretisch überall aufbringen (siehe dazu auch das Beispiel in Abschnitt 11.1.4, »Mit der Mediaplanung die Werbeträger auswählen«). Stellen Sie sich vor, Sie haben ein Kundenmagazin und berichten darin über eine Produktneuvorstellung. Ein QR-Code neben dem Artikel könnte zu einem YouTube-Video führen, in dem Sie das Produkt mit seiner vollen Funktionalität zeigen. Oder denken Sie an ein Kundenrundschreiben, in dem Sie Ihre Kunden von einem bestimmten Zubehör für das bereits erworbene Produkt überzeugen möchten. Sie können das Produkt zwar mit Text und Bildern beschreiben, aber ein YouTube-Video, das über einen abgedruckten QR-Code abrufbar ist, kann den Zusammenhang zwischen Produkt und Zubehör wesentlich besser und unterhaltender darstellen.

Neben einem QR-Code sollte zudem ein Shortlink abgedruckt werden, der ebenfalls auf die Zielseite führt. Es gibt immer Kunden, die QR-Codes nicht abscannen können oder mit einem Desktop-Browser arbeiten. Sie können die Seite dann über einen aussagekräftigen Shortlink trotzdem abrufen. Sollten Sie gar nicht auf QR-Codes setzen wollen, sollten Sie auch generell mit Shortlinks arbeiten, um dem Kunden keine zu langen URLs zumuten zu müssen. Achten Sie dabei darauf, dass der URL-Teil gut in Verbindung mit den dahinterliegenden Inhalten zu merken ist und nicht nur aus zufällig gewählten Zeichenkombinationen besteht – wie es bei automatisch generierten Shortlinks ohne manuelles Editieren der Fall ist.

11.3.2 YouTube und Out-of-home-Werbung

Auch bei Out-of-home-Werbung sind QR-Codes eine vielversprechende Möglichkeit, Betrachter auf ein Onlineangebot umzuleiten: Ein QR-Code auf einem Plakat an einer Bushaltestelle ist das Paradebeispiel der Verknüpfung von YouTube mit Out-of-home-Werbung.[2] Während Menschen auf den Bus warten, können sie sich die Zeit mit einem attraktiven Video vertreiben. Dank der automatischen Skalierung durch YouTube sind die Videos auch mit mobilem Internet anzusehen, ohne dass das Datenvolumen umgehend aufgebraucht ist.

Wichtig bei QR-Codes im Freien ist die Berücksichtigung ihrer Größe. Je nachdem, wie weit der Betrachter vom Plakat entfernt ist, muss die Größe entsprechend angepasst werden, um gescannt werden zu können. Ein QR-Code an einer Häuserwand, die sich auf der anderen Straßenseite befindet, muss wesentlich größer sein als ein QR-Code auf einem Plakat an einer Bushaltestelle.

Sie können aber auch ganz andere Elemente mit QR-Codes bedrucken: Als Carsharing-Anbieter könnten Sie in einem YouTube-Video erklären, wie das kurzzeitige Anmieten eines Fahrzeugs bei Ihnen funktioniert (Help-Content). Ein großer, auf der Seite Ihrer Fahrzeuge angebrachter QR-Code mit dem Hinweis »Scan mich und sieh, wie einfach Carsharing ist!« bringt so das Konzept des Carsharings auch bisher nicht damit vertrauten Menschen unterhaltsam nahe und hilft beim Erstkontakt ganz ohne persönliches Zutun.

11.3.3 Wie können YouTube und TV aufeinander aufbauen?

YouTube-Videos und TV-Werbung sind aufgrund unterschiedlicher Anforderungen meist grundlegend verschieden – und das ist in der Regel auch gut so, um die Medien optimal zu bespielen. Das bedeutet aber nicht, dass man nur entweder YouTube-Videos veröffentlichen oder TV-Spots schalten kann. YouTube und Fernsehen ergänzen sich an vielen Stellen, und bei geschickter Umsetzung lassen sich die Spots auch für beide Medien verwenden. In diesem Abschnitt sollen die beiden Medien jedoch im Sinne der Kampagne aufeinander aufbauend betrachtet werden.

---

2 Das gilt übrigens nicht nur für YouTube-Videos, sondern auch für virtuelles Shopping, wie folgende Beispiele zeigen: *www.jcdecaux-oneworld.com/2013/02/innovation-in-out-of-home-qr-codes-create-virtual-shops/*

YouTube-Nutzer fühlen sich einem Unternehmen in der Regel näher als Menschen, die einen TV-Spot sehen. Das liegt vor allem daran, dass es auf YouTube einen Rückkanal gibt: Der Nutzer kann sich unter den Videos äußern, und im Idealfall antwortet das Unternehmen auch darauf – wenn nicht, werden sich zumindest andere Nutzer an der Diskussion beteiligen. Dieser Umstand erzeugt eine stärkere Bindung an die Marke und das Gefühl, zum Kreis der Eingeweihten zu gehören. Was hat das nun mit TV-Spots zu tun? Zeigen Sie Ihren YouTube-Abonnenten doch mal, wie es hinter den Kulissen einer TV-Produktion aussieht: Wie ist die Atmosphäre am Set, wie sind die Schauspieler hinter der Kamera gelaunt und wie viel Aufwand steckt in einer 3 Sekunden langen Szene? Diese exklusiven Einblicke ergänzen nicht nur Ihren TV-Spot, sondern rücken den Zuschauer auf YouTube noch ein Stück näher an Ihre Marke, während Sie den TV-Spot einbeziehen.[3]

Denkbar ist auch, dass Sie mit einem TV-Spot Aufmerksamkeit für Ihre Kampagne generieren, die auf YouTube fortgesetzt wird. Sie müssen es dabei allerdings schaffen, die Fernsehzuschauer möglichst unkompliziert auf YouTube umzuleiten. Und daran dürfte es in den meisten Fällen scheitern, weil die Links auf YouTube generisch sind. Als Ausweg bleibt nur der Umweg über eine einfach zu merkende URL, die der Fernsehzuschauer auf einem Second-Screen eingeben kann und die ihn auf eine Landingpage führt. Dort könnten Sie das YouTube-Video einbinden. Ob diese Variante allerdings effizient ist, dürfte fraglich sein, zumal die wenigsten Menschen in der Lage sind, TV-Bild und Video sinnvoll gleichzeitig zu konsumieren.

Second-Screen

Wenn Menschen heutzutage fernsehen, ist der Fernsehbildschirm in den seltensten Fällen das einzige benutzte Medium. Smartphone, Tablet-PC oder Laptop werden parallel genutzt, um sich mit Freunden auszutauschen und Informationen über das Fernsehbild hinaus zu erhalten. Der Begriff *Second Screen* bezeichnet all die Geräte, die während des TV-Konsums in Benutzung sind und damit auch für weiterführende Informationsangebote zur Verfügung stehen.

11.3.4   Inwiefern lässt sich YouTube mit Apps und Websites verknüpfen?

Wer Videos auf YouTube hochlädt, kann sie mithilfe der Player-API (siehe Kapitel 15, »Die YouTube-APIs«) auf jeder beliebigen Website oder in einer App einbinden. Die Videos werden auf Websites wie auf der YouTube-Plattform auch im YouTube-Player

---

3 Über einen gut gemachten TV-Spot mit YouTube-Making-of von der Marke Kneipp lesen Sie in Abschnitt 12.4.1, »Eine fruchtbare Zusammenarbeit mit anderen Kanälen erzielen«.

angezeigt, der den vollen Funktionsumfang mit sich bringt – zumindest sofern er nicht anders programmiert wurde. Wenn Sie also eine Landingpage für Ihr neues Produkt erstellt haben, kann ein Bestandteil der Seite auch ein eingebundenes YouTube-Video mit weiterführenden Informationen sein. Ist der Besucher der Seite an Ihrem Kanal oder weiteren Videos interessiert, kann er das Video jederzeit per Klick direkt auf YouTube ansehen und dort zu Ihrem YouTube-Kanal wechseln. Eine Link zu einer Website oder einem App-Download kann aber auch in der Infobox eines Videos oder auf der Endcard angegeben werden. Sind Sie ein App-Anbieter, kann der Download darüber direkt in den App-Stores ausgeführt werden. Im Fall einer Website würden Sie den Zuschauer vom YouTube-Video auf eine Seite umlenken, auf der er beispielsweise eine Bestellung aufgeben oder seine Kontaktdaten für weitere Informationen eingeben kann.

Die optimale Landingpage

Unter dem Begriff *Landingpage* versteht man eine eigenständige Webseite, auf der dem Nutzer übersichtlich alle Informationen zu einem bestimmten Produkt oder einer Dienstleistung präsentiert werden. Wie gestaltet man eine solche Landingpage optimal? Hier einige Tipps:

▶ Die Landingpage besteht in aller Regel aus einer einzigen Seite, weshalb sie kein Menü besitzt.

▶ Eine Landingpage soll zum Handeln bewegen. Platzieren Sie deshalb entsprechende Call-to-Actions (CTA) mit Button oder Eingabefeldern gut sichtbar.

▶ Eine moderne Landingpage ist auch auf mobilen Endgeräten optimal lesbar. Dazu sollte sie *responsive* sein — sich also auf verschiedene Bildschirmgrößen stufenlos anpassen.

▶ Die wichtigsten Informationen zum Produkt werden *above the fold* dargestellt (im Sichtfeld, das der Nutzer zuerst angezeigt bekommt, ohne zu scrollen): ein Bild, Produktname und Logo sowie Claim und Unique Selling Proposition. Außerdem sollte hier bereits ein Call-to-Action angezeigt werden.

▶ Sobald der Nutzer anfängt zu scrollen, gilt der Grundsatz: vom Allgemeinen zum Speziellen. Je weiter er nach unten scrollt, desto detaillierter sollten die Informationen werden und desto konkreter die Aufforderung zum Handeln (Call-to-Action).

▶ Sollte die Landingpage für die Leadgenerierung optimiert werden, sind die dazu notwendigen Eingabefelder möglichst above the fold zu platzieren. Fragen Sie nicht zu viele Felder ab, sondern konzentrieren Sie sich auf die wirklich benötigten Informationen. In den meisten Fällen dürfte Ihnen die E-Mail-Adresse als Kontaktmöglichkeit ausreichen. Je mehr Informationen Sie abfragen, desto weniger Nutzer werden ihre Kontaktdaten zur Verfügung stellen.

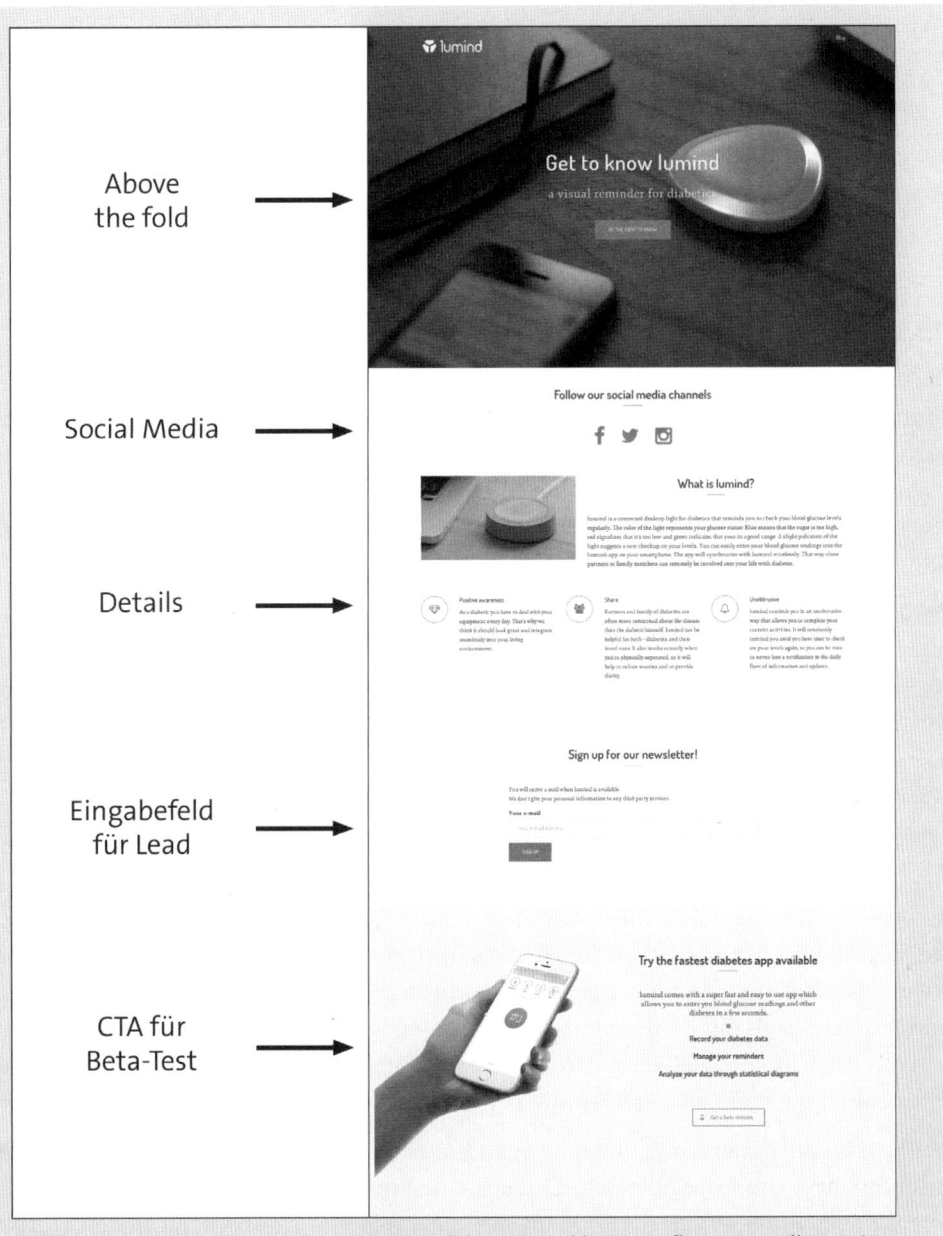

Abbildung 11.6 Die Seite www.lumind.de folgt einem klaren Aufbau vom Allgemeinen zum Speziellen.

In Abbildung 11.6 sehen Sie die Landingpage von lumind, einer digitalen Lösung für Diabetes-Patienten. Above the fold sind die wichtigsten Informationen platziert. Scrollt der

Nutzer auf der Seite nach unten, erhält er weitere Details zum Produkt und kann sich direkt für einen Newsletter sowie den Beta-Test registrieren. Scrollt er noch weiter nach unten (nicht dargestellt), wird unter anderem auch das Entwicklerteam vorgestellt, sodass hier ebenfalls passt: Je weiter der Nutzer scrollt, desto spezieller werden die Informationen. Nach dem Besuch der Seite hat der Nutzer alle wichtigen Informationen zum Produkt erhalten und kann direkt auf der Seite weiter tätig werden.

11.3.5 YouTube-Videos und soziale Netzwerke

Soziale Netzwerke können in Kampagnen mehrere Rollen übernehmen: Menschen können dort über den Verlauf der Kampagne informiert werden, sich aber gleichzeitig auch daran beteiligen. Der einfachste Nutzerbeitrag besteht darin, Beiträge zu liken, zu teilen und zu kommentieren. Sie generieren dadurch die für eine Kampagne so wichtige Reichweite, da ihre eigenen Freunde, Follower und Abonnenten über diese Aktionen informiert werden und so ebenfalls von der Kampagne mitbekommen.

Darüber hinaus können Sie Nutzer aber auch dazu auffordern, selbst aktiv zu werden und Beiträge schriftlich oder in Form von Fotos und Videos einzureichen oder zu veröffentlichen. Eine gängige Methode ist hierbei die Etablierung eines Hashtags, unter dem Nutzer ihre Beiträge in den sozialen Netzwerken teilen können. Der Hashtag darf dazu allerdings nicht allgemein und damit bereits vielfach verwendet sein. Er muss speziell auf die Kampagne angepasst werden und damit eine Einzigartigkeit aufweisen, die gleichzeitig Interesse hervorruft. Mehr dazu, wie man mit Hashtags arbeitet, finden Sie auch in Kapitel 9, »Die Community«.

Aufwendige Kampagnen bieten oftmals auf einer speziellen Website oder in einer App die Möglichkeit, bestimmte Aktionen zur Kampagne auszuführen. In vielen Fällen entstehen dadurch neue Inhalte, die Nutzer dann in den sozialen Netzwerken teilen können. Sofern es sich mit dem gewünschten sozialen Netzwerk technisch realisieren lässt, wird für diese Inhalte vielfach ein Wettbewerb ausgeschrieben: Wer mit seinen originellen Inhalten die meisten Likes sammelt, qualifiziert sich für einen Gewinn.

Die Sparkasse Hanau nutzt für die sogenannte »Abi Challenge« sogar eine spezielle Facebook-App, um für eingereichte Videos eine Wertung anzunehmen. Die über mehrere Wochen andauernde Aktion wird mit regelmäßigen Facebook-Einträgen verfolgt (siehe Abbildung 11.7). Der Clou: Die Videoeinreicher müssen ihre eigenen Facebook-Freunde für eine Abstimmung gewinnen. Diese müssen, um die App nutzen zu können, zunächst die Facebook-Seite selbst liken, was der Bank neue Facebook-Follower generiert.

Abbildung 11.7 Die Sparkasse Hanau nutzt Facebook für die Abstimmung zu eingereichten Videos. Je mehr Freunde für ein Video abstimmen, desto größer ist die Gewinnchance für den Videoeinreicher (Quelle: www.facebook.com/sparkassehanau).

Konkret ergeben sich für das Zusammenspiel zwischen YouTube und den sozialen Netzwerken folgende Möglichkeiten:

▶ Weisen Sie über Ihre eigenen Social-Media-Accounts auf Ihre YouTube-Videos hin, um sie bekannt zu machen.

▶ Begleiten Sie die Kampagne auf sozialen Netzwerken, auch wenn keine neuen Videos hochgeladen wurden.

▶ Weisen Sie am Ende der YouTube-Videos und in der Infobox darauf hin, wie die Kampagne in den sozialen Netzwerken fortgesetzt wird. Setzen Sie dazu unbedingt auch die entsprechenden Links zu Facebook, Twitter, Instagram und Co.!

▶ Motivieren Sie die Nutzer, selbst aktiv zu werden, um Aufmerksamkeit über die eigene Reichweite hinaus zu generieren.

11.3.6 Warum ist für Kampagnen eine Customer Journey Map wichtig?

Es gibt zahlreiche Möglichkeiten, YouTube mit anderen Medien zu verknüpfen. Grundsätzlich sollten Sie immer eine *Customer Journey Map* anlegen, um die Wege festzulegen, die der Konsument zwischen den Medien gehen soll (siehe Abschnitt 2.6, »Die Strategie entwickeln«). Nur so können Sie festlegen, welches Medium mit welchen Inhalten sinnvoll bespielt wird, um das Kampagnenziel erreichen zu können. Warum eine Customer Journey Map so wichtig ist, soll das nachfolgende Praxisbeispiel verdeutlichen.

Wie schafft man es, dass Biertrinker im Restaurant auf einen TV-Spot aufmerksam werden? Vor dieser ungewöhnlichen Frage stand eine Biermarke aus dem Allgäu und hat dieses Problem mehr oder weniger elegant gelöst: Mit einem QR-Code auf Bierdeckeln, der beim Abscannen direkt zur Website mit dem Spot führt. Was grundsätzlich nach den vorangegangenen Kapiteln keine schlechte Idee ist, wurde hierbei jedoch nicht vollständig durchdacht. Das Beispiel eignet sich gut, um aufzuzeigen, wie deshalb verschiedene Medien ungeschickt verknüpft wurden.

Zum besseren Verständnis soll zunächst der genaue Ablauf erklärt werden: Ein Restaurantbesucher entdeckt auf dem Bierdeckel den QR-Code, neben dem steht: »Hier geht's zum TV-Spot.« Der Besucher scannt den QR-Code ab und gelangt in seinem mobilen Browser auf eine Website der Brauerei. Bevor er die Website vollständig betrachten kann, muss der Besucher zunächst bestätigen, dass er bereits über 18 Jahre alt ist (juristische Schranke). Da die Website nicht für die Bildschirmgröße mobiler Endgeräte optimiert ist, ist das Feld zum Bestätigen der Altersschranke so gut wie nicht lesbar und sehr schwer auf dem Touchscreen mit dem Finger zu treffen. Der Besucher schafft es dennoch irgendwie, auf die eigentliche Website zu gelangen, um nun einen direkt dort eingebetteten TV-Spot anzusehen. Der Spot selbst ist, wie versprochen, der TV-Spot der Biermarke – eine Anpassung an die Anforderungen von Onlinevideos wurde nicht vorgenommen.

Die Brauerei hat hier wahrscheinlich versucht, den TV-Spot mehrfach zu verwerten und dazu den Spot auf der Website eingebunden. Später wird man überlegt haben, wie man Aufmerksamkeit für die Website generieren kann und hat dazu den QR-Code auf den Bierdeckeln abgedruckt. Es lässt sich also darüber diskutieren, ob man hier überhaupt von einer integrierten Kampagne sprechen kann. Warum sind die Medien unglücklich miteinander verknüpft?

1. Der QR-Code ist eine gute Idee, um direkt beim Kunden auf Inhalte im Internet aufmerksam zu machen. Ein QR-Code wird aber in aller Regel mit dem Smartphone gescannt, weshalb die dahinterliegenden Inhalte für mobile Endgeräte geeignet sein müssen.

2. Der TV-Spot bietet für den Kunden kaum Mehrwert. Im Fernsehen mag der Spot die Markenbekanntheit steigern, aber bei einem gezielten Aufruf sollte der Inhalt im Netz mehr bieten als ein reines Stimmungsbild mit austauschbaren Bildern der Allgäuer Berglandschaft (bis auf die Bierflaschen ist dies im Spot der Fall).

3. Der eigene Videoplayer auf der Website hat einige Nachteile gegenüber einer Einbindung auf YouTube: Das eingebundene Video ist nur in einer Qualitätsstufe verfügbar und so bei langsamen mobilen Verbindungen unzumutbar. YouTube hingegen stellt verschiedene Qualitätsstufen je nach Internetgeschwindigkeit bereit. Darüber hinaus sieht das Video nur, wer die Website der Brauerei besucht. Auf YouTube würde es als Videovorschlag und in der Suche auftauchen.

Sie sehen: Mit einer gut durchdachten Customer Journey Map sind diese Probleme vermeidbar. Versetzen Sie sich immer in die Lage des Konsumenten, und optimieren Sie die Inhalte so, dass er sie ohne große Hürden abrufen kann. Setzen Sie sich ein sinnvolles Ziel, das am Ende der Customer Journey Map einen Mehrwert für Ihre Marke und Ihr Unternehmen erbringt.

11.4 Beispiele von Kampagnen mit YouTube-Einbindung

Es gibt jedes Jahr unzählige Kampagnen, in denen YouTube eine mal mehr oder weniger große Rolle spielt. Der beste Weg, um das erfolgreiche Zusammenspiel zwischen den einzelnen Medien und YouTube zu verstehen, ist es, sich von gelungenen Kampagnen inspirieren zu lassen. Wie in diesem Kapitel bereits erwähnt wurde, reichen viele Unternehmen und Agenturen ihre Kampagnen zu Wettbewerben ein. Eine gute Inspirationsquelle sind deshalb die Gewinner entsprechender Werbepreise, wie dem des deutschen Art Directors Club, kurz ADC. Die drei nachfolgenden Beispiele sind im Jahr 2015 in der Kategorie »Digital Medien – Digitale Kampagne« ausgezeichnet worden und unter *http://gewinner.adc.de/* abrufbar.

11.4.1 Umparken im Kopf

Der Automobilhersteller Opel sah sich lange Zeit mit einigen Vorurteilen in der Gesellschaft konfrontiert: Langweilig, verstaubt und gehandelt als das »Opa-Auto«. In der Medienberichterstattung immer wieder gezeigte Bilder von gegen Entlassung demonstrierenden Opel-Mitarbeitern haben diese Vorurteile bekräftigt. Dass sich Opel gemeinsam mit dem GM-Mutterkonzern neu positioniert und diese Vorurteile längst nicht mehr stimmen, hat der Hersteller mit der Kampagne »Umparken im Kopf« deutlich gemacht.

Im Februar 2014 wurden medienübergreifend Motive mit kurzen Sätzen zu Vorurteilen und populären Irrtümern veröffentlicht, ohne dass Opel als Absender dieser Motive auftrat (siehe Plakatbeispiel in Abbildung 11.8).

Abbildung 11.8 Ein Plakatmotiv zur Kampagne »Umparken im Kopf«[4]

Egal, ob Out-of-home-Werbung, Printanzeigen, Bannerwerbung oder die Kampagnen-Website (siehe Abbildung 11.9): Die Motive waren kaum zu übersehen. Schwarz und Gelb als einziger Hinweis auf einen eventuellen Zusammenhang mit der Marke sowie das Logo der Kampagne mit einem Hinweis auf umparkenimkopf.de und den Hashtag #umparkenimkopf waren charakteristisch für alle Anzeigen.

Abbildung 11.9 Die Website umparkenimkopf.de, bevor sich Opel als verantwortlich für die Kampagne erklärt hat[5]

---

4 © GM Company
5 © GM Company, Quelle: *www.umparkenimkopf.de*

Die Motive erregten nicht nur bei den Betrachtern, sondern auch in den Medien Aufmerksamkeit: Wer steckt wohl hinter den originellen Motiven und könnte einen Perspektivwechsel fordern?

Nach einigen Tagen wurde das Rätselraten beendet, und Opel zeigte sich für die Kampagne verantwortlich. Bis zu diesem Zeitpunkt wurde die Kampagnen-Website bereits über 350.000 Mal besucht, und das Motto #umparkenimkopf hatte sich über die sozialen Netzwerke weit verbreitet. Opel nutzte diese Aufmerksamkeit und veröffentlichte neue Motive, die dazu aufriefen, sich mit der Marke Opel neu zu beschäftigen (siehe Abbildung 11.10). Es folgte ein TV-Spot, in dem prominente Schauspieler von ihrem Neuerlebnis mit der Marke erzählen, und *www.umparkenimkopf.de* wurde ausgebaut: Auf der Website fanden die Besucher nun Videos, in denen Prominente als Testfahrer für die neuen Opelmodelle einspringen und die Modelle den Zuschauern nahebringen. Besonders wichtig: Die Besucher konnten ohne große Umwege online eine Probefahrt vereinbaren.

Abbildung 11.10 Nach einigen Tagen löste Opel das Rätsel auf und erklärte sich für die Kampagne verantwortlich.[6]

Das Kampagnenergebnis ist eine erhöhte Aufmerksamkeit für Opel und ein erfolgreicher Imagewandel. Nach Marktforschungsergebnissen der Marke legte die Kaufbereitschaft für die Marke um 10 % zu, und der Marktanteil konnte um fünf % ausgebaut werden. Die ausführende Agentur Scholz & Friends hat ganze Arbeit geleistet und wurde zu Recht bei den ADC Awards 2015 und mit dem GWA Effie[7] in Gold ausgezeichnet.

---

6 © GM Company

7 Der GWA Effie wird in Deutschland jährlich vom Gesamtverband Kommunikationsagenturen GWA e. V. vergeben und zeichnet die beste Marketingkommunikation in zehn Kategorien aus. Er gilt als nationaler Oscar der Werbe- und Kommunikationsbranche.

Wie bereits geschildert, spielte YouTube eine der tragenden Rollen in der Medienwahl: Alle Videos wurden auf dem Kanal der Marke veröffentlicht und auf der Kampagnen-Website eingebunden. So konnten nicht nur die Besucher der Website erreicht werden, sondern auch Nutzer der YouTube-Plattform – was sich langfristig über die gebundenen Abonnenten natürlich auch für den YouTube-Kanal von Opel bezahlt macht.

Die einzelnen Medien wurden zudem sowohl online als auch offline immer untereinander mit QR-Codes und Links verknüpft, sodass der Nutzer in der Customer Journey bis zum Ziel (Probefahrt) immer mit neuen Inhalten versorgt wurde.

Der Hashtag #umparkenimkopf wurde in dieser Form zuvor noch nicht verwendet und unterstreicht damit die Einzigartigkeit der Kampagne. Er diente beim Kampagnenstart dem Rätselraten in den sozialen Netzwerken und etablierte sich später als sinnstiftend für die Marke Opel. Die nicht nur für die Marke, sondern auch für die Gesellschaft relevanten Motive wurden in den sozialen Netzwerken geteilt und teils mit eigenen Kreationen und Bildern zum Fahrerlebnis mit einem Opel weitergeführt.

11.4.2 BMW Driftmob

Ebenfalls als Automobilhersteller hat die Marke BMW im Juli 2014 den »Driftmob« als Video auf YouTube veröffentlicht (siehe Abbildung 11.11).

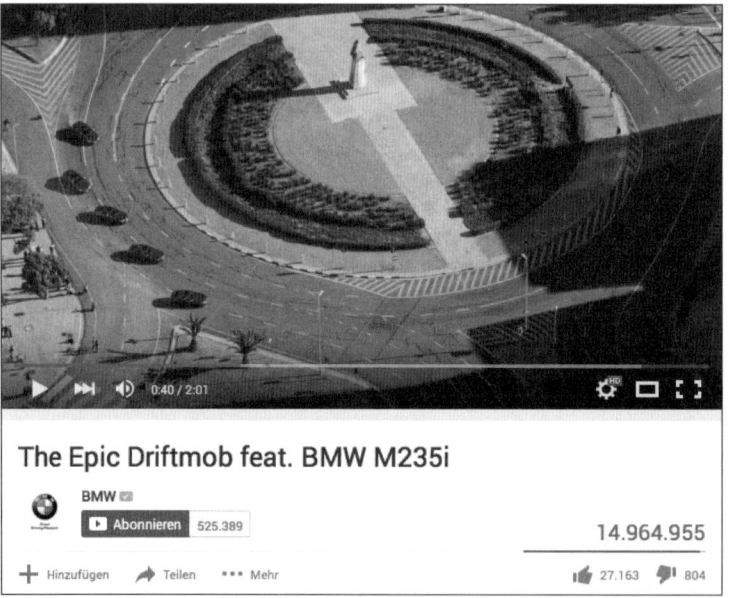

Abbildung 11.11 Das Video zum BMW M235i-Modell ist mehr als nur ein einzelnes YouTube-Video (Quelle: youtu.be/vz2rAgXjkCA).

Ziel der umfassenden Kampagne war es, das neue, sportlich ausgelegte Modell M235i in Szene zu setzen und bei Auto-Enthusiasten im Internet bekannt zu machen. Was zunächst nur wie ein einzelnes Video als Hero-Content auf dem YouTube-Kanal aussehen mag, erweist sich bei genauerem Hinsehen als vorbildlich geplante Onlinekampagne.

Die Dreharbeiten mit den aufwendig choreografierten Fahrzeugen fanden in Kapstadt statt. Sie wurden noch vor Ort 5 Tage lang von geladenen Autobloggern und Social Influencern dokumentiert und mit deren Followern im Internet geteilt (siehe Abbildung 11.12), sodass die autobegeisterte Community jederzeit dabei sein konnte. Auch die BMW-eigenen Social-Media-Accounts wurden für die Verbreitung von Behind-the-Scenes-Material direkt vom Set genutzt. Dieses transparente Vorgehen beugt auch zugleich einer entscheidenden Frage vor, über die das Netz ohne diese Komponente sicherlich ausgiebig diskutiert hätte: Ist das Video authentisch, und wurde hier wirklich nicht getrickst?

Das YouTube-Video wurde bis Ende 2015 rund 15 Millionen Mal abgerufen und hat zusammen mit dem parallel veröffentlichten Making-of-Video und einem weiteren Video des BMW-Modells auf der Rennstrecke für einen deutlichen Zuwachs der Abonnenten auf dem YouTube-Kanal von BMW gesorgt. Die drei Videos sind untereinander mithilfe einer Endcard und entsprechenden Hinweisen in der Infobox des Videos verlinkt und runden so den Kampagnencharakter weiter ab. Auf einer Landingpage wird die Kommunikation mit Interessenten weitergeführt.

Abbildung 11.12 Autoblogger, Journalisten und Social Influencer wurden zum Dreh eingeladen und haben in den sozialen Netzwerken berichtet (Quelle: www.instagram.com/silerroad).

Die von der Agentur Interone BBDO konzipierte Kampagne hat also einen klaren YouTube- und Social-Media-Schwerpunkt: Die Spannung, mit der das Hauptvideo erwartet wurde, hat sich durch die Beiträge in den sozialen Netzwerken aufgebaut und konnte dadurch nach Angaben von BMW bereits im Vorfeld rund 2,6 Millionen Menschen aktivieren. Das Video selbst ist ideal auf die Zielgruppe abgestimmt und weist virales Potenzial auf. Durch die Verlinkung der einzelnen Inhalte untereinander erfuhr der Zuschauer mehr als nur das, was im Hauptvideo zu sehen ist.

11.4.3 Sennheiser Momentum

Einen noch stärkeren Fokus auf YouTube legte die Kampagne der Marke Sennheiser für die Kopfhörer der Momentum-Serie. Auf dem Sennheiser-YouTube-Kanal porträtierte die Marke insgesamt 40 Sound-Artists, die Musik auf unkonventionelle Art und Weise verkörpern (eines der Videos mit dem Künstler Nik Nowak sehen Sie in Abbildung 11.13). Die Brücke zum Kopfhörer schlug Sennheiser über die Produktbezeichnung: Das »Momentum« entstand durch die besondere Arbeit der Künstler.

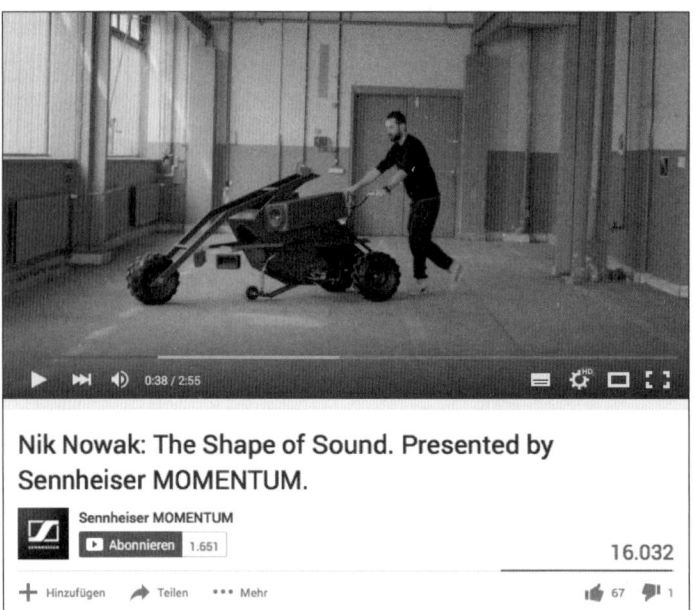

Abbildung 11.13 In 40 Videos porträtierte Sennheiser Künstler mit ihrem eigenen »Momentum«, wie hier Nik Nowak (Quelle: youtu.be/5f3RIcTKayA).

Die 40 Videos organisierte Sennheiser auf dem Kanal in einer Playlist und führte die Kommunikation auf einer Kampagnen-Website weiter (siehe Abbildung 11.14).

In einer Kooperation mit dem beliebten Musikdienst Spotify wurde ein spezieller Account angelegt, auf dem die Arbeiten der Künstler gebündelt präsentiert wurden (siehe Abbildung 11.15). Doch über diese abrufbaren Inhalte forderte Sennheiser die Menschen auch auf, ihr eigenes »Momentum« mithilfe einer App zu erstellen und in den sozialen Netzwerken zu teilen.

Abbildung 11.14 Auf der Kampagnen-Website wurden die Inhalte gebündelt und weitere Informationen zu den Kopfhörern präsentiert.[8]

Abbildung 11.15 Auch Spotify als Musikdienst spielte in der Kampagne eine wichtige Rolle, da die Tracks der Künstler hier zum komfortablen Anhören präsentiert wurden.[9]

8   Quelle: *www.sennheiser-momentum.com*
9   Quelle: Spotify-Account Sennheiser Momentum

331

Auch bei dieser Kampagne ist eine Vernetzung der Medien untereinander sehr wichtig. Das Ziel der Marke, die Kopfhörer bekannt zu machen und gegebenenfalls auch Bestellungen über die Kampagnen-Website entgegenzunehmen, wurde dabei von der Agentur Philipp und Keuntje GmbH stets im Hinterkopf behalten. Selbst Plakate wurden immer mit einem QR-Code versehen, der die Interessenten direkt auf entsprechende Inhalte im Netz brachte.

Kapitel 12
Produkte platzieren

Warum wird James Bond eigentlich mit Aston Martin in Verbindung gebracht? Natürlich, weil er in den Filmen oftmals einen gefahren ist. Was mit Produkten in James-Bond-Filmen funktioniert, klappt auch auf YouTube – und zwar nicht nur mit Aston Martin.[1]

YouTube-Kanäle von Unternehmen haben generell weniger Abonnenten als bekannte YouTube-Stars. Das liegt vor allem an der fehlenden Bindung zum Zuschauer und der persönlichen Wirkung, die einen YouTuber auszeichnet. Unternehmen hingegen sind zunächst abstrakte Gebilde, die über ihr Marketing mit Storytelling und anderen Methoden erst einen Zugang für den Zuschauer schaffen müssen. Auch die Arbeitsweise ist grundsätzlich verschieden, sodass eine Videoproduktion im Unternehmen wesentlich länger dauert und Inhalte nicht mehr absolut aktuell sind.

Mit ihrer eigenen Meinung und ihrem Lifestyle stehen YouTube-Stars aber auch selbst als Marke in der Öffentlichkeit und schärfen ihr eigenes Profil durch die Verwendung anderer Marken. Es liegt also nah, als Unternehmen mit YouTube-Stars zusammenzuarbeiten, um die eigenen Produkte gezielt zu platzieren.

Da Produkte oft falsch platziert werden, haben Produktplatzierungen häufig einen schlechten Ruf. Das muss aber nicht sein, wenn Produktplatzierungen sinnvoll durchdacht und gut umgesetzt sind. Im Idealfall wird nicht einfach nur Geld von einem Unternehmen gezahlt, damit der YouTuber das Produkt in die Kamera hält und es seinen Zuschauern wie bei einem Teleshopping-Sender anpreist. Stattdessen muss die Art und Weise des Placements authentisch sein und müssen Produkt und Marke zum YouTuber passen.

---

1 Eine interessante Zeitleiste mit allen in den Bond-Filmen platzierten Marken finden Sie übrigens unter *http://blog.hollywoodbranded.com/james-bond-product-placement-the-definitive-timeline-of-brands-in-bond*.

12.1 Product-Placement – aber richtig!

Beim Product-Placement werden Marken in den redaktionellen Teil eines Videos eingearbeitet. Üblicherweise spricht man erst von einem Product-Placement, wenn beide Parteien – hier YouTuber und Unternehmen – eine Vereinbarung über eine Platzierung getroffen haben. Es kommt aber auch sehr häufig vor, dass YouTuber freiwillig und ohne Kontakt zu einem Unternehmen Marken in ihre Videos einbinden. Es gibt demnach drei Varianten der Einbindung von Marken in YouTube-Videos:

1. Ein YouTuber bindet ein Produkt in seine YouTube-Videos ein, ohne dazu mit dem Unternehmen in Kontakt getreten zu sein und ohne eine Gegenleistung zu erhalten.

2. Ein YouTuber geht auf Unternehmen zu und erbittet eine Gegenleistung für die Platzierung eines Produkts im Rahmen seiner Videos.

3. Ein Unternehmen fragt einen YouTuber an und bietet eine (in der Regel finanzielle) Gegenleistung für die Einbindung von Produkten in dessen Videos an.

Alle drei Formen sind auf YouTube gängig, wobei insbesondere in den letzten beiden Fällen von Product-Placements gesprochen wird. Eine Gegenleistung muss dabei nicht immer monetär sein, sondern kann auch lediglich die kostenlose Bereitstellung eines Produkts beinhalten. YouTube-Kanäle mit vielen Abonnenten übernehmen Kommunikation und Verhandlung normalerweise nicht selbst, sondern lassen Unternehmen mit Multichannel-Netzwerken verhandeln, an die sie vertraglich gebunden sind.

Product-Placement vs. Branded Entertainment

In manchen Veröffentlichungen werden Sie dem Begriff *Branded Entertainment* begegnen, wenn von Produktplatzierungen die Rede ist. Die beiden Begriffe werden häufig synonym verwendet, sollen aber eigentlich unterscheiden, wie stark eine Marke in ein Video integriert ist. Spricht man von Branded Entertainment, wird nicht nur ein Produkt in die Handlung integriert, sondern die Marke stärker in den Mittelpunkt gestellt.[2]

Produktplatzierungen sind kein neues Einkommensmodell der YouTube-Szene. In vielen Filmproduktionen und fast allen großen Hollywood-Produktionen werden Produkte in die Handlung eingebunden. Die Beweggründe sind unterschiedlich, und es fließt nicht immer ein großer Geldbetrag an die Produktionsfirma. Für eine Filmproduktion kann es zum Beispiel sehr teuer sein, die benötigten Fahrzeuge zu beschaffen, um sie am Set in einer Massenkarambolage gleich wieder zu demolieren. Deshalb wer-

---

2 Ein schönes Beispiel für Branded Entertainment ist das Video »Coke Teil-O-Mat« von Y-Titty, abrufbar unter: *youtu.be/XjONEr2hcoM*

334

den Fahrzeuge durch die Automobilhersteller oft nur zur Verfügung gestellt und gehen danach auch wieder in deren Sammlung zurück.

Abgrenzung zu Content Marketing

An dieser Stelle soll auch angemerkt werden, dass Branded Entertainment häufig fälschlicherweise mit Content Marketing gleichgesetzt wird. Content Marketing meint jedoch die Publikation eigener relevanter Inhalte und nicht das Sicheinkaufen in fremde Reichweiten.

Richtig eingesetzt, ist die Wirkung von Produktplatzierungen auf den Zuschauer größer als die Wirkung eines Werbespots. Da das Produkt in einem Kontext eingesetzt wird und keine Kaufaufforderung sichtbar ist, fällt es dem Zuschauer leichter, sich mit dem Produkt zu identifizieren. Der Film zeigt sozusagen einen Anwendungsfall, und die Sympathie zu den Darstellern bringt das Produkt mit positiven Emotionen in Verbindung. Wer mit dem von Will Smith in »I, Robot« verkörperten Del Spooner aufgrund der Filmhandlung sympathisiert, wertet auch die deutlich gezeigte Produktplatzierung der Marke Converse als positiv und erinnert sich bei späteren Kaufentscheidungen zumindest unterbewusst an das vermittelte Lebensgefühl.

Mit solchen Produktplatzierungen bewegt man sich rechtlich allerdings in einer Grauzone und sieht sich schnell dem Vorwurf der Schleichwerbung ausgesetzt. Bei Unsicherheiten sollte zuvor ein mit diesem Thema vertrauter Rechtsanwalt zurate gezogen werden (siehe auch Abschnitt 16.5, »Werbeeinblendungen in Videos – Produktplatzierung vs. Schleichwerbung«). Die Produktplatzierung ist gegebenenfalls ausreichend zu kennzeichnen, um nicht den Charakter der Schleichwerbung zu erfüllen.[3]

12.1.1 Warum sind Produktplatzierungen effizienter als andere Werbeformen?

Klassische Bewegtbildwerbung in Form von Werbespots hat ein Problem: Sowohl für das Fernsehen als auch für das Internet gibt es zahlreiche Möglichkeiten, Werbung aus-

---

3 Schleichwerbung wird in §2 Abs. 2 Nr. 8 des Rundfunkstaatsvertrags definiert als »*die Erwähnung oder Darstellung von Waren, Dienstleistungen, Namen, Marken oder Tätigkeiten eines Herstellers von Waren oder eines Erbringers von Dienstleistungen in Sendungen, wenn sie vom Veranstalter absichtlich zu Werbezwecken vorgesehen ist und mangels Kennzeichnung die Allgemeinheit hinsichtlich des eigentlichen Zweckes dieser Erwähnung oder Darstellung irreführen kann. Eine Erwähnung oder Darstellung gilt insbesondere dann als zu Werbezwecken beabsichtigt, wenn sie gegen Entgelt oder eine ähnliche Gegenleistung erfolgt*«.

zublenden. Viele Zuschauer, die eigentlich für eine Marke interessant wären, kommen so nicht in Kontakt mit der beworbenen Marke und ihrer Werbebotschaft.

Für das Fernsehen bestehen die entsprechenden Techniken vor allem aus *Zapping* und *Zipping*. Beim Zapping schaltet der Zuschauer bewusst während der Werbeblöcke zu dem Programm eines anderen Fernsehsenders, um Werbung zu umgehen und in der Zeit andere Inhalte zu konsumieren. Zipping hingegen beschreibt Prozesse, um Werbeblöcke gänzlich zu umgehen und die Sendung direkt weiterzuverfolgen. Dazu wird die Sendung um zumindest einige Minuten zeitversetzt angesehen, um Werbeblöcke zu überspringen. Für vollständig aufgezeichnete TV-Sendungen gibt es sogar technische Lösungen, die Werbeblöcke erkennen und automatisch herausschneiden.

Im Internet ist die Vermeidung von Werbung noch effizienter: Spezielle Werbeblocker, die unter dem Stichwort *AdBlocker* geführt werden, unterbinden nicht nur die Anzeige von Werbebannern auf Webseiten, sondern auch die über AdWords geschalteten Videoanzeigen auf YouTube. Diese Technik ist in Desktop-Browsern besonders effizient und sorgt dafür, dass der YouTube-Nutzer die eigentlich angeforderten Videoinhalte umgehend konsumieren kann. Im Gegenzug kann der entsprechende Nutzer aber auch nicht mehr durch bezahlte Werbespots erreicht werden.

Produktplatzierungen werden hingegen in das eigentliche YouTube-Video integriert. Sie sind damit ein Bestandteil des Videos, der sich nicht einfach ausblenden lässt, wenn sich der Zuschauer für das Video interessiert. Umso effizienter sind entsprechende Produktplatzierungen schon allein aus technischer Sicht, da sie sich nicht einfach umgehen lassen.

12.1.2   Was ist rechtlich erlaubt und was nicht?

Lange Zeit war nicht klar, wie YouTuber ihre Produktplatzierungen zu kennzeichnen haben, da der Rundfunkstaatsvertrag zwar eine eindeutige Trennung von Werbung und anderen Inhalten vorsieht, die Möglichkeiten von YouTube darin aber noch keine Erwähnung finden. Um etwas Licht ins Dunkel zu bringen, haben die Medienanstalten Ende 2015 ein Dokument speziell für YouTuber herausgegeben,[4] das die häufigsten Fragen im Umgang mit Produktplatzierungen beantwortet.

Je nach Geschäftsmodell kann es sein, dass Sie sich selbst mit Produktplatzierungen auf Ihrem Kanal auseinandersetzen müssen – andernfalls können Sie mit diesem Wissen zumindest darauf drängen, dass kooperierende YouTuber Ihre Produktplatzierungen

---

4 Abrufbar unter: *www.die-medienanstalten.de/fileadmin/Download/Publikationen/FAQ-Flyer_Werbung_Social_Media.pdf*

eindeutig kennzeichnen und Sie im schlimmsten Fall nicht mit in die negative Presseberichterstattung über eine nicht ausreichend gekennzeichnete Platzierung hineingezogen werden.

Nach den Angaben der Medienanstalten fällt das Präsentieren eines Produkts im Video grundsätzlich nicht unter die kennzeichnungspflichtige Produktplatzierung, wenn über den Kauf des Produkts selbst entschieden wurde, das Produkt selbst gekauft wurde und kein Unternehmen ein werbliches Interesse an der Produktplatzierung hat. Das ist zum Beispiel der Fall, wenn sich ein YouTuber auf eigene Kosten Kleidung oder eine neue Kamera gekauft hat, die er nun freiwillig seinen Zuschauern vorstellen möchte.

Stellt ein Unternehmen allerdings seine Produkte kostenfrei zur Verfügung, ohne ein Entgelt für die Produktplatzierung zu zahlen, muss der YouTuber bereits abwägen: Steht das Produkt im Mittelpunkt des Videos, handelt es sich um eine zu kennzeichnende Produktplatzierung. Dazu kann beispielsweise zu Beginn des Videos eine Einblendung im oberen Teil des Videos mit »Unterstützt durch Produktplatzierung« eingesetzt werden. Ist das Produkt allerdings in die Handlung eingebettet und nicht wesentlicher Bestandteil des Videos, muss diese Platzierung erst ab einem Gesamtwert der gezeigten Produkte von über 1.000 € gekennzeichnet werden.

Fließt zwischen Unternehmen und YouTuber eine Geldsumme für die Produktplatzierung, besteht eine generelle Kennzeichnungspflicht. Die Medienanstalten gehen in ihrer Empfehlung sogar so weit, dass bezahlte Videos, die sich ausschließlich um das Produkt drehen, mit einer dauerhaft eingeblendeten Kennzeichnung versehen werden sollten.

Eine ebenfalls sehr beliebte Variante der Produktplatzierung ist das Nutzen von *Affiliate-Links* in der Infobox eines Videos. Hierbei löst der Zuschauer einen Tracking-Mechanismus aus, sobald er auf einen Link klickt, der zu dem im Video gezeigten Produkt führt. Kauft er dieses Produkt, erhält der YouTuber eine prozentuale oder pauschale Vergütung von der Verkaufsseite. Ein häufig eingebundenes Affiliate ist Amazon mit seinem umfangreichen Produktspektrum (siehe Abbildung 12.1). Auch wenn Amazon nicht aktiv auf die YouTuber zugeht und die Kanalbetreiber frei in der Entscheidung sind, welche Produkte sie bewerben möchten, muss der Nutzer über die Funktionsweise von Affiliate-Links und die gegebenenfalls gezahlte Verkaufsprovision aufgeklärt werden.

Anders sieht es bei der *Verlosung* von Preisen aus: Stellt ein Unternehmen einem YouTube-Kanal Produkte zur Verlosung bereit, handelt es sich dabei nicht um eine Produkplatzierung. Die Medienanstalten schränken jedoch ein, dass sowohl Produkt als auch Marke nur maximal zweimal kurz im Video in Erscheinung treten dürfen.

12

337

Abbildung 12.1 Das Amazon-Partnerprogramm ist beliebt bei YouTubern, um mit Affiliate-Links einen Kanal zu refinanzieren.[5]

12.1.3 Was verlangt die YouTube-Plattform und was verbietet sie generell?

Wenn Produktplatzierungen in einem Video stattfinden, muss YouTube nach dem Upload darüber informiert werden. Dazu reicht das Setzen eines Hakens in den erweiterten Einstellungen des Videos (siehe Abbildung 12.2). Kommen in einem Video Produktplatzierungen vor, zeigt YouTube gegebenenfalls keine konkurrierenden Werbeanzeigen vor dem Video.

YouTube untersagt zudem die Nutzung von Werbeformen, die in gleicher Art und Weise wie die von YouTube angebotenen Werbeformate funktionieren. Dazu zählen Pre-Rolls, Mid-Rolls und Post-Rolls – es darf also nicht einfach ein Werbespot eines Placement-Partners im Video fest integriert werden.

Soll der Placement-Partner im Logo oder auf der Endcard erscheinen, gibt YouTube die maximale Anzeigedauer solcher Einblendungen vor: 5 Sekunden zu Beginn eines Videos unter dem Zusatz des YouTuber-Namens und maximal 30 Sekunden mit einem

---

5 Quelle: *https://partnernet.amazon.de*

rein statischen Bild am Ende. Dabei darf es sich um »grafische Elemente handeln, die das Logo oder Produkt-Branding des Sponsors oder Werbetreibenden enthalten«.[6]

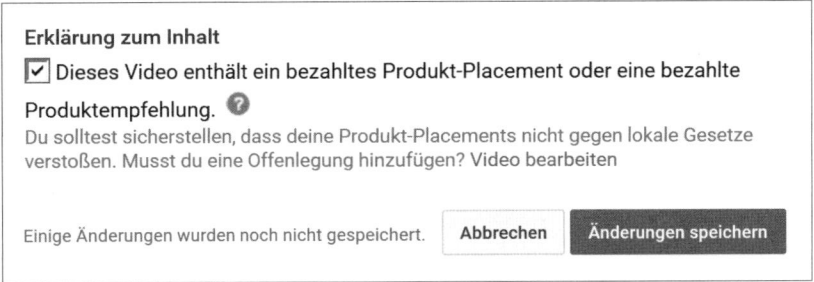

Abbildung 12.2 YouTube muss über Produktplatzierungen durch das Setzen des entsprechenden Hakens informiert werden.

Wie bereits deutlich geworden ist, gibt es verschiedene Formen von Produktplatzierungen. In den nachfolgenden Abschnitten werden Ihnen einige Formen vorgestellt, ohne dabei jedoch aufgrund individueller Ausprägungen die rechtliche Situation zu beleuchten.

12.2 Formen von Product-Placements

Produktplatzierungen können verschiedene Ausgestaltungsformen annehmen. Je nachdem, was in welcher Art und Weise platziert wird, werden die einzelnen Formen unterschiedlich bezeichnet. Grundsätzlich können Produkte und Marken visuell (lediglich im Video zu sehen), auditiv (indem darüber gesprochen wird oder das Produkt nur zu hören ist) oder audiovisuell in ein Video integriert werden. Der Grad der Handlungsintegration wird dabei folgendermaßen unterschieden (vergleiche auch Abbildung 12.3):

▶ On-Set Placement (stilles Placement)
Das On-Set Placement ist die am wenigsten in Erscheinung tretende Produktplatzierung. Das Produkt wird vom Zuschauer kaum bewusst wahrgenommen, weil es keine Bedeutung im Sinne der Handlung hat. Trotzdem kann eine Produktwirkung erreicht werden, weil das Produkt einem Kontext zugeordnet wird. So kann beispielsweise der Reisekoffer einer bestimmten Marke kurzzeitig im Video an einem Flugzeugterminal zu sehen sein, obwohl er keine Bedeutung für die Handlung hat. Der Zuschauer ordnet die Koffermarke aber später unbewusst einem bestimmten Lifestyle zu, den er ebenfalls leben möchte.

---

6 Quelle: *https://support.google.com/youtube/answer/154235?hl=de*

▶ Creative Placement
Das Creative Placement ist bereits eine offensichtlichere Produktplatzierung, da das Produkt für einen längeren Zeitraum im Video zu sehen ist und auch kurzzeitig in die Handlung eingebunden wird, um dabei im Mittelpunkt des Videos zu stehen. Wird im Video die Armbanduhr eines bestimmten Herstellers im Rahmen der Handlung genutzt, um die Uhrzeit abzulesen, handelt es sich um ein Creative Placement.

▶ Image Placement
Beim Image Placement steht die Marke das gesamte Video über im Zentrum der Handlung. Die Gesamthandlung orientiert sich entsprechend intensiv an der Produktplatzierung. Hierbei spricht man, wie zu Beginn des Kapitels beschrieben, auch von Branded Entertainment.

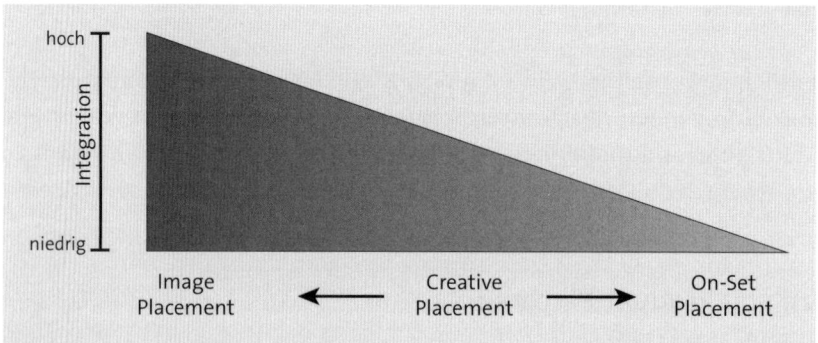

Abbildung 12.3 Der Grad der Handlungsintegration verläuft fließend zwischen den drei Unterscheidungen.[7]

Anhand der nachfolgend vorgestellten Formen von Produktplatzierungen können Sie leicht erkennen, welche Möglichkeiten es für Produktplatzierungen in Videos gibt.

12.2.1 Product-Placements im Allgemeinen

Product-Placements ohne besondere Ausgestaltungsform sind im Video platzierte Markensymbole und Markenprodukte, die von den im Video zu sehenden Personen verwendet oder in bestimmten Szenen auch einfach nur sichtbar werden. Alltagsprodukte wie die Dose eines Erfrischungsgetränks können dabei ebenso ein Placement sein wie die von einem YouTuber getragene Armbanduhr oder die Marke einer von ihm regelmäßig besuchten Friseurkette.

---

7 In Anlehnung an Rathmann, Peggy: Medienbezogene Effekte von Product Placement. Wiesbaden: Springer Gabler 2014.

12.2.2 Generic Placement

Beim Generic Placement wird die Einblendung des Markenlogos bewusst vermieden. Der Zuschauer muss das Produkt entsprechend anhand von äußeren Merkmalen erkennen können. Diese Form der Produktplatzierung eignet sich fast ausschließlich für Marken mit einem hohen Marktanteil und einem innovativen Produkt, das die Masse der Zuschauer mit exakt einem Hersteller in Verbindung bringt.

So kann beispielsweise ein Kaugummi ohne das Einblenden der Markensymbole nicht einer bestimmten Marke zugeordnet werden. Eine neuartige Süßigkeit, die aufgrund ihrer äußeren Merkmale von den Zuschauern erkannt wird und die eindeutig einer bestimmten Marke zugeordnet werden kann, ist als Generic Placement realisierbar.

12.2.3 Location Placement

Orte, die in Hollywood-Filmen als Kulisse dienen, erleben häufig einen enormen Anstieg an Urlaubern. Auch auf YouTube hat die Tourismusbranche das Potenzial von Placements erkannt. Auf YouTube sehr häufig zu sehen: YouTuber, die im Rahmen von Tourismusmarketing und Städtemarketing eingeladen werden und ihre Erfahrungen in Follow-me-arounds auf ihrem Kanal mit den Zuschauern teilen.

Der YouTuber Louis Cole bietet mit seinem Kanal »FunForLouis« ein gutes Beispiel dafür, wie erfolgreiches Tourismusmarketing funktionieren kann. Cole bereist permanent bis auf wenige Tage im Jahr die ganze Welt und hat daraus ein Alleinstellungsmerkmal gemacht. Er stellt damit für die Tourismusbranche einen interessanten Placement-Partner dar.

12.2.4 Titelpatronat

Das Titelpatronat ist eine durchaus interessante Form der Produktplatzierung, bei der die Marke in den Titel des Videos eingebunden wird. Damit ist vor allem das Logo in Intros und auf Zwischenblenden gemeint. Immer wenn eines der Elemente gezeigt wird, tritt die Marke als Partner in Erscheinung.

Ein bekanntes Beispiel aus der YouTube-Szene ist das Titelpatronat in der Serie »The Mansion« vom Multichannel-Netzwerk Studio71. Die Unilever-Marke AXE wurde dabei prominent in den Titel eines Formats des Kanals eingebunden (siehe Abbildung 12.4). Das Titelpatronat war Teil einer Kampagne zur Markteinführung des Produkts »AXE Gold Temptation«. Kampagne und Format haben dabei zentrale Gemeinsamkeiten: In den Videos wurde das Thema des »spielerischen Wettstreits um die Gunst der Frauen« in Form von Challenges zwischen den teilnehmenden bekannten YouTube-Stars ausgetragen.[8] Zum Finale gab es ein Event, zu dem Zuschauer Gästelistenplätze gewinnen konnten.

Abbildung 12.4 Titelpatronat der Marke AXE in der YouTube-Serie »The Mansion« von Studio71[9]

12.2.5 Corporate Placement

Beim Corporate Placement tritt das Unternehmen direkt in Erscheinung. Das kann beispielsweise durch das Logo, aber auch mit der Nutzung von Räumlichkeiten des Unternehmens geschehen. Corporate Placements sind vor allem für Dienstleistungsunternehmen besonders interessant, da Dienstleistungen im Vergleich zu Produkten einen hohen Erklärungsbedarf besitzen. Der Nutzen einer Dienstleistung, Kundenfreundlichkeit oder auch die Servicequalität lassen sich im Rahmen eines Corporate Placements gut herausstellen.

Ein schönes Beispiel eines Corporate Placements ist der Kinofilm »Prakti.com«, in dem sich die beiden Protagonisten Billy und Nick bei dem Unternehmen Google bewerben. Der Film wurde am Unternehmenssitz von Google gedreht, und zahlreiche Produkte des Unternehmens kommen in der Handlung des Films vor. Der Film ist aber nicht von Google produziert.

12.2.6 Innovation Placement

Diese Placement-Form eignet sich vor allem für Unternehmen der Technologiebranche. Dabei werden innovative Produkte in Filme und Videos eingebunden, die noch nicht

---

8 Alle veröffentlichten Videos finden Sie auf YouTube in einer Playlist von »The Mansion«: *www.youtube.com/playlist?list=PLODlseQFKfNSI2984ORMD1iQCeTeEkyKw*

9 © Studio71, Quelle: *www.presseportal.de/pm/12269/2858664*

am Markt erhältlich sind oder sich sogar noch in der Entwicklung befinden. Das Unternehmen stärkt damit sein Profil als Innovationstreiber und kann dadurch verschiedene Ziele erreichen, wie zum Beispiel Steigerung des Absatzes derzeitiger Produkte, erhöhte Attraktivität als Arbeitgeber oder auch Akzeptanz für zukünftige Technologien in der Gesellschaft und damit verbunden die Durchsetzung notwendiger Gesetze. So wird beispielsweise in dem Film »Mission Impossible« das Fahrzeug »Vision EfficientDynamics« von BMW eingebunden, das später als BMW i8 auf den Markt gebracht wurde.

12.2.7 Celebrity Placement

Der Begriff Celebrity Placement wird uneinheitlich verwendet. In manchen Fällen wird darunter das kostenlose Verteilen von PR-Samples (siehe nächster Abschnitt) zusammengefasst, während in manch anderem Kontext die Platzierung eines Prominenten in den Massenmedien gemeint ist. In letzterem Fall steht dies in starkem Zusammenhang mit der Vermarktung einer Person und ihrer Formierung zu einer eigenen Marke. Hierzu kann beispielsweise Elon Musk, Gründer zahlreicher US-Unternehmen wie des Automobilherstellers Tesla und des Raumfahrtunternehmens SpaceX, angeführt werden, der häufig in Unterhaltungsmedien auftritt und damit nicht nur sich als Marke weiter profiliert, sondern diese positive Strahlkraft gleichzeitig auch auf seine Unternehmungen übertragen kann.

12.2.8 PR-Samples

PR-Samples sind höchst beliebt im Marketing von Unternehmen. Meist werden dazu bekannten Persönlichkeiten (und auch YouTubern) kostenfreie Produkte zur Verfügung gestellt, damit sie bei Gefallen verwendet werden können. Allein die Verwendung der Produkte in der Öffentlichkeit löst bereits ein verstärktes Interesse bei den erreichten Menschen aus. Sie müssen die Berühmtheiten nicht einmal als Idole ansehen – bereits der Wunsch, das gleiche Lebensgefühl durch die Nutzung der Marke oder der Produkte zu erlangen, ist bereits Motivation genug, Marken einen Vorzug zu geben.

PR-Samples sind vor allem in sozialen Netzwerken und auf YouTube sehr beliebt, da die Zielgruppen der Social Media Influencer in der Regel sehr spitz zugeschnitten und die Reichweiten verhältnismäßig groß sind. Wenn Sie einem YouTuber PR-Samples zuschicken, bedenken Sie, dass die führenden Kanäle seltener auf die »kostenfreie« Platzierung von PR-Samples zurückgreifen. Gleichzeitig werden ihnen jedoch häufig Unmengen an Produkten zugeschickt, wodurch es schwieriger ist, als Unternehmen auf diesem Weg tatsächlichen Erfolg zu haben.

12.3   Auf fremde Reichweiten zurückgreifen

Fremde Reichweiten erscheinen als etwas Wunderbares, richtig? Man nehme einfach einen ausreichenden Geldbetrag, ein paar der eigenen Produkte, und dann stehen genügend YouTube-Stars Schlange, die das Produkt ihren Millionen treuen Abonnenten in die Kamera halten und den Kauf ans Herz legen. Sollten Sie so vorgehen, ist der Shitstorm nicht weit.

Jeder YouTube-Star ist auch eine Marke. Er teilt seinen Abonnenten auf unterschiedliche Art und Weise seine Einstellungen und Wertvorstellungen mit, für die er einsteht. Daraus resultierend vertritt er einen bestimmten Lifestyle und steht in Verbindung mit der Nutzung anderer Marken. Es ist deshalb nicht damit getan, irgendeinen YouTuber zu wählen, der die eigenen Produkte gegen Geld auf seinem Kanal platziert.

Betrachten wir dazu ein Beispiel. Die im Unterabschnitt »Challenges und Tags« in Abschnitt 3.2.1 bereits erwähnte Oreo-Lick-Challenge zeigt zwar, wie man als Marke einen Hashtag etablieren kann, doch die unglückliche Wahl der Kanäle Dagibee und LiontTV spiegelt sich in einem großen Teil der Bewertungen und Kommentare der Videos wider. Beide YouTube-Stars haben vor den Videos keinerlei Verbindung zu der Marke und ihren Produkten gezeigt, und die Umsetzung wirkte konstruiert, sodass einem Großteil der Zuschauer der werbliche Charakter zu groß war. Es gibt zwar immer Menschen, denen eine Produktplatzierung aus genereller Überzeugung missfällt, doch sind diese in der Regel in der Minderheit, wenn Produktplatzierung und Medium zusammenpassen. Die Markenpositionierungen der zu bewerbenden Marke und des YouTube-Stars müssen also eine ausreichende Schnittmenge bieten, damit negative Kommentare und Wertungen unbedeutend bleiben.

 Produktplatzierungen sind im Idealfall für beide Seiten von Vorteil. Ist der Grad der Profilierung ausreichend, kommen manchmal auch unentgeltliche Produktplatzierungen in Frage. Der World Wide Fund for Nature (WWF) hat dies beispielsweise mit dem YouTuber Simon Unge vorgemacht. Beide haben miteinander kooperiert, um Aufmerksamkeit für die Earth Hour zu generieren.[10] Der WWF als Non-Profit-Organisation zahlt für solche Engagements generell nicht. Simon Unge profitiert trotzdem davon: Als Veganer steht er für den Naturschutz ein und kann dieses Image nur glaubwürdig aufrechterhalten, wenn er solche Aktionen nutzt, um sein eigenes Markenprofil zu bestätigen und zu stärken.

---

10 Siehe *youtu.be/uJEChCmRzv4*

12.3.1   Eine authentische Produktwirkung erreichen

YouTuber sind deshalb so erfolgreich, weil sie authentisch sind. Aber was bedeutet es eigentlich, authentisch zu sein? Betrachtet man die Wortherkunft ist diese Frage schnell beantwortet: »Authentikos« bedeutet »echt«. Authentisch ist also, wer sich nicht verstellt und sich so gibt, wie er eben ist. Das spiegelt sich auf YouTube an allen Ecken wider: Es passieren Missgeschicke, die im Video zu sehen sind, die wenigsten drehen in einer professionellen Studioumgebung, und oft sind es einfache Mittel, die eine großartige Geschichte erzählen.

Platziert ein Unternehmen also nun Produkte, muss es auf Authentizität achten, um die Identität der YouTuber nicht zu beschädigen. Hat der YouTuber mit seinem Kanal wirklich einen Bezug zu der Marke oder kann ein Bezug einfach hergestellt werden? Würde der YouTuber die Marke aus persönlichem Antrieb auch nutzen, wenn er kein Geld dafür bekommt? Erlauben wir dem YouTuber, dass er seine Meinung sagen darf? Sollten Sie sich mehrere Videos des YouTubers angesehen haben und denken: »So sollte er besser nicht sein, wenn wir mit ihm zusammenarbeiten« oder »Hoffentlich sagt er das bei unserer Zusammenarbeit nicht so«, dann sind Sie auf dem besten Weg, die Authentizität zu untergraben. Nehmen Sie Abstand von einer Zusammenarbeit mit YouTubern, bei denen Sie solche Gedanken haben. Schlimmstenfalls entstehen ansonsten Widersprüche, die sowohl dem YouTuber als auch der Marke schaden.

Viele YouTuber öffnen sich außerdem gegenüber ihren Zuschauern und bieten umfassende Einblicke in ihr Privatleben. Die Zuschauer haben deshalb ein umfangreiches Bild des YouTubers, sodass man sie als Marke ansehen muss. Und eine Marke sollte sich nicht anders geben, als sie wirklich ist.

Ein Veganer, der sich beispielsweise plötzlich für Echtleder-Schuhe interessiert, weil er von einem entsprechenden Unternehmen dafür bezahlt wird, zerstört sein Image, und die Community wird ihm dieses Verhalten niemals als authentisch abnehmen. Die Marke steht gleichermaßen im Kreuzfeuer: Mit aller Gewalt Reichweite kaufen, Hauptsache, es sehen genügend Menschen? So etwas ist nicht glaubwürdig und riecht für den Zuschauer nach schierer Gier.

12.3.2   Wie die Branche Product-Placements kalkuliert

Grundsätzlich werden im Onlinebusiness alle Werbebeträge nach dem sogenannten Tausender-Kontakt-Preis (TKP) berechnet. Der TKP bezeichnet eine Kenngröße aus der Mediaplanung und stellt den Betrag dar, der aufgebracht werden muss, um 1.000 Menschen mit einer Werbebotschaft zu erreichen. Auch Produktplatzierungen werden mit einem TKP berechnet, wobei die Aushandlung des zu zahlenden Betrags individuellen Verhandlungen der Vertragspartner unterliegt.

Sobald es um Einblicke in die Berechnung von Produktplatzierungen geht, geben sich die beteiligten Parteien in der Regel verschlossen. Die meisten Verhandlungen werden ohnehin zwischen Unternehmen und Multichannel-Networks oder dem Künstlermanagement geführt und nur selten direkt mit den YouTube-Kanälen.

Um dennoch einen Eindruck von den Kosten für eine Produktplatzierung zu erhalten, können die Aussagen von Marie Meimberg auf der re:publica 2015 als Richtgröße herangezogen werden.[11] In ihrem Vortrag gab sie an, dass der TKP für Produktplatzierungen auf großen YouTube-Kanälen in Deutschland zwischen 50 und 90 € liege. Die Berechnung erfolgt dabei in der Regel im Nachhinein. So wird beispielsweise vertraglich festgehalten, dass 1 Monat nach Veröffentlichung des Videos die Abrufzahlen gesichtet werden und der Betrag entsprechend ausgezahlt wird.

12.3.3 Produktplatzierungen mit HitchOn

Produktplatzierungen können für Unternehmen und YouTuber gleichermaßen kompliziert sein: Wer geht auf wen zu, wie findet man Gemeinsamkeiten, und wie einigt man sich auf eine faire Entlohnung? Und wie findet man als Unternehmen YouTuber, die vielleicht noch nicht so bekannt sind, aber trotzdem gut zur Marke passen? Der Anbieter HitchOn hat sich dieses Problems angenommen und ist seit 2015 mit seiner Plattform auf dem deutschen Markt vertreten (siehe Abbildung 12.5).

Das Prinzip dabei ist einfach: Sucht ein YouTuber finanzielle Unterstützung, kann er auf der Plattform sein Projekt ausschreiben und angeben, wie viel finanzielle Unterstützung er erwartet. Unternehmen können auf diese Projekte eingehen und ihre Produkte in den Projekten platzieren lassen. Unternehmen können aber auch Placements ausschreiben, auf die sich YouTuber bewerben. Ab 1.000 Abonnenten, können sich YouTuber auf der Plattform registrieren. Unternehmen zahlen pro Placement mindestens 250 € und tragen die Kosten für die Vermittlung.

Ganz nebenbei ist es Unternehmen bei einem zustande gekommenen Placement dank einer Anbindung per YouTube-Analytics-API möglich, direkt auf der HitchOn-Plattform Einsicht in die Statistiken zu erhalten. Sie können interessante Einblicke liefern, wer das Video angesehen hat und ob sich das Placement demnach gelohnt hat oder nicht.

HitchOn ist vor allem auch für kleine Unternehmen interessant, die es sich (noch) nicht leisten können, YouTuber mit sehr großen Reichweiten und entsprechend hohen Kon-

---

11 Im Video nachzusehen unter: *youtu.be/wU9BF8kTh4O*

ditionen zu engagieren. Im Gegenzug finden auch kleinere, aber bereits etablierte YouTuber durch HitchOn Möglichkeiten, ihren Kanal zu refinanzieren.

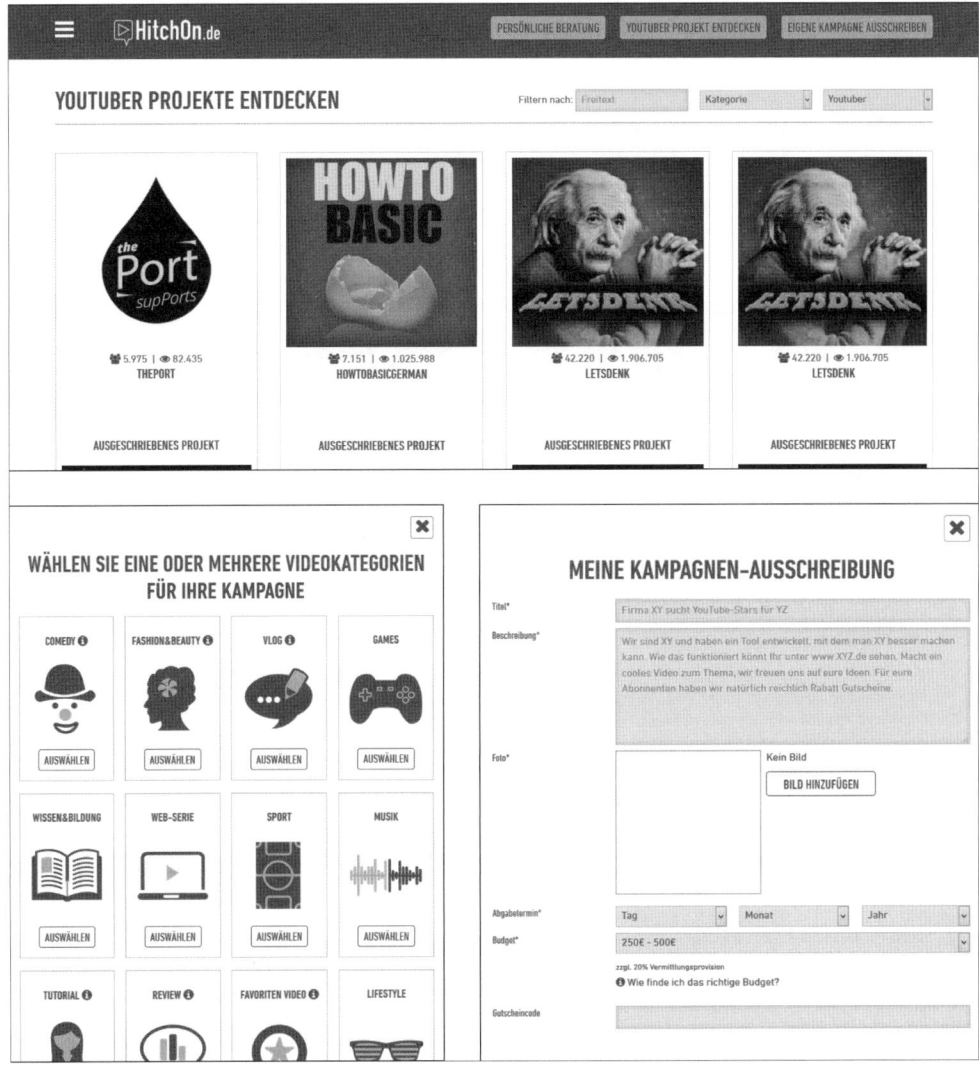

Abbildung 12.5 Auf HitchOn können Unternehmen Projekte von YouTubern entdecken oder eigene Placements ausschreiben.

12.3.4 Affiliate-Links anbieten

Wie bereits in Abschnitt 12.1.1, »Warum sind Produktplatzierungen effizienter als andere Werbeformen?«, beschrieben, sind Affiliate-Links ein sehr beliebtes Mittel bei You-

Tubern, um ihre Videos zu monetarisieren. Affiliate-Links werden für gewöhnlich in der Infobox platziert. Klickt ein Zuschauer auf einen Affiliate-Link und bestellt das entsprechende Produkt bei dem Onlinehändler, erhält der YouTuber eine Vermittlungsprovision (Pay-per-Sale). Es gibt auch andere Varianten wie Pay-per-View oder Pay-per-Click, die allerdings seltener im YouTube-Umfeld vorkommen.

Abbildung 12.6 affilinet ist einer der größten Dienstleister für Affiliate-Marketing.

Es gibt zahlreiche Affiliate-Anbieter, die eine Anbindung an die gängigsten Onlineshop-Systeme anbieten. Zu den bekanntesten Anbietern zählen affilinet (*www.affili.net*) und zanox (*www.zanox.com*). affilinet (siehe Abbildung 12.6) zählt über 2.500 Advertiser mit 700.000 Publishern, während zanox über 4.300 internationale Werbekunden betreut. Als sogenannter Advertiser sind Sie dabei in der Lage, Partnerprogramme anzubieten, auf die sich beispielsweise Blogger, YouTuber und Website-Betreiber bewerben können. Die Menschen auf dieser Gegenseite werden Publisher genannt und kümmern sich in ihrem eigenen Interesse darum, dass Ihr Onlineshop mehr Besucher erhält, die im Ide-

348

alfall auch etwas kaufen. Der Traffic wird generiert, indem die Publisher beispielsweise Links unter ihren YouTube-Videos platzieren.

Affiliate-Partnerschaften werden für gewöhnlich nicht explizit für YouTuber ausgeschrieben. Sollten Sie sich also entscheiden, Affiliates anzubieten, reicht diese Entscheidung weit über YouTube hinaus. Dadurch, dass Sie als Unternehmen bei Pay-per-Sale-Affiliates nur zahlen, wenn auch wirklich eine Transaktion stattgefunden hat, soll in diesem Abschnitt aber auf Affiliate als attraktive Variante hingewiesen werden, sofern Sie einen Onlineshop betreiben.

12.3.5 Best Practice: PokerStars.de, Sarazar und JacksGap

Beim Let's-Play-Poker-Event treten in jeder Folge unterschiedliche Webvideostars im Pokerspiel um einen Geldbetrag für eine gemeinnützige Organisation gegeneinander an (siehe Abbildung 12.7). PokerStars.de hält dabei das Titelpatronat und stellt gleichzeitig einen sogenannten Wildcard-Spieler – er kann sich auf der Website von PokerStars.de qualifizieren und tritt ebenfalls im Spiel mit an.

Abbildung 12.7 Titelpatronat und Produktplatzierung von PokerStars.de bei Let's Play Poker (Quelle: youtu.be/iSnUxyttYPk)

Let's-Play-Poker ist als Livestream-Event (ausgestrahlt auf Myvideo.com) mit anschließendem Upload auf YouTube überaus erfolgreich. Der Erfolg kommt insbesondere auch

durch die Teilnahme der zahlreichen und in jeder Folge wechselnden Webvideostars, die ihre eigene Reichweite mitbringen.

Das Poker-Event stellt deshalb ein gelungenes Product-Placement dar, weil es unaufdringlich ist. PokerStars.de wird sinnvoll in das Thema eingebunden und fällt deshalb nicht negativ auf. Würde hingegen eine Automarke das Titelpatronat halten, könnten die Zuschauer diesen Zusammenhang nur schwer herstellen.

JacksGap ist ein britischer YouTube-Kanal, der von den beiden Zwillingen Jack und Finn Harris betrieben wird. Der Kanal hat über 4 Millionen Abonnenten und legt einen starken Fokus auf das Thema Reisen. Als ein immer wiederkehrender Product-Placement-Partner tritt Skype in den unterschiedlichsten Videos auf. In einer mehrteiligen Videoserie unter dem Motto »Following Heart« werden Frauen in unterschiedlichen Ländern vorgestellt, die Skype für ihre Projekte nutzen. Darunter ist auch das Video »The Humanitarian« (siehe Abbildung 12.8).

Abbildung 12.8 Creative Placement auf dem Kanal JacksGap, das Skype als Enabler darstellt (Quelle: youtu.be/JNb5b3hlZQ8)

Im Video wird die in Tansania lebende Ashley Washburn porträtiert, die Skype dazu nutzt, den Lernprozess von Schülern spannender zu gestalten. Dazu arbeitet sie mit Partnerschulen auf der ganzen Welt zusammen und veranstaltet via Skype-Videochat einen regelmäßigen Austausch zwischen Schulklassen in Tansania und denen anderer Länder. Dadurch wird der internationale Austausch gefördert, und Schüler entdecken Gemeinsamkeiten trotz kultureller Unterschiede.

Das Placement ist vor allem aufgrund der Umsetzung interessant. Skype bleibt in der Erzählweise stark im Hintergrund und tritt lediglich als Kommunikationsmittel und damit als Enabler auf. Es handelt sich also um ein Creative Placement, da das Produkt zwar kurzzeitig im Mittelpunkt der Handlung steht, aber in die Handlung fest eingebunden wird. Skype verhält sich dabei vorbildlich, da auf sämtliche Einblendungen von Logos und aufdringlichen Hinweisen auf den Sponsoring-Partner verzichtet wird.

Ebenfalls authentisch aufbereitet ist das auf dem Kanal Sarazar veröffentlichte Video zum Besuch der Star Wars Celebration (siehe Abbildung 12.9).

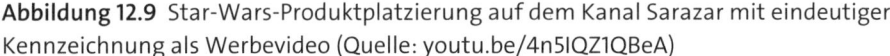

Abbildung 12.9 Star-Wars-Produktplatzierung auf dem Kanal Sarazar mit eindeutiger Kennzeichnung als Werbevideo (Quelle: youtu.be/4n5IQZ1QBeA)

Disney hat hierbei unter anderem die Reisekosten für den Besuch durch den Kanalbetreiber gezahlt und zielt mit der Platzierung auf die Neuerscheinung des siebten Star-Wars-Films ab.

Der erste Trailer zum neuen Film wird auf der Celebration vorgestellt, was zusätzliche Aufmerksamkeit für den Film bei den Zuschauern des Videos generiert. Damit einher geht eine Verjüngung der Star-Wars-Zielgruppe, die durch die bereits sehr lange Vergangenheit der Vorgängerfilme andernfalls bereits dem jungen Alter vollständig entwachsen wäre.

12.4 Mit Crosspromotion zu mehr Abonnenten

Konsumenten nutzen niemals nur eine einzige Marke in ihrem Leben. So kommt es vor, dass Ihr Smartphone von Apple, Ihr Auto von Audi und Ihre Heimkinoanlage von Bang & Olufsen stammt – allein schon, weil Audi keine Smartphones herstellt und Bang & Olufsen keine Autos. Und trotzdem können Sie mit Ihrem iPhone in einem Audi Musik auf einem Bang-&-Olufsen-Soundsystem hören. Synergien steigern den Marktwert.

Wenn YouTuber tatsächlich Marken sind und Unternehmen ihre Reichweite mit neuen Partnern erweitern wollen, muss diese Zusammenarbeit für beide Markenwelten fruchtbar sein. Auch YouTuber haben ein Interesse daran, ihr eigenes Image auszubauen, und suchen deshalb nach Partnern, die ihnen mehr als nur eine monetäre Gegenleistung bieten. *Crosspromotion* ist hier das Stichwort in der YouTube-Welt, von dem sich viele Unternehmenskanäle zu Unrecht ausgeschlossen sehen.

12.4.1 Eine fruchtbare Zusammenarbeit mit anderen Kanälen erzielen

Im klassischen Fernsehen ist dieses Vorgehen längst erprobt und wird zahlreich von den Sendern umgesetzt: Moderator von Sendung 1 tritt in Sendung 2 auf, um Aufmerksamkeit für seine Sendung zu generieren. Was zunächst so klingt, als würden hier nur die kleinen Sendungen von den großen profitieren, ist in Wahrheit ein viel effektiveres Modell. Die Idee dahinter ist, die Reichweiten beider Sendungen zu summieren, sodass beide Teilnehmer davon profitieren. Mit anderen Worten: Moderator 1 bringt sein Publikum zu Sendung 2 mit, indem er seinen Auftritt zuvor ankündigt. YouTuber haben dieses Vorgehen für ihre Kanäle adaptiert und neben dem Auftritt in den Videos anderer Kanäle eine weitere Variante etabliert: Zwei gemeinsame Videos, die aufeinander aufbauen und auf beiden Kanälen veröffentlicht werden. So tauschen zwei Kanäle ihre Reichweite aus, indem die Zuschauer des jeweils anderen auf den eigenen Kanal geleitet werden.

Das kann natürlich auch für Unternehmenskanäle funktionieren. Denken Sie zum Beispiel an einen Kooperationspartner mit YouTube-Kanal, mit dem Sie zusammenarbeiten. In den meisten Fällen wird dies ein bezahltes oder nicht bezahltes Engagement eines YouTubers sein. Lassen Sie ihn nun Produktvorstellungen für Ihren Unternehmenskanal filmen, werden auch die Zuschauer des YouTubers auf Ihrem Kanal vorbeischauen, um diese Videos zu sehen. NIVEA Deutschland (rund 13.000 YouTube-Abonnenten) ist solch eine Kooperation mit der Betreiberin des Kanals Snukieful (ca. 300.000 Abonnenten) eingegangen und dreht gemeinsame Tutorial-Videos, wie in Abbildung 12.10 zu sehen ist. Durch die zusätzliche Einbindung des Kooperationskanals in den Videotitel kommen Zuschauer auch auf den NIVEA-Kanal, wenn sie über die Suche nach »Snukieful« suchen.

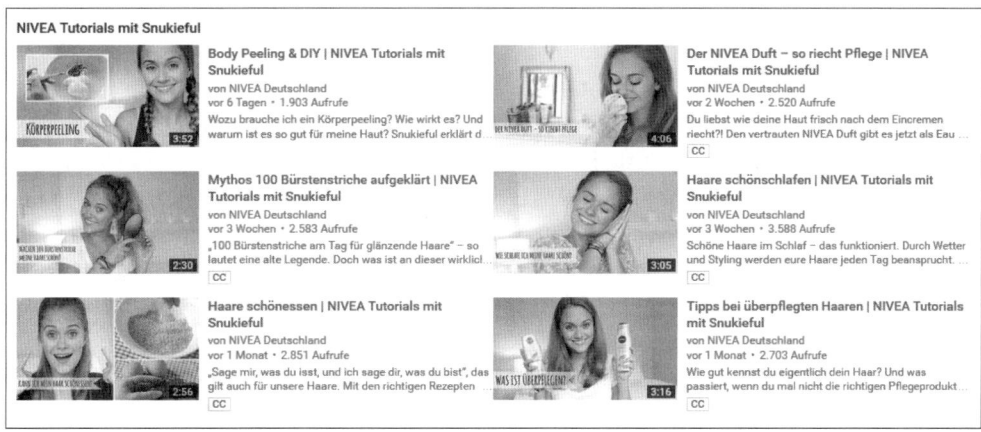

Abbildung 12.10 »NIVEA Tutorials« mit Snukieful auf dem NIVEA-YouTube-Kanal[12]

In einer anderen Konstellation hat die Marke Kneipp auf dem Kanal »Kneipp Deutschland« mit der YouTuberin Kim Lianne (rund 110.000 Abonnenten) zusammengearbeitet: Sie wurde im Werbespot eines Duschschaums als Testimonial eingesetzt, der sowohl online auf dem Kneipp-YouTube-Kanal gezeigt als auch im Fernsehen als Werbespot ausgestrahlt wurde (siehe Abbildung 12.11).

Abbildung 12.11 Kneipp ging mit der YouTuberin Kim Lianne eine Kooperation ein und nutzte die Reichweite ihres Kanals für sich (Quelle: youtu.be/w_cnXj2Hzql).

---

12 Quelle: *www.youtube.com/NIVEADeutschland*

353

Kim Lianne begleitete den Dreh in einem Follow-me-around auf ihrem eigenen Kanal und begeisterte damit ihre Zuschauer, die dadurch auf den fertigen Spot auf dem Kanal von Kneipp Deutschland übergeleitet wurden. Der Spot erreichte so auf dem Unternehmenskanal rund 60.000 Abrufe, obwohl Kneipp selbst nur rund 300 Abonnenten aufweisen kann und damit eigentlich eine wesentlich geringere Reichweite vorzuweisen hat. Die Zuschauer von Kim Lianne erweisen sich hier als erfolgreicher Treiber. Neben dem Job als Model hat aber auch die YouTuberin einen weiteren Benefit: Sie wird im TV-Spot namentlich gekennzeichnet und erlangt damit Aufmerksamkeit in einem Medium, das sie ansonsten nicht besetzt. Sie baut damit gleichzeitig ihr Image aus und kann diese Zusammenarbeit als Referenz für größere Projekte nutzen.

12.4.2 Andere Kanäle thematisieren

Eine abgeschwächte Form der Crosspromotion ist das Thematisieren anderer Kanäle. Die Kanäle TwinTV, MrTrashpack und selbst der TV-Moderator Jan Böhmermann bauen auf dieser Idee auf. Sie alle greifen YouTube-Themen auf und parodieren oder kommentieren die Aktivitäten anderer Kanäle in einem künstlerisch geprägten Umfeld.

Warum ist diese Methode so wirksam, obwohl die YouTuber nicht in den Videos auftreten? Das hat mehrere Gründe: Zum einen interessieren sich die Zuschauer der thematisierten Kanäle in der Regel dafür, was im »Social-Media-Universum« über ihre Stars gesprochen wird. Zum anderen erzielt die Verwendung der fremden Kanalnamen eine Platzierung bei prominenten Suchbegriffen in der YouTube-Suche.

Die freie Verwendung birgt als Unternehmen aber definitiv Risiken: Marken-, Persönlichkeits- und Urheberrecht dürften im Unternehmenskontext in den allermeisten Fällen durch ein solches Vorgehen verletzt werden und können nur schwer durch Paragrafen umgangen werden, die Parodien oder eine anderweitige künstlerische Verarbeitung gestatten.

12.4.3 Best Practice: Coke TV

Die Marke Coca-Cola hat mit ihrem Kanal etwas geschaffen, was in Deutschland auf YouTube einzigartig ist: Im April 2014 startete die Marke den Kanal »Coke TV« (siehe Abbildung 12.12) und verpflichtete von Beginn an YouTuber mit großer Reichweite. Zu Beginn waren dies zunächst BullshitTV und Apecrime, die ihre Reichweite mit auf den Kanal brachten. Vom Start weg konnte »Coke TV« mit zielgruppenrelevanten Inhalten für diese Zuschauer ein starkes Wachstum verbuchen, das nur kurzzeitig gebrochen wurde, als »Coke TV« eine Pause einlegte (siehe Abbildung 12.13).

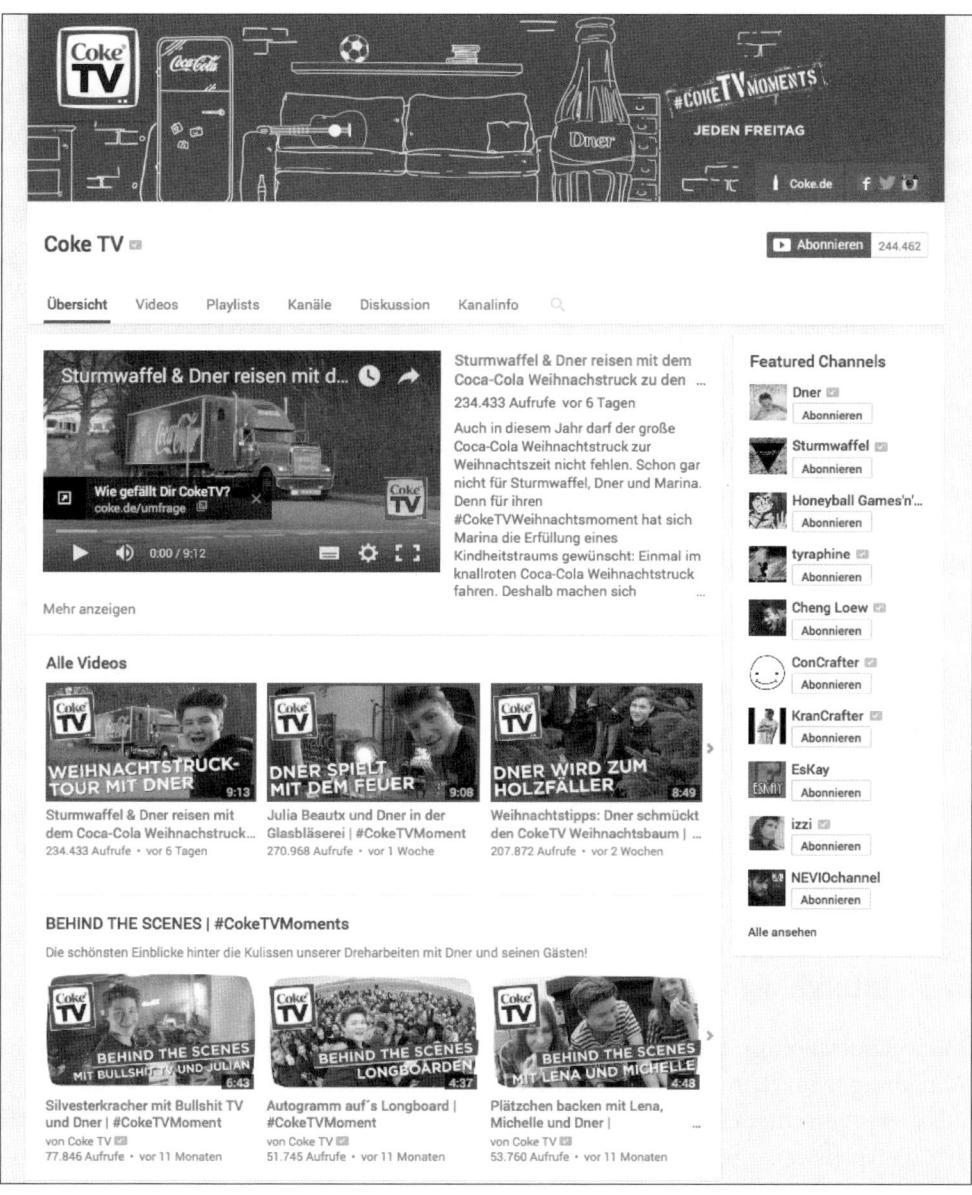

Abbildung 12.12 Kanalübersicht des Kanals »Coke TV« (Quelle: www.youtube.com/CokeTV)

Ab November 2014 verpflichtete Coca-Cola Felix von der Laden, Betreiber des Kanals »Dner« und damit einen der reichweitenstärksten Kanäle in Deutschland. Von der Laden agiert als Moderator und bindet zahlreiche andere reichweitenstarke YouTuber, aber auch Zuschauer, in die Formate des Kanals ein. Die Formate sind erlebnisorientiert, und die Marke selbst ist Enabler für unvergleichliche Erlebnisse, bleibt dabei aber im Hintergrund. Besonders gut deutlich wird diese Ausrichtung im Format »Coke TV Moments«, in dem sich die Teilnehmer wünschen dürfen, was sie einen Tag lang mit Dner machen möchten.

Die neben Dner immer wieder wechselnden anderen YouTuber bringen zusätzliche Reichweiten mit zu »Coke TV«. Vielfach drehen diese YouTuber auch eigene Follow-me-arounds vom Dreh für ihre eigenen Kanäle, um die Aufmerksamkeit auf die Coke-TV-Videos zu lenken.

»Coke TV« baut auf dem Vertrauensvorschuss auf, den die Zuschauer ihren geliebten YouTube-Star entgegenbringen, und erwirkt durch die Cross-Channel-Promotion eine enorme Aufmerksamkeit für die Marke. Durch die authentische Einbindung fremder Reichweiten hat »Coke TV« mittlerweile nach rund 1,5 Jahren rund 245.000 Abonnenten und ein sehr positives Image erzielt, das sich insbesondere in den Kommentaren zu den einzelnen Videos wiederfindet.

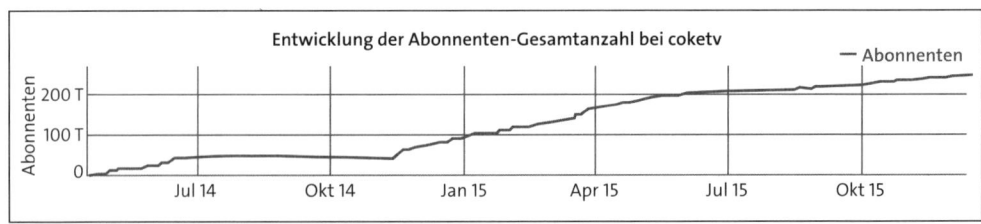

Abbildung 12.13 »Coke TV« konnte vom Start weg ein starkes Wachstum durch die Nutzung fremder Reichweiten verbuchen.

12.5 Interview mit MrWissen2go

Mirko Drotschmann betreibt seit 2012 auf YouTube den Kanal »MrWissen2go« (siehe Abbildung 12.14). Seinen derzeit rund 270.000 Abonnenten erklärt er Zusammenhänge aus den unterschiedlichsten News- und Wissensbereichen und gibt ihnen Tipps, wie sie sich beispielsweise besser zum Lernen motivieren können. Hauptberuflich arbeitet Drotschmann als Journalist und ist unter anderem als Reporter bei der ZDF-Sendung »Logo« tätig. Anfang 2014 wirkte er maßgeblich an einem Beitrag für den SWR über Produktplatzierungen auf YouTube-Kanälen mit und konnte damals nachweisen, dass viele YouTuber ihre bezahlten Placements nicht gekennzeichnet hatten.

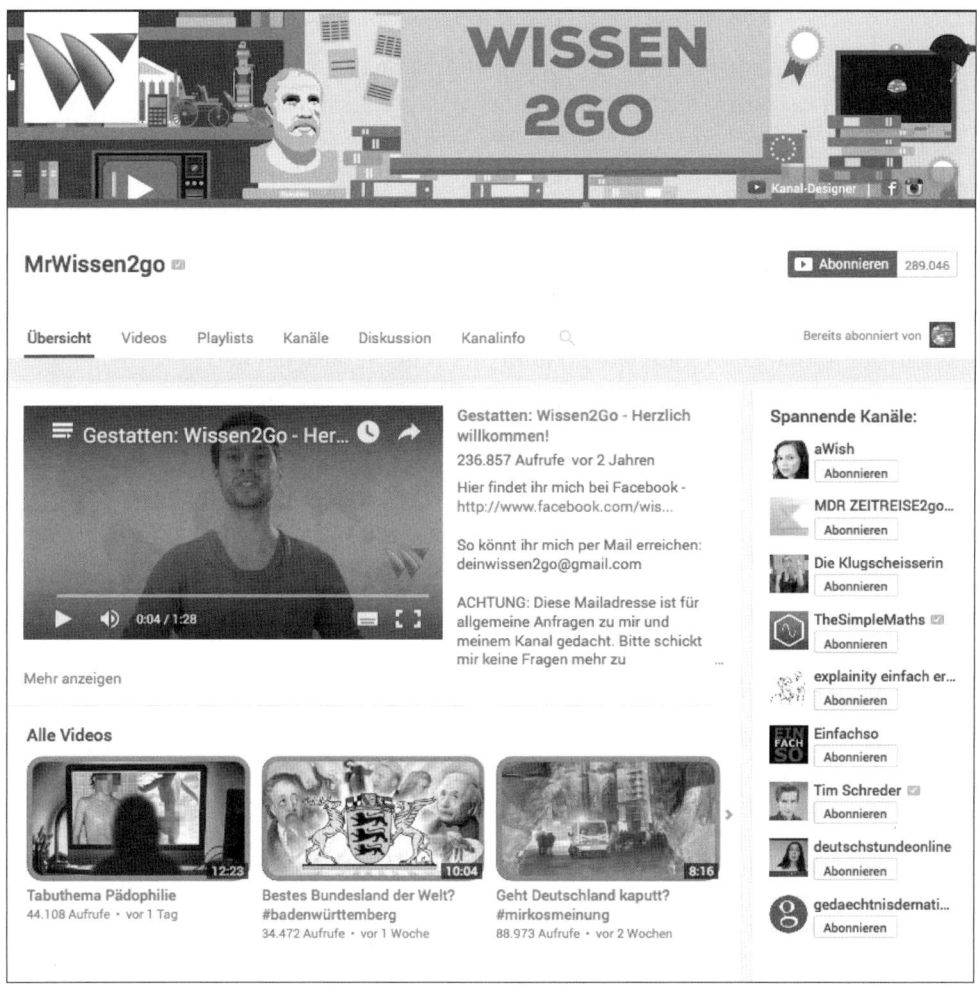

Abbildung 12.14 Drotschmann betreibt den YouTube-Kanal »MrWissen2Go«.[13]

Herr Drotschmann, Sie haben sich für den SWR bereits mit dem Thema Produktplatzierung kritisch auseinandergesetzt. Was war Ihr Ziel dabei?

Unser Ziel war es vor allem, auf das Problem der nicht gekennzeichneten Produktplatzierungen aufmerksam zu machen. Bis dahin war YouTube-Schleichwerbung kein großes Thema, auch wenn viele in der Szene wussten, dass bezahlte Produktplatzierungen stattfinden. Unser Ziel war es, für eine Diskussion über das Thema zu sorgen.

---

13 Quelle: *www.youtube.com/MrWissen2go*

Haben Sie selbst schon einmal Produkte auf Ihrem eigenen Kanal platziert?

Nein, weil ich journalistische Inhalte und Bildungsinhalte anbiete und ich finde, dass in diesem Kontext kommerzielle Produktplatzierungen nichts zu suchen haben. Was ich mache, um den Kanal zu refinanzieren, ist die Zusammenarbeit mit öffentlichen Auftraggebern wie der Bundeszentrale für politische Bildung oder mit Stiftungen, die das Ziel verfolgen, dass sich Menschen beispielsweise mehr mit wirtschaftlichen oder historischen Themen auseinandersetzen. Dabei wird die Arbeit an den Videos bezahlt, und die Bearbeitung der Themen steht mir frei. In den Videos selbst wird der Zuschauer von mir auf die Zusammenarbeit hingewiesen, und ein entsprechender Hinweis findet sich auch in der Infobox. Der Zuschauer hat meiner Ansicht nach ein Recht, auch über diese Form der Zusammenarbeit aufgeklärt zu werden.

Wie ist Ihre generelle Haltung gegenüber Produktplatzierungen?

Nur weil ich keine kommerziellen Produktplatzierungen mache, bedeutet das nicht, dass ich sie verurteile. Im Gegenteil: Ich verstehe jeden, der von seinem YouTube-Kanal leben muss und der kommerzielle Angebote eingeht. Wichtig ist nur, dass der Zuschauer weiß, dass gerade eine Form von Werbung läuft.

Wenn Sie mit öffentlichen Auftraggebern zusammenarbeiten: Suchen Sie sich als You-Tuber aktiv entsprechende Finanzierungsquellen?

Sie kommen in der Regel auf mich zu und schreiben mich über die E-Mail-Adresse meines Kanals an. Allerdings muss ich auch sagen, dass selbst bei öffentlichen Auftraggebern nicht immer alle Anfragen zu meinem Kanal passen.

Wie reagiert Ihre Community darauf, dass Sie von jemandem bezahlt werden, um Videos zu produzieren?

Da ich nur mit nichtkommerziellen öffentlichen Auftraggebern zusammenarbeite, ist die Kritik so gut wie nicht vorhanden, und die Zuschauer finden es in der Regel spannend. Ich gehe auch nur solche Kooperationen ein, die für den Zuschauer einen Mehrwert haben. Allerdings wäre die Reaktion sicherlich eine andere, wenn ich Werbung für ein Produkt machen würde.

Wenn Unternehmen auf YouTuber zugehen und Produkte platzieren möchten: An welchen Stellen gibt es oft Probleme?

Ich habe schon oft mitbekommen, dass Unternehmen einfach an die falschen YouTuber herantreten. Weil sie sich den Kanal nicht richtig anschauen oder einfach eine Sammel-E-Mail an Tausende Kanäle schicken. Unternehmen schreiben auch mich oft an und schlagen mir Dinge vor, die absurd sind. Daran merke ich, dass sie sich meinen Kanal nie angesehen haben und oft nicht einmal wissen, wie ich heiße. Viele Unternehmen legen in diesem Punkt scheinbar wenig Wert auf die Kommunikation. In meinem Fall spielt das keine Rolle, aber es fällt mir als Problem auf.

Welcher Art und wie konkret sind solche Anfragen?

Meist sind die Anfragen im Stil von: »Wir haben hier eine neue App, die super zu deinem Kanal passen würde: Willst du sie nicht mal vorstellen? Wie sind dazu deine Konditionen?« Konkrete Vorstellungen zu der Ausgestaltung der Videos sind seltener.

Haben Sie das Gefühl, es ist sinnvoller, wenn Unternehmen konkrete Konzepte vorlegen, oder ist es YouTubern lieber, wenn sie frei in der Realisierung sind und nur einen ungefähren Rahmen vorgegeben bekommen?

Auch wenn meine Kooperationen anders geartet sind, ist meine Bedingung immer, dass ich sowohl inhaltlich als auch von der Form her frei in der Ausgestaltung bin. Abgesprochen wird in meinen Fällen nur, wie der Hinweis auf das Anliegen stattfindet. Ich bekomme von anderen YouTubern aber auch mit, dass die meisten Unternehmen den YouTubern freie Hand lassen und ihnen vertrauen. Früher war das oft anders, und die YouTuber haben vollständige Skripte vorgelegt bekommen, in denen genau stand, was sie wie zu sagen haben. Textbausteine und Handlungsanweisungen als Vorschläge gibt es aber auch heute noch, um den YouTubern eine Idee zu geben, wie ein Produkt auch möglichst im Sinne des Unternehmens dargestellt wird.

Was, glauben Sie, ist eine gute Form der Produktplatzierung, die der Zuschauer auch als angenehm empfindet?

Die Zuschauer wollen ernst genommen werden und wissen, was Werbung ist und was nicht. Die Zuschauer fühlen sich auf den Arm genommen, wenn sie mitbekommen, dass ein YouTuber ein Produkt nur anpreist, weil er Geld dafür bekommen hat. Kein Zuschauer hat ein Problem damit, wenn der YouTuber sagt: »Das Unternehmen XY hat mich gefragt, ob ich auf das und das Produkt aufmerksam machen kann. Ich habe es mal ausprobiert und finde es ganz cool. Deshalb wollte ich es euch mal vorstellen.« Das finden die Zuschauer völlig in Ordnung, weil es sich um eine ehrliche Kommunikation handelt und der Zuschauer nicht für blöd verkauft wird. Für Unternehmen mag es vielleicht reizvoll sein, dass der Zuschauer nicht mitbekommt, dass es sich um Werbung handelt. Der Zuschauer fühlt sich dann aber betrogen.

Gibt es eine Produktplatzierung, die Ihnen auf YouTube besonders positiv aufgefallen ist und bei der Ihnen die Zusammenarbeit zugesagt hat?

Ich sehe sehr viele Produktplatzierungen, die nicht gut gemacht sind und bei denen der Zuschauer mit der kurzen und kaum lesbaren Einblendung »Produktplatzierung« an der Nase herumgeführt wird. Die oft gelobte Kampagne der Techniker Krankenkasse fand ich allerdings in Ordnung, weil der Ansatz gut war: Es ging um Inhalte mit einer Message und nicht darum, Produkte zu verkaufen. Die Kampagne war zudem sehr transparent, und es wurde in den Videos verbal und eindeutig sichtbar auf die Kampagne hingewiesen. Es war jederzeit ganz klar: Das ist jetzt ein Werbevideo. Was Transparenz, Message und Effizienz im Sinne der Marke angeht, ist die Kampagne sicherlich vorbildlich.

Was möchten Sie Unternehmen abschließend zu dem Thema Produktplatzierungen sagen?

Versuchen Sie nicht, die Leute für blöd zu verkaufen, egal, ob es sich dabei um YouTuber oder Zuschauer handelt. Viele YouTuber sind sehr jung, und es wird ausgenutzt, dass sie sich vielleicht noch nicht so gut auskennen mit Dingen, die halblegal oder sogar illegal sind. Mehr Ehrlichkeit hinsichtlich Kommunikation und Transparenz fände ich außerdem gut. Und auch wichtig: Benutzen Sie YouTuber nicht. Ich sehe mich beispielsweise als Journalist, der etwas transportiert und nicht als jemand, der dazu da ist, Dinge zu verkaufen. Für viele Unternehmen sind YouTuber eine Litfaß-Säule, auf die man etwas aufkleben kann und mehr nicht – Hauptsache, die Marke wird reichweitenstark verbreitet. YouTuber sollten nicht einfach nur als Transportmittel angesehen werden.

Kapitel 13
YouTube Analytics

Wenn sich jemand mit Daten und deren Analyse auskennt, dann wohl der YouTube-Mutterkonzern Google. YouTube Analytics ist deshalb nicht nur schön anzusehen, sondern bietet interessante Einblicke in den eigenen YouTube-Kanal.

YouTube bietet einen entscheidenden Vorteil gegenüber anderen Bewegtbildmedien: Die Plattform sammelt unzählige Daten über die Zuschauer und stellt Sie Ihnen in YouTube Analytics zur Auswertung zur Verfügung. Das Analysetool gewährt Ihnen interessante Einblicke in den Aufbau und das Verhalten Ihrer Zuschauer. So messen Sie die Leistung des Kanals und können genau beobachten, wie Ihre einzelnen Videos abschneiden. Die Frage, warum Sie Ihre Videos und Ihren Kanal mit YouTube Analytics regelmäßig unter die Lupe nehmen sollten, dürfte damit eigentlich bereits geklärt sein: um sich permanent zu verbessern und an den Zuschauern zu orientieren. Wenn Sie beispielsweise wissen, dass sehr viele Zuschauer immer an einem bestimmten Punkt Ihrer Videos abspringen, können Sie gezielt an dieser Schwachstelle ansetzen und mit kritischem Blick hinterfragen, warum das so ist.

YouTube Analytics unterstützt Sie außerdem bei Ihrem Controlling, sodass Sie besser entscheiden können, wie groß Sie die Budgets der Formate planen und ob sich die YouTube-Maßnahmen überhaupt rechnen. Vielleicht entdecken Sie in Analytics auch vollständig neue Märkte: Ihre Kunden kommen aus Deutschland, die Zuschauer abonnieren Ihren YouTube-Kanal aber zunehmend auch in Österreich? Dann können die aus YouTube Analytics gewonnen Erkenntnisse eventuell sogar Ihre zukünftigen Unternehmensentscheidungen beeinflussen!

13.1 Wie ist YouTube Analytics aufgebaut?

Analytics ist in das YouTube-Studio integriert und lässt sich aus dem linksseitigen Menü heraus aufrufen. Sie erreichen die Analytics-Ansicht entweder direkt über dieses Menü oder über die Kanalseite per Klick auf die Anzahl der Videoabrufe über dem Kanalbild. Alternativ können Sie auch die direkte URL *www.youtube.com/analytics* nutzen.

Der Aufbau von YouTube Analytics ist verglichen mit anderen Analysetools wie Google Analytics verhältnismäßig kompakt: Die im Menü aufgeführten Punkte führen Sie zu den einzelnen Analysevarianten mit den Berichten. In Abbildung 13.1 sehen Sie einen Screenshot des Menüs, in dem die einzelnen Varianten aufgeführt sind. Wie Sie in diesem Abschnitt noch sehen werden, ähnelt sich der Aufbau der einzelnen Analysen, sodass die Funktionsweise relativ schnell verstanden und übertragen werden kann.

Abbildung 13.1 Das Menü von YouTube Analytics mit den Auswahlmöglichkeiten für die einzelnen Analysen

13.1.1　Mit der Übersicht alles im Blick behalten

In der ÜBERSICHT finden Sie zunächst die wichtigsten gemessenen Werte auf einen Blick (siehe Abbildung 13.2). Dazu zählen für den gewählten Zeitraum:

▶ Zusammenfassung der Leistungsmesswerte wie WIEDERGABEZEIT, DURCHSCHNITTLICHE WIEDERGABEDAUER, Anzahl der Gesamtabrufe (AUFRUFE) und im Falle einer Monetarisierung GESCHÄTZTE GESAMTEINNAHMEN

▶ Messwerte zur Interaktion wie POSITIVE und NEGATIVE BEWERTUNGEN, Anzahl der KOMMENTARE, GETEILTE INHALTE und Abonnement-Entwicklung (ABONNENTEN)

▶ Ranking der erfolgreichsten zehn Videos mit Leistungsangaben (TOP-10-VIDEOS)

▶ demografische Merkmale der Zuschauer mit den häufigsten Herkunftsländern (TOP-LÄNDER) und der Verteilung der Geschlechter (GESCHLECHT)

▶ Zusammenfassung der ZUGRIFFSQUELLEN und WIEDERGABEORTE

Für einen ersten Eindruck und zur besseren Einschätzung, wie sich Ihr Kanal entwickelt, ist diese Übersicht hervorragend geeignet. Sie können den standardmäßig gewählten Zeitraum übrigens über die Einstellungen festlegen. Klicken Sie dazu auf das Zahnradsymbol im oberen rechten Bereich, und wählen Sie den Standardzeitraum aus (bei-spielsweise LETZTE 28 TAGE). Der Zeitraum eines Monats eignet sich in der Regel sehr gut, um die letzten Aktivitäten zu überschauen und genügend Messwerte für eine Ver-gleichbarkeit zu erhalten.

Im Einstellungsdialogfeld können Sie auch definieren, nach welchen Einteilungen die Staffelung in den Diagrammen erfolgen soll und wie die WIEDERGABEZEIT angegeben wird (STUNDEN oder MINUTEN). Die Einstellungen wirken sich im Übrigen auch auf die im Folgenden noch vorgestellten Diagrammtypen außerhalb der Übersicht aus.

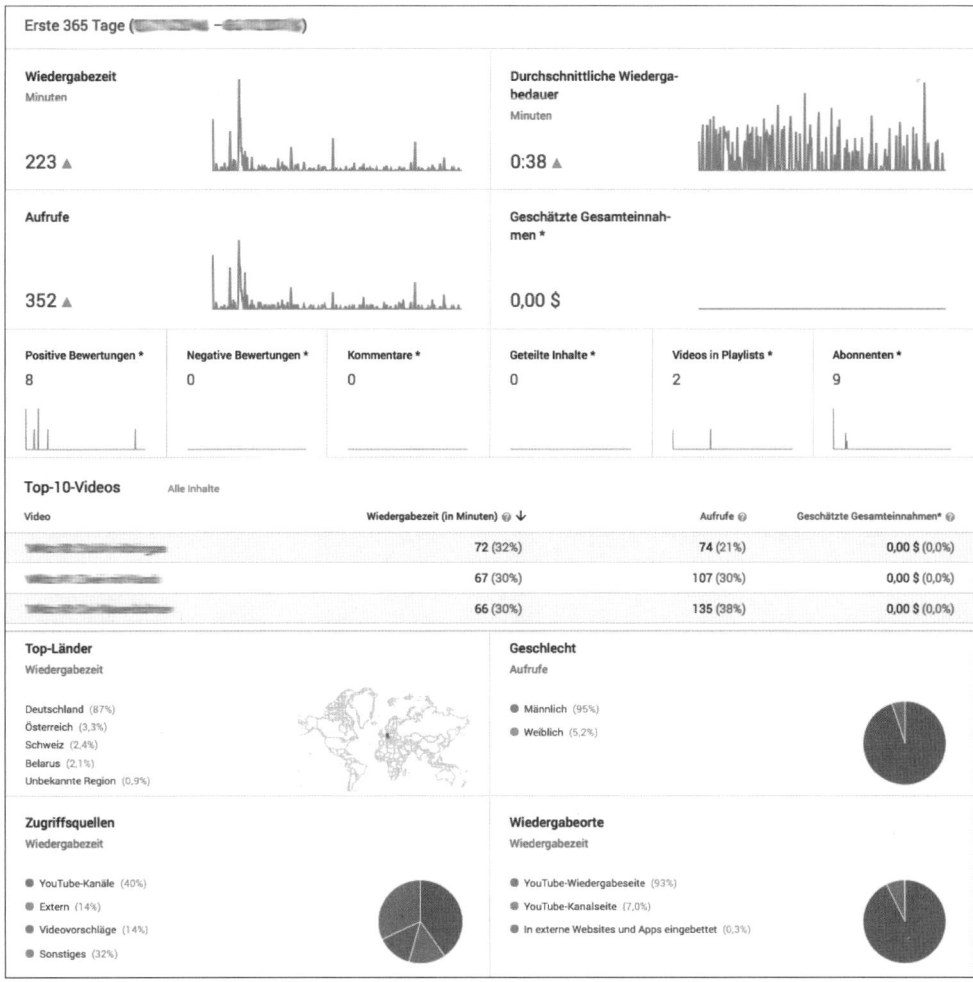

Abbildung 13.2 Die Übersicht von YouTube Analytics bietet die wichtigsten Statistiken auf einen Blick.

13.1.2   Was liefert die Echtzeitansicht an Informationen?

Die Echtzeitansicht zeigt das aktuelle Geschehen auf Ihrem YouTube-Kanal an. Dabei werden Schätzungen auf Basis der aktuellen Abrufzahlen für die letzten fünf Videos zur Verfügung gestellt. Der Echtzeitbericht weist nach Angaben von YouTube keine hundertprozentige Genauigkeit auf, kann aber dazu dienen, erste Leistungsberichte der zuletzt hochgeladenen Videos zu erhalten, um gegebenenfalls in Echtzeit reagieren zu können.

Die Darstellung erfolgt in zwei Graphen für die letzten 60 Minuten und die letzten 48 Stunden (siehe Abbildung 13.3), wobei die Daten alle 10 Sekunden aktualisiert werden. Möchten Sie sich die Abrufzahlen eines bestimmten Videos anzeigen lassen, können Sie diese Auswahl über die Filterfunktion vornehmen.

Abbildung 13.3 YouTube Analytics zeigt die Aufrufe der einzelnen Videos in Echtzeit an.

Wenn Sie sich die Leistungsdaten des gesamten Kanals einblenden lassen, werden unter den beiden Graphen die fünf zuletzt hochgeladenen Videos angezeigt. Dort können Sie für die Videos einzelne Abrufzahlen der letzten 60 Minuten und 48 Stunden grafisch und in absoluten Werten einsehen.

13.1.3   Filterfunktionen in den Berichten

Für jede Analysevariante kann eine Filterung vorgenommen werden (siehe Abbildung 13.4). Der Filter umfasst die Auswahl des Videos, den Wiedergabeort und den gewünschten Analysezeitraum. Möchten Sie also zum Beispiel nur sehen, wie die Leistungsdaten eines bestimmten Videos aussehen, können Sie das entsprechende Video als alleinige Bezugsgröße auswählen.

Abbildung 13.4 In jeder Analyse können feste Filter angewandt werden.

Über der Filterfunktion haben Sie zudem neben der bereits erwähnten Datenausgabe per BERICHT HERUNTERLADEN auch die Möglichkeit, einzelne Videos zu vergleichen. Die Daten der ausgewählten Videos werden dann entsprechend in den Graphen dargestellt.

Außerdem haben Sie die Möglichkeit, nur bestimmte Gruppen zu analysieren. Gruppen müssen manuell angelegt werden und können aus bis zu 200 Videos oder Playlists bestehen – im Fall von Multichannel-Netzwerken lassen sich sogar Kanäle miteinander vergleichen. Auf Ihrem Kanal hilft Ihnen die Gruppenfunktion beispielsweise, wenn Sie die Leistungsdaten verschiedener Formate vergleichen möchten. So können Sie sehen, welche Formate besser angenommen werden, und die Formate verbessern oder gegebenenfalls sogar absetzen.

13.1.4   Die Diagrammtypen und wofür sie gut sind

Für jede Analyse kann aus sechs verschiedenen Diagrammtypen zur Visualisierung der Messwerte gewählt werden: Liniendiagramm, Mehrliniendiagramm, gestapeltes Flächendiagramm, Kreisdiagramm, Balkendiagramm und Karte. Die Auswahl erfolgt über die entsprechenden Diagrammsymbole, die linksseitig neben der eigentlichen Visualisierung angeordnet sind. Je nachdem, welche Parameter ausgewählt wurden, kann die Auswahl der verfügbaren Diagrammtypen begrenzt sein.

Unter jeder Visualisierung sind die gemessenen Daten aufgelistet, und die Anzeige der darzustellenden Daten kann über Auswahlboxen variiert werden. In Abbildung 13.6 sind für die WIEDERGABEZEIT die Parameter BETRIEBSSYSTEM, GEOGRAFIE, DATUM und ABOSTATUS wählbar. Für das Betriebssystem werden im vorliegenden Fall die Merkmale WINDOWS, MACINTOSH (für Mac OS) und LINUX ausgewiesen, die gleichzeitig mit einer Farbe versehen sind. Die Merkmalsfarbe entspricht der im Diagramm dargestellten Farbe, was es ermöglicht, die dargestellten Daten auseinanderzuhalten.

Der gewünschte Darstellungszeitraum kann sowohl über die im vorigen Abschnitt vorgestellte Filterfunktion als auch über die Schieberegler direkt unter der jeweiligen Darstellung angepasst werden. Alle Diagrammtypen sind zudem interaktiv: Fahren Sie mit der Maus über Teilbereiche des Graphen, werden Ihnen die zugehörigen Daten eingeblendet.

Alle Berichte können über die Schaltfläche BERICHT HERUNTERLADEN als CSV-Datensatz exportiert und zur weiteren Verarbeitung gespeichert werden. Möchten Sie die ausgewählten Daten also beispielsweise mit Excel visualisieren, haben Sie mit diesem Datensatz die Möglichkeit dazu.

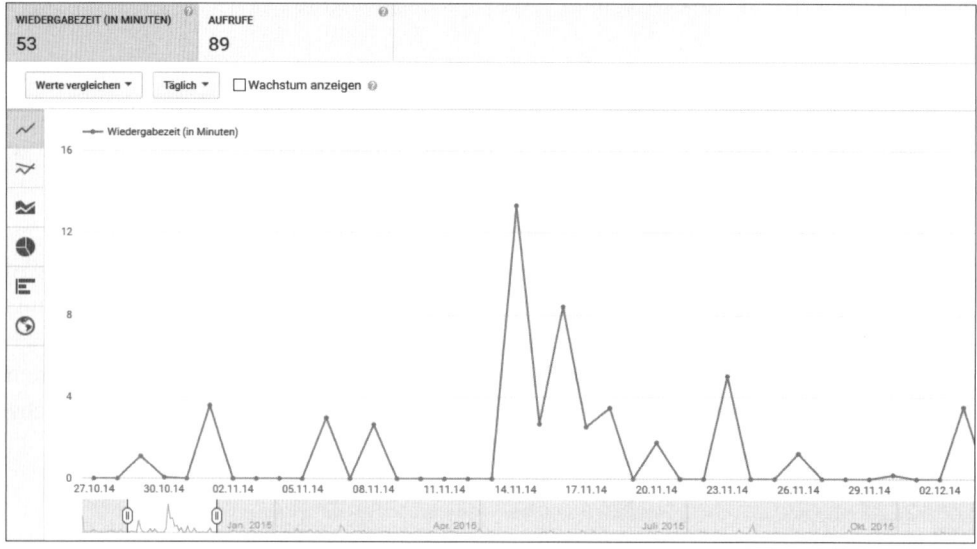

Abbildung 13.5 Das Liniendiagramm zeigt einen Parameter.

Das *Liniendiagramm* (siehe Abbildung 13.5) stellt die Ausprägungen eines einzelnen Merkmals dar. Es eignet sich besonders gut, um Werte im zeitlichen Verlauf darzustellen – wie beispielsweise die kumulierte WIEDERGABEZEIT im gewünschten Zeitraum pro Tag. Möchten Sie feststellen, wie groß die Wiedergabezeit in einem bestimmten Land war, wählen Sie unter der entsprechenden Analysedarstellung im Parameter GEOGRAFIE das entsprechende Land aus. Das Liniendiagramm stellt dann nicht mehr alle Werte kumuliert, sondern nur für das entsprechende Land dar.

Die Darstellung kann im Liniendiagramm sehr unübersichtlich werden, wenn ein großer Zeitraum ausgewählt wurde und die Werte pro Tag im Graphen gezeichnet werden. Sie können deshalb bei Bedarf auch die Zeichnungsart ändern und Punkte nur pro Woche, Monat oder Jahr eintragen lassen.

366

Im Liniendiagramm lassen sich zudem Messwerte vergleichen, indem sie über das im oberen Bereich angebrachte Dropdown-Feld WERTE VERGLEICHEN ausgewählt werden. So lässt sich zum Beispiel die Anzahl der Aufrufe mit der Wiedergabezeit vergleichen. Die entsprechende Achsenbeschriftung des Vergleichswertes wird dazu auf der rechten Seite des Graphen eingeblendet.

Als Erweiterung des Liniendiagramms bietet sich das *Mehrliniendiagramm* an (siehe Abbildung 13.6). Im Mehrliniendiagramm werden die Werte der einzelnen Merkmale nicht kumuliert, sondern einzeln und in unterschiedlichen Merkmalsfarben angezeigt (bis zu 25 Elemente). Bezogen auf die genutzten Geräte können Sie so beispielsweise auf den ersten Blick vergleichen, an welchen Tagen Ihre Zuschauer schwerpunktmäßig über welche Geräte auf Ihrem Kanal unterwegs waren. Durch Setzen des entsprechenden Hakens können Sie sich als zusätzlich gezeichnetes Element die SUMMEN ANZEIGEN lassen.

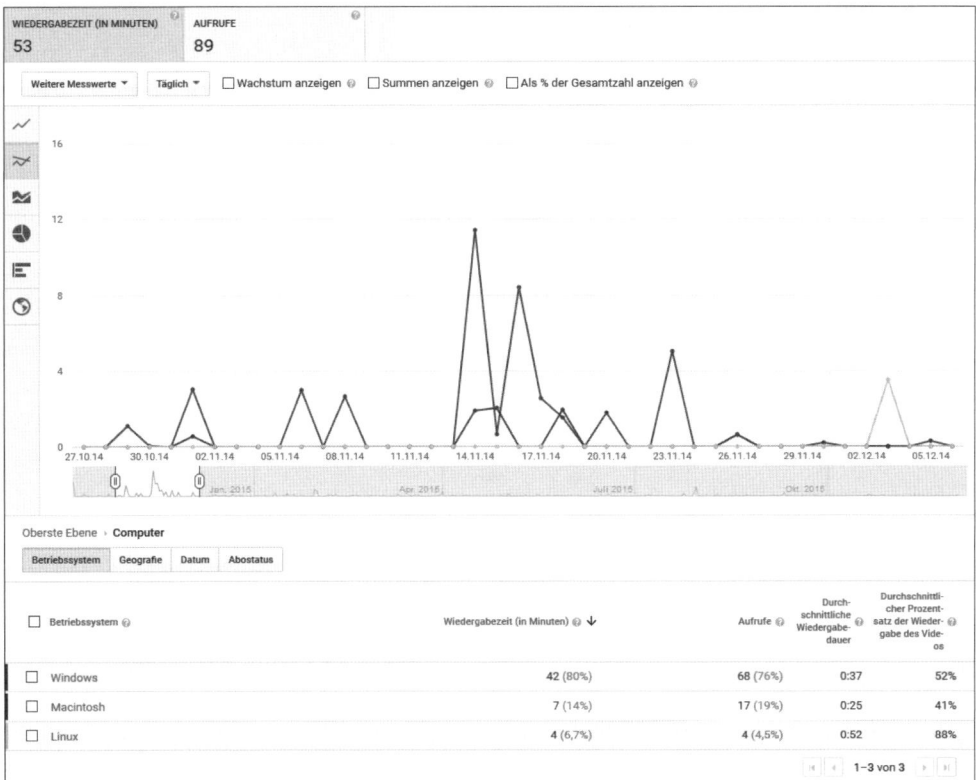

Abbildung 13.6 Das Mehrliniendiagramm eignet sich für die Darstellung von mehreren Parametern in einem Diagramm.

Das *gestapelte Flächendiagramm* kombiniert die Vorteile des Linien- und Mehrlinien-diagramms (siehe Abbildung 13.7). Betrachten Sie beispielsweise, von welchen Geräten aus auf Ihren Kanal zugegriffen wurde, wird zunächst die Summe aller Werte angezeigt. Die Fläche unter dem Graphen wird allerdings mit den Merkmalsfarben ausgefüllt, sodass Sie jederzeit erkennen können, wie groß der Anteil der einzelnen Werte am Gesamtwert ist. Das gestapelte Flächendiagramm mag zunächst etwas schwierig zu lesen sein, kann aber als einzelne Grafik sehr aufschlussreich sein, um das Verhältnis der einzelnen Merkmale zueinander im zeitlichen Verlauf aufzuschlüsseln. Auch bei diesem Diagrammtyp können Sie sich als zusätzliche Größe die Summe aller Werte anzeigen lassen. Das ist insbesondere dann sinnvoll, wenn Sie nicht alle Werte zur Darstellung ausgewählt haben oder die maximale Anzahl von 25 Elementen erreicht haben.

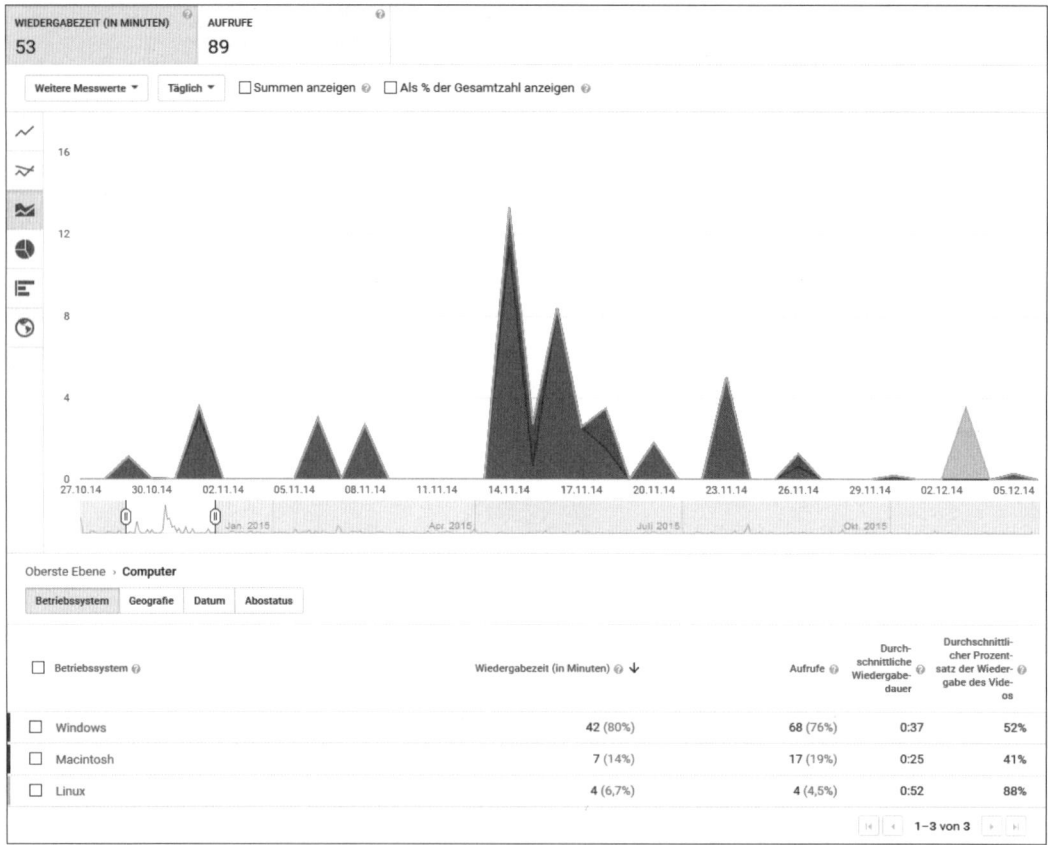

Abbildung 13.7 Im gestapelten Flächendiagramm werden die Messwerte kumuliert visualisiert.

Das *Kreisdiagramm* stellt die Summe von bis zu 25 Werten für den ausgewählten Zeitraum dar (siehe Abbildung 13.8). Es eignet sich besonders gut, um innerhalb eines bestimmten Zeitraums das Verhältnis bestimmter Merkmale zueinander anzuzeigen – allerdings ohne den zeitlichen Verlauf zu visualisieren. Im Beispiel wird so erkenntlich, wie viele Zuschauer die Betriebssysteme Windows, Macintosh und Linux prozentual nutzen. Nicht erkenntlich ist dagegen, ob ein einzelnes Betriebssystem an einem bestimmten Tag besonders häufig genutzt wird. Einen Nachteil hat das Kreisdiagramm: Es stellt die ausgewählten Werte nur als Summe eben dieser Werte in ein Verhältnis und erlaubt keine Betrachtung relativ zum Gesamtwert aller ausgeblendeten Elemente.

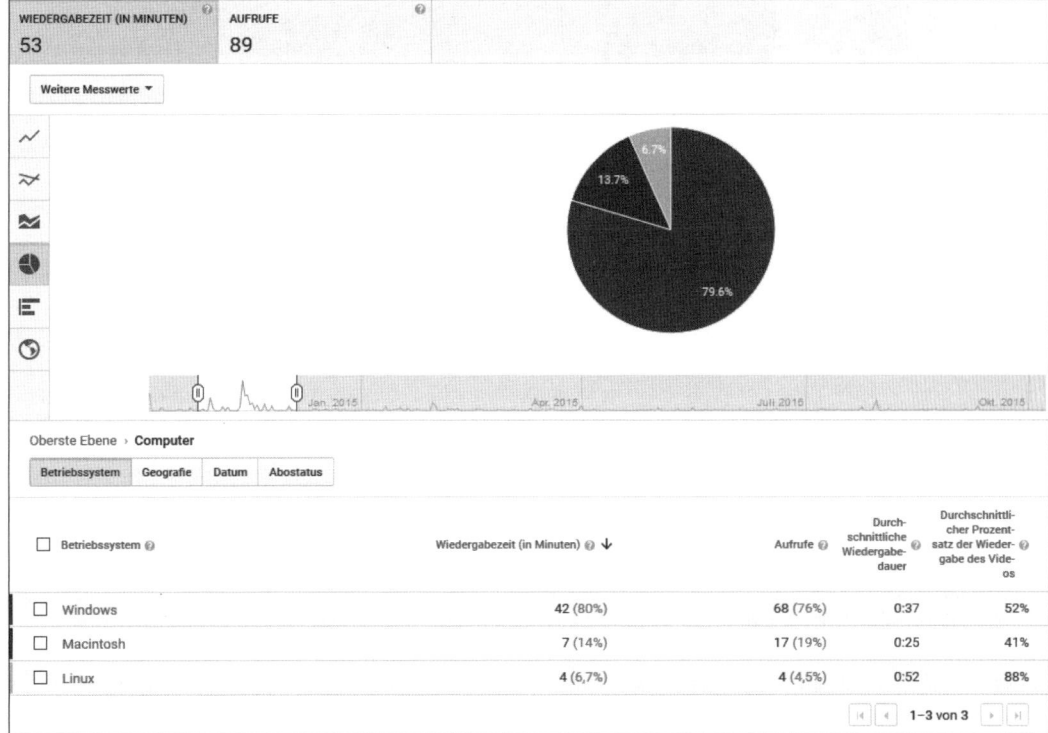

Abbildung 13.8 Das Kreisdiagramm stellt das Verhältnis von Anteilen an den Gesamtmesswerten besonders gut dar.

Das *Balkendiagramm* erfüllt eine dem Kreisdiagramm ähnliche Funktion und stellt die Werte als horizontale Balken war (siehe Abbildung 13.9). Es lässt gegenüber dem Kreisdiagramm sehr leicht erkennen, welches die Höchst-, Mittel- und Tiefstwerte sind. Die Werte werden hier auch nicht prozentual, sondern absolut im Graphen angezeigt, was das Ablesen der Werte erleichtert. Es eignet sich allerdings nicht so gut, um das Verhältnis der einzelnen Merkmale zueinander und vor allem zum Gesamtwert zu verdeutlichen. Hier hat das Kreisdiagramm Vorteile, da die einzelnen Werte immer im prozentualen Verhältnis zum Gesamtwert stehen. Eine Einblendung der Gesamtsumme ist auch beim Balkendiagramm nicht möglich.

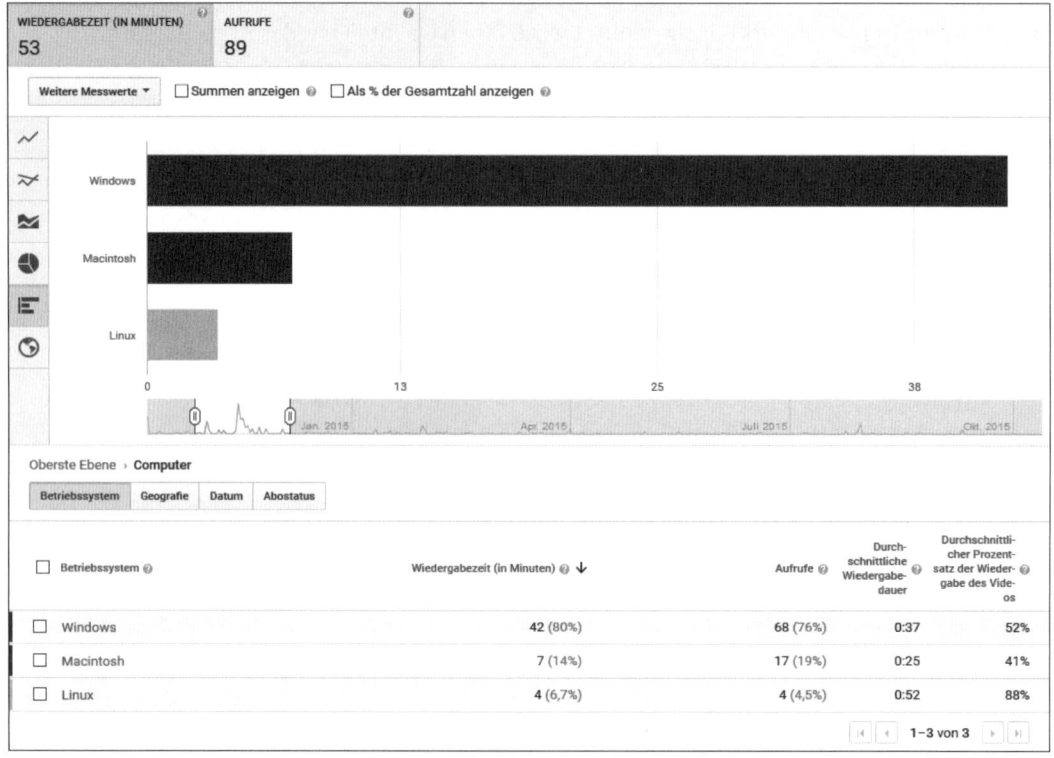

Abbildung 13.9 Im Balkendiagramm zeigt sich das Verhältnis der einzelnen Messwerte zueinander.

Auf der *interaktiven Karte* können Sie sich anzeigen lassen, aus welchen Ländern die Zugriffe stattgefunden haben (siehe Abbildung 13.10). Je dunkler ein Land gezeichnet wird, desto höher sind die entsprechenden Werte in diesem Land. Die Karte ist dabei nicht nur in der Lage, die Abrufzahlen von Videos darzustellen, sondern auch beispielsweise die Wiedergabezeit. So könnten Sie vielleicht herausfinden, dass Videos in Deutschland zwar häufiger abgerufen werden, die Wiedergabezeit in der Schweiz aber wesentlich höher ist.

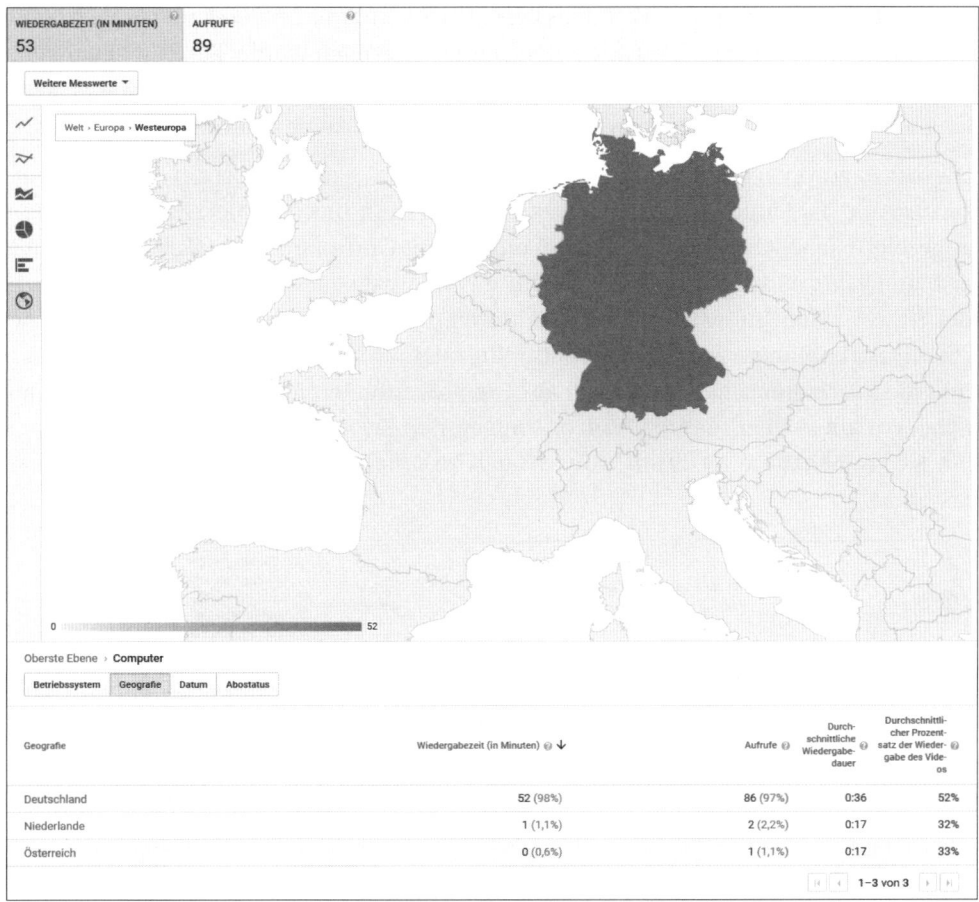

Abbildung 13.10 Auf der Karte werden die Messwerte auf die Länder bezogen, aus denen die Videoabrufe kamen.

13.2 Was lässt sich auf YouTube alles analysieren?

In diesem Abschnitt werden die einzelnen Analysemethoden und Ihre Möglichkeiten im Rahmen von YouTube Analytics genauer vorgestellt. Sie erreichen die Analysen über das linksseitige Menü im YouTube-Studio unter YouTube Analytics.

13.2.1 Wiedergabezeit

Die Wiedergabezeit ist ein wertvoller Faktor, um den Erfolg eines YouTube-Kanals zu bewerten. Vielfach werden lediglich die Abrufzahlen als Kennzahl herangezogen, wenn

Kanalbetreiber den Erfolg ihrer Videos belegen wollen. Ein Abruf bedeutet jedoch nicht, dass das entsprechende Video auch vollständig angesehen wurde: Ein Zuschauer kann es auch nach einer bestimmten Zeit abgebrochen haben, weil es ihm beispielsweise zu lang war oder die Informationen für ihn nach einer Zeit keine Relevanz mehr hatten.

Die WIEDERGABEZEIT wird zudem pro Video als DURCHSCHNITTLICHE WIEDERGABE-DAUER und als DURCHSCHNITTLICHER PROZENTSATZ DER WIEDERGABE DES VIDEOS angezeigt (siehe Abbildung 13.11). Anhand beider Werte können Sie abschätzen, wie erfolgreich ein Video wirklich ist: Liegt die Wiedergabedauer außerhalb der Länge, in der Sie relevante Informationen präsentieren, müssen Sie überlegen: Fehlt das Interesse Ihrer Zuschauer an den Informationen, oder weist das Video keine Spannung auf und die Zuschauer schalten deshalb ab? Die prozentualen Angaben erleichtern Ihnen dabei vor allem über mehrere Videos hinweg, den Erfolg einzelner Videos zu beurteilen. Sie können diese Werte auf Wunsch auch im Graphen als Vergleichswerte zeichnen lassen.

Video	Wiedergabezeit (in Minuten)	Aufrufe	Durch-schnittliche Wiedergabe-dauer	Durchschnittli-cher Prozent-satz der Wieder-gabe des Vide-os
	72 (32%)	74 (21%)	0:58	54%
	67 (30%)	107 (30%)	0:37	68%
	66 (30%)	135 (38%)	0:29	55%
	18 (8,2%)	36 (10%)	0:30	80%

Abbildung 13.11 Die Ausgabe der Wiedergabedauer pro Video

13.2.2 Zuschauerbindung

Hinweise darauf, warum Ihre Zuschauer die Videos nicht vollständig anschauen, finden Sie in der Analyse der Zuschauerbindung, die zeigt, wie lange Zuschauer am Video dranbleiben. Für die detaillierte Analyse eines einzelnen Videos klicken Sie im unteren Bereich auf das entsprechende Video, um zur Videoanalyse zu gelangen. Diese Analyse weicht in ihrer Darstellung von den anderen Analysevarianten ab: Im oberen Graphen sehen Sie über den Zeitverlauf des Videos, wie viel Prozent der Zuschauer an der entsprechenden Stelle das Video angesehen haben. Der rote mitlaufende Balken stellt dabei die Position des aktuellen Frames im unteren Player dar.

Wenn Sie nun das Video ansehen, werden Sie Hinweise darauf entdecken, warum der Zuschauer das Video abgebrochen hat. Im vorliegenden Beispiel wird am Ende eine Endcard eingeblendet, für die sich viele Zuschauer nach dem eigentlichen Inhalt nicht mehr interessiert haben. Solche Sprünge wie in Abbildung 13.12 können allerdings auch an anderen Stellen auftreten. Sie werden während der Wiedergabe des Videos an den entsprechenden Stellen erkennen können, was der Auslöser des massenhaften Absprungs war.

Ein sehr früh einsetzender Ausstiegspunkt kann auch darauf hinweisen, dass Titel und Titelbild ungünstig gewählt wurden. Der Zuschauer hat dann aufgrund des vielversprechenden Titels das Video angeklickt, stellt aber bereits nach kurzer Zeit fest, dass seine zuvor bei ihm geweckten Erwartungen gar nicht erfüllt werden.

Idealerweise verläuft der Graph gleichmäßig und ohne große Sprünge. Aber auch ohne plötzliche Ausstiege kann der Kurvenverlauf weitere Informationen liefern: Eine sehr schnell abfallende Kurve ohne Sprünge geht einher mit einem niedrigen durchschnittlichen Prozentsatz der Wiedergabe des Videos. Das kann ein Hinweis darauf sein, dass der Videoinhalt insgesamt eine niedrige Relevanz hat. Überdenken Sie also gegebenenfalls Inhalt und Storytelling zukünftiger Videos, die ähnlich aufgebaut sind.

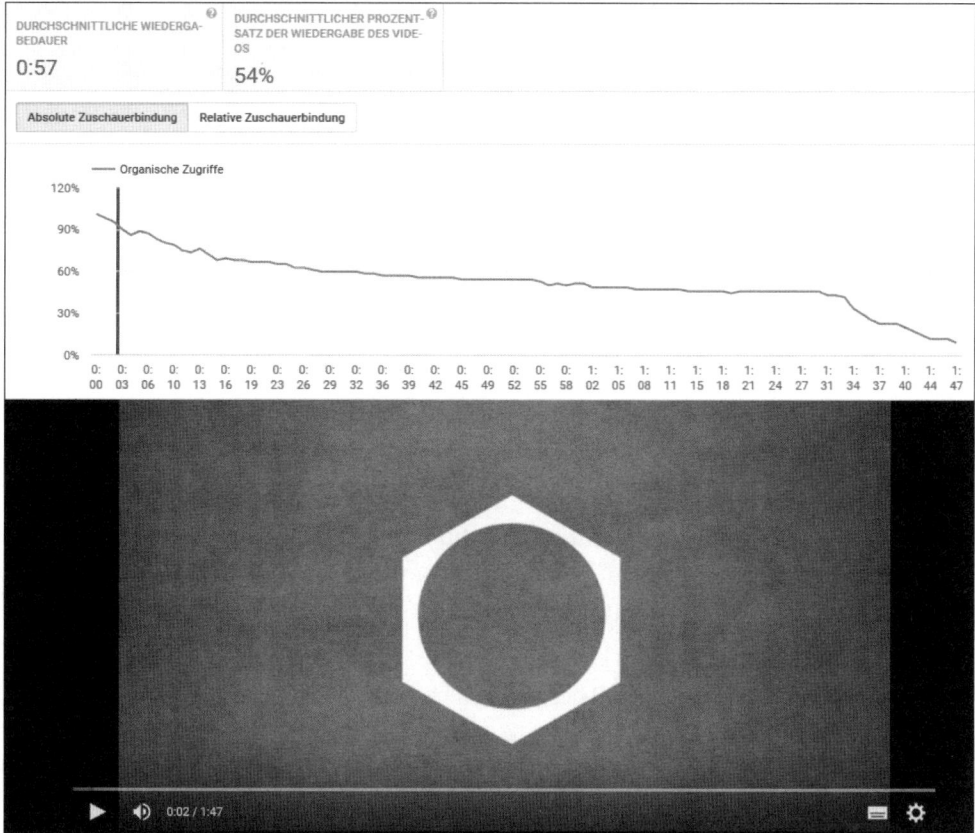

Abbildung 13.12 Die Zuschauerbindung zeigt, an welcher Stelle die Zuschauer das Video abgebrochen haben.

373

13.2.3 Demografie

Eine sehr interessante Analyse hinsichtlich Ihrer Zielgruppe ist die der Demografie (siehe Abbildung 13.13). Hier sehen Sie, wie die Altersstruktur Ihrer Zuschauer aussieht und wie sich die Geschlechterverteilung gestaltet. Kommen Ihre Zuschauer aus unterschiedlichen Ländern, ist es möglich, die Daten für jedes Land einzeln auszugeben. Lassen Sie sich nicht davon irritieren, falls ein Land nicht aufgeführt wird, aus dem Sie in anderen Analysen aber Zugriffe ausmachen konnten: Die Liste führt nur die TOP-ORTE auf und benötigt genügend Daten für eine Darstellung.

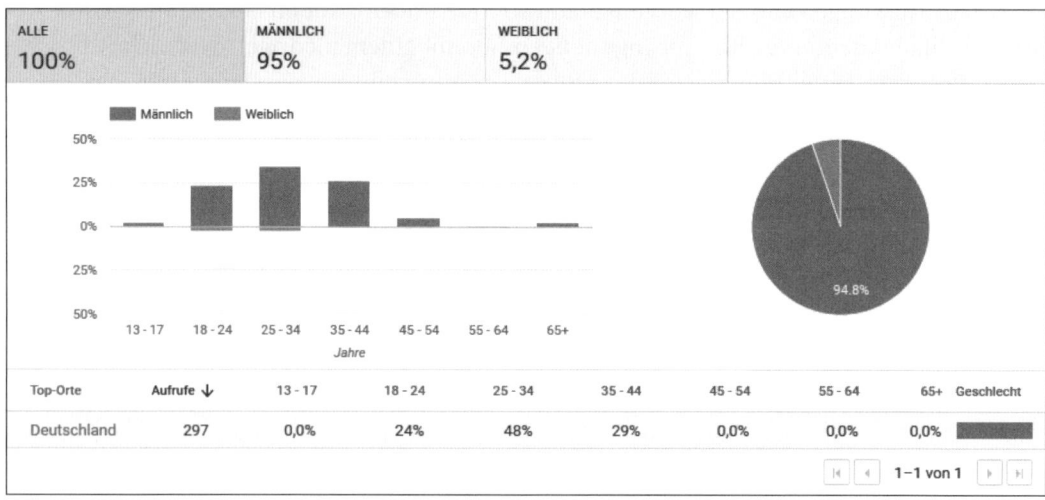

Abbildung 13.13 Ein sehr interessanter Einblick: Wie gestalten sich eigentlich die demografischen Merkmale Ihrer Zuschauer?

13.2.4 An welchen Stellen werden Ihre Videos abgerufen?

YouTube-Videos müssen nicht immer direkt auf der YouTube-Plattform angesehen werden, sondern können auch extern eingebunden werden. Und selbst auf der Plattform gibt es mehrere Stellen, an denen Videos angesehen werden können. In diesem Bericht werden die Abrufzahlen pro Wiedergabeort angezeigt, wobei die Wiedergabeorte folgende sein können:

▶ YOUTUBE-WIEDERGABESEITE: Hiermit ist der direkte Abruf des einzelnen Videos auf der Plattform gemeint.

▶ YOUTUBE-KANALSEITE: Die Kanalseite ist die Übersicht Ihres YouTube-Kanals, auf der das Video zum Beispiel als Teaser eingebunden wurde.

▶ YOUTUBE – ANDERE: Manchmal kann YouTube den Wiedergabeort nicht exakt ermitteln. In den meisten Fällen ist nach Angaben von YouTube davon auszugehen, dass es sich hierbei um die Wiedergabeseite handelt.

▶ IN EXTERNE WEBSITES UND APPS EINGEBETTET: Werden Videos außerhalb von You-Tube eingebunden, werden die Abrufe hierunter aufgeführt.

Wenn Sie einen der Wiedergabeorte auswählen, finden Sie weitere Optionen zur Analyse, wie beispielsweise eine geografische Verortung oder Hinweise darauf, welche externe Website das Video eingebunden hat.

13.2.5   Von welchen Quellen aus greifen Ihre Zuschauer auf Ihre Videos zu?

Die Analyse der Zugriffsquellen zeigt Ihnen, wie Zuschauer überhaupt auf Ihre Videos gestoßen sind. Es kann zum Beispiel sein, dass der Zuschauer zunächst auf Ihren Kanal geklickt hat, um von dort dann auf das Video zu gelangen. Er kann es aber auch über die YouTube-Suche gefunden oder als Videovorschlag erhalten haben. Sehr interessant mit Blick auf die Aufmerksamkeit außerhalb von YouTube ist allerdings die Auflistung externer Quellen: Facebook, Twitter oder externe Links auf das Video lassen sich per Klick auf EXTERN als Ursprungsorte identifizieren. Mögliche Zugriffsquellen sind:

▶ YouTube-Suche

▶ vorgeschlagene Videos

▶ Funktionen zur Auswahl von Inhalten (Startseite, Abo-Feed)

▶ Playlists

▶ YouTube-Kanäle (andere YouTube-Kanäle, Themenkanäle)

▶ Wiedergabe als Werbeanzeige (muss überspringbar, mindestens 30 Sekunden lang und mindestens 10 Sekunden lang angesehen werden oder angeklickt worden sein)

▶ Infokarten und Anmerkungen in Videos

▶ Benachrichtigungen (Smartphone-Benachrichtigungen, Abo-Mails)

▶ sonstige YouTube-Funktionen

▶ externe Quellen (Details per Klick)

▶ direkte und unbekannte Quellen (Zugriff über URL-Eingabe, Lesezeichen oder nicht identifizierte Apps)

In der Analyse können Sie auch feststellen, ob die beabsichtigte Content-Form (siehe Kapitel 3, »Das Kanalkonzept«) ihre Wirkung nach Ihren Vorstellungen entfalten konnte (beispielsweise, wie sich Hero-Content verbreitet hat) und ob Verlinkungen eventueller Kooperationspartner lohnenswert waren.

13.2.6   Welche Geräte benutzen Ihre Zuschauer?

Haben Sie sich schon einmal gefragt, welche Endgeräte Ihre Zuschauer eigentlich verwenden? Gehen sie überwiegend mobil online, oder werden die Videos vielleicht auf den heimischen Fernsehern angesehen? Ebenso interessant ist die Frage nach dem Betriebssystem: Ein Apple-Nutzer wird anders charakterisiert als jemand, der Linux auf dem heimischen Desktop verwendet. All diese Daten können Sie in der Geräteanalyse einsehen, und zwar nicht nur prozentual als Kreisdiagramm, sondern auch im zeitlichen Verlauf des Untersuchungszeitraums. Häufige Geräte und Betriebssysteme können sein:

▶ **Computer**: Windows, Macintosh, Linux

▶ **Mobilgeräte**: Android, iOS, Blackberry, Windows Mobile, Symbian, Bada, Linux

▶ **Tablet**: Android, iOS, Blackberry

▶ **Spielekonsolen**: Wii, PlayStation, Xbox, Windows Mobile

▶ **Fernseher**: Smart-TVs, Android, iOS

Die Informationen können auch interessant für Ihre Kampagnenplanung sein: Wenn Sie eine mobile Kampagne mit YouTube-Videos planen, die Zuschauer Ihre Videos aber überwiegend am Computer ansehen, sollten Sie sich Gedanken darüber machen, wie Sie diese Zuschauer ebenfalls aktivieren können. Vielleicht überlegen Sie auch, eine mobile App einzuführen und sind sich nicht sicher, auf welches Betriebssystem Sie sich zuerst konzentrieren sollten. Anhand der Geräteanalyse können Sie zumindest sehen, welches mobile Betriebssystem von Ihren YouTube-Zuschauern überwiegend genutzt wird, um sich gegebenenfalls zunächst darauf zu konzentrieren.

13.2.7   Die Entwicklung der Abonnenten darstellen

Einen Zuschauer als Abonnenten zu gewinnen, ist ein lohnenswertes Ziel: Abonnenten sind häufig wesentlich aktiver und schauen sich wiederkehrend Videos Ihres Kanals an. Es ist also in Ihrem Interesse, die Entwicklung der Abonnenten im Blick zu behalten. In der entsprechenden Analyse sehen Sie beispielsweise im Liniendiagramm, wann Sie Abonnenten hinzugewinnen konnten oder verloren haben.

Im unteren Bereich wird zudem angegeben, aus welcher Quelle die Abonnenten stammen. Auch hier gibt es zahlreiche Quellen, aus denen Abonnenten stammen können. Wenn Sie zum Beispiel die Quelle VIDEO anklicken, können Sie für jedes Ihrer hochgeladenen Videos einzeln sehen, wie sich die Abonnentenbasis während der Videobetrachtung verändert hat.

13.2.8 Kommentare, Bewertungen und Sharing-Verhalten einsehen

Die Anzahl der Kommentare und Bewertungen lässt sich unter den jeweiligen Menüpunkten analysieren. Sie können die Werte beider Parameter im zeitlichen Verlauf darstellen lassen oder auch auf das Herkunftsland der kommentierenden Nutzer beziehen. Kommentare und Bewertungen deuten unter anderem auf eine aktive Community hin. Wenn Sie also pro Land ausgeben lassen, wie viele Kommentare und Bewertungen abgegeben wurden, können Sie sehen, in welchen Ländern Ihre Zuschauer besonders aktiv auf Ihrem Kanal sind.

Im unteren Bereich werden Sie eine Tabelle entdecken, in der alle Videos aufgeführt sind. Im Fall der Bewertungen können Sie dort anhand des Balkens sehr komfortabel einsehen, ob positive oder negative Bewertungen für das jeweilige Video überwiegen, ohne dass Sie die Anzahl der Bewertungen zurate ziehen müssen. Wählen Sie als Darstellungsform das Kreisdiagramm oder Balkendiagramm aus, wird sehr gut deutlich, welche Videos am meisten positiv oder negativ bewertet wurden.

Eine weitere interessante Größe für die Einschätzung der Popularität und damit auch der Viralität ist, wie oft das Video geteilt wurde. Dies geschieht unterhalb des Videoplayers über den Teilen-Dialog und kann in Verbindung mit zahlreichen Social-Media-Kanälen und anderen Plattformen geschehen.

13.2.9 Welche Playlists binden Ihre Videos ein?

Die Analyse VIDEOS IN PLAYLISTS zeigt auf, wie häufig Videos in Playlists gespeichert werden. Das ist beispielsweise der Fall, wenn Nutzer ein Video zu SPÄTER ANSEHEN oder zu ihren Favoriten hinzufügen. Die Anzeige kann getrennt stattfinden: VIDEOS IN PLAYLISTS, ZU PLAYLISTS HINZUGEFÜGTE VIDEOS und AUS PLAYLISTS ENTFERNTE VIDEOS. Auch diese Daten können detaillierter für einzelne Länder oder für jedes Video einzeln betrachtet werden.

13.2.10 Nutzungsverhalten bei Anmerkungen und Infokarten nachverfolgen

Sie haben Anmerkungen in Ihrem Video platziert (beispielsweise auf der Endcard) und möchten wissen, wie oft sie angeklickt wurden? Unter ANMERKUNGEN können Sie diese Analyse vornehmen. Besonders interessant ist der Bezug zu einzelnen Videos. Wählen Sie also im unteren Bereich ein Video aus, um zu sehen, welche Anmerkungen wie oft angeklickt wurden. Um die Anmerkungen besser zu identifizieren, sind sie mit einem Typsymbol, wie zum Beispiel für das Label, gekennzeichnet. Zudem wird der genaue Zeitraum angezeigt, in dem die Anmerkung im Video eingeblendet wird.

Ähnlich verhält es sich bei der Analyse der Infokarten. Hier sehen Sie, wie oft Infokarten-Teaser (kleines i mit Titel in der oberen rechten Ecke während des Videos) angezeigt wurden, wie viele Klicks auf die Infokarten-Teaser stattgefunden haben oder auch wie oft eine bestimmte Infokarte angeklickt wurde. Fahren Sie mit der Maus über einen Infokarten-Titel, erhalten Sie genauere Informationen zu der entsprechenden Infokarte.

13.2.11 Geschätzte Einnahmen und Anzeigenleistung

Die Berichte zu Einnahmen sind vor allem für YouTuber interessant, die ihre Videos für die Monetarisierung freigegeben haben und Geld mit Fremdwerbung vor ihren eignen Videos verdienen. Für die allermeisten Unternehmen sind diese Analysen weniger interessant, weil sie keine Werbung vor ihren Videos erlauben, um Konkurrenzwerbung aus dem Weg zu gehen. Deshalb in aller Kürze: Nach der Verknüpfung mit einem AdSense-Konto wird im Bericht über die Einnahmen ausgewiesen, wie groß die geschätzten Einnahmen über Werbeanzeigen sind. Der Bericht über die Anzeigenleistung umfasst unter anderem Daten zum Bruttoumsatz, zu TKP-Werten (Tausender-Kontakt-Preis) und zur Anzahl der Impressions sowie den Anzeigetypen.

Impression

Unter einer Impression versteht man im Marketing, wie oft eine Werbeanzeige angezeigt wurde. Wird beispielsweise ein Werbebanner auf einer Webseite dargestellt, die ein Nutzer aufruft, zählt diese Darstellung als Impression. Das bedeutet allerdings nicht, dass der Nutzer diese Anzeige auch bewusst wahrgenommen hat.

13.3 Google Analytics mit Ihrem Kanal verbinden

Wie Sie in den vorangegangenen Abschnitten erfahren haben, bietet Ihnen YouTube Analytics bereits einige Analysemöglichkeiten für Ihren YouTube-Kanal. Google Analytics als Webanalysetool von Google hält allerdings noch weitere Möglichkeiten bereit und lässt sich sehr einfach mit Ihrem YouTube-Kanal verbinden.

Klicken Sie zur Einrichtung im linksseitigen Menü des YouTube-Studios auf KANAL und danach auf ERWEITERT. Auf der nun erscheinenden Seite scrollen Sie ganz nach unten, wo Sie das in Abbildung 13.14 dargestellte Feld PROPERTY-TRACKING-ID VON GOOGLE ANALYTICS finden. Hier können Sie nun eine Tracking-ID aus Google Analytics eintragen, um fortan die Kanalseite mit Google Analytics analysieren zu können.

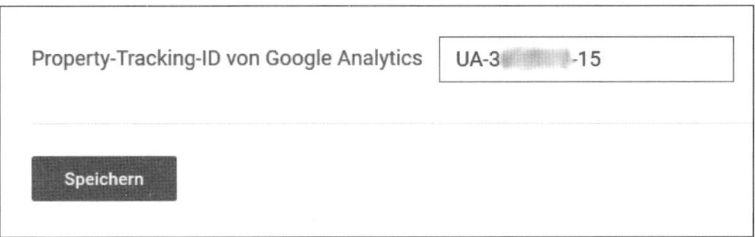

Abbildung 13.14 In den erweiterten Einstellungen des Kanals lässt sich Google Analytics für den YouTube-Kanal einrichten.

Idealerweise generieren Sie eine neue Tracking-ID, die Sie nur für Ihren YouTube-Kanal nutzen, um die YouTube-Zugriffe nicht mit denen Ihrer Website zu vermischen. Klicken Sie dazu in Google Analytics im Bereich VERWALTEN im Dropdown-Menü PROPERTY auf NEUE PROPERTY ERSTELLEN, und füllen Sie die erforderlichen Felder aus (unter WEBSITE-URL verwenden Sie die URL zu Ihrem YouTube-Kanal). Sie erhalten im Anschluss eine Tracking-ID, die Sie für Ihren YouTube-Kanal verwenden können.

Google Analytics ist ein sehr umfangreiches Analysetool, das den Rahmen dieses Buches bei Weitem sprengen würde. Im Zusammenhang mit Ihrem YouTube-Kanal beschränkt sich die Analyse auf die Kanalseite. Sie können in einem verknüpften Google-Analytics-Konto keine Videos oder Playlists analysieren. Folgendes können Sie beispielsweise mit den Google Analytics auf Ihrem Kanal anfangen:

▶ Wie haben Zuschauer Ihre Kanalseite gefunden?

▶ Welches Video bringt die meisten Zuschauer auf die Kanalseite?

▶ Sind die Kanalseiten-Besucher wiederkehrende Besucher?

▶ Was sind die demografischen Eigenschaften der Kanalseiten-Besucher?

▶ Wie lange halten sich die Zuschauer auf der Kanalseite auf?

Prinzipiell stehen all diese Fragen und noch viele mehr im Zusammenhang mit den Möglichkeiten, die Google Analytics auch zur Analyse von Webseiten mit sich bringt – bis auf die Beschränkung, dass Sie auf YouTube *nur* die Kanalseite analysieren können.

13.4   Den eigenen YouTube-Kanal mit anderen vergleichen

Die Daten von YouTube Analytics können Sie nur als Kanalbetreiber einsehen. Das bedeutet im Umkehrschluss: Sie wissen nicht, wie Ihr Kanal im Vergleich zu den YouTube-Kanälen der Konkurrenz dasteht. Die Website *socialblade.com* (siehe Abbildung 13.15) gibt hierfür zumindest Anhaltspunkte, indem von der Seite regelmäßig öffentlich zugängliche Daten wie die Anzahl der Videoabrufe oder die Anzahl der Abonnenten über die YouTube-APIs abgefragt und gespeichert werden. Die Seite kann ohne Anmeldung genutzt werden. Verschiedene Rankings für Länder und Sortierungen geben Auskunft über die erfolgreichsten Kanäle auf YouTube. Hier können Sie sich bei Bedarf auch von den »Besten der Besten« inspirieren lassen oder nach Partnern für Produktplatzierungen Ausschau halten.

Suchen Sie zur Anzeige eines Kanals im oberen Bereich der Website nach der Kanalbezeichnung. Beachten Sie dabei, dass die Kanalbezeichnung dem Identifier in der Kanal-URL zu entnehmen ist, der von dem Kanalnamen abweichen kann. Auf der Seite jedes Kanals können Sie dann zahlreiche Analysen der Videoabrufe und Abonnentenentwicklung vornehmen. Sollten Sie mit Ihrem Kanal gerade erst gestartet sein und auf die Möglichkeiten von Social Blade zurückgreifen wollen, reicht eine einfache Suche nach der Kanalbezeichnung, damit die Seite fortan auch Ihren YouTube-Kanal im Blick behält.

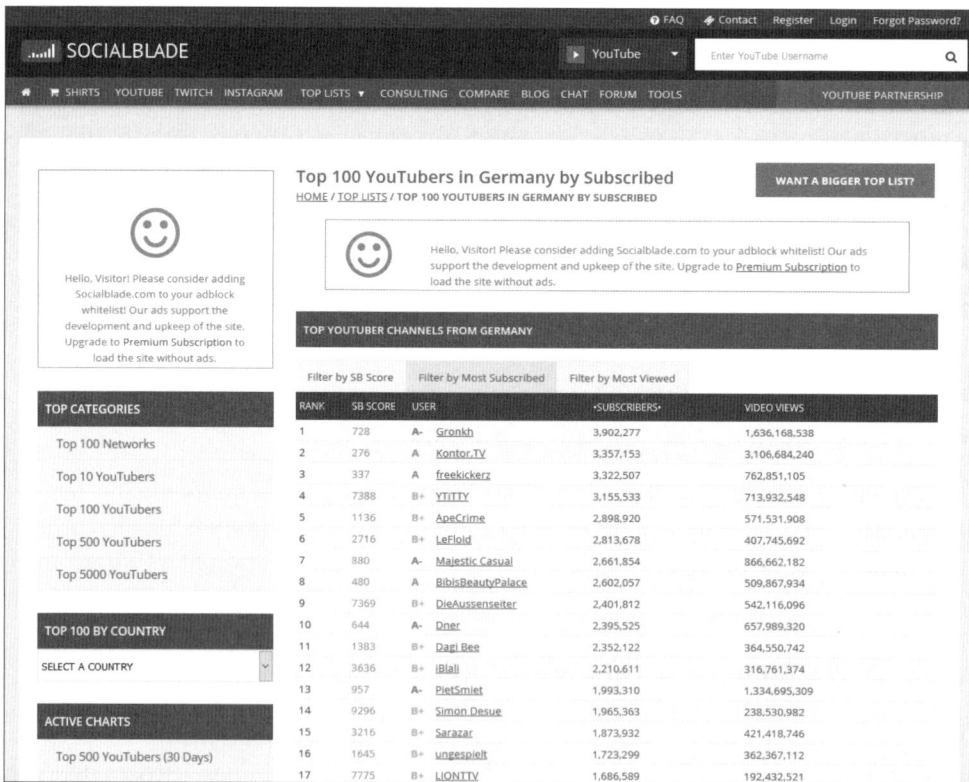

Abbildung 13.15 Social Blade stellt unter anderem für Deutschland ein Ranking der YouTube-Kanäle zur Verfügung.

13.5   Wie nutzen Sie die Erkenntnisse für Ihre Strategie?

Sie haben nun zahlreiche Erkenntnisse in den einzelnen Analysevarianten gewonnen und fragen sich: Was kann ich mit all den Ergebnissen anfangen? Wie kann ich sie nutzen, um meine YouTube-Strategie zu verbessern?

In Kapitel 2, »Ihre individuelle YouTube-Strategie«, wurde bereits darauf eingegangen, dass eine langfristige Strategie für Ihren YouTube-Kanal ein iterativer Prozess ist: Nur indem Sie Ihre Strategie permanent überarbeiten und am Zuschauer ausrichten, können Sie auf Dauer mit einem YouTube-Kanal in dem sehr dynamischen Umfeld erfolgreich sein. Die Erkenntnisse, die Sie unter anderem mit YouTube Analytics gewonnen haben, helfen Ihnen dabei, Inhalte und Prozesse so zu optimieren, dass Ihre Strategie dauerhaft erfolgreich bleibt.

13.5.1   Videoaufbau analysieren und kontinuierlich verbessern

Das wohl wichtigste Kriterium für eine Zuschauerbindung sind die Videos, die Sie Ihren Zuschauern präsentieren. Sind die Inhalte nicht relevant und springen zahlreiche Zuschauer schon nach kurzer Zeit wieder ab, müssen Aufbau und Inhalt dringend überdacht werden. Dank der Zuschauerbindungsanalyse in YouTube Analytics können solche Probleme sichtbar gemacht werden.

Wie bereits in Abschnitt 13.2.2, »Zuschauerbindung«, erwähnt, können Sie beispielsweise sehen, ob Zuschauer an bestimmten Stellen besonders oft aus dem Video aussteigen. Nehmen Sie diese Stellen genauer unter die Lupe, können Sie eventuelle Probleme identifizieren und Ihren Videoaufbau perfektionieren. Springen viele Zuschauer ab, wenn Sie Zwischenblenden verwenden? Dann werden diese Zwischenblenden vielleicht als störend empfunden, weil sie zu lang oder ungünstig platziert sind. Vielleicht steigen die Zuschauer auch schon bei Ihrem Intro aus? Ein vielfach zu beobachtendes Problem sind zu lange und langweilige Intros: Fassen Sie Ihr Intro also kürzer, platzieren Sie es in der Abfolge anders, oder gestalten Sie es so spannend, dass man trotz Intro weiterschauen möchte.

Die folgende Liste soll Ihnen Anhaltspunkte geben, was Sie mit den Analyseberichten bezüglich des Videoaufbaus anfangen können:

▶ Erkennen Sie, an welchen Stellen der Zuschauer Längen im Video als störend empfindet und abschaltet. Achten Sie bei zukünftigen Videos darauf, dass Sie genau solche Längen vermeiden. Je nach Ausrichtung des Kanals, den präsentierten Themen und den Gewohnheiten des Zuschauers werden Längen unterschiedlich empfunden, sodass Sie hier einen guten Einblick in genau Ihre Zuschauer erhalten.

13

▶ Finden Sie heraus, ob Titel und Vorschaubild zum Video passen. Springt der Zuschauer direkt zu Beginn des Videos ab, hat er etwas anderes vom Video erwartet. Überarbeiten Sie also Titelbild und Titel des Videos, um die richtigen Erwartungen beim Zuschauer zu wecken.

▶ Sie sprechen in Ihren Videos mehrere Themen an, und immer zu den Themenwechseln springen viele Zuschauer ab? Dann kann es sein, dass die Übergänge zu abrupt sind oder die Themen nicht zusammenpassen.

13.5.2 Tatsächliche Zuschauer und Zielgruppe vergleichen

Bevor Sie mit Ihrem YouTube-Kanal gestartet sind, haben Sie sich überlegt, wen Sie überhaupt mit Ihren Videos ansprechen möchten. Schließlich soll der Kanal ja auch etwas für Ihr Geschäft bringen und die richtigen Zuschauer ansprechen. Mit YouTube Analytics sehen Sie, ob Ihre Videos überhaupt die Menschen erreichen, die Sie ansprechen möchten. Im Demografie-Bericht sehen Sie Einzelheiten zu Alter und Geschlecht Ihrer Zuschauer und können diese Daten mit Ihrer ursprünglich angepeilten Zielgruppe vergleichen.

Passen Ihre intendierte Zielgruppe und die tatsächlichen Zuschauer nicht zusammen, stellen Sie mit hoher Wahrscheinlichkeit Videos zur Verfügung, die nicht den Sehgewohnheiten der gewünschten Zielgruppe entsprechen. Um die Sehgewohnheiten der Zielgruppe zu verstehen, sollten Sie unbedingt Videos von Kanälen betrachten, die von der entsprechenden Zielgruppe konsumiert werden, und sich vom dortigen Videoaufbau und den behandelten Themen inspirieren lassen.

13.5.3 Die Customer Journey optimieren

In YouTube Analytics können Sie genau nachverfolgen, wie die Zuschauer auf Ihre Videos gelangt sind. Außerdem sehen Sie für jedes Video, ob und wie die Interaktionsmöglichkeiten (Anmerkungen und Infokarten) genutzt wurden, um beispielsweise auf Ihre Landingpage oder zu anderen Videos zu gelangen. Sie können also sehr genau nachverfolgen, wie sich Ihre Kunden in der Customer Journey verhalten, und die Customer Journey gegebenenfalls optimieren.

Nehmen wir an, das Ziel einer Ihrer Customer Journey Maps ist es, Ihre Zuschauer von einem Link im Newsletter über das Video zum Abonnieren Ihres YouTube-Kanals zu bringen. In Abbildung 13.16 sehen Sie, welche Quellen und Ziele Ihnen YouTube Analytics ausgeben könnte. Stellen Sie nun fest, dass vermehrt viele Zuschauer über den Link im Newsletter Ihr Video angesehen und danach Ihren Kanal abonniert haben, wäre diese Maßnahme erfolgreich gewesen. Sie könnten aber auch feststellen, dass im Vergleich zu den Newsletter-Abonnenten unbedeutend wenige Ihrer Kunden auf den Link im Newsletter geklickt haben und stattdessen über einen QR-Code Ihres Kundenmagazins auf das Video gelangt sind. Sollten Sie diesen Zusammenhang öfter beobachten, wäre es sinnvoll, die Customer Journey Map anzupassen, um Ihre Maßnahmen darauf basierend besser ausrichten zu können – indem Sie beispielsweise vermehrt auf QR-Codes setzen.

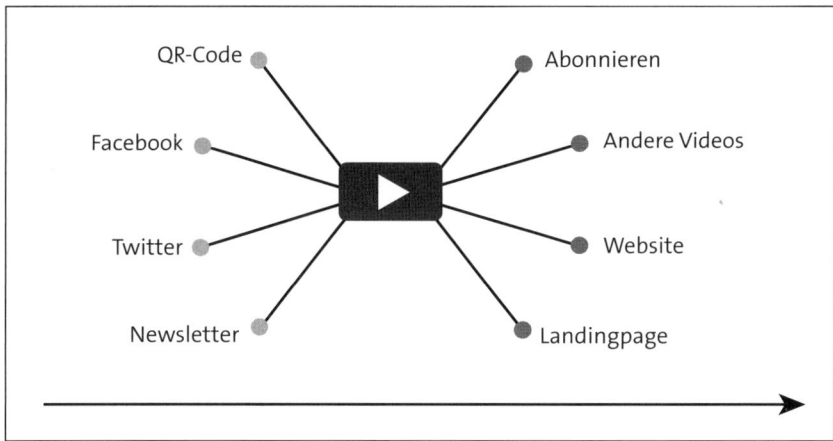

Abbildung 13.16 Mit YouTube Analytics wird in der Customer Journey nachvollziehbar, welche Wege die Zuschauer rund um das Video gehen.

13.5.4   Welche Untertitel könnten sich vielleicht lohnen?

Werfen Sie unbedingt auch einen genaueren Blick auf die Herkunft der Zuschauer: Vor allem bei englischen Inhalten kommt es häufig vor, dass sehr viele Zuschauer aus Ländern kommen, die eigentlich gar nicht angesprochen werden sollten – beispielsweise Zuschauer aus asiatischen Ländern, obwohl Ihr Fokus auf den USA liegt. Sollten Sie also feststellen, dass zum Beispiel Ihre Tutorial-und Support-Videos in Ländern mit anderen Sprachen häufig angesehen werden, kann es sich lohnen, Untertitel für diese Videos bereitzustellen. Damit decken Sie mehrere Märkte ab und reduzieren dort auch gleichzeitig Ihren Supportaufwand.

Die Ergebnisse können aber auch Informationen darüber liefern, welche Länder für Ihr Geschäft vielleicht interessant sein könnten. Interessieren sich beispielsweise viele Schweizer für Ihre in Deutschland angebotenen Produkte, können Sie sich bewusst überlegen, in diese Länder zu liefern oder zu expandieren und den Schweizer Markt zu erschließen.

13.5.5   Was können Sie aus der Entwicklung der Abonnenten ableiten?

Abonnenten sind eine wertvolle Währung auf YouTube: Einmal gewonnen, können sie mit neuen Videos leichter angesprochen werden als Nicht-Abonnenten. Außerdem geht die YouTube-Suche davon aus, dass Kanäle mit vielen Abonnenten eine höhere Relevanz haben, und bevorzugt die Videos dieser Kanäle. In den YouTube Analytics sehen Sie in der Abonnentenanalyse nicht nur, wie viele Abonnenten der Kanal im zeitlichen Verlauf hinzugewonnen hat, sondern können auch feststellen, welches Video für neue Abonnenten gesorgt hat oder ob Abonnenten eventuell sogar nach der Wiedergabe des Videos von ihrem Abonnement Abstand genommen haben.

Sollten Sie in den YouTube Analytics feststellen, dass ein bestimmtes Format regelmäßig für einen Abonnentenverlust sorgt, hinterfragen Sie dieses Format unbedingt. In aller Regel werden Sie bei genauer Untersuchung entsprechender Videos auch in anderen Analysen unerfreuliche Entdeckungen machen: Eine niedrige Wiedergabedauer, eine niedrige Zuschauerbindung oder geringe Abrufzahlen. Vielleicht passt dieses Format einfach nicht zu Ihrem Kanal, und die Abonnenten sehen den Mehrwert Ihres Kanals nicht mehr, da sie mit zu vielen für sie nicht relevanten Inhalten beliefert werden. Es kann aber auch sein, dass das Format im Vergleich zu den restlichen Formaten auf Ihrem Kanal so andersartig ist, dass die Abonnenten sich nicht mehr mit Ihrem Kanal identifizieren können.

13.5.6   Wie kann das Budget besser verteilt werden?

Untersuchen Sie ganze Videogruppen in YouTube Analytics, werden Sie schnell feststellen, welche Formate besonders gut bei Ihren Zuschauern und Abonnenten ankommen. Bei der Budgetierung können Sie nun wesentlich besser entscheiden, in welche Formate Ihres YouTube-Kanals Sie mehr Geld investieren sollten, und haben eine Argumentationsgrundlage für Ihre Entscheidungen.

Setzen Sie zur Beurteilung nicht nur die Abrufzahlen, sondern auch die Zuschauerbindung und den Erfolg verwendeter Call-to-Actions in einen Zusammenhang. Berücksichtigen Sie weiterhin, wie groß der finanzielle Aufwand für die Produktion des entsprechenden Videos war. So können Sie den Aufwand in ein Kosten-Nutzen-Verhältnis stellen und nachvollziehen, ob sich die Investition in ein bestimmtes Format im geleisteten Umfang rentiert.

Denken Sie aber auch daran: Ein einziges Video ist keine Grundlage für eine Argumentation für oder gegen ein Format. Betrachten Sie unbedingt mehrere Videos, und berücksichtigen Sie, ob eventuelle äußere Faktoren wie eine schlecht umgesetzte Video Search Engine Optimization (VSEO) oder ein ungünstig gewählter Veröffentlichungszeitpunkt ausschlaggebend für den geringen Erfolg sind. Optimieren und variieren Sie die entsprechenden Faktoren gegebenenfalls, bevor Sie Entscheidungen fällen.

13.5.7   Zu welchen Zeitpunkten sind die Videos besonders erfolgreich?

Es gibt Tage, da ist selbst auf YouTube »tote Hose«. Wenn die Sonne scheint und die Menschen lieber im Freibad liegen, haben Ihre neuesten YouTube-Videos schlechte Karten und werden insgesamt weniger abgerufen. Schlechtes Wetter und ein verlängertes Wochenende verleiten da schon eher zum YouTube-Besuch. Es gilt also, den perfekten Zeitpunkt für die Videoveröffentlichung herauszufinden und aus den Analysen bereits veröffentlichter Videos für die Zukunft zu lernen.

Ob ein Veröffentlichungszeitpunkt günstig war, erkennen Sie in den YouTube Analytics nicht nur an den Abrufzahlen im entsprechenden Zeitraum, sondern vor allem auch an der Wiedergabedauer im zeitlichen Verlauf. Vermehrte Abrufe und eine hohe Wiedergabedauer hängen aber auch oft mit bestimmten Ereignissen zusammen. Wenn beispielsweise gerade das Produkt eines Konkurrenten vorgestellt wurde, kann es durchaus vorkommen, dass auch Ihre Videoabrufe steigen, weil die Kunden die angebotenen Produkte vergleichen. Je nach Intensität eignen sich solche Zeitpunkte perfekt, um mit eigenen Videoveröffentlichungen zu den betroffenen Produkten die Aufmerksamkeit auf Ihr Unternehmen und Ihre Produkte umzulenken.

Ein kleiner Tipp: Ferienzeiten und Feiertage sind oft Tage, an denen Ihre Zuschauer nicht auf YouTube aktiv sind, sondern sich in ihrem sozialen Umfeld, wie beispielsweise bei Familienfeiern, aufhalten. In den Ferien sind zudem viele Menschen im Urlaub. In vielen Fällen nimmt der YouTube-Konsum einen festen Platz im Alltag der Menschen ein und fällt zu speziellen Anlässen ab, wenn sie abseits ihrer digitalen Endgeräte zusammenfinden oder ihre freie Zeit nutzen, um aus ihrem Alltag auszubrechen.

13.6   Use Case: Blende 8

Der Rheinwerk Verlag betreibt auf YouTube den Kanal »Blende 8« mit derzeit rund 67.000 Abonnenten (siehe Abbildung 13.17). Auf dem Kanal trifft der Zuschauer hauptsächlich auf Tutorials und Q&A-Videos zum Thema Fotografie: Wie kalibriert man einen Fotodrucker, wie fotografiert man ein Porträt im Parkhaus, und was muss man rechtlich beachten, wenn man fotografieren will? Solche und viele andere Fragestellungen werden in Formaten mit jeweils zahlreichen Folgen beantwortet und anhand von Beispielen verdeutlicht. Die Videos sind außerdem über die Website *foto-podcast.de* abrufbar. In diesem Abschnitt werden zwei Videos von »Blende 8« mittels YouTube Analytics untersucht.

Da »Blende 8« zahlreiche Formate auf dem Kanal veröffentlicht, stellen sich an dieser Stelle als kleine Fingerübung folgende Fragestellungen, um den Erfolg der Formate beurteilen zu können:

1. Welches ist für den Zuschauer interessanter?
2. Welches Video hat für den größeren Abonnentenzugewinn gesorgt?

Abbildung 13.17 Der YouTube-Kanal »Blende 8« des Rheinwerk Verlags

Bei den zu analysierenden Videos handelt es sich um die Titel »Focus Stacking – Schritt für Schritt – Blende 8 – Folge 154« und »Impressionen von der Photokina 2010 – Blende 8 – Folge 28«. Um zunächst die erste Frage zu beantworten, wurde für beide Videos ein Bericht der Zuschauerbindung in den YouTube Analytics ausgegeben. Sie sehen die beiden Berichte in Abbildung 13.18 und Abbildung 13.19.

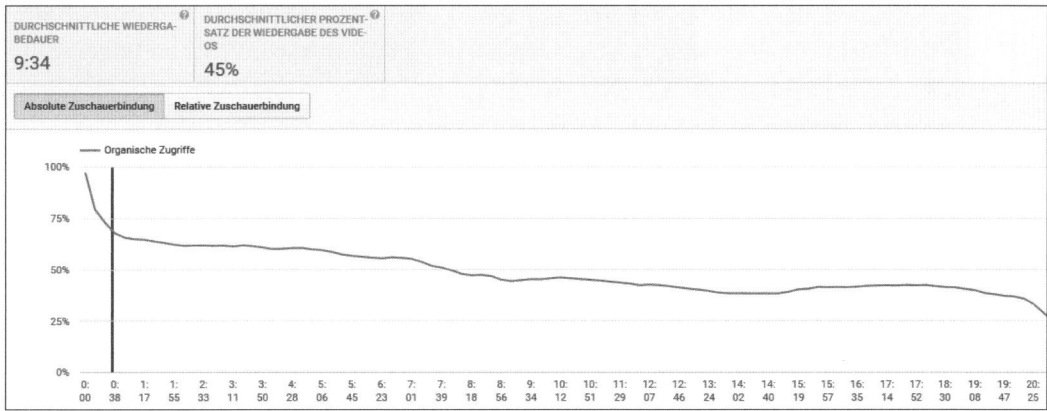

Abbildung 13.18 Zuschauerbindung des Videos zum Thema »Focus Stacking«

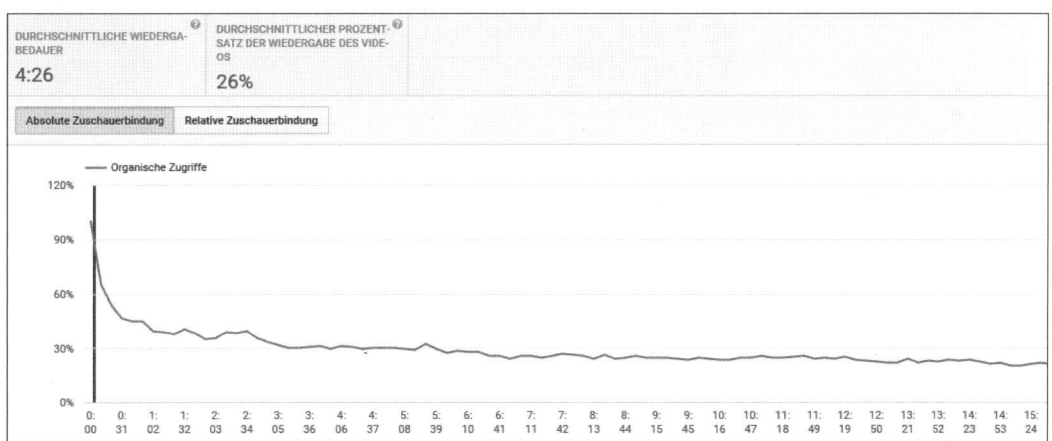

Abbildung 13.19 Zuschauerbindung des Videos zum Thema »Impressionen von der Photokina 2010«

Auffällig ist, dass die Zuschauerbindung des Videos zum Thema »Focus Stacking« mit Werten zwischen 40 und 60 % über das gesamte Video hinweg wesentlich höher ist, als bei dem Video zur Photokina (um 30 %). Beim zweiten Video steigen rund 60 % der Zuschauer bereits in den ersten 30 Sekunden des Videos aus, während das erste Video im gleichen Zeitraum nur rund 30 % der Zuschauer verliert.

Die Laufzeit der Videos ist dabei nicht entscheidend, da sie mit einer Länge von über 15 Minuten ohnehin zu den Langformaten auf YouTube gehören. Würde man dennoch die Laufzeit hinzuziehen, weist das 5 Minuten längere Video mit über 20 Minuten Laufzeit sogar trotz längerer Abspieldauer eine höhere Zuschauerbindung auf.

387

Der Umstand, dass das Thema »Focus Stacking« bei den Zuschauern besser ankommt als das Video zur Photokina, schlägt sich auch in der durchschnittlichen Wiedergabedauer nieder: 9:34 Minuten stehen 4:26 Minuten gegenüber, was auf die Gesamtlänge der Videos bezogen einer rund 20 % höheren Wiedergabedauer entspricht.

Bevor die genauere Analyse des Inhalts über den Zeitverlauf erfolgt, fallen zunächst noch in Abbildung 13.19 mehrere »Erhebungen« im Kurvenverlauf auf. Das andere Video zeigt diese Erhebungen nicht. Es scheint also so zu sein, dass an manchen Stellen Zuschauer hinzukommen. Wie kann das sein? Eine mögliche Erklärung ist, dass Zuschauer in der Wiedergabe des Videos im zeitlichen Verlauf nach vorne springen. Das ergibt sich aus für den Zuschauer zum aktuellen Zeitpunkt weniger relevanten Inhalten und dem Gedanken »Vielleicht kommt später noch etwas Interessanteres«. Der Zuschauer durchsucht so förmlich das Video nach relevanten Informationen.

Mit den bisher erlangten Erkenntnissen kann man eine Aussage darüber treffen, welches Video für den Zuschauer relevanter ist: das Video über »Focus Stacking«. Es hat eine wesentlich höhere Zuschauerbindung und zeigt keine Sprünge im Kurvenverlauf.

Interessant zu untersuchen ist nun, warum das zweite Video weniger erfolgreich ist. Dazu muss die Entwicklung der Kurve auf den Inhalt bezogen werden, was Analytics komfortabel durch Anzeige des roten Balkens während der Wiedergabe ermöglicht. Bei genauerer Betrachtung der beiden Videos fällt auf, dass beim Photokina-Video direkt zu Beginn das etwa 8 Sekunden lange Logo des Kanals mit dem eingesetzten Videotitel abläuft, während das Focus-Stacking-Video zunächst mit einer moderierten Einführung zum Video beginnt, in der der Zuschauer erfährt, um was es in dem Video gehen wird. Das Logo wird hier zwar auch eingeblendet, aber erst nach etwa 30 Sekunden Videolaufzeit. Da der Kurvenverlauf für das Photokina-Video gleich zu Beginn massiv einbricht und das Focus-Stacking-Video diesen Einbruch auch bei Beginn des Logos nicht aufweist, ist das erste Resultat aus der Analyse: Die Videos sollten nicht direkt mit der Logoeinblendung beginnen, sondern zunächst mit einem Teaser starten.

Im weiteren Verlauf wird im Photokina-Video ein Interview mit einem Fotobuchhersteller auf der Messe geführt. Das Interview streckt sich über den Zeitraum, in dem die Analyse mehrere Sprünge im Kurvenverlauf ergeben hat. Die These, dass die Zuschauer an dieser Stelle Teile des Videos übersprungen haben, ist bei Betrachtung des Inhalts durchaus plausibel: Das Interview kann als inhaltlich weniger relevant eingestuft werden, da es keine sensationelle Neuigkeit auf dem Gebiet der Fotografie präsentiert, sondern lediglich ein bestehendes Produkt hinterfragt (das Fotobuch). Der Zuschauer ist an dieser Stelle versucht, im Interview zu springen, um dennoch den interessanten Aspekt zu entdecken. Im weiteren Verlauf des Videos werden innovativere Themen präsentiert, was sich auch in der relativ stabilen Restkurve der Zuschauerbindungsanalyse nieder-schlägt.

Neben der Zuschauerbindung interessiert die zu Beginn gestellte Frage, welches Video ein größeres Potenzial hat, Zuschauer zum Abonnieren des Kanals zu bringen. Dazu dient die Analyse der Abonnenten, die Sie in Abbildung 13.20 und Abbildung 13.21 sehen können.

Abbildung 13.20 Abonnentenzugewinn beim Focus-Stacking-Video

Daraus ist klar ersichtlich, dass das Focus-Stacking-Video den Zuschauern einen wesent-lich höheren Anreiz gibt, ein Abonnent des Kanals zu werden, als das Photokina-Video (zwölf neue Abonnenten gegenüber einem neuen Abonnenten). Das Tutorial-Video zum Focus-Stacking ist für die Zuschauer des Blende-8-Kanals also ein relevanteres Thema als der Bericht zur Photokina.

Abbildung 13.21 Abonnentenzugewinn beim Photokina-Video

Kapitel 14
Werben auf YouTube (AdWords)

Google hier, Google da, Google überall: Mit AdWords als Teil der Werbemaschinerie sind (mit) Google unzählige Unternehmen ins Netz gegangen. Werben mit YouTube-Videos mausert sich dabei zum Geheimtipp.

Sie glauben, mit Ihrem YouTube-Kanal und perfektem Content haben Sie die Aufmerksamkeit auf YouTube ausgereizt? Dann sollten Sie sich unbedingt mit AdWords beschäftigen. AdWords gehört zum Werbesystem von Google und ermöglicht Werbetreibenden, bezahlte Werbung auf den Google-Plattformen und im Display-Netzwerk von Google zu schalten. Laut Google umfasst das Google Display-Netzwerk (GDN) über 2 Millionen Websites, über die mehr als 90 % der Internetnutzer erreicht werden können. Mit der Übernahme von YouTube hat Google auch diese Plattform in sein Werbenetzwerk integriert, und so lassen sich heute ganz selbstverständlich auch Videowerbeformate über AdWords buchen und auf der YouTube-Plattform ausspielen. Mit AdWords und dem passenden Budget heben Sie damit Ihr YouTube-Marketing auf die nächste Stufe und generieren Aufmerksamkeit über Ihre organische Reichweite hinaus.

Google AdSense

Das Google-Produkt AdSense ist quasi das Gegenstück von AdWords. Es ermöglicht Publishern, die von Advertisern über AdWords gebuchten Anzeigen auf Werbeflächen neben den eigenen Inhalten einzubinden und an den Werbeeinnahmen von Google beteiligt zu werden. Grundsätzlich ist es möglich, AdWords- und AdSense-Kunde gleichzeitig zu sein – um beispielsweise als YouTuber den eigenen YouTube-Kanal anzuwerben und gleichzeitig über Werbung vor oder neben den eigenen Videos den Kanal zu refinanzieren.

Google AdWords bietet Werbetreibenden sehr viele Möglichkeiten, ihre Kampagne optimal zu planen, umzusetzen und auszuwerten. Eine vollständige Behandlung von AdWords wäre im Rahmen dieses Buches nicht möglich. Dieses Kapitel konzentriert sich deshalb auf den Bereich der YouTube-Videowerbeformate und zeigt auf, was Videowerbung leisten kann, welche Formate es gibt und wie Sie Ihre Videos für Videoanzeigen optimal gestalten können.

14.1 Was kann Werbung auf YouTube leisten?

Sicherlich kennen Sie YouTube-Stars wie BibisBeautyPalace, LeFloid oder Gronkh, deren Videos in vorigen Kapiteln bereits vorstellt wurden: Sie alle finanzieren nicht nur ihren Kanal, sondern oft einen Großteil ihres Lebensunterhalts dadurch, dass andere Kanäle für Werbung vor ihren Videos Geld bezahlen. Für YouTuber ist die Werbeschaltung ein lukratives Einkommensmodell, während Werbetreibende ihre gewünschte Zielgruppe ganz gezielt gegen Bezahlung erreichen können. Und das alles, ohne dass Werbetreibende mit YouTube-Stars jemals in Kontakt treten müssten – die gesamte Abwicklung übernimmt Google mit AdWords und AdSense.

Mithilfe von Algorithmen erörtert Google anhand seines riesigen Datenschatzes, welche Videos von welchen Personen angesehen werden und wo eine Werbebotschaft am besten platziert werden kann. YouTuber ziehen mit ihren kreativen Inhalten die wertvollen Zuschauer an, die im Gegenzug die von Unternehmen bezahlte Werbung vor den eigentlichen Videos präsentiert bekommen. Unternehmen können sich voll auf die Produktion von perfekten Werbespots für ihre Zielgruppe konzentrieren und sie per AdWords komfortabel und in Echtzeit auf YouTube schalten.

14.1.1 Vergrößerung der Reichweite und Abonnentenbasis

Sie haben Ihren Kanal gestartet, einige Videos erstellt und werben ihn über all Ihre Werbekanäle an. Trotzdem hält sich das Wachstum Ihres Kanals in Grenzen. Besonders am Anfang ist es schwer, sich eine Abonnentenbasis aufzubauen, die regelmäßig die Videos eines Kanals konsumiert. Der Grund ist einfach: Die wenigen Zuschauer, die sich für Ihre Videos begeistern, erzeugen im Vergleich zu einer großen Abonnentenbasis eine viel kleinere Reichweite, wenn sie Ihre Videos weiterteilen. Hier kann AdWords unterstützend wirken: Werben Sie mit einem Video Ihren Kanal an, und erzählen Sie YouTube-Nutzern, die Sie bisher nicht erreichen konnten, warum sie Ihren Kanal unbedingt abonnieren sollten.

Mit AdWords erreichen Sie also auch Nutzer, die Sie über Ihre organische Reichweite (noch) nicht ansprechen können. Im Idealfall schaffen Sie es nicht nur, diese Nutzer mit Ihrer Werbebotschaft zu erreichen, sondern Sie von Ihrem Kanal und einem Abonnement zu überzeugen. Einen Nutzer, den Sie durch AdWords-Anzeigen in einen Abonnenten umwandeln, können Sie später einfach ansprechen, ohne erneut Geld für AdWords auszugeben. Die Anzeigenschaltung kann bei dieser AdWords-Strategie demnach dazu beitragen, eine Abonnentenbasis aufzubauen, die nachhaltig ist.

14.1.2   Die Zielgruppe sehr genau definieren

Sie wissen am besten, wen Sie mit Ihren YouTube-Videos ansprechen möchten. Alter, Geschlecht, Wohnort, Interessen und viele weitere Faktoren bestimmen Ihre Zielgruppe. AdWords erlaubt, nur die Zuschauer mit Ihren Werbespots anzusprechen, die den von Ihnen beabsichtigten Kriterien entsprechen. So vermeiden Sie gegenüber klassischen Medien wie Fernsehen, Rundfunk oder Zeitung allzu große Streuverluste und investieren Ihr Werbebudget ausschließlich in die Ansprache Ihrer Zielgruppe.

Wenn Sie, wie im vorangegangenen Abschnitt beschrieben, Ihre Abonnentenbasis vergrößern möchten, kann diese detaillierte Zielgruppenauswahl in der Werbeschaltung auch dazu beitragen, dass Sie langfristig das gewünschte Publikum auf Ihrem Kanal ansprechen. Haben Sie also bereits kurz nach dem Start Ihres YouTube-Auftritts ein paar Videos auf Ihrem Kanal hochgeladen, trägt eine eng definierte Anzeigenschaltung über AdWords mit dem Ziel, neue Abonnenten zu gewinnen, dazu bei, dass die ersten Abonnenten auch aus Ihrer Zielgruppe stammen. Diese Abonnenten teilen Ihren Kanal dann idealerweise in ihrem Umfeld weiter und bauen die Reichweite in Ihrer gewünschten Zielgruppe weiter aus.

14.1.3   Messung der Ergebnisse

Jede Werbeschalte über AdWords wird genauestens gemessen, auch bei Videoanzeigen: Wie viele Nutzer bekommen die Anzeige eingeblendet, wie viele Nutzer sehen sie sich bis zum Schluss an, und wie viele gelangen zur Website oder dem Kanal des Werbetreibenden? Sie sehen also jederzeit, wie Ihre Anzeige überhaupt von den Nutzern angenommen wird.

Auch AdWords bezieht die Messergebnisse in die Schaltung der Anzeigen mit ein. Wenn Sie mehrere Anzeigen schalten, werden standardmäßig die Anzeigen häufiger geschaltet, deren Wirksamkeit am höchsten ist. Sie können also mehrere Anzeigen gleichzeitig gegeneinander antreten lassen und das Werbesystem herausfinden lassen, welche Ihnen am meisten bringt. Darüber hinaus stehen Ihnen die YouTube Analytics auch für Videos zur Verfügung, die über AdWords als Werbespots geschaltet werden.

14.1.4   Die Werbekosten im Vergleich

Die erzielte Kosteneffizienz ist ein schlagendes Argument für Videowerbung auf YouTube. Nach Angaben von YouTube erzielt eine durchschnittliche Anzeige bei einem Einsatz von 50 € pro Tag 10.000 Abrufe. Im Vergleich liege die Reichweite mit dem gleichen Budget bei einer Tageszeitung bei 585 Lesern, im Fernsehen bei 1.664 Zuschauern und im Radio bei 355 Hörern.[1] Diese Zahlen sind als Durchschnittswerte zu betrachten, die nicht für jede Branche gelten. Je nachdem, wie viele Werbetreibende auf die Werbeplätze von YouTube bieten, kann die Reichweite höher oder niedriger ausfallen. Insbesondere Branchen mit wenigen Marktteilnehmern, die auf YouTube Werbung schalten, haben deshalb einen Kostenvorteil.

Da YouTube-Werbung über AdWords geschaltet wird, unterliegt die Funktionsweise dem Bieter-Algorithmus, der den Anzeigenrang für Videowerbung nach einem Cost-per-View-Gebot festlegt. Das Cost-per-View-Gebot liegt laut AdWords typischerweise zwischen 0,05 und 0,24 € und muss nur gezahlt werden, wenn der Zuschauer das Video bis zum Ende angesehen hat, bei längeren Spots mindestens 30 Sekunden lang dabei geblieben ist oder auf einen Link in der Anzeige geklickt hat.

14.2 Die YouTube-Werbeformate

Grundsätzlich gibt es zwei wesentliche Anzeigentypen: In-Stream-Anzeigen und In-Display-Anzeigen. In Abbildung 14.1 sehen Sie eine schematische Darstellung einer In-Stream-Anzeige. In-Stream-Anzeigen werden vor anderen Videos oder in einer kurzen Werbeunterbrechung abgespielt und können vom Nutzer entweder übersprungen werden oder werden als nicht überspringbare Anzeigen geschaltet.

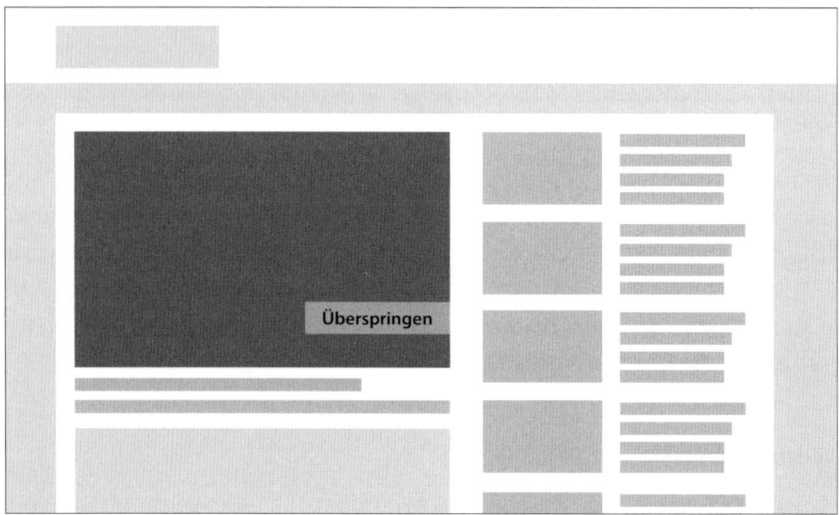

Abbildung 14.1 In-Stream-Anzeigen laufen vor anderen Videos.

---

1 Quelle: *www.youtube.com/yt/advertise/de/*

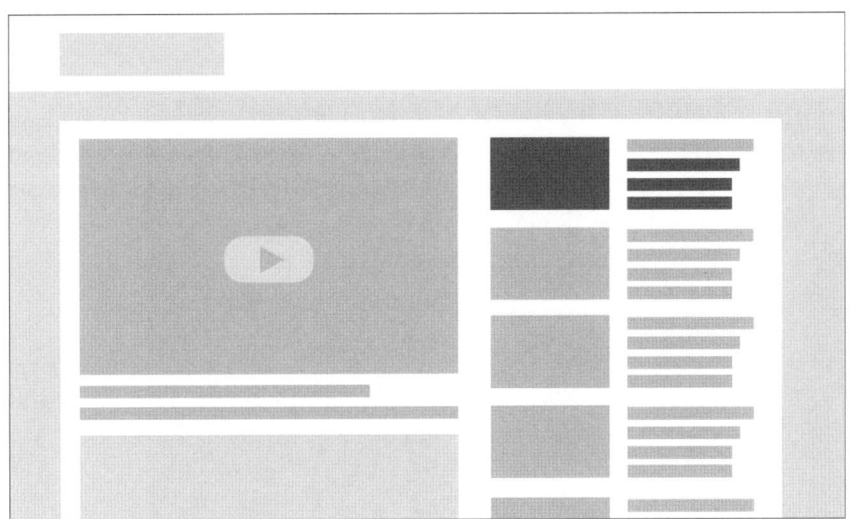

Abbildung 14.2 In-Display-Anzeigen werden unter anderem in den Suchergebnissen und Videovorschlägen angezeigt und erfordern, dass der Nutzer sie anklickt, um angespielt zu werden.

In Abbildung 14.2 ist ein Beispielschema für In-Display-Anzeigen dargestellt. Hierbei werden die Videos mit Thumbnails versehen und an verschiedenen Stellen der YouTube-Plattform eingeblendet – beispielsweise in der Seitenleiste der Videovorschläge oder in den Suchergebnissen bei relevanten Suchanfragen.

14.2.1 Überspringbare Videoanzeigen

TrueView-In-Stream-Anzeigen werden vor anderen Videos angezeigt und sind in ihrer Laufzeit nicht begrenzt (siehe Beispiel in Abbildung 14.3). Sie lassen sich allerdings nach 5 Sekunden vom Nutzer überspringen und müssen deshalb vor allem in dieser kurzen Zeit überzeugen. Überspringbare Videoanzeigen werden von den Nutzern als verhältnismäßig angenehmen empfunden, da sie ihnen die Wahl lassen, die Werbeanzeige anzusehen oder nicht. Der Vorteil für Sie als Unternehmen: Hat ein Nutzer kein Interesse an Ihrem Werbespot, zahlen Sie auch nicht dafür, dass er ihn sich gezwungenermaßen ansehen musste.

TrueView-Anzeigen werden als Pre-Roll, Mid-Roll oder Post-Roll angezeigt. Die gängigste Ausspielvariante ist Pre-Roll, bei der die Anzeige vor dem eigentlichen Video eingeblendet wird. Mid-Roll als Werbeunterbrechung beim Betrachten des Videos und Post-Roll als Werbung nach einem Video sind relativ selten zu beobachten.

Überspringbare Videoanzeigen werden auf allen Endgeräten angezeigt, solange der Nutzer keinen AdBlocker installiert hat, der die Anzeige verhindert.

Abbildung 14.3 Überspringbare In-Stream-Anzeige in der iPhone-App

14.2.2   Nicht überspringbare Videoanzeigen

Nicht überspringbare Videoanzeigen funktionieren grundsätzlich wie überspringbare TrueView-Anzeigen. Sie müssen allerdings zwischen 15 und maximal 30 Sekunden lang sein. Der Nutzer kann die Videos während der Anzeigedauer nicht überspringen (siehe Beispiel in Abbildung 14.4). Laut Informationen von YouTube ist die Ausstiegsrate bei diesem Format am höchsten, da der Nutzer keine Wahl hat, ob er die Anzeige sehen möchte oder nicht. Er ist gezwungen, die Werbung zu akzeptieren, um das ursprünglich gewünschte Video wiedergeben zu können, oder muss die gesamte Wiedergabe und damit auch das Betrachten des danach erwarteten Videos abbrechen. Wie überspringbare Videoanzeigen funktionieren nicht überspringbare Videoanzeigen auf allen Endgeräten.

Companion-Banner

Videoanzeigen schließen neben der Werbeschalte vor anderen Videos auch ein sogenanntes Companion-Banner ein. Es wird permanent in der rechten Seitenleiste bei den Videovorschlägen angezeigt und bleibt auch sichtbar, wenn das Video nach dem Werbespot bereits läuft.

Abbildung 14.4 Nicht überspringbare Videoanzeige im Desktop-Browser

14.2.3 In-Display-Anzeigen

In-Display-Anzeigen werden nicht automatisch abgespielt und stören den Nutzer deshalb kaum. Der Werbekunde zahlt für eine prominente Platzierung in den Suchergebnissen oder in den Videovorschlägen sowie im gesamten Google Display-Netzwerk (siehe Abbildung 14.5).

Wenn kein sogenannter *Masthead* (großes Anzeigenformat auf der Startseite von YouTube) gebucht wurde, werden In-Display-Anzeigen auch dort platziert. In-Display-Anzeigen bestehen aus:

▶ der YouTube-URL zum Video

▶ einem automatisch generierten Vorschaubild, wobei der AdWords-Kunde aus vier Vorschlägen wählen kann

▶ dem Anzeigentitel mit maximal 25 Zeichen

▶ einem Beschreibungstext, bestehend aus maximal 38 Zeichen, der allerdings nicht in Videovorschlägen sichtbar ist

Der Werbekunde zahlt, wenn ein Nutzer auf die entsprechende Displayanzeige klickt und sich das Video ansieht. Vom Prinzip her zahlen Sie als Werbekunde dafür, dass Ihr Video auch angeworben wird, wenn der YouTube-Algorithmus es normalerweise dem Nutzer nicht vorschlagen würde.

397

Für In-Display-Anzeigen werden in Ihrem AdWords-Konto sowohl Impressions als auch Klicks angezeigt. Sie können also in der Analyse sehen, wie groß Ihre Click-through Rate (CTR) ist, und daraus ableiten, wie effektiv die Schaltung der In-Display-Anzeige ist.

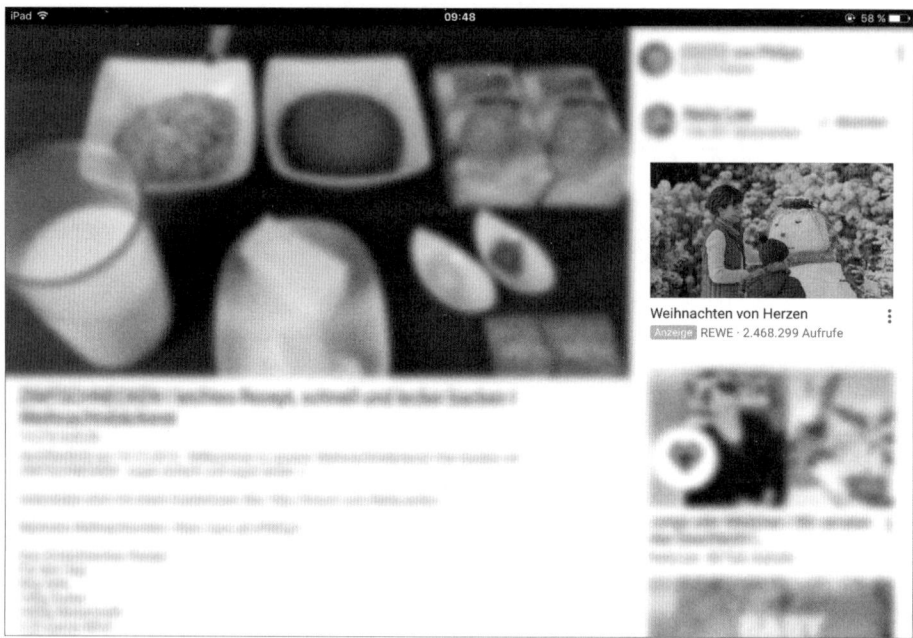

Abbildung 14.5 In-Display-Anzeige in der iPad-App neben einem Video

14.3   Welche Videos funktionieren am besten?

Theoretisch kann für eine Videoanzeige in AdWords jedes YouTube-Video verwendet werden, das bereits auf der Plattform hochgeladen wurde. Das sollte Sie aber davon abhalten, einfach Ihre Videos gegen Bezahlung vor denen anderer zu schalten: Videolänge und Inhalte Ihres Werbespots müssen so optimiert werden, dass die Zuschauer auch weiterschauen und es nicht nach 5 Sekunden überspringen. Und selbst wenn Sie nicht überspringbare Videoanzeigen buchen, sollten Sie inhaltlich zu überzeugen wissen, damit sich Ihre Investition auch gelohnt hat.

14.3.1   Die Videolänge ist entscheidend

Insbesondere bei In-Stream-Anzeigen ist die Länge des Videos entscheidend. Die Nutzer der YouTube-Plattform wollen eigentlich ein anderes Video betrachten und werden nun stattdessen gezwungen, sich zunächst mit Ihrer Werbeanzeige auseinanderzusetzen. Je uninteressanter und länger Ihr Video ist, desto schlechter bleiben Sie dabei im Gedächtnis der Nutzer. Schaffen Sie es hingegen, Ihre Botschaft auf den Punkt zu bringen und in kürzester Zeit einen Mehrwert zu schaffen, den die Nutzer nicht erwartet hätten, sind viele auch bereit, sich Ihre Anzeige bis zum Schluss anzusehen.

Nicht überspringbare Videoanzeigen dürfen, wie bereits erwähnt, zwischen 15 und 30 Sekunden lang sein. Sehen Sie diese Lauflänge auch als Richtwert für Ihre überspringbaren Anzeigen. Selbstverständlich können Sie auch längere Anzeigen schalten, die Nutzer werden die Anzeige dann aber zunehmend überspringen oder nicht bis zum Ende anschauen.

14.3.2 Videos so aufbauen, dass sie nicht übersprungen werden

Das große Ziel zu Beginn Ihrer Videoanzeige ist, den Nutzer so schnell wie möglich zu fesseln, damit er sich das Video bis zum Ende anschaut. Der Nutzer erwartet schließlich zunächst nicht, dass eine Werbeanzeige geschaltet wird, und sein eigentliches Ziel, das gewünschte Video wiedergeben zu können, zögert sich dadurch hinaus. Der für den Nutzer frustrierende Augenblick, in dem er realisiert, dass er sich zunächst Ihren Werbespot ansehen muss, ist der entscheidende Moment: Bieten Sie ihm ab der ersten Sekunde auf visueller und auditiver Ebene etwas an, das ihm den Zugang erleichtert und ihn von seiner ablehnenden Haltung wegholt oder ihn gar nicht auf den Gedanken kommen lässt, dass er sich gerade Werbung ansieht. Wirkungsvoll kann dabei sein:

▶ Gesichter oder Tiere bereits im ersten Frame zeigen

▶ sofortige direkte Ansprache durch einen im Bild sichtbaren Moderator

▶ positiv emotionale Musik verwenden

▶ Markensymbole zunächst sehr dezent und erst gegen Ende prominenter platzieren

Viele Videoanzeigen auf YouTube stellen ein Produkt in den Mittelpunkt und haben nicht das Ziel, Aufmerksamkeit für einen YouTube-Kanal zu schaffen. Bei solchen Werbespots ist die Zielinteraktion eines Calls-to-Action meist auf eine Website ausgerichtet. Je nach Werbeziel und Aktivität auf YouTube kann diese Vorgehensweise durchaus eine Option sein. In der Regel sind entsprechende Spots vor allem bei Marken aus der Konsumgüterbranche anzutreffen. Die Machart der Spots orientiert sich dabei an Strukturen klassischer TV-Werbespots – mit dem Unterschied, dass sie in den ersten 5 Sekunden, die der Nutzer nicht überspringen kann, die wichtigsten Informationen zum Produkt stark verdichtet kommunizieren.

Der typische Aufbau eines 15 Sekunden langen Spots besteht deshalb aus drei Hauptelementen (siehe Abbildung 14.6): einem einleitenden Teil mit den wichtigsten Informati-

14

onen und der Einführung in eine eventuelle Story, dem Hauptteil mit detaillierten Informationen oder der Fortführung der Story und einem sogenannten Abbinder mit Logo, Claim und Packshot (Großaufnahme des Produkts und seiner Verpackung).

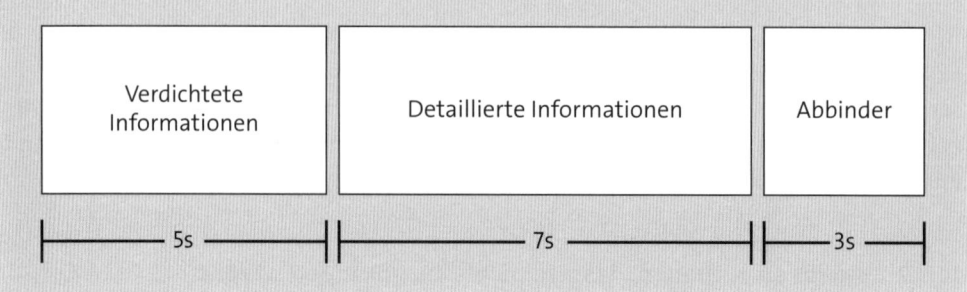

Abbildung 14.6 Der typische Aufbau eines klassischen YouTube-Pre-Roll-Werbespots

Der Packshot

Steht ein Produkt im Mittelpunkt der Werbung, wird es in den meisten Fällen alleinstehend am Ende des Werbespots hervorgehoben. Man spricht dabei von einem Packshot (siehe Beispiel in Abbildung 14.7): einer großen Aufnahme des Produkts, oftmals mit seiner ansprechenden Verpackung, ohne schmückende Umgebung. Der Packshot soll bei dem Zuschauer bewirken, das Produkt im Geschäft wiederzuerkennen.

Abbildung 14.7 Beispiel eines Packshots in einem Werbespot von NIVEA (Quelle: youtu.be/__BlUhJoz40)

Wollen Sie hingegen Aufmerksamkeit für Ihren YouTube-Kanal erregen, erklären Sie dem Nutzer, warum er auf Ihrem Kanal vorbeischauen und ihn abonnieren sollte. Seien Sie dabei kreativ in der Wahl der Ansprache: Zeigen Sie beispielsweise einen Querschnitt Ihrer Videos, und moderieren Sie aus dem Off, oder sprechen Sie die Zuschauer direkt mit einem Moderator vor der Kamera an: Erzählen Sie ihnen, dass Sie einen Kanal haben und was der Zuschauer dort erwarten kann, gefolgt von einem Call-to-Action, der auf den Kanal führt.

14.3.3   Mit dem Inhalt überzeugen

Machen Sie dem Zuschauer in den ersten 5 Sekunden Ihres Videos deutlich, was ihn erwartet, wenn er sich Ihr Video bis zum Ende ansieht. Damit ist nicht gemeint, dass Sie sich vor die Kamera stellen und ihm sagen, was die nächsten 25 Sekunden mit sich bringen – transportieren Sie diese Botschaft über den Inhalt. Bauen Sie Spannung auf, und geben Sie ihm Anhaltspunkte, um was es in Ihrem Spot geht und warum es ihn betrifft. Im Idealfall überzeugen Sie ihn so, das Video weiter anzusehen und es nicht zu überspringen. Er muss entscheiden können, ob der Rest des Videos für ihn von Interesse ist und ihm einen Mehrwert bietet.

Sollten Sie sich für einen klassischen Werbespot entscheiden, gibt es zudem einige Dinge, die sich etabliert haben. Wenn Sie sich entsprechende Spots ansehen, werden Sie beispielsweise folgende Motive erkennen:

▶ Bei Waschmitteln und Hautpflegeprodukten wird im Spot meist die Wirksamkeit erklärt. In beiden Fällen liegt der Fokus auf der Innovation des Produkts: Welche neue Entwicklung macht das Waschmittel zum besten Waschmittel? Welche Wirkung entfaltet das Pflegeprodukt, und wie schafft es das?

▶ Werbespots im Food-Bereich zeigen häufig glückliche Familien und Gemeinschaften, die gemeinsam das beworbene Produkt genießen. Genuss ist etwas, das durch Gemeinschaft bedeutsamer wird.

▶ Fast-Food und Schokoriegel werden häufig mit besonders eindrucksvollen Spezialeffekten aus den einzelnen ersichtlichen Zutaten zusammengesetzt.

▶ Bei Kosmetikmarken steht (natürliche) Schönheit und praktischer Umgang im Vordergrund: Unterstützende Wirkung für natürliche Schönheit, herausragende Haltbarkeit oder der besondere Auftritt. Auch hier wird die Wirkung erklärt, die sich jedoch stärker auf das eigene Befinden im sozialen Umfeld bezieht.

▶ Versicherungen und Finanzdienstleister konzentrieren sich in der Regel auf das Bedürfnis nach Sicherheit und Unkompliziertheit. Ihre Kunden müssen sich zwangsläufig mit solchen Produkten beschäftigen und suchen deshalb nach dem »Weg des geringsten Widerstands«.

▶ Werbung in der Automobilbranche versucht, Dynamik und Fahrfreude visuell zu verdeutlichen. Fahrzeuge müssen deshalb fahren, Blätter aufwirbeln, Reifenspuren auf der Straße hinterlassen und Geräusche von sich geben (oder im Fall von Elektroautos auch genau das Gegenteil). Häufig werden rasante Kurvenfahrten genutzt, um die Agilität des Fahrzeugs zu unterstreichen. Zufriedene Fahrer in einer Lebenslage der Zielgruppe sorgen für die emotionale Verbindung zum Zuschauer und seiner Alltagswelt.

Egal, um welches Thema sich Ihr Werbespot am Ende drehen wird: Seien sie kreativ, und finden Sie Anhaltspunkte, die bei der Konkurrenz noch nicht zu finden sind. Es kann hilfreich sein, sich an den oben genannten Motiven zu orientieren, wenn es sich wirklich um einen klassischen Werbespot handeln soll, der Aufmerksamkeit für Ihr Produkt erregen soll. Solange Sie sich an die Videolänge der Videoanzeigen halten und keine Kurzfilme als Videoanzeigen schalten, ist es aber durchaus auch empfehlenswert, mit Formen der direkten Kundenansprache im Video zu experimentieren. Wichtig ist, dass Sie den Zuschauer möglichst schnell für Ihr Thema begeistern können. Wenn Sie nicht nur Brand Awareness erzielen möchten, ist ein Call-to-Action direkt in der Ansprache am wirkungsvollsten, um den Zuschauer zum Handeln zu bewegen. Beim Erzählen Ihrer Geschichten hilft Ihnen das Wissen, das Sie in Kapitel 4, »Das Storytelling«, bereits erworben haben.

14.4   Einrichten einer Videokampagne

Um eine Videokampagne auf YouTube zu starten, benötigen Sie einen AdWords-Account. Sie können diesen Account mit Ihrem Google-Konto unter der Adresse *https://www.google.de/adwords/* einrichten. Sollten Sie Neukunde sein, halten Sie Ausschau nach speziellen AdWords-Gutscheinen, die Google regelmäßig verteilt. Zumeist stockt Google Ihr Werbekontingent in dieser Testphase auf, wenn Sie einen bestimmten Betrag in AdWords-Kampagnen investiert haben. So können Sie AdWords zunächst komfortabler ausprobieren.

Sobald Sie ein AdWords-Konto erstellt haben, sollten Sie eine Übersicht sehen, in der alle Kampagnen gelistet werden. AdWords gruppiert Anzeigen in Anzeigengruppen, die wiederum Bestandteil einer Kampagne sind (siehe Abbildung 14.8). Pro AdWords-Konto können mehrere Kampagnen angelegt werden. Was Sie als eigenständige Kampagne definieren, ist grundsätzlich Ihre Entscheidung. Empfehlenswert ist eine zielgerichtete Ordnung, bei der Sie beispielsweise zwei Kampagnen mit den Zielen »Aufmerksamkeit für den YouTube-Kanal generieren« und »Umsatz im Onlineshop erhöhen« anlegen. Unter den beiden Kampagnen legen Sie dann entsprechende Anzeigengruppen fest, die auf Ihr angepeiltes Ziel zugeschnitten sind. Eine solche Vorgehensweise ermöglicht es Ihnen unter anderem auch, die Laufzeit der Kampagnen bequem einzustellen und die Kampagnen hinsichtlich Ihres definierten Ziels auszuwerten.

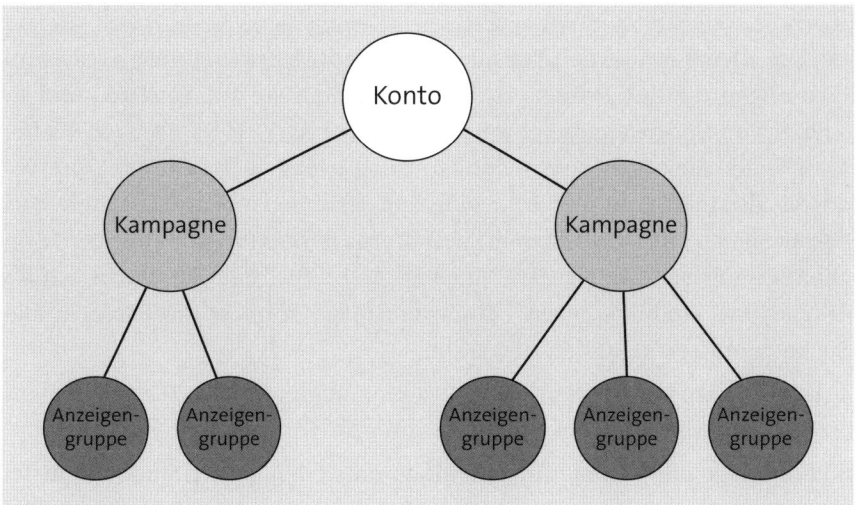

Abbildung 14.8 In Google AdWords werden Anzeigengruppen in Kampagnen organisiert.

14.4.1 Videokampagne einrichten

In diesem Abschnitt soll es darum gehen, wie Sie eine Videokampagne anlegen. Dazu klicken Sie auf die rote Schaltfläche mit der Beschriftung KAMPAGNE (siehe Abbildung 14.9) und wählen VIDEO aus.

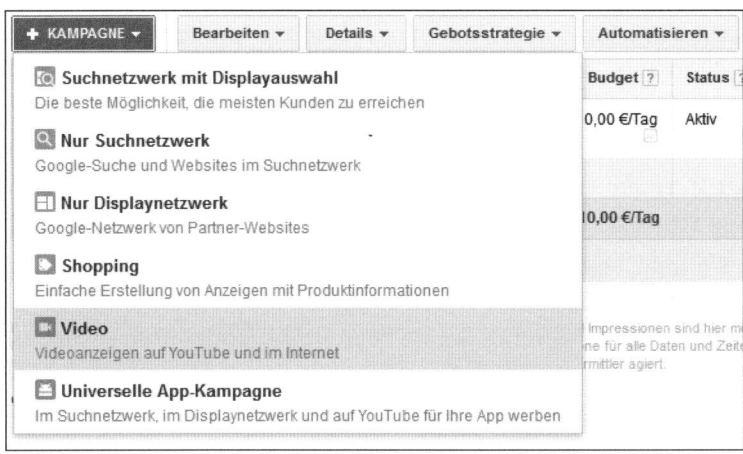

Abbildung 14.9 Videowerbung wird als eigenes Format in AdWords geführt

403

Im Folgenden sehen Sie eine Eingabemaske für das Anlegen einer neuen Kampagne:

▶ Vergeben Sie zunächst einen KAMPAGNENNAME, der so aussagekräftig ist, dass Sie später sofort wissen, um welche Kampagne es sich handelt, beispielsweise »Herbstkollektion 2016 – CTA Online-Shop«.

▶ Im zweiten Schritt wählen Sie den TYP aus. Die Variante STANDARD eignet sich, um mit Videoanzeigen die Bekanntheit zu steigern, indem sie auf YouTube und im Videonetzwerk von Google angezeigt werden. APP-INSTALLATIONS-ANZEIGEN leiten mit Klick auf einen Link über dem Video auf Google Play oder den App Store von Apple. Falls Sie also mit Ihrem Werbeclip eine App bewerben möchten, ist diese Variante perfekt geeignet. SHOPPING ist eine Spezialform, bei der Produkte aus dem Google Merchant Center verlinkt werden. Merchant Center ist eine Plattform, auf der Shop-Betreiber ihre Produkte gegen Gebühr einstellen können, um besser in den Google-Suchergebnissen gefunden zu werden.

▶ Geben Sie nun im nächsten Schritt Ihr BUDGET ein. Fangen Sie zum Testen beispielsweise mit 50 € oder einem Teil des Volumens Ihres AdWords-Gutscheins an.

▶ Optional können Sie die Auslieferungsmethode umstellen. In der Standardeinstellung werden die Anzeigen über den Tag verteilt ausgespielt. Im abfrageabhängigen Modus werden die Anzeigen sofort ausgespielt, wenn es sinnvoll möglich ist. Das kann dazu führen, dass Ihr Tagesbudget bereits am Vormittag erschöpft ist.

▶ Es gibt drei Orte, an denen Videoanzeigen ausgespielt werden: in der YouTube-Suche bei der Suche nach entsprechend definierten Keywords, vor YouTube-Videos und im Zusammenhang mit externen Website-Partnern, die das Google Display-Netzwerk nutzen.

▶ In der Regel sind Ihre Videoanzeigen nicht weltweit relevant. In der Sektion STANDORTE legen Sie deshalb fest, in welchen Ländern oder Städten Ihre Videos ausgespielt werden sollen. Sie können mehrere Standorte über die Eingabemaske suchen und hinzufügen.

▶ YouTube kennt die Spracheinstellungen seiner Nutzer. Wenn Sie also nur englischsprachige Menschen in einem Land ansprechen möchten, ändern Sie die Spracheinstellungen in diesem Schritt.

▶ Nehmen wir an, Sie sind Hersteller von Handy-Schutzhüllen, die Sie nur für bestimmte Geräte anbieten. Im Bereich GERÄTE können Sie zu diesem Zweck die Werbeanzeige der Videos auf bestimmte Geräte begrenzen, damit Sie Streuverluste minimieren. Außerdem können Sie Ihr Gebot für Videoanzeigen auf Mobilgeräten im Vergleich zu anderen Geräten variieren, indem Sie einen positiven oder negativen Prozentsatz in das entsprechende Feld eintragen. Dadurch können Sie Mobilgeräte stärker oder schwächer gewichten – je nachdem, wie die Nutzungsgewohnheiten Ihrer Zielgruppe aussehen.

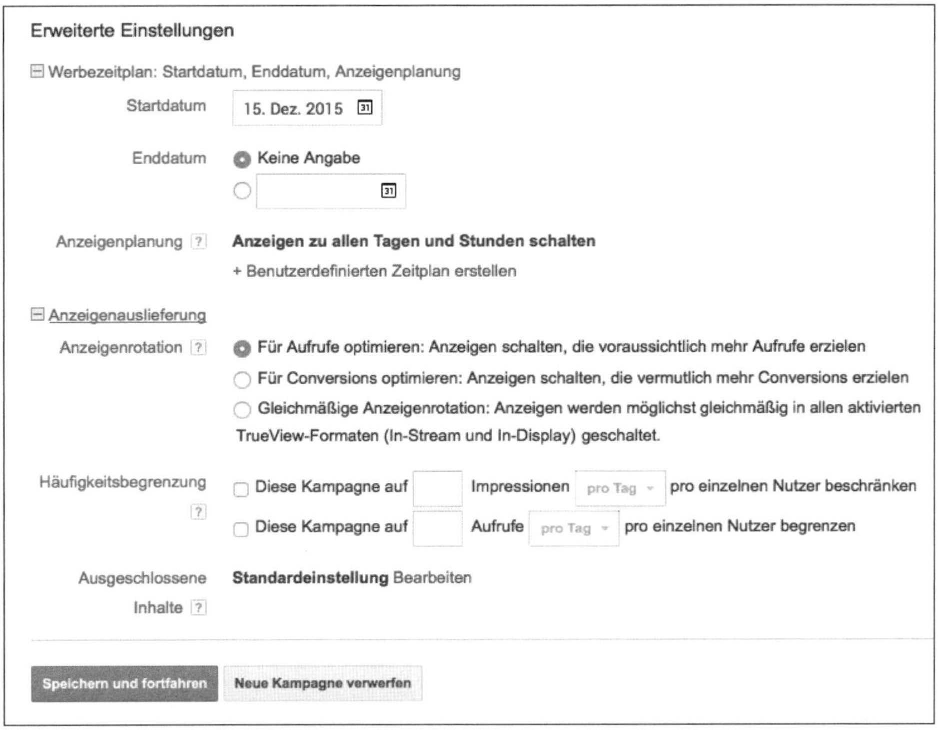

Abbildung 14.10 Die erweiterten Einstellungen lassen sich per Klick öffnen.

Es gibt zudem einige erweiterte Einstellungen, die Sie zunächst per Klick aufklappen müssen (siehe Abbildung 14.10):

▶ Im WERBEZEITPLAN legen Sie fest, in welchem Zeitraum Ihre Kampagne geschaltet werden soll, und können auf Wunsch für jeden einzelnen Wochentag einen Zeitraum definieren. So können Sie beispielsweise als Kaffeehersteller Ihren »Wach-mach-Werbespot« nur montags ausstrahlen, wenn Ihre Zielgruppe müde aus dem Wochenende kommt.

▶ Wie bereits erwähnt, werden mehrere Anzeigen innerhalb einer Kampagne platziert. Google optimiert die Auswahl der Anzeigen standardmäßig so, dass vermehrt die Anzeigen geschaltet werden, die den meisten Erfolg verbuchen können. Sie können die automatische Auswahl aber auch so vornehmen lassen, dass die Anzeigen mit der höchsten Conversion-Erwartung genutzt werden oder die Anzeigen alle gleich häufig nutzen lassen.

▶ Begrenzen Sie gegebenenfalls die Häufigkeit, mit der ein Nutzer Ihre Werbeanzeigen zu sehen bekommt.

▶ Bei Bedarf klammern Sie unter AUSGESCHLOSSENE INHALTE bestimmte Videoformate aus, in deren Rahmen Ihre Anzeigen nicht geschaltet werden sollen.

14.4.2   Anzeigengruppe erstellen

Nachdem Sie eine Videokampagne angelegt haben, werden Sie zum nächsten Schritt übergeleitet, um eine Anzeigengruppe zu erstellen. Innerhalb dieser Anzeigengruppe können Sie dann zu einem späteren Zeitpunkt weitere Anzeigen hinzufügen. Folgende Felder stehen Ihnen in dieser Eingabemaske zur Verfügung:

▶ Als ANZEIGENGRUPPENNAME tragen Sie einen eindeutigen Bezeichner für die Anzeigengruppe ein, wie beispielsweise »Kollektion Frauen – Deutschland«, damit Sie später intern einfacher nachverfolgen können, um welche Gruppe es sich handelt.

▶ In das Feld VIDEO fügen Sie idealerweise die URL zu ihrem bereits hochgeladenen YouTube-Video ein, das Sie als Werbespot verwenden möchten. Videos, die per AdWords geschaltet werden sollen, müssen immer auf YouTube gehostet werden. Sie können Ihr Video auch über das Eingabefeld suchen, sofern Sie die URL nicht kennen. Sobald Sie das Video ausgewählt haben, erscheint eine eingeschobene Ansicht, die Sie in Abbildung 14.11 sehen. In dieser Ansicht haben Sie nun die Möglichkeit, zwischen In-Stream- und In-Display-Anzeigen zu wählen, und im rechten Bildbereich sehen Sie, wie die Anzeige in den unterschiedlichen Umgebungen dargestellt werden könnte.

Im Fall einer In-Stream-Anzeige tragen Sie die URL der Ziel-Website ein (beispielsweise einer Landingpage). Dabei haben Sie die Option, eine andere URL anzeigen zu lassen, als Sie letztendlich für den Klick hinterlegen. Das hat den Vorteil, dass Sie lange URLs mit Tracking-Informationen hinterlegen können, dem Nutzer aber eine ansprechende Adresse präsentieren. Wählen Sie gegebenenfalls aus, ob Sie ein automatisch generiertes COMPANION-BANNER oder ein eigenes Bild verwenden möchten. Das Companion-Banner wird neben der Anzeige eingeblendet und muss dem Format 300 × 600 Pixel bei einer maximalen Dateigröße von 150 KB entsprechen. Vergeben Sie zudem einen eindeutigen Titel, um die Anzeige in AdWords identifizieren zu können.

Wenn Sie sich für eine In-Display-Anzeige entschieden haben, müssen Sie einige Ergänzungen vornehmen, da die Anzeige dann Bild und Text enthält. Neben der Wahl eines Vorschaubildes geben Sie einen Anzeigentitel und zwei Zeilen Beschreibungstext ein. Je nach Endgerät wird beides später in der Anzeige ausgegeben und ist ausschlaggebend dafür, ob ein Nutzer auf Ihre Anzeige klickt. Überlegen Sie also gut, was Sie in die Felder schreiben: Es handelt sich um Ihre Werbeaussage! Wählen Sie außerdem unter ZIELSEITE, ob der Nutzer auf das Video oder auf Ihre Kanalseite gelangen soll, wenn er auf die Anzeige klickt, und vergeben Sie im Anschluss noch einen Anzeigennamen.

▶ Im nächsten Schritt legen Sie das maximale Gebot für Ihre Werbeanzeige fest. Das Cost-per-View-Gebot ist der maximale Betrag, den Sie dafür bieten, die Anzeige bei einem Nutzer anzeigen zu lassen. Sollten Sie der Höchstbietende sein, zahlen Sie nur den Betrag, den der nächstniedriger Bietende bereit ist, für die gleiche Werbeplatzierung zu zahlen. Wenn Sie Ihre Anzeige bei besonders beliebten Videos verstärkt schalten möchten, erhöhen Sie die GEBOTSANPASSUNG FÜR BELIEBTE VIDEOS um den gewünschten Prozentsatz.

▶ Um Ihre Zielgruppe besser zu erreichen, bearbeiten Sie die Sektion AUSRICHTUNG, und legen Sie DEMOGRAFISCHE DATEN und INTERESSEN der Nutzer fest, die Sie mit Ihrer Anzeige erreichen wollen. So reduzieren Sie Streuverluste und können Ihre Anzeige genau in der Zielgruppe platzieren. Im Feld AUSRICHTUNG EINGRENZEN haben Sie zudem weitere Möglichkeiten, die Ausspielung der Anzeige einzugrenzen.

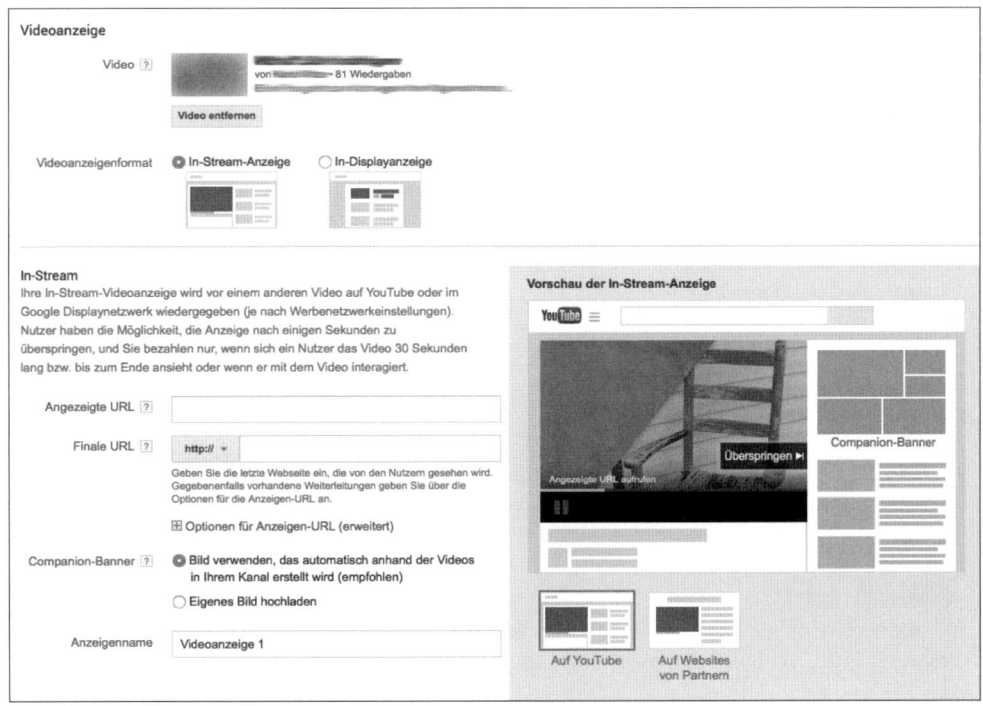

Abbildung 14.11 Diese Ansicht wird für In-Stream-Anzeigen eingeblendet, nachdem die URL zum YouTube-Video eingegeben wurde.

14.4.3 Remarketing-Listen erstellen

Das sogenannte Remarketing ist eine Methode, bei der Nutzer mit Ihren Werbeanzeigen angesprochen werden, die eine der folgenden Kriterien erfüllen und deshalb auf einer Remarketing-Liste stehen:

▶ Sie haben sich bereits eines oder mehrere Ihrer Videos angesehen.

▶ Sie haben mindestens eines Ihrer Videos kommentiert, bewertet oder geteilt.

▶ Ihnen wurde bereits eines Ihrer Videos als In-Stream-Videoanzeige angezeigt, und sie haben es sich angesehen.

▶ Die Nutzer haben Ihren Kanal bereits aufgerufen und abonniert.

Diese Punkte können sich allgemein oder konkret auf einzelne Elemente beziehen. So ist es auch möglich, Remarketing für ein ganz bestimmtes Video zu betreiben, das sich der Nutzer zuvor auf Ihrem Kanal angesehen haben muss.

Mithilfe von Remarketing-Listen können Sie in AdWords auswählen, welche der genannten Kriterien Ihre Zielgruppe bereits erfüllt haben soll. Dank der Remarketing-Methode kann der Return on Investment (ROI) gesteigert werden, da die Nutzer bereits mit Ihrer Marke in Kontakt gekommen oder sogar bereits Konsumenten sind und nun neue Aspekte entdecken können.

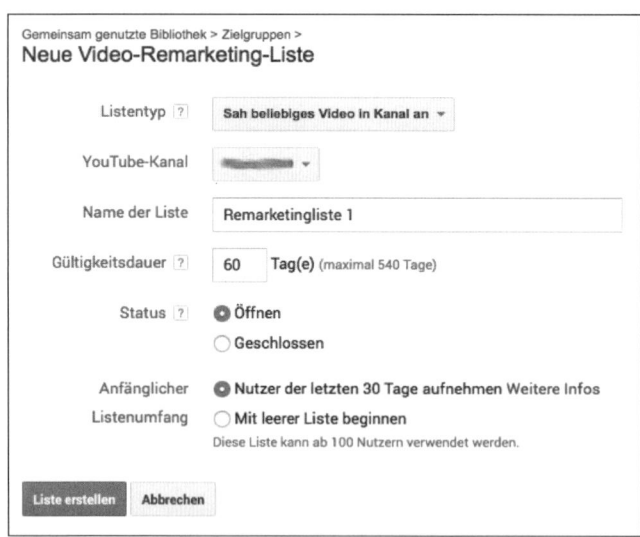

Abbildung 14.12 Die Eingabemaske zum Erstellen einer Remarketing-Liste

Um eine Remarketing-Liste einzurichten, klicken Sie im linksseitigen Menü in AdWords auf GEMEINSAM GENUTZTE BIBLIOTHEK und im Anschluss unter dem Punkt ZIELGRUP-

PEN auf ANZEIGEN. Im nächsten Schritt wählen Sie unter YOUTUBE-NUTZER das Feld LISTE ERSTELLEN aus. Sie gelangen danach auf eine Eingabemaske zur Erstellung einer neuen Remarketing-Liste (siehe Abbildung 14.12).

Wählen Sie in der Eingabemaske zunächst aus, welchen LISTENTYP Sie anlegen möchten, und spezifizieren Sie gegebenenfalls Ihre Auswahl. Vergeben Sie danach einen Listennamen. Der STATUS der Liste gibt an, ob noch neue Nutzer in die Liste aufgenommen werden dürfen (ÖFFNEN) oder nicht (GESCHLOSSEN). Legen Sie außerdem fest, wie der anfängliche Listenumfang beschaffen sein soll.

Mit einem Klick auf LISTE ERSTELLEN wird die Remarketing-Liste angelegt und kann im Anschluss einer Anzeigengruppe zugewiesen werden. Wählen Sie dazu eine Kampagne aus, und klicken Sie im Reiter auf VIDEO-TARGETING und im Anschluss auf den roten Button + REMARKETING. In dem erscheinenden Dropdown-Feld klicken Sie auf die gewünschte Anzeigengruppe, auf die das Remarketing angewendet werden soll, und wählen daraufhin eine Remarketing-Liste aus (siehe Abbildung 14.13), um im Anschluss die Aktion per Klick auf SPEICHERN abzuschließen.

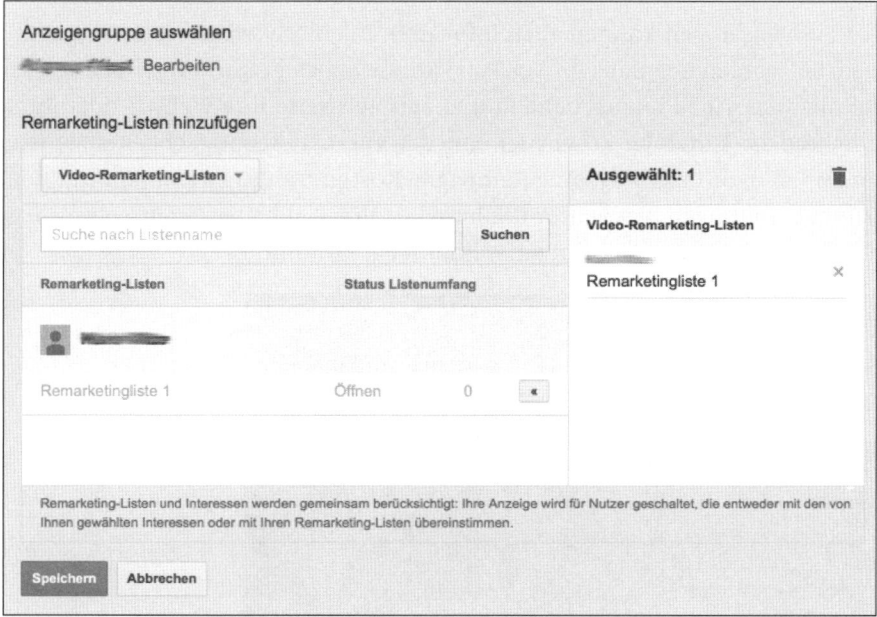

Abbildung 14.13 Die Auswahl der Remarketing-Listen zu einer gewünschten Anzeigengruppe

Sie können das Remarketing auch beim Anlegen einer neuen Kampagne hinzufügen, indem Sie unter AUSRICHTUNG im Dropdown-Menü AUSRICHTUNG EINGRENZEN die Option REMARKETING auswählen und den Anweisungen folgen.

14.4.4 Erstellen von CTA-Einblendungen

Call-to-Action-Einblendungen werden in TrueView-Anzeigen integriert und als Hinweis in der linken unteren Ecke über dem Video eingeblendet (siehe Abbildung 14.14). Die Anzeige erfolgt auf allen Endgeräten, solange Sie mobile Geräte nicht in den Einstellungen der CTA-Einblendungen ausgenommen haben. Der Nutzer gelangt per Klick auf den Link, den Sie für die CTA-Einblendung angelegt haben. Sobald ein Video als TrueView-Anzeige geschaltet wurde, können Sie CTA-Einblendungen im YouTube-Studio konfigurieren:

1. Gehen Sie in das YouTube-Studio, und wählen Sie links im Menü den VIDEO-MANAGER und dort den Unterpunkt VIDEOS aus.

2. Klicken Sie neben dem als Anzeige genutzten Video auf BEARBEITEN.

3. Sie sehen nun im unteren Bereich einen Tab mit der Beschriftung CALL-TO-ACTION, den Sie anklicken.

4. Füllen Sie die erforderlichen Felder aus: TITEL, ANGEZEIGTE URL und ZIEL-URL. Wählen Sie außerdem ein Anzeigebild aus.

Neben CTA-Einblendungen können auch Infokarten in einer Werbeanzeige eingebunden werden. Sie werden ebenfalls im YouTube-Studio angelegt und sorgen dafür, dass der Nutzer über das Video hinaus handelt und beispielsweise Ihre Website oder Ihren Onlineshop besucht. Nutzt der Zuschauer eine der Interaktionsmöglichkeiten, entstehen Ihnen im Rahmen Ihrer AdWords-Kampagne Kosten für die Interaktion mit dem Video. CTA-Einblendungen bleiben für das jeweilige Video auch bestehen, wenn Sie es nicht mehr für eine Videoanzeige nutzen – dann sogar kostenfrei.

Abbildung 14.14 CTA-Einblendungen können für TrueView-Anzeigen angelegt und in der linken unteren Ecke eingeblendet werden, so wie hier in einem Werbespot von »BlablaCar DE«.

Kapitel 15
Die YouTube-APIs

Wäre es nicht wunderbar, YouTube in eigene Anwendungen zu integrieren und die Videos beispielsweise an einer anderen Stelle zu zeigen?

Wie die meisten modernen Webservices bietet auch YouTube eine Programmierschnittstelle an, um externe Anwendungen direkt an die Plattform anbinden zu können. So können Sie aus einem selbst geschriebenen Programm heraus auf Daten und Funktionen zugreifen, ohne dazu die Benutzeroberfläche von YouTube zu bemühen. Im Englischen spricht man in diesem Zusammenhang von *Application Programming Interface*, kurz API, was wortwörtlich übersetzt so viel wie »Anwendungsprogrammierschnittstelle« bedeuten würde. Für YouTube gibt es gleich mehrere APIs, die den Zugriff auf unterschiedliche Bereiche von YouTube ermöglichen.

In diesem Kapitel erhalten Sie einen Überblick über die Möglichkeiten der verfügbaren YouTube-APIs und erfahren, wie Sie die einzelnen APIs für Ihre eigenen Anwendungen nutzen können. Die YouTube-APIs und die zugehörigen Bibliotheken unterliegen grundsätzlich einer permanenten Entwicklung und werden deshalb online dokumentiert. Dieses Kapitel erhebt ausdrücklich nicht den Anspruch, Sie zum Programmierer auszubilden und Sie mit einer vollständigen Referenz der APIs auszustatten. Sie sollen vielmehr eine Idee davon bekommen, was mittels der Programmierschnittstellen und den dort verfügbaren Daten über die YouTube-Plattform hinaus noch alles möglich ist.

Was ist eine Anwendung?

Eine Anwendung, oft auch abgekürzt durch den Begriff *App*, kann sowohl eine eigenständige Software für Desktop-Systeme oder mobile Endgeräte als auch eine Webanwendung sein, die im Browser ausgeführt wird. Eine Webanwendung muss dabei nicht gleich ein Webservice sein – im weitesten Sinne kann hierunter auch Ihre Website verstanden werden, in deren Hintergrund Inhalte dynamisch generiert werden.

15.1 Externer Zugriff auf YouTube-Funktionen

Mithilfe der YouTube-APIs haben Sie Zugriff auf zwei wesentliche Bereiche: Daten und Funktionen der Plattform (Data API) und YouTube-Analytics-Daten (Analytics API und

Reporting API). Darüber hinaus gibt es noch weitere als API bezeichnete Schnittstellen, wie die Live Streaming API oder die Player-API, wobei letztere besonders interessant für die Einbindung von Videos auf externen Webseiten ist.

15.1.1   Die Autorisierungstypen OAuth 2.0 und API-Schlüssel im Vergleich

Für den Zugriff auf die YouTube-APIs muss sich Ihre Anwendung autorisieren. Dazu gibt es zwei Varianten: mittels API-Schlüssel (API-Key) oder per OAuth 2.0. Je nach Autorisierungstyp haben Sie nur Zugriff auf öffentlich einsehbare Daten oder auch auf persönliche Nutzerdaten. Der Nutzer kann nicht nur jemand sein, der eine von Ihnen erstellte Webanwendung verwendet, sondern auch Sie selbst mit Ihrem eigenen Kanal – wenn Sie beispielsweise eine Anwendung schreiben, die regelmäßig per API-Zugriff das Kanalbild austauscht.

Der API-Schlüssel erlaubt nur den Zugriff auf Daten, die Sie auch sehen könnten, wenn Sie sich ohne Anmeldung auf der YouTube-Plattform bewegen. Dazu zählen beispielsweise die Anzahl der Abonnenten eines Kanals und die Abrufe, die ein Video erzielt hat. Ein API-Schlüssel wird einmal generiert und der Anwendung fest zugewiesen, die daraufhin Abfragen für öffentliche Daten über die API starten kann. Ein Zugriff mittels API-Schlüssel ist deshalb aber auch immer begrenzt: Videos von einer externen Anwendung auf Ihren Kanal hochzuladen, ist mit dieser Autorisierungsvariante beispielsweise nicht möglich.

Für diesen Zweck gibt es den Zugriff über das Protokoll OAuth 2.0. Mithilfe dieser Methode ist es möglich, eine Anwendung zu autorisieren, auf persönliche Daten und Funktionen eines Kontos zuzugreifen. Der Ablauf einer Autorisierung erfolgt dabei in fünf Schritten (siehe Abbildung 15.1): Der Nutzer ruft zunächst die Anwendung auf (❶), woraufhin ihn die Anwendung zu dem Autorisierungsserver eines Internetdienstes umleitet (❷). Der Nutzer teilt dem Server daraufhin mit, dass er der Anwendung den Zugriff auf seine Daten gewähren möchte (❸). Der Server erstellt für die Anwendung einen Autorisierungscode und leitet den Nutzer zurück zur Anwendung (❹). Die Anwendung kann nun die benötigten Daten mittels entsprechender APIs von den Servern des Internetdienstes abrufen (❺).

Ohne OAuth-Protokoll bleibt der Zugriff auf Nutzerdaten verwehrt. Das bedeutet im Umkehrschluss, dass einige APIs nur über OAuth funktionieren können, da sie immer nutzerbezogene Daten und Funktionen bereitstellen. Auf YouTube betrifft das die Analytics API und die Reporting API. Sie stellen zu jeder Zeit Daten zur Verfügung, die sich auf einen Kanal beziehen und nicht öffentlich einsehbar sind – beispielsweise, wie viele Zuschauer ein Video in einem bestimmten Zeitraum angesehen haben.

Aber auch die Data API muss für bestimmte Zugriffe auf das OAuth-Protokoll zurückgreifen: Immer wenn Sie Zugriff auf Daten und Funktionen benötigen, die ansonsten nur der Nutzer nach seiner Anmeldung zu Gesicht bekommt, müssen Sie den etwas aufwendigeren Weg über OAuth 2.0 gehen.

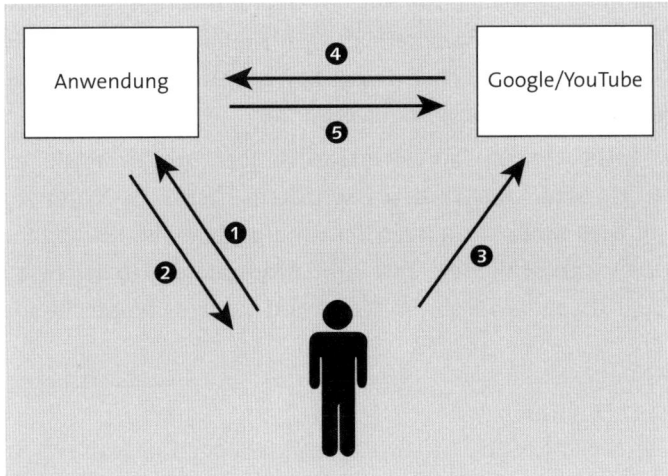

Abbildung 15.1 Die Funktionsweise der Autorisierungsvariante OAuth 2.0

15.1.2 Zugriff auf eine API einrichten

Um Zugriff auf die APIs zu erlangen, benötigen Sie einen Google-Account, um Ihre Anwendung zu registrieren. Legen Sie sich also zunächst ein Google-Konto an, und führen Sie im Anschluss folgende Schritte durch:

1. Geben Sie die URL *https://console.developers.google.com* ein, und loggen Sie sich mit Ihrem Google-Konto ein.

2. Klicken Sie auf PROJEKT ERSTELLEN, und vergeben Sie einen Projektnamen. Wählen Sie gegebenenfalls als Speicherort der App-Engine EUROPE-WEST aus, um API-Abfragen in Europa zu beschleunigen. Klicken Sie danach auf ERSTELLEN.

3. Sie sehen nun das Dashboard Ihres gerade erstellten Projekts. Um Ihre Anwendung zu autorisieren und Zugriff auf die APIs zu erhalten, klicken Sie im blauen Bereich auf APIS AKTIVIEREN UND VERWALTEN.

4. Wählen Sie unter YOUTUBE-APIS eine der drei APIs aus, und klicken Sie in der folgenden Übersicht auf API AKTIVIEREN.

5. Sie sehen nun einen Hinweis, dass die API aktiviert wurde und dass nun Anmeldedaten erstellt werden müssen. Klicken Sie dazu im linken Menü auf ZUGANGSDATEN.

6. Da noch keine Anmeldedaten angelegt wurden, wählen Sie im Hinweisfeld unter NEUE ANMELDEDATEN aus, welchen Autorisierungstyp Sie verwenden möchten. Wenn Sie nicht wissen, welchen Typ Sie auswählen sollten, um die Daten entsprechend Ihrer Anforderungen abrufen zu können, klicken Sie auf AUSWAHLHILFE.

7. Wählen Sie in der Auswahlhilfe aus, welche API Sie verwenden möchten (beispielsweise YOUTUBE DATA API V3) und über welche Plattform Sie auf die Schnittstelle zugreifen werden (zum Beispiel WEBBROWSER). Außerdem geben Sie an, ob Sie ÖFFENTLICHE DATEN oder NUTZERDATEN abrufen möchten.

8. Klicken Sie danach auf WELCHE ANMELDEDATEN BRAUCHE ICH?, um im nächsten Schritt beispielsweise den API-Schlüssel für den Zugriff auf öffentliche Daten zu erstellen. Der API-Schlüssel wird Ihnen im letzten Schritt eingeblendet. Klicken Sie auf FERTIG, um den Prozess abzuschließen und zur Zugangsdaten-Übersicht zu gelangen. Sie haben nun Zugriff auf die ausgewählte API und können entsprechende API-Abfragen starten.

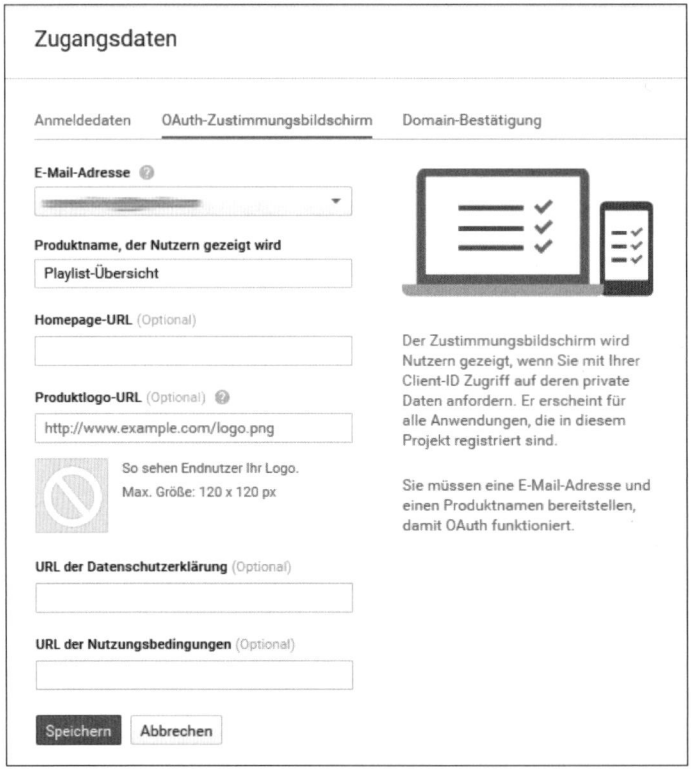

Abbildung 15.2 Dem Nutzer wird zur Autorisierung ein Bildschirm angezeigt, den Sie zunächst mit Informationen zu Ihrer Anwendung füllen müssen.

Wenn Sie weitere oder andere Anmeldedaten erstellen möchten, klicken Sie in der Zugangsdaten-Übersicht auf NEUE ANMELDEDATEN, und wählen Sie beispielsweise OAUTH-CLIENT-ID. Falls Sie noch keinen OAuth-Zustimmungsbildschirm erstellt haben, müssen Sie dies zunächst nachholen (siehe Abbildung 15.2) und zumindest einen Produktnamen vergeben, der dem Nutzer später bei der Autorisierung angezeigt wird. Sie haben zudem weitere Optionen wie die Angabe einer HOMEPAGE- und PRODUKT-LOGO-URL sowie der URL DER DATENSCHUTZERKLÄRUNG und DER NUTZUNGSBEDIN-GUNGEN. All diese Parameter werden dem Nutzer später im Autorisierungsbildschirm angezeigt. Sie können zum einen rechtlich erforderlich sein und stärken zum anderen das Vertrauen in die zu autorisierende Anwendung. Nach einem Klick auf SPEICHERN gelangen Sie zur Einrichtung der Client-ID zurück und müssen den ANWENDUNGSTYP auswählen. Wählen Sie beispielsweise WEBANWENDUNG aus, und klicken Sie abschlie-ßend auf ERSTELLEN.

15.1.3 Die YouTube-API als REST-API

Die YouTube-APIs sind sogenannte REST-APIs. REST steht für *Representational State Transfer* und kennzeichnet ein Programmierverfahren, das sich hauptsächlich zum Datenaustausch in der Maschine-zu-Maschine-Kommunikation eignet. Auf REST basie-rende APIs nutzen das HTTP-Protokoll und bauen darauf auf, dass sich das Format der übermittelten Daten nicht ändert.

Entsprechend arbeiten die YouTube-APIs mit Ressourcen: Ein Kanal, ein Video oder eine Playlist sind ebenso Ressourcen wie das Abonnement eines Kanals. Jede Ressource ist über eine eigene HTTP-Adresse erreichbar, während die Konfiguration der Abfrage über Parameter erfolgt. Um Daten abzurufen, genügt deshalb eine einfache HTTP-Anfrage an die entsprechende Ressource der API.

HTTP

Die Abkürzung HTTP steht für *Hypertext Transfer Protocol* und ist den meisten Men-schen als Präfix vom Webseitenaufruf im Browser her bekannt. Das HTTP-Protokoll wird auch in erster Linie für den Aufruf von Webseiten im Webbrowser genutzt. Es eignet sich jedoch auch, um Daten an einen Webserver zu übertragen (im Fall der YouTube-APIs die Parameter für die Anfrage an die Ressource), wozu die beiden Möglichkeiten von HTTP-GET und HTTP-POST zur Verfügung stehen: Während bei HTTP-POST die zu übermittelnden Daten nicht in der URL sichtbar übertragen werden, werden die Para-meter bei HTTP-GET an die URL angehängt.

15.2 YouTube Data API

Im vorangegangenen Abschnitt haben Sie die APIs in ihrer grundsätzlichen Funktionsweise kennengelernt und wissen nun, wie Sie Daten zur Autorisierung Ihrer Anwendung erstellen können. In diesem Abschnitt wird nun eine der APIs genauer vorgestellt: die YouTube Data API.

Die YouTube Data API bildet Daten und Funktionen der Plattform als Ressourcen ab. So haben Sie beispielsweise die Möglichkeit, Thumbnails von Videos abzurufen oder aber auch Daten wie das Wasserzeichen eines Kanals auszutauschen. Je nach Ressource benötigen Sie dazu lediglich einen API-Schlüssel oder müssen Ihre Anwendung über OAuth vom Nutzer autorisieren lassen.

15.2.1 Welche Daten liefert die YouTube Data API?

Die Ressourcen der YouTube Data API sind zahlreich. Die Ergebnisse aus einer Abfrage können dabei für Abfragen anderer Ressourcen genutzt werden, sodass komplexe Abfragen aus der Kombination mehrerer Ressourcen möglich werden. In der nachfolgenden Auflistung sehen Sie einen Überblick über alle verfügbaren Ressourcen mit kurzer Erläuterung:

- `activity`
  Was macht ein bestimmter Nutzer auf YouTube? Likes, Shares, Videouploads oder auch die Erstellung von Playlists können hierbei abgerufen werden.
- `channel`
  Informationen über einen bestimmten Kanal, wie zum Beispiel die Beschreibung, können abgerufen und teilweise auch geändert werden.
- `channelBanner`
  Kann das Coverbild eines Kanals austauschen.
- `channelSection`
  Die Bereiche der Kanalübersicht können abgerufen und bearbeitet werden.
- `guideCategory`
  YouTube teilt jeden Kanal einer Kategorie zu. Diese Ressource gibt Auskunft über die zugeteilte Kategorie.
- `i18nLanguage`
  Die für andere Ressourcen benötigten Sprachcodes von YouTube sind in dieser Ressource hinterlegt.
- `i18nRegion`
  Die Codes der verfügbaren Länder sind über diese Ressource abfragbar.

▶ playlist
Neben dem Abruf können Playlists erstellt, gelöscht und geändert werden.

▶ playlistItem
Repräsentiert ein einzelnes Playlist-Element.

▶ search result
Erfüllt die Funktion einer YouTube-Suchanfrage nach Videos, Playlists und Kanälen, die zu einem bestimmten Begriff passen.

▶ subscription
Abonnements für YouTube-Kanäle können erstellt und entfernt werden.

▶ thumbnail
Kann das Thumbnail eines Videos abrufen und ändern.

▶ video
Gibt zahlreiche Parameter zu einem bestimmten YouTube-Video aus, ermöglicht unter anderem auch den Upload per API und die Interaktion mit Videos.

▶ videoCategory
Gibt eine Kategorie aus, der ein YouTube-Video zugeordnet wurde.

▶ watermark
Kann das Wasserzeichen eines Kanals abrufen und neu setzen.

Je nach Ressource stehen unterschiedliche Operationen zur Verfügung: Ausgeben (list), Erstellen (insert), Modifizieren (update) und Löschen (delete). So ist beispielsweise für die Ressource search results nur eine Ausgabe möglich – Änderungen würden hier aufgrund der Beschaffenheit der Ressource auch keinen Sinn ergeben, da Suchergebnisse keine editierbare Größe darstellen.

15.2.2 Testen der Schnittstelle im APIs Explorer

Unter *https://developers.google.com/apis-explorer/#p/youtube/v3/* können die einzelnen Ressourcen mit den zugehörigen Operatoren getestet werden (siehe Abbildung 15.4). Klicken Sie zur Erstellung einer Testabfrage auf eines der Elemente, beispielsweise auf YOUTUBE.ACTIVITIES.LIST. In der nun folgenden Ansicht geben Sie die entsprechenden Parameter an. Für YOUTUBE ACTIVITIES LIST könnten Sie beispielsweise den Parameter PART mit snippet und den Paramter CHANNELID mit einer Kanal-ID[1] füllen, um

---

1 Die Kanal-ID Ihres Kanals finden Sie in den Einstellungen Ihres Kanals (Zahnradsymbol). Klicken Sie dort in der Übersicht neben Ihrem Account auf ERWEITERT, um die Kanal-ID anzuzeigen. Sie können aber auch jede andere Kanal-ID verwenden, die Sie zuvor über eine separate API-Anfrage mittels channels.list ermittelt haben.

eine detaillierte Auflistung aller zurückliegenden Aktivitäten des Kanals im JSON-Format zu erhalten.

Der APIs Explorer eignet sich vor allem zum Experimentieren mit den von den APIs angebotenen Ressourcen. So können Sie schnell und ohne Programmieraufwand anhand konkreter Abfrageergebnisse feststellen, wie die APIs funktionieren und wie die Datensätze miteinander kombinierbar sind.

Wie ist das JSON-Format aufgebaut?

Die Abkürzung JSON steht für *JavaScript Object Notation* und stellt ein einheitliches Datenformat zum Austausch zwischen unterschiedlichen Anwendungen dar. JSON ist verschachtelt aufgebaut und kann im APIs Explorer wie in Abbildung 15.3 als Ergebnis von activities.list dargestellt werden. Dabei sind die im items-Array enthaltenen Objekte durch die Eigenschaften kind, etag, id und contentDetails beschrieben und entsprechend zu lesen.

```
-{
  "kind": "youtube#activityListResponse",
  "etag": "\"                                        "",
  "nextPageToken": "         ",
 -"pageInfo": {
   "totalResults": 6,
   "resultsPerPage": 2
  },
 -"items": [
  -{
    "kind": "youtube#activity",
    "etag": "\"                                      "",
    "id": "                                    ",
   -"contentDetails": {
    -"upload": {
      "videoId": "               "
     }
    }
   },
  -{
    "kind": "youtube#activity",
    "etag": "\"                                      "",
    "id": "                             ",
   -"contentDetails": {
    -"upload": {
      "videoId": "               "
     }
    }
   }
  ]
 }
```

Abbildung 15.3 Rückgabe im JSON-Format im APIs Explorer

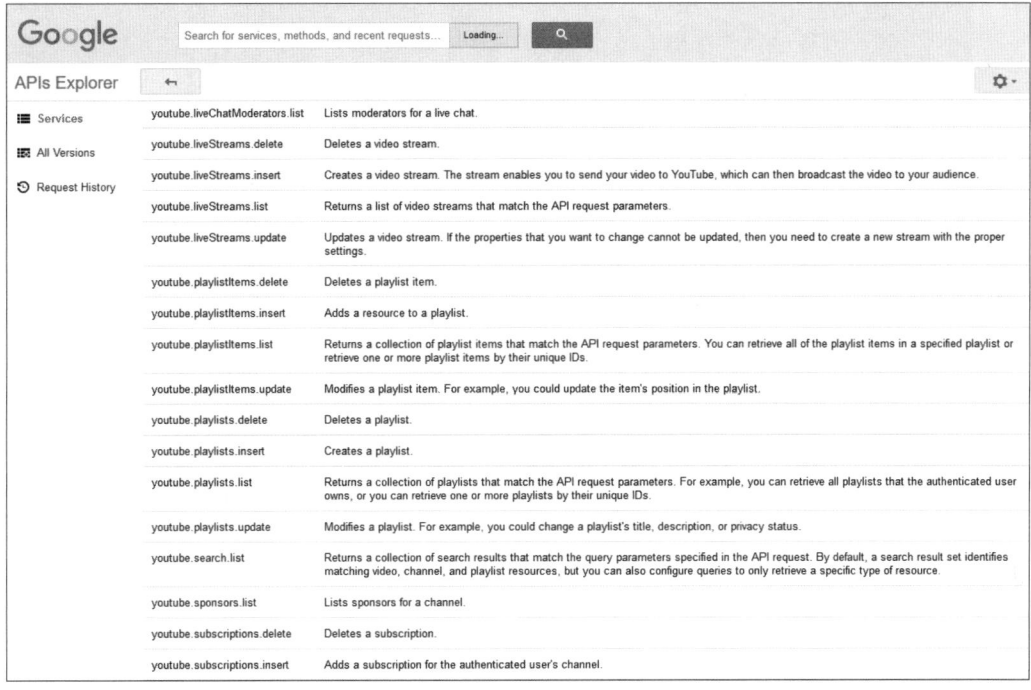

Abbildung 15.4 Im APIs Explorer können die Ressourcen mit den zugehörigen Operatoren komfortabel getestet werden.

15.2.3 Wie arbeitet man mit der API-Dokumentation?

Alle Ressourcen und Bibliotheken der YouTube-APIs werden unter *https://developers.google.com/youtube/* in englischer Sprache dokumentiert (siehe Abbildung 15.5). Die Dokumentation unterliegt einer ständigen Aktualisierung, sodass Sie an dieser Stelle stets den aktuellen Stand und den Umfang der nutzbaren Ressourcen nachverfolgen können.

Wählen Sie eine der APIs aus, um zu der gewünschten Dokumentation zu gelangen. Haben Sie eine API ausgewählt, gelangen Sie zunächst auf die Seite der Leitfäden, wobei Sie das linksseitige Menü auf die jeweiligen Unterseiten führt. Im Fall der YouTube Data API haben Sie die Auswahl zwischen einer allgemeinen Einführung, gefolgt von drei Themenbereichen: AUTHORIZE REQUESTS, GUIDES AND TUTORIALS sowie IMPLEMENTATION AND MIGRATION GUIDE. Daneben gibt es verschiedene Tools wie den QUOTA CALCULATOR zur Berechnung der API-Anfragekosten und den APIS EXPLORER zum Testen der Schnittstelle.

15

419

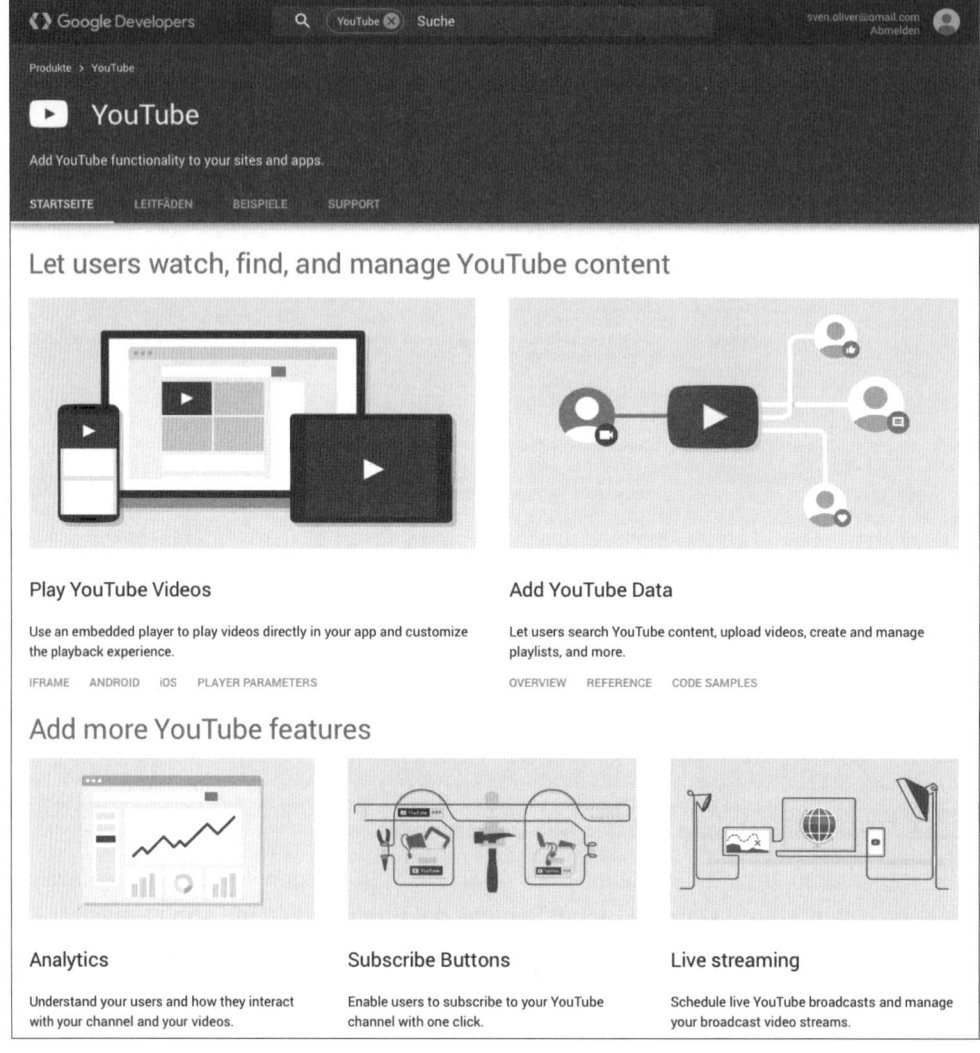

Abbildung 15.5 Alle YouTube-APIs sind im Google-Developers-Portal ausführlich dokumentiert.

Unter AUTHORIZE REQUESTS finden Sie detaillierte Informationen, wie Sie Ihre Anwendung für den API-Zugriff autorisieren und gegebenenfalls eine Berechtigung beim Nutzer einholen. Der Bereich GUIDES AND TUTORIALS beschreibt konkrete Anwendungsszenarien wie den Upload von YouTube-Videos per API und stellt sie als Codebeispiel dar. Im Abschnitt IMPLEMENTATION AND MIGRATION GUIDE wird die Nutzung der Ressourcen erläutert.

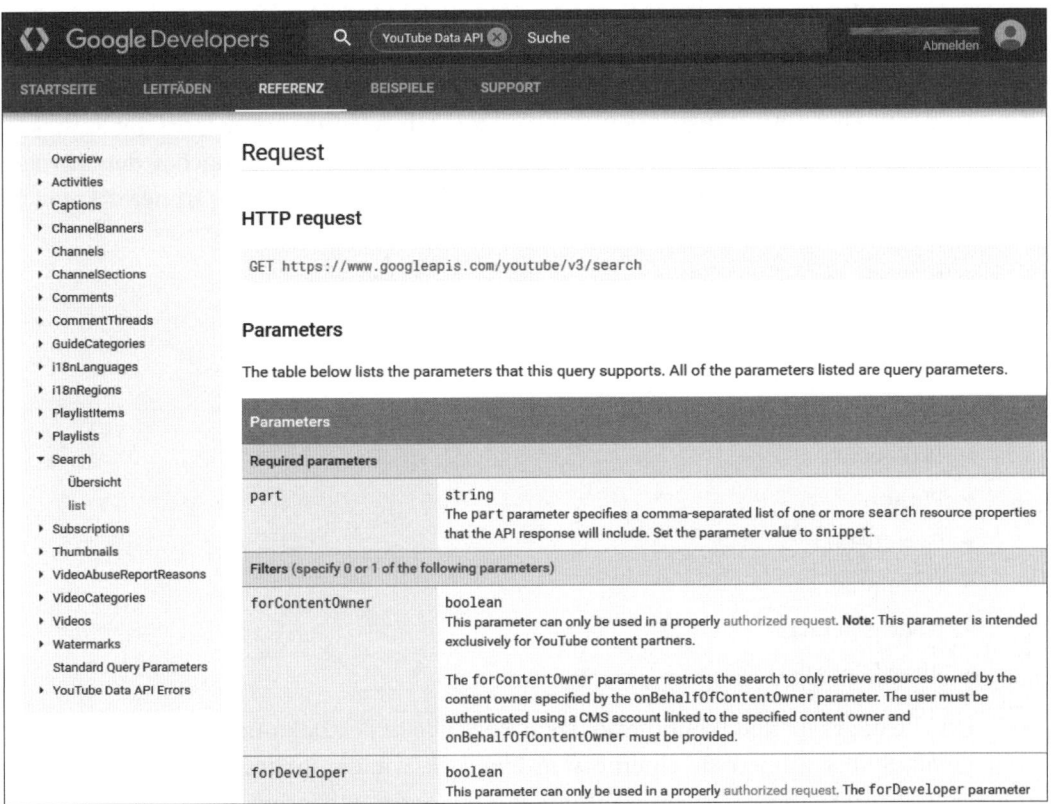

Abbildung 15.6 Die APIs werden online in allen Einzelheiten dokumentiert.

Einer der wichtigsten Dokumentationsteile neben den Leitfäden ist die REFERENZ (siehe Abbildung 15.6), die sich über das obere Menü aufrufen lässt. Die REFERENZ verzeichnet alle Ressourcen und die jeweils verfügbaren Operatoren. Anhand der Referenz können Sie nachvollziehen, auf welche Daten und Funktionen Sie über die API Zugriff erhalten können. Wählen Sie im linken Menü die gewünschte Ressource aus, um die zugehörigen Properties und Operatoren angezeigt zu bekommen. Bei Auswahl eines Operators sehen Sie detaillierte Informationen zur Nutzung mit den entsprechenden Parametern.

15.2.4　Die Nutzung von Bibliotheken

Programmbibliotheken sind Sammlungen von Modulen, die für bestimmte Problemstellungen Lösungen bereitstellen. Wenn Sie also beispielsweise eine API-Anfrage senden möchten, können Sie dies dank einer Bibliothek mit nur wenigen Zeilen Programmcode umsetzen. YouTube stellt für seine APIs Bibliotheken für mehrere Programmiersprachen zur Verfügung, die den API-Zugriff erleichtern. Mit ihrer Hilfe können Sie komfortabel auf die API zugreifen und Abfragen starten. Für die YouTube Data API sind unter *https://developers.google.com/youtube/v3/libraries* Bibliotheken für folgende Programmiersprachen verfügbar, wobei sich manche noch in der Entwicklungsphase befinden (siehe Angabe in Klammern, wobei alpha ein früheres Entwicklungsstadium als beta darstellt):

▶ Java

▶ JavaScript (beta)

▶ .NET

▶ Objective-C

▶ PHP (beta)

▶ Python

▶ Dart (beta)

▶ Go (alpha)

▶ Node.js (alpha)

▶ Ruby (alpha)

Für alle angegebenen Bibliotheken stellt YouTube in der Dokumentation Beispielcode bereit. So bekommen Sie einen ersten Eindruck, wie die Bibliotheken zu verwenden sind. Wenn Sie beispielsweise mithilfe der JavaScript-Bibliothek eine Abfrage starten möchten, bietet YouTube folgenden Beispielcode an:

```html
<html>
  <head>
    <script>
      function appendResults(text) {
        var results = document.getElementById('results');
        results.appendChild(document.createElement('P'));
        results.appendChild(document.createTextNode(text));
      }

      function makeRequest() {
        var request = gapi.client.urlshortener.url.get({
          'shortUrl': 'http://goo.gl/fbsS'
        });
```

```
      request.then(function(response) {
        appendResults(response.result.longUrl);
      }, function(reason) {
        console.log('Error: ' + reason.result.error.message);
      });
    }

    function init() {
      gapi.client.setApiKey('YOUR API KEY');
      gapi.client.load('urlshortener', 'v1').then(makeRequest);
    }
  </script>
  <script src="https://apis.google.com/js/client.js?onload=init"></script>
</head>
<body>
  <div id="results"></div>
</body>
</html>
```

Listing 15.1 Nutzung der JavaScript-Bibliothek für eine API-Abfrage[2]

Der JavaScript-Code bezieht sich allgemein auf Anfragen über Googles APIs und liefert im Beispiel zu einer gekürzten Google-URL die entsprechend hinterlegte URL aus. Der Code besteht aus drei wesentlichen Abschnitten: der API-Initialisierung durch die Funktion `init()`, der Ausführung der Anfrage durch `makeRequest()` und der Ausgabe der Ergebnisse in `appendResults()`. Für die Nutzung ist ein API-Schlüssel erforderlich, der statt des Platzhalters `YOUR API KEY` eingefügt werden muss.

15.2.5   Zugriffsbegrenzungen der Data API

Dass die APIs umfangreich genutzt werden, ist zwar grundsätzlich im Interesse von YouTube, doch sind die maximalen Zugriffe pro Tag limitiert, um Missbrauch zu verhindern und die YouTube-Dienste nicht übermäßig auszulasten. YouTube arbeitet zu diesem Zweck mit einer Art Kostenmodell, das ein festes Kontingent an Einheiten pro Tag und Anwendung zur Verfügung stellt und die einzelnen API-Abfragen je nach Aufwand gewichtet. Die YouTube Data API arbeitet dabei mit folgenden Werten[3]:

---

2 Quelle: *https://developers.google.com/api-client-library/javascript/samples/samples*
3 Quelle: *https://developers.google.com/youtube/v3/getting-started*

- Eine einfache lesende Abfrage, die lediglich die ID einer angeforderten Ressource zurückgibt, kann beispielsweise eine Einheit kosten.
- Eine Schreiboperation kostet rund 50 Einheiten.
- Der Videoupload über die API kostet rund 1.600 Einheiten.

Schreib- und Leseoperationen haben abhängig von der Anzahl der erforderlichen Parameter unterschiedlich hohe Kosten. Es ist deshalb unbedingt notwendig, nur die Parameter abzufragen, die auch benötigt werden. Manche Befehle erfordern zudem Schreib- und Leseoperationen, sodass mehrfach Kosten entstehen.

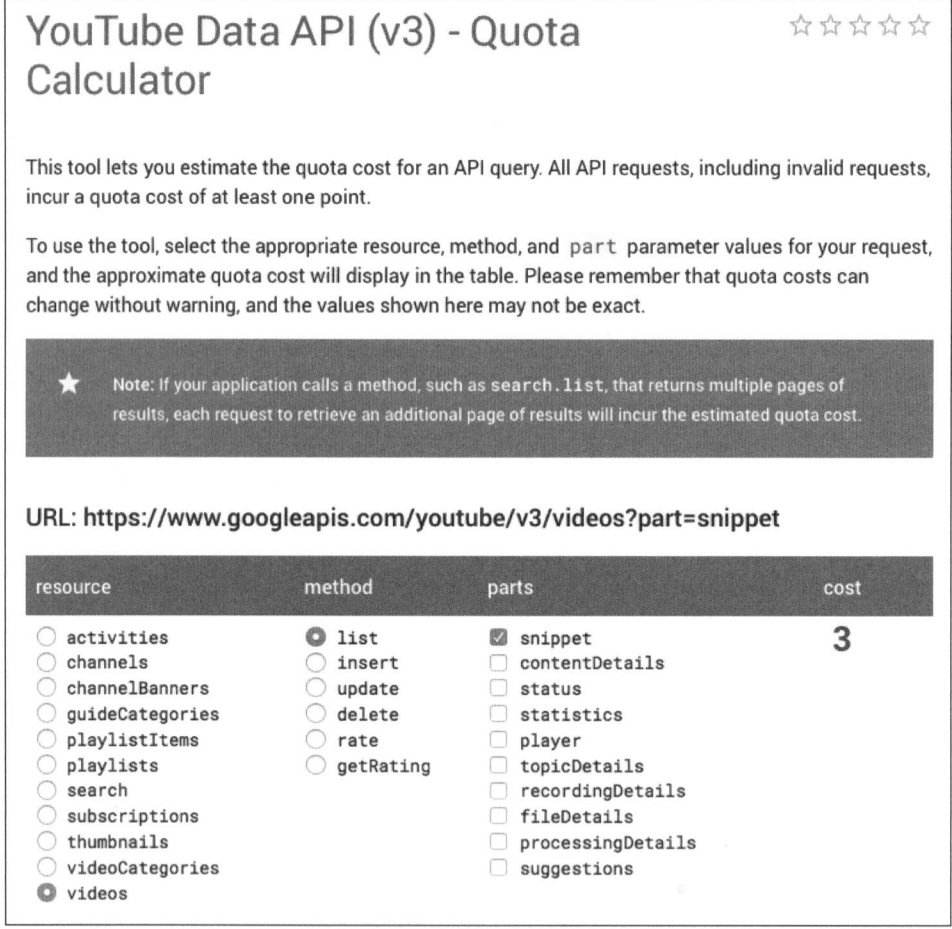

Abbildung 15.7 Mit dem Quota Calculator berechnen Sie die Kosten Ihrer API-Abfragen.

Das tägliche Kontingent liegt bei 5.000.000 Einheiten, sodass Sie sich errechnen können, in welchem Umfang die API maximal von Ihrer Anwendung genutzt werden kann. YouTube gibt als Beispiel unter anderem an, dass mit dem Kontingent an einem Tag gleichzeitig 2.000 Videouploads, 7.000 Schreiboperationen und 200.000 lesende Abfragen mit jeweils drei Rückgabeparametern ausgeführt werden könnten.

Sie können die Kosten der API-Abfragen im sogenannten Quota Calculator[4] ermitteln. Im Quota Calculator geben Sie zunächst die Ressource an, über die Sie Daten abfragen möchten. Wählen Sie danach die Methode und welche Teile der verfügbaren Daten Sie gerne abfragen möchten. Der Quota Calculator berechnet Ihnen daraufhin die Kosten für diese Abfrage (siehe Beispiel in Abbildung 15.7).

15.3   YouTube Analytics API und Reporting API

Die YouTube Analytics API und die YouTube Reporting API bieten Zugriff auf Daten zur Analyse des YouTube-Kanals. So können Sie die von YouTube erfassten Daten zu Ihrem oder einem fremden (autorisierten) Kanal in Ihren eigenen Anwendungen verarbeiten. Der Zugriff erfolgt immer autorisiert und ist nicht über einen API-Schlüssel möglich, da sämtliche zurückgegebenen Daten nur für den Kanalbetreiber und nicht öffentlich einsehbar sind.

15.3.1   Die Unterschiede zwischen Analytics API und Reporting API

Die beiden APIs sind getrennt zu betrachten, da sie Daten unterschiedlich zurückgeben. Die YouTube Analytics API ermöglicht den Zugriff auf all die Daten, die auch in den YouTube Analytics im YouTube-Studio abrufbar sind. Die API unterstützt Sie darin, Zeiträume beliebig einzugrenzen und andere Filterfunktionen zu verwenden, sodass Ihre Anwendung diese Daten nicht erst nach einer regelmäßigen Erhebung selbst auswerten muss.

Die YouTube Reporting API hingegen liefert Analytics-Daten zu Kanälen und Videos in Form von CSV-Dateien und nimmt keine Auswertung der Datensätze vor. Ihre Anwendung muss also selbst in der Lage sein, Daten zu filtern und auszuwerten, wobei die Datensätze durchaus umfangreich ausfallen können. Die Berichte werden durch sogenannte Jobs generiert, die automatisch täglich ausgeführt werden und deren Datensätze durch eine Job-ID von Ihrer Anwendung abgerufen werden müssen.

---

4 Erreichbar unter: *https://developers.google.com/youtube/v3/determine_quota_cost*

Tabelle 15.1 stellt die Unterschiede der beiden APIs noch einmal in einem Vergleich dar.

	Analytics API	Reporting API
Abfrageprozess	Jede Abfrage bezieht sich auf einen Zeitraum und umfasst Daten in ihrer Ausprägung.	Tägliche Berichte werden erstellt und können heruntergeladen werden.
Datenbereich	täglich, wöchentlich, monatlich oder mehrere Monate	exakte Datenangabe pro erfolgter Aktivität
Filter	Filter begrenzen die zurückgegebenen Daten auf festgelegte Werte.	Keine Filterung, Daten werden unverarbeitet abgerufen.
Sortierung	Sortierung ist auf Basis der zurückgegebenen Werte möglich. Manche Abfragen sind auf eine bestimmte Anzahl an Zeilen begrenzt.	Keine Sortierung, Daten werden unverarbeitet abgerufen.
API-Limitierung	Die Abfragen sind nach dem Kostenmodell der APIs pro Tag begrenzt.	Daten werden nur einmal abgerufen, sodass keine Limitierung vorliegt.

Tabelle 15.1 Die Unterschiede zwischen den beiden APIs im Vergleich

Darüber hinaus gibt es auch Unterschiede in den Bezeichnungen der Parameter beider APIs. So lautet der Parameter für die Playlist-ID bei der YouTube Analytics API `playlist` und in der YouTube Reporting API `playlist_id`. Eine Übersicht aller Parameter und ihrer Bezeichnungen ist in der Referenz der APIs online verfügbar.

15.3.2 Welche Daten liefert die Analytics API?

Für beide APIs kann aus der Referenz entnommen werden, auf welche Berichte der Zugriff möglich ist. Sie erreichen die Referenz über *https://developers.google.com/youtube/analytics/*. Im oberen Menübereich finden Sie die beiden Menüpunkte BULK REPORTS (für die Reporting API) und TARGETED QUERIES (Analytics API). Um Ihnen den Umgang mit der Referenz zu erleichtern, soll an dieser Stelle beispielhaft erläutert werden, wo Sie die benötigten Informationen für die Analytics API erhalten.

Klicken Sie dazu auf TARGETED QUERIES, und wählen Sie im linken Menü den Menüpunkt CHANNEL REPORTS aus. Sie sehen auf der folgenden Seite zahlreiche Tabellen für die einzelnen Berichtsformen (siehe Beispiel in Abbildung 15.8). Dort können Sie jeweils die verfügbaren Dimensionen sowie die abrufbaren Felder ablesen. Weiterhin werden Ihnen gegebenenfalls verfügbare Filter angezeigt, um die abgerufenen Daten auf gewünschte Parameter zu begrenzen.

Contents		
Dimensions:	[None]	
Metrics:	Use 1 or more	views, comments, likes, dislikes, videosAddedToPlaylists, videosRemovedFromPlaylists, shares, favoritesAdded, favoritesRemoved, estimatedMinutesWatched, averageViewDuration, averageViewPercentage, annotationClickThroughRate, annotationCloseRate, annotationImpressions, annotationClickableImpressions, annotationClosableImpressions, annotationClicks, annotationCloses, subscribersGained, subscribersLost
Filters:	Use 0 or 1	country, continent, subContinent
	Use 0 or 1	video, group

Abbildung 15.8 Beispiel der Tabelle »Basic user activity statistics«

Anhand der einzelnen Tabellen wird deutlich, was die Berichte leisten können und wie umfangreich Sie die Analyseergebnisse beeinflussen können.

15.3.3   Ausprobieren im APIs Explorer

Um die APIs auszuprobieren, begeben Sie sich wieder in den APIs EXPLORER, und wählen Sie die gewünschte API aus. Für die YouTube Analytics API soll an dieser Stelle eine Abfrage getestet werden, bei der die fünf erfolgreichsten Videos, gemessen an der Wiedergabedauer, angezeigt werden. Klicken Sie dazu in der APIs-Explorer-Übersicht der YouTube Analytics API auf YOUTUBEANALYTICS.REPORTS.QUERY, und füllen Sie folgende Felder aus:

▶ IDs: Geben Sie `channel==` gefolgt von der Kanal-ID des zu analysierenden Kanals ein.

▶ START-DATE: Wählen Sie das Startdatum Ihrer Abfrage im Format YYYY-MM-DD, beispielsweise `2014-01-01`.

▶ END-DATE: Wählen Sie äquivalent zum Startdatum das Enddatum Ihrer Abfrage, beispielsweise `2015-12-31`.

▶ METRICS: Geben Sie in diesem Fall `estimatedMinutesWatched,views,likes,subscribersGained` ein, um die durchschnittliche Wiedergabedauer, die Anzahl der Views und Likes sowie die hinzugewonnenen Abonnenten ausgeben zu lassen.

▶ DIMENSIONS: Da sich die Abfrage auf Videos bezieht, geben Sie `video` ein.

▶ MAX-RESULTS: Die Ausgabe soll auf die fünf erfolgreichsten Videos beschränkt werden. Tippen Sie hier also 5 ein.

▶ SORT: Für die Sortierung geben sie `–estimatedMinutesWatched` ein, um die Ergebnisse nach der Wiedergabedauer absteigend zu sortieren.

Sie können die Abfrage nun starten und werden die Ergebnisse im JSON-Format erhalten. Denken Sie daran, dass der Kanal, für den die Abfrage gestartet werden soll, den Zugriff zunächst autorisieren muss. Sie können also nicht für beliebige YouTube-Kanäle eine Abfrage starten, sondern nur für solche, die Ihnen gehören und für die Sie sich autorisieren lassen können.

15.3.4 Beispielanwendungen mit Analytics API und Reporting API

Die beiden in diesem Kapitel vorgestellten APIs eignen sich insbesondere für Anwendungen, die Sie zur Analyse Ihres eigenen Kanals schreiben. So können Sie mithilfe eigener komplexer Algorithmen automatische Auswertungen vornehmen, die andernfalls über die YouTube Analytics im YouTube-Studio nur kompliziert möglich wären.

Denkbar ist auch ein eigenes Interface, das die Performancedaten unterschiedlicher Social-Media-Kanäle in einer individuellen Übersicht präsentiert. Eine solche Seite kann beispielsweise in Ihrem Intranet oder auf einem separaten Monitor in Ihrem Unternehmen gezeigt werden, um Ihren Mitarbeitern einen Eindruck von den aktuellen Leistungsdaten zu geben, ohne einen Vollzugriff auf die Plattformen ermöglichen zu müssen.

In manchen Fällen ist es auch notwendig, einzelne Analytics-Daten für andere zur Verfügung zu stellen, die aber keinen Zugriff auf das YouTube-Studio haben sollen. So stellt beispielsweise die Plattform Hitchon ihren Kunden die Analytics-Daten der Kanäle, mit denen eine Zusammenarbeit besteht, zur Verfügung, damit Unternehmen selbst beurteilen können, inwieweit sich eine Produktplatzierung für sie rentiert hat (siehe Kapitel 12, »Produkte platzieren«). Ein solcher Zugriff ist über die YouTube Analytics API möglich, die nach der Autorisierung durch den Kanalbetreiber Zugriff auf die benötigten Daten ermöglicht. Die Kunden haben so Einsicht in die für sie relevanten Daten.

15.4 YouTube-Videos mit der Player-API extern einbinden

Unter jedem Video auf YouTube können Sie das angesehene Video nicht nur direkt auf anderen Plattformen teilen, sondern sich auch einen HTML-Code für die Einbettung auf

428

anderen Seiten kopieren. Mit einem Klick auf MEHR ANZEIGEN werden zudem Optionen zur Konfiguration des Players ersichtlich (siehe Abbildung 15.9).

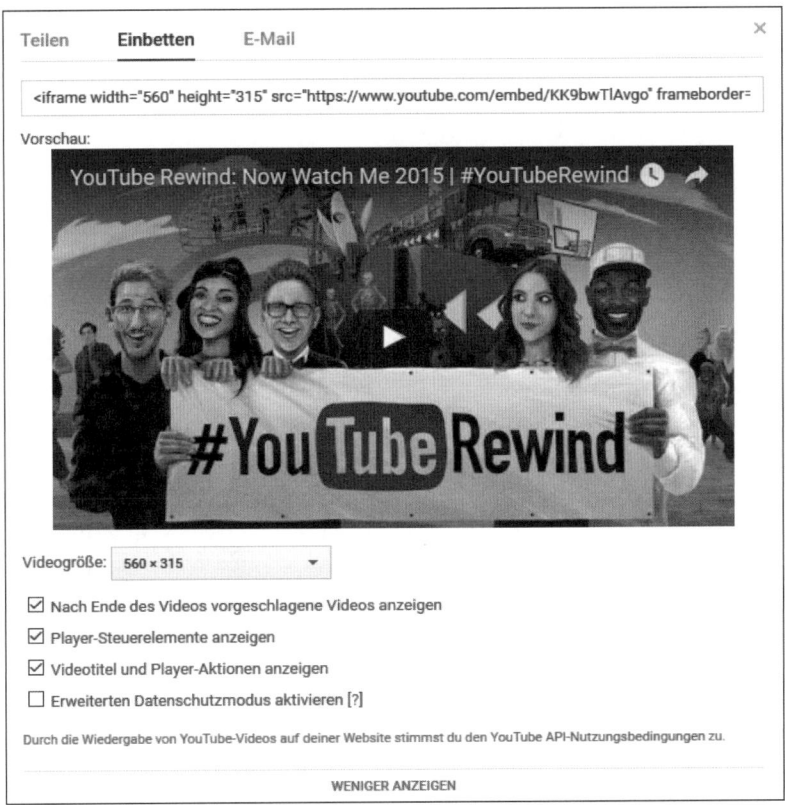

Abbildung 15.9 Der Einbettungscode für YouTube-Videos kann auf der Plattform komfortabel unter jedem Video erstellt werden.

Der Code besteht aus einem Iframe-Tag, über das der Player auf einer Website eingebunden wird. Das minimale Konstrukt des Iframes sieht folgendermaßen aus:

```
<iframe width="560" height="315" src="https://www.youtube.com/embed/ ⤶
KK9bwTlAvgo" frameborder="0" allowfullscreen></iframe>
```

Die Größe des Iframes ist variabel und wird angegeben durch width (Breite) und height (Höhe). Das Verhältnis der beiden Pixelwerte muss 16:9 sein, um das Video korrekt darzustellen. Es gibt aber auch noch einige URL-Parameter, die für die Formatierung und die Einstellung des Players genutzt werden können:

▶ ?rel=0 gibt an, dass nach dem Abspielen des Videos im Player keine anderen Videos vorgeschlagen werden sollen.

▶ Mit ?ontrols=0 werden die Steuerelemente des Players ausgeblendet.

▶ ?showinfo=0 blendet den Videotitel sowie die Aktionselemente im oberen Player-Bereich aus.

▶ Nutzen Sie statt *youtube.com* die URL *youtube-nocookie.com*, um den erweiterten Datenschutz zu aktivieren. In diesem Modus speichert YouTube keine Informationen über die Benutzer der einbindenden Website.

▶ &autoplay=1 veranlasst, dass das Video automatisch wiedergegeben wird.

▶ #t=2m15s lässt das Video beispielhaft erst bei Minute 2:15 starten.

▶ Über &cc_load_policy=1 geben Sie an, dass Untertitel automatisch eingeblendet werden sollen. &cc_lang_pref=de erweitert diese Einstellung um die Angabe der Untertitelsprache[5].

Die Funktion, Videos extern einzubinden, kann im YouTube-Studio für jedes einzelne Video deaktiviert werden. Dazu müssen Sie in den Einstellungen des Videos unter ERWEITERTE EINSTELLUNGEN im Feld EINBETTEN ZULASSEN den Haken entfernen. Die Einstellung kann auch im Nachhinein jederzeit vorgenommen werden, sodass Sie bei der Einbindung fremder Inhalte in regelmäßigen Abständen kontrollieren sollten, ob die Einbindungen noch funktionieren.

15.5 Der Abonnieren-Button

Der Abonnieren-Button ist ein interessanter Baustein, der ebenfalls als API unter dem Titel Subscribe Button von YouTube gehandhabt wird. Der Abonnieren-Button kann auf externen Webseiten als Schaltfläche eingebunden werden, die den Nutzer direkt zum Abonnieren eines Kanals überleitet.

Zum Einstellen der gewünschten Parameter stellt YouTube in der Developer-Sektion einen Konfigurator zur Verfügung, der über die Adresse *https://developers.google.com/youtube/youtube_subscribe_button?hl=de* abrufbar ist. Der Konfigurator (siehe Abbildung 15.10) generiert automatisch einen HTML-Code, der sich leicht in eine Webseite einbinden lässt und den Abonnieren-Button, wie in der Vorschau dargestellt, über die YouTube-API nachlädt.

---

5 Die Abkürzungen aller Sprachen finden Sie unter: *www.loc.gov/standards/iso639-2/php/code_list.php*

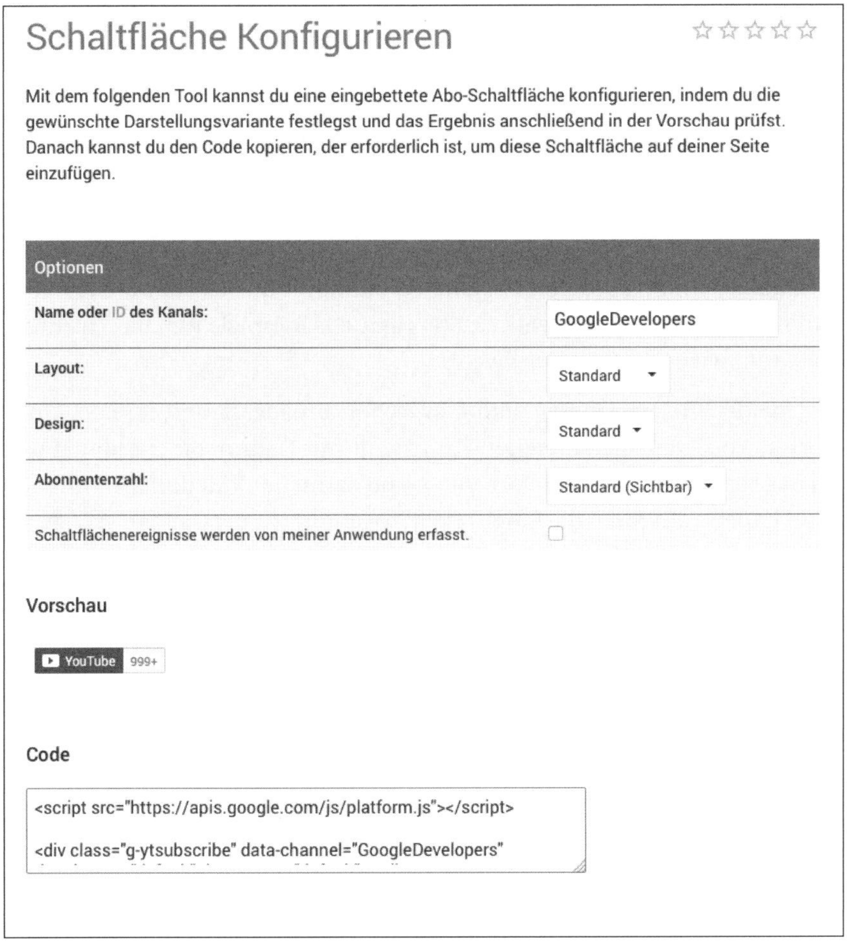

Abbildung 15.10 Der Konfigurator für den Abonnieren-Button erleichtert die Einstellung der gewünschten Parameter.

Darüber hinaus stellt YouTube auch für den Abonnieren-Button eine Referenz zur Verfügung, in der die Konfigurationsmöglichkeiten mittels HTML-Code sowie das Abfangen von Ereignissen erläutert werden. Der Abonnieren-Button löst beim Anklicken der Schaltfläche ein Ereignis mit den Eigenschaften subscribe oder unsubscribe aus, das über einen Event-Listener abgefangen werden kann. Dazu dient das Attribut data-ytonevent, das im div-Tag des Abonnieren-Buttons ergänzt wird, beispielsweise durch:

```
<div class="g-ytsubscribe" data-channel="KANALNAME" data-ytonevent= ⏎
"LISTENERNAME"></div>
```

431

15.6 Die YouTube Live Streaming API

Für Sie als Unternehmen dürfte die Live Streaming API in aller Regel nicht relevant sein. Sie soll der Vollständigkeit halber aber trotzdem erwähnt werden. Die YouTube Live Streaming API ermöglicht das Livestreaming aus Anwendungen heraus. Ein Gaming-Anbieter kann beispielsweise die Live Streaming API nutzen, damit Spieler direkt aus dem Spiel heraus ohne zusätzliche Software einen Livestream auf YouTube starten und ihren Spielverlauf für andere zugänglich machen können. Über die API können aber auch Bildschirmaufzeichnungsprogramme eine Verbindung zu YouTube aufbauen und den Bildschirminhalt auf YouTube streamen. Stets aktuelle Beispiele für Livestreaming-Events finden Sie auf *www.youtube.com/live*.

Die API unterscheidet für ein Livestreaming zwischen Broadcast und Stream. Unter Broadcast versteht YouTube die Metadaten zum Event mit Datum, Beschreibung usw. Der Stream ist das eigentliche, live gezeigte Video und damit der Videoinhalt. YouTube-Content-Partner haben außerdem die Möglichkeit, sogenannte *Cuepoints* zu setzen, um an diesen Stellen In-Stream-Videoanzeigen im Livestream anzeigen zu lassen.

15.7 Mit den APIs die Konkurrenz analysieren

Sie haben in Abschnitt 13.4, »Den eigenen YouTube-Kanal mit anderen vergleichen«, bereits die Website *socialblade.com* kennengelernt. Sie fragt regelmäßig mithilfe der YouTube Data API öffentlich verfügbare Daten von YouTube-Kanälen ab und speichert sie in einer Datenbank. Daraus werden Statistiken erstellt wie der zeitliche Verlauf des Abonnentenzugewinns oder die Entwicklung der Videoabrufe.

Theoretisch können Sie diese Datenerhebung auch selbst durchführen. Dazu nutzen Sie die YouTube Data API und speichern die benötigten Daten mithilfe eines regelmäßig ausgeführten Skripts zunächst in einer Datenbank ab. Je nach Datenumfang eignet sich dazu beispielsweise eine MySQL-Datenbank (siehe Abbildung 15.11).

Im nächsten Schritt werten Sie die erfassten Daten mithilfe einer Software aus. Sie können dazu gängige Softwaretools zur statistischen Datenanalyse verwenden, um Zusammenhänge abzubilden. Im Idealfall schreiben Sie diese Software jedoch selbst, um die Daten nach Ihren Wünschen und Bedürfnissen verknüpfen und visualisieren zu können. Die im Beispiel von Abbildung 15.11 gespeicherten Daten könnten Sie etwa nutzen, um eine größere Anzahl an Konkurrenzkanälen in ihren Veröffentlichungsrhythmen zu beobachten.

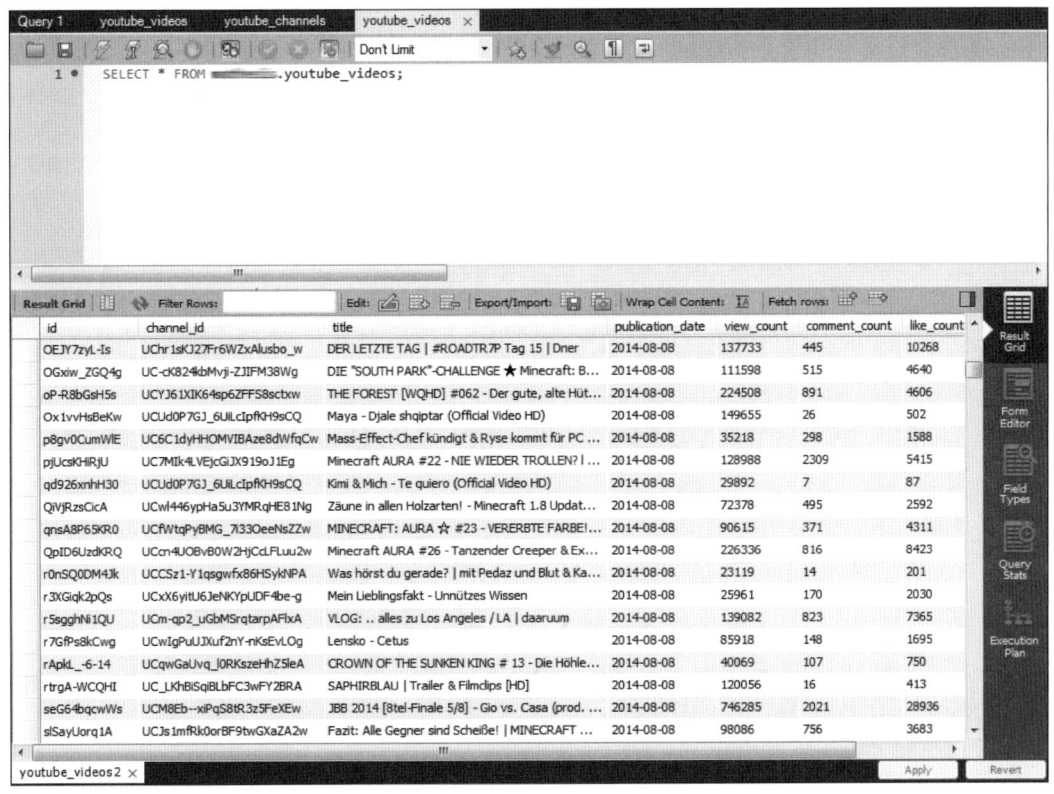

Abbildung 15.11 In dieser MySQL-Datenbank wurden verschiedene öffentlich verfügbare Parameter zu YouTube-Videos gespeichert.

Sie könnten aber auch Ihre ganz eigenen Analysen auf Basis eines großen Datenschatzes anfertigen, der sich aus Videos von Kanälen Ihrer Branche speist. Speichern Sie die Videodauer eines jeden Videos, könnten Sie beispielsweise untersuchen, ob es einen Zusammenhang zwischen der Videolänge und den positiven oder negativen Bewertungen, der Anzahl der Videoabrufe oder der Anzahl der Kommentare gibt. So würden eventuell Zusammenhänge deutlich, an die Sie vorher noch nicht gedacht haben, und Sie könnten die ideale Laufzeit eines Videos erörtern.

Andere soziale Netzwerke bieten darüber hinaus ebenfalls die Möglichkeit, mithilfe von APIs auf Daten zuzugreifen – Facebook beispielsweise mit der Graph API (siehe Abbildung 15.12). Eine eigene Analysesoftware könnte demnach in der Lage sein, Daten verschiedener sozialer Netzwerke zu verknüpfen und die Daten in ihrer Gesamtheit zu betrachten.

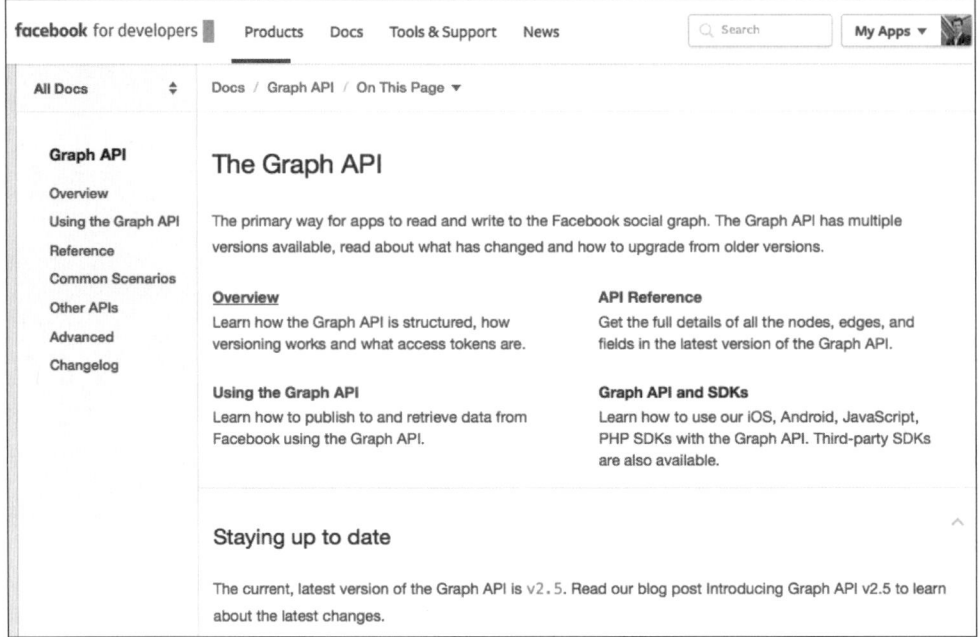

Abbildung 15.12 Die Graph API ermöglicht den Zugriff auf Facebook-Daten und Funktionen des sozialen Netzwerkes.

15.8 Ein praktisches Beispiel für Ihre Website

Um Ihnen einen besseren Eindruck zu geben, wie man die YouTube-APIs in der Praxis einsetzen kann, soll an dieser Stelle eine Beispielanwendung vorgestellt werden. Sie baut auf der YouTube Data API auf. Der Programmcode setzt Grundkenntnisse in HTML/CSS und JavaScript zum Verständnis voraus.

Ziel der Anwendung ist die Ausgabe einer Übersicht mit Video-Thumbnails. Dafür soll die Playlist eines Kanals ausgelesen werden, um im nächsten Schritt die benötigten Daten der Videos nachzuladen und auszugeben. Für die Darstellung soll das CSS-Framework Bootstrap genutzt werden. Um den JavaScript-Programmcode zu vereinfachen, wird die populäre JavaScript-Bibliothek jQuery eingesetzt.

Die Darstellung soll der in Abbildung 15.13 entsprechen. Zu jedem auf dem Kanal hochgeladenen Video sollen das Vorschaubild geladen sowie der Videotitel und ein Auszug der Videobeschreibung ausgegeben werden.

Aktuelle Videos

Sprechstunde »Fotorecht«: Ihre Zuschauerfragen – Blende 8 – Folge 159

Zuschauer fragen – Rechtsanwalt Wolfgang Rau antwortet! In dieser neuen Folge unserer Serie »Sprechstunde: Fotorecht« geht der Rheinwerk-Autor Wolfgang Rau, Präsident des Deutschen Verbands für Fotografie (DVF), wieder auf einige Ihrer Fragen ein. Di...

Porträts am Fenster – Sonnenlicht führen – Blende 8 – Folge 158

In dieser Folge von »Blende 8« zeigt Ihnen Thomas Kuhn, wie Sie ein natürliches Porträt mit Sonnenlicht gestalten: Sie können bewusst mit hartem Licht arbeiten, oder es mit einem Diffusor streuen und mit einem Reflektor abgedunkelte Partien aufhellen...

Fotografieren im Nationalpark Eifel – Blende 8 – Folge 157

In dieser Folge von »Blende 8« begleiten Sie Mark Robertz auf dem Schöpfungspfad im Nationalpark Eifel. Vor Ort gibt Ihnen der Naturfotograf und Rheinwerk-Autor praktische Tipps zu Bildaufbau und Panoramafotografie – und zeigt, wie Sie mit dem Blick ...

Stilvolle Produktfotos mit Cross-Light – Blende 8 – Folge 156

In dieser Folge von »Blende 8« zeigt Ihnen Mario Dirks, wie Sie Ihre Produkte optimal ausleuchten und hochwertig inszenieren – hierzu arbeitet er mit einem Kreuzlicht-Setup und zusätzlichen Effektblitz. Schauen Sie dem Profi über die Schulter! ...

Kreative Porträtfotos – Mit Licht gestalten – Blende 8 – Folge 155

In dieser Folge von »Blende 8« zeigt Ihnen Lyonel Stief die Wirkung verschiedener Lichtsetups bei der Porträtfotografie – von der Ausleuchtung mit einem frontalen Studioblitz über den Einsatz eines Beautydishs bis hin zum Zangenlicht mit drei Lichtfo...

Focus Stacking – Schritt für Schritt – Blende 8 – Folge 154

In dieser Folge von »Blende 8« zeigt Ihnen Thomas Kuhn, wie Sie mithilfe des Focus Stacking Makroaufnahmen mit durchgehender Schärfentiefe bei gleichzeitig sehr guter Bildqualität realisieren. Dazu macht er zunächst mehrere Einzelbilder mit unterschi...

Abbildung 15.13 Die gewünschte Darstellung der Anwendung im Desktop-Browser am Beispiel des Kanals »Blende 8«

Erstellen Sie zunächst ein leeres Standard-HTML5-Dokument, und laden Sie zwischen `<head>` und `</head>` mit folgenden Zeilen die Pakete für Bootstrap und JavaScript:

```
<link rel="stylesheet" href="https://maxcdn.bootstrapcdn.com/bootstrap/3.3.6/ ↵
css/bootstrap.min.css">
    <script src="https://ajax.googleapis.com/ajax/libs/jquery/2.1.4/ ↵
jquery.min.js"></script>
```

Um die JavaScript-Bibliothek für den Zugriff auf die YouTube API zu laden, ergänzen Sie außerdem folgende Zeile:

```
<script src="https://apis.google.com/js/client.js?onload=OnLoadCallback"></script>
```

15

435

Der für den Abruf und die Verarbeitung der Daten benötigte JavaScript-Code wird in ein entsprechendes JavaScript-Tag eingebunden, das durch `<script type="text/java-script">` eingeleitet und `</script>` abgeschlossen wird. Erstellen Sie diese beiden Tags ebenfalls im Head-Bereich, um den im Folgenden beschriebenen Code dazwischen einarbeiten zu können.

Das Skript besteht aus drei wesentlichen Teilen:

1. Abfragen der Kanaldaten und Feststellen der Playlist-ID für die Uploads-Playlist, die automatisch alle hochgeladenen Videos enthält
2. Abfragen der letzten Playlist-Elemente
3. Darstellung der einzelnen Elemente wie in Abbildung 15.13 vorgesehen

Da in diesem Beispiel nur öffentlich zugängliche Daten abgerufen werden, reicht der Zugriff per API-Schlüssel aus. Erstellen Sie dazu, wie in Abschnitt 15.1.2, »Zugriff auf eine API einrichten«, beschrieben, einen API-Schlüssel. Der API-Schlüssel wird im Skript zunächst als Variable zwischengespeichert:

```
var API_KEY = 'AIzaSyC7z[..]6Sew22WfE';
```

Als weitere Variable wird der Kanalbezeichner des gewünschten Kanals festgelegt. Achten Sie darauf, dass es sich um den URL-Bezeichner handelt, der, einmal für einen Kanal festgelegt, nicht mehr geändert werden kann – und nicht um den Kanalnamen, wenngleich sich beides oft gleicht:

```
var YOUTUBE_USERNAME = 'blende8';
```

Der folgende Codeabschnitt wird aufgerufen, sobald das Dokument geladen wird. In ihm wird mithilfe des API-Schlüssels innerhalb der YouTube-API-Ressource channels für den in der Variablen YOUTUBE_USERNAME festgelegten Kanal die Playlist-ID der Playlist uploads abgefragt. Im Anschluss wird die Funktion loadPlaylistItems() mit der Playlist-ID als Übergabeparameter aufgerufen:

```
$(document).ready(function() {
    $.get('https://www.googleapis.com/youtube/v3/channels', {
        part: 'contentDetails',
        forUsername: YOUTUBE_USERNAME,
        key: API_KEY
    }, function(data) {
        $.each(data.items, function(index, item) {
            var pid = item.contentDetails.relatedPlaylists.uploads;
            loadPlaylistItems(pid);
```

```
      });
   });
});
```

Das Abfragen der Playlist-Elemente übernimmt dann die aufgerufene Funktion load-PlaylistItems(). Sie fragt mithilfe der jQuery-Methode $.get über die Ressource play-listItems die Details (snippet) zu den letzten zehn Videos des Kanals ab (maxResults). Anschließend wird der erhaltene Datensatz über die Funktion renderPlaylistItem im Browser dargestellt:

```
var loadPlaylistItems = function(pid) {
    $.get('https://www.googleapis.com/youtube/v3/playlistItems', {
        part: 'snippet',
        playlistId: pid,
        maxResults: 10,
        key: API_KEY
    }, function(data) {
        $.each(data.items, function(index, item) {
            renderPlaylistItem(index, item);
        });
    });
}
```

Die Funktion renderPlaylistItem wird für jedes einzelne Element durchlaufen. In den Variablen title, description und thumbnail werden zunächst die im Snippet enthaltenen Daten zwischengespeichert, um sie anschließend, wie in Abbildung 15.13 gewünscht, in einem Dreispaltenlayout darzustellen:

```
var renderPlaylistItem = function(index, item) {
    var title = item.snippet.title;
    var description = item.snippet.description.substring(0, 250) + '...';
    var thumbnail = item.snippet.thumbnails.standard;

    if (index % 3 == 0) {
        $('.container').append('<div class="row"></div>');
    }
    var currentRow = $('.container').children('.row').last();
    var html = '<div class="col-sm-6 col-md-4">' +
            '<div class="thumbnail">' +
            '<img src="' + thumbnail.url + '" alt="' + title + '">' +
                '<div class="caption">' +
```

437

```
                  '<h3>' + title + '</h3>' +
                  '<p>' + description + '</p>' +
               '</div>' +
            '</div>' +
            '</div>';
      currentRow.append(html);
};
```

Damit ist der Skriptteil abgeschlossen. Im Body-Tag des HTML-Dokuments wird nun lediglich noch der für die Darstellung notwendige div-Container benötigt, auf den die Funktion renderPlaylistItem() zugreifen kann. Außerdem wird hier auch der Titel »Aktuelle Videos« eingetragen:

```
<div class="container">
   <div class="row">
      <div class="col-md-12">
         <h1>Aktuelle Videos</h1>
      </div>
   </div>
</div>
```

Sie können das Dokument nun im Browser aufrufen und werden die in Abbildung 15.13 gezeigte Darstellung angezeigt bekommen. Eine solche Übersicht eignet sich hervorragend, wenn Sie Ihre Website mit YouTube verknüpfen möchten. Besucher Ihrer Website bekommen dadurch direkt auf der Website eine Vorstellung davon, welche Videos auf Ihrem YouTube-Kanal zuletzt hochgeladen wurden. Die zu »Blende 8« gehörende Website *foto-podcast.de* bietet solch eine Übersicht auch an.

Selbstverständlich sind Sie auch frei in der Gestaltung der Übersicht und können weitere Elemente hinzufügen. So wäre es denkbar, dass Sie die Videos direkt auf der Website mithilfe der Player-API einbinden, damit die Besucher Ihrer Website die Videos in der Übersicht anklicken können und nicht erst auf die YouTube-Plattform umgeleitet werden. Möglich wäre auch, Elemente wie die Anzahl der Videoabrufe pro Video in der Übersicht anzeigen zu lassen.

Kapitel 16
Rechtliche Aspekte

»Video ist King!« lautet bekanntlich der Titel dieses Buches. Diesem Titel entsprechend möchten wir Ihnen in diesem Kapitel dabei helfen, den Videos sprichwörtlich die Krone aufzusetzen. Grundvoraussetzung dafür ist eine rechtssichere Umsetzung der Videos. Denn zu erkennen, dass Videos auf dem besten Weg sind, die Zukunft des Marketings zu werden, reicht nicht aus. Vielmehr können Sie das enorme Potenzial nur dann vollumfänglich nutzen, wenn es Ihnen gelingt, rechtliche Stolpersteine zu umgehen. Dazu möchten wir Ihnen in diesem Kapitel die wesentlichen rechtlichen Aspekte des Videomarketings näher erläutern.

Rechtliche Aspekte spielen in allen Stadien eine Rolle: Von der Produktion bis zur Veröffentlichung gibt es zahlreiche Dinge zu beachten. Bereits bei der Produktion des Videos gilt es, sich mit Fragen des Urheberrechts an dem Video, Rechten an der Hintergrundmusik oder dem Persönlichkeitsrecht der Darsteller auseinanderzusetzen. Je mehr Personen an der Produktion beteiligt sind, desto mehr Nutzungsrechte und Einwilligungen müssen Sie einholen, um später Rechtsstreitigkeiten zu vermeiden. Dabei helfen Ihnen vor allem fundierte Vorkenntnisse und ein abstraktes Grundverständnis der Materie.

Christian Solmecke schreibt über Videos und Recht

Rechtsanwalt Christian Solmecke ist Partner der Kanzlei Wilde Beuger Solmecke (*wbs-law.de*) und hat in den vergangenen Jahren den Bereich IT und E-Commerce stetig ausgebaut. So betreut er zahlreiche YouTuber, Medienschaffende und Web-2.0-Plattformen bei der rechtssicheren Umsetzung ihrer Vorhaben. In einem Vortrag im Rahmen der VideoDay Academy 2013 erklärte er alles rund um das Urheberrecht auf YouTube. Zum Thema Video-Marketing verfasste Solmecke bereits einen umfangreichen Beitrag in dem Ratgeber »Recht im Online-Marketing«, der ebenfalls im Rheinwerk Verlag erschienen ist. Daneben gehören Videos zu seinem täglichen Geschäft: In seinem YouTube-Kanal (*wbs-law.tv*) klärt er wöchentlich über neueste Trends im Online-Recht auf. Dort verfolgen mehr als 60.000 Abonnenten seine Beiträge. Dazu gehört auch die Serie

»Recht für YouTuber«, die über den Link *http://wbs.is/youtube-recht* abrufbar ist. Neben seiner Kanzleitätigkeit ist Christian Solmecke auch Geschäftsführer des *Deutschen Instituts für Kommunikation und Recht im Internet* (DIKRI) an der Cologne Business School. Dort beschäftigt er sich insbesondere mit Rechtsfragen in sozialen Netzen. Vor seiner Tätigkeit als Anwalt arbeitete Christian Solmecke mehrere Jahre als Journalist für den Westdeutschen Rundfunk und andere Medien. Über *solmecke@wbs-law.de* ist der Autor per E-Mail zu erreichen.

Abbildung 16.1 Christian Solmecke

Auch bei der inhaltlichen Gestaltung sind Sie nicht vollkommen frei. Neben dem Verbot der Schleichwerbung und der damit verbundenen klaren Pflicht zur Kennzeichnung müssen Sie zudem beachten, dass auch die meisten Werbepartner klare Vorstellungen von den Dos and Don'ts haben. Diese sollten Sie auch beachten, denn es wäre ärgerlich, wenn Sie ein aufwendiges und kostenintensives Video produzieren, es dann aber wegen rechtlicher Probleme nicht platzieren können.

Aber auch wenn das Video bereits im Kasten ist, können Sie sich noch nicht zurücklehnen. Denn dann stellen sich weitere rechtliche Fragestellungen: Wo darf die Werbung geschaltet werden, und welche Regeln müssen dabei beachtet werden? Viele Videoplattformen wie YouTube und Twitch schalten Werbevideos vor die eigentlichen Videos, um Ihre Dienste zu finanzieren (siehe Abbildung 16.2). Hier haben Sie meist großen Einfluss auf die gewünschte Zielgruppe, müssen sich aber auch den jeweiligen Richtlinien unterwerfen. Geht es hingegen nicht um die Platzierung der eigenen Videos, sondern darum, ob Dritte Ihre Videos auf deren eigener Website veröffentlichen dürfen, so lautet das Schlagwort *Framing* und ist schon seit längerer Zeit Gegenstand gerichtlicher Verfahren.

Mit diesen und weiteren Fragestellungen werden wir uns in diesem Kapitel ausführlich auseinandersetzen und Ihnen so einen kurzen und kompakten Leitfaden an die Hand

440

geben, an dem Sie sich im Wesentlichen orientieren können. Beachten Sie jedoch bitte, dass unsere Hinweise in manchen Fällen eine einzelfallgerechte Einschätzung durch einen spezialisierten Rechtsanwalt nicht entbehrlich machen. Im Zweifelsfall sollten Sie daher rechtzeitig rechtlichen Beistand hinzuziehen.

Abbildung 16.2 Vor dem eigentlichen Video wird hier eine Werbung des Unternehmens Tchibo geschaltet.

16.1   Die rechtssichere Verwendung von Videos

Die praktische Umsetzung einer Marketingstrategie mittels eines Videos beginnt mit der Produktion eines Videos. Das können Sie entweder selbst vornehmen oder eine Agentur damit beauftragen. Möchten Sie sich hingegen die Produktionszeit sparen, so können Sie auch ein fertiges Video aus Stock-Archiven einkaufen oder ein Video wählen, das unter einer Creative-Commons-Lizenz steht. Besondere rechtliche Gefahren lauern bei der Verwendung fertiger Videos. Denn was so einfach klingt, ist dennoch mit besonderen Anforderungen verbunden. Welche das sind und wie Sie diese Gefahren erfolgreich umgehen, möchten wir Ihnen in diesem Abschnitt erläutern.

16.1.1   Stock-Videoarchive

Sogenannte Stock-Videos können Sie zum Beispiel online über Stock-Videoarchive wie ClipDealer (*www.clipdealer.com*) einkaufen. Dabei können Sie auf eine Fülle von Videomaterial zu verschiedenen Themen, wie etwa ESSEN & TRINKEN, FAHRZEUGE & VERKEHR oder auch TECHNIK, zugreifen (siehe Abbildung 16.3).

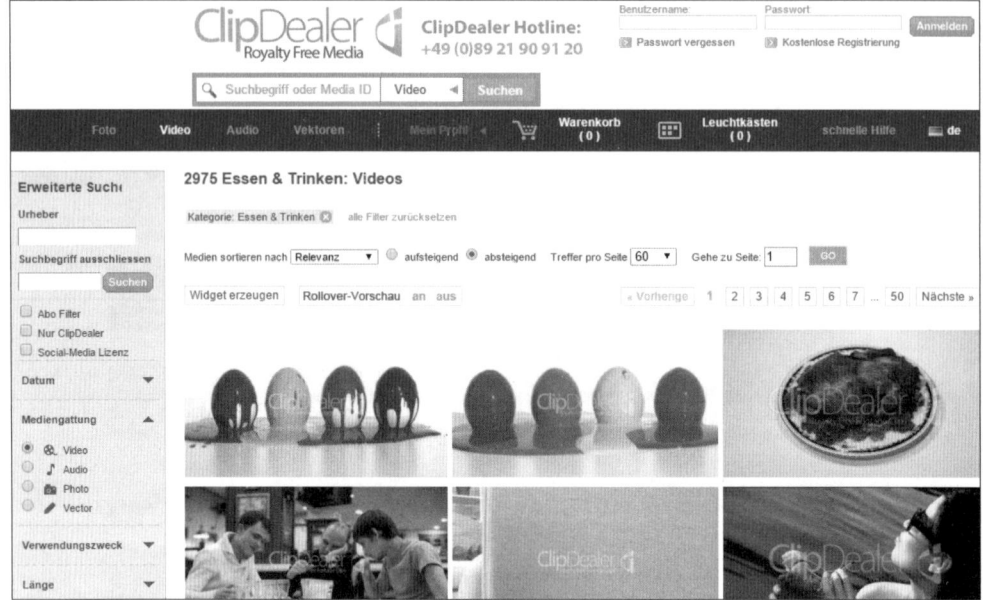

Abbildung 16.3 Auf dem Portal ClipDealer finden Sie beispielsweise 2.975 Videos zum Thema »Essen & Trinken«.

Nun könnten Sie auf die Idee kommen, dass Sie mit den Videos, die Sie eingekauft haben, auch nach Belieben verfahren können – weit gefehlt! Denn die Nutzungsbedingungen der jeweiligen Archive geben ganz klar vor, wie Sie das Material verwenden dürfen. Dies betrifft insbesondere die Verbreitung des Materials in sozialen Netzwerken.

Praxisbeispiel

Manche Stock-Videoarchive, wie zum Beispiel Getty Images (*www.gettyimages.de*), sehen in ihren Nutzungsbedingungen vor, dass die Videos weder vollständig noch in Teilen in sozialen Netzwerken veröffentlicht werden dürfen. So heißt es in den Nutzungsbedingungen von Getty Images:

»*Soweit dies in den Rechten und Einschränkungen nicht anders festgelegt ist, darf der Lizenznehmer das Endprodukt des Lizenznehmers weder direkt noch indirekt in sekundären Vervielfältigungen wie Zusammenstellungen, Screenshots, Kontextwerbung oder auf dateifreigebenden Websites oder Kontaktwebsites wie YouTube, Facebook, MySpace oder Bebo vervielfältigen.*« Auf diese Weise wollen die Stock-Videoarchive sicherstellen, dass ihre Videos weiterhin unter ihren Bedingungen genutzt werden und nicht unter denen der sozialen Netzwerke.

Da heutzutage die Nutzung sozialer Netzwerke gerade zu Marketingzwecken nahezu unumgänglich ist, sollten Sie auf Alternativen zurückgreifen. So gibt es kostenpflichtige Anbieter wie das bereits angesprochene Portal ClipDealer, bei denen Sie die Videos gemeinsam mit einer Social-Media-Lizenz erwerben können (siehe Abbildung 16.4). Sie zahlen also einen Aufpreis und dürfen das Material dann auch bei Facebook oder YouTube online stellen.

2.5 Merchandising Lizenz (nicht erforderlich bei Videos):
Beim Erwerb einer Merchandising Lizenz gelten die Regelungen der 2.1 bis 2.4. Zusätzlich gilt:

Insbesondere enthalten ist das Recht zur kommerziellen Auswertung der Inhalte durch die Herstellung und Verbreitung von Waren aller Art (Wiederverkaufsprodukte wie z.B. Poster, Kalender, Puppen, Spiele, Spielzeug, Stofftiere, Sportartikel, Haushalts-, Bad- und Küchenwaren, Kleidungsstücke, Druckschriften einschließlich Comics, Kopfbedeckungen, Buttons etc.).

2.6 Social Media Lizenz
Beim Erwerb einer Social Media Lizenz gelten grundsätzlich die Regelungen der 2.1 bis 2.4. Die Lizenz enthält das Recht zur Nutzung der Inhalte innerhalb sozialer Netzwerke (z.B. Facebook, Google+, MySpace u. dgl.). In diesem Rahmen ist eine Unterlizenzierung der Inhalte gestattet (abweichend von Ziffer 2.3). Die Grundsätze des Urheber- und Persönlichkeitsrechts sowie die Einschränkungen der nachfolgenden Ziffer 3 sind zu beachten, insbesondere dürfen etwa Inhalte, auf denen eine Person abgebildet ist, nicht als Profilbild eingesetzt werden.

3. Unerlaubte Nutzung

Die Inhalte dürfen nicht eingesetzt werden

(a) für pornografische, sexistische, diffamierende, verleumderische, rassistische, Minderheiten oder religiös verletzende Darstellungen;

(b) in einer dem Urheber oder die abgebildete Person/en herabwürdigenden Art und Weise bzw. wenn davon ausgegangen werden kann, dass der Urheber oder die abgebildete Person mit der Veröffentlichung (trotz Vorliegen eines sogenannten Model Releases = Freigabeerklärung) nicht einverstanden sein könnte. Zur Verdeutlichung: Dies betrifft alle Abbildungen, die diese Person in einer möglicherweise persönlichkeitsverletzenden Situation darstellt, einschließlich sexuellen oder angedeuteten sexuellen Handlungen oder Vorlieben, Drogen- oder -missbrauch, Verbrechen, physischem oder mentalem Missbrauch oder Leiden, bzw. jedweder sonstigen Situation, die berechtigterweise wahrscheinlich für jedwede in dem Inhalt dargestellte Person anstoßend

Abbildung 16.4 Regelungen zur Social-Media-Lizenz im Kundenlizenzvertrag des Anbieters ClipDealer

Praxistipp

Egal, für welchen Anbieter von Stock-Videoarchiven Sie sich entscheiden, Sie sollten im Idealfall schon vor dem Kauf einen Blick in die Nutzungsbedingungen der Anbieter werfen und sich auch an die Vorgaben halten. Denn die Verwendung des Materials ist Ihnen nur unter den vorgegebenen Lizenzbedingungen gestattet.

16.1.2   Creative-Commons-Videos

Fertige Videos können Sie jedoch nicht nur über Stock-Videoarchive beziehen. Vielmehr bieten eine Vielzahl von Anbietern Videos, die unter einer sogenannten Creative-Commons-(CC-)Lizenz stehen, so zum Beispiel Videoplattformen wie YouTube, Vimeo oder Pixabay. Dort stellen Nutzer Ihre Videos unter bestimmten Bedingungen für andere zur Verfügung (siehe Abbildung 16.5).

Hinweis

Zwar können Sie Videos auch über die klassischen Suchmaschinen wie Google im Netz finden, jedoch bietet Google in den Suchoptionen für Videos – anders als für Bilder – keine Möglichkeit, diese nach Nutzungsrechten zu sortieren. Sie können also auf Google nicht gezielt nach Videos suchen, die unter einer CC-Lizenz stehen. Wir empfehlen Ihnen daher, diese nicht einfach zu übernehmen.

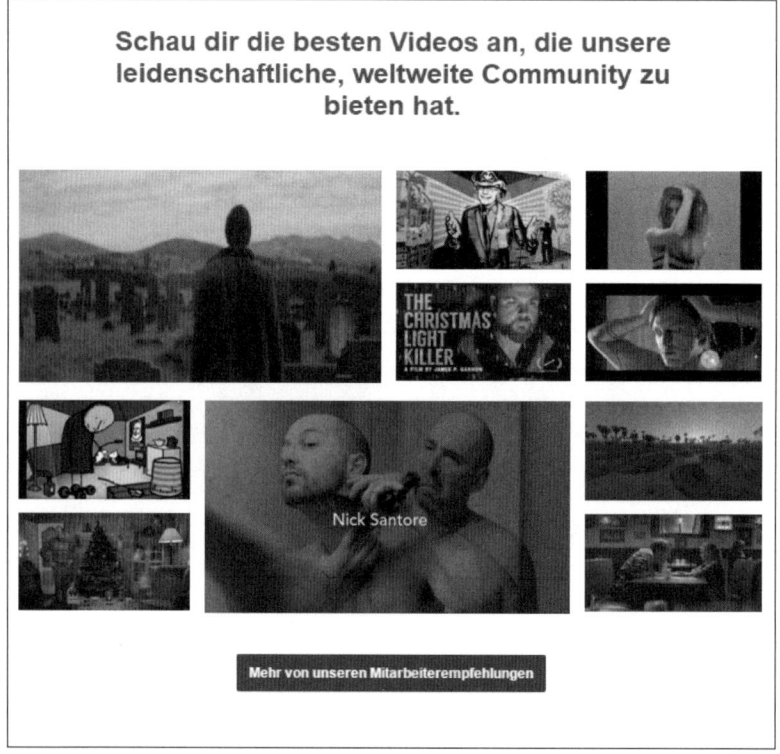

Abbildung 16.5 Startseite des Portals Vimeo

Creative Commons stellen eine Alternative zu herkömmlichen Lizenzsystemen dar. Es ist der Ausdruck eines Bestrebens, die Regelungskomplexe des Urheberrechts aufzubrechen und für die Allgemeinheit zu vereinfachen. Die Materialien, wie etwa Videos oder Fotos, stehen unter einem von sechs verschiedenen CC-Lizenzmodellen und werden mit dem dafür vorgesehenen Symbol vom Urheber versehen. Interessierte Nutzer können dann anhand der Symbole erkennen, wie sie das Werk nutzen dürfen.

Hinweis

Steht ein Werk unter einer CC-Lizenz, müssen Sie weder eine Verwertungsgesellschaft noch den Urheber selbst kontaktieren noch einen individuellen Vertrag aushandeln und unterzeichnen.

Auch wenn kein Kontakt zum Urheber aufgenommen wird und kein individueller Vertrag ausgehandelt wird, so gibt es dennoch rechtliche Rahmenbedingungen, die Sie zwingend beachten müssen. So haben die Urheber beispielsweise ein besonderes Interesse daran, dass ihr Name stets mit dem Werk verknüpft ist. Man spricht dabei von der *Urheberkennzeichnung.*

Auch müssen Sie vor der Verwendung prüfen, ob der Urheber generell mit einer Bearbeitung oder Kommerzialisierung seiner Videos einverstanden ist. Aufschluss darüber, was erlaubt ist und was nicht, geben die bereits angesprochenen Lizenzsymbole, die für die einzelnen Lizenzmodule stehen. Die Grundlage bilden vier Module, die zu insgesamt sechs verschiedenen Lizenzen zusammengesetzt werden können. Jedes Modul wird durch jeweils zwei Buchstaben abgekürzt:

▶ **BY:** Dieses Modul betrifft die Angabe der Urheberbezeichnung. Die Nennung des Urhebers eines Werkes ist Teil des Urheberpersönlichkeitsrechts und unverzichtbar. Daher ist dieses Modul Bestandteil einer jeden CC-Lizenz. Wann immer ein fremdes Werk genutzt wird, muss der Name des Urhebers angegeben werden.

▶ **NC:** Dieses Modul steht für *non-commercial*. Eine CC-Lizenz mit diesem Modul verbietet Ihnen eine kommerzielle Nutzung des Werkes. So kann beispielsweise ein Video unter einer BY-NC-Lizenz zwar für ein privates Blog, aber nicht für den Internetauftritt Ihres Unternehmens verwendet werden.

▶ **ND:** Wenn der Urheber verhindern will, dass sein Werk von Dritten bearbeitet wird, dann wählt er dieses Modul. Die Abkürzung steht für *no derivates*, also keine Bearbeitungen. Eine Bearbeitung liegt immer dann vor, wenn das Original in irgendeiner Weise verändert wird. Auch das Zuschneiden von Videos ist eine Bearbeitung. Erlaubt sind lediglich zwingende, minimale Veränderungen, wie beispielsweise das Anpassen des Formats. Ein Verzerren oder eine übertriebene und unnötige Verkleinerung oder Vergrößerung können jedoch wieder als Bearbeitung angesehen werden.

▶ **SA:** Das letzte Modul wird mit SA abgekürzt, *share alike*. Damit ist gemeint, dass ein Werk nur unter derselben Lizenz weitergegeben werden darf. Wenn der Urheber sein Werk zum Beispiel unter BY-NC-SA veröffentlicht, dann dürfen Dritte das Werk zwar bearbeiten. Wenn sie das veränderte Werk allerdings ihrerseits im Internet verbrei-

16

445

ten, dann sind sie an die BY-NC-SA-Lizenz gebunden. Eine Kommerzialisierung des veränderten Werkes ist aufgrund des NC-Moduls somit nicht möglich.

Diese Module können nun zu sechs verschiedenen Lizenzen kombiniert werden (siehe Abbildung 16.6).

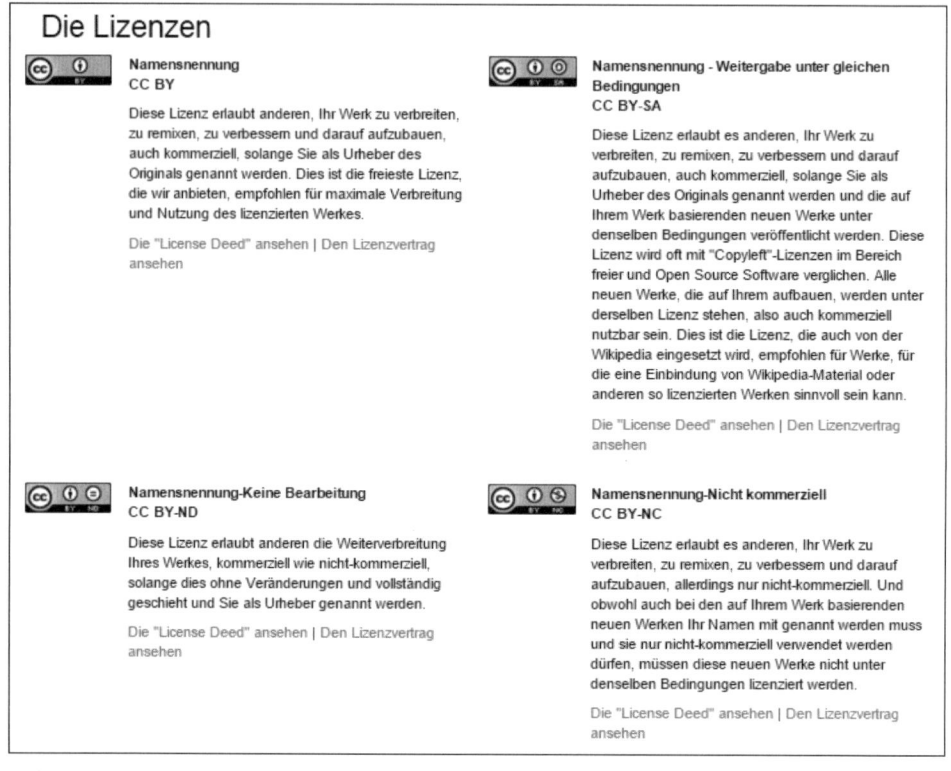

Abbildung 16.6 Auszug aus den verschiedenen Lizenzmodulen und ihre Symbole

Daneben gibt es seit dem Jahr 2009 eine neue Lizenzform namens CC0, sprich »cc zero«. Diese Form soll es den Urhebern ermöglichen, im Rahmen des gesetzlich Möglichen gänzlich auf all ihre Rechte zu verzichten und die Werke damit gemeinfrei zu machen. Dies ist nach deutschem Urheberrecht normalerweise erst 70 Jahre nach dem Tod des letzten Urhebers der Fall.

Wie bereits angesprochen, ist ein Verzicht nur im Rahmen des gesetzlich Möglichen zulässig. Dies betrifft in Deutschland insbesondere das *Urheberpersönlichkeitsrecht*, zu der die Urheberkennzeichnung gehört. Nach deutschem Recht stellt sich die Frage, ob ein Urheber überhaupt auf die Urheberkennzeichnung – also seinen Anspruch auf die Anerkennung der Urheberschaft – verzichten kann. Denn das Urheberpersönlichkeitsrecht ist nach deutschem Recht so eng mit der Person des Urhebers verbunden, dass es grundsätzlich nicht übertragen oder aufgegeben werden kann. Ein allumfassender Verzicht auf das Urheberrecht ist im deutschen Recht daher nicht möglich und dieses Lizenzmodell damit in Deutschland nicht unmittelbar umsetzbar. Bleibt man bei der Urheberkennzeichnung, so muss diese Lizenz hier so verstanden werden, dass der Urheber zustimmt, dass sein Name nicht genannt wird.

Was im Detail bei der Verwendung der Werke gilt, regeln die entsprechenden vorgefertigten Lizenzverträge. Darin werden die Rechte und Pflichten hinsichtlich der Nutzung der jeweiligen Lizenz noch einmal im Detail beschrieben (siehe Abbildung 16.7).

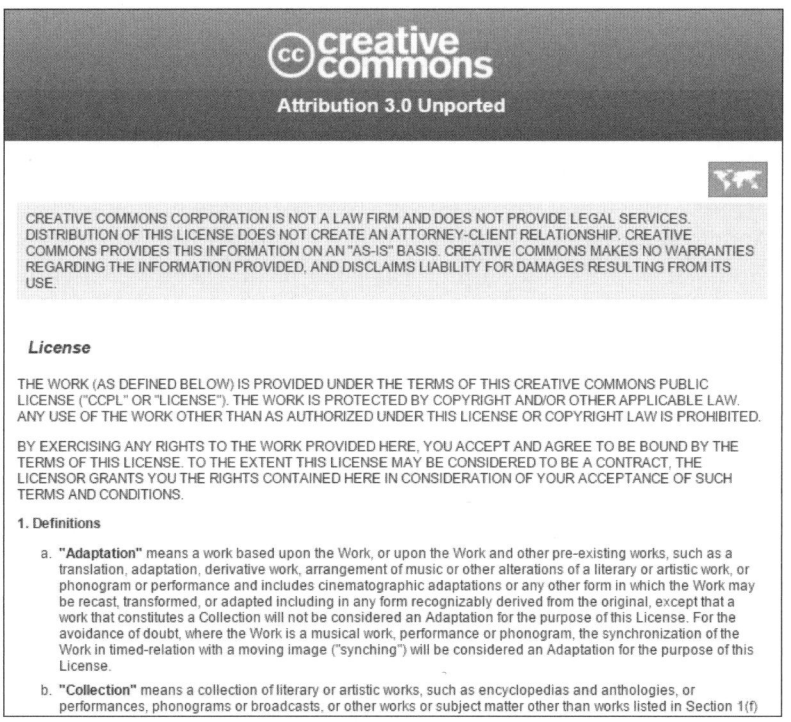

Abbildung 16.7 Auszug aus der CC-BY-3.0-Lizenz

Bei der Suche nach dem entsprechenden Lizenzvertrag werden Sie auf verschiedene Versionen stoßen. Der Grund dafür liegt darin, dass diese aufgrund der stetigen Weiterentwicklung einem ständigen Wandel unterliegen. Regelungen werden immer wieder bearbeitet und den aktuellen Bedürfnissen von Urheber und Nutzer angepasst. Daher muss der Urheber nicht nur den entsprechenden Lizenzvertrag angeben, sondern auch die genaue Version. Umgekehrt bedeutet dies für den Nutzer, dass für ihn nur diese Version maßgeblich ist und keine andere.

Praxisbeispiel

Verwenden Sie ein Video, das unter einer CC-BY-NC-Lizenz steht, in der Version 2.0 des Lizenzvertrags, so muss die Angabe *CC BY-NC 2.0* lauten. Maßgeblich ist dann auch nur der Vertrag in der Version 2.0. Selbst wenn es bereits eine neuere Version 3.0 gibt, betrifft das nicht die Nutzung dieses Videos.

16.2   Urheberrecht an dem Video

Unabhängig davon, ob Sie das Video selbst produzieren, eine Agentur damit beauftragen oder ein fertiges Video über Stock-Videoarchive einkaufen, hat jedes Video einen Urheber. Dieser Urheber hat in Bezug auf sein Werk und dessen Nutzung gewisse Rechte. Zu wissen, welche Rechte dies sind, ist für Sie aus zweierlei Sicht besonders wichtig. Einerseits hilft Ihnen diese Kenntnis einen Überblick darüber zu haben, welche Rechte Sie an Ihrem Video haben und wie Sie Ihr eigenes Video vor dem Zugriff Dritter schützen können. Andererseits macht es Ihnen deutlich, wie sensibel Sie mit den Videos anderer umgehen müssen, was Sie dürfen und was eben nicht. Daher möchten wir Ihnen in diesem Abschnitt einen Überblick über das Urheberrecht an einem Video geben.

16.2.1   Grundzüge des urheberrechtlichen Schutzes

Zunächst einmal möchten wir uns mit der Frage auseinandersetzen, wer überhaupt Urheber ist und wie der urheberrechtliche Schutz entsteht, bevor wir uns dann in einem nächsten Schritt damit befassen, welche Rechte das Gesetz dem Urheber zur Seite stellt.

Nach dem im Urheberrecht maßgeblichen Schöpferprinzip ist derjenige Urheber, der das Werk – in diesem Fall also das Video – geschaffen hat. Zwingende Voraussetzung ist dabei, dass es sich bei dem Werk um das Resultat einer persönlichen geistigen Leistung handelt. Daher kann Urheber auch nur eine natürliche Person, also ein Mensch, sein. Das Alter hingegen spielt keine Rolle. Sind mehrere an der Produktion beteiligt, so gibt es auch mehrere Urheber, die sogenannten Miturheber.

Das Urheberrecht an einem Video entsteht automatisch durch den Schöpfungsakt, also die Herstellung des Videos. Eine spezielle Eintragung oder Anmeldung des Rechts an dem Video in einem Register oder bei einer sonstigen Stelle ist für die Entstehung des urheberrechtlichen Schutzes nicht erforderlich. Der Schutz des Urheberrechts erstreckt sich über die gesamte Lebenszeit des Urhebers und besteht weitere 70 Jahre nach seinem Ableben fort.

> **Hinweis**
>
> Die Anbringung des Copyright-Zeichens ist für die Entstehung der Urheberrechte an einem Foto nicht notwendig. Sie kann jedoch zu Beweiszwecken der Urheberschaft hilfreich sein und unter Umständen den ein oder anderen von einer ungefragten Verwendung abschrecken.

Mit Schaffung des Werkes entstehen zugleich diverse Rechte des Urhebers, die sowohl seinen ideellen als auch seinen materiellen Interessen dienen.

Um das wirtschaftliche Interesse des Urhebers an der Nutzung seines Werkes zu sichern, stehen ihm Rechte zur Verwertung zu. Das Urheberrecht ermöglicht es dem Urheber also, selbst zu entscheiden, ob er das von ihm hergestellte Video wirtschaftlich nutzen möchte. Dazu gehören beispielsweise die Vervielfältigung, die Verbreitung, die Ausstellung, die Vorführung oder auch die öffentliche Zugänglichmachung im Internet. Er kann auch selbst entscheiden, ob er dies dritten Personen gestatten möchte. Entscheidet er sich dagegen, müssen sich alle daran halten. Entscheidend für die Rechtmäßigkeit der Nutzung durch Dritte ist damit die Einwilligung des Urhebers. Liegt keine Zustimmung des Urhebers vor und wird das Video dennoch im Internet verbreitet, stellt dies eine Verletzung seines Rechts der öffentlichen Zugänglichmachung dar und kann Abmahnungen und Unterlassungsklagen nach sich ziehen.

Entscheidet sich der Urheber des Videos dafür, dass beispielsweise Unternehmen sein Video zu Marketingzwecken nutzen dürfen, dann räumt er diesen dazu eine Lizenz ein. Eine Lizenz ist ein Recht zur Nutzung eines Werkes und damit für Sie das wichtigste Instrument des Urheberrechts! Wenn Sie nicht selbst künstlerisch tätig werden wollen, sind Sie auf die Werke anderer Personen angewiesen. Das bedeutet, dass Sie Nutzungsrechte an diesen Werken erwerben müssen. Sie müssen also beim Urheber anfragen, ob Sie das gewünschte Video für Ihre Marketingkampagne nutzen dürfen. Stimmt er dem zu, müssen Sie sich dieses Recht dann vertraglich und oftmals gegen ein Entgelt einräumen lassen.

> **Hinweis**
>
> Urheberrechte sollten Sie immer im Hinterkopf behalten. Insbesondere sollten Sie sich nicht dazu verleiten lassen, Videos aus dem Internet einfach ungeprüft zu übernehmen. Denn nur weil etwas im Internet veröffentlicht wurde, bedeutet dies noch lange nicht, dass jeder damit machen darf, was er möchte.

Das Urheberrecht verbietet es zudem Dritten, auch nur leichte Änderungen an dem Video vorzunehmen. Denn das Urheberrecht schützt den Urheber auch vor der unbe-

449

fugten Bearbeitung oder sonstigen Umgestaltung seines Werkes in qualitativer oder quantitativer Hinsicht.

16.2.2 Die Nutzung urheberrechtlich geschützter Videos durch Dritte

Dass nicht jedes Video, das im Internet verfügbar ist, auch ohne Weiteres für die eigene Marketingkampagne verwendet werden kann, ist vielen bereits klar. Nicht ganz so klar ist jedoch, wie man nun Videos Dritter nutzen kann, ohne rechtliche Konsequenzen wie Abmahnungen oder Unterlassungsklagen fürchten zu müssen. Der Schlüssel zu einer rechtskonformen Nutzung ist die Lizenz. Mit dieser Lizenz räumt der Urheber (Lizenzgeber) dem Verwender (Lizenznehmer) Nutzungsrechte an seinem Video ein und gestattet ihm so die wirtschaftliche Nutzung des Videos.

Dazu schließt der Lizenzgeber mit dem Lizenznehmer einen Lizenzvertrag. Dieser sollte den Gegenstand der Lizenz und die eingeräumten Benutzungsbefugnisse hinsichtlich ihres Gebiets und der Zeit bzw. der Menge genau beschreiben. Ebenso sollte festgelegt werden, ob der Lizenznehmer ein einfaches Nutzungsrecht hat, bei dem auch anderen Lizenznehmern durch den Lizenzgeber dieselben Rechte eingeräumt werden können, oder ob es sich um eine ausschließliche Lizenz handeln soll, die exklusiv nur dem einen Lizenznehmer eingeräumt wird. Auch Regelungen zur Höhe der Lizenzgebühr, zu Geheimhaltungspflichten und zu möglichen Ausübungspflichten sollten in den Vertrag mit aufgenommen werden.

Hinweis

Grundsätzlich sollten Lizenzverträge schriftlich fixiert werden. Denn wer ein fremdes Video verwendet, muss im Streitfall beweisen, dass die Nutzung rechtmäßig erfolgt ist.

16.2.3 Konsequenzen einer rechtswidrigen Nutzung durch Dritte

Verwendet jemand ein urheberrechtlich geschütztes Werk, ohne zuvor eine Lizenz zu erwerben oder die Zustimmung des Urhebers einzuholen, drohen empfindliche Konsequenzen. Denn ein solches Verhalten stellt grundsätzlich eine Urheberrechtsverletzung dar, insbesondere dann, wenn es sich um die kommerzielle Nutzung handelt.

Liegt eine solche Rechtsverletzung vor, kann der Urheber den Schädiger sowohl auf Beseitigung, Unterlassung oder Schadensersatz als auch auf Vernichtung oder Auskunft in Anspruch nehmen. Gerade bei aufwendig produzierten Videos kann dies enorme Kosten nach sich ziehen. Denn da die für die Berechnung der Gerichts- und Rechtsanwaltskosten maßgeblichen Streitwerte in der Regel zwischen 50.000 € und 100.000 €

liegen, sind Rechtsverletzungen für den Schädiger in der Regel auch mit Kosten von mehreren tausend Euro verbunden.

Praxisbeispiel

Allein eine außergerichtliche Abmahnung kann beispielsweise in durchschnittlichen Fällen bei einem Streitwert von 50.000 € nur für den gegnerischen Rechtsanwalt Kosten in Höhe von ca. 1.800 € und bei einem Streitwert von 100.000 € in Höhe von ca. 2.300 € erzeugen. Hinzu kommen dann noch die gegebenenfalls anfallenden Kosten für den eigenen Rechtsanwalt. Kommt es danach noch zu einem Gerichtsverfahren, fallen erneut Rechtsanwaltskosten und zusätzlich noch Gerichtsgebühren an, sodass die Kosten insgesamt durchaus im fünfstelligen Bereich liegen können. Diese müssen dann allesamt vom Rechtsverletzer getragen werden, unabhängig davon, ob dieser Kenntnis von der Rechtswidrigkeit seines Vorgehens hatte oder nicht. Die Haftung greift nämlich verschuldensunabhängig.

16.3 Persönlichkeitsrechte der Darsteller

Aufwendig gestaltete Videos zu Marketingzwecken enthalten in der Regel nicht nur Produktaufnahmen, sondern auch Aufnahmen von Personen. Diese stellen in dem Video zum Beispiel neue Produkte vor oder agieren als Darsteller in Imagevideos (siehe Abbildung 16.8). Schließlich lassen Menschen Videos lebendiger wirken und erfreuen sich beim Publikum größerer Beliebtheit.

Abbildung 16.8 Das auf YouTube geschaltete Imagevideo des Automobilherstellers Porsche enthält auch Darsteller.

16.3.1 Grundsätze des Persönlichkeitsrechts

Möchten Sie in Ihrem Video menschliche Darsteller einsetzen, so müssen Sie auch deren Persönlichkeitsrechte im Hinterkopf behalten. Insbesondere betroffen ist dabei das sogenannte Recht am eigenen Bild, das sogar in unserer Verfassung verankert ist. Danach gilt grundsätzlich, dass jeder das Recht hat, über die Verwendung seines Bildes frei zu bestimmen. Niemand muss also dulden, dass gegen seinen Willen Aufnahmen von ihm gemacht werden oder er zum Darsteller eines Videos wird.

Möchten Sie nun Menschen zum Teil Ihres Videos werden lassen, so ist dies nur dann rechtlich zulässig, wenn Sie zuvor deren Einwilligung einholen. Zudem müssen Sie sich die ausschließlichen Nutzungs- und Verwertungsrechte an den Aufnahmen einräumen lassen. Dabei sollten Sie insbesondere darauf achten, sich ausdrücklich auch die Erlaubnis zur kommerziellen Nutzung der Aufnahmen einräumen zu lassen. Andernfalls können Sie die Aufnahmen nicht im Rahmen Ihrer unternehmerischen Tätigkeit nutzen, ohne mit rechtlichen Konsequenzen rechnen zu müssen.

Praxisbeispiel

Das Oberlandesgericht Oldenburg (Beschluss vom 10.12.2013, Az.: 13 W 32/13) hat ein Ordnungsgeld in Höhe von 10.000 € gegen den Onlinedienst einer großen deutschen Tageszeitung verhängt, weil es Videoaufnahmen eines Polizeieinsatzes in der Diskothek Gleis 9 in Bremen öffentlich zugänglich gemacht hat, ohne dabei die Köpfe der Polizisten zu verpixeln. Daraufhin wurde eine einstweilige Verfügung gegen den Onlinedienst erlassen mit der Auflage, die Beamten unkenntlich zu machen. Dieser Verfügung hatte sich der Onlinedienst widersetzt und wurde daher zur Zahlung des Ordnungsgeldes verpflichtet. Schließlich stelle dies nach Ansicht der Richter eine Verletzung der Persönlichkeitsrechte der Polizeibeamten in erheblichem Ausmaß dar.

16.3.2 Persönlichkeitsrechte der eigenen Mitarbeiter

Persönlichkeitsrechte spielen nicht nur dann eine Rolle, wenn es sich um fremde Personen oder gebuchte Darsteller handelt. Auch wenn Sie Ihre eigenen Mitarbeiter filmen, dürfen Sie das Persönlichkeitsrecht nicht unberücksichtigt lassen. Denn das Persönlichkeitsrecht ist immer zu achten, egal, in welchem Verhältnis die Person zum Filmenden steht. Daher entbindet Sie auch ein Anstellungsverhältnis nicht davon, zuvor eine Einwilligung Ihres Angestellten einzuholen. Etwas anderes gilt nur dann, wenn Sie sich das Einverständnis schon im Arbeitsvertrag haben einräumen lassen.

Hinweis

Nehmen Sie bereits eine Klausel in den Arbeitsvertrag auf, so empfehlen wir Ihnen, eine Formulierung zu wählen, aus der klar ersichtlich wird, dass die Einwilligung zeitlich und räumlich unbegrenzt gilt!

Liegt nun eine solche Einwilligung vor, gilt diese grundsätzlich auch dann weiter, wenn der Angestellte nicht mehr in Ihrem Unternehmen tätig ist. Daher können Sie die mit diesem Mitarbeiter gedrehten Videos auch nach seinem Ausscheiden weiter verwenden.

Praxisbeispiel

Das Bundesarbeitsgericht (Urteil vom 19.02.2015, Az.: 8 AZR 1011/13) hatte über einen Fall zu entscheiden, in dem sich ein Mitarbeiter für die Aufnahmen eines Imagevideos seines Unternehmens zur Verfügung stellte, nach seinem Ausscheiden aber seine Einwilligung widerrief und verlangte, dass das Video von der Unternehmens-Website genommen wird. Im Klageverfahren verlangte der Mitarbeiter zudem Schadensersatz in Höhe von 6.819,75 € – ohne Erfolg. Nach Ansicht der Richter besteht die einmal unbedingt erteilte Einwilligung nämlich auch über das Arbeitsverhältnis hinaus fort!

16.3.3 Darsteller als Beiwerk

Nachdem wir Ihnen nun erläutert haben, dass für die Darstellung von Personen grundsätzlich deren Einwilligung erforderlich ist, möchten wir an dieser Stelle noch kurz auf eine Ausnahme von diesem Grundsatz eingehen. Denn der Gesetzgeber verlangt dort keine Einwilligung, wo die gefilmte Person nicht im Fokus der Aufnahmen steht, sondern lediglich ein sogenanntes Beiwerk ist. Eine Person ist immer dann nur ein Beiwerk, wenn sie entsprechend dem Gesamteindruck des Videos nur bei Gelegenheit erscheint und nicht aus der Anonymität hervorgehoben wird (siehe Abbildung 16.9). Ob eine Person als Darsteller oder lediglich als Beiwerk einzuordnen ist, muss im Einzelfall anhand der konkreten Gestaltung des Videos beurteilt werden.

Hinweis

Handelt es sich nicht gerade um eine Massenaufnahme und sind Sie sich daher nicht sicher, ob die Person lediglich ein Beiwerk ist, dann sollten Sie sicherheitshalber immer die Einwilligung der Personen einholen und sich die Nutzungsrechte einräumen lassen. Denn ob eine Ausnahme vom Einwilligungserfordernis greift, ist letztlich eine komplexe juristische Einzelfallentscheidung.

Abbildung 16.9 In diesem Teil des Imagevideos des Automobilherstellers Porsche sind die abgebildeten Personen lediglich Beiwerk.

16.4   Musikrechte

Musik in einem Video generiert Aufmerksamkeit, schafft einen Wiedererkennungswert und weckt Emotionen. Die positiven Emotionen aus der Musik sollen sich im Optimalfall auch auf das Produkt übertragen. Aus diesem Grund gibt es nahezu kein Video, das zu Marketingzwecken gedreht wird, das auf dieses wesentliche Element verzichten kann. Doch ebenso wie das Video als solches ist auch die Musik urheberrechtlich geschützt. Das bedeutet für Sie konkret, dass Sie jegliche Musik, die Sie nicht selbst produziert haben, nur dann verwenden dürfen, wenn Ihnen die Erlaubnis des Rechteinhabers vorliegt. Dies gilt auch dann, wenn es sich »nur« um Hintergrundmusik handelt. Andernfalls drohen Abmahnungen oder Schadensersatz- und Unterlassungsklagen. Betroffene Rechteinhaber können sogar erwirken, dass Ihr Video von entsprechenden Videoplattformen gelöscht wird (siehe Abbildung 16.10).

Um nun rechtskonform die Zustimmung der Rechteinhaber einzuholen, muss man zunächst wissen, wer überhaupt Rechteinhaber an einem Musikstück ist. Schließlich sind an der Musikproduktion in der Regel eine Vielzahl von Personen beteiligt – Musiker, Komponisten, Songwriter, Plattenfirmen etc. Noch dazu hört man immer wieder etwas von der GEMA. Nun ist es so, dass meist die Künstler die Rechte an den Musikstücken haben. Diese übertragen ihre Rechte jedoch in einer Vielzahl von Fällen auf ihre Produzenten bzw. Plattenfirmen oder Verwertungsgesellschaften. Dies bedeutet für Sie, dass Sie bei der Einholung der Nutzungsrechte nur noch einen Ansprechpartner haben. Wie Sie nun bei dem jeweiligen Rechteinhaber die Lizenzen erwerben, möchten wir Ihnen in diesem Abschnitt erläutern.

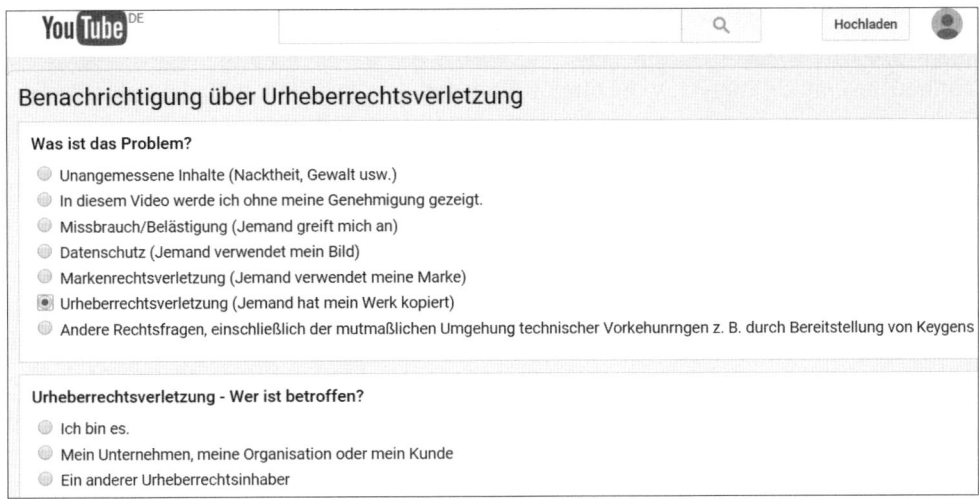

Abbildung 16.10 Rechteinhaber können die Videoplattform YouTube über Urheberrechtsverletzungen informieren.

16.4.1 Lizenzen direkt vom Rechteinhaber

Bei Musikstücken, bei denen die Rechteinhaber selbst die Verwertung regeln, ist ein Lizenzvertrag über die Nutzung des Musikstücks zu schließen. Dabei sollte im Lizenzvertrag unter anderem vereinbart werden, wie das Musikstück im Einzelnen verwendet werden darf:

▶ als Ganzes oder nur in Teilen

▶ kommerziell

▶ zeitlich und örtlich unbegrenzt

▶ gegen eine Lizenzgebühr

Ebenso sollten Sie festlegen, ob Sie als Lizenznehmer ein einfaches Nutzungsrecht haben, bei dem der Lizenzgeber auch anderen Lizenznehmern die Nutzung des Musikstücks gestatten darf, oder ob es sich um eine ausschließliche Lizenz handeln soll, die exklusiv nur Ihnen eingeräumt wird.

Hinweis

Wie immer bei vertraglichen Vereinbarungen empfehlen wir auch hier aus Gründen der Beweislast eine schriftliche Fixierung. Denn nur so können Sie im Streitfall beweisen, dass der Rechteinhaber Ihnen die Nutzung in dem von Ihnen vorgenommenen Umfang gestattet hat.

Wenn Sie nicht wissen, wer der Rechteinhaber ist, und es sich um ein bekanntes Musikstück handelt, so kann ein Blick auf die Website der GEMA *www.gema.de* helfen. Dort können Sie eine Onlinerecherche durchführen, bei der die GEMA auch dann den Rechteinhaber angibt, wenn Sie selbst nicht als Verwertungsgesellschaft beauftragt wurde.

16.4.2 Lizenzen von Verwertungsgesellschaften

In einer Vielzahl von Fällen werden Sie jedoch Kontakt mit der GEMA aufnehmen müssen, wenn Sie Musikstücke verwenden möchten. GEMA ist die Abkürzung für Gesellschaft für musikalische Aufführungs- und mechanische Vervielfältigungsrechte (siehe Abbildung 16.11). Sie nimmt die Urheberrechte und Leistungsschutzrechte der Rechteinhaber wahr und vereinbart Lizenzverträge mit den Nutzern. Auch die Lizenzgebühr ist dann an die GEMA zu zahlen.

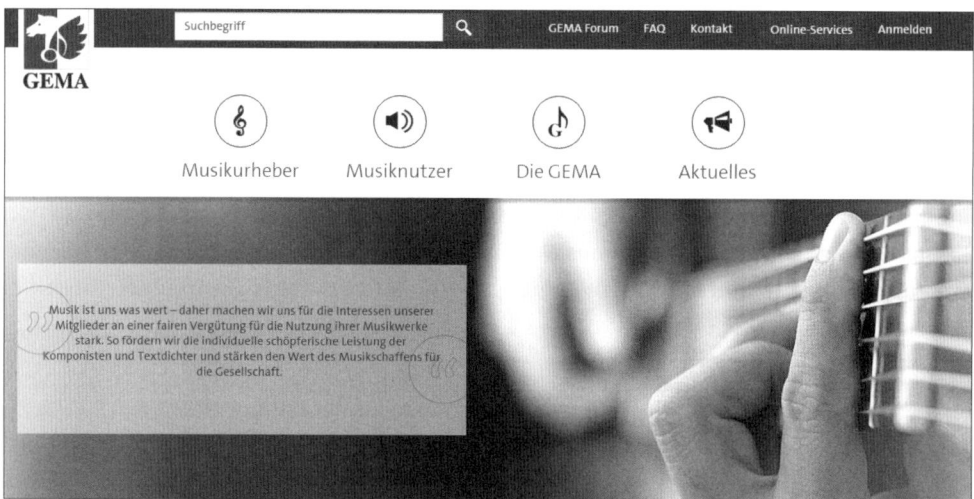

Abbildung 16.11 Auf der Website der GEMA können Sie sich über die Lizenzen und die entsprechenden Gebühren informieren.

Die Höhe der Lizenzgebühr bestimmt die Verwertungsgesellschaft in Gesamt- oder Einzelverträgen. Gesamtverträge sind solche, die zwischen Nutzervereinigungen und den Verwertungsgesellschaften geschlossen werden. Hier gelten dann für alle Nutzer die gleichen Tarife. Einzelverträge beziehen sich auf Nichtmitglieder. Die Lizenzgebühren für die letztgenannten Verträge basieren auf den von den Verwertungsgesellschaften ausgestellten Tarifen. Welcher Tarif für Sie maßgeblich ist, können Sie auf der Website der GEMA ermitteln (siehe Abbildung 16.12).

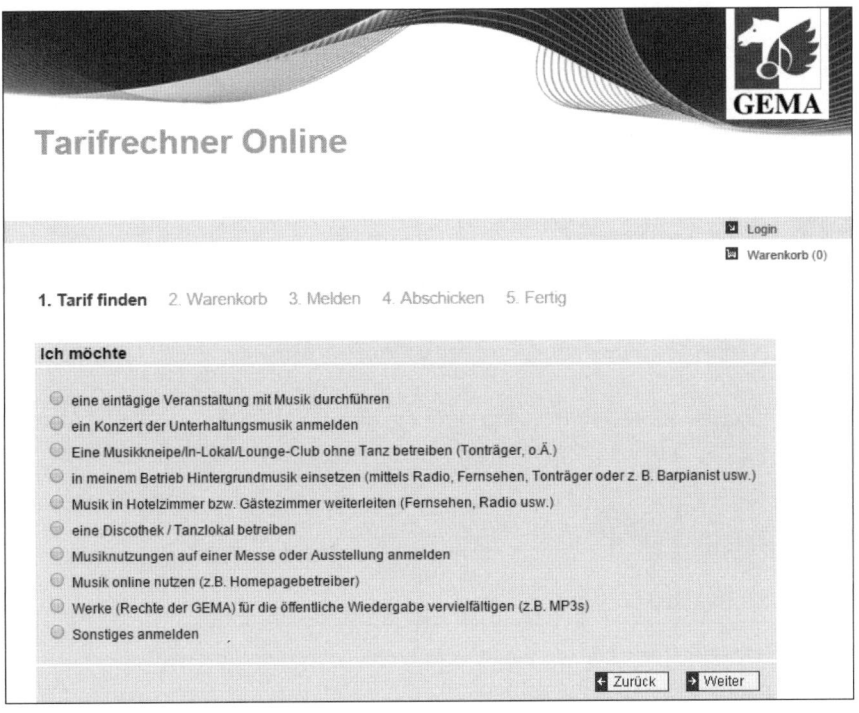

Abbildung 16.12 Der Tarifrechner hilft Ihnen bei der Ermittlung des für Sie passenden Tarifs zur Musiknutzung.

16.4.3 Musik aus Stock-Archiven

Ebenso wie Fotos oder Videos lässt sich auch Musik in Stock-Archiven finden. Dies ist für Sie insbesondere dann interessant, wenn Sie sich nicht mit Lizenzverträgen beschäftigen möchten oder keine Lizenzgebühr bezahlen möchten. In einem solchen Fall bieten Onlineportale wie Free Stock Music (*www.freestockmusic.com*) oder Getty Images (*www.gettyimages.de*) eine Alternative. Je nach gewünschter Musikrichtung werden Ihnen dort verschiedene Musikstücke angeboten, die Sie für Ihr Video verwenden können (siehe Abbildung 16.13).

Ein Blick in die Nutzungsbedingungen der Plattformen zeigt, dass dies rechtlich auch vollkommen legal ist. Denn die als »lizenzfrei« beworbenen Musikstücke dürfen gegen eine einmalige, vom Urheber des Werkes festgelegte Nutzungsgebühr erworben werden und dann im Normalfall unbegrenzt oft, zeitlich unbegrenzt in allen möglichen Medien und auch zu kommerziellen Zwecken verwendet werden (siehe Abbildung 16.14). Denn die Plattform überträgt Ihnen ein nicht exklusives, nicht übertragbares, weltweites Nutzungsrecht zu den von ihr vorgegebenen Nutzungsarten.

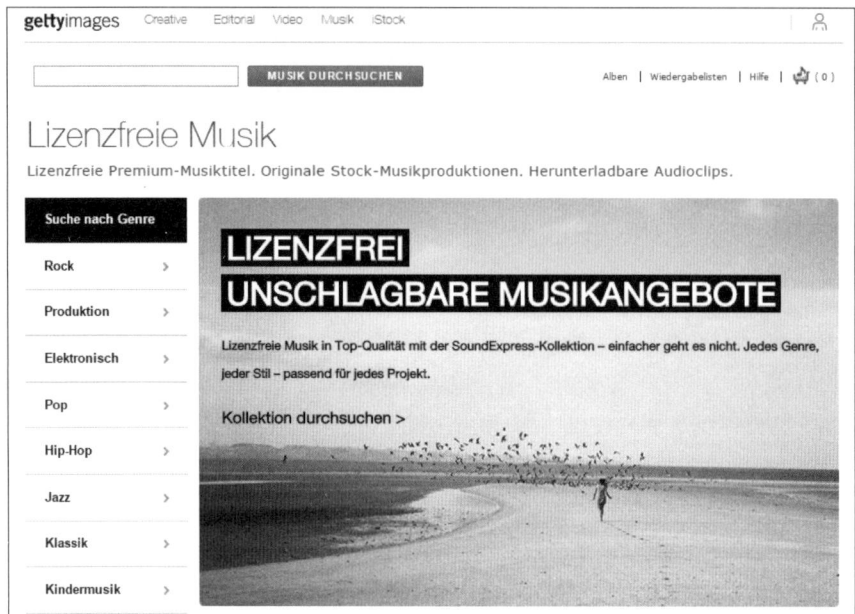

Abbildung 16.13 Auf der Plattform Getty Images können Sie aus einer Vielzahl von Musikstücken verschiedener Genres auswählen.

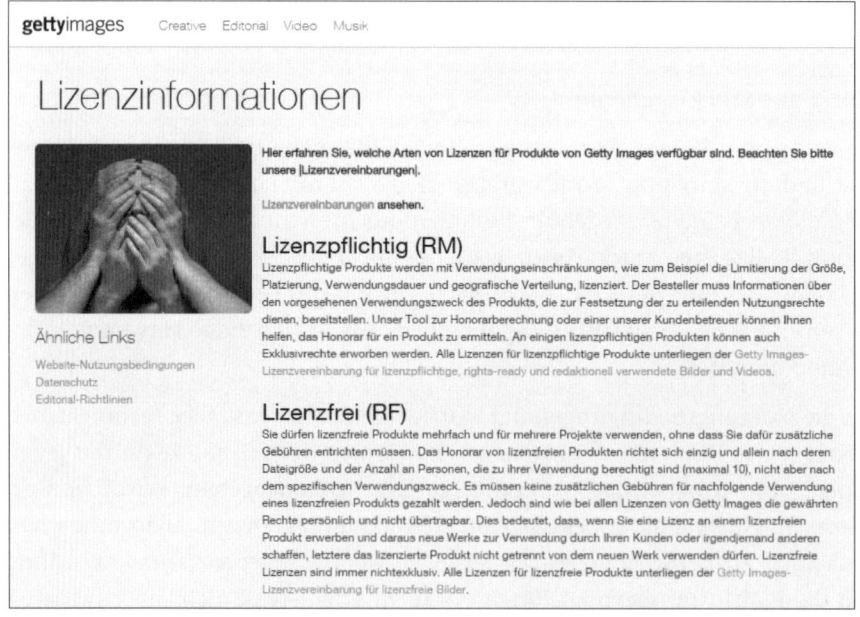

Abbildung 16.14 Lizenzinformationen des Anbieters Getty Images

Zwar dürfen Sie die Musik damit auch für kommerzielle Zwecke verwenden, dies gilt jedoch nur so lange, wie die Musik Teil einer neuen Produktion ist, also beispielsweise als Hintergrundmusik in Ihrem Video. Nicht zulässig ist es hingegen, die Musik als reines Musikstück weiterzuverwerten.

Hinweis

Zuweilen passiert es jedoch, dass Videos von Unternehmen, die auf Videoplattformen hochgeladen werden, von diesen gesperrt werden. Dies braucht Sie jedoch nicht weiter zu verunsichern, da Sie sich durch die Verwendung in Ihrem eigenen Video im Rahmen der Lizenzbedingungen bewegen. Insbesondere die Veröffentlichung auf Videoplattformen wie YouTube oder Vimeo ist beispielsweise bei dem Anbieter *www.stockmusic.net* ausdrücklich erlaubt.

16.5   Werbeeinblendungen in Videos – Produktplatzierung vs. Schleichwerbung

Wenn Sie für Ihr Unternehmen Videos produzieren oder produzieren lassen, dann haben Sie in der Regel eines im Fokus: Werbung. Dabei müssen Sie jedoch beachten, dass der tatsächliche Werbecharakter für den Videokonsumenten klar zum Ausdruck kommen muss. Dies ist ein Gebot des Wettbewerbsrechts, wonach der Werbecharakter eines Videos unabhängig von seiner Qualität ausdrücklich gekennzeichnet und für den durchschnittlichen Adressaten erkennbar sein muss. Auch muss die Werbung vom übrigen redaktionellen Inhalt eindeutig getrennt sein. Andernfalls liegt ein Fall der illegalen Schleichwerbung vor und kann Abmahnungen und gerichtliche Verfahren nach sich ziehen.

16

Hinweis

Eine Kennzeichnungspflicht besteht dann nicht, wenn Sie das Video allein auf Ihrer Website veröffentlichen. Denn der dortige Besucher ist sich der Werbewirkung der eingeblendeten Videos bewusst und muss nicht noch einmal ausdrücklich darauf hingewiesen werden.

Neben den eigenen Werbevideos ist zudem noch an die Möglichkeit zu denken, Videos Dritter zu eigenen Werbezwecken einzusetzen. Das Stichwort lautet dabei Produktplatzierung. Dabei binden Dritte Ihre Produkte in deren Videos ein. Eine präzise Definition dessen, was genau eine Produktplatzierung ist, gibt der Gesetzgeber: Danach ist die Produktplatzierung *»die gekennzeichnete Erwähnung oder Darstellung von Waren, Dienst-*

leistungen, Namen, Marken, Tätigkeiten eines Herstellers von Waren oder eines Erbringers von Dienstleistungen in Sendungen gegen Entgelt oder eine ähnliche Gegenleistung mit dem Ziel der Absatzförderung. Die kostenlose Bereitstellung von Waren oder Dienstleistungen ist Produktplatzierung, sofern die betreffende Ware oder Dienstleistung von bedeutendem Wert ist«.

Praxisbeispiel

So platzieren zum Beispiel Beauty-Blogger Produkte von Kosmetikherstellern, indem sie diese für Schönheitstipps verwenden (siehe Abbildung 16.15).

Abbildung 16.15 Die Beauty-Bloggerin Nilam platziert in ihrem Video beispielsweise Zahncreme der Marke Odol med 3.

Von Produktplatzierungen zu unterscheiden sind die Produkthilfen, die im Gegensatz zur Produktplatzierung unentgeltlich gewährt werden. Die Produkthilfe ist grundsätzlich nicht kennzeichnungspflichtig. Etwas anderes gilt erst dann, wenn eine hohe finanzielle Zuwendung vorliegt. Davon ist dann auszugehen, wenn die Produktionshilfen mehr als 1 % der Produktionskosten oder mehr als 1.000 € ausmachen.

Produktplatzierungen sind nach deutschem Recht grundsätzlich zulässig. Jedoch hat der Gesetzgeber klare Vorstellungen davon, wie Produktplatzierungen zu erfolgen haben. So darf die Produktplatzierung nicht unmittelbar zu Kauf, Miete oder Pacht von Waren oder Dienstleistungen auffordern, insbesondere nicht durch spezielle verkaufsfördernde Hinweise auf diesen Waren oder Dienstleistungen.

Ein weiterer wichtiger Aspekt ist die *Kennzeichnungspflicht*. Denn auf Produktplatzierung muss hingewiesen werden. Dazu sollten Sie bereits zu Beginn des Videos, nach einer Werbeunterbrechung und zum Ende der Aufnahmen auf die Produktplatzierung mindestens 3 Sekunden lang hinweisen. Als Kennzeichnung bietet sich dabei die Abkürzung »P« als senderübergreifendes Logo an, welches zusätzlich durch den Hinweis »Unterstützt durch Produktplatzierung« ergänzt werden kann. Manche YouTuber vermerken diesen Hinweis auch zusätzlich noch im Titel des Videos (siehe Abbildung 16.16).

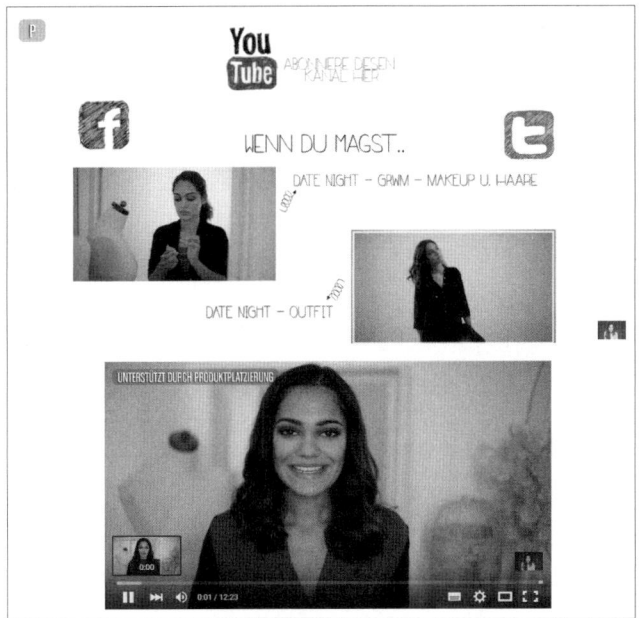

Abbildung 16.16 Die Bloggerin Nilam kennzeichnet ihre Produktplatzierungen.

Hinweis

Weitere Hinweise zu werberechtlichen Rahmenbedingungen im Internet finden Sie in einem Skript der Medienanstalten unter *www.die-medienanstalten.de/fileadmin/Download/Publikationen/FAQ-Flyer_Werbung_Social_Media.pdf*.

16.6   Die Impressumspflicht

Die Impressumspflicht ist Ihnen sicherlich schon von Ihrer Website her bekannt. Doch auch im Rahmen von Videos spielt ein rechtssicheres Impressum eine Rolle, wenn Sie auf einer Videoplattform wie YouTube Ihren eigenen Kanal betreiben. Durch das Impressum, auch Anbieterkennzeichnung genannt, soll der Nutzer auf Informationen zu der Person oder dem Unternehmen, die oder das den Dienst geschäftsmäßig betreibt, zugreifen können.

461

16.6.1 Inhalt des Impressums

Trifft Sie nun eine Impressumpflicht, stellt sich Ihnen in der Folge womöglich die Frage, welche Bestandteile das Impressum mindestens enthalten muss. Der Gesetzgeber sieht die folgenden Pflichtangaben vor (siehe Abbildung 16.17):

▶ den Namen und die Anschrift, unter der die Dienstanbieter niedergelassen sind, bei juristischen Personen zusätzlich die Rechtsform, den Vertretungsberechtigten und, sofern Angaben über das Kapital der Gesellschaft gemacht werden, das Stamm- oder Grundkapital sowie, wenn nicht alle in Geld zu leistenden Einlagen eingezahlt sind, der Gesamtbetrag der ausstehenden Einlagen

▶ Angaben, die eine schnelle elektronische Kontaktaufnahme und unmittelbare Kommunikation mit dem Dienstanbieter ermöglichen, einschließlich der Adresse der elektronischen Post

▶ soweit der Dienst im Rahmen einer Tätigkeit angeboten oder erbracht wird, die der behördlichen Zulassung bedarf, Angaben zur zuständigen Aufsichtsbehörde

▶ das Handelsregister, Vereinsregister, Partnerschaftsregister oder Genossenschaftsregister, in das die Dienstanbieter eingetragen sind, und die entsprechende Registernummer

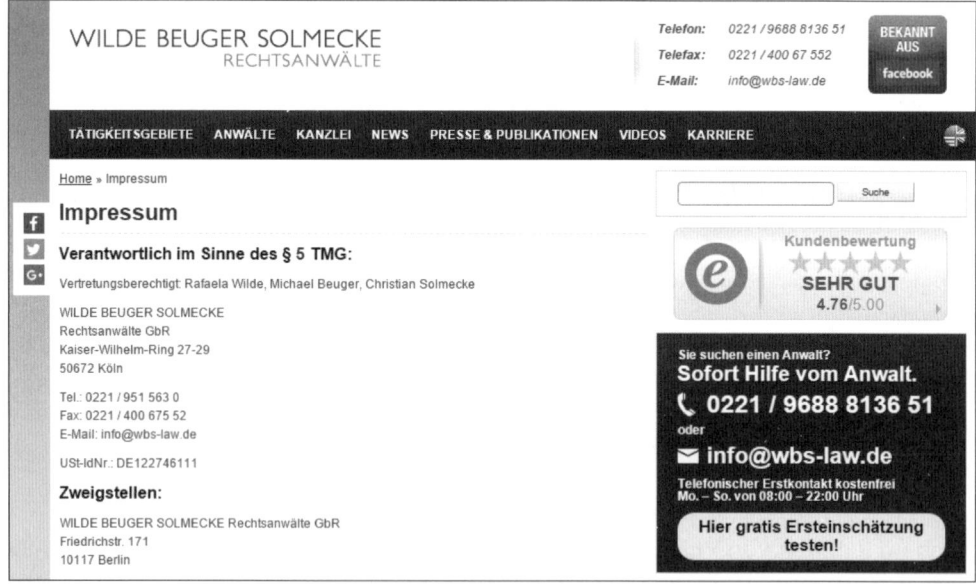

Abbildung 16.17 Beispiel für ein rechtskonformes Impressum der Rechtsanwaltskanzlei Wilde Beuger Solmecke

Handelt es sich bei Ihrem Angebot zudem um einen journalistisch-redaktionell gestalteten Inhalt, so müssen Sie zusätzlich einen Verantwortlichen dafür benennen. Davon kann ausgegangen werden, wenn eine Presseähnlichkeit aufgrund des Ziels der Leistung eines Beitrags zur öffentlichen Meinungsbildung und Information angenommen werden kann. Zu dieser verantwortlichen Person müssen Sie Namen und Anschrift bereithalten. Dabei müssen Sie beachten, dass als Verantwortlicher nur benannt werden darf, wer

▶ seinen ständigen Aufenthalt im Inland hat,

▶ nicht infolge Richterspruchs die Fähigkeit zur Bekleidung öffentlicher Ämter verloren hat,

▶ voll geschäftsfähig ist und

▶ unbeschränkt strafrechtlich verfolgt werden kann.

Hinweis

Wenn Sie sich nicht sicher sind, was alles in Ihr Impressum gehört, können Sie sich des Rechtstexters bedienen, den die Rechtsanwaltskanzlei Wilde Beuger Solmecke in Kooperation mit Trusted Shops entwickelt und auf der Webseite
https://www.wbs-law.de/e-commerce/trusted-shops-und-die-kanzlei-wilde-beuger-solmecke-bieten-abmahnschutzpakete-an-die-garantie-fuer-online-haendler-60997/
online gestellt hat (siehe Abbildung 16.18).

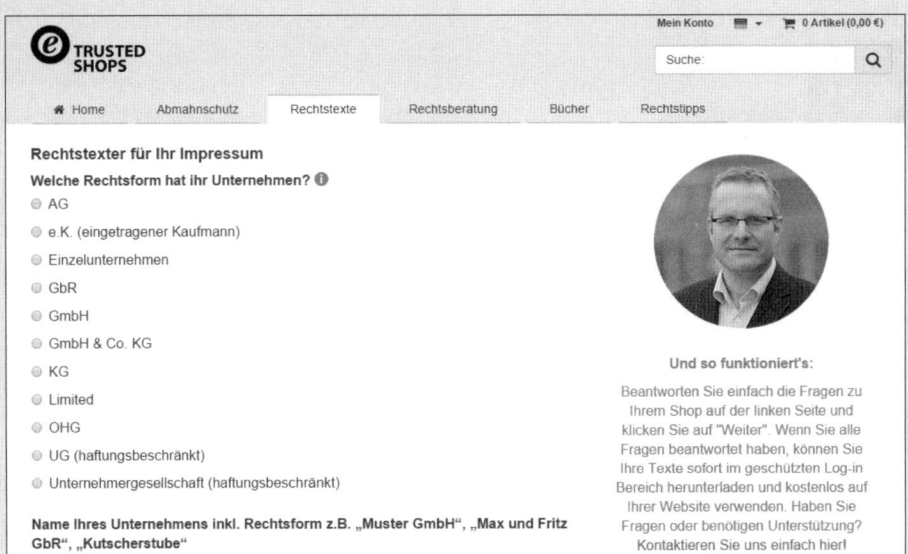

Abbildung 16.18 Der Rechtstexter unterstützt Sie bei der Erstellung eines rechtssicheren Impressums.

Ein fehlendes oder falsches Impressum ist ein Wettbewerbsverstoß, der eine kostspielige Abmahnung nach sich ziehen kann. Abmahnfähig sind übrigens auch veraltete Angaben in einem Impressum. Wer demnach seine Anschrift, die Gesellschaftsform oder eine andere Zeile im Impressum ändert, muss sicherstellen, dass diese Infos auch in den Impressumsangaben seines Videokanals aktualisiert werden.

16.6.2 Platzierung des Impressums

Ein rechtskonformes Impressum setzt jedoch nicht nur voraus, dass alle wichtigen Informationen enthalten sind, sondern auch dass diese Informationen leicht erkennbar und schnell zugänglich sind.

Das Impressum ist dann »leicht erkennbar«, wenn es an gut wahrnehmbarer Stelle steht und ohne langes Suchen auffindbar ist. Der Bundesgerichtshof erkennt eine Erreichbarkeit des Impressums über höchstens zwei Klicks für ausreichend an (Urteil vom 20.07.2006, Az.: I ZR 228/03). Zu beachten ist in diesem Zusammenhang allerdings ein Urteil des Landgerichts Aschaffenburg (Urteil vom 19.08.2011, Az.: 2 HK O 54/11), das die Angabe des Impressums unter der Rubrik INFO als nicht ausreichend ansieht. Wir empfehlen eine eigene Rubrik IMPRESSUM zu erstellen und auf die eigene Website zu verlinken (siehe Abbildung 16.19). Hier gilt es, verstärkt auf Designänderungen der verschiedenen Videoplattformen zu achten.

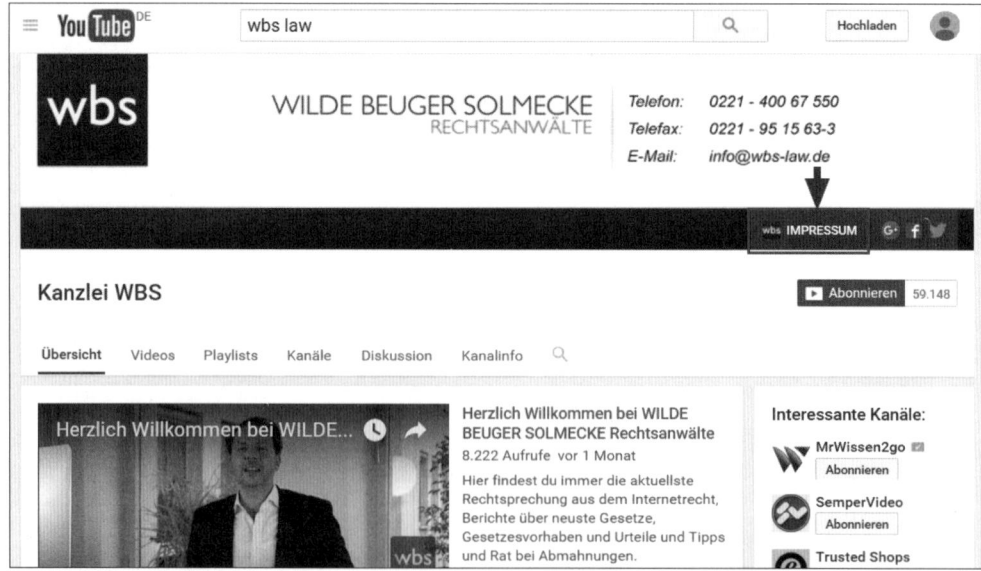

Abbildung 16.19 Der YouTube-Kanal der Rechtsanwaltskanzlei Wilde Beuger Solmecke hält einen Link zum Impressum auf der eigenen Website bereit.

16.7 Die Nutzung von Videoplattformen am Beispiel von YouTube

Möchten Sie Ihr Video nicht nur auf Ihrer Unternehmens-Website veröffentlichen, sondern auch auf Videoplattformen wie YouTube, Vimeo oder Dailymotion online stellen, dann gilt es, im täglichen Betrieb einige Dinge zu beachten: Mit Nutzungsbedingungen, Community Guidelines und Datenschutzaspekten sollten Sie sich bereits vor der Teilnahme an einer Videoplattform beschäftigen. Sofern Sie in Ihrem Video auch Gewinnspiele schalten möchten, so müssen Sie ebenfalls gewisse rechtliche Rahmenbedingungen einhalten. Welche dies sind, möchten wir Ihnen in diesem Abschnitt anhand der Videoplattform YouTube beispielhaft erläutern.

16.7.1 AGB und Nutzungsbedingungen

Schon bei der Wahl der für Sie richtigen Videoplattform sollte Ihr Blick als Erstes den Nutzungsbedingungen der gewählten Plattform gelten (siehe Abbildung 16.20). Denn diese bestimmen das rechtliche Verhältnis zwischen der Plattform und Ihnen und sind für Sie das maßgebliche Regelwerk, dem Sie mit der Registrierung auf der Plattform zustimmen müssen. Zustimmen bedeutet aber auch, dass Sie sich nach dem Onlinestellen des Videos an die Regeln der Plattform halten.

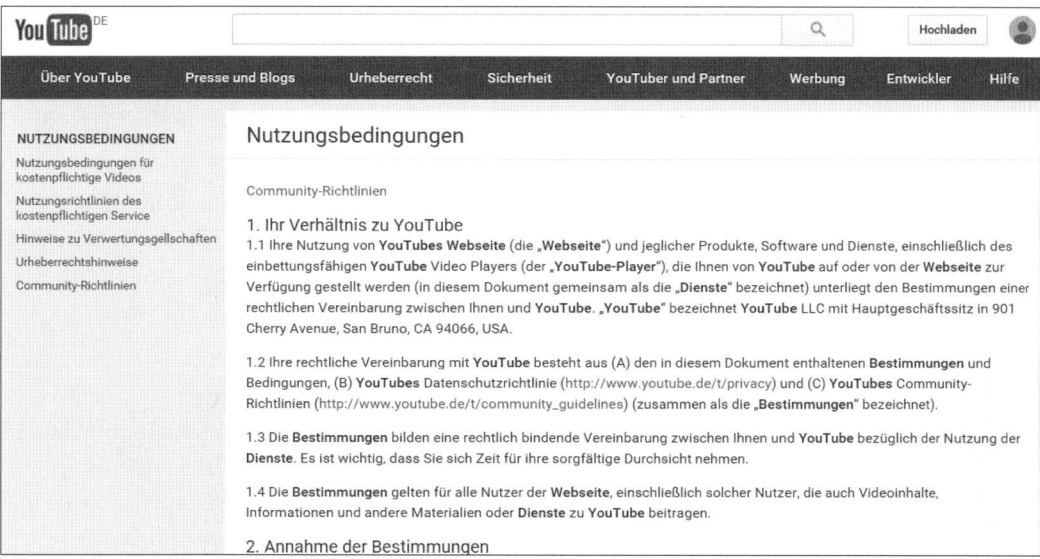

Abbildung 16.20 Nutzungsbedingungen der Videoplattform YouTube

Achtung

Verstoßen Sie gegen die Nutzungsbedingungen, müssen Sie damit rechnen, dass die Plattform Ihren Videokanal sperrt oder den Vertrag mit Ihnen ganz kündigt. Dies ist insbesondere dann fatal, wenn Sie über Jahre hinweg einen Kanal aufgebaut haben und viele Nutzer Ihre Videos mitverfolgen.

Da manche sozialen Netzwerke eine kommerzielle Nutzung Ihrer Plattform gar nicht oder nur eingeschränkt zulassen, sollten auch Sie zunächst in den Nutzungsbedingungen nach Regelungen zur kommerziellen Nutzung der Plattform suchen. Denn das Onlinestellen von Videos mit Werbecharakter stellt eindeutig eine kommerzielle Nutzung dar, da dies in Verbindung mit Ihrer gewerblichen Tätigkeit steht und letztlich dem Absatz Ihrer Waren oder Dienstleistungen dient.

Bei der Plattform YouTube beispielsweise lässt sich nicht direkt eine Regelung zur Zulässigkeit von Werbemaßnahmen finden. Doch an einer Stelle der Nutzungsbedingungen regelt YouTube die Zulässigkeit der Verwendung der Plattform zu kommerziellen Zwecken im Allgemeinen. Danach soll YouTube grundsätzlich nicht zu kommerziellen Zwecken genutzt werden, insbesondere *»nicht für die Anbahnung von Geschäften im Zusammenhang mit Handel oder einem gewerblichen Unternehmen«*. Davon werden nicht nur die Website selbst und deren Dienste umfasst, sondern YouTube macht in den Nutzungsbedingungen ausdrücklich darauf aufmerksam, dass dabei auch die Kommentare und E-Mail-Funktionen der Website eingeschlossen sind. Eine Ausnahme gilt nur dann, wenn Sie im Voraus die Zustimmung dazu durch YouTube eingeholt haben. Bevor Sie Werbevideos auf YouTube schalten, sollten Sie also mit der Plattform Kontakt aufnehmen und sich dies absegnen lassen.

Weiterhin sollten Sie sich bei der Nutzung einer Videoplattform darüber im Klaren sein, dass Plattformen sich ihre kostenlosen Dienste meist mit der umfassenden Rechteeinräumung an Ihrem Material bezahlen lassen. Dies zeigt ein Blick in die Nutzungsbedingungen der Videoplattformen.

Praxisbeispiel

Der Videokanal YouTube lässt sich eine weltweite, nicht exklusive und gebührenfreie Lizenz unter anderem zur Nutzung Reproduktion, zum Vertrieb und zur Bearbeitung der Videos, gleichgültig in welchem Medienformat und über welchen Verbreitungsweg, einräumen. Diese umfassende Lizenz beinhaltet zudem das Recht zur Unterlizenzierung (siehe Abbildung 16.21).

10. Rechte, die Sie einräumen

10.1 Indem Sie **Nutzerübermittlungen** bei **YouTube** hochladen oder posten, räumen Sie

A. **YouTube** eine weltweite, nicht-exklusive und gebührenfreie Lizenz ein (mit dem Recht der Unterlizenzierung) bezüglich der Nutzung, der Reproduktion, dem Vertrieb, der Herstellung derivativer Werke, der Ausstellung und der Aufführung der **Nutzerübermittlung** im Zusammenhang mit dem Zur-Verfügung-Stellen der **Dienste** und anderweitig im Zusammenhang mit dem Zur-Verfügung-Stellen der **Webseite** und **YouTubes** Geschäften, einschließlich, aber ohne Beschränkung auf Werbung für und den Weitervertrieb der ganzen oder von Teilen der **Webseite** (und auf ihr basierender derivativer Werke) in gleich welchem Medienformat und gleich über welche Verbreitungswege;

B. jedem Nutzer der **Webseite** eine weltweite, nicht-exklusive und gebührenfreie Lizenz ein bezüglich des Zugangs zu Ihren **Nutzerübermittlungen** über die **Webseite** sowie bezüglich der Nutzung, der Reproduktion, dem Vertrieb, der Herstellung derivativer Werke, der Ausstellung und der Aufführung solcher **Nutzerübermittlung** in dem durch die Funktionalität der **Webseite** und nach diesen **Bestimmungen** erlaubten Umfang.

10.2 Die vorstehend von Ihnen eingeräumten Lizenzen an **Nutzervideos** erlöschen, sobald Sie Ihre **Nutzervideos** von der **Webseite** entfernen. Die vorstehend von Ihnen eingeräumten Lizenzen an **Nutzerkommentaren** sind unbefristet und unwiderruflich, lassen aber Ihre oben unter Ziffer 8.2 bezeichneten Eigentumsrechte im Übrigen unberührt.

Abbildung 16.21 Regelungen zur Rechteeinräumung in den Nutzungsbedingungen von YouTube

Handelt es sich bei Ihrem Video um eines, das Sie selbst produziert haben, müssen Sie selbst entscheiden, ob Sie mit dieser Art der Rechteeinräumung einverstanden sind. Problematisch ist eine solche Rechteeinräumung hingegen, wenn Sie selbst an den Inhalten nur eine Lizenz erworben haben, die eine Unterlizenzierung verbietet, wie es beispielsweise bei den Videos aus Stock-Archiven der Fall ist.

Die Plattform YouTube geht sogar noch einen Schritt weiter und lässt sich die Rechte an Ihrem Material nicht nur auf sich selbst übertragen, sondern auch auf einen jeden Nutzer der Plattform. Das heißt, mit dem Onlinestellen Ihres Videos räumen Sie nicht nur YouTube selbst, sondern auch den Millionen von Nutzern weltweit ein Nutzungsrecht an Ihrem Material ein. Zwar werden die Nutzer auf eine Verwendung im Zusammenhang mit der Plattform beschränkt, jedoch behält sich die Plattform selbst auch das Recht zum Weitervertrieb des Videos und dessen Verwendung zu Werbezwecken vor. Diese Rechte erlöschen erst dann, wenn das Video von der Website entfernt wird. Danach können also weder YouTube noch andere Nutzer Ihr Video ohne Ihre Zustimmung nutzen.

Hinweis

Nun fürchten Sie womöglich einen Imageschaden, wenn Nutzer Ihr Video unkontrollierbar auf fremden Seiten einbetten können. Je nach Fallkonstellation kann dies tatsächlich der Fall sein, ist rechtlich im Hinblick auf die Nutzungsbedingungen jedoch nicht zu beanstanden. Wenn Sie dies jedoch verhindern möchten, sollten Sie in den erweiterten

16

Einstellungen in der Rubrik VERBREITUNGSOPTIONEN das Häkchen in dem Kasten zu EIN-
BETTEN ZULASSEN nicht setzen (siehe Abbildung 16.22)!

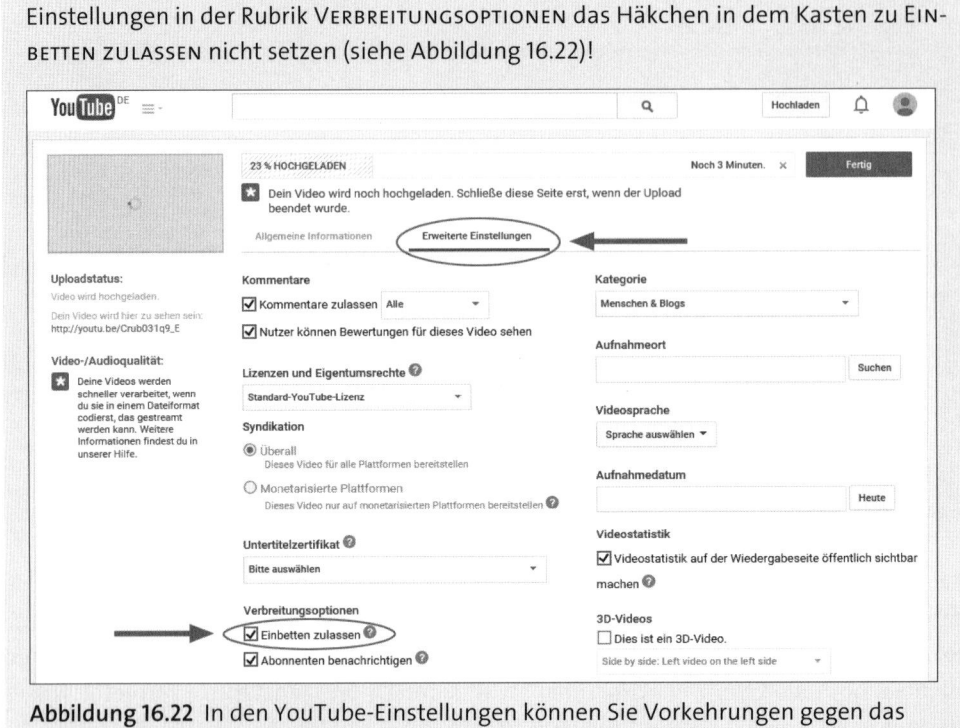

Abbildung 16.22 In den YouTube-Einstellungen können Sie Vorkehrungen gegen das
Einbetten Ihres Videos durch Dritte treffen.

16.7.2 Community Guidelines

Neben den Nutzungsbedingungen halten die Plattformen auch Community Guidelines
bereit (siehe Abbildung 16.23). Dabei handelt es sich um die »Spielregeln«, also generelle
Verhaltensregeln, die Sie bei der Teilnahme an der Plattform einhalten müssen.

Zwar stellt jede Plattform ihre eigenen Verhaltenskodizes auf, jedoch gibt es Regeln, die
die meisten Portale gemeinsam haben. Dazu gehört beispielsweise das Verbot, gewalt-
verherrlichende, strafbare oder persönlichkeitsrechtsverletzende Inhalte auf der Plattform zu veröffentlichen.

Zudem legen die Community Guidelines besonderen Wert auf die Achtung des Urheberrechts. Daher sollten Sie bei Hochladen Ihres Videos verstärkt darauf achten, dass Sie
über alle erforderlichen Lizenzen verfügen und Ihr Video keine Rechte Dritter verletzt.
Andernfalls kann die Plattform Sie für einen Urheberrechtsverstoß verwarnen.

Abbildung 16.23 Community-Richtlinien der Videoplattform YouTube

Praxisbeispiel

In den Community-Richtlinien der Videoplattform YouTube (*https://www.youtube.com/ yt/policyandsafety/de/communityguidelines.html*) heißt es beispielsweise:

»*Ohne ausdrückliche Genehmigung solltest du keine Videos hochladen, die du nicht selbst erstellt hast, und kein Material in deinen Videos einsetzen, dessen Urheberrechte einer anderen Person gehören – z. B. Musiktitel, Ausschnitte aus urheberrechtlich geschützten Programmen oder Videos, die von anderen Nutzern erstellt wurden.*«

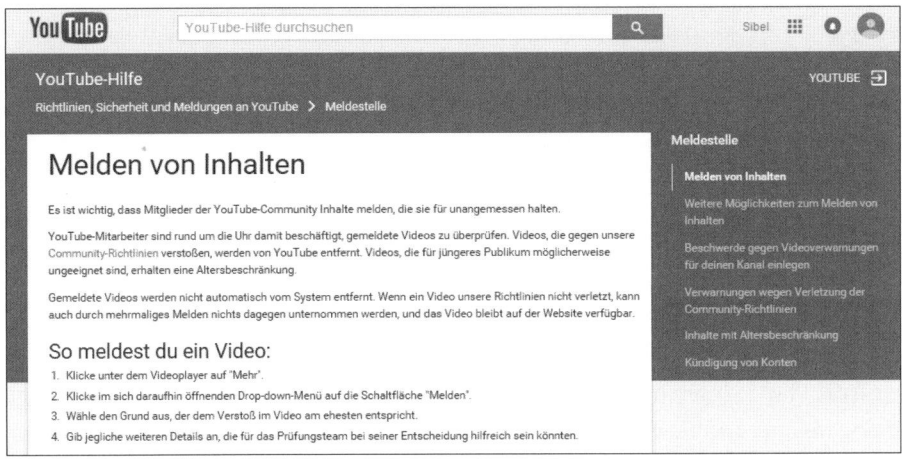

Abbildung 16.24 YouTube bietet eine Meldefunktion für Verstöße gegen die Verhaltensregeln.

Halten Nutzer sich nicht an diese »Spielregeln«, so kann dies von anderen Nutzern gemeldet werden (siehe Abbildung 16.24). Ist die Meldung berechtigt, löscht die Plattform den beanstandeten Inhalt und verwarnt den Kontoinhaber. Bei drei bestehenden Verwarnungen kündigt YouTube dann Ihr Konto.

16.7.3   Datenschutzbestimmungen

Ein weiteres wichtiges Regelwerk sind die Datenschutzbestimmungen der Videoplattform. Ebenso wie den Nutzungsbedingungen stimmen Sie auch den Datenschutzbestimmungen bei Ihrer Registrierung zu. Letztere erläutern Ihnen, wie die Plattform mit Ihren Daten umgeht (siehe Abbildung 16.25).

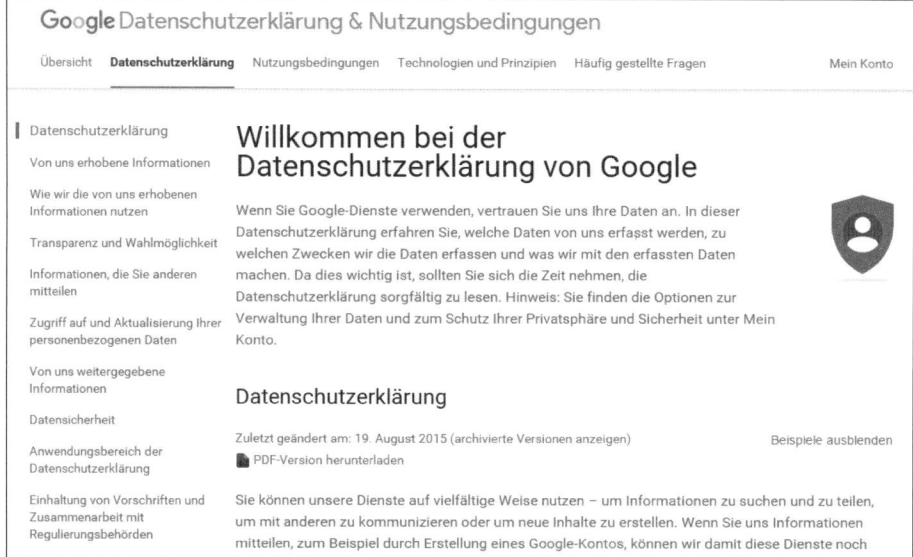

Abbildung 16.25 Als Google-Dienst ist für die Videoplattform YouTube die Datenschutzerklärung des Unternehmens Google maßgeblich.

Bevor Sie sich auf der Plattform registrieren, sollten Sie daher überprüfen, welche Daten von Ihnen durch die Plattform erhoben und weiterverarbeitet werden. Zwar genügen für eine Registrierung ein Name und eine E-Mail-Adresse, dennoch sollten Sie nicht unterschätzen, dass die Plattformen doch mehr Daten übermitteln, als Sie vielleicht auf den ersten Blick denken. Dies betrifft insbesondere die Auswertung des Nutzerverhaltens. Denn die Plattformen haben ein Interesse an Angaben dazu, welche Videos Sie sich angesehen, welche Kanäle Sie abonniert oder welche Nutzer Sie kontaktiert haben (siehe Abbildung 16.26).

Von uns erhobene Informationen   Zurück nach oben

Wir erfassen Informationen, um allen unseren Nutzern bessere Dienste zur Verfügung zu stellen – von der Feststellung grundlegender Aspekte wie zum Beispiel der Sprache, die Sie sprechen, bis hin zu komplexeren Fragen wie zum Beispiel der Werbung, die Sie besonders nützlich finden, den Personen, die Ihnen online am wichtigsten sind, oder den YouTube-Videos, die Sie interessant finden könnten.

Wir erfassen Informationen auf folgende Arten:

- **Daten, die Sie uns mitteilen:** Zur Nutzung vieler Google-Dienste müssen Sie beispielsweise zunächst ein Google-Konto erstellen. Hierfür bitten wir Sie um die Angabe personenbezogener Daten. Dies sind etwa Ihr Name, Ihre E-Mail-Adresse, Ihre Telefon- oder Kreditkartennummer, die im Zusammenhang mit Ihrem Konto gespeichert werden. Falls Sie die von uns angebotenen Funktionen zum Teilen von Inhalten in vollem Umfang nutzen möchten, fordern wir Sie möglicherweise auch dazu auf, ein öffentlich einsehbares Google-Profil zu erstellen, das auch Ihren Namen und Ihr Foto beinhalten kann.

- **Daten, die wir aufgrund Ihrer Nutzung unserer Dienste erhalten:** Wir erfassen Informationen über die von Ihnen genutzten Dienste und die Art Ihrer Nutzung beispielsweise dann, wenn Sie sich ein Video auf YouTube ansehen, eine Website besuchen, auf der unsere Werbedienste verwendet werden, oder wenn Sie unsere Werbung und unsere Inhalte ansehen und damit interagieren. Zu diesen Daten gehören:

  - **gerätebezogene Informationen**

    Wir erfassen gerätespezifische Informationen, beispielsweise das Modell der von Ihnen verwendeten Hardware, die Version des Betriebssystems, eindeutige Gerätekennungen und Informationen über das Mobilfunknetz einschließlich Ihrer Telefonnummer. Google verknüpft Ihre Gerätekennungen oder Telefonnummer gegebenenfalls mit Ihrem Google-Konto.

  - **Protokolldaten**

    Wenn Sie unsere Dienste nutzen oder von Google bereitgestellte Inhalte aufrufen, erfassen und speichern wir bestimmte Daten in Serverprotokollen. Diese Protokolle enthalten unter anderem Folgendes:

Abbildung 16.26 Datenschutzerklärung für den Google-Dienst YouTube

Hinweis

Je mehr Daten eine Plattform von Ihnen unbedingt fordert, desto mehr sollten Sie sich darüber informieren, was sie mit diesen Daten genau macht.

Nutzerdaten spielen zudem zur Schaltung von Werbeanzeigen eine Rolle.

Die Videoplattform YouTube beispielsweise verwendet Systeme wie den *DoubleClick-Cookie*, um seinen Nutzern auf sie zugeschnittene Werbung zu schalten. Das System des DoubleClick-Cookies ist einfach: Wenn eine Anzeige in einem Browser geschaltet werden soll, kann mithilfe von DoubleClick anhand der Cookie-ID des Browsers überprüft werden, welche DoubleClick-Anzeigen in diesem speziellen Browser bereits erschienen sind. Auf diese Weise kann zum Beispiel auch vermieden werden, dass für den Nutzer Anzeigen geschaltet werden, die er bereits gesehen hat. Der DoubleClick-Cookie kann von dem Nutzer auch deaktiviert werden, sodass dieser nicht mehr als Grundlage zur Schaltung von Anzeigen verwendet werden kann.

Zwar wird dabei stets betont, dass es sich bei den erhobenen Daten keinesfalls um personenbezogene Daten handelt, jedoch wird davon auch die IP-Adresse umfasst, die unter Umständen als personenbezogenes Datum anerkannt ist.

16.7.4 Gewinnspiele auf Videoplattformen

Gewinnspiele sind eine lukrative Art der Werbung. Daher ist es möglicherweise auch für Sie naheliegend, in Videos Gewinnspiele zu veranstalten und diese Videos dann auf Plattformen online zu stellen. Letztlich können Sie auf diese Weise nicht nur Ihre Produkte und Dienstleistungen bewerben, sondern erreichen auch, dass Ihre Videos regelmäßig angesehen werden.

Bei der Umsetzung des Gewinnspiels auf Videoplattformen gibt es verschiedene Möglichkeiten. Zu denken ist dabei beispielsweise an eine Koppelung der Teilnahme an dem Gewinnspiel mit dem Abonnieren des Videokanals, etwa durch Klicken des ABONNIEREN-Buttons auf YouTube (siehe Abbildung 16.27).

Darüber hinaus können Sie auf Ihrem Kanal auch Videos schalten, die von den Nutzern kommentiert werden sollen und bei denen letztlich der am häufigsten mit »Mag ich« versehene Kommentar gewinnt.

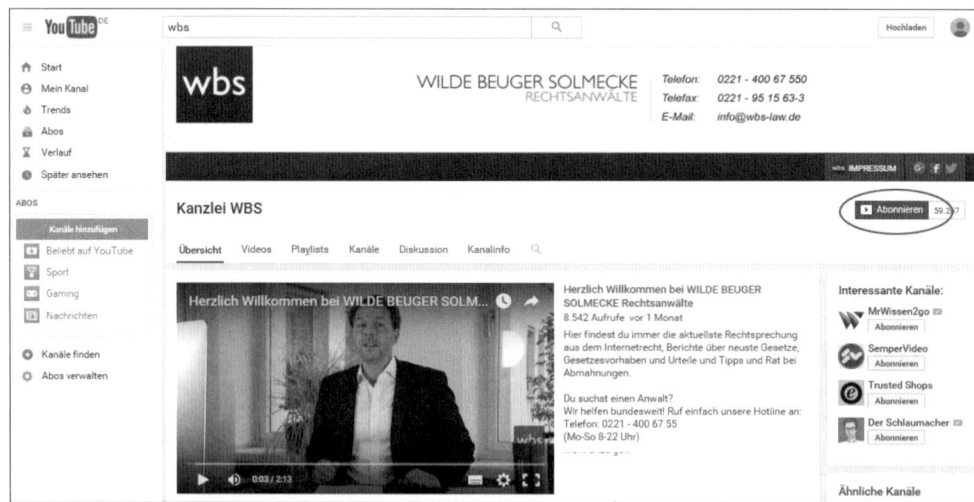

Abbildung 16.27 Klicken Sie auf den Button »Abonnieren«, werden Ihnen die neuesten Videos dieses Kanals bei Ihren Neuigkeiten angezeigt.

Gewinnspiele sind auch auf Videoplattformen mit rechtlichen Vorgaben verbunden, die Sie stets einhalten sollten. Welche dies sind und wie Sie dementsprechend ein Gewinnspiel rechtssicher gestalten können, möchten wir Ihnen in diesem Abschnitt erläutern.

Zunächst einmal muss es sich überhaupt um ein Gewinnspiel handeln. Ein Gewinnspiel liegt dann vor, wenn Sie ohne Leistung eines Einsatzes Ihre Nutzer zur Teilnahme an einem Spiel auffordern und den Gewinner dann durch irgendein Zufallselement wie die Ziehung eines Loses bestimmen.

Bei der Veranstaltung eines Gewinnspiels sieht der Gesetzgeber dann vor, dass Sie die Teilnahmebedingungen klar und eindeutig angeben müssen. Diese müssen Sie zudem leicht einsehbar und ständig abrufbar halten. Ein bloßer Verweis auf eine andere Quelle reicht in der Regel nicht aus. Im Detail muss das Gewinnspiel dabei folgende Informationen umfassen:

▶ genaue Angabe des Beginns und der Dauer des Gewinnspiels

▶ Teilnahmeberechtigungen, zum Beispiel Altersbeschränkung

▶ Teilnahmebedingungen

▶ Gewinnspielverfahren

▶ genaue Angabe der möglichen Gewinngegenstände

▶ Angaben zur Auslosung

▶ Termin für die Verkündung des Gewinners

▶ Hinweise zum Datenschutz, wonach die Daten ausschließlich zum Zwecke des Gewinnspiels genutzt werden

▶ Ausschluss des Rechtsweges

Hinweis

Die persönlichen Daten der Teilnehmer müssen selbstverständlich ausreichend geschützt sein. Sie müssen daher sicherstellen, dass diese ausschließlich zum Zwecke des Gewinnspiels genutzt werden und nicht zu Marketingzwecken. Alles andere bedarf einer ausdrücklichen Einwilligung des Teilnehmers. Sie müssen jedoch beachten, dass Sie auch mit Einwilligung nicht mehr Daten erheben dürfen, als für das Spiel zwingend notwendig ist.

Auch dürfen die Teilnehmer des Gewinnspiels nicht durch irgendeine Art eines psychologischen Zwangs dazu verleitet werden, eine Ware oder Ähnliches zu kaufen. Zum Beispiel wäre es nicht rechtmäßig, einen Teilnehmer zu zwingen, seine Teilnahmekarte in

einem kleinen Ladenlokal persönlich beim Verkäufer abzuholen. In dieser Situation ist die Gefahr zu groß, dass der Spieler ein schlechtes Gewissen bekommt und sich verpflichtet fühlt, etwas einzukaufen – genau dies möchte der Gesetzgeber zum Schutz der Teilnehmer verhindern.

Selbstverständlich sollte auch sein, dass der im Gewinnspiel ausgelobte Preis auch tatsächlich ausgeschüttet wird.

Praxisbeispiel

Das Amtsgericht Jena (Urteil vom 14.05.2014, Az.: 26 C 871/13) hat das Unternehmen PayPal verpflichtet, einem Teilnehmer des Gewinnspiels »Willste? Kriegste!« die versprochenen 500 € auszuzahlen.

Am 07.06.2013 verschickte PayPal an einige seiner Kunden eine E-Mail, mit der diese darüber informiert wurden, dass sie bei einem Gewinnspiel gewonnen hätten. Kurze Zeit später ließ PayPal jedoch verlauten, dass diese Zusage versehentlich erfolgt sei, und erklärte die Anfechtung der Gewinnspielzusagen. Die Firma, die mit der Gewinnbenachrichtigung beauftragt wurde, habe irrtümlich beim Versand den E-Mail-Verteiler für den regulären Newsletter-Versand ausgewählt und somit einen wesentlich größeren Kundekreis angeschrieben. Die Gewinnbenachrichtigung sollte jedoch lediglich an zehn Gewinner verschickt werden.

Nach Ansicht des Gerichts sei eine wirksame Anfechtung der PayPal-Gewinnspielzusagen ausgeschlossen. PayPal müsse den irrtümlich benachrichtigten Gewinnspielteilnehmern den Gewinn in Höhe von 500 € auszahlen. Eine Anfechtung von geschäftsähnlichen Handlungen sei, wenn überhaupt, nur unter engen Voraussetzungen möglich.

Auch müssen Sie die Bestimmungen zum Jugendschutz einhalten. So gilt das generelle Ausschlussverbot gegenüber der Teilnahme von Minderjährigen an Gewinnspielen bzw. Gewinnsendungen. Demnach müssen Sie einen Hinweis erteilen, dass Minderjährige nicht an Gewinnspielen teilnehmen dürfen. Des Weiteren dürfen in diesem Zusammenhang auch keine Produkte als Gewinn dienen, die einen großen Reiz für Minderjährige darstellen.

Hinweis

So einfach die Marketingstrategie »Gewinnspiele in Videos« auch klingt, sollten Sie sich vorsichtshalber vorher juristischen Rat einholen, um sich vor unangenehmen Konsequenzen wie einer Abmahnung zu schützen.

16.8 Klassische Haftungsfalle – Framing

Eine weite Verbreitung Ihrer Videos ist natürlich besonders in Ihrem Interesse. Schließlich können sie nur dann Erfolge für Ihr Unternehmen erzielen, wenn sie einem möglichst breiten Publikum zugänglich werden. Viele Unternehmen nutzen daher zur Verbreitung Ihrer Videos mehrere Kanäle gleichzeitig: Neben Videoplattformen wie YouTube verwenden sie auch soziale Netzwerke wie Facebook oder Google+ (siehe Abbildung 16.28).

Abbildung 16.28 Die Rechtsanwaltskanzlei Wilde Beuger Solmecke verbreitet über ihr Facebook-Profil auch ihre YouTube Videos.

16.8.1 Urheberrechtliche Problematik

Solange Sie Ihre eigenen Videos auf Ihren eigenen Kanälen verbreiten, ist dies rechtlich völlig unproblematisch. Anders kann es hingegen aussehen, wenn Dritte Ihre Videos gegen Ihren Willen auf deren Profilen verbreiten. Bei diesem auch als Framing bezeichneten Vorgang werden fremde Inhalte, zum Beispiel Videos oder Bilder, durch einen elektronischen Verweis so auf einer Internetseite eingebunden, dass sie dort direkt dargestellt bzw. abgerufen werden können.

Hinweis

Posten Dritte Ihre YouTube-Videos zum Beispiel auf sozialen Netzwerken wie Facebook oder Google+, so ist dies ein typischer Fall des Framings.

Dazu bieten Videoportale wie YouTube bereits Buttons, die ein Einbetten in sozialen Netzwerken schnell und unkompliziert ermöglichen (siehe Abbildung 16.29).

Abbildung 16.29 Über den Button »Einbetten« lassen sich YouTube-Videos mittels Framing schnell und unkompliziert verbreiten.

Dass Dritte Ihre Videos auf deren Websites oder Profilen in sozialen Netzwerken veröffentlichen, ist nicht immer in Ihrem Sinne. Denn unter Umständen könnte eine solche

Einbindung je nach Website oder Profil zu Imageschäden führen. Aber ob ein solches Verhalten auch rechtlich verfolgbar ist, ist unter Juristen umstritten. So gibt es Stimmen, die darin eine Urheberrechtsverletzung sehen.

Dreh- und Angelpunkt der rechtlichen Auseinandersetzung ist dabei die Frage, ob das Einbetten des Videos eine urheberrechtlich relevante sogenannte öffentliche Zugänglichmachung darstellt. Denn bejaht man dies, läge eine Urheberrechtsverletzung vor, wonach Sie den Betreiber der Website unter anderem auf Unterlassung und Schadensersatz in Anspruch nehmen oder abmahnen könnten. Andernfalls wäre ein solches Verhalten ohne Konsequenzen.

Ob nun eine Urheberrechtsverletzung vorliegt oder nicht, wurde in der Vergangenheit durch die Gerichte unterschiedlich beurteilt. Während Gerichte ein rechtlich relevantes Verhalten mit der Begründung ablehnten, dass der fremde Inhalt auf einer anderen Seite gespeichert sei und dort – vergleichbar mit einem Link – auch bereits abrufbar gemacht worden sei, sehen andere Richter im Framing eine Urheberrechtsverletzung. Diese begründen ihre Ansicht damit, dass das Einbinden eines fremden Inhalts kein bloßer Verweis sei. Anders als bei einem Link werde durch das Einbinden der Inhalt selbst zum Abruf bereitgehalten und somit auch öffentlich zugänglich gemacht.

Diese Problematik beschäftigte im Jahr 2014 sogar den Europäischen Gerichtshof (Urteil vom 21.10.2014, Az.: C-348/13). Dieser kam zu dem Entschluss, dass das Einbinden eines YouTube-Videos auf einer anderen Website grundsätzlich keine Urheberrechtsverletzung darstelle, wenn dadurch kein neues Publikum erschlossen und keine neue Technik verwendet werde. Nach Ansicht der europäischen Richter lägen diese Voraussetzungen im Fall des Framings gerade vor. Insbesondere handele es sich um kein neues Publikum, da laut EuGH davon ausgegangen werden könne, »dass der Inhaber des Urheberrechts, als er die Wiedergabe erlaubte, an alle Nutzer des Internets gedacht habe.« Auch eine neue Technik werde laut EuGH beim Framing nicht verwendet. Während die Richter nur über den Fall der legal ins Internet gestellten Inhalte zu entscheiden hatten, blieb für die Praktiker auch nach der Urteilsverkündung die Frage offen, ob diese Entscheidung auch auf illegal durch Dritte ins Internet gestellte Inhalte übertragbar ist. Dahingehend äußerte sich das Gericht leider nicht eindeutig.

Etwas Licht ins Dunkle brachte dann jedoch ein Jahr später der Bundesgerichtshof, als er Mitte des Jahres 2015 entschied (Urteil vom 09.07.2015, Az.: I ZR 46/12), dass es entscheidend darauf ankomme, ob das Video ursprünglich mit oder ohne Zustimmung des Rechteinhabers bei YouTube hochgeladen wurde. Liegt keine Zustimmung vor, handele es sich beim Framing um eine öffentliche Wiedergabe, die allein dem Rechteinhaber vorbehalten ist. Andere Personen begehen demnach eine Urheberrechtsverletzung, wenn Sie rechtswidrig ins Internet gestellte Videos via Framing weiterverbreiten.

16

Praxisbeispiel

Der Bundesgerichthof (Urteil vom 09.07.2015, Az.: I ZR 46/12) entschied über die Frage, ob und inwieweit das Einbinden eines YouTube-Videos auf einer anderen Website urheberrechtlich zulässig ist. Im konkreten Fall hatte ein auf Wasserfiltersysteme spezialisiertes Unternehmen geklagt, das die ausschließlichen Nutzungsrechte an einem Kurzfilm über Wasserverschmutzung mit dem Titel »Die Realität« erworben hatte. Dieser Kurzfilm gelangte auf YouTube, wo zwei Mitkonkurrenten des Unternehmens ihn entdeckten und für eigene Zwecke verwendeten. Dazu eröffneten sie den Besuchern ihrer jeweils eigenen Website die Möglichkeit, durch eine Videoeinbettung den Kurzfilm vom YouTube-Server abzurufen, der dann auf den eigenen Website in einem Frame abgespielt wurde. Das Unternehmen machte jedoch geltend, dass der Kurzfilm ohne dessen Zustimmung bei YouTube eingestellt worden sei. Das auf Wasserfiltersysteme spezialisierte Unternehmen sah das eigene Recht der öffentlichen Zugänglichmachung verletzt und erhob Klage.

Der BGH führte in seiner Entscheidung aus, dass das Urheberrecht an dem Film jedenfalls dann als verletzt anzusehen ist, wenn das Material ohne Zustimmung des Rechteinhabers bei YouTube eingestellt worden ist.

Resümee dieser Gerichtsentscheidungen ist nun, dass Internetnutzer nicht ohne Weiteres bedenkenlos beliebige YouTube-Videos im Wege des Framings einbetten dürfen. Besonders wichtig ist, dass das Video bereits legal hochgeladen worden sein muss. Ob dies tatsächlich der Fall ist, ist für Nutzer jedoch nicht immer so einfach zu erkennen. Das Haftungsrisiko, ein Video einzubetten, das nicht legal ins Internet gelangt ist, trägt allein der Nutzer. Betroffene Rechteinhaber jedenfalls können gegen jede Form der illegalen Verbreitung vorgehen. Sie haben dabei die Möglichkeit, vor Gericht auf Unterlassung, Beseitigung oder Schadensersatz zu klagen.

Achtung

Auf eine Kenntnis von der Rechtswidrigkeit kommt es nicht an. Der Schädiger kann sich im Nachhinein also nicht damit herausreden, dass er nicht wusste, dass das Video illegal ins Internet gelangt ist. Dies zu überprüfen und im Zweifel von einer Einbettung abzusehen liegt in seiner Risikosphäre.

16.8.2   Datenschutzrechtliche Problematik

Das Framing ist jedoch nicht nur urheberrechtlich problematisch, sondern auch im Hinblick auf das Datenschutzrecht. Dies betrifft insbesondere eine Einbindung mit dem

»Gefällt mir«-Button von Facebook. Denn dabei müssen Sie vielfältige Datenschutzvorgaben beachten, da Anbieter wie Google+, Facebook und Twitter über den Like-Button automatisch personenbezogene Daten erheben und verwenden. Denn das Anklicken des Facebook-Like-Buttons bewirkt, dass durch ein Plug-in personenbezogene Daten über einen Website-Besucher erhoben, an Facebook übermittelt und mit dem Account des Besuchers verknüpft werden. Es stellt sich daher die Frage, ob eine Übermittlung der Daten an Facebook datenschutzrechtlich zulässig ist.

Für den Fall, dass Sie Facebook-Plugins auf die hier empfohlene „2-Klick"-Weise einbinden, empfehlen wir Ihnen die folgende Muster-Datenschutzerklärung.

Datenschutzerklärung

Sie können unsere Seite besuchen, ohne Angaben zu Ihrer Person zu machen. Personenbezogene Daten werden nur erhoben, wenn Sie uns diese im Rahmen Ihres Besuchst unseres Internetauftritts freiwillig mitteilen.

Auf unserer Website sind zudem Verweise (Links) auf das externe soziale Netzwerk Facebook enthalten. Dieser Internetauftritt wird ausschließlich von der Facebook Inc., 1601 S. California Ave, Palo Alto, CA 94304, USA (Facebook) betrieben. Die Verweise sind im Rahmen unseres Internetauftritts durch das Facebook Logo oder den Zusatz „Gefällt mir" kenntlich gemacht (es werden keine Facebook-Plugin genutzt).

Wird diesen Verweisen durch einen Klick gefolgt, werden die Facebook-Plugins aktiviert und Ihr Browser stellt eine direkte Verbindung mit den Servern von Facebook her.

Sofern Sie während des Besuchs unserer Website den Verweisen folgen und über Ihr persönliches Benutzerkonto bei Facebook eingeloggt sind, wird die Information, dass Sie unsere Website besucht haben, an Facebook weitergeleitet. Den Besuch der Website kann Facebook ihrem Konto zuordnen.

Diese Informationen werden an Facebook übermittelt und dort gespeichert. Um dies zu verhindern müssen Sie sich vor dem Klick auf den Verweis aus Ihrem Facebook-Account ausloggen.
Die den Verweisen von Facebook zugewiesenen Funktionen, insbesondere die Übermittlung von Informationen und Nutzerdaten, werden nicht bereits durch das Besuchen unserer Website aktiv, sondern erst durch den Klick auf die entsprechenden Verweise.

Zweck und Umfang der Datenerhebung durch Facebook sowie die dortige weitere Verarbeitung und Nutzung Ihrer Daten wie auch Ihre diesbezüglichen Rechte und Einstellungsmöglichkeiten zum Schutz Ihrer Privatssphäre entnehmen Sie bitte den Datenschutzhinweisen von Facebook (http://de-de.facebook.com/privacy/explanation.php).

Bei Fragen zur Erhebung, Verarbeitung oder Nutzung Ihrer personenbezogenen Daten sowie bei Auskünften, Berichtigung, Sperrung oder Löschung von Daten wenden Sie sich bitte an:(Name, Anschrift des Ansprechpartners für Datenschutz, ggf. Datenschutzbeauftragter)
Diese Datenschutzerklärung wurde von der Kanzlei WILDE BEUGER SOLMECKE erstellt und ist auf https://www.wbs-law.de zu finden.

Abbildung 16.30 Muster-Datenschutzerklärung zu Social Plug-ins der Rechtsanwaltskanzlei Wilde Beuger Solmecke

Sicher ist, dass die Übertragung der Daten nicht schon beim bloßen Besuch der Seite ohne Anklicken des Like-Buttons stattfinden darf. Es empfiehlt sich, die sogenannte 2-Klick-Lösung anzuwenden. Dabei wird die gewünschte Seite zunächst nur geladen, wobei Platzhalter die eigentlichen Buttons ersetzen. Bei Mauskontakt mit dem Platzhalter (sogenanntes Mouseover) wird dem Nutzer automatisch ein Textfeld angezeigt, das

16

bereits vor dem ersten Klick über die datenschutzrechtliche Problematik aufklärt. Aktiviert der Nutzer den Button dann durch einen ersten Klick, wird der eigentliche Button nachgeladen und eine Serververbindung mit dem sozialen Netzwerk hergestellt. Ein weiterer Klick führt dann die eigentliche Funktion des »Gefällt mir«-Buttons aus.

Da dieses System das Recht der Nutzer auf Schutz ihrer Daten betrifft, empfehlen wir Ihnen, die Nutzer zu Beginn des Nutzungsvorgangs über Art, Umfang und Zweck der Erhebung und Verwendung personenbezogener Daten sowie über die Verarbeitung ihrer Daten zu unterrichten und deren Einwilligung einzuholen. Sie sollten daher die Datenschutzhinweise Ihres Videokanals um die Erläuterungen zu der Verwendung des Social Plug-ins erweitern und sich so eine Einwilligung der Nutzer einholen (siehe Abbildung 16.30).

Praxistipp: Muster einer erweiterten Datenschutzerklärung

Ein Muster für eine solche erweiterte Datenschutzerklärung können Sie kostenfrei auf der Website der Rechtsanwaltskanzlei Wilde Beuger Solmecke (*https://www.wbs-law.de/internetrecht/muster-datenschutzerklaerung-facebook-like-button-5712/*) herunterladen.

16.9   Fazit

Wenn Sie an dieser Stelle des Kapitels angelangt sind, haben Sie einen fundierten Überblick über zahlreiche wesentliche rechtliche Aspekte erhalten, die Sie auch in Zukunft für rechtliche Stolpersteine sensibilisieren werden. Natürlich konnten wir in diesem Kapitel nicht jedes rechtliche Problem im Detail besprechen, hoffen jedoch, Ihnen ein Grundgerüst dafür vermittelt zu haben, was erlaubt ist und was nicht. Sicher werden Sie bemerkt haben, dass viele Dinge überhaupt nicht so kompliziert sind, wie sie am Anfang zu sein schienen. Falls Sie dennoch einmal auf größere Probleme stoßen, zögern Sie nicht, rechtliche Hilfe in Anspruch zu nehmen. Hier ist Vorsorge oftmals besser und kostengünstiger als Nachsorge!

Wenn Sie sich weiterhin informieren und auf dem Laufenden halten wollen, besuchen Sie unsere Kanzlei-Website *www.wbs-law.de*, den zugehörigen YouTube-Kanal *www.wbs-law.tv* sowie die Facebook-Seite *www.facebook.com/die.aufklaerer*. Scheuen Sie sich nicht, noch offene Fragen als Nutzerfragen einzureichen oder die Kanzlei direkt per E-Mail über *info@wbs-law.de* zu kontaktieren.

Bis dahin wünschen wir Ihnen viel Erfolg!

Index

■ SEO, SEM, Online-Marketing, Content-Marketing

■ Google AdWords, Web Analytics, Social Media Marketing

■ Video-, E-Mail-, Display- und Mobile Marketing

Esther Keßler (Düweke), Stefan Rabsch, Mirko Mandic

Erfolgreiche Websites

SEO, SEM, Online-Marketing, Usability

Alles, was Sie für Ihren erfolgreichen Webauftritt benötigen. Zahlreiche Praxisbeispiele zeigen Ihnen anschaulich den Weg zu einer besseren Webpräsenz. Inkl. SEO, SEM, Online-Marketing, Affiliate-Programme, Google AdWords, Web Analytics, Social Media-, E-Mail-, Newsletter- und Video-Marketing, Mobile Marketing u.v.m.

991 Seiten, gebunden, 39,90 Euro
ISBN 978-3-8362-3654-6
3. Auflage 2015
www.rheinwerk-verlag.de/3799

■ Grundlagen, Funktionsweisen und strategische Planung

■ Onpage- und Offpage-Optimierung für Google und Co.

■ Erfolgsmessung, Web Analytics und Controlling

Sebastian Erlhofer

Suchmaschinen-Optimierung
Das umfassende Handbuch

Das Handbuch zur Suchmaschinen-Optimierung von Sebastian Erlhofer gilt in Fachkreisen zu Recht als das deutschsprachige Standardwerk. Es bietet Einsteigern und Fortgeschrittenen fundierte Informationen zu allen wichtigen Bereichen der Suchmaschinen-Optimierung. Verständlich werden alle relevanten Begriffe und Konzepte erklärt und erläutert. Neben ausführlichen Details zur Planung und Erfolgsmessung einer strategischen Suchmaschinen-Optimierung reicht das Spektrum von der Keyword-Recherche, der wichtigen Onpage-Optimierung Ihrer Website über erfolgreiche Methoden des Linkbuildings bis hin zu Ranktracking, Monitoring und Controlling.

935 Seiten, gebunden, 39,90 Euro
ISBN 978-3-8362-3879-3
8. Auflage 2016
www.rheinwerk-verlag.de/3934

Alle Bücher auch als E-Book: www.rheinwerk-verlag.de

- Ihr Begleiter für den erfolgreichen Online-Handel

- Von der Konzeption bis zum fertigen Online-Shop

- Shop-Software, Versand & Bezahlung, Usability, Conversion-Optimierung, Marketing, Recht

Alexander Steireif, Rouven Alexander Rieker, Markus Bückle

Handbuch Online-Shop

Strategien, Erfolgsrezepte, Lösungen

Starten Sie erfolgreich in den Online-Handel. Mit diesem umfassenden Handbuch erhalten Sie alles, was Sie für den Betrieb eines Online-Shops benötigen. Es hilft Ihnen bei den grundlegenden Entscheidungen zu Beginn Ihres Engagements, wie z.B. der Auswahl der geeigneten Software-Lösung, vermittelt wichtiges Usability- und Marketing-Wissen und zeigt Ihnen, was Sie bei rechtlichen und buchhalterischen Aspekten zu beachten haben. So stellen Sie sich den vielfältigen Herausforderungen und Trends im E-Commerce.

690 Seiten, gebunden, 39,90 Euro
ISBN 978-3-8362-2910-4
erschienen August 2015
www.rheinwerk-verlag.de/3626

■ Installation, Anwendung, Administration

■ Erstellung eigener Themes und Erweiterungen

■ Inkl. Google Analytics, Google AdSense, Google Maps, SEO, Widget- und Plugin-Programmierung

Alexander Hetzel

WordPress 4
Das umfassende Handbuch

Umfassend, bewährt, für Einsteiger und Profis: das ist unser WordPress-Handbuch. Hier finden Sie alles – von der Installation bis hin zur Anpassung und Konfiguration Ihrer Website oder Ihres Blogs. Dazu zählt auch die Entwicklung von eigenen Design-Vorlagen und Erweiterungen. Inkl. Einbindung von Social-Media-Diensten und SEO sowie einer Einführung in HTML und CSS.

935 Seiten, gebunden, 39,90 Euro
ISBN 978-3-8362-3943-1
5. Auflage 2016
www.rheinwerk-verlag.de/4002

Versandkostenfrei bestellen: www.rheinwerk-verlag.de

- Implementierung, Analyse, Optimierung

- Aufbau eines Webanalyse-Systems

- Inkl. Google AdWords-Integration, Google Tag Manager und Search Console

Markus Vollmert, Heike Lück

Google Analytics
Das umfassende Handbuch

Mit Google Analytics steht Ihnen eines der leistungsfähigsten Webanalyse-Tools kostenlos zur Verfügung. Lernen Sie mit diesem Buch, wie Sie die vielfältigen Funktionen nutzen und sie professionell einsetzen können. So erhalten Sie z.B. Hilfestellung dabei, wie Sie Ihr Webanalyse-System konzipieren und strukturieren sollten. Sie erhalten zudem Beispiele für eine optimale Implementierung und ein erfolgreiches Monitoring all Ihrer Online-Aktivitäten. Damit können Sie aussagekräftige Berichte generieren, um Ihre Website und Ihre Online-Marketing-Aktivitäten zu optimieren. Inkl. Search Console, Google-AdWords-Integration und Google Tag Manager

853 Seiten, gebunden, 39,90 Euro
ISBN 978-3-8362-3955-4
2. Auflage 2016
www.rheinwerk-verlag.de/4008

Unternehmen
erstellen Kampagnen

Influencer geben
Angebote ab
(Scripte, Ideen usw.)

Unternehmen wählen
Angebot aus und
nehmen an

Product Placement
wird vom Influencer erstellt und
Unternehmen gibt es frei

Die Influencer Marketing Branded Content Plattfor

reach hero

www.reachhero.d

ReachHer

ist Deutschland

größter Marktplatz fü

Product Placement

und Branded Conten

Jetzt YouTube Product Placemer

Kampagne auf ReachHero starte

mehr als

3.000

Influencer

mehr als

60.Mio

Abonnenten

stetig wachsend